图表大师课

名师手把手教图表设计与制作

皇甫攀攀 ◎ 著

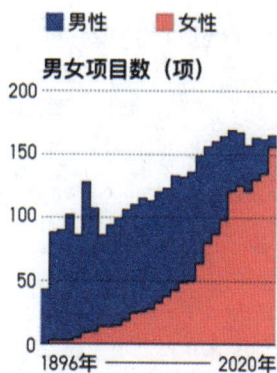

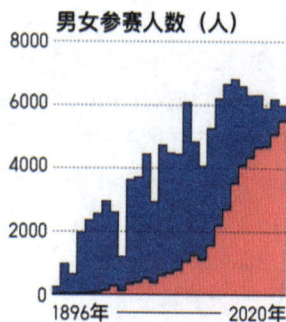

清华大学出版社

北京

内 容 简 介

工作型图表中有 8 类常见问题：图表选择问题、数据呈现问题、表达效果问题、观点提炼问题、图表故事展开问题、创意不足问题、表格设计问题和综合性质问题。

本书从国内可视化顶流《网易数读》《RUC 新闻坊》《澎湃美数课》《谷雨数据》和《DT 财经》中引用了 105 个经典作品（所有模仿作品都提供有图表源文件，可修改可套用），借力大师的思维和智慧，寻找上述问题的解决之道。本书以"解决问题"为目标，章节内容以问题种类展开，每 1 章解决 1 个大类问题，每 1 节解决 1 个小问题，让读者知原理、懂思路，更重要的是能落地、可实现。本书可以作为图表小白寻找灵感和提高审美的图表大全和图表作品秀，可以作为工作党、职场人士套用解题思路和借鉴成熟方案的图表模板和图表字典，可以作为图表爱好者和图表制作人锻炼拆解能力和还原能力的练手案例，还可以作为图表达人和图表设计师检验设计能力和独立思维的试金石。

图书在版编目 (CIP) 数据

图表大师课：名师手把手教图表设计与制作 / 皇甫攀攀著 . -- 北京：清华大学出版社，2025. 8.
ISBN 978-7-302-69978-1

Ⅰ. TP391.13

中国国家版本馆 CIP 数据核字第 20254A11Q1 号

责任编辑：申美莹
封面设计：杨玉兰
版式设计：方加青
责任校对：胡伟民
责任印制：宋　林

出版发行：清华大学出版社
　　　　　网　　　址：https://www.tup.com.cn，https://www.wqxuetang.com
　　　　　地　　　址：北京清华大学学研大厦 A 座　　　　　邮　　编：100084
　　　　　社 总 机：010-83470000　　　　　邮　　购：010-62786544
　　　　　投稿与读者服务：010-62776969，c-service@tup.tsinghua.edu.cn
　　　　　质 量 反 馈：010-62772015，zhiliang@tup.tsinghua.edu.cn
印 装 者：三河市君旺印务有限公司
经　　销：全国新华书店
开　　本：185mm×260mm　　　印　　张：23.75　　　字　　数：705 千字
版　　次：2025 年 9 月第 1 版　　　印　　次：2025 年 9 月第 1 次印刷
定　　价：158.00 元

产品编号：107990-01

工作型图表中有 8 类常见问题：图表选择问题、数据呈现问题、表达效果问题、观点提炼问题、图表故事展开问题、创意不足问题、表格设计问题和综合性质问题。

俗语说，他山之石可以攻玉。站在巨人的肩膀上才能望得远。以上问题对于图表制作人来说可能很复杂和棘手，但是对于见识广博的图表设计师来说，简直就是司空见惯、小菜一碟。因此笔者尝试从国内优秀的数据可视化作品中寻找这些问题的解决之道。

▶▶图表作品选择

笔者精选的图表作品，紧扣工作主题、饱含设计感，普通人都能学得会、学得好。它们分别来自《网易数读》《RUC 新闻坊》《澎湃美数课》《谷雨数据》和《DT 财经》，它们都是国内可视化媒体中的佼佼者，其图表实用、高效，表现力、说服力都非常强大；有趣美观，让人看了之后还想看；设计精巧，能够解决工作图表设计中的疑难问题，可以称得上是真正的图表大师。

▶▶图书目标定位

本书以"解决问题"为目标，章节展开以问题种类为指引，每 1 章解决 1 个大类问题，每 1 节解决 1 个小问题，每张图表都会详细介绍解题之道、图表类型、表达数据关系和适用场景。

解题之道：描述问题，并分析图表设计师的解题思路，以及如何一步步地化解问题。

图表类型：很多图表看着是一回事，制作起来又是另一回事。分别介绍每张图表的本质是什么，由什么图表或者哪几类图表制作而成。

表达数据关系：只有真正分清楚数据关系，才能对号入座，选对图表、用好图表。

适用场景：依据图表中实用和创新的不同浓度确定使用场合，政府工作报告更偏重实用性，数据新闻媒体更侧重创新性，商务报告则介于二者之间。

▶▶目标实现手段

想要解决问题，知原理、懂思路只算成功一半，能落地、可实现才算完成目标。这也是本书的重中之重，即制作技巧拆解和分步还原。

技巧拆解：授人以鱼不如授人以渔。如果单纯介绍特定图表的制作思路，一旦图表变形或者换个形式表达，读者依然很难举一反三。因此笔者分别拆解数据排布、元素特征、布局版式和装饰装点，力求找出底层逻辑和设计根源，并对实现方式进行归纳汇总，让读者可借鉴、能还原。

分步还原： 纵使图表千姿百态，制作流程都殊途同归，这是一个标准流程：原始数据—基本图表—调整格式—图表排版—图表装点。当然部分简单图表只需要经历部分流程即可。

▶▶在这本书中，能学到什么？

寻找灵感： 灵感乃图表创意之源，可遇而不可求。书中提供了105个风格各异的案例[①]，让人不禁感叹，脑洞有多大，图表就有多美妙。除此之外，碍于篇幅未能入选的精彩案例，也会随书附赠给读者，便于读者汲取更多营养。

提高审美： 美没有绝对的标准，但有正确的方向。图表的美不能只限于远观，必须颜值与实力并存。培养这样的审美，十分依赖高质量的作品，见多方可识广，做出来的图表才足够赏心悦目。

解题思路： 将数据可视化为图表，可能存在万千问题。答案只是一个结果，破题则代表一种能力。给出答案固然重要，习得破题之法才能一劳永逸。从不同的角度、用不同的方式去分析解决问题，是本书中含金量最高的部分。

成熟方案： 解决问题，其实老板要的就是一个妥善的结果。书中每个问题都给出了合理且巧妙的答案，读者可以即学即用，甚至直接拿来主义，简单高效。

拆解能力： 很多读者遇到心仪的图表时，心痒痒总想尝试模仿。奈何没有思路，无从下手，很是遗憾。所以笔者花大力气，运用大量篇幅，拆解出每张图表的底层制作逻辑，包括数据、格式、排版和装饰。读者可以照葫芦画瓢，亲自去拆解喜欢的图表。

还原能力： 拆解是因，还原是果。整个还原过程就是，将拆解后的一个个零部件，按部就班地装载成图表"魔方"，并保证有足够的还原度。这个过程动手越多，技巧就会越娴熟。

设计能力： 经过不断的推敲思路、拆解还原和耳濡目染，图表制作人也会慢慢拥有自己的设计"超能力"。鲁迅先生说人类的悲欢并不相通，对于图表来说也是如此。再真实的案例，也不一定完全适合自己的工作，最了解自身工作的还是自己，有了这份设计能力，自力更生就能拿出更合理的方案。

独立思维： 很多人拿到数据之后，第一个念头就是找个漂亮的模板，然后套进去，这样做的结果，往往会南辕北辙。具备设计能力的图表制作人，则会习惯性地从数据和问题出发，首先从众多成功经验中，筛选出几个可行性方案，并通过综合比较或者适当改良，最终敲定出最适合的方案。

▶▶典型问题解答

1. 本书与其他图表类书籍有哪些不同之处？

本书旨在传递广受好评的图表设计理念和制作技巧，全面结合数据新闻、商务报告和政府报告3大工作场景，**借助大师的思维和智慧，化解层出不穷的可视化问题**，提高读者解决问题的能力，并制作出实用且有设计感的图表。

2. 书中提到的图表初学者、图表制作人和图表设计师，如何区分？

图表初学者： 完全零基础、充满好奇心和求知欲的图表小萌新。

图表制作人： 拥有扎实根基、丰富经验的图表爱好者。虽然可以完成工作可视化，但对现状不满意，希望提高创作能力。但苦于缺乏灵感，创新陷入瓶颈，问路无门。

图表设计师： 对图表有独到见解的名师，草木竹石皆成图表，飞花摘叶俱入人心。图表构思天马行空，图表设计浑然天成，图表技巧炉火纯青，图表呈现真实落地。

3. 5位图表设计师的作品各有什么特色？

5位图表设计师的作品风格不一，且美而不同：《网易数读》是华丽优雅的美；《RUC新闻坊》

---

① 注：书中图表在技巧拆解和分步还原过程中使用数据为模仿数据。

是从容克制的美；《澎湃美数课》是多姿多彩的美；《谷雨数据》是鲜明凝练（旗帜鲜明）的美；《DT财经》是简约商务的美。

4. 为什么选择这些图表设计案例？

对于大部分图表制作人来说：**图表的设计难度，远远大于制作难度**。图表技巧可以速成，图表设计则需要多阅读、多积累、多锤炼。因此，笔者以解决实际问题为根本，尽量多提供实用又优质的案例。多一个案例，就多一种可能性，也许这个案例就能解决读者的燃眉之急，或者激发兴趣。

5. 图表设计时，创意度越多越好？

图表设计也遵循"二八法则"。在一张图表内，读者熟悉和惊喜的部分，建议分别占80%和20%。在数据新闻或者报告中，经典图表与创意图表的搭配，建议分别占80%和20%。俗语说，尽信书不如无书。如果通篇都是创意图表，对于图表制作人和读者来说，都是一种负担。

6. 图表设计分为几个阶段？

展示数据： 准确、全面、清晰、有序地将数据可视化。本阶段的学习重点在于**选对图表和选好图表**。对应本书的第1章和第2章内容。

突出对比： 结构、前后、类别、分布、分类等各个维度的对比。本阶段的学习重点在于**充分利用设计的力量**，解决层出不穷、千奇百怪的问题。对应本书的第3章内容。

提炼观点： 图表不能停留在单纯的表达上，还需要开花结果，帮助读者区分重点、抓住重点和提炼观点。本阶段的学习重点在于**换位思考**，多站在读者角度考虑，图表才更有价值和意义。对应本书的第4章内容。

有滋有味： 对于大部分读者来说，数据天然无趣和枯燥。数据可视化的更高目标就是竭尽所能将数据变得有声有色。本阶段的学习重点在于**摆脱无聊**，增加图表的吸引力。对应本书的第5~7章内容。

自由发挥： 越过以上4个阶段之后，图表制作人已完成向图表设计师的角色蜕变和华丽转身，未来就是不断地创作和输出作品。

7. 图表设计有哪些创新方向？

笔者始终倡导微创新，创意方向主要有3个，按照性价比排名分别是：装饰创新 > 布局创新 > 图表创新。

装饰创新： 添加背景（典型用法：《DT财经》和《谷雨数据》）、边框（典型用法：《澎湃美数课》）、填充、图标（典型用法：《DT财经》）、插画、线条、形状（典型用法：《网易数读》）和阴影（典型用法：《网易数读》）等。

布局创新： 拆分图表、组合图表、多张图表重新排版等。

图表创新： 图表混搭、创意填充、变化形状和新式图表等。

8. 综合性问题如何应对？

中国有句古话：办法永远都比困难多。先找准问题，再拆分问题，然后对症下药、逐个击破。

9. 这本书会不会很难学习？

大师的作品，综合性强、创意十足，学习起来会有一定的门槛，入门难度也较其他基础类书籍更大。因此需要多啃几遍、细细咀嚼、慢慢消化、缓缓吸收，未来收获的不只是技巧，还有大师的设计才华和设计思路。与大师共频，才能走得更快更远。

还有一点很重要，学习并非埋头苦学和贪多，而是有选择性地学习、按需学习，同时还要学会适可而止，这样学起来效率高、不会累、更有趣。

10. 关于本书，还有没有其他学习建议？

每张图表都包含多个制作技巧和知识点。首次出现的知识点，介绍时会更详细，再次或多次出现的知识点将会简略介绍，或者一笔带过。对于非常重要且实用的知识点，比如柱形/条形背景、圆角图表、妙用散点图等，每次出现都会提供具体制作参数，最后还会统一做总结。书中示例的源文件可以扫描下方二维码获取。

示例文件

答疑群

图表中包含的知识点有的简单、有的复杂，遇到复杂的知识点，暂时不理解也无所谓，后续章节大多还会再次涉及，多看多体会，就能慢慢理解，或者加入答疑群，直接联系笔者。

编者

2025 年 7 月

目录 >

C O N T E N T S

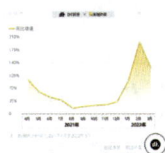

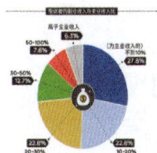

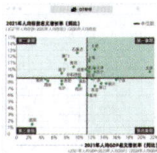

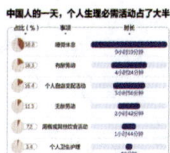

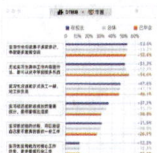

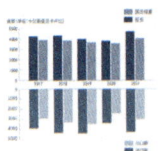

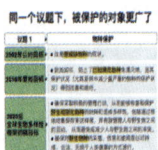

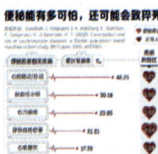

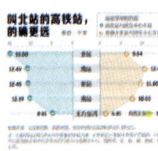

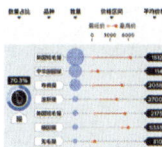

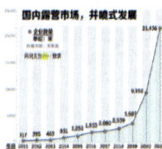

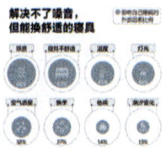

第2章　五花八门的数据，如何正确规划和设计图表？ / 63

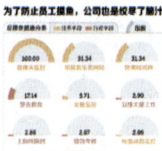

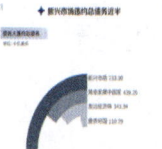

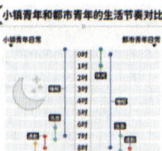

目录 ■ CONTENTS

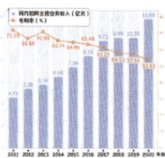

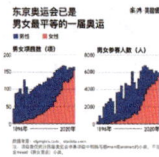

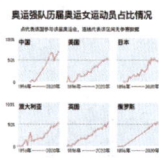

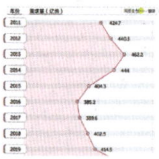

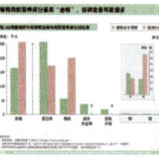

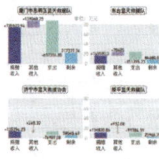

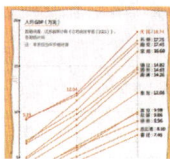

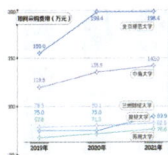

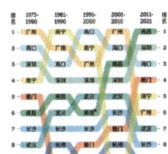

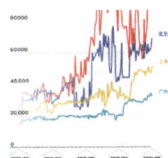

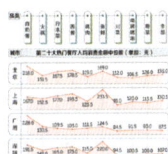

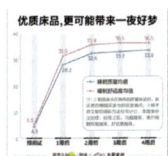

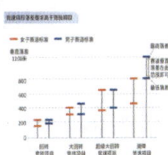

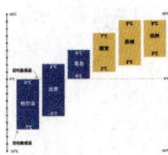

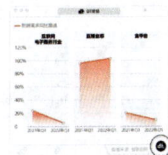

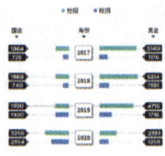

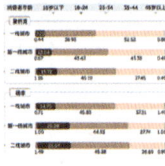

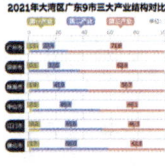

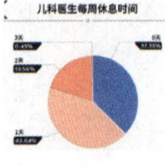

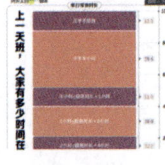

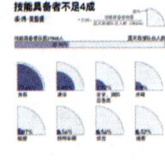

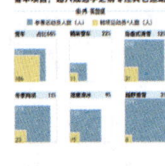

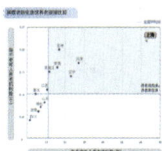

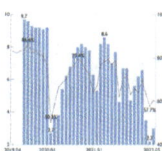

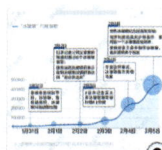

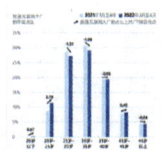

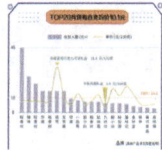

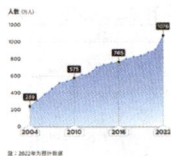

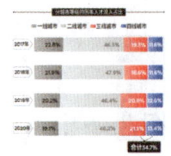

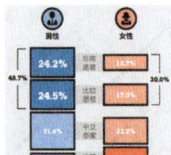

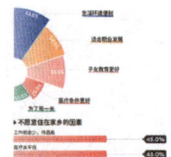

第5章 数据新闻没亮点，如何利用图表把故事讲好？ / 196

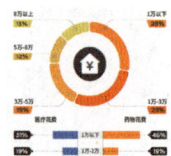

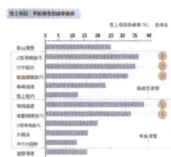

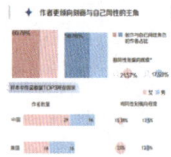

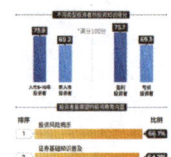

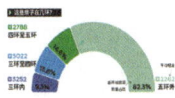

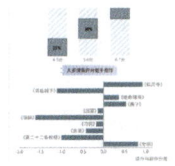

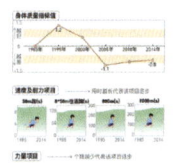

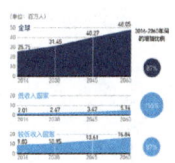

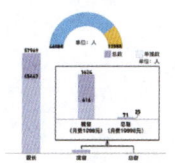

第 6 章　灵感枯竭没创意，实用图表如何做到不枯燥？　/ 244

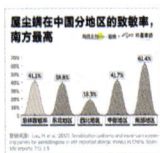

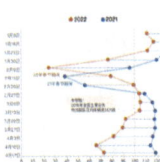

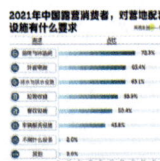

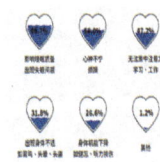

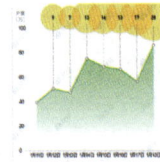

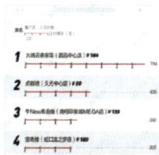

第7章　表格平庸内容多，如何兼容并包又提升颜值？　/ 283

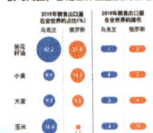
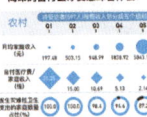

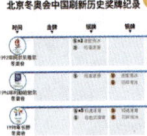

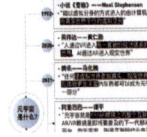
图表大师课——名师手把手教图表设计与制作

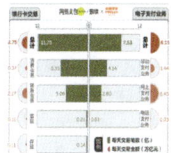

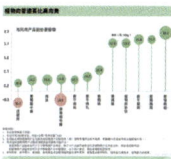

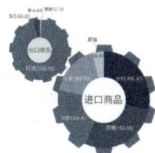

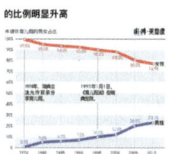

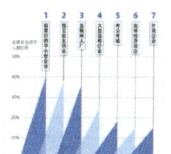

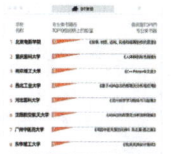

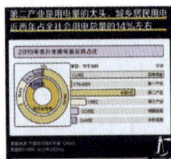

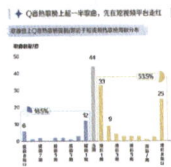

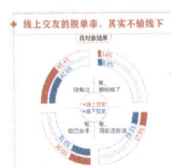

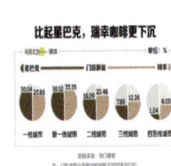

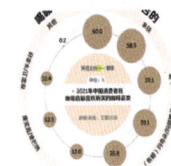

第1章 图表选择困难症，如何准确定位类型和风格？

把图表选对和选好，是每一个图表制作人成长的必经之路。选对是方向上的正确，选好则更容易引起读者共鸣。选对主要依靠数据关系和使用场景，以此来定位图表的基本类型和风格走向。选好则主要依靠展示内容和图表主题，以此来提高综合表达力和图文契合度。本章精选 16 位图表设计师的案例，简单分析和总结选图之道。

1.1 根据数据关系选择：分段坐标轴式折线图

1.1.1 图表自画像

解题之道：选图的基本逻辑是，先确定数据关系，再选择与之相匹配的图表。纵向对比关系所对应的图表类型是折线图或面积图，虽然只是基础款式图表，但基础并不代表平庸，在图表设计师的妙笔加持下，折线图也可以做得与众不同。

如图 1.1 所示，不同之处一是将折线图与渐变面积图进行组合，图表不再单调；二是独特的布局设计，用圆角矩形、直角梯形、圆形组合和多种图标构建了一个图表"显示器"；三是坐标轴按年进行分段显示，可以提醒读者去关注年度间的变化情况。

另外，纵向对比关系的备选图表主要有瀑布图、线泡图、柱泡图等，数据较少时也可以选择柱形图 / 条形图。

图表类型：折线图＋面积图。

表达数据关系：纵向对比，对比 2021 年 4 月—2022 年 3 月美团外卖小份菜的同比增速。

适用场景：适用于数据新闻媒体和商务报告，去除外装饰框后也适用于政府报告。

图 1.1 分段坐标轴式折线图（选自《DT 财经》）

1

1.1.2　制作技巧拆解

1. 图表区域划分

如图 1.2 所示，原图由标题区和图表显示区组成，合理的区域划分可以让图表层次分明，逻辑清晰。好的设计效果通常都不是一蹴而就的直接生成，而是由图表设计师精心布局和自由搭配而成。

标题区：由左侧的标题和右侧的二维码装饰组成。二维码的加入，图表也能单独传播裂变，读者识别后又能追根溯源，了解文章的完整内容。

图表显示区：由"绘图区 + 圆角矩形边框 + 圆形装饰组合 + 矩形装饰组合 + 数据来源直角梯形 + 圆形组合 Logo"组成。

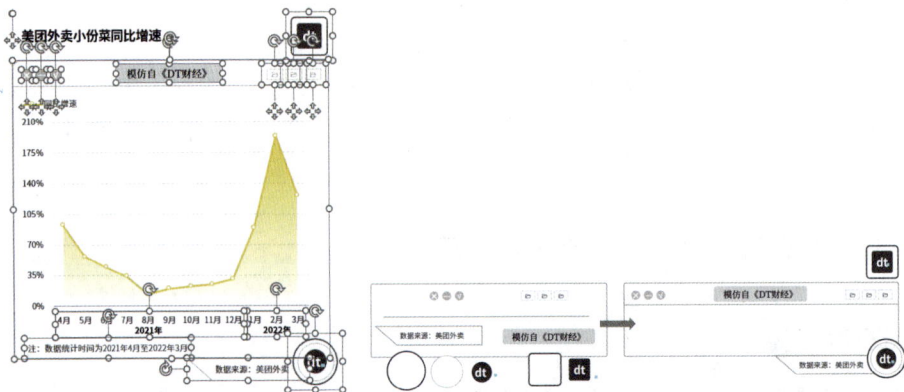

图 1.2　图表分区域制作思路

2. 分段坐标轴

如图 1.2 所示，分段坐标轴采用圆角矩形，将相同年度中的月份框选起来，年度标签则由文本框制作而成。

1.1.3　图表分步还原

1. 插入折线图并修改基本格式

如图 1.3（a）所示，选择 B1:D13 单元格区域，插入带数据标记的折线图。然后将面积系列折线修改为面积图。将纵坐标轴的取值范围修改为 0~2.1，间隔为 0.35。将图表的字体整体设置为黑色思源黑体 Normal［如图 1.3（b）所示］。

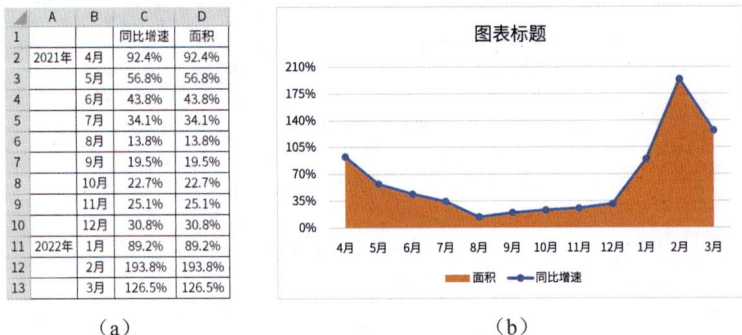

（a）　　　　　　　　　　　　（b）

图 1.3　分段坐标轴式折线图制作步骤 1

2. 设置折线图格式

调整图表大小：将图表的高度和宽度分别设置为 14cm 和 12.7cm。调整绘图区大小，上方预留标题的空间、下方预留注释和数据来源的空间、右侧预留边框和 Logo 的空间。将网格线设置为 0.75 磅白色（深色 15%）短画线。删除标题。删除图例中的面积系列，并放置在绘图区左上角。图表设置为无边框。

设置折线图：将折线设置为 2.25 磅黄色（RGB 值为 242，211，15，利用截图软件 Snipaste 可获取原图中各系列的 RGB 值），数据标记设置为 5 号圆形、白色填充、1 磅黄色边框。

设置面积图：将面积图填充为 90°由 20% 透明度黄色向 100% 透明度黄色线性渐变。

设置分段坐标轴：插入文本框（高度和宽度分别设置为 0.45cm 和 1.25cm），录入"2021 年"，并将字体设置为 9 号黑色思源黑体 Bold、上下左右边距均设置为 0、水平方向和垂直方向均保持居中对齐，然后放置在对应月份下方。插入圆角矩形（高度和宽度分别设置为 0.94cm 和 7.33cm），设置为无填充、1 磅白色（深色 50%）边框、叠放在对应月份上层。同理制作 2022 年标签和圆角矩形。两个标签之间和两个圆角矩形之间均保持底部对齐［如图 1.4（a）所示］。

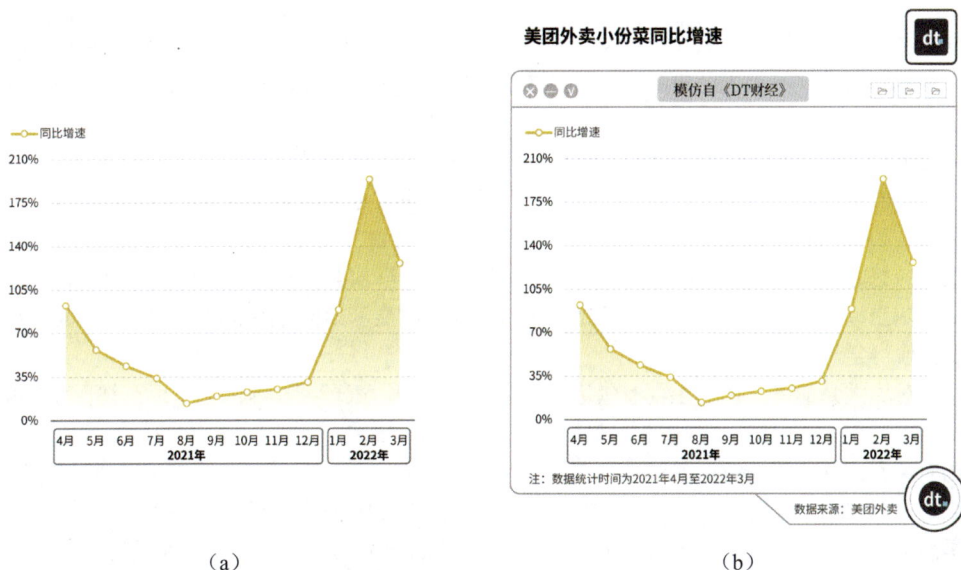

（a） （b）

图 1.4　分段坐标轴式折线图制作步骤 2

3. 设置装饰和各项文字性内容

添加边框和分隔线：插入圆角矩形（高度和宽度分别设置为 11.17cm 和 12.2cm），设置为无填充、1 磅白色（深色 35%）边框，叠放在绘图区上层，并在右侧预留适当空间。插入**直线**（宽度 5.59cm），设置为 1 磅白色（深色 35%），放置在绘图区上方。

装饰图标：插入圆形（高度和宽度均为 0.4cm），设置为白色（深色 25%）填充、无边框。3 个圆形内分别输入"×""—"和"√"，然后放置在分隔线左上角，保持底部对齐、水平平均分布。插入矩形（高度和宽度分别设置为 0.4cm 和 0.6cm），设置为白色填充、0.5 磅白色（深色 35%）边框。3 个矩形上分别叠放相关图标，然后放置在分隔线右上角，保持底部对齐、水平平均分布。

装饰 Logo：Logo1 是圆角矩形（高度和宽度分别为 0.68cm 和 4.13cm），设置为白色（深色 15%）填充、无边框，并在上层叠放 Logo，放置在分隔线上方的正中央。**Logo2** 是圆形组合（3 个圆形高度和宽度均分别设置为 1.7cm、1.4cm 和 0.9cm），分别填充为白色、白色和黑色（淡色 25%），边框分别设置为 1.5 磅黑色（淡色 25%）、0.5 磅白色（深色 50%）和无。最里层的圆输入"dt"，并在上层叠加浅蓝色（RGB 值为 129，237，249）填充的正方形（高度和宽度均为 0.13cm），放置在图表右下角。**Logo3** 是二维码，这里用圆形矩形组合代替，制作方法同 Logo2，放置在图表的右上角，与边框保持右对齐。

3

数据来源直角梯形：插入手动输入流程图（高度和宽度分别设置为 4.73cm 和 0.82cm），向左旋转 90°，设置为白色填充、1 磅白色（深色 35%）边框，输入数据来源文字并设置为 9 号黑色（淡色 25%）思源黑体 Normal，紧邻边框右下角放置。

标题和注释文本框：标题文本框（高度和宽度分别设置为 0.72cm 和 6.09cm），设置为无填充、无边框，文字设置为 14 号黑色思源黑体 Bold，放置在图表左上角，与纵坐标轴标签保持左对齐。同理制作注释文本框，文字设置为 9 号黑色（淡色 25%）思源黑体 Normal，放置在横坐标轴标签下方，与标题保持左对齐。最终效果如图 1.4（b）所示。

1.2 根据数据关系选择：长标签 + 条形图

1.2.1 图表自画像

解题之道：每类数据关系，都有与之相匹配的图表。横向对比关系的常用图表类型是柱形图、条形图和雷达图。学习选图之初，一定要把这些常见图表使用熟练、练习到位，为下一步的微创新打好基础。

如图 1.5 所示，图表设计师使用的是最普通的条形图，但额外施加了一些"魔法"，一番改造之下，图表旧貌换新颜。改造包括：一是将条形进行排序，并增加排名标签，最大限度地降低阅读难度；二是为长标签添加边框，并统一放在左侧，原本的棘手难题被改造成"装饰"，这种将劣势变成优势的思路十分值得借鉴；三是在条形与标签之间，添加圆形标记和连接线，建立好两者的对应关系；四是标签和条形左右分立，并且只在条形区域内显示刻度标签和网格线，巧妙的布局和合理的分区值得学习。

横向对比关系的备选图表主要有气泡图、填充气泡图、玉珏图、泡泡图（填充柱形图 / 填充条形图）、滑珠图、漏斗图、子弹图和大头针图等，可以按需选择。

图表类型：条形图 + 散点图。

表达数据关系：横向对比，选择 9 类消费意义的各自人数比例对比。

适用场景：适用于数据新闻媒体和商务报告，去除外装饰框后也适用于政府报告。

图 1.5　长标签 + 条形图（选自《DT 财经》）

1.2.2　制作技巧拆解

1. 自定义纵坐标轴标签

原图中纵坐标轴与标签左右分立，标签被统一安置在图表左侧，并用线条建立连接。如图 1.6 所示，纵坐标轴标签及排名，分别由标签散点和排名散点的数据标签制作。其中标签散点的 X 轴值分别为 114.7%、109.2%、…、137.8%（由标签长度决定，根据需要可以适当调整），Y 轴值分别为 0.5、1.5、…、8.5。排名散点的 X 轴值均为 2，Y 轴值与坐标轴散点保持一致。

标签散点的数据标签形状改为圆角矩形（选中数据标签的状态下，选择"格式"—"更换形状"—"圆角矩形"），边距调整为 0、取消文字自动换行，然后用 EasyShu 插件中的标签工具，统一移动至图表左侧。排名散点的数据标签同样修改为圆角矩形，并设置为深灰色填充、白色字体。

纵坐标轴标签与条形间的连接线采用误差线制作，需要在条形图内再添加一组装饰散点（X 轴值与条形保持一致，Y 轴值与标签散点保持一致），并将其水平误差线设置为正偏差、无线端、自定义（有标签散点 X 轴值—装饰散点 X 轴值）。

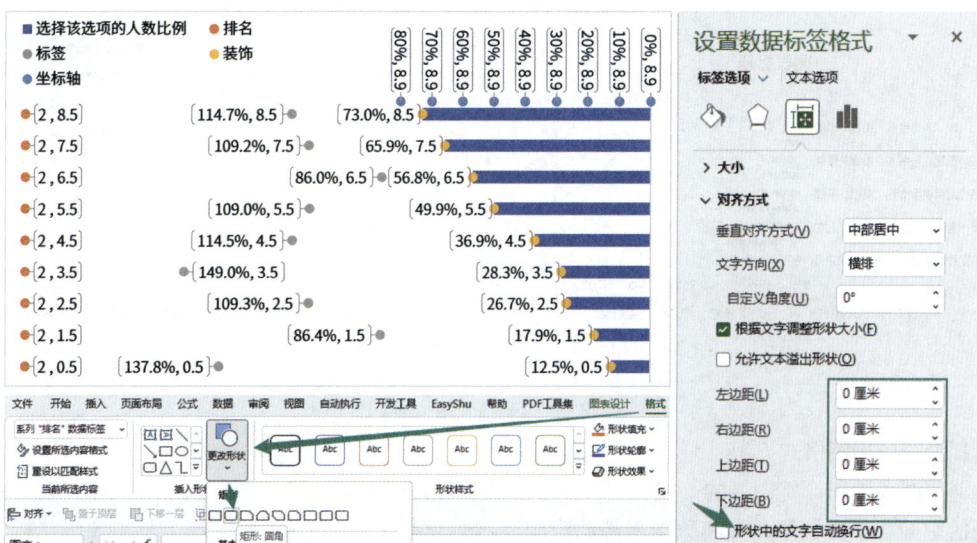

图 1.6　自定义坐标轴制作思路

2. 自定义横坐标轴和网格线

原图中只显示右侧条形部分的横坐标轴标签与网格线，且间隔显示标签。如图 1.6 所示，此效果需要添加坐标轴散点（X 轴值分别为 0、0.2、…、0.8，Y 轴值均为 8.9），并用数据标签（只保留偶数标签）模仿横坐标轴标签、用垂直误差线（负偏差、无线端、100%）模仿网格线。

1.2.3　图表分步还原

1. 插入条形图并修改基本格式

如图 1.7（a）所示，选择 A1:F10 单元格区域，插入条形图。将排名系列、标签系列、装饰系列和 Y 轴系列条形修改为散点图、使用次轴、修改数据源。将排名系列散点的 X 轴系列值修改为 C2:C10，Y 轴系列值修改为 F2:F10；将标签系列散点的 X 轴系列值修改为 D2:D10，Y 轴系列值修改为 F2:F10；将装饰系列散点的 X 轴系列值修改为 E2:E10，Y 轴系列值修改为 F2:F10；将 Y 轴系列散点的系列名称修改为 G1（坐标轴），X 轴系列值修改为 G2:G10，Y 轴系列值修改为 H2:H10。

设置坐标轴范围：恢复显示次要横坐标轴，将主要和次要纵坐标轴的取值范围均修改为

5

"0~2"，次要纵坐标轴的取值范围修改为"0~9"。将图表的字体整体设置为黑色思源黑体 Normal [如图 1.7（b）所示]。

　　调整条形位置：将主要和次要横坐标轴均设置为逆序刻度值，隐藏坐标轴和标签，删除标题和网格线 [如图 1.7（c）所示]。

	A	B	C	D	E	F	G	H	I
1		选择该选项的人数比	排名	标签	装饰	Y轴	坐标轴	坐标轴Y	误差线
2	满足物质需求，买到有用的	73.0%	2	114.7%	73.0%	8.5	0%	8.9	41.6%
3	提高生活保障，买到健康…	65.9%	2	109.2%	65.9%	7.5	10%	8.9	43.4%
4	满足精神需求，买到情绪…	56.8%	2	86.0%	56.8%	6.5	20%	8.9	29.2%
5	提高个人价值，买到知识…	49.9%	2	109.0%	49.9%	5.5	30%	8.9	59.1%
6	通过消费展示个性、品位…	36.9%	2	114.5%	36.9%	4.5	40%	8.9	77.6%
7	通过消费缓解压力	28.3%	2	149.0%	28.3%	3.5	50%	8.9	120.7%
8	通过消费建立与别人、社会	26.7%	2	109.3%	26.7%	2.5	60%	8.9	82.6%
9	通过消费证明自己的经济水	17.9%	2	86.4%	17.9%	1.5	70%	8.9	68.5%
10	消费也是一种理财手段	12.5%	2	137.8%	12.5%	0.5	80%	8.9	125.3%

（a）

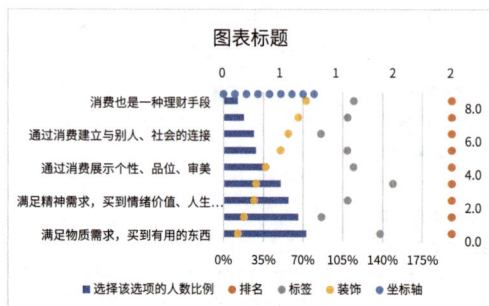

（b）

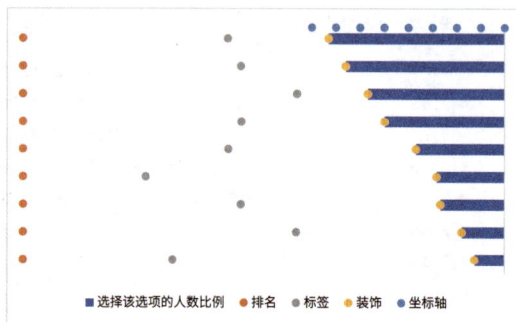

（c）

图 1.7　"长标签 + 条形图"制作步骤 1

2. 设置条形图格式

　　调整图表大小：将图表的高度和宽度分别设置为 14cm 和 12.7cm。调整绘图区大小，上方预留标题的空间、下方预留注释和数据来源的空间、右侧预留边框和 Logo 的空间。将主要纵坐标轴设置为 1 磅白色（深色 50%）。删除图例中的排名、标签、装饰和坐标轴系列，并放置在绘图区左上角。图表设置为无边框。

　　设置条形图：将条形填充为黄色（RGB 值为 255，207，0）。为坐标轴系列散点添加误差线并删除水平误差线，垂直误差线设置为负偏差、无线端、100%，线条设置为 80% 透明度黑色（淡色 25%）短画线。为坐标轴系列散点添加数据标签，显示 X 值、取消显示 Y 值、放在散点上方，然后删除奇数标签，将"0%"修改为"0"。将数据标记设置为无 [如图 1.8（a）所示]。

　　设置纵坐标轴标签：为标签系列散点添加数据标签，并显示 A2:A10 单元格中的值、取消显示 Y 值。将标签形状修改为圆角矩形、上下左右边框修改为 0、取消文字自动换行，利用标签工具移动至图表左侧，并保持左对齐。为排名系列散点添加数据标签，并将内容修改为对应条形的排名。将标签形状修改为圆角矩形，并设置为黑色（淡色 25%）填充、无边框，字体设置为白色，然后放置在纵坐标轴标签左侧，保持左对齐。将标签系列散点和装饰系列散点的数据标记设置为 5 号、白色填充、0.75 磅黑色（淡色 25%）边框。

　　设置连接线：为装饰系列散点添加误差线并删除垂直误差线，水平误差线设置为正偏差、无线端、自定义（指定 I2:I10 单元格中的值），线条设置为 0.5 磅白色（深色 50%）圆点虚线 [如图 1.8（b）所示]。

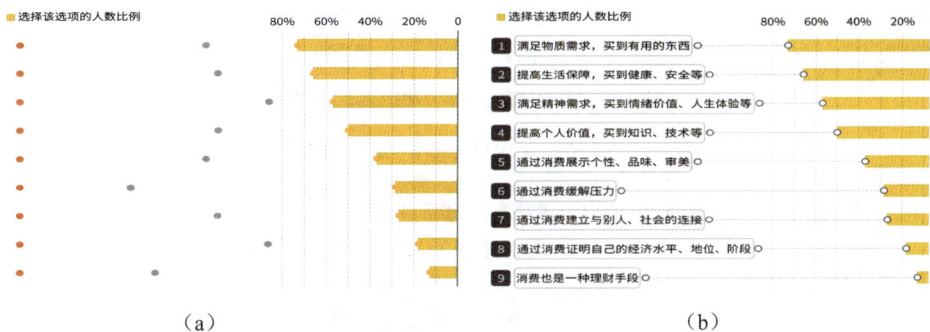

（a）

（b）

图 1.8 "长标签 + 条形图"制作步骤 2

3. 设置装饰和各项文字性内容

参照原图制作标题、各项装饰和文字性内容，具体参数详见图表源文件（或参照 1.1 节中的"设置装饰和各项文字性内容"部分），最终效果如图 1.9 所示。

图 1.9 "长标签 + 条形图"制作步骤 3

1.3 根据数据关系选择：个性引导线 + 饼图

1.3.1 图表自画像

解题之道：对于结构关系，在选择图表时，建议首选基础款式图表，比如饼图或圆环图。基础款通常也是经典款，永不会过时，也基本没有学习成本和压力。如果觉得没有创意，可以增加一些微创新，如图 1.10 所示的图表设计师款。其**特色一**是引导线从饼图中心出发，并穿越各扇形中心，然后在引导线尾部放置"类别名称 + 五边形箭头标签"，让读者耳目一新；**特色二**是在饼图中心叠加钱包图标，与主题建立联系。

结构关系的备选图表是新式图表，比如树状图、华夫图、百分比图和玉珏图等，外观新颖，但同时要接受其学习成本高、制作难度大的劣势。

图表类型：饼图。

表达数据关系：静态结构，受访者副业收入占主业收入的不到 10%、11%~20%、21%~30%、

7

31%~50%、51%~100% 和高于主业收入各自的占比。

适用场景：适用于数据新闻媒体，去除外装饰框后也适用于商务报告。

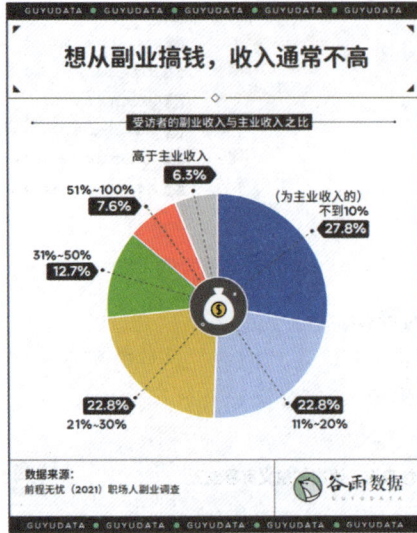

图 1.10　个性标签＋饼图（选自《谷雨数据》）

1.3.2　制作技巧拆解

1. 图表区域划分

如图 1.11 所示，原图由上至下，可以分为上装饰区、标题区、图表区、功能区和下装饰区。这样的区域划分，可以让图表更加层次鲜明、各司其职。同样做区域划分，《谷雨数据》和《DT 财经》的设计风格、图形选择和颜色搭配大不相同。

装饰区：由"深灰色矩形＋绿色圆形"组成。

标题区：由"标题＋直角三角形＋分隔线＋菱形＋副标题深灰色矩形＋首尾圆形箭头的直线"组成。

图表区：由"绘图区＋单位文本框＋注释文本框"组成。

功能区：由"数据来源文本框＋Logo＋分隔线"组成。

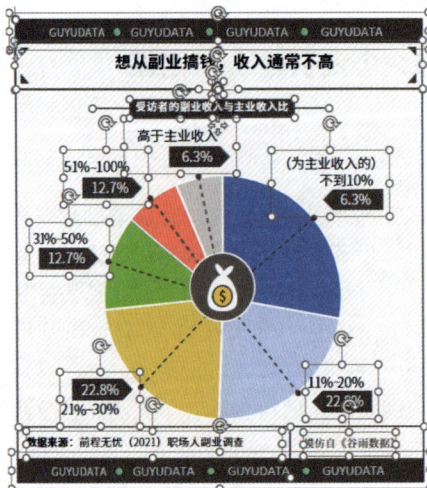

图 1.11　图表分区域制作思路

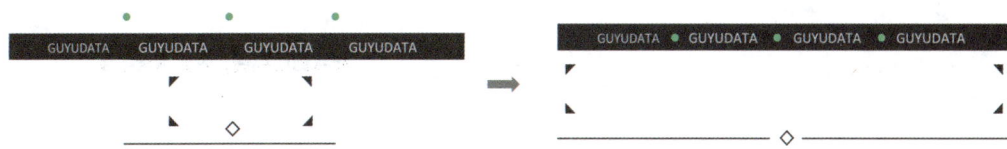

图 1.11　图表分区域制作思路（续）

2. 自定义引导线和数据标签

如图 1.12 所示，引导线由 6 组辅助散点制作而成，1 组散点对应 1 个扇形类别。以"不到10%"类别为例，散点的起点在扇形圆弧的中间、终点在圆心。对应 X 轴值分别为 0.77[采用公式 "=SIN(RADIANS(SUM(\$B\$2:B2)-B2/2)*360)"，即先计算散点的分配角度，以 12 点钟方向为起点，第 1 个散点为"不到 10%"扇形的一半，第 2 个散点为"不到 10%"扇形 + "10%~20%"扇形的一半，以此类推。然后将分配角度转换为弧度，最后再求正弦值] 和 0，Y 轴值分别为 0.64[采用公式 "=COS(RADIANS(SUM(\$B\$2:B2)-B2/2)*360)"，和 X 轴值计算方法一致，最后改为求余弦值] 和 0。辅助散点的数据标记设置为深灰色圆形、线条设置为深灰色短画线。

如图 1.11 所示，数据标签由"文本框 + 五边形箭头"组成，分别用于显示类别名称和相应占比。

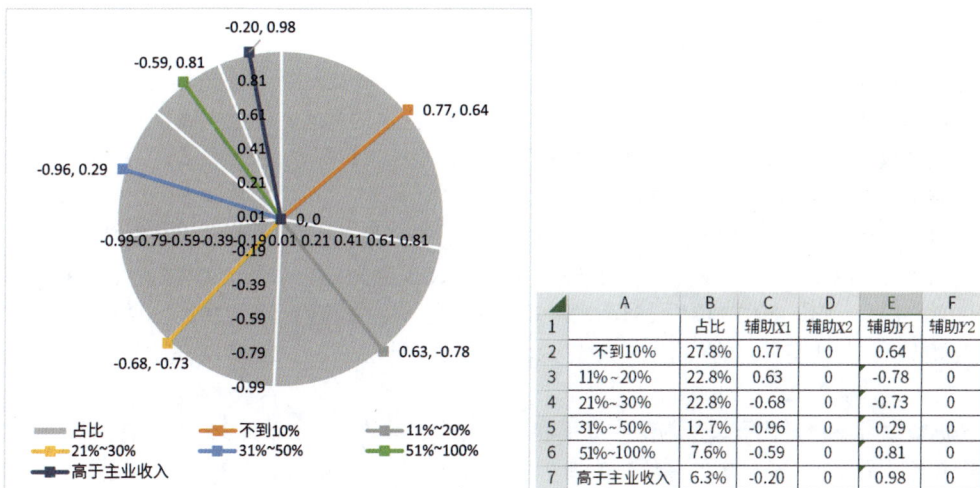

图 1.12　自定义引导线制作思路

1.3.3　图表分步还原

1. 插入饼图并修改基本格式

如图 1.12 所示，选择 A1:B7 单元格区域，插入饼图。然后分别添加不到 10% 系列、10%~20% 系列、20%~30% 系列、30%~50% 系列、50%~100% 系列和高于主业收入系列，并修改为带直线的散点图、使用主轴、修改数据源。将不到 10% 系列散点的 X 轴系列值修改为 C2:D2，Y 轴系列值修改为 E2:F2；将 10%~20% 系列散点的 X 轴系列值修改为 C3:D3，Y 轴系列值修改为 E3:F3；将 20%~30% 系列散点的 X 轴系列值修改为 C4:D4，Y 轴系列值修改为 E4:F4；将 30%~50% 系列散点的 X 轴系列值修改为 C5:D5，Y 轴系列值修改为 E5:F5；将 50%~100% 系列散点的 X 轴系列值修改为 C6:D6，Y 轴系列值修改为 E6:F6；将高于主业收入系列散点的 X 轴系列值修改为 C7:D7，Y 轴系列值修改为 E7:F7。将横坐标轴和纵坐标轴的取值范围均修改为"-0.99~0.99"。将图表的字体整体设置为黑色思源黑体 Normal ［如图 1.13（a）所示］。

9

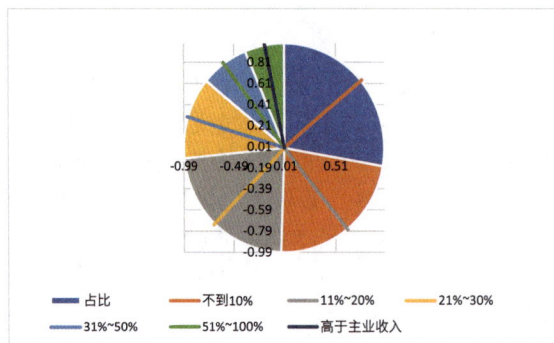

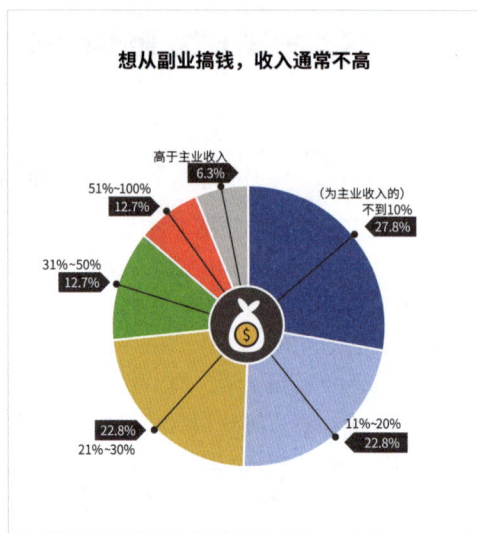

（a）　　　　　　　　　　　　　　　　（b）

图 1.13　"个性引导线 + 饼图"制作步骤 1

2. 设置饼图格式

　　调整图表大小：将图表的高度和宽度分别设置为 13cm 和 12cm。调整绘图区大小，上方预留"上装饰区 + 标题"的空间、下方预留"功能区 + 下装饰区"的空间。标题字体修改为 14 号思源黑体 Bold，并放在绘图区上方。删除图例、网格线。隐藏坐标轴标签和线条。

　　设置饼图：边框设置为 1.5 磅白色。不到 10% 类别、10%~20% 类别、20%~30% 类别、30%~50% 类别、50%~100% 类别和高于主业收入类别的扇形分别填充蓝色（RGB 值为 26，104，218）、浅蓝色（RGB 值为 176，207，255）、黄色（RGB 值为 242，199，47）、绿色（RGB 值为 242，199，47）、红色（RGB 值为 255，72，90）和灰色（RGB 值为 201，202，202）。

　　设置散点：将所有散点的数据标记设置为 5 号圆形、黑色（淡色 25%）填充、无边框。线条设置为 1 磅黑色（淡色 25%）短画线。

　　添加数据标签：占比五边形箭头（高度和宽度分别设置为 0.5cm 和 1.3cm）设置为黑色（淡色 25%）填充、无边框。将其中的字体修改为 9 号白色思源黑体 Normal、左右边距均设置为 0。类别名称文本框（高度为 0.58cm、宽度根据需要设置）参照原图放置在五边形箭头上方或者下方，两者保持右对齐。

　　添加图标：下层圆形（高度和宽度均设置为 1.9cm）设置为黑色（淡色 35%）填充、1.5 磅白色边框；中间图标填充白色；上层圆形（高度和宽度均设置为 0.58cm）设置为黄色填充、1.5 磅黑色（淡色 25%）边框，"$"符号设置为 11 号黑色思源黑体 Normal［如图 1.3.4（b）所示］。

3. 设置背景和各项文字性内容

　　背景和边框：图表设置为宽上对角线［白色（深色 5%）前景、白色背景］填充、1 磅黑色（淡色 25%）边框。

　　装饰矩形：矩形（高度和宽度分别设置为 0.68cm 和 12.06cm），设置为黑色（淡色 25%）填充、无边框。然后输入"GUYUDATA"，两组文字之间添加适量空格和绿色（RGB 值为 3，226，152）圆形（高度和宽度均设置为 0.2cm）。

　　三角形：三角形（高度和宽度均设置为 0.27cm），设置为黑色（淡色 25%）填充、无边框，旋转后分别放置在标题四角。

　　分隔线：直线（宽度设置为 5.59cm），设置为 1 磅黑色（淡色 25%）直线，分别放置在标题下方的左右两侧。**菱形**（高度和宽度均设置为 0.34cm），设置为黑色（淡色 25%）填充、无边框，放置在两条分隔线中间。其余分隔线参照制作。

副标题矩形：矩形（高度和宽度分别设置为 0.59cm 和 4.79cm），设置为黑色（淡色 25%）填充。将其中的字体修改为 9 号白色思源黑体 Bold、上下左右边距均设置为 0。**装饰线**（宽度 6.97cm），设置为 1 磅黑色（淡色 25%）、圆形开始和箭头结尾。矩形叠放在装饰线上，并居中放置在分隔线下方。

其余各项装饰、Logo、文字性说明、数据来源参照原图制作，具体参数详见图表源文件，最终效果如图 1.14 所示。

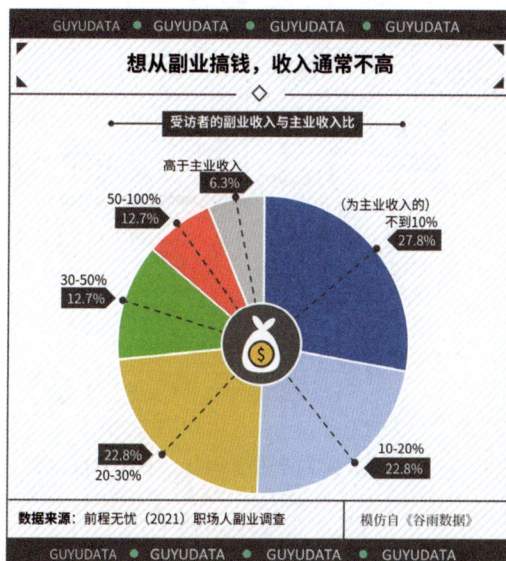

图 1.14 "个性引导线＋饼图"制作步骤 2

1.4 根据数据关系选择：分象限背景填充式散点图

1.4.1 图表自画像

解题之道：分布关系中，单属性数据类似于横向对比关系，适用图表也相似；双属性数据常用散点图和气泡图（锁定 X 值后，所有气泡的 X 轴值都相同，气泡显示为 1 列。或者锁定 Y 值，气泡显示为 1 行）；三属性数据常用气泡图；四属性数据常用带颜色映射的气泡图（气泡图的 X 值、Y 值、气泡大小和颜色各展示 1 个属性）。

好的图表设计师，总能在接受度和新鲜度之间找到最佳平衡点。比如图 1.15，用散点图表达分布关系，符合读者预期，添加以下几项细节后，又带给读者不一样的感觉。一是将散点图分象限显示，并用线条进行分隔、用不同颜色进行区分，便于读者观察分析；二是为散点填充外浅内深的渐变色，大幅增加辨识度；三是标签处理很巧妙。标签顺应散点趋势摆放，重叠难题被消解于无形，读者可以轻松辨别城市名称及对应散点。

图表类型：散点图＋面积图。

表达数据关系：双属性分布关系，2021 年全国 26 个主要城市中，各自人均 GDP 名义同比增速和人均存款名义同比增速的分布情况。

适用场景：适用于数据新闻媒体和商务报告，去除外装饰框后也适用于政府报告。

11

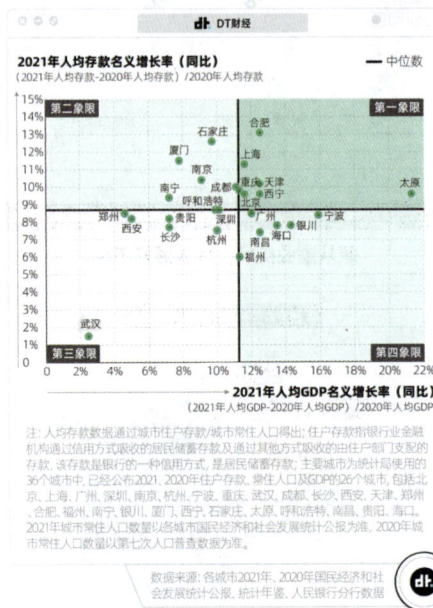

图 1.15　分象限背景填充式散点图（选自《DT 财经》）

1.4.2　制作技巧拆解

1. 散点图区域划分

原图根据人均存款名义增长率和人均 GDP 名义增长率的中位数，将整个散点绘图区划分成四个区域。如图 1.16 所示，区域划分采用中位数散点的误差线实现，其 X 轴值为人均 GDP 名义增长率的中位数 11.3%，Y 轴值为人均存款名义增长率的中位数 8.8%。误差线均设置为正负偏差、无线端、固定值 0.2（锁定坐标轴取值范围后，超出此范围的误差线不会显示）。

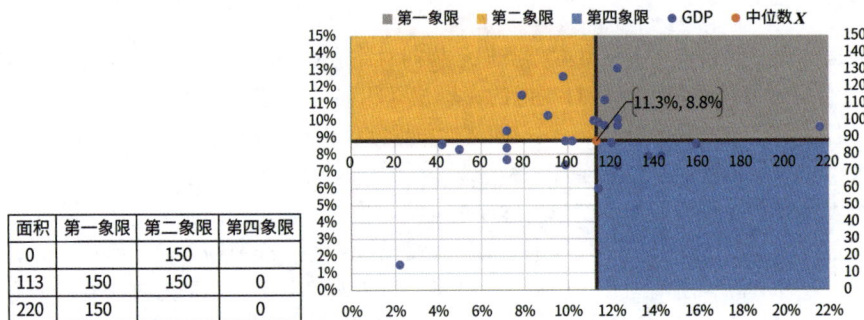

图 1.16　散点图区域划分思路

2. 分区域填充

原图中第一象限、第二象限和第四象限分别填充了绿色、浅绿色和浅绿色，其采用面积图制作。制作时需要注意以下几点。

一是 1 个象限对应 1 个面积图。面积图使用主轴，散点图使用次轴（图 1.16 中改变了横坐标轴的交叉位置，主轴和次轴分别为最大日期和自动）。面积图的取值是散点图的 1000 倍，但取值范围相同，以此保证两者能够一一对应。面积图的 X 轴值和 Y 轴值范围分别为 "0~220" 和 "0~150"，散点图的 X 轴值和 Y 轴值范围分别为 "0~22%" 和 "0~15%"。

二是每个面积图都分为数值区和空白区。以第一象限为例，其中 0~113 是空白区，数值均为空；114~220 是数值区，数值均为 150（如图 1.16 所示）。

三是面积图采用主要横坐标轴，将坐标轴类型修改为日期坐标轴，才能实现与次要横坐标轴的取值范围一一对应（如图 1.17 所示）。

四是主要横坐标轴的交叉位置设置为 88，第一象限和第二象限便只显示交叉位置以上的面积部分，第四象限的 "0" 也可以显现出来（如图 1.17 所示）。

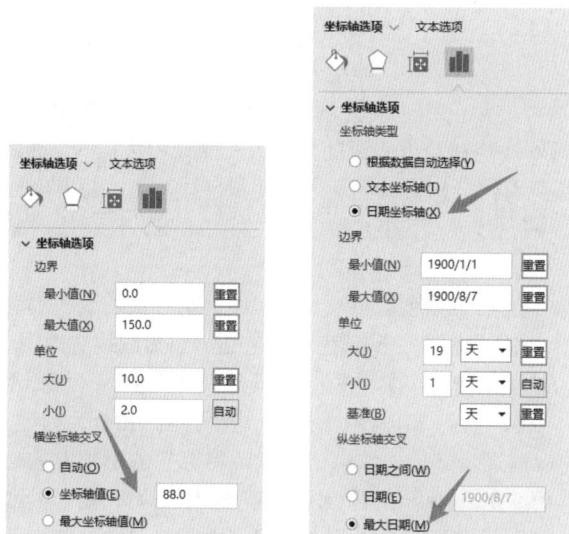

图 1.17　面积图横坐标轴交叉位置

1.4.3　图表分步还原

1. 插入散点图并修改基本格式

如图 1.18（a）所示，选择 B1:G27 单元格区域，插入散点图［如图 1.18（b）所示］。将中位数 Y 系列、面积系列和第一象限系列散点修改为面积图、使用主轴，各散点系均使用次轴。将存款系列散点的的系列名称修改为 B1（GDP），X 轴系列值修改为 B2:B27，Y 轴系列值修改为 C2:C27；将中位数 X 系列散点的 X 轴系列值修改为 D2，Y 轴系列值修改为 E2；将中位数 Y 系列面积的系列名称修改为 G1（第一象限），系列值修改为 G2:G4，水平轴标签修改为 F2:F4；将面积系列面积的系列名称修改为 H1（第二象限），系列值修改为 H2:H4；将第一象限系列面积的系列名称修改为 I1（第四象限），系列值修改为 I2:I4。

设置坐标轴范围：恢复显示次要横坐标轴，将次要横坐标轴、次要纵坐标轴和主要纵坐标轴的取值范围分别修改为 "0~0.22" "0~0.15" 和 "0~150"，间隔分别为 0.02、0.01 和 20，不保留小数点。将图表的字体整体设置为黑色思源黑体 Normal［如图 1.18（c）所示］。

	A	GDP	存款	中位数 X	中位数 Y	面积 X	第一象限	第二象限	第四象限
1		GDP	存款	中位数 X	中位数 Y	面积 X	第一象限	第二象限	第四象限
2	武汉	2.2%	1.5%	11.3%	8.8%	0		150	
3	郑州	4.2%	8.6%			113	150	150	0
4	西安	5.0%	8.3%			220	150		0
5	贵阳	7.2%	8.4%						

（a）

图 1.18　分象限背景填充式散点图制作步骤 1

13

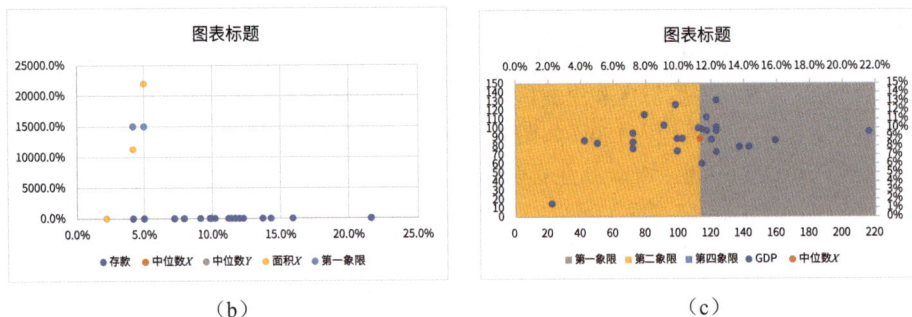

（b）

（c）

图 1.18 （续）

2. 设置散点图格式

调整图表大小：将图表的高度和宽度分别设置为 15.81cm 和 12.7cm。调整绘图区大小，上方预留标题的空间、下方预留注释和数据来源的空间、右侧预留边框和 Logo 的空间。将主要横坐标轴和次要横坐标轴的交叉位置，分别修改为最大日期和自动。将主要横坐标轴和纵坐标轴均设置为 0.5 磅白色（深色 50%），网格线设置为 0.5 磅白色（深色 15%）短画线。删除标题和图例。图表设置为无边框。

设置区域分隔线：为中位数 X 系列散点添加误差线，水平误差线和垂直误差线均设置为正负偏差、无线端、固定值 0.2，线条设置为 2 磅黑色（淡色 25%）短画线［如图 1.19（a）所示］。

设置散点图：将 GDP 系列散点的数据标记设置为 5 号圆形、深绿色（RGB 值为 7，122，50）填充、2.25 磅绿色（RGB 值为 74，183，130）边框。为 GDP 系列散点添加数据标签，显示 A2:A27 单元格中的值、取消显示 Y 值、取消引导线，将标签的上下左右边框修改为 0、高度修改为 0.4cm，并参照原图移动位置，确保相互间不遮挡。将中位数 X 系列散点的数据标记设置为无。

设置面积图：将第一象限系列面积填充为 85% 透明度绿色 2（RGB 值为 2，255，44）；将第二象限和第四象限系列面积填充为 85% 透明度绿色。

参照原图制作象限标签、次要横坐标轴和纵坐标轴标题、直线箭头和图例（由"直线 + 文本框"组成），具体参数详见图表源文件，最终效果如图 1.19（b）所示。

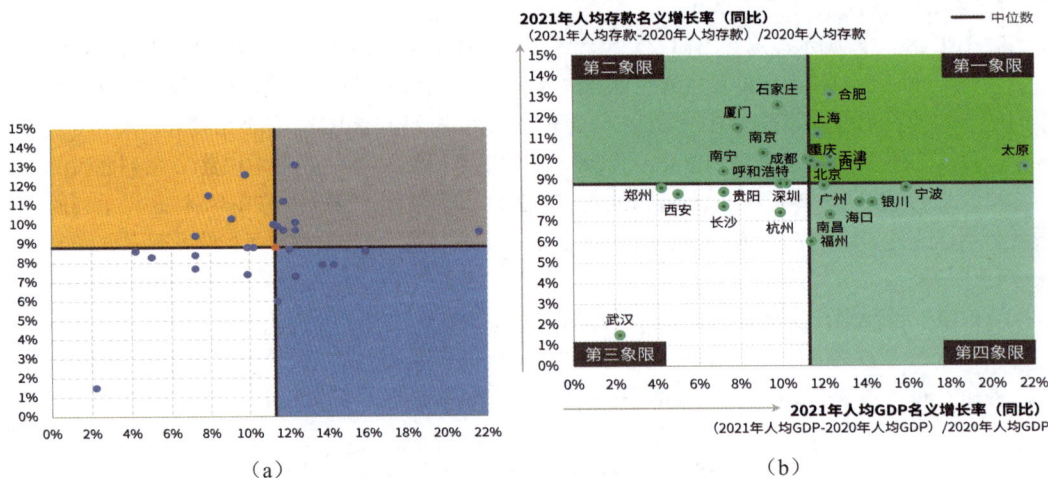

（a）

（b）

图 1.19 分象限背景填充式散点图制作步骤 2

3. 设置装饰和各项文字性内容

参照原图制作标题、各项装饰和文字性内容，具体参数详见图表源文件源文件（或参照 1.1 节中的"设置装饰和各项文字性内容"部分），最终效果如图 1.20 所示。

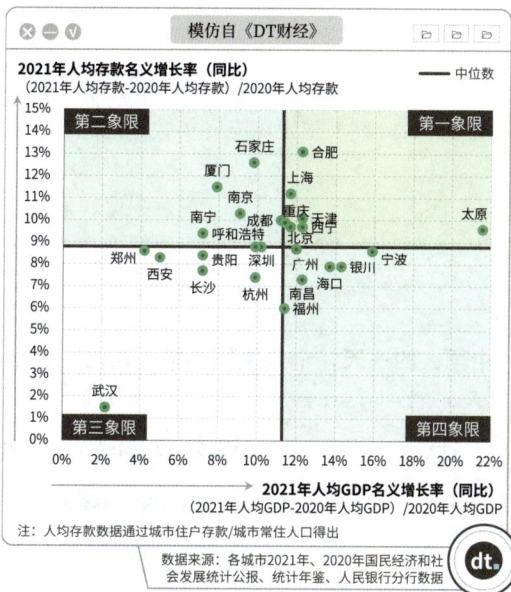

2021年中国26个主要城市人均住户存款与
人均GDP名义增长率（同比）差别

图 1.20　分象限背景填充式散点图制作步骤 3

1.5 依据数据关系选择："表格＋圆角条形图＋饼图"组合

1.5.1 图表自画像

解题之道：现实工作中，除了单一的数据关系，糅合多种关系的综合关系也十分常见，与之相匹配的图表类型主要是组合图、多类图表组合和表图结合。组合图表的优势是集中力量办大事，集合多个图表的力量，共同来完成复杂问题的数据表达。其制作步骤分 3 步：一是抽丝剥茧。先将杂糅在一起的多类数据关系掰开揉碎，桥归桥、路归路。二是对号入座。1 种关系对应 1 个或多个图表，图表之间的相互搭配要协调。三是殊途同归。将多个图表有机组合在一起，再用一个容器来盛装（既可以是表格，也可以是矩形、圆角矩形等形状），减少疏离感。就像家里的孩子们虽已长大、各自独立，但有亲情在维系还是一家人。

如图 1.21 所示，图表设计师用饼图展示占比，1 类活动对应 1 个饼图。用圆形条形图展示时长，1 类活动对应 1 个条形。最后用表格将所有图表都纳入其中，准确传递信息，而且面面俱到、姿态优雅。

图表类型：表格＋饼图＋堆积条形图。

表达数据关系：静态结构关系＋横向对比关系，各项生理活动的时长占比属于静态结构；各项

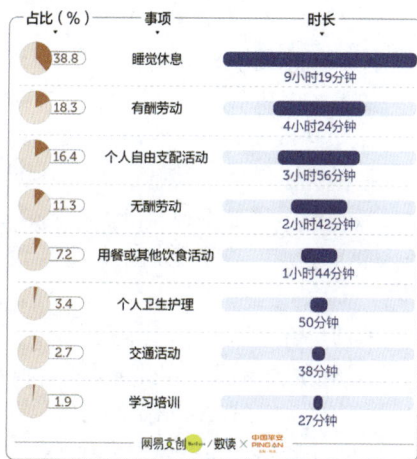

图 1.21　"表格＋圆角条形图＋饼图"组合
（选自《网易数读》）

生理活动的时长对比属于横向对比。

适用场景： 适用于数据新闻媒体和商务报告。

1.5.2 制作技巧拆解

1. 表图结合

如图 1.22 所示，原图以表格为底，在表格上填充各类数据信息。表格内由左至右分别展示了占比饼图、文本和条形图。

制作时先设计好表格框架，依次确定行列数量、行高、列宽、边框线，再确定每部分内容的摆放位置。还需要特别注意：图表必须以嵌入的方式，才能更好地与表格融为一体；表格内包含多个图表时要排列整齐，设置对齐和平均分布。

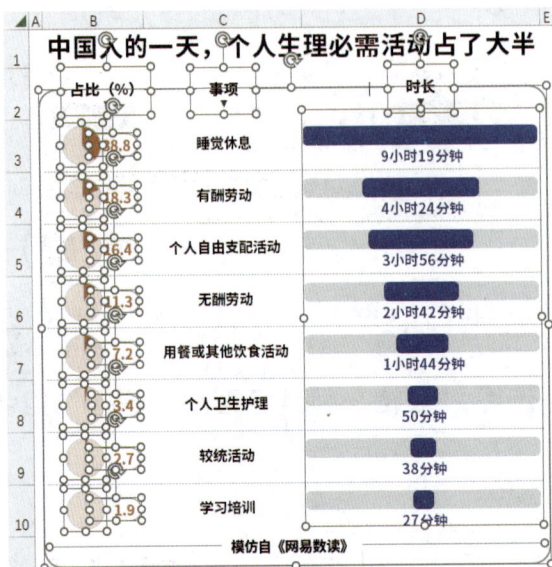

图 1.22　表格结构

2. 多个饼图组合

如图 1.22 所示，原图中"占比"列的 8 类活动事项均配备了饼图，且在饼图右侧放置圆角数据标签。

制作饼图时需添加辅助列（辅助列值 =100- 占比值）。制作好睡觉休息的饼图后，复制并修改数据源，可以快速得到其他活动事项的饼图组合。如图 1.23 所示，制作圆角数据标签时，插入圆角矩形，将圆角调至最大并设置无填充、灰色边框，然后叠放在占比列相应的活动事项中。

3. 圆角条形

原图中时长部分采用圆角条形，辅助条形在下、时长条形在上，且每类活动事项的时长条形均显示在中间。如图 1.24 所示，制作时需要在条形图中添加时长辅助 1 条形和时长辅助 2 条形。其中时长辅助 1 条形使用主要坐标轴（数值均为 559，即睡觉休息的 9 小时 19 分钟，转换成分钟后为 559），用于显示圆角条形背景；时长辅助 2 条形 [数值为（时长辅助 1- 时长）/2] 和时长条形采用堆积条形图、使用次要坐标轴。这样时长条形便可以始终显示在绘图区中间，最后为条形添加 8 磅的圆角边框即可实现圆角效果。

另外，为了正常显示圆角边框，还应该适当放大横坐标轴的取值范围，最大值和最小值建议各增加 10 个单位。

图 1.23　饼图标签

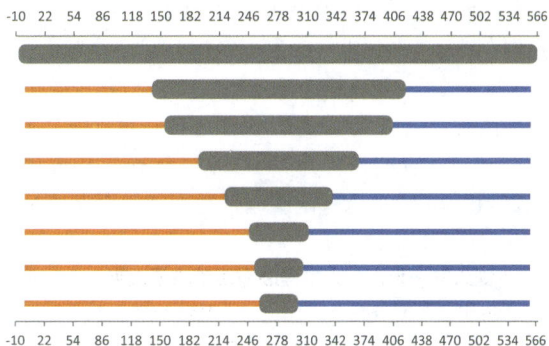

图 1.24　圆角条形图制作思路

4. 将图表嵌入表格

如图 1.22 所示，原图中 8 个饼图分别嵌入"占比"列，饼图高度建议略低于主体部分行高，然后直接放置在对应行的中间，并与对应数据标签保持垂直居中对齐；条形图是整体嵌入"时长"列，嵌入时长按 Alt 键，然后调整条形图的大小，就可以将其完美地吸附在"时长"列的四边。

5. 圆角边框

如图 1.22 所示，表格外的圆角边框，只需插入圆角矩形并叠放在表格上。

6. 自定义表头

如图 1.22 所示，表头显示在圆角边框的上层，让圆角边框形成折断的效果，表头下还添加了指向箭头。制作时用白色填充的文本框叠放在圆角边框上，在文本框下插入深灰色填充的倒三角形。

1.5.3　图表分步还原

1. 制作表格框架

如图 1.25（a）所示，表格的具体参数如下。

行高：标题（第 1 行）30 磅、表头（第 2~10 行）40.5 磅、数据来源（第 11 行）45 磅。

列宽：占比列（B 列）13 磅、事项列（C 列）20.5 磅、时长列（D 列）31 磅、空白列（A 列和 E 列，用于放置圆角边框）1.25 磅。

文字内容：

标题采用 20 号黑色思源黑体 Bold、水平方向分散对齐。

表头采用 12 号黑色思源黑体 Bold、水平方向和垂直方向均设置为居中对齐。表头文本框（高度和宽度分别设置为 0.8cm 和 1.5cm，占比文本框宽度 2.2cm）设置为白色填充、无边框。指向箭头三角形（高度和宽度均设置为 0.2cm）垂直翻转，并设置为黑色（淡色 25%）填充、无边框。将指向箭头放置在文本框下方，并保持水平居中对齐。

主体部分中"占比"列采用 11 号茶色思源黑体 Bold。其中圆角矩形（高度和宽度分别设置为 0.6cm 和 1.37cm）设置为最大圆角、无填充、0.5 磅白色（深色 50%）边框、上下边距设置为 0、左右边距设置为 0.1、水平方向保持右对齐、垂直方向保持居中对齐。

"事项"列采用 11 号黑色思源黑体 Bold、水平方向和垂直方向均保持居中对齐。

"时长"列采用 11 号蓝色思源黑体 Bold、水平方向保持居中对齐、垂直方向保持下对齐。

数据来源采用 10 号白色（深色 50%）思源黑体 Bold、水平方向和垂直方向均保持居中对齐。数据来源文本框（高度和宽度分别设置为 0.5cm 和 0.8cm）设置为无填充、无边框、上下左右边距均设置为 0，与标题保持左对齐。

Logo 采用 11 号黑色（淡色 25%）思源黑体 Bold、水平方向和垂直方向均保持居中对齐。Logo 文本框（高度和宽度分别设置为 0.5cm 和 4cm）上下左右边距均设置为 0，放置在主体内容下方、

17

叠放在分隔线上方、与标题保持居中对齐。

边框：圆角矩形边框（高度和宽度分别设置为 13.1cm 和 14.34cm）设置为无填充、1 磅白色（深色 50%）边框。适当调整圆角角度后，将其左右两边分别放置在表格的 A 列和 E 列、顶部放置在第 2 行、底部放置在第 11 行。主体内容边框（第 4~9 行的上下边框）设置为白色（深色 35%）短画线。分隔线（宽度设置为 14.02cm，叠放在 Logo 下层的线条）设置为 0.5 磅白色（深色 50%），放置在第 10 行下方，首尾两端分别与内部边框保持对齐。

（a）

	A	B	C	D	E	F
1		时长辅助1	时长辅助2	时长	占比	占比辅助
2	睡觉休息	559	0	559	38.8	61.2
3	有酬劳动	559	147.5	264	18.3	81.7
4	个人自由支配活动	559	161.5	236	16.4	83.6
5	无酬劳动	559	198.5	162	11.3	88.7
6	用餐或其他饮食活动	559	227.5	104	7.2	92.8
7	个人卫生护理	559	254.5	50	3.4	96.6
8	较统活动	559	260.5	38	2.7	97.3
9	学习培训	559	266	27	1.9	98.1

（b）

图 1.25 "表格 + 圆角条形图 + 饼图"制作步骤 1

2. 制作饼图

如图 1.25（b）所示，选择 E1:F2 单元格区域插入饼图。然后将占比类别和占比辅助类别分别填充为茶色（RGB 值为 190，103，67）和浅茶色（RGB 值为 242，227，218），边框设置为 0.5 磅白色（深色 35%）。将饼图设置为无填充、无边框。将饼图高度和宽度均设置为 1.2cm，并适当调整绘图区大小［如图 1.26（a）所示］。同理制作其余活动事项饼图。

（a）

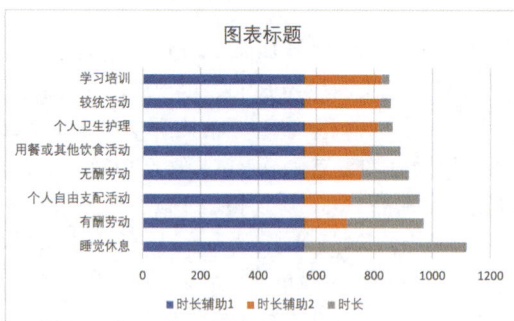

（b）

图 1.26 "表格 + 圆角条形图 + 饼图"制作步骤 2

3. 制作条形图

如图 1.25（b）所示，选择 A1:D9 单元格区域插入堆积条形图［如图 1.26（b）所示］。让时长辅助 1 系列条形使用主轴、时长辅助 2 系列条形和时长系列条形使用次轴。恢复显示次要纵坐标轴，将主要纵坐标轴和次要纵坐标轴均设置为逆序类别。将主要横坐标轴和次要横坐标轴的取值范围均设置为"-10~569"［如图 1.27（a）所示］。

调整图表大小：将图表的高度和宽度分别设置为11.43cm和6.69cm。隐藏坐标轴标签和线条。删除标题、图例和网格线。将图表设置为无填充、无边框。

设置条形：将条形的间隙宽度设置为500%。将时长辅助1系列条形设置为白色（深色15%）填充、8磅白色（深色15%）边框；时长辅助1系列条形设置为无填充、无边框；时长系列条形设置为蓝色（RGB值为41，49，134）填充、8磅蓝色边框［如图1.27（b）所示］。

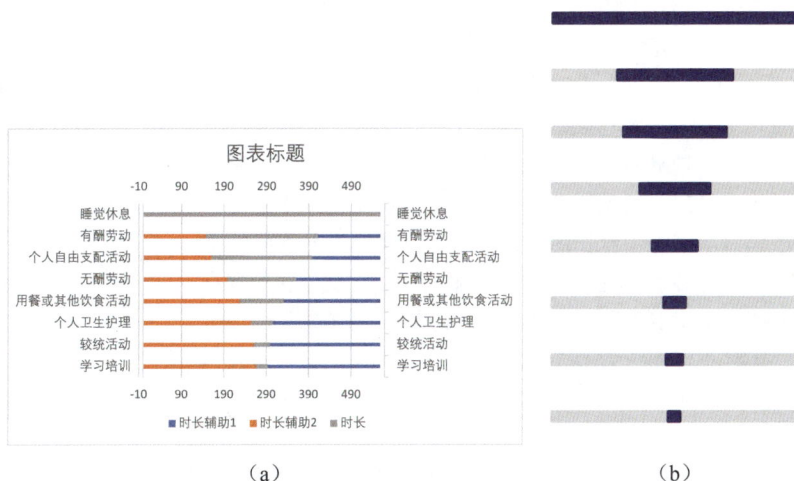

（a）　　　　　　　　　　　　　（b）

图 1.27 "表格＋圆角条形图＋饼图"制作步骤 3

4. 将饼图和条形图嵌入表格

嵌入饼图：依次将每个活动事项的饼图垂直居中嵌入表格中的"占比"列，饼图叠放在对应的圆角数据标签左侧，并与其保持垂直居中对齐。

嵌入条形图：调整条形图的绘图区，使其基本覆盖整个图表区，然后嵌入"时长"列。接下来长按 Alt 键的同时调整条形图的大小，让条形图的四边吸附到"时长"列的四边，接着适当向上移动条形图，露出下方的对应时长文字。最终效果如图1.28所示。

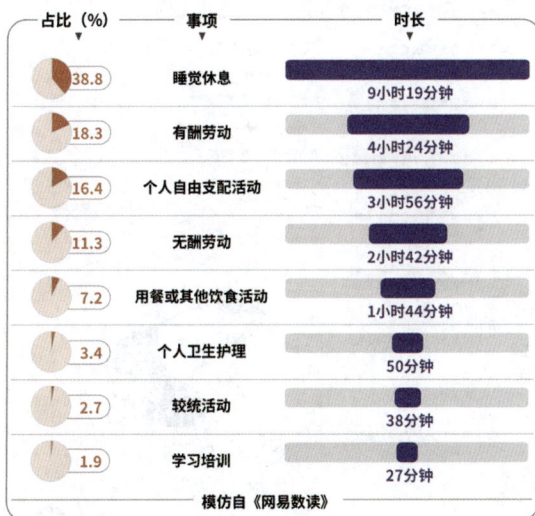

数据来源：国家统计局《2018年全国时间利用调查公报》

图 1.28 "表格＋圆角条形图＋饼图"制作步骤 4

1.6 依据使用场景选择：长标签＋多系列条形图

1.6.1 图表自画像

解题之道：俗话说，上什么山唱什么歌，进什么庙拜什么佛。不同的应用场景，应该选择不同的图表风格，这是选对图表的第 2 个标准。商务报告类图表注重专业性、规范性、简洁性和易读性，设计制作时图表种类要常见、图表表达要清晰、图表装饰要克制。

图 1.29 探讨实习工作话题，图表设计师将其定位为商务报告风，选择了最常见的簇状条形图，并通过艺术化超长标签做出差异化，呈现出不同的美感。长标签处理如下：一是整齐排列。将所有标签保持左对齐，并平均纵向分布后，呈现出规律化的美感。二是留有余地。左右两侧分别与边框和条形图保持适当的距离，给长标签提供充足的呼吸空间，消除局促感。三是适当装饰。标签外添加了圆角矩形边框后，可以强化长标签的整齐度，同时显得不再单调。

另外，为了与长标签形成左右呼应，强化长标签、条形和数据标签的一一对应关系，数据标签被统一安置在右侧、保持右对齐、用条形同色连接线做好关联。

图表类型：簇状条形图＋散点图。

表达数据关系：横向对比，关于实习工作的 10 类常见说法，在校生和已毕业学生各自认同的比例对比。

适用场景：适用于数据新闻媒体和商务报告，去除外装饰框和插画后也适用于政府报告。

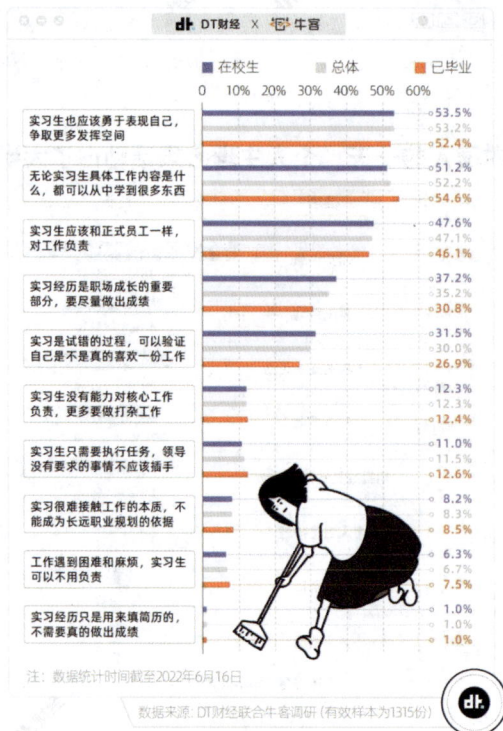

图 1.29　长标签＋多系列条形图（选自《DT 财经》）

1.6.2 制作技巧拆解

1. 自定义纵坐标轴标签

如图 1.30 所示，纵坐标轴标签添加圆角矩形边框、换行显示、自定义行间距、保持左对齐，采用圆角矩形制作，上下左右边距均设置为 0.5cm、行间距设置为 0.7。

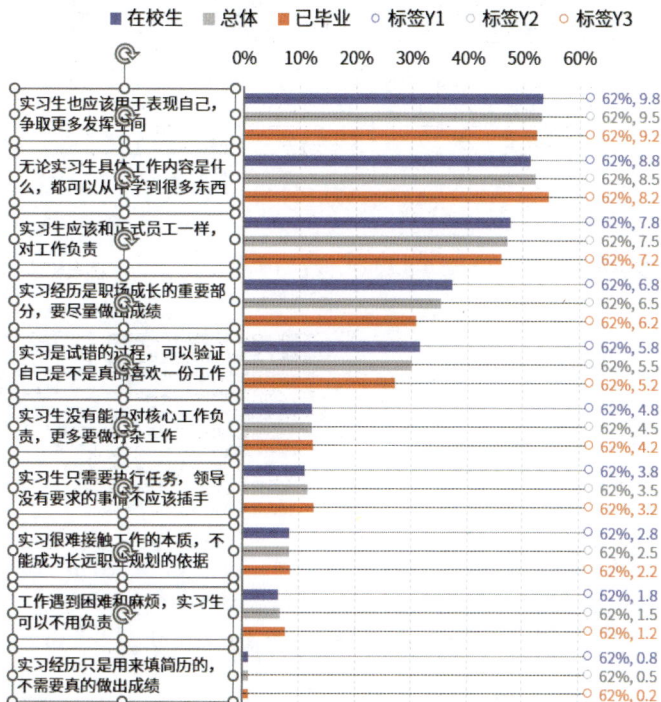

图 1.30　自定义坐标轴和数据标签制作思路

2. 自定义数据标签

如图 1.30 所示，条形的数据标签采用 3 组辅助散点制作，1 个条形对应 1 组散点。标签 Y1 散点的 X 轴值均为 0.62，Y 轴值分别为 0.8、1.8、……、9.8；标签 Y2 散点的 X 轴值均为 0.62，Y 轴值分别为 0.5、1.5、……、9.5；标签 Y3 散点的 X 轴值均为 0.62，Y 轴值分别为 0.2、1.2、……、9.2。连接线采用散点的水平误差线制作，误差线设置为负偏差、无线端、固定值 6.5。标签、连接线与对应条形颜色相同，因此覆盖在条形上的连接线可以与其融为一体。

1.6.3 图表分步还原

1. 插入条形图并修改基本格式

如图 1.31（a）所示，选择 A1:G11 单元格区域，插入簇状条形图［如图 1.31（b）所示］。

将标签系列、标签 Y1 系列和标签 Y2 系列修改为散点图、使用次轴、修改数据源。将标签系列散点的系列名称修改为 F1（标签 Y1），X 轴系列值修改为 E2:E11，Y 轴系列值修改为 F2:F11；将标签 Y1 系列散点的系列名称修改为 G1（标签 Y2），X 轴系列值修改为 E2:E11，Y 轴系列值修改为 G2:G11；将标签系列散点的系列名称修改为 H1（标签 Y3），X 轴系列值修改为 E2:E11，Y 轴系列值修改为 H2:H11。将主要横坐标轴的取值范围分别修改为"0~0.65"和"0~10"，间隔为 0.1，不保留小数点；将次要纵坐标轴的取值范围修改为"0~10"；将主要纵坐标轴设置为逆序类别。将图表的字体整体设置为黑色思源黑体 Normal［如图 1.31（c）所示］。

	A	B	C	D	E	F	G	H
		在校生	总体	已毕业	标签	标签Y1	标签Y2	标签Y3
1								
2	实习生应	53.5%	53.2%	52.4%	62%	9.8	9.5	9.2
3	无论实习生	51.2%	52.2%	54.6%	62%	8.8	8.5	8.2
4	实习生应该	47.6%	47.1%	46.1%	62%	7.8	7.5	7.2
5	实习经历是	37.2%	35.2%	30.8%	62%	6.8	6.5	6.2
6	实习是试错	31.5%	30.0%	26.9%	62%	5.8	5.5	5.2
7	实习生没有	12.3%	12.3%	12.4%	62%	4.8	4.5	4.2
8	实习生只需	11.0%	11.5%	12.6%	62%	3.8	3.5	3.2
9	实习很难接	8.2%	8.3%	8.5%	62%	2.8	2.5	2.2
10	工作遇到困	6.3%	6.7%	7.5%	62%	1.8	1.5	1.2
11	实习经历只	1.0%	1.0%	1.0%	62%	0.8	0.5	0.2

（a）

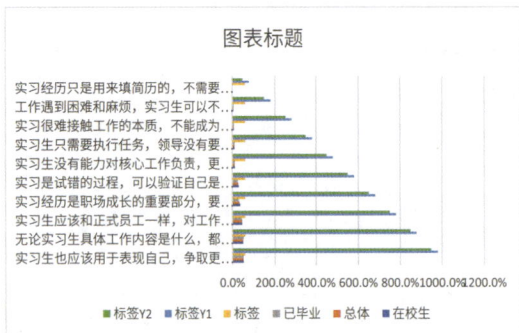

（b）

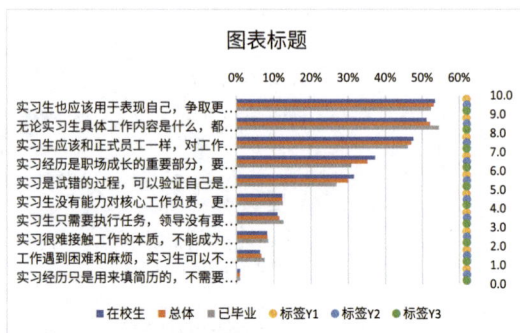

（c）

图 1.31 "长标签 + 多系列条形图"制作步骤 1

2. 设置条形图格式

调整图表大小：将图表的高度和宽度分别设置为 18cm 和 12.7cm。隐藏主要和次要纵坐标轴标签。调整绘图区大小，上方预留标题的空间、下方预留注释和数据来源的空间、左侧预留纵坐标轴标签的空间、右侧预留边框和 Logo 的空间。将主要纵坐标轴设置为 1 磅白色（深色 50%）；将网格线设置为 0.5 磅白色（深色 15%）短画线。删除图例中的标签 Y1、标签 Y2 和标签 Y3，并放在条形上方。删除标题。图表设置为无边框。

设置条形图：将条形的系列重叠和间隙宽度分别设置为 -100% 和 150%。将在校生系列条形、总体系列条形和已毕业系列条形分别填充为蓝色（RGB 值为 112，111，250）、白色（深色 25%）和橙色（RGB 值为 239，113，63）。

设置散点图：将标签 Y1 系列散点、标签 Y2 系列散点和标签 Y3 系列散点的数据标记白色填充、分别设置为 0.5 磅蓝色、白色（深色 25%）和橙色边框。分别为 3 个系列散点添加误差线并删除垂直误差线，水平误差线设置为负偏差、无线端和固定值 0.65，线条分别设置为 0.5 磅蓝色、白色（深色 25%）和橙色方点虚线。分别为 3 个系列散点添加数据标签，并分别显示 B2:B11、C2:C11 和 D2:D11 单元格中的值，取消显示 Y 值，上下左右边距均设置为 0、放在散点右侧，字体分别设为蓝色、白色（深色 25%）和橙色 [如图 1.32（a）所示]。

设置纵坐标轴标签：插入圆角矩形（高度和宽度分别设置为 0.95cm 和 4.13cm），设置为无填充、0.5 磅白色（深色 25%）边框、放在对应条形左侧并保持适当距离。输入对应文字后，将上下左右边距均设置为 0.5cm、行间距设置为 0.7。同理制作其余标签，并将所有标签设置为左对齐、平均纵向分布 [如图 1.33（b）所示]。

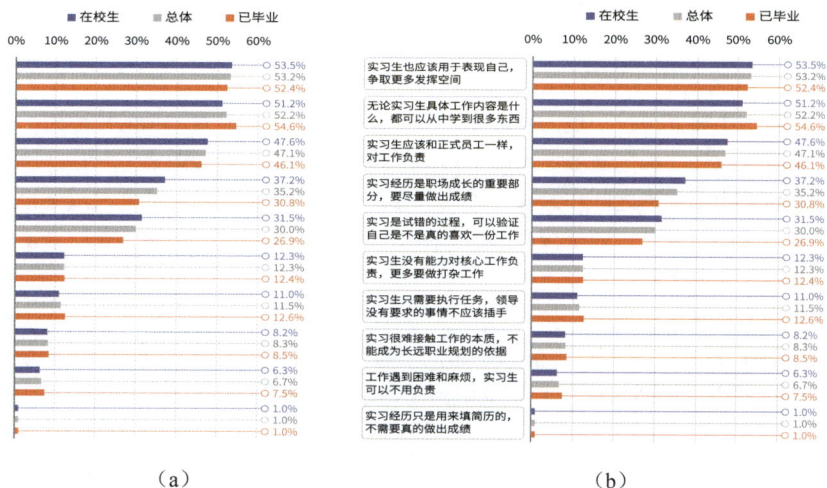

（a） （b）

图 1.32 "长标签 + 多系列条形图"制作步骤 2

3. 设置装饰和各项文字性内容

参照原图制作标题、各项装饰、插画和文字性内容，具体参数详见图表源文件（或参照 1.1 节中的"设置装饰和各项文字性内容"部分），最终效果如图 1.33 所示。

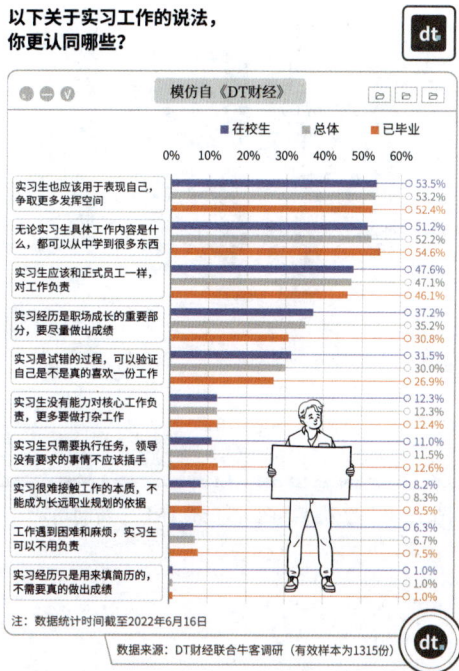

图 1.33 "长标签 + 多系列条形图"制作步骤 3

1.7 依据使用场景选择：上下蝴蝶图

1.7.1 图表自画像

解题之道：图表的第 2 类常用场景是政府报告类，这类图表相对庄重、严肃、严谨和准确，崇尚精准表达与朴实无华，散发出成熟睿智的气息。在创新方面十分克制，多以更改排版方式和简单图形点缀为主。

如图 1.34 所示是典型的《RUC 新闻坊》设计风格，充满文人墨客的书香之气，十分契合政府报告的气质。主要表现：一是图表选择。图表设计师选用了最为常见的柱形图，最大化降低阅读门槛。二是版式设计。为了高效展示 4 个维度的数据，将两个柱形图上下对称摆放，柱形内部对比作为主要对比，上下柱形之间作为次要对比。三是同色系配色。采用低调内敛又稳重大气的蓝色，并降低饱和度为眼睛减负。四是极简风格。除了顶部和底部的标志性装饰条组合，图表部分并无任何多余的装饰，让图表回归初心。

图表类型：簇状柱形图。

表达数据关系：综合对比关系，2017—2021 年斯里兰卡的国民储蓄 / 投资 / 出口额 / 进口额的变化情况属于纵向对比；同一年度中国民储蓄与投资的对比、出口额与进口额的对比属于横向对比。

适用场景：原图适用于数据新闻媒体，去掉各项形状装饰后适用于政府报告和商务报告。

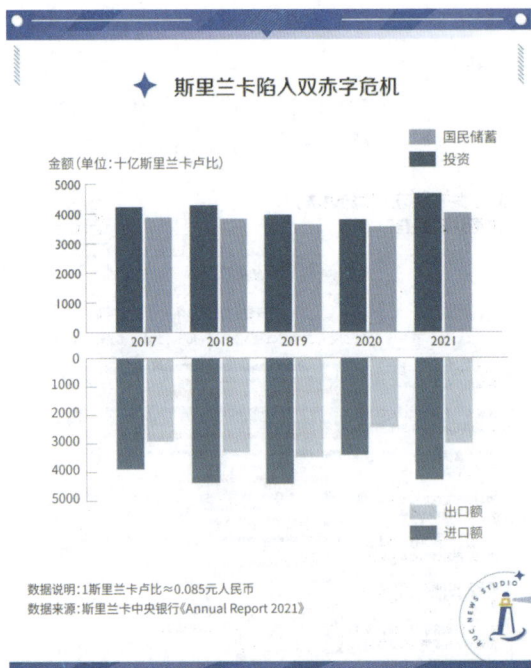

图 1.34　上下蝴蝶图（选自《RUC 新闻坊》）

1.7.2　制作技巧拆解

1. 多图排版

如图 1.35 所示，国民储蓄与投资柱形图在上、出口额与进口额柱形图（纵坐标轴设置为逆序刻度值，隐藏横坐标轴标签）在下，两者大小相同、均设置为无填充和无边框。排版时两者不仅要对齐，下柱形还要适当向上移动，保持横坐标轴线条与标签之间的间距相同，这样组合后的图表整体性更强。

2. 形状装饰组合

原图中顶部和底部的装饰很有特色，元素很简单、设计却巧妙，可以有效建立品牌的风格、提高品牌的识别度。其由矩形、圆形、三角形、梯形、线条等形状组成。这种设计思路和《DT 财经》《谷雨数据》的图表分区有异曲同工之妙（如图 1.36 所示）。

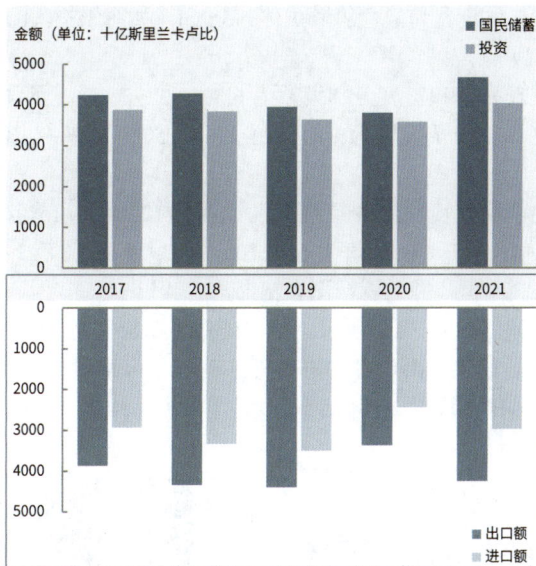

图 1.35　上下蝴蝶图组合思路

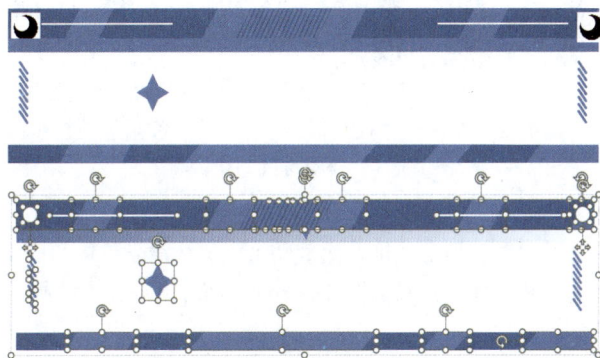

图 1.36　形状装饰结构

1.7.3　图表分步还原

1. 插入柱形图并修改基本格式

如图 1.37（a）所示，选择 A1:C6 单元格区域插入簇状柱形图。将纵坐标轴的取值范围设置为

	A	B	C	D	E
1		国民储蓄	投资	出口额	进口额
2	2017	4236	3873	3864	2936
3	2018	4273	3836	4337	3333
4	2019	3945	3636	4394	3504
5	2020	3800	3582	3371	2443
6	2021	4673	4036	4242	2973

（a）

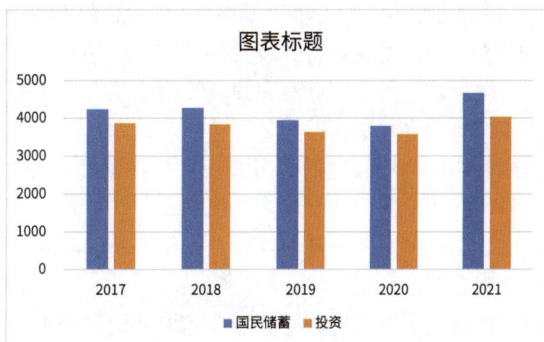

（b）

图 1.37　上下蝴蝶图制作步骤 1

"0~5000"。将图表的字体整体设置为黑色思源黑体 Normal［如图 1.37（b）所示］。

2. 设置柱形图格式

调整图表大小：将图表高度和宽度分别设置为 6.5cm 和 12cm。删除标题和网格线。将图例放置在图表的右上角。将坐标轴线条设置为 1 磅白色（深色 50%），纵坐标轴的刻度线设置为内部。图表设置为无边框。

设置柱形：将柱形的间隙宽度和系列重叠分别设置为 100% 和 -15%。将国民储蓄系列柱形和投资系列柱形分别填充为蓝色 1（RGB 值为 67，102，132）和浅蓝色 1（RGB 值设置 150，172，195）。为柱形图添加单位文本框，并放置在图表左上角。

参照原图制作单位后如图 1.38（a）所示。同理制作出口额和进口额柱形，将纵坐标轴设置为逆序刻度值，隐藏横坐标轴标签。出口额和进口额系列柱形分别填充为蓝色 2（RGB 值设置 102，132，158）和浅蓝色 2（RGB 值设置 200，212，224）［如图 1.38（b）所示］。

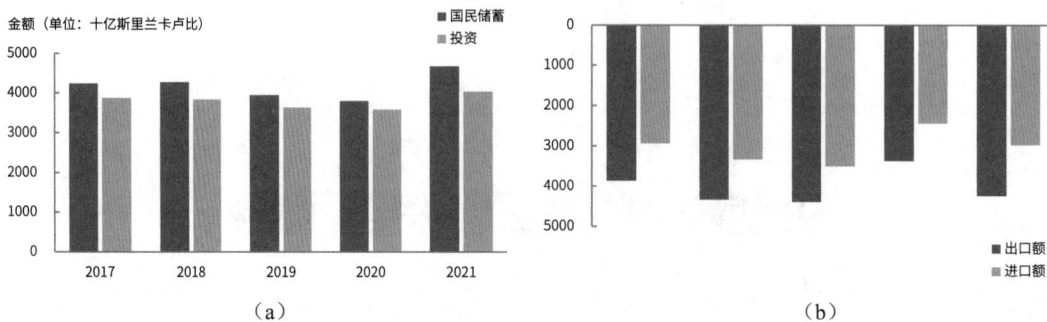

图 1.38　上下蝴蝶图制作步骤 2

3. 制作柱形图装饰

整个柱线图装饰由矩形背景、顶部装饰、底部装饰、侧边线条装饰和四角星组成。

背景矩形：矩形（高度和宽度分别设置为 12.18cm 和 12cm，根据图表实际大小调整），设置为白色填充、无边框。

顶部装饰：

上方矩形（高度和宽度分别设置为 0.49cm 和 12.04cm），设置为蓝色 3（RGB 值为 49，95，164）填充；**下方矩形**（高度和宽度分别设置为 0.22cm 和 12.04cm），设置为由蓝色 3 到 100% 透明度蓝色 3 的线性渐变填充；**圆形**（高度和宽度均设置为 0.3cm），设置为白色填充、右下方阴影；**梯形**（高度均设置为 0.49cm，宽度根据实际需要调整），设置为浅蓝色（RGB 值为 87，122，187）填充；**直线**（宽度设置为 2.67cm），设置为 1 磅白色；**连续性的倾斜线**（高度设置为 0.48cm），均设置为 1.5 磅浅蓝色 3，数量根据需要确定，且设置为平均分布；**三角形**（高度和宽度分别设置为 0.48cm 和 0.51cm），垂直翻转并设置为浅蓝色 3 填充。

圆形、梯形、三角形、直线和倾斜线均叠放在上方矩形上层。

底部装饰的设置方法和顶部装饰类似。

侧边线条装饰为连续性的倾斜线，只需将顶部装饰的倾斜线先垂直翻转、再顺时针旋转 90°、调整大小即可。

四角星（高度和宽度分别设置为 0.71cm 和 0.66cm），设置为浅蓝色填充（如图 1.39 所示）。

4. 组合图表

将两个柱形图上下放置，并叠放在各项装饰组合上层，最终效果如图 1.40 所示。

图 1.39　上下蝴蝶图制作步骤 3

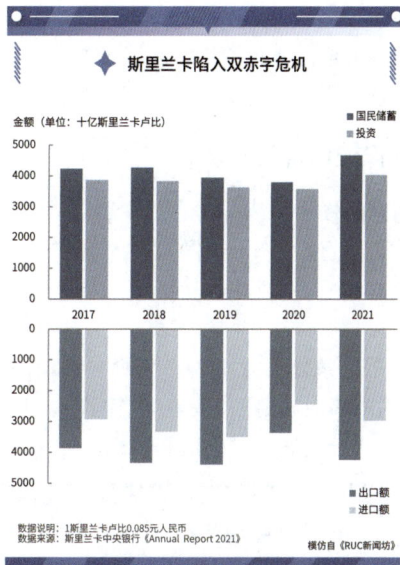

图 1.40　上下蝴蝶图制作步骤 4

1.8　依据使用场景选择：新闻式热力图

1.8.1　图表自画像

解题之道： 新闻媒体类图表追求别有风味和惹人注目，种类丰富、变化无穷、充满巧思。在设计制作这一类图表时，建议适当增加创新的比重，充分发挥想象力。如果灵感欠缺，建议跳转至第5 章和第 6 章内容，向图表设计师学习，如何将天马行空的创意融入图表。

如图 1.41 所示，想要展示 2000—2021 年春晚 127 个小品时长的分布情况，散点图、气泡图、柱形图和条形图都可以做到，只是略显枯燥。图表设计师最终选择了热力图，并为时长最短和最长的小品配上了剧照，占据图表半壁江山的剧照，瞬间将读者的思绪拉回到那些经典的场面中，让人不禁感叹：原来是它，这个我熟。每个图表制作人都梦寐以求，能让图表和读者产生共情和互动。

图 1.41　热力图（选自《RUC 新闻坊》）

图表类型：热力图。

表达数据关系：分布关系，展示了 2000—2021 年春晚 127 个小品时长的分布情况。

适用场景：原图适用于数据新闻媒体、去掉各项形状装饰后适用于政府报告和商务报告。

1.8.2 制作技巧拆解

1. 热力图制作

热力图可以直接用单元格的颜色深浅来表示数值的大小，这种表达方式的优缺点泾渭分明。其优点是可以容纳更多的数据，而且不会显得杂乱；其缺点是没有坐标轴标尺，不显示数据标签，仅显示趋势。

热力图采用条件格式中的"色阶"制作。如图 1.42 所示，首先选中所有数值区域，然后选择"色阶"中的"其他规则"。接着在"编辑格式规则"弹框中，分别将最小值和最大值"类型"修改为"数字"，再分别确定对应值和填充色。

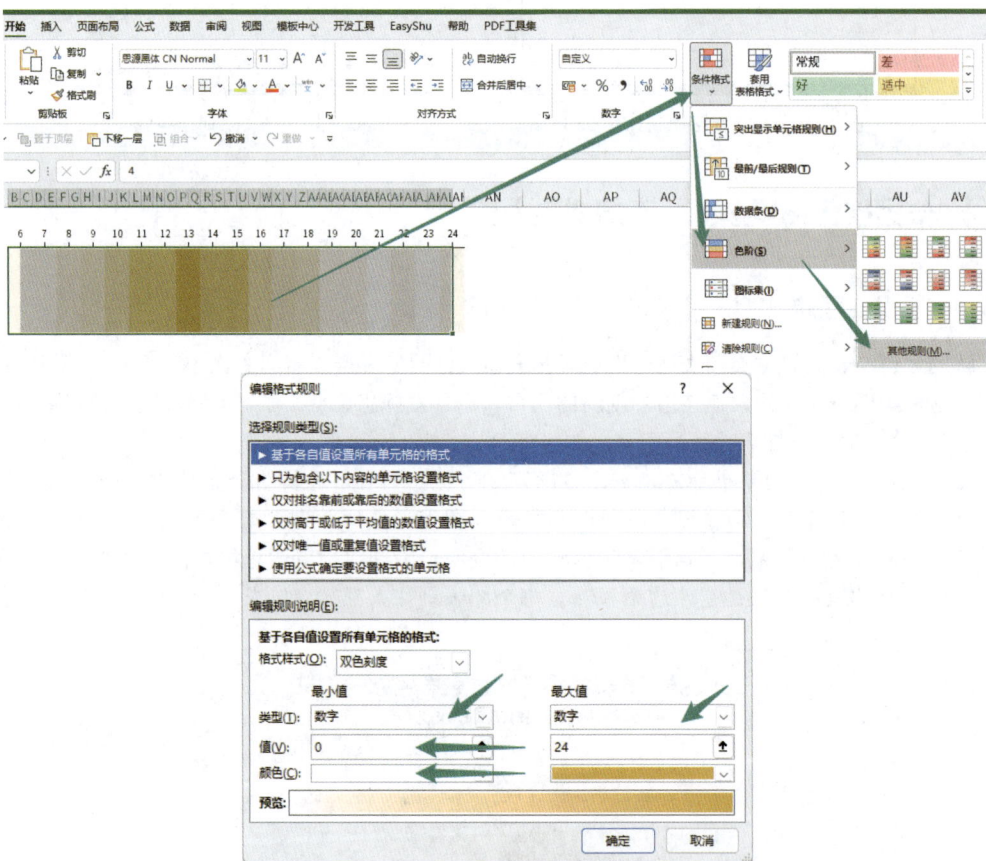

图 1.42　热力图制作思路

2. 热力图坐标轴

如图 1.43 所示，热力图的局限性就是缺少坐标轴，图表设计师则用单元格及边框为其打造了 1 个坐标轴。整个热力图分为标签、线条和图表 3 部分。以数值 6 为例，其共有 2 列 3 行。

第 1 行：显示坐标轴标签。合并两个单元格后录入标签。

第 2 行：显示刻度线和坐标轴线条。用两个单元格中间的边框线模仿刻度线、用下边框模仿坐标轴线条。

第 3 行：显示热力图。

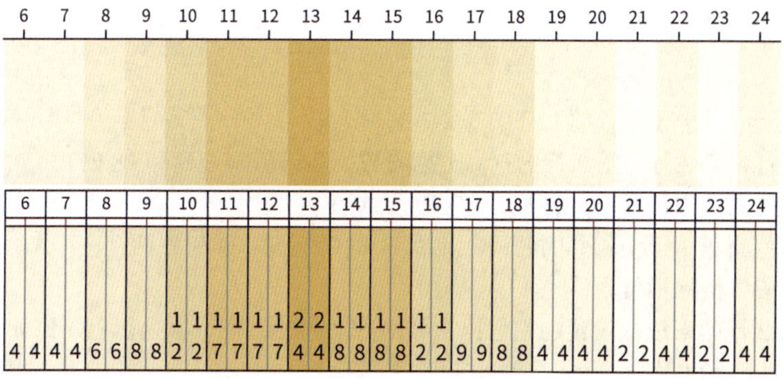

6	7	8	9	10	11	12	13	14	15	16	17	18	19	20	21	22	23	24

6	7	8	9	10	11	12	13	14	15	16	17	18	19	20	21	22	23	24

图 1.43　热力图坐标轴制作思路

3. 隐藏热力图数值

热力图中只显示单元格的颜色，并不显示对应数值，因此需要将这些数值隐藏起来。如图 1.43 所示，制作时将数据格式设置为";;"，所有数据都会显示为空。

4. 图表与图片组合

热力图内展示了时长最短和时长最长的小品剧照，产生强烈的沉浸感和代入感。如图 1.44 所示，先将热力图表格保存为图片，并在其下方叠放剧照图片和小品名称圆角矩形，并用直线连接热力图。

表格保存为图片的具体步骤：先选中表格内容，然后单击"开始"选项卡中的"复制"按钮，再单击"粘贴"按钮，在其列表中选择"图片"或"链接的图片"（当源表格内容更新时，它会跟随更新）。

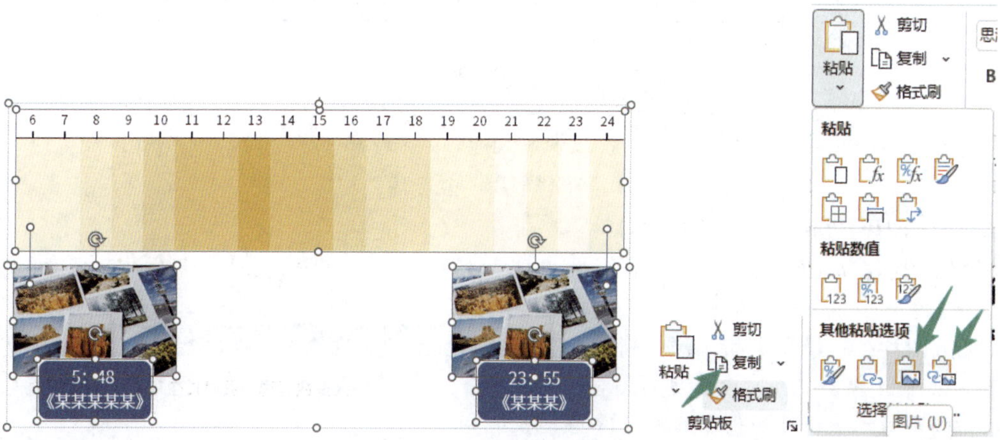

图 1.44　热力图与图片组合的制作思路

5. 自定义图例形状

如图 1.45 所示，图例采用"渐变填充剪去单角的矩形 + 只保留边框的剪去单角的矩形 + 添加阴影的圆形 + 直线"制作。

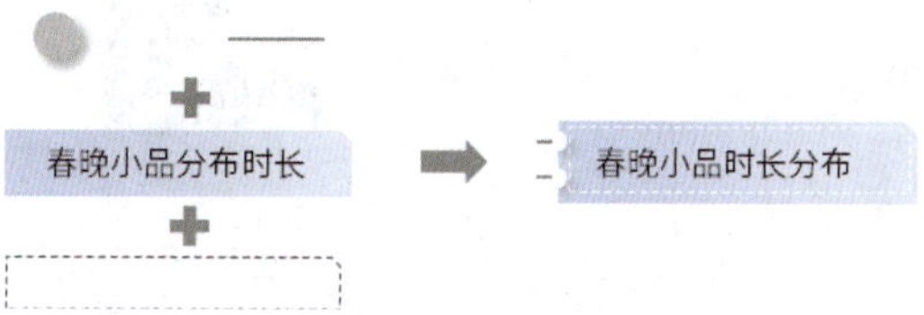

春晚小品分布时长　➡　春晚小品时长分布

图 1.45　图例结构

1.8.3 图表分步还原

1. 制作表格

如图 1.46 所示，表格具体参数如下。

行高：第 1 行、第 2 行、第 3 行的行高分别设置为 15 磅、4.5 磅和 78 磅。

列宽：所有列列宽均设置为 1.25 磅。

合并单元格：将第 1 行中相邻的两列，比如 B 和 C 两列、D 和 E 两列……AL 和 AM 两列分别合并，并输入对应横坐标轴值。

边框：将第 2 行的下边框设置为黑色；相邻两列之间的边框设置为黑色，比如 B 和 C 两列、D 和 E 两列……AL 和 AM 两列。

图 1.46 热力图制作步骤 1

2. 设置热力图

如图 1.47 所示，选中 B3:AM3 单元格区域，添加条件格式——色阶，并将色阶类型修改为数值，最小值和最大值分别修改为 0 和 24，对应颜色分别修改为白色和金色（RGB 值为 233，182，67）。然后将数值格式设置为 ";;"。

图 1.47 热力图制作步骤 2

3. 插入图片并制作各项文字性内容

将热力图保存为图片：选中热力图区域（B1:AM3），复制并粘贴为图片，然后将其高度和宽度分别调整为 2.71cm 和 11.83cm。

插入图片：将最短小品剧照（高度和宽度分别设置为 2.11cm 和 3.17cm）放在热力图对应部分的下方，将圆角矩形［高度和宽度分别设置为 1.16cm 和 2.25cm，设置为蓝色填充（RGB 值为 42，92，155）、1.5 磅白色边框，并录入时长和小品名称］叠放在剧照图片下方，并保持水平居中，最后用直线连接剧照和热力图。同理制作时长最长小品的剧照和相应名称框。

制作图例：图例圆角矩形（高度和宽度分别设置为 0.29cm 和 2.17cm），设置为 0°由 95% 透明度金色向金色的线性渐变填充、无边框。

其余各项装饰及文字性内容可以参照原图制作，具体参数详见图表源文件（或参照 1.7 节中的"制作柱形图装饰"部分），最终效果如图 1.48 所示。

图 1.48 热力图制作步骤 3

1.9 依据展示内容选择：标注重点式表格

1.9.1 图表自画像

解题之道：熟练掌握依据数据关系和使用场景选图后，选对图表的目标便基本完成。下一步的努力方向就是选好图表，提高图表的综合表达能力，主要做法是依据所要展示的内容，去量身定制图表。

如图 1.49 所示，对于纯文字内容，常用的表达方式有组织结构图、思维导图、时间轴和表格等。再进一步分析展示内容：两类议题名称以及对应的物种保护 / 生态保护，并且同一个议题下，还需按照时间顺序阐述保护对象的范围变化情况。

正常逻辑下推荐使用时间轴，但考虑到“内外部对比 + 保护内容”繁多，图表设计师的解决方案如下：一是分块式表格设计。两个议题相互独立，同一议题采用自上而下的表格布局，既保证了每个阶段目标的独立性，又赋予表格时间轴的优点。二是图形装饰。读者对于纯文字式表格，很难有阅读的兴趣和欲望。但添加上圆角矩形背景，用绿色和灰色区分议题和保护对象关系，再用箭头建立两者连接后，结构性、条理性和可读性飙升。三是标示重点。加粗重点内容字体并添加黄色底纹，继续降级阅读难度。

图表类型：表格。

表达关系：综合对比，议题 1 与议题 2 之间的对比属于外部横向对比；同一议题内 2002 年公约目标、2010 年爱知目标、2020 年后全球生物多样性框架初稿目标之间的对比属于内部纵向对比。

适用场景：适用于数据新闻媒体、商务报告和政府报告。

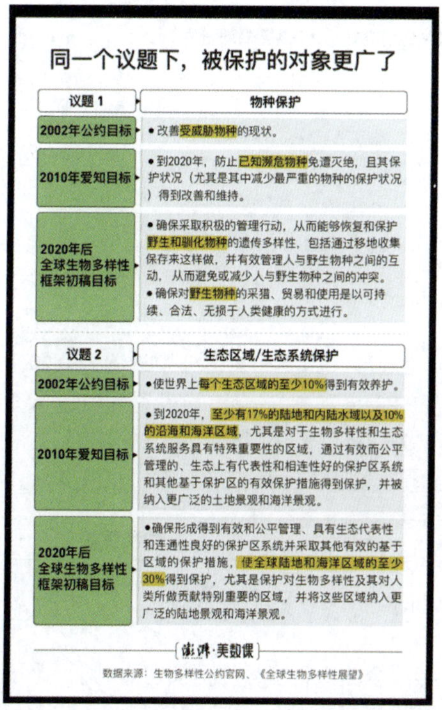

同一个议题下，被保护的对象更广了

议题 1	物种保护
2002年公约目标	• 改善受威胁物种的现状。
2010年爱知目标	• 到2020年，防止已知濒危物种免遭灭绝，且其保护状况（尤其是其中减少最严重的物种的保护状况）得到改善和维持。
2020年后全球生物多样性框架初稿目标	• 确保采取积极的管理行动，从而能够恢复和保护野生和驯化物种的遗传多样性，包括通过移地收集保存来这样做，并有效管理人与野生物种之间的互动，从而避免或减少人与野生物种之间的冲突。 • 确保对野生物种的采猎、贸易和使用是以可持续、合法、无损于人类健康的方式进行。

议题 2	生态区域/生态系统保护
2002年公约目标	• 使世界上每个生态区域的至少10%得到有效养护。
2010年爱知目标	• 到2020年，至少有17%的陆地和内陆水域以及10%的沿海和海洋区域，尤其是对于生物多样性和生态系统服务具有特殊重要性的区域，通过有效而公平管理的、生态上有代表性和相连性好的保护区系统和其他基于保护区的有效保护措施得到保护，并被纳入更广泛的土地景观和海洋景观。
2020年后全球生物多样性框架初稿目标	• 确保形成得到有效和公平管理、具有生态代表性和连通性良好的保护区系统并采取其他有效的基于区域的保护措施，使全球陆地和海洋区域的至少30%得到保护，尤其是保护对生物多样性及其对人类所做贡献特别重要的区域，并将这些区域纳入更广泛的陆地景观和海洋景观。

澎湃·美数课

数据来源：生物多样性公约官网、《全球生物多样性展望》

图 1.49　标柱重点式表格（选自《澎湃美数课》）

1.9.2 制作技巧拆解

1. 自由式表格

如图 1.50 所示，原表并未借助 Excel 的单元格，而是由多个“圆角矩形 + 矩形”组合成框架，再叠加矩形背景制作而成。制作过程就像搭积木，每一块积木都是自由灵活的，拼凑在一起后，又是一个设计感十足的作品。

原表除了表头外，主体内容中各部分的结构相同，制作方法也一样。**议题目标名称**由绿色填充、深灰色边框的圆角矩形顺时针旋转 90°、黑色填充的三角形组合而成。**议题目标具体内容**由文本框、黑色填充的圆形项目编号、黑色侧边直线装饰、标注重点内容的黄色背景矩形、浅灰色背景矩形组合而成。由于文本框不能针对部分内容去添加底纹，故而需要单独添加标注重点内容的黄色背景，然后叠放在文本框对应文字下层。

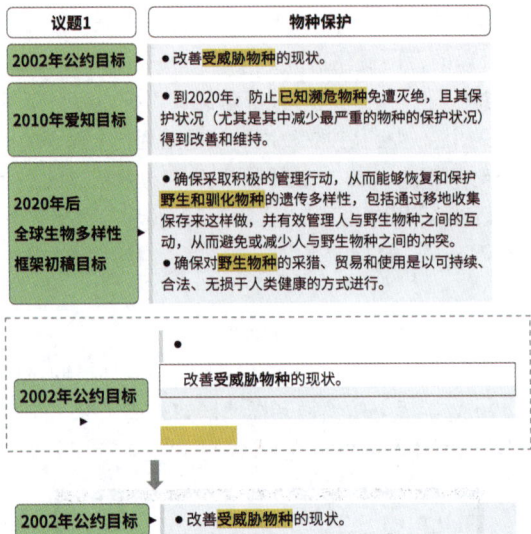

图 1.50　表格结构

2. 背景制作

表格背景采用矩形（高度和宽度根据需要调整）制作，并设置为白色填充、6 磅的黑色（淡色 15%）边框。

1.9.3　图表分步还原

1. 制作表格图例

如图 1.51 所示，**议题 1 圆角矩形**（高度和宽度分别设置为 0.79cm 和 3.55cm）和**物种保护圆角矩形**（高度和宽度分别设置为 0.79cm 和 9.2cm），均设置为白色填充、0.5 磅黑色（淡色 25%）边框、相同圆角角度。字体采用 12 号黑色思源黑体 Bold、居中对齐。**三角形**（高度和宽度均设置为 0.2cm），顺时针旋转 90°，放置在议题 1 圆角矩形右侧，并保持垂直居中对齐。

图 1.51　标柱重点式表格制作步骤 1

2. 制作表格主体内容

如图 1.52 所示，以 2020 年后全球生物多样性框架初稿目标为例，介绍制作步骤。

初稿目标：圆角矩形（高度和宽度分别设置为 3.72cm 和 3.55cm），设置为绿色（RGB 值为 160，206，133）填充、0.5 磅黑色（淡色 25%）边框、相同圆角角度。字体采用 12 号黑色思源黑体 Bold、水平方向左对齐、垂直方向居中对齐。与议题 1 表头保持左对齐。

目标具体内容：

矩形背景（高度和宽度分别设置为 3.72cm 和 9.2cm），设置为白色（深色 5%）填充、无边框。

文本框（高度和宽度分别设置为 3.72cm 和 9.2cm），设置为无填充、无边框。字体采用 11 号黑色思源黑体 Normal、水平方向左对齐、垂直方向居中对齐，左边距为 0.3cm。另外，将首行缩进 2 个字符，重点内容加粗。

装饰直线（高度为 3.72cm）设置为 3 磅白色（深色 15%）。

圆形项目编号（高度和宽度均设置为 0.18cm），设置为黑色填充、无边框。

标注重点内容背景（高度为 0.48cm、宽度根据实际需要调整），设置为黄色（RGB 值为 236，200，31）填充、无边框。

将矩形背景、标注重点内容背景、文本框、装饰直线由下到上依次叠加放置。矩形背景、文本框和装饰直线保持左对齐。将圆形项目编号放在段首，标注重点内容背景依据内容调整位置。将以上内容组合后，与物种保护图例保持左对齐、与初稿目标圆角矩形保持顶部对齐。

其余内容参照制作，并将所有主体内容设置为纵向平均分布。

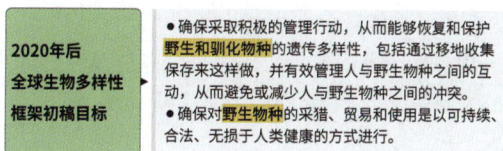

图 1.52　标柱重点式表格制作步骤 2

3. 制作背景并与表格组合

制作背景：**矩形**（高度和宽度分别设置为 21.81cm 和 14.17cm），设置为白色填充、6 磅的黑色（淡色 15%）边框。**分隔线**（宽度设置为 13cm），设置为 0.5 磅白色（深色 50%）短画线。**装饰线**（宽度设置为 13cm），设置为 0.5 磅黑色（淡色 25%），叠放在背景底部并居中。**数据来源于文本框**（高度和宽度分别设置为 0.71cm 和 9.2cm），设置为无填充、无边框。字体采用 9 号黑色（淡色 25%）思源黑体 Normal、保持居中对齐。叠放在装饰线下方并居中。

表格组合：将表格所有内容水平居中对齐，并与背景组合在一起，最终效果如图 1.53 所示。

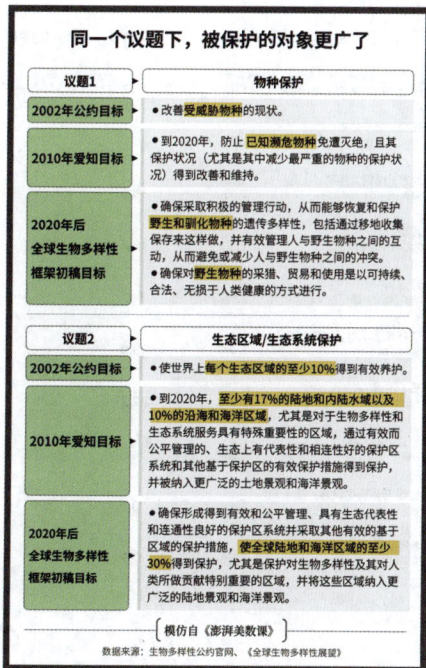

图 1.53　标柱重点式表格制作步骤 3

33

1.10 依据展示内容选择：表格 + 条形图 + 条件格式组合图

1.10.1 图表自画像

解题之道：图 1.54 中包含 3 个对比维度，即各行业的职位数占比、竞争指数和平均招聘薪酬。依据数据关系选图时，可以理解为 3 属性数据的分布关系，气泡图就是不错的选择。但从表达效果和方便阅读的角度看，利用气泡的距离远近、大小来判断数据大小的方式，远没有利用柱形高低和条形长短来得直观。另外行业标签太长的问题，也很难得到妥善处理。

越复杂的图表，阅读难度越大，读者越容易望而生"畏"。图表设计师的处理方式是将图表简单化，1 个属性对应 1 个图表，互不干涉。适合嵌入表格的图表主要有条形图、气泡图、大头针图和瀑布图。职位数占比、竞争指数和平均招聘薪酬，最终选定的分别是条形图、漏斗图（条形图的变形）和条件格式来表示，然后将三者统一放在表格内。

10 个职位的占比不适合采用饼图 / 圆环图，如果为每个职位单独制作饼图，表达效果与条形图类似。条件格式只用于强调和区分薪酬低于 10000 元 / 月的职位。最后表格强大的收纳能力，超长的行业标签也能轻松应对。

图表类型：表格 + 条形图 + 堆积条形图。

表达数据关系：静态结构 + 双重横向对比，各行业的职位数占比情况属于静态结构；各行业的竞争指数对比是第 1 重横向对比；各行业的平均招聘薪酬对比是第 2 重横向对比。

适用场景：适用于数据新闻媒体和商务报告，去除外装饰框后也适用于政府报告。

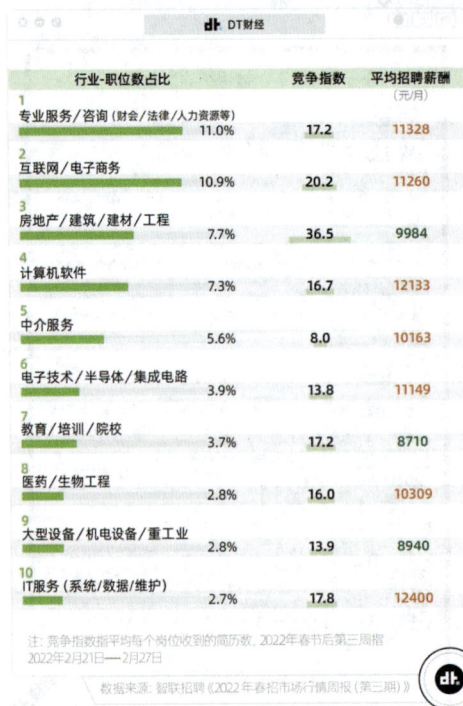

图 1.54　表格 + 条形图 + 条件格式组合图（选自《DT 财经》）

1.10.2 制作技巧拆解

1. 表图结合

如图 1.55 所示，表格用圆角矩形、圆形、图标等各类装饰形状和线条搭建（具体制作步骤参照 1.1 节中的"设置装饰和各项文字性内容"部分），然后将两个条形图和漏斗图分别嵌入表格对应列中（嵌入方法参照 1.5 节中的"将图表嵌入表格"部分）。

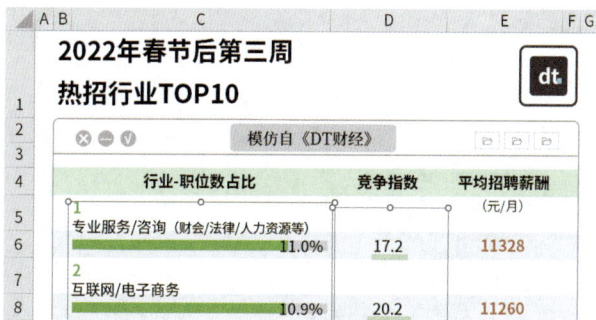

图 1.55　表格结构

2. 漏斗图

如图 1.56 所示，漏斗图采用堆积条形图制作，在竞争指数条形左侧，添加 1 个辅助条形，数值为（40- 竞争指数值）/2，其中 40 为横坐标轴的最大值（可以根据需要调整），这样竞争指数条形便可以始终居中显示在图表中。然后为竞争指数添加误差线，并设置为负偏差、无线端、100%，模仿细条形效果。

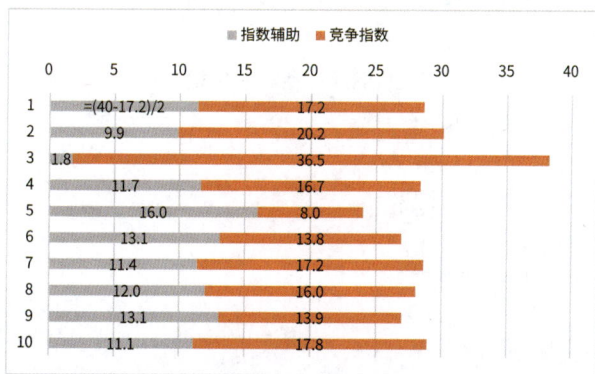

图 1.56　漏斗图制作思路

3. 条件格式

原图中当平均招聘薪酬高于 10000 元 / 月时，显示为红色；低于 10000 元 / 月时，显示为绿色。设置时，先将字体修改为红色，然后添加条件格式，依次选择"开始"—"条件格式"—"突出显示单元格规则"—"小于"，接着将小于值设置为 10000，自定义格式中字体设置为绿色（如图 1.57 所示）。

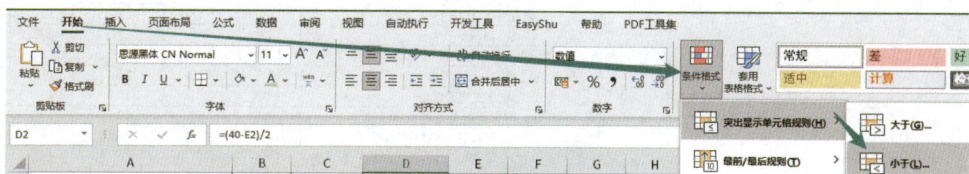

图 1.57　条件格式设置步骤

35

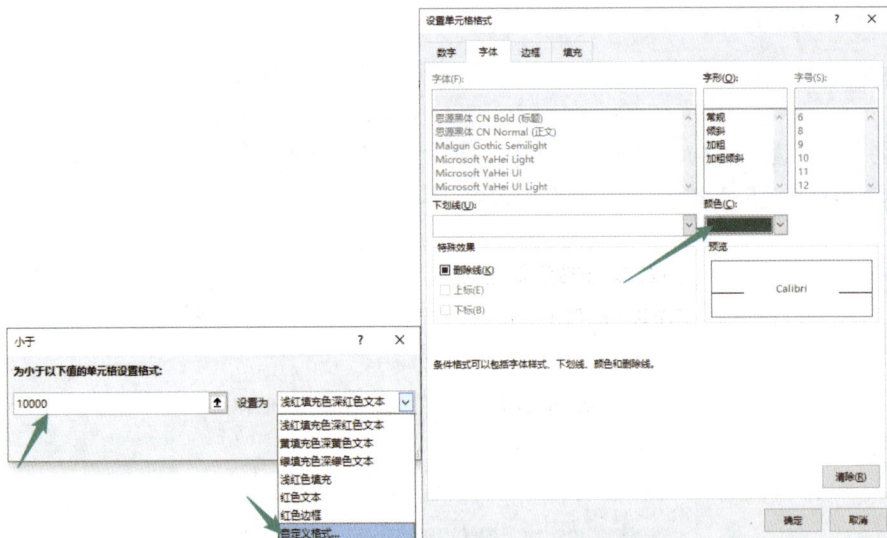

图 1.57 条件格式设置步骤（续）

1.10.3 图表分步还原

1. 制作表格框架

如图 1.58（a）所示，表格的具体参数如下。

行高：标题（第 1 行）60 磅、装饰行（第 2、3 行）17.25 磅、表头（第 4 行）18.75 磅、主体内容之序号行（第 5、7、9、…、23 行）24.75 磅、主体内容之图表行（第 6、8、10、…、24 行）18.75 磅、数据来源（第 25 行）66 磅。

列宽："职位数占比"列（A、E 列）29.88 磅、"竞争指数"列和"平均招聘薪酬"列（D、E 列）13 磅、空白列（A、B、F、G 列）1.5 磅。

（a）

	A	B	C	D	E
1		占比辅助	职位数占比	指数辅助	竞争指数
2	专业服务/咨询（财会/法律/人力资源等）	13%	11.0%	11.4	17.2
3	互联网/电子商务	13%	10.9%	9.9	20.2
4	房地产/建筑/建材/工程	13%	7.7%	1.8	36.5
5	计算机软件	13%	7.3%	11.7	16.7
6	中介服务	13%	5.6%	16.0	8.0
7	电子技术/半导体/集成电路	13%	3.9%	13.1	13.8
8	教育/培训/院校	13%	3.7%	11.4	17.2
9	医药/生物工程	13%	2.8%	12.0	16.0
10	大型设备/机电设备/重工业	13%	2.8%	13.1	13.9
11	IT服务（系统/数据/维护）	13%	2.7%	11.1	17.8

（b）

图 1.58 "表格＋条形图＋条件格式组合图"制作步骤 1

填充：表头行（第4行）填充浅绿色（RGB值为229，241，217）、主体内容之图表行（第6、8、10、…、24行）填充白色（深色5%）。

字体：将职位数占比的序号设置为深绿色（RGB值为132，188，63），并保持顶部对齐。将平均招聘薪酬列字体设置为棕红色（RGB值为196，106，61），并添加条件格式，将薪酬低于10000元/月的字体设置为墨绿色（RGB值为40，97，70）。

文字内容、数据来源和各项装饰图形参照原图制作，具体参数详见源文件（或参照1.1节中的"设置装饰和各项文字性内容"部分）。

2. 制作条形图

如图1.58（b）所示，选择A2:C11单元格区域，插入条形图，并将纵坐标轴设置为逆序类别。将横坐标轴的取值范围修改为"0~0.13"。将图表的字体整体设置为11号黑色思源黑体Normal［如图1.59（a）所示］。

调整图表大小：将图表的高度和宽度分别设置为15.82cm和6.66cm。删除标题、图例和网格线。隐藏坐标轴标签和线条。图表设置为无填充、无边框。

设置条形：将条形的系列重叠设置为100%。职位数占比系列条形和占比辅助系列条形分别填充深绿色和白色（深色15%）。

添加数据标签：为职位数占比系列条形添加数据标签，显示类别名称、取消显示值、移动至条形上方、与条形保持左对齐。将"专业服务/咨询（财会/法律/人力资源等）"标签中的"（财会/法律/人力资源等）"修改为9号字体（原标签无法直接修改，需重新输入并修改）。为占比辅助系列条形添加数据标签，显示A2:A11单元格中的值、取消显示值、与条形保持右对齐［如图1.59（b）所示］。

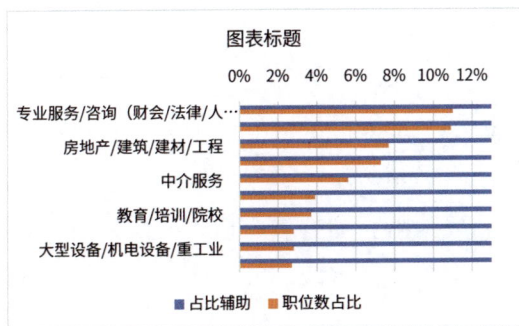

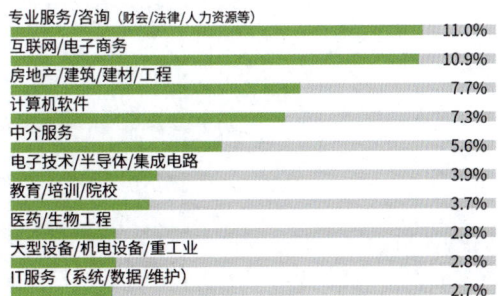

（a）　　　　　　　　　　　　　　　　　（b）

图1.59 "表格+条形图+条件格式组合图"制作步骤2

3. 制作漏斗图

如图1.58（b）所示，选择D1:E11单元格区域，插入堆积条形图，并将纵坐标轴设置为逆序类别。将横坐标轴的取值范围修改为"0~40"。将图表的字体整体设置为11号黑色思源黑体Normal［如图1.60（a）所示］。

调整图表大小：将图表的高度和宽度分别设置为15.82cm和2.88cm。删除标题、图例和网格线。隐藏坐标轴标签和线条。图表设置为无填充、无边框。

设置条形：为竞争指数系列条形添加误差线，并设置为负偏差、无线端、100%，线条设置为4磅浅绿色（RGB值为211，227，189）。将所有条形均设置为无填充。

添加数据标签：为竞争指数系列条形添加数据标签，并移动至条形上方［如图1.60（b）所示］。

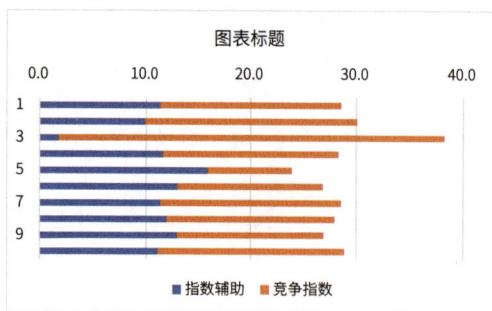
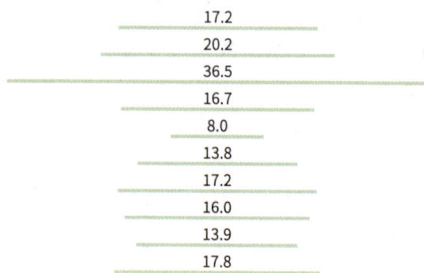

（a）　　　　　　　　　　　　　　（b）

图 1.60　"表格＋条形图＋条件格式组合图"制作步骤 3

4. 将条形图和漏斗图嵌入表格

将两个条形图分别嵌入表格对应列，最终效果如图 1.61 所示。

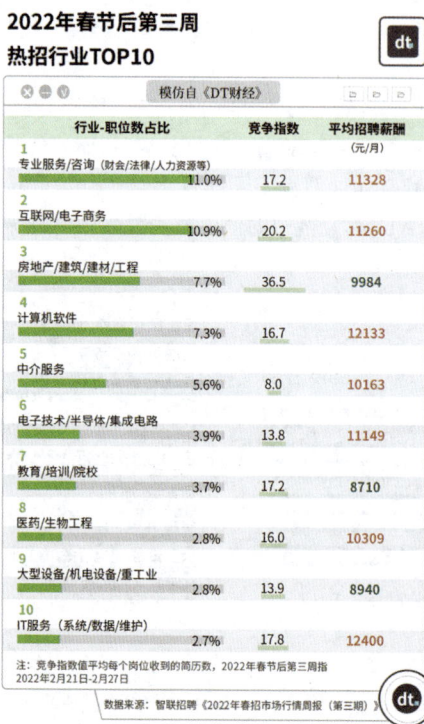

图 1.61　"表格＋条形图＋条件格式组合图"制作步骤 4

1.11　依据图表主题选择："条形图＋气泡图"组合

1.11.1　大师图表推荐

解题之道：图表的本质是为内容服务，为报告提供有力支撑，降低报告的理解难度。把握准图表主题是选好图表的第 2 个关键点，可以有效地消除图文割裂感，提高契合度。

如图 1.62 所示，文章探讨的主题是便秘及相关疾病。和身体、疾病息息相关的视觉元素，读者很容易联想到心脏、心跳曲线和心电图等。图表设计师大胆地将这些元素全部融入图表之中：用心电图显示器显示疾病名称、用心跳曲线展示累计发病率、用心形气泡图展示患病风险比。这样设计有两个优势：一是代入感更强，读者遇到熟悉的元素，更容易产生同理心；二是勾起读者的好奇心，不禁想要猜测这样的图表是如何制作出来的。

图表类型：条形图＋气泡图。

表达数据关系：双重横向对比，便秘患者的 7 类相关疾病的累计发病率是第 1 重横向对比；便秘患者的 7 类相关疾病的患病风险比是第 2 重横向对比。

适用场景：适用于数据新闻媒体。

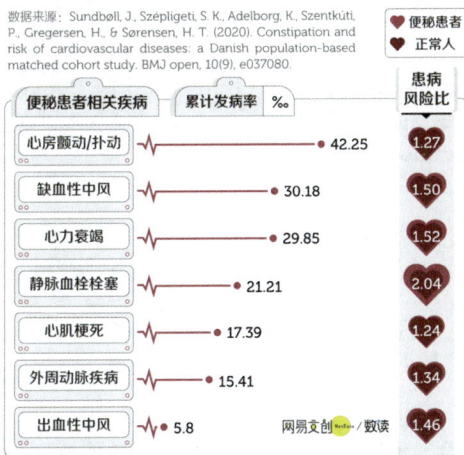

图 1.62 "条形图＋气泡图"组合（选自《网易数读》）

1.11.2 制作技巧拆解

1. 多图组合

如图 1.63 所示，原图由"堆积条形图＋气泡图"组成，左侧的线条像是心电图曲线、右侧的心形像是心脏跳动。由于气泡图无法与其他图表组合，堆积条形图和气泡图需要分别制作，然后将气泡图叠加在堆积条形图上层并组合。

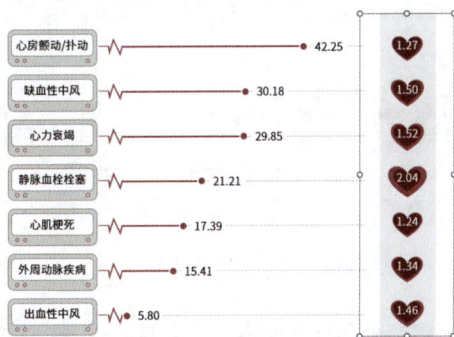

图 1.63 图表结构

2. 心跳曲线

如图 1.64 所示，心电图曲线其实是由"堆积条形图＋散点图"制作而成，其中堆积条形图由"心跳条形＋累计发病率条形"组成。

心跳条形（数值均为 5，可以根据需要调整）的作用是制作起点处的"心跳"，用绘制的心跳形状去填充条形。

心跳之后的水平线采用累计发病率条形（累计发病率条形值＝原累计发病率条形值－心跳条形值）的误差线（负偏差、无线端、100%）模仿。

最末端圆点采用散点图制作，其 X 轴值分别为原累计发病率条形值，Y 轴值分别为 6.5、5.5、…、0.5。

心跳曲线通过任意多边形绘制，绘制时鼠标依次向右、右下、右上、右下和右上滑动，每单击 1 次，便可以确定 1 个折线点，每次移动的距离决定着线条的长度。

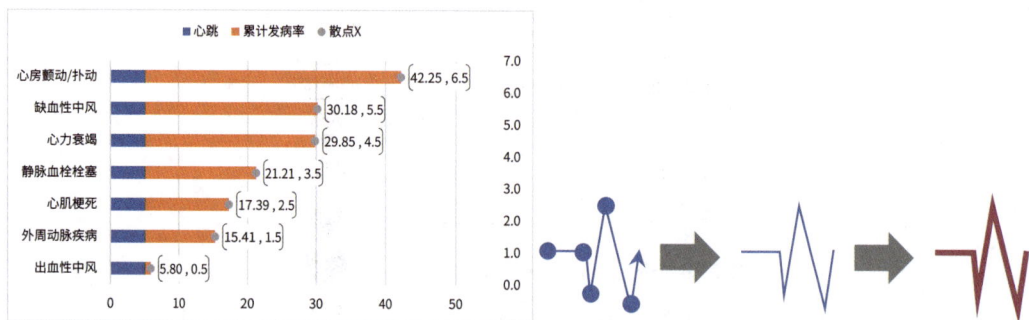

图 1.64　心跳曲线制作思路

3. 心形气泡图

如图 1.65 所示，心形采用气泡图（X 轴值均为 0.5，Y 轴值分别为 6.5、5.5、…、0.5，气泡大小分别为便秘或者相关疾病的患病风险比）制作，并用心形形状填充气泡图。填充气泡图时需要注意：圆形类形状可以直接填充且不会变形，非圆形类形状需要放在圆形内（也就是说在图形的下层叠加一个略大的圆形）再填充才能保证不变形。

图 1.65　纵坐标轴标签背景制作步骤

4. 自定义坐标轴标签

如图 1.66 所示，每个纵坐标轴标签均放置在独立的"心电图显示器"上。其由底层灰色填充、灰色边框的圆角矩形加中层白色填充、灰色边框的圆角矩形加上层 3 个灰色填充、紫色边框的圆形组成。

图 1.66　纵坐标轴标签背景制作步骤

5. 自定义图例

图例共分为 5 个部分，分别为便秘患者相关疾病分类、累计发病率、患病风险比、便秘患者和正常人。

如图 1.67 所示，**便秘患者相关疾病分类图例**由"大圆顶角矩形＋小圆顶角矩形＋圆形＋阴影"共同组成。制作步骤分 3 步：**第 1 步**是将小圆顶角矩形水平居中叠放在大圆顶角矩形顶部，然后在PPT 中将两者"合并形状—结合"后变成一体；**第 2 步**是在圆顶角组合的顶部叠放小圆形（与圆顶角组合同色填充）并组合；**第 3 步**是复制圆顶角组合并填充为深灰色、取消边框，然后叠放在圆顶角组合的下层，并向左侧偏移 0.2cm 后组合在一起。

40

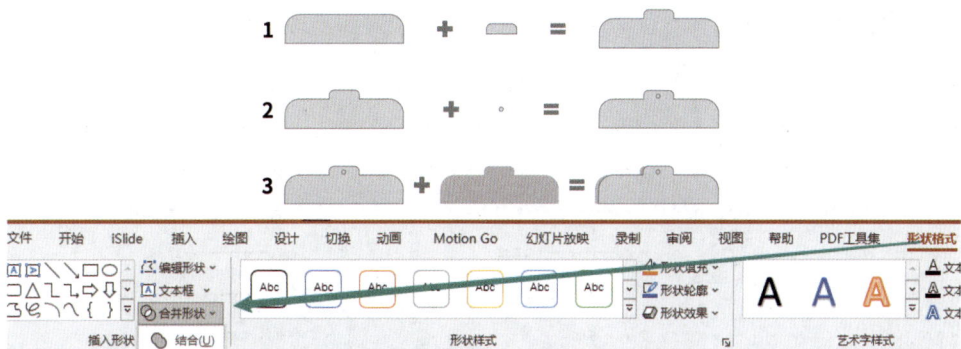

图 1.67　便秘患者相关疾病分类图例制作步骤

　　如图 1.68 所示，**累计发病率图例**由"便秘患者相关疾病分类图例 +1/4 的便秘患者相关疾病分类图例"组成。在圆顶角组合左侧叠放矩形色块，依次选中圆顶角组合和矩形色块，利用 PPT 的"合并形状—剪除"功能便能得到 1/4 的圆顶角组合，然后将其填充为白色，并叠放在圆顶角组合的右侧，保持底部对齐和右对齐。

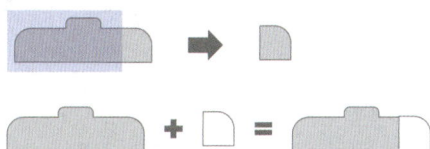

图 1.68　纵坐标轴标签背景制作步骤

　　如图 1.69 所示，**患病风险比图例**由"双层圆角矩形 + 直线 + 倒三角形"组成。**上层圆角矩形**设置为白色填充、无边框。**下层圆角矩形**设置为浅灰色填充、无边框，且宽度略宽于上层圆角矩形，将两者居中对齐后组合在一起。然后在圆角矩形组合下方依次放置深灰色直线和垂直翻转的深灰色三角形，将三者水平居中对齐后组合在一起。

图 1.69　纵坐标轴标签背景制作步骤

　　如图 1.70 所示，**便秘患者和正常人图例**是气泡图填充心形后的默认图例，为了将其放置在合适的位置，需要将气泡图设置为仅保留图例（将图例设置为白色填充，并充满图表），且使用圆角边框，最后叠放在堆积条形图上方。

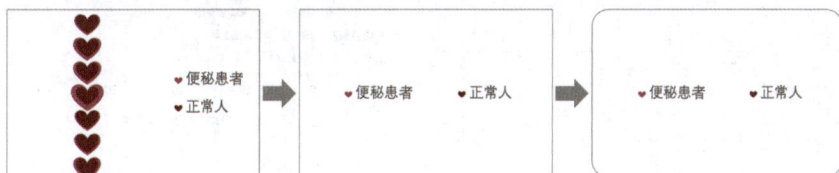

图 1.70　自定义图例制作步骤

6. 自定义网格线

　　原图中网格线和心跳曲线重合，制作时同时添加主轴主要和次要垂直网格线［如图 1.71（a）所示］，这时白色的主要网格线，就可以覆盖两条心跳曲线之间的次要网格线，只留下与心跳曲线重合的次要网格线［如图 1.71（b）所示］。这种制作方法有 1 个小缺陷，最左侧的心跳部分会露出下方的网格线，效果不够完美。这里改用第 2 种方法，利用心跳曲线末端的散点误差线（将水平误差线设置为正偏差、无线端、自定义值，误差值 = 横坐标轴最大值 55- 累计发病率条形值）来模仿

41

网格线［如图 1.71（c）所示］。

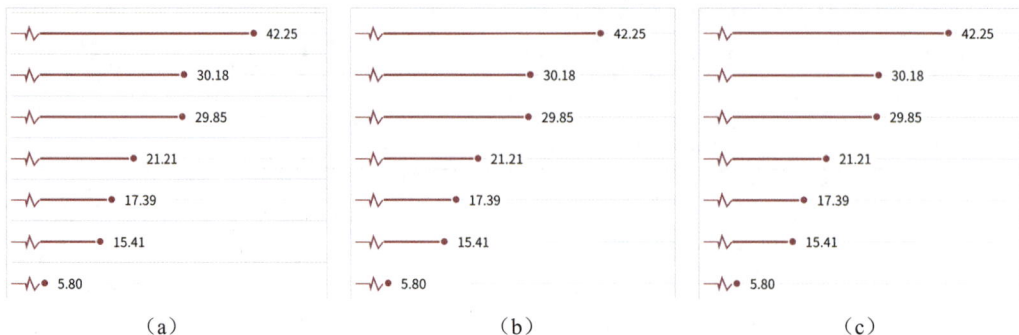

<table>
<tr><td>（a）</td><td>（b）</td><td>（c）</td></tr>
</table>

图 1.71　自定义网格线制作步骤

7. 圆角绘图区

如图 1.72 所示，原图采用圆角绘图区，并在下方添加了阴影。制作时用无填充、灰色边框的圆角矩形叠放在绘图区，并为圆角矩形添加下方阴影。需要注意的是，圆角边框应该叠放在图例的下方。

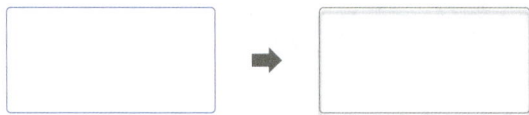

图 1.72　圆角绘图区制作步骤

1.11.3　图表分步还原

1. 插入条形图并修改基本格式

如图 1.73（a）所示，选择 A1:C8 单元格区域，插入堆积条形图。新增散点 X 系列并修改为散点图、使用次轴、修改数据源。将散点 X 系列散点的 X 轴系列值修改为 D2:D8，Y 轴系列值修改为 E2:E8。将横坐标轴和次要纵坐标轴的取值范围分别设置为"0~55"和"0~7"。将图表的字体整体设置为黑色思源黑体 Normal［如图 1.73（b）所示］。

<table>
<tr><td>（a）</td><td>（b）</td></tr>
</table>

图 1.73　"条形图＋气泡图"组合制作步骤 1

2. 设置心跳曲线和网格线

调整图表大小：将图表的高度和宽度均设置为 13cm。分别删除标题、图例和网格线。隐藏标轴标签和线条。适当调整绘图区大小，上方为标题和图例预留空间、下方为注释预留空间、左侧为新纵坐标轴标签预留空间、右侧为气泡图预留空间。图表设置为无边框。

设置心跳曲线：绘制心跳曲线（高度和宽度可以根据需要适当调整），并设置为 2 磅紫色（RGB 值为 171，50，88），然后粘贴至辅助系列条形。

42

增加心跳水平线：为累计发病率系列条形添加误差线，并设置为负偏差、无线端、100%，线条设置为 1.5 磅紫色。

设置数据标签和网格线：为散点 X 系列散点添加数据标签，显示 X 值、取消显示 Y 值和引导线，并设置为白色填充。为散点 X 系列散点添加误差线并删除垂直误差线，将水平误差线设置为正偏差、无线端、自定义（指定 E2:E8 单元格中的值），线条设置为 0.25 磅白色（深色 25%）。将散点 X 系列散点的数据标记设置为 6 号紫色填充、1 磅白色线条。将累计发病率条形设置为无填充〔如图 1.74（a）所示〕。

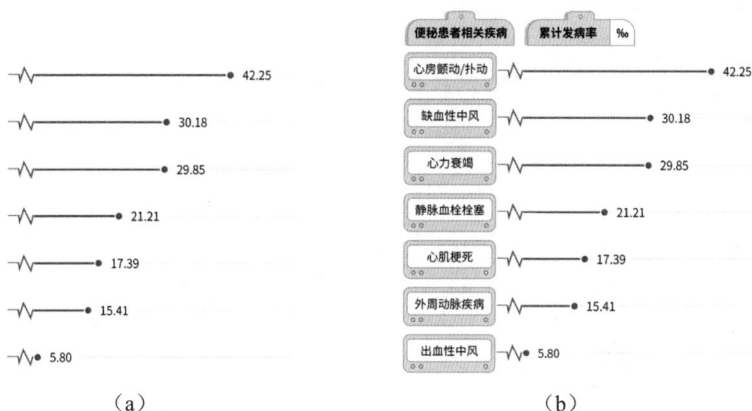

图 1.74 "条形图 + 气泡图"组合制作步骤 2

3. 设置纵坐标轴标签、图例

纵坐标轴标签：上层圆角矩形（高度和宽度分别设置为 0.6cm 和 2.3cm），设置为白色填充、0.5 磅白色（深色 50%）边框。录入"心房颤动 / 扑动"，并将字体设置为 9 号黑色思源黑体 Normal，边距设置为 0、居中对齐。下层圆角矩形（高度和宽度分别设置为 1cm 和 2.5cm），设置为白色（深色 15%）填充、0.5 磅白色（深色 50%）边框。圆形（高度和宽度均设置为 0.1cm），设置为白色（深色 15%）填充、0.5 磅紫色边框。2 个圆角矩形保持水平居中对齐，2 个圆形叠放在下层圆角矩形的左下角，1 个圆形叠放在下层圆角矩形的右下角，最后将所有图形组合在一起。同理制作其他纵坐标轴标签。

便秘患者相关疾病图例：大圆顶角矩形（高度和宽度分别设置为 0.69cm 和 2.9cm），设置为白色（深色 15%）填充、0.5 磅白色（深色 50%）边框。录入"便秘患者相关疾病"，并将字体设置为 9 号黑色思源黑体 Bold，上边距设置为 0.2cm，下左右边距均设置为 0，居中对齐。小圆顶角矩形（高度和宽度分别设置为 0.24cm 和 0.74cm），并设置为白色（深色 15%）填充、0.5 磅白色（深色 50%）边框。圆形（高度和宽度均设置为 0.1cm）设置为白色（深色 15%）填充、0.5 磅白色（深色 50%）边框。将圆形叠放在大圆顶角矩形与小圆顶角矩形联合后的组合图顶部。

累计发病率图例：截取便秘患者相关疾病图例右侧的 1/4，叠加在便秘患者相关疾病图例的右侧并组合在一起。在组合图的左半部分录入"累计发病率"（字体设置为 9 号黑色思源黑体 Bold，左边距、上边距和右下边距分别设置为 0.3cm、0.2cm 和 0）、右半部分录入"‰"（字体设置为 9 号黑色思源黑体 Bold，下左右边距均设置为 0），最终效果如图 1.74（b）所示。

4. 制作气泡图

如图 1.73（1）所示，选择 G1:I8 单元格区域插入气泡图〔如图 1.75（a）所示〕，然后为气泡图添加正常人系列并修改数据源。将便秘患者系列气泡的 X 轴系列值修改为 G2:G8，Y 轴系列值修改为 E2:E8，气泡大小修改为 H2:H8；将正常人系列气泡的 X 轴系列值修改为 G2:G8，Y 轴系列值修改为 E2:E8，气泡大小修改为 I2:I8。将横坐标轴和纵坐标轴的取值范围分别设置为"0~1"和"0~7"。将图表的字体整体设置为黑色思源黑体 Normal。

43

　　调整图表大小：将高度和宽度分别设置为 8.94cm 和 2.67cm。分别删除标题、图例和网格线。隐藏标轴标签和线条。调整绘图区使其基本覆盖图表。图表设置为无填充、无边框。

　　填充气泡图：插入心形（高度和宽度分别设置为 1.38cm 和 1.72cm），设置为紫色填充、无边框。插入圆形（高度和宽度均设置为 1.74cm），设置为无填充、无边框。将心形叠放在圆形上，对齐后组合在一起。然后粘贴至便秘患者系列气泡，气泡大小设置为 300。复制心形组合，并将其中的心形填充修改为深紫色（RGB 值为 118，10，31），然后粘贴至正常人系列气泡。

　　组合图表：在条形图中插入矩形（高度和宽度分别设置为 9.02cm 和 1.56cm），设置为白色（深色 5%）填充、无边框，放置在绘图区右侧。将气泡图叠放在矩形上方，并让心形与心跳曲线一一对齐，然后组合气泡图和条形图。

　　制作患病风险比图例：参照原图和便秘患者相关疾病图例，制作患病风险比图例 [如图 1.75（b）所示]。

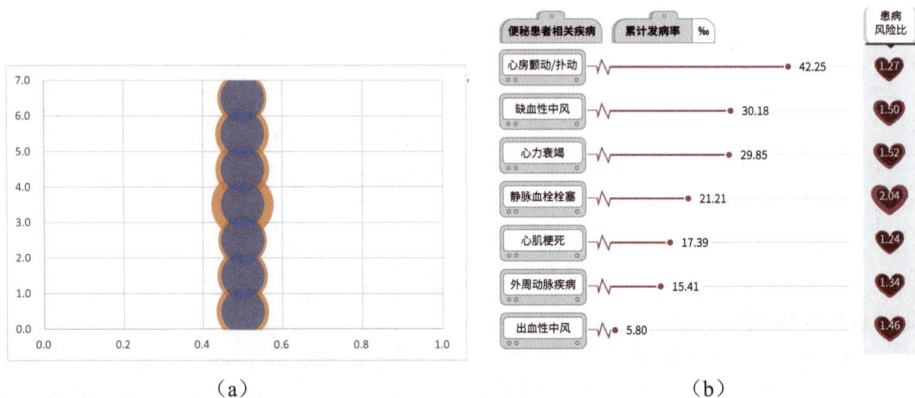

（a）　　　　　　　　　　　　　　　　（b）

图 1.75 "条形图＋气泡图"组合制作步骤 2

5. 设置圆角绘图区、制作图例和各项文字类内容

　　设置圆角绘图区：参照原图插入圆角矩形，并修改格式叠放在绘图区上。为圆角矩形添加外部的下方阴影，并保持默认的阴影参数。

　　制作图例：复制图 1.75（b）中的气泡图，恢复显示图例并填充为白色，然后调整图例大小直至覆盖气泡图。将气泡图的边框设置为 0.25 磅白色（深色 50%）圆角，将高度和宽度分别设置为 0.9cm 和 1.93cm，然后叠放在条形图标题下方。

　　参照原图制作标题、注释、Logo 等内容，具体参数详见图表源文件，最终效果如图 1.76 所示。

便秘能有多可怕，还可能会导致猝死

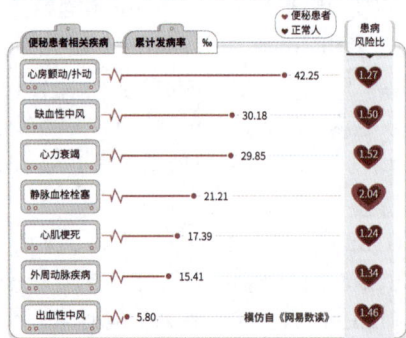

注：调查选取丹麦国家患者登记处首次被诊断为便秘的住院病人或门诊病人为研究对象，样本数为83 239，每个有便秘诊断的患者与普通人群中在年龄、性别和日历年方面相匹配的10个无便秘相对照，对照组样本数为832 384，调查时间为2004年7月1日至2013年11月30日。

图 1.76 "条形图＋气泡图"组合制作步骤 3

1.12.1 图表自画像

解题之道：如图 1.77 所示，文章探讨的主题是 2017 年以来统一和康师傅的财务情况变化。两者最广为人知的产品就是方便面，因此"面"就顺理成章地成为图表的主视觉元素。

图表设计师的思路如下：**一是混搭蝴蝶图**。借鉴蝴蝶图的"形"方便排版，左侧用簇状条形图展示 2 个公司食品板块的净利润情况、右侧用竖版折线图展示 2 个公司的毛利率情况。两侧图表的类型不同、宽度不同、取值范围不同，本质上相互独立。但通过统一化配色、叠加相同的背景和增加年份标签连接，将 2 个部分有机整合在一起。**二是辉映主题**，用方便面图标代替竖版折线图的数据标记。

图表类型：散点图 + 散点图。

表达数据关系：综合对比，比较 2017—2021 年统一 / 康师傅的食品板块净利润 / 毛利率属于纵向对比，比较统一和康师傅的食品板块净利润 / 毛利率属于横向对比。

适用场景：适用于数据新闻媒体和商务报告。

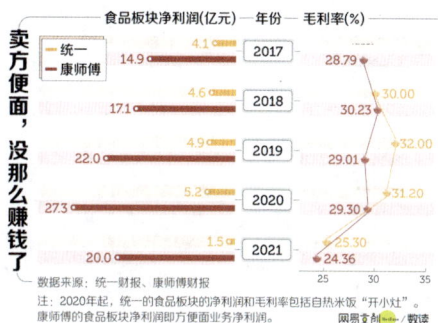

图 1.77 "条形图 + 折线图"组合式蝴蝶图（选自《网易数读》）

1.12.2 制作技巧拆解

1. 圆角条形 + 竖版折线

如图 1.78 所示，左侧的"白色圆形 + 圆角条形"采用散点及其误差线（负偏差、无线端、100%）制作，右侧的竖版折线采用带连接线的散点图制作，并用面条图标填充数据标记。其中统一散点图的 X 轴值为统一的毛利率，Y 轴值分别为 0.8、1.8、…、4.8；康师傅散点图的 X 轴值为康师傅的毛利率，Y 轴值分别为 1.1、2.1、…、5.1。康师傅散点的 Y 轴值整体略大于统一，从而实现统一的面条标记在上、康师傅在下的效果。

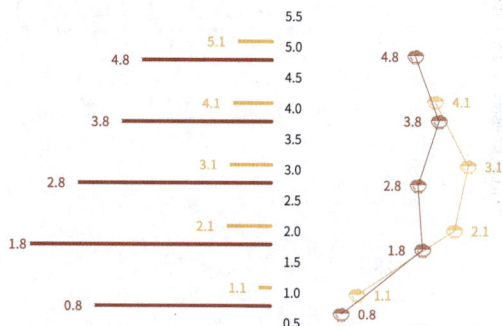

图 1.78 "圆角条形 + 竖版折线"制作思路

45

2. 半圆角图表边框

原图只显示左侧和上方的圆角边框，制作思路是插入和图表大小相同的圆顶角矩形，并通过 PPT 中的编辑顶点、开放路径和删除顶点等操作得到半幅圆角矩形，最后叠加在图表绘图区上。具体步骤如下。

一是插入圆顶角矩形，并设置为无填充、0.5 磅白色（深色 35%）边框，向左旋转 90°后叠放在图表上，并根据图表大小调整圆顶角矩形的大小，然后适当调整圆角弧度。

二是裁剪圆角矩形。将圆顶角矩形复制到 PPT 中，选中圆顶角矩形右下角顶点并单击鼠标右键，在弹出的菜单中选择"编辑顶点"[如图 1.79（a）所示]。再次单击鼠标右键，在弹出的菜单中选择"开放路径"[如图 1.79（b）所示]。接着单击鼠标右键，在弹出的菜单中选择"删除顶点"，依次删除右下角箭头指向的 3 个顶点[如图 1.79（c）所示]，便可以得到如图 1.79（d）所示的半幅圆角矩形。

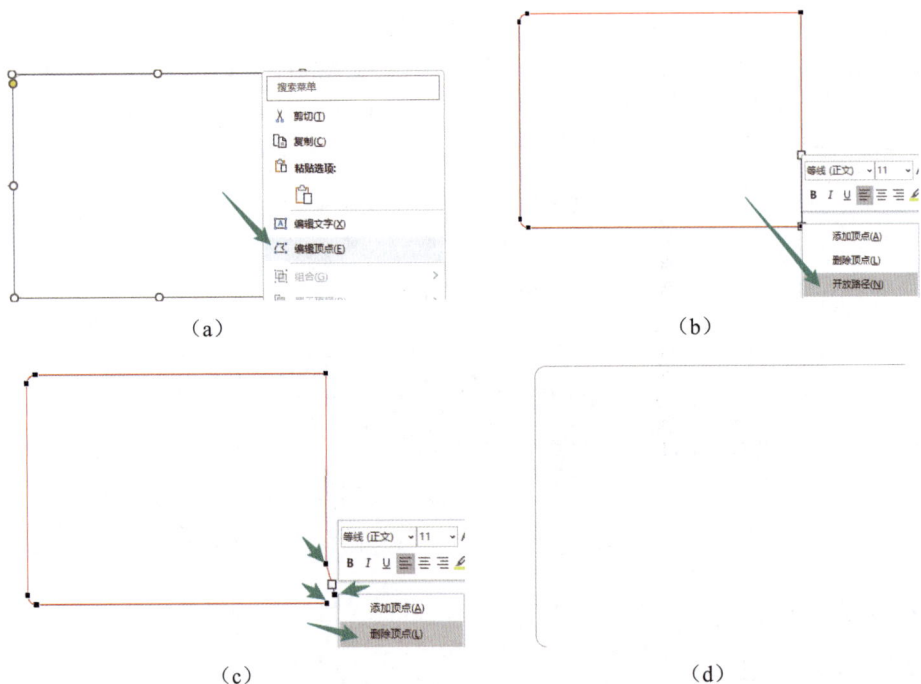

（a） （b）

（c） （d）

图 1.79　半圆角图表边框制作思路

3. 自定义标题和图例

如图 1.80 所示，标题由白色填充文本框制作而成，图例由多个矩形组合而成。

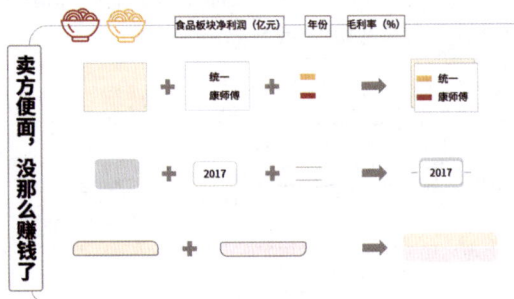

图 1.80　各类图表元素结构

4. 自定义纵坐标轴标签

如图 1.80 所示，纵坐标轴标签由"5 个平均纵向分布的灰色填充圆角矩形 + 白色填充灰色边框的圆角矩形＋直线"制作而成。

5. 自定义条形背景

如图 1.80 所示，左右两侧图表的条形背景，由上下相对的圆顶角矩形组合而成。

1.12.3 图表分步还原

1. 插入散点图并修改数据源和基本格式

如图 1.81（a）所示，选择 A2:C7 单元格区域，插入散点图。将统一系列散点的 X 轴系列值修改为 B3:B7，Y 轴系列值修改为 F3:F7；将康师傅系列散点的 X 轴系列值修改为 C3:C7，Y 轴系列值修改为 G3:G7。将横坐标轴和纵坐标轴的取值范围分别设置为"0~30"和"0.5~5.5"。将横坐标轴设置为逆序刻度值，将图表字体设置为黑色思源黑体 Normal［如图 1.81（b）所示］。

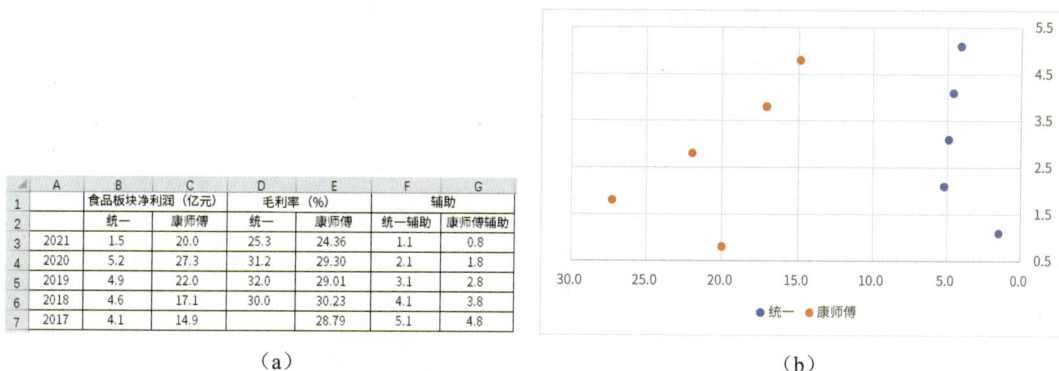

（a）   （b）

图 1.81 "条形图＋折线图"组合式蝴蝶图制作步骤 1

2. 设置食品板块净利润条形图

调整图表大小：将图表的高度和宽度分别设置为 8cm 和 7.62cm。隐藏坐标轴线条和标签。删除标题、图例和网格线。图表设置为无填充、无边框。

设置条形：为统一系列散点添加误差线并删除垂直误差线，水平误差线设置为负偏差、无线端、100%，线条设置为 7 形圆形橙色（RGB 值为 251，191，81）。同理为康师傅系列散点添加误差线，线条设置为 7 磅圆形红色（RGB 值为 183，49，58）。

添加数据标签：分别为统一系列散点和康师傅系列散点添加数据标签，并设置为与误差线同色、放在数据标记左侧。将统一系列散点和康师傅系列散点的数据标记均设置为 3 号白色填充、无边框［如图 1.82（a）所示］。

添加条形背景：统一圆顶角矩形背景（高度和宽度分别设置为 0.43cm 和 7.69cm），设置为浅橙色（RGB 值 255，242，225）填充、无边框。同理制作康师傅圆顶角矩形背景，填充色修改为浅红色（RGB 值为 250，240，241），并垂直翻转。将两类背景分别叠放在对应散点图下层，并保持右对齐［如图 1.82（b）所示］。

3. 制作毛利率折线图

制作折线图：复制食品板块净利润条形图，删除所有误差线，取消逆序刻度值。将高度和宽度分别设置为 8cm 和 5.3cm。将统一系列散点的 X 轴系列值修改为 D3:D7；将康师傅系列散点的 X 轴系列值修改为 E3:E7。将横坐标轴的取值范围设置为"23~35"。

添加连接线：将统一系列散点和康师傅系列散点线条分别设置为 0.5 磅橙色和红色。

添加数据标签：将统一系列散点的数据标签放在数据标记右侧，康师傅系列散点的数据标签保持不变。将面条图标设置为橙色边框，高度和宽度分别设置为 0.37cm 和 0.44cm，并粘贴至统一系列散点。同理设置康师傅系列散点的数据标记。

第1章 ■ 图表选择困难症，如何准确定位类型和风格？

参照条形图为折线图叠加背景。在 2017 年统一毛利率条形背景上，叠放 1 段短画线［如图 1.83（a）所示］。

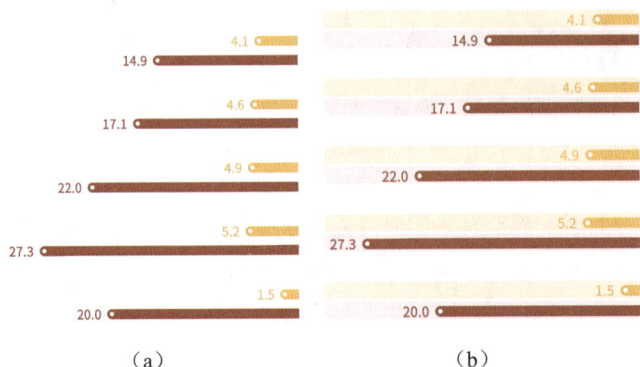

图 1.82 "条形图＋折线图"组合式蝴蝶图制作步骤 2

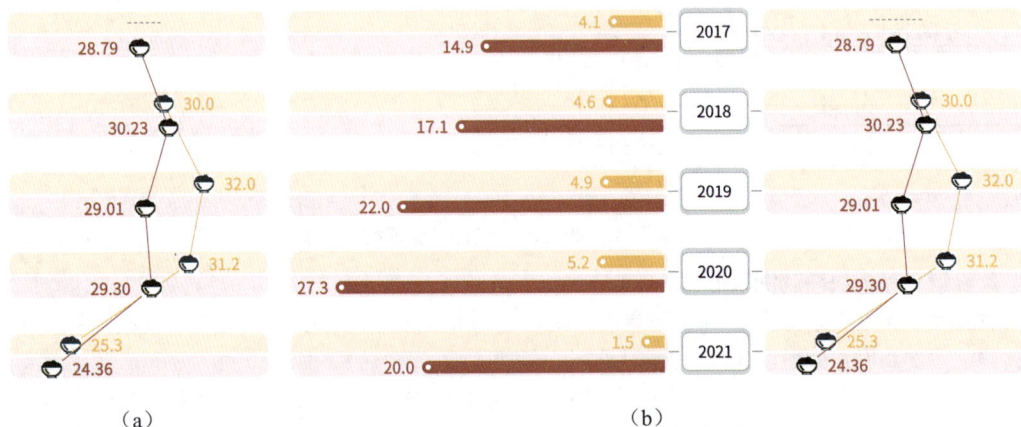

图 1.83 "条形图＋折线图"组合式蝴蝶图制作步骤 3

4. 组合蝴蝶图

组合图表：将食品板块净利润条形图和毛利率折线图分置左右两侧，中间预留出放置纵坐标轴标签的空间。

制作纵坐标轴标签：参照原图制作纵坐标轴标签，具体参数详见图表源文件。然后与图表组合［如图 1.83（b）所示］。

5. 制作圆角边框、折线图坐标轴和各项文字性内容

圆角边框：参照原图制作半圆角边框，并叠放在蝴蝶图上。

制作折线图坐标轴：复制毛利率折线图，恢复显示横坐标轴，并将取值范围修改为 "20~35"，数字格式设置为 "[=20]"";0;0"（隐藏数值 20 的标签）。将折线线条和数据标记均设置为无。删除数据标签。将图表宽度调整为 6.56cm（宽度 =5.25×15÷12=6.56cm，其中 5.25 为毛利率折线图的宽度、15 为横坐标轴图的取值范围、12 为毛利率折线图的取值范围），高度根据需要调整。将图表保存为图片，放置在毛利率折线图下方，并保持右对齐，然后裁剪掉左侧超出背景的部分。

参照原图分别制作标题、图例、Logo 和数据来源，具体参数详见图表源文件，最后将所有图表及图形组合在一起，最终效果如图 1.84 所示。

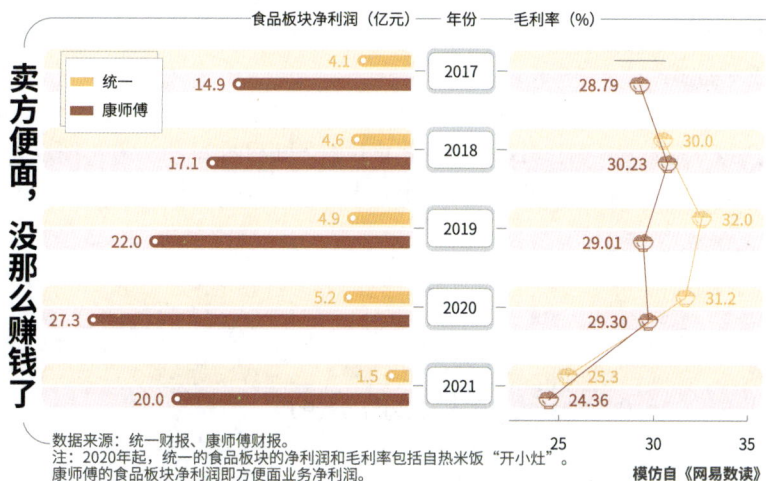

图 1.84 "条形图＋折线图"组合式蝴蝶图制作步骤 4

1.13 依据图表主题选择：面积式蝴蝶图

1.13.1 图表自画像

解题之道：如图 1.85 所示，本节探讨的主题是，各方位的高铁站与地区中心的车程。火车自然就当之无愧地成为图表的主视觉元素。

图表设计师的思路如下：一是巧用蝴蝶图布局。蝴蝶图的对比效果惊人，左右两侧的布局相同、图表类型相同、取值范围相同。加之独立配色，既能单独成行，满足内部对比，也能合而为一，实现相互对比。二是不一样的图表搭配。传统蝴蝶图多选用单一图表，比如柱形图、条形图、折线图。图表设计师则混搭竖版面积图、竖版折线图、条形背景，就像一杯能品尝出多种滋味的美酒。三是辉映主题，高铁站和普通火车站各用不同的火车图标代替竖版折线图的数据标记。

图表类型：折线图＋面积图＋柱形图。

表达数据关系：双重横向对比，各类高铁站／普通火车站分别与地区中心之间的车程比较是第 1 重对比；各类高铁站和普通火车站与地区中心之间的车程比较是第 2 重对比。

适用场景：适用于数据新闻媒体和商务报告。

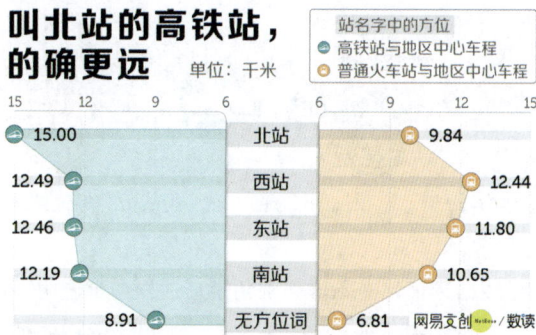

图 1.85 圆角柱形背景式折线图（选自《网易数读》）

49

1.13.2　制作技巧拆解

1. 竖版折线 + 面积

如图 1.86 所示，各方位高铁站与地区中心之间的车程采用了"竖版面积图 + 竖版折线图"，并且面积图添加了 50% 透明度。制作时，先做好"折线图 + 面积图"，并保存为图片（"复制"—"选择性粘贴"—"图片"），然后将左侧图表逆时针旋转 90°、右侧图表顺时针旋转 90°。

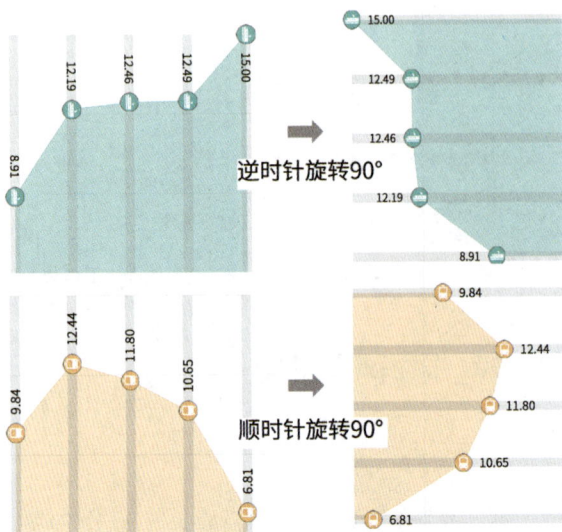

图 1.86　"竖版折线 + 面积"制作思路

2. 圆角绘图区

蝴蝶图中，左侧图表的圆角绘图区只保留顶部和右侧线条、右侧图表的圆角绘图区只保留顶部和左侧线条，制作时可参照 1.12 节中的"半圆角图表边框"部分。

3. 自定义纵坐标轴标签

如图 1.87 所示，纵坐标轴标签由 5 个平均纵向分布的矩形制作而成。

4. 自定义数据标记

如图 1.88 所示，数据标记采用"圆形 + 图标"组合填充。

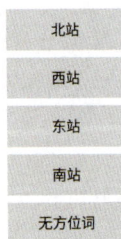

图 1.87　纵坐标轴标签结构

图 1.88　折线数据标记结构

5. 自定义图例

如图 1.89 所示，图例由数据标记、文本框、圆角矩形边框和半透明矩形背景共同组合而成。

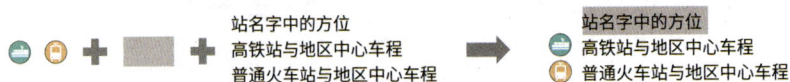

图 1.89　图例结构

6. 自定义阴影

如图 1.90 所示，将半透明灰色矩形放置在图表右侧，可以实现原图的阴影效果。

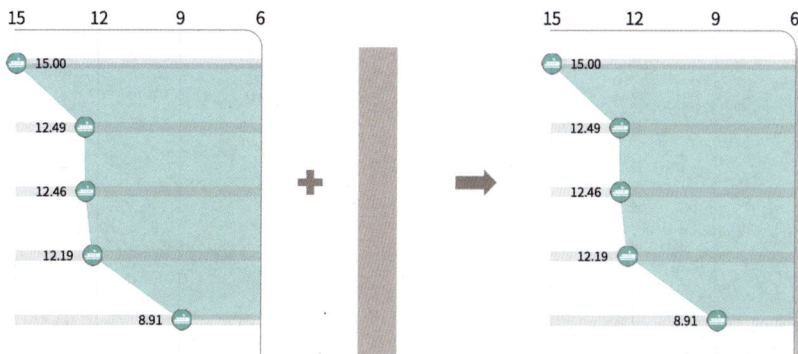

图 1.90　图表阴影制作思路

1.13.3　图表分步还原

1. 插入柱形图并修改图表类型、数据源和基本格式

如图 1.91（a）所示，选择 A1:C6 单元格区域，插入柱形图。将高铁站与地区中心车程系列修改为带数据标记的折线图，然后添加高铁站与地区中心车程系列，并修改为面积图。将纵坐标轴的取值范围设置为"6~15"，间隔为 3。将图表字体设置为黑色思源黑体 Normal〔如图 1.91（b）所示〕。

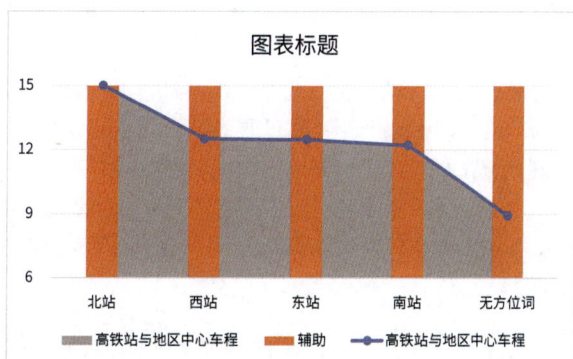

（a）　　　　　　　　　　　　　（b）

图 1.91　面积式蝴蝶图制作步骤 1

2. 设置折线图、面积图和柱形图

调整图表大小：将图表的高度和宽度分别设置为 7cm 和 8cm。将横坐标轴设置为逆序类别，线条设置为白色。将网格线设置为 0.25 磅。隐藏坐标轴线条和标签。删除标题和图例。图表设置为无边框。

设置折线：将折线线条设置为 0.25 磅青色（RGB 值为 60，186，176）。高铁圆形（高度和宽度均设置为 0.53cm）设置为青色填充、0.25 磅黑色（淡色 25%）边框。将高铁图标叠放在圆形上，两者组合后顺时针旋转 90°，再粘贴至高铁站与地区中心车程系列折线。为折线添加数据标签，放在折线上方并设置为竖排显示，将北站数据标签放在折线下方。

设置面积图和柱形图：将面积图填充为 60% 透明度青色。将柱形的间隙宽度设置为 500%，填充为 80% 透明度白色（深色 50%）〔如图 1.92（a）所示〕。

51

同理可以制作右侧图表（普通火车站与地区中心车程），其中普通火车站的图标应先逆时针旋转 90°，然后应用至折线图［如图 1.92（b）所示］。

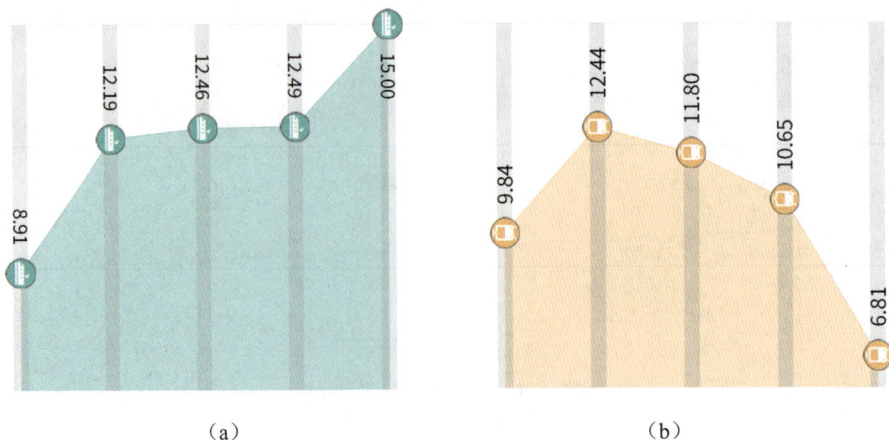

（a）　　　　　　　　　　　　　　（b）

图 1.92　面积式蝴蝶图制作步骤 2

3. 组合蝴蝶图

旋转图表：复制高铁站与地区中心车程图表，并粘贴为图片（建议选择增强型图元文件，可以保持原图清晰度），并逆时针旋转 90°。同理将普通火车站与地区中心车程图表粘贴为图片并顺时针旋转 90°。

制作绘图区边框和横坐标轴标签：参照 1.12 节中的"半圆角图表边框"部分，分别为左右两侧图表添加半圆角绘图区。然后插入文本框，分别为蝴蝶图制作横坐标轴标签［如图 1.93（a）所示］。

制作纵坐标轴标签：北站矩形（高度和宽度分别设置为 0.87cm 和 2.6cm），设置为白色（深色 15%）填充、无边框。字体设置为 9 号黑色思源黑体 Normal，居中对齐。同理制作其他站的矩形，分别放置在蝴蝶图对应图形的中间，并保持对齐。

制作阴影：阴影矩形（高度和宽度分别设置为 7.73cm 和 0.05cm），设置为 50% 透明度白色（深色 50%）填充、无边框，分别放置在左侧蝴蝶图的右边、右侧蝴蝶图的左边［如图 1.93（b）所示］。

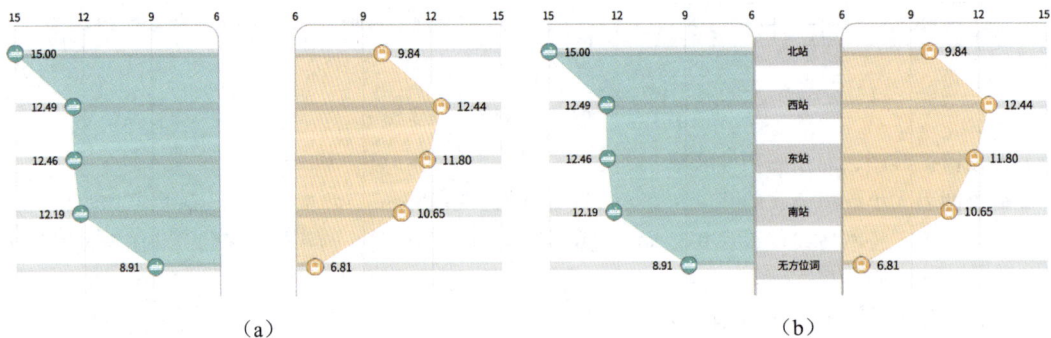

（a）　　　　　　　　　　　　　　（b）

图 1.93　面积式蝴蝶图制作步骤 3

4. 制作各项文字性内容

参照原图制作标题、图例、单位、Logo 和数据来源，具体参数详见图表源文件，最后将所有图表及图形组合在一起，最终效果如图 1.94 所示。

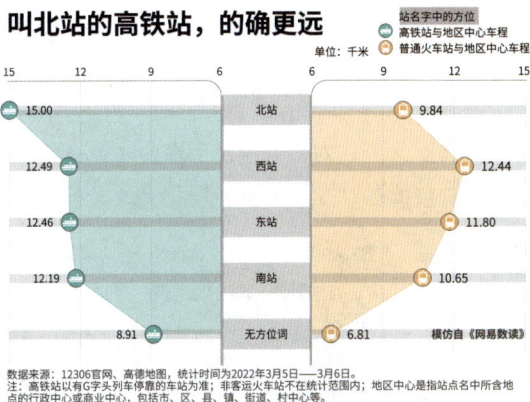

数据来源：12306官网、高德地图，统计时间为2022年3月5日—3月6日。
注：高铁站以有G字头列车停靠的车站为准；非客运火车站不在统计范围内；地区中心是指站点名中所含地点的行政中心或商业中心，包括市、区、县、镇、街道、村中心等。

图 1.94　面积式蝴蝶图制作步骤 3

1.14　依据图表主题选择：拟物式热力图

1.14.1　图表自画像

解题之道：如图 1.95 所示，本节探讨的主题是：冬奥运动员的伤病部位分布，再也没有比"运动员"直接现身说法更好的表达方式了。

图表设计师的思路如下：一是"真人"出镜，直接拿运动员作为模特，形象生动、简单高效，读者无须思考太多，就能接收到图表设计师的讯息；二是清晰与美观并重，由于涉及的身体部位较多，如果直接在运动员身体上添加热力图，拥挤及遮挡问题，会让图表效果大打折扣。图表设计师利用自由连接线指示身体部位、用圆形的颜色表达各部位的受伤病例人数、用文本框提示部位名称。

图表类型：热力图。

表达数据关系：分布关系，展示了冬奥运动员各部位受伤的分布情况。

适用场景：原图适用于数据新闻媒体、去掉各项形状装饰后适用于商务报告。

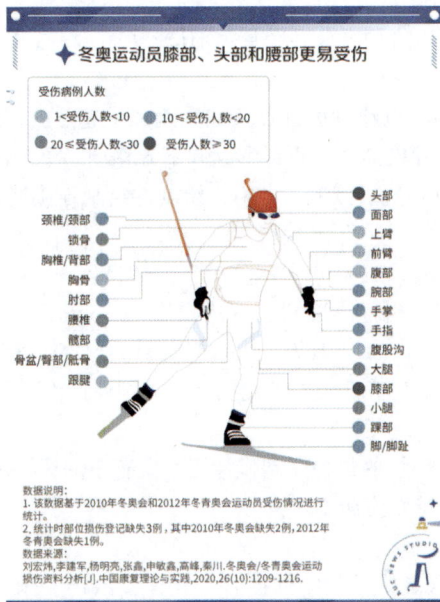

图 1.95　拟物式热力图（选自《RUC 新闻坊》）

1.14.2 制作技巧拆解

1. 分区间式热力图

1.8 节中，1 个数值对应 1 种颜色。如图 1.96 所示，本例中的热力图，则是 1 个数值区间对应 1 种颜色。将受伤病例人数分成了 4 个区间，对应着由浅到深的 4 种蓝色。这种处理方式的概括性更强，更适用于简单的分类，初步了解情况。

图 1.96　拟物式热力图制作思路（卡通人物图片选自 iSlide）

2. 绘制热力图

基于上述设计思路，此热力图并非制作出来的（借用散点图也可以制作，但需要依次确定每个部位的坐标值，制作效率不高），而是"画"出来的，像做 PPT 一样。绘制时，谨记保持元素对齐以及格式统一。

1.14.3 图表分步还原

1. 选择图片

首选站立式的运动员，可以方便区分各个身体部位。

2. 绘制连接线

用任意多边形绘制连接线。以绘制面部连接线为例，将起点放在脸部并单击，确定第 1 个点；向左方适当移动，再次单击，确定第 2 个点；继续向下方移动，单击，确定第 3 个点；继续向左方移动，单击，确定最后 1 个点，然后按 Esc 键中止绘制。绘制连接线时需要注意，尽量避免交叉，同时所有线条均设置为 1 磅白色（深色 50%）。

3. 制作热力圆形

4 个区间的受伤病例人数圆形（高度和宽度均设置为 0.5cm），由浅至深分别填充为蓝色 1~4（RGB 值分别为 171，199，213、122，167，196、135，154，168 和 90，107，117）、无边框。每个部位的圆形与连接线保持垂直对齐，左右两侧的圆形分别保持水平居中对齐。

4. 制作热力图标签

插入文本框，分别为每个部位的热力图制作标签，所有左侧标签保持右对齐、右侧标签保持左对齐、所有标签与对应圆形保持垂直居中对齐。

5. 制作各项文字性内容

参照原图制作图例、各项装饰及文字性内容，具体参数详见图表源文件（或参照 1.7 节中的"制作柱形图装饰"部分），最终效果如图 1.97 所示。

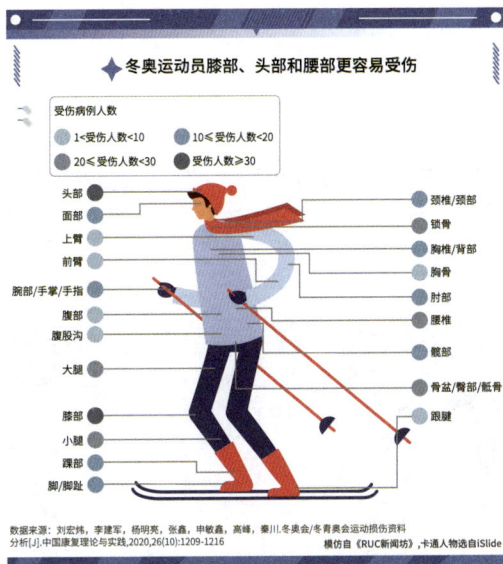

图 1.97 拟物式热力图制作步骤

1.15.1 图表自画像

解题之道：如图 1.98 所示，本节的主题是宠物转卖，接下来的图表设计和制作就像在写命题作文。图表设计师运用大局为先、逐个击破、最后点题的思路，针对性地化解数据种类丰富、数量多的难题，高质量地完成这项工作。

大局为先即先要完整地呈现数据和内容，做到不遗漏、不缺失。由于数据内容多，设计师选择了兼容并包的表格。

逐个击破即将内容做好分类，然后逐项或者有选择性地可视化每类数据。其中，品种和平均价格分别采用白色和黑色五边形箭头；数量占比选择圆环图、数量选择气泡图、价格区间选择滑珠图。将这些图形和图表搭配起来后，整体布局紧凑又不失美观。

最后点题即画龙点睛、建立联系，为图表添加与主题相关的照片、图标、插画等。由于表格按宠物种类进行分类，设计师选择圆环图中间添加上猫和狗图标，简单的线条就能传递图表主题，又不会占据过多空间。

图表类型：表格＋圆环图＋气泡图＋滑珠图。

表达数据关系：静态结构＋3 重横向对比，"沪漂"青年转卖各类宠物的比重属于静态结构；"沪漂"青年转卖各品种猫／各品种狗／其他动物的数量比较属于第 1 重横向对比；"沪漂"青年转卖各类宠物的最低价和最高价比较属于第 2 重横向对比；"沪漂"青年转卖各类宠物的平均价比较属于第 3 重横向对比。

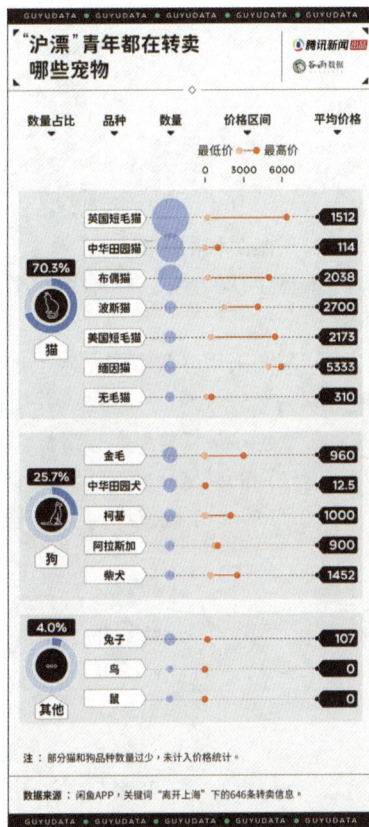

图 1.98　圆环图＋气泡图＋滑珠图组合（选自《谷雨数据》）

适用场景：适用于数据新闻媒体，去除外装饰框后也适用于商务报告。

1.15.2 制作技巧拆解

1. 表图结合

如图 1.99 所示，表格按照宠物种类分成 3 个部分，每个部分相互独立。表格用五边形箭头品种名称、"圆形＋五边形"箭头平均价格、圆角矩形背景、各类装饰形状和线条搭建，然后将圆环图、气泡图和滑珠图分别嵌入表格对应列中。

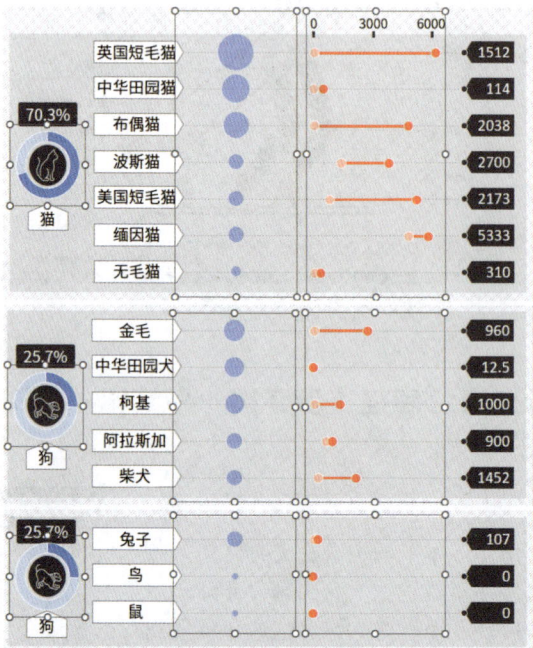

图 1.99　表格结构（数据为模仿数据，以原图表为准）

2. 气泡图和滑珠图

如图 1.100 所示，气泡图需要添加辅助 X、Y 轴值，其中 X 轴值均为 0.5，Y 轴值分别为 0.5、1.5、…、6.5。

滑珠图采用"散点图＋水平误差线"制作。散点 X 轴值分别为各宠物的最低价和最高价，Y 轴值分别为 0.5、1.5、…、6.5。并用最低价的水平误差线（正偏差、无线端、自定义值，误差值＝各宠物最高价－最低价）制作滑杆。

滑珠图的横坐标轴标签和刻度，采用标签散点的数据标签和数据标记制作。其中 X 值分别为 0、400 和 800，Y 轴值均为 3.8。数据标记用竖线填充后模仿刻度线。

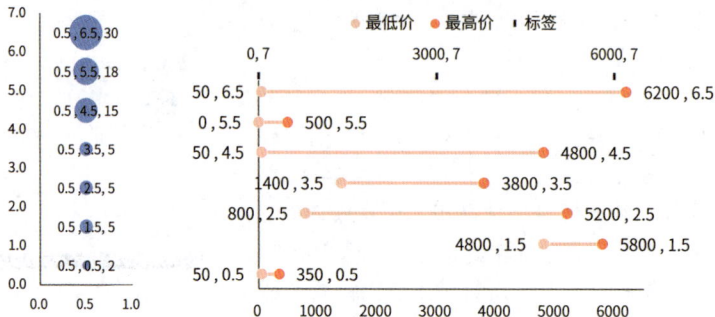

图 1.100　气泡图和滑珠图制作思路

56

1.15.3 图表分步还原

1. 制作表格框架

如图 1.101 所示，表格的具体参数如下。

行高：标题（第 2 行）60 磅、表头（第 3、4 行）27 磅、主体内容（第 5~36 行）12 磅、数据来源（第 37、38 和 39 行）19.5 磅、装饰行（第 1、40 行）17.25 磅。

列宽："数量占比"列（A 列）9.38 磅、"品种"列（B 列）10.38 磅、数量列（C 列）12.88 磅、"价格区间"列（D 列）17.13 磅、"平均价格"列（E 列）8 磅。

边框：主体内容中每类宠物（深色 50%）虚线中边框、表格设置为黑色（淡色 25%）外边框。其余"边框"均采用直线制作。

填充：装饰行（第 1、40 行）填充黑色（淡色 25%）、其余行填充白色（深色 15%）细对角线条纹。

图形："品种"由五边形箭头制作，采用白色填充，0.5 磅白色（深色 50%）边框；"平均价格"由"五边形箭头 + 圆形"组成，均采用黑色（淡色 25%）填充，圆形 0.5 磅白色边框。所有图形叠放在主体行上，并保持垂直居中对齐。数量占比由"圆角矩形 + 五边形箭头"制作，分别放在上方和下方。

其余矩形背景、文字内容、数据来源和装饰行参照原图制作，具体参数详见源文件（或参照 1.3 节中的"设置背景和各项文字性内容"部分）。

图 1.101 "表格 + 圆环图 + 气泡图 + 滑珠图"组合制作步骤 1

2. 制作圆环图

如图 1.102（a）所示，选择数据插入圆环图。删除标题和图例。将图表高度和宽度均设置为 1.59cm。将圆环大小修改为 70%。将数量占比圆环和辅助圆环分别设置蓝色（RGB 值为 102，159，

57

253）填充和浅蓝色（RGB 值为 212，224，240）填充、0.25 磅白色边框。在圆环中心叠放圆形 [圆形高度和宽度均设置为 0.85cm、填充黑色（淡色 25%）] 和小猫图标 [如图 1.102（b）所示]。

	数量占比	辅助
猫	70.3%	29.7%

（a）　　　　　　　　　　（b）

图 1.102 "表格 + 圆环图 + 气泡图 + 滑珠图"组合制作步骤 2

3. 制作气泡图

如图 1.103（a）所示，选择 D1:F8 单元格区域，插入气泡图。将横坐标轴和纵坐标轴的取值范围分别修改为"0~1"和"0~7"。将图表的字体整体设置为黑色思源黑体 Normal [如图 1.103（b）所示]。

将图表的高度和宽度分别设置为 7.55cm 和 3.92cm。将气泡大小设置为 170、填充 40% 透明度蓝色。删除标题、图例和网格线。隐藏坐标轴标签和线条。图表设置为无填充、无边框 [如图 1.103（c）所示]。

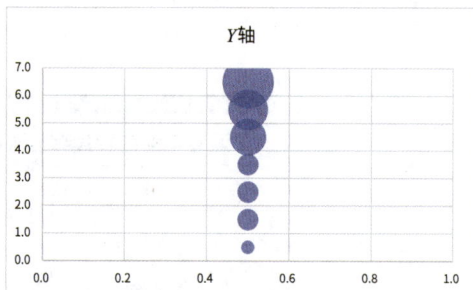

（a）　　　　　　　　　　（b）　　　　　　　（c）

图 1.103 "表格 + 圆环图 + 气泡图 + 滑珠图"组合制作步骤 2

4. 制作滑珠图

如图 1.103（a）所示，选择 A1:C8 单元格区域，插入散点图。然后添加标签系列并修改数据源。将最低价系列散点的 X 轴系列值修改为 B2:B8，Y 轴系列值修改为 E2:E8；将最高价系列散点的 X 轴系列值修改为 C2:C8，Y 轴系列值修改为 E2:E8；将标签系列散点的 X 轴系列值修改为 H2:H4，Y 轴系列值修改为 I2:I4。将横坐标轴和纵坐标轴的取值范围分别修改为"0~6500"和"0~7"。将图表的字体整体设置为黑色思源黑体 Normal [如图 1.104（a）所示]。

调整图表大小：将图表的高度和宽度分别设置为 6.81cm 和 3.38cm。删除标题、图例和网格线。隐藏坐标轴标签和线条。图表设置为无填充、无边框。

设置散点：将最低价系列散点和最高价系列散点设置为 8 号圆形、浅橙色（RGB 值为 255，195，177）填充和橙色（RGB 值为 254，106，60）填充、0.5 磅白色边框。为最低价系列散点添加误差线并删除垂直误差线，水平误差线设置为正偏差、无线端、自定义（指定 G2:G5 单元格中的值），线条设置为 2 磅橙色。

坐标轴标签：插入直线（高度 0.15cm），设置为 2 磅黑色（淡色 25%），并将其粘贴至标签 X 系列散点。添加数据标签，显示 X 值、取消显示 Y 值、放在散点上方 [如图 1.104（b）所示]。

5. 将滑珠图嵌入表格

参照上述步骤制作其余图表，然后将所有圆环图、气泡图和滑珠图分别嵌入表格，最终效果如图 1.105 所示。

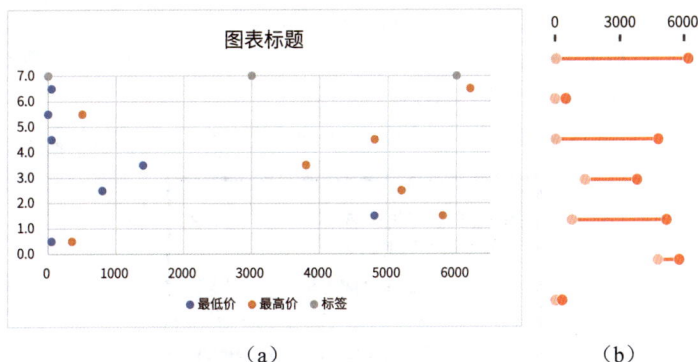

（a）　　　　　　　　　　　　（b）

图 1.104　"表格＋圆环图＋气泡图＋滑珠图"组合制作步骤 3

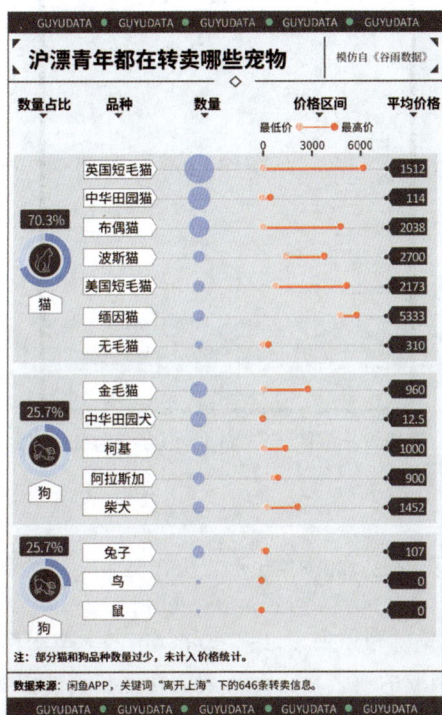

图 1.105　"表格＋圆环图＋气泡图＋滑珠图"组合制作步骤 4

1.16　依据图表主题选择："表格＋气泡图＋蝴蝶图"组合

1.16.1　图表自画像

解题之道：如图 1.106 所示，本节探讨的主题是：手机 App 调取权限的问题。现在人们智能手机不离身，对于定位、照片和相机等图标，再熟悉不过，读者看到这些视觉元素，基本上会秒懂。

图表设计师的思路如下：一是表格铺底，完全展示 11 个常用 App，3 类调取权限的行为需要多张图表，将表格作为图表的存放载体；二是分类展示，调取权限及次数采用透明气泡、调取权限时是否正在使用 App 和调取的权限是否和使用的功能相关分别采用蝴蝶图，1 类问题对应 1 张图，条理清晰；三是辉映主题，用定位、照片和相机图标代替相应权限文字，既节省空间又方便阅读。

图表类型：表格＋气泡图＋堆积条形图。

表达数据关系：三重横向对比，不同 App 调取定位、读取照片和打开相机等权限的次数比较属于第 1 重对比；调取各项权限时 App 在 / 不在使用状态下的次数比较属于第 2 重对比；调取权限与使用功能相关 / 无关的次数比较属于第 3 重对比。

适用场景：适用于数据新闻媒体和商务报告，去除边框后也适用于政府报告。

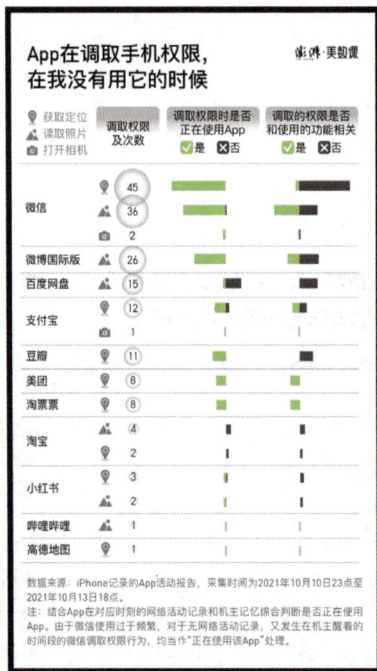

图 1.106 "表格＋气泡图＋蝴蝶图"组合（选自《澎湃美数课》）

1.16.2 制作技巧拆解

如图 1.107 所示，直接在表格上叠加圆角矩形表头、调取权限图标，嵌入气泡图和堆积条形图，可以制作出原图效果。

表头行：3 个列标题均采用圆角矩形（填充为 90°由浅灰色向白色的线性渐变）制作，调取权限时是否正在使用 App、调取的权限是否和使用的功能相关的图例采用"圆角矩形＋文本框"制作。

"调取权限及次数"列：调取权限图标放置在单元格中并保持左对齐。气泡图嵌入列中，气泡填充使用由里到外、由浅灰色向白色的路径渐变。

"是否使用 App"和"是否与所用功能相关"列：分别嵌入由条形图制作而成的蝴蝶图。

Logo 采用文本框制作。在表格的上下左右分别预留空白行和空白列，用于放置表格深灰色外边框。

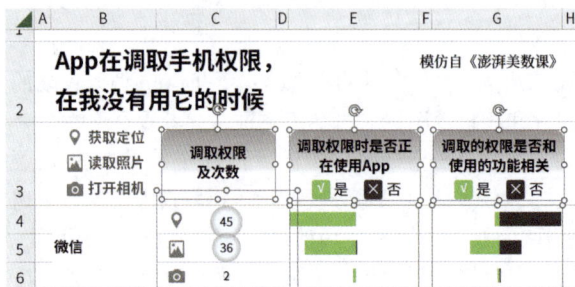

图 1.107 表格结构（数据为模仿数据，以原图表为准）

60

1.16.3　图表分步还原

1. 制作表格框架

如图 1.108（a）所示，表格的具体参数如下。

行高：标题（第 1 行）60 磅、表头（第 2 行）62.25 磅、主体内容 21 磅、数据来源（第 20 行）30 磅。

列宽：App 名称列（A 列）13 磅、"调取权限及次数"（B 列）14.88 磅、空白列（D、F 列）1 磅、其余列 16 磅。

表头：权限名称在单元格内显示，依照原图对文字进行强制换行，并放置对应图标。调取权限及次数等 3 个列标题设置为圆角矩形，设置 90°白色（深色 35%）向白色（位置 65%）的线性渐变，叠放在对应单元格内。是和否图例参照原图制作，叠放在圆角矩形下方。

边框：主体内容中的不同 App 之间，添加黑色（淡色 25%）虚线上下边框。

文字内容、数据来源参照原图制作，具体参数详见源文件。

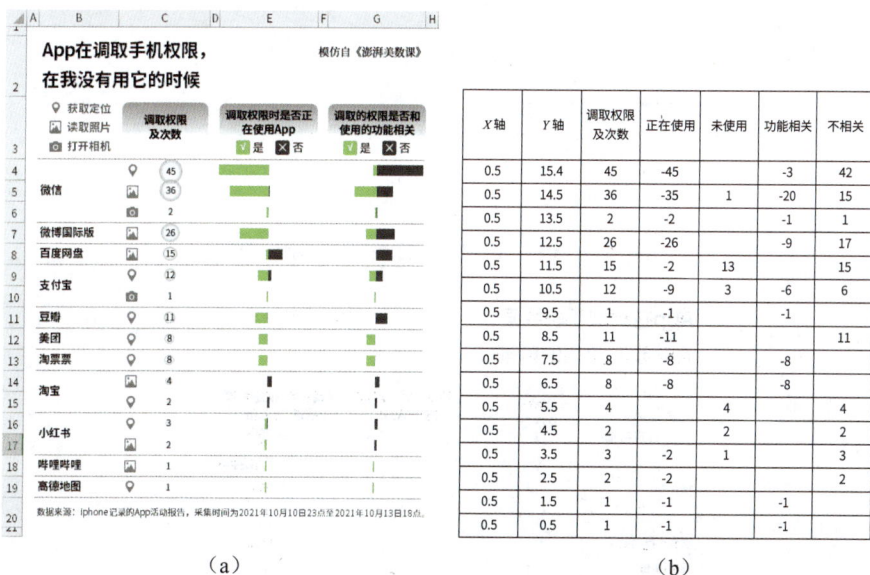

X轴	Y轴	调取权限及次数	正在使用	未使用	功能相关	不相关
0.5	15.4	45	-45		-3	42
0.5	14.5	36	-35	1	-20	15
0.5	13.5	2	-2		-1	1
0.5	12.5	26	-26		-9	17
0.5	11.5	15	-2	13		15
0.5	10.5	12	-9	3	-6	6
0.5	9.5	1	-1		-1	
0.5	8.5	11	-11			11
0.5	7.5	8	-8		-8	
0.5	6.5	8	-8		-8	
0.5	5.5	4			4	4
0.5	4.5	2			2	2
0.5	3.5	3	-2		1	3
0.5	2.5	2	-2			2
0.5	1.5	1	-1		-1	
0.5	0.5	1	-1		-1	

（a）　　　　　　　　　　　　　　（b）

图 1.108　"表格＋气泡图＋蝴蝶图"组合制作步骤 1

2. 制作气泡图和蝴蝶图

气泡图：参照"1.11 节'条形图＋气泡图'组合"中提供的方法，将图 1.108（b）中的"X 轴、Y 轴和调取权限及次数"数据制作成气泡图。气泡填充为由里到外、由白色（位置 65%、透明度 40%）向白色（深色 35%，位置 100%、透明度 40%）的路径渐变。另外，将最上方的微信获取定位气泡 Y 轴值由 15.5 调整为 15.4，方便在有限空间内显示更大的气泡［如图 1.109（a）所示］。

蝴蝶图：利用"正在使用"和"未使用"两列数据，制作条形图（将正在使用列的数据设置为负数，条形便可以显示在纵坐标轴左侧，制作出蝴蝶图的效果）。将纵坐标轴设置为逆序类别。将横坐标轴的取值范围设置为"-45~42"（-45 为是否使用 App 中的最小值、42 为是否与所用功能相关中的最大值，两个条形图使用相同的取值范围，才具有可比性）。将条形的系列重叠和间隙宽度均设置为 100%。将正在使用和未使用条形分别填充为绿色（RGB 值为 158，213，93）和黑色（淡色 25%）。图表设置为无填充、无边框［如图 1.109（b）所示］。

3. 制作表格边框

同理可以制作是否与所用功能相关的蝴蝶图，并将所有图表分别嵌入对应列中。依据原图制作表格外边框和 Logo，最终效果如图 1.110 所示。

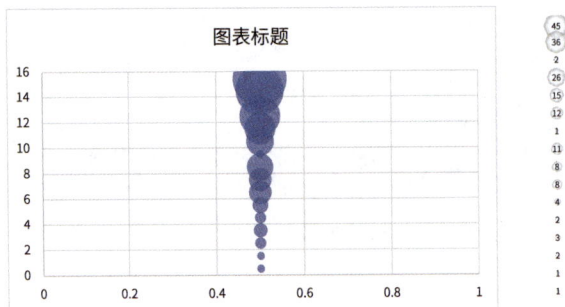

（a）

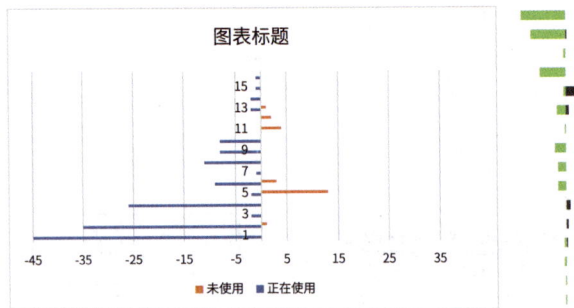

（b）

图 1.109 "表格 + 气泡图 + 蝴蝶图"组合制作步骤 2

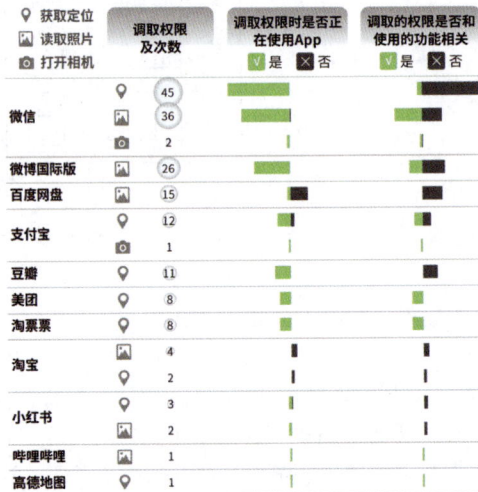

图 1.110 "表格 + 气泡图 + 蝴蝶图"组合制作步骤 3

第2章　五花八门的数据，如何正确规划和设计图表？

世界有多么精彩，数据就有多么变幻无穷。很多被人称道的图表，恰恰用的是理想化的数据。但在现实世界里，提供给图表制作人的数据，通常都是数据量太少、数据量太多、数据量大且种类庞杂、数据间差异太小或数据间差异太大，等等。最终呈现出来的图表，包含的问题也是五花八门，比如过于单调、纠缠不清、不堪重负、看不出差别或者两级化，等等。本章精选14个案例，分析和借鉴专业图表设计师遇到同类问题时，如何规划和设计图表。

2.1　数据太少，加个背景：圆角柱形图

2.1.1　图表自画像

解题之道：设计图表时，合理安排图表空间很重要。数据太多做减法、数据太少做加法。也就是说图表内容如果很丰富，要善用"减法"、释放空间，删除或者隐藏不必要元素，尽量选择点类图表（散点图）、线类图表（折线图、滑珠图、雷达图等），避免拥挤和混乱。图表内容如果很缺乏，要善用"加法"、消耗空间，适当增加和多显示图表元素，尽量选择形状类图表（柱形图、条形图、瀑布图等）、面积类图表（面积图、气泡图、饼图等），避免空洞和留白。

如图2.1所示，图表设计师3步把图表"装满"，让简单的7个数据看起来不再枯燥：一是添加柱形背景，填补空白效果立竿见影，同时增加透明度，丰富图表层次；二是添加滑珠点缀，为图表制造焦点，此时的图表既可以看作柱形图，又可以看作竖版的滑珠图；三是加大标题字体，进一步"消耗"图表空间，又能吸引读者关注。另外，图例边框和坐标轴标题的指向箭头，也同时承担着填补空白和装饰图表的使命。

中国化妆品企业多如牛毛，2021年就新成立400万家

数读 × 阿里妈妈

● 新增化妆品相关企业数（万家）
数据来源：天眼查，统计时间为2022年4月16日。

成立年份	2015	2016	2017	2018	2019	2020	2021
	72.70	93.97	105.32	139.63	253.46	280.14	437.96

图2.1　圆角柱形图（选自《网易数读》）

图表类型：簇状柱形图＋散点图。

表达数据关系：纵向对比，比较 2015—2021 年新增化妆品的相关企业数量。

适用场景：适用于数据新闻媒体、政府报告和商务报告。

2.1.2 制作技巧拆解

1. 圆角柱形

如图 2.2 所示，原图包含两处圆角：其一是新增化妆品相关企业数柱形，它的本质是"柱形＋滑珠"；其二是圆角柱形背景。

新增化妆品相关企业数柱形：由"柱形图＋折线图"的数据标记模仿制作，或者由"柱形图＋散点图"的数据标记模仿制作，其中数据标记需根据柱形的间隙宽度来调整大小，并设置为白色填充、粗边框（4 磅左右）。

圆角柱形背景：在横坐标轴上添加圆角柱形散点（X 轴值分别为 1、2、3、4、5、6 和 7，Y 轴值均为 0），并用垂直误差线（正偏差、无线端、固定值 470，误差值应略小于纵坐标轴最大值，以便于完整显示圆角效果）来制作圆角柱形。误差线的宽度由柱形的间隙宽度决定。另外，由于误差线显示在柱形上层，需要增加 50%~90% 的透明度。

图 2.2 圆角柱形制作思路

2. 圆角绘图区

原图中采用了半幅圆角绘图区边框，制作时可参照 1.12 节中的"半圆角图表边框"部分。

3. 自定义坐标轴标签

原图中纵坐标轴不显示数值 0 处的标签，可以将纵坐标轴的数据格式设置为"[=0]"";0;0"，从而将"0"隐藏。

4. 自定义图例

如图 2.3 所示，图例由"圆形＋企业数"和"数据来源文本框＋矩形背景"共同组合而成。

图 2.3 图例构成

2.1.3 图表分步还原

1. 插入柱形图并修改图表类型、数据源和基本格式

如图 2.4（a）所示，选择 A1:D8 单元格区域，插入柱形图。将滑珠 X 系列和圆角柱形 Y 系列修改为散点图、修改数据源。将滑珠 X 系列散点的 X 轴系列值修改为 C2:C8，Y 轴系列值修改为 B2:B8；将圆角柱形 Y 系列散点的 X 轴系列值修改为 C2: C8，Y 轴系列值修改为 D2: D8。

将纵坐标轴的取值范围设置为"0~500"，间隔为 100，将数字格式设置为"[=0]"";0;0"。将图表字体设置为黑色思源黑体 Normal，横坐标轴标签设置为思源黑体 Bold、纵坐标轴标签设置为黑色（淡色 35%）[如图 2.4（b）所示]。

（a）　　　　　　　　　（b）

图 2.4　圆角柱形图制作步骤 1

2. 设置柱形图

调整图表：将横坐标轴线条设置为无。将网格线设置为 0.5 磅白色（深色 15%）短画线。删除标题和图例。调整绘图区大小，上方预留标题空间。图表设置为无边框。

设置柱形：将柱形填充为紫色（RGB 值为 238，155，194）。

设置数据标签和数据标记：为柱形添加数据标签，并放在柱形外。将散点的数据标记设置为 10 号圆形、白色填充、4.5 磅玫红色线条（RGB 值为 220，46，132）[如图 2.5（a）所示]。

制作圆角柱形背景：为圆角柱形 Y 系列散点添加误差线并删除水平误差线，垂直误差线设置为正偏差、无线端、固定值 470，线条设置为 15 磅 90% 透明度黑色（淡色 35%）、圆形线端。然后将数据标记设置为无 [如图 2.5（b）所示]。

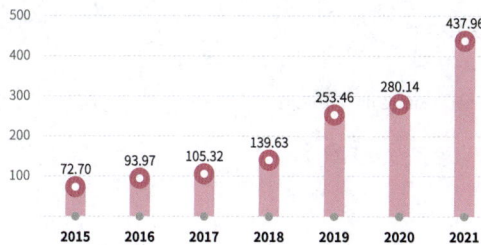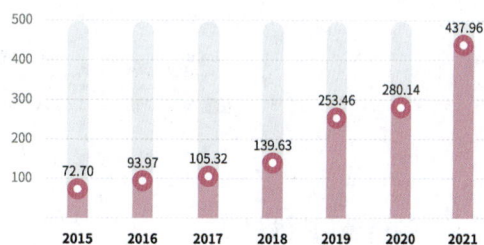

（a）　　　　　　　　　（b）

图 2.5　圆角柱形图制作步骤 2

3. 设置圆角绘图区、制作各项文字性内容

参照 1.12 节中的"半圆角图表边框"部分，制作半圆角绘图区。参照原图制作标题、图例、单位、Logo 和数据来源，具体参数详见图表源文件，最终效果如图 2.6 所示。

65

中国化妆品企业多如牛毛，2021年就新成立400万家

模仿自《网易数读》

图 2.6　圆角柱形图制作步骤 3

2.2　数据太少，加上辅助：圆角柱形背景式折线图

2.2.1　图表自画像

解题之道：如图 2.7 所示，为了"填满"空白版面，解决单调问题，图表设计师分别增加了圆角柱形背景、半透明面积图背景、折线与横坐标轴间的连接线和图标式数据标记。与横坐标轴之间的连接线还可以增强折线的对比性。

图表类型：折线图＋面积图。

表达数据关系：纵向对比，比较 2011—2021 年国内的露营企业数量变化。

适用场景：适用于数据新闻媒体、政府报告和商务报告。

图 2.7　圆角柱形背景式折线图（选自《网易数读》）

2.2.2　制作技巧拆解

1. 圆角柱形背景

如图 2.8 所示，2011—2019 年的圆角柱形颜色上浅下深、2020—2021 年的圆角柱形上下颜色一致。制作时需要在纵坐标轴值 22000 处，添加柱形和下柱形散点。用下柱形散点（X 轴值分别为 1、2、3、4、5、…、11，Y 轴值均为 22000）的垂直误差线制作 2011—2021 年的圆角柱形（浅灰色柱形）；用下柱形散点（X 轴值分别为 1、2、3、4、5、…、9，Y 轴值均为 22000）的垂直误差线制作 2011—2019 年的圆角柱形的上半部分（橙色部分，当修改为浅灰色后，可以遮挡下柱形散点中

66

2011—2019 年的圆形误差线，形成上浅下深的效果）。

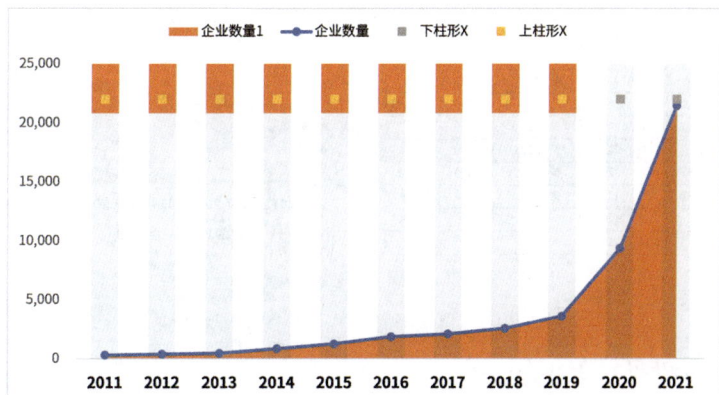

图 2.8　圆角柱形背景结构

2. 圆角绘图区

原图中采用了只保留左侧和下方的圆角绘图区，制作时可参照 1.12 节中的"半圆角图表边框"部分。

3. 半透明面积背景

制作半透明的面积图背景时，将折线系列的数据重复添加至图表，图表类型修改为面积图，然后为填充色增加 70% 透明度。

4. 自定义数据标记

如图 2.9 所示，数据标记采用图标填充，图标由"圆形 + 'A'"制作而成。

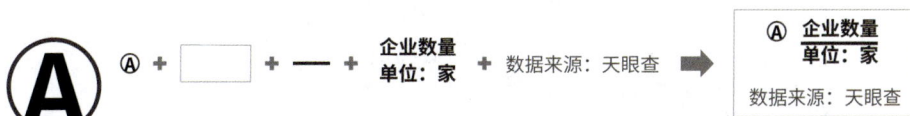

图 2.9　自制图标及图例结构

5. 连接折线与坐标轴

折线与横坐标轴间的连接线，可以有效增强对比效果，只需为折线添加 100% 的负误差线即可。

6. 自定义图例

如图 2.9 所示，图例由图标、文本框、线条和半透明矩形组合而成。

2.2.3　图表分步还原

1. 插入折线图并修改图表类型、数据源和基本格式

如图 2.10（a）所示，选择 A1:E12 单元格区域，插入带数据标记的折线图。

将企业数量 1 系列折线修改为面积图、将下柱形 X 系列折线和下柱形 Y 系列折线修改为散点图、修改数据源。将下柱形 X 系列散点的 X 轴系列值修改为 D2:D12，Y 轴系列值修改为 E2:E12；将下柱形 Y 系列散点的系列名称修改为 F1（上柱形 X），X 轴系列值修改为 F2:F12，Y 轴系列值修改为 G2:G12。将纵坐标轴的取值范围设置为"0~25000"，间隔为 5000（锁定取值范围后，后期添加误差线不会改变此范围）。

将图表字体设置为黑色思源黑体 Normal，然后将横坐标轴标签设置为 10 号思源黑体 Bold，将纵坐标轴标签设置为黑色（淡色 25%）［如图 2.10（b）所示］。

	A	企业数量	企业数量1	下柱形X	下柱形Y	上柱形X	上柱形Y	正误差值	负误差值
1		B	C	D	E	F	G	H	I
2	2011	317	317	1	22,000	1	22,000	2,300	22,000
3	2012	395	395	2	22,000	2	22,000	2,300	22,000
4	2013	469	469	3	22,000	3	22,000	2,300	22,000
5	2014	851	851	4	22,000	4	22,000	2,300	22,000
6	2015	1,252	1,252	5	22,000	5	22,000	2,300	22,000
7	2016	1,853	1,853	6	22,000	6	22,000	2,300	22,000
8	2017	2,080	2,080	7	22,000	7	22,000	2,300	22,000
9	2018	2,559	2,559	8	22,000	8	22,000	2,300	22,000
10	2019	3,587	3,587	9	22,000	9	22,000	2,300	22,000
11	2020	9,358	9,358	10	22,000			2,300	22,000
12	2021	21,436	21,436	11	22,000			2,300	22,000

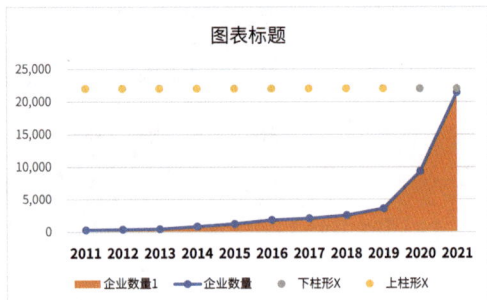

（a）　　　　　　　　　　　　（b）

图 2.10　圆角柱形背景式折线图制作步骤 1

2. 制作圆角柱形背景

调整图表大小：将图表的高度和宽度分别设置为 12cm 和 14cm。删除标题、图例和网格线。隐藏坐标轴线条和标签。删除标题和图例。图表设置为无边框。

制作圆角柱形背景：为下柱形 X 系列散点添加误差线并删除水平误差线，垂直误差线设置为正负偏差、无线端、自定义（正偏差指定 H2:H12 单元格中的值、负偏差指定 I2:I12 单元格中的值。正偏差值为 3000，即 25000-22000，为了正常显示圆角效果，酌量减小为 2300；负偏差值为 22000，即下柱形 X 系列散点的纵坐标轴值），线条设置为 18 磅 90% 透明度白色（深色 50%）、圆形线端；为上柱形 X 系列散点添加误差线并删除水平误差线，垂直误差线设置为正偏差、无线端、固定值 2300，线条设置为 18 磅浅灰色（RGB 值为 250，250，250）、方形线端。将散点数据标记设置为无 [如图 2.11（a）所示]。

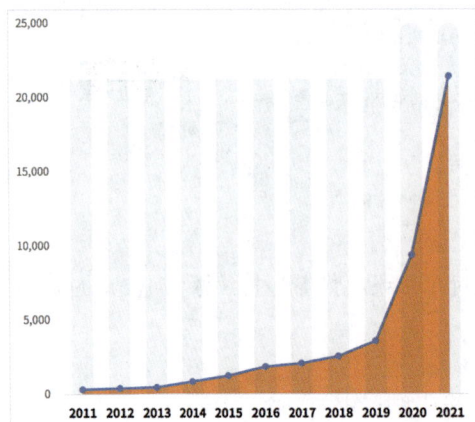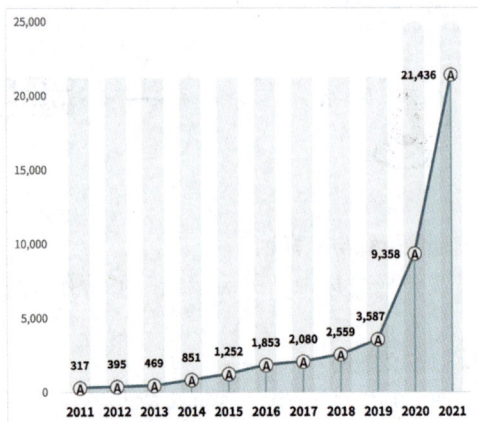

（a）　　　　　　　　　　　　（b）

图 2.11　圆角柱形背景式折线图制作步骤 2

3. 设置折线图

设置折线图：将折线设置为深青色（RGB 值为 0，101，124）。圆形（高度和宽度均设置为 0.4cm），设置白色填充、1 磅黑色（淡色 25%）边框，输入"A"，并将字体设置 11 号黑色思源黑体 Bold，上下左右边距均设置为 0。复制圆形并粘贴至企业数量系列折线。

添加误差线：为折线添加误差线，并设置为负偏差、无线端、100%，线条设置为 1.5 磅蓝绿色（RGB 值为 95，187，190）。

添加数据标签：为折线添加数据标签，字体设置为 9 号黑色思源黑体 Bold，并放在数据标记上方，然后将 2020 年和 2021 年的数据标签单独放在数据标记左侧，2019 年的数据标签适当向左移动，避免遮挡折线。

设置面积图：将面积填充为 80% 透明度深青色 [如图 2.11（b）所示]。

4. 设置圆角绘图区、制作各项文字性内容

参照 1.12 节中的"半圆角图表边框"部分，制作半圆角绘图区。参照原图制作标题、图例、单位、Logo 和数据来源，具体参数详见图表源文件，最终效果如图 2.12 所示。

图 2.12　圆角柱形背景式折线图制作步骤 3

2.3　数据太少，拆分图表：百分比气泡图

2.3.1　图表自画像

解题之道：如图 2.13 所示，图表设计师放弃了柱形图、条形图等最为常见的图表类型，改为更能"消耗"空间的气泡图，1 张图瞬间"变成"8 张。同时又加入了辅助气泡、气泡铭牌和图标，让原本略显"空洞"的界面，瞬间丰满起来。

图表类型：气泡图。

表达数据关系：横向对比，比较 8 类影响睡眠的外部因素比例。

适用场景：适用于数据新闻媒体和商务报告，去掉图标和坐标轴装饰线后也适用于政府报告。

图 2.13　百分比气泡图（选自《网易数读》）

69

2.3.2　制作技巧拆解

1. 百分比式矩阵气泡

影响睡眠的 8 类外部因素比例气泡，横向上一字排开、纵向上分作上下两排，属于典型的矩阵式排列，同时在每个气泡外边都添加了参照系辅助气泡。制作时，可以通过改变气泡图的 X 轴值和 Y 轴值，依次确定每个气泡图的位置。

如图 2.14 所示，将噪声 / 空气质量气泡（第 1 列）、寝具不舒适 / 换季气泡（第 2 列）、温度 / 色调气泡（第 3 列）、灯光 / 潮汐变化气泡（第 4 列）的 X 轴值分别定位为 0.5、1.5、2.5 和 3.5，将横坐标轴的取值范围设置为 "0~4"，便能将 8 个气泡分成 4 列，从左至右一字排开。将噪声 / 寝具不舒适 / 温度 / 灯光气泡（第 1 行）、空气质量 / 换季 / 色调 / 潮汐变化气泡（第 2 行）的 Y 轴值分别定位为 1.5 和 0.5，将纵坐标轴的取值范围设置为 "0~2"，8 个气泡便被分作上下两排。

参照系气泡的位置和 8 类外部因素比例气泡完全一致，气泡值可以等于或略大于最大值（66%），这里将 1 作为参照值。

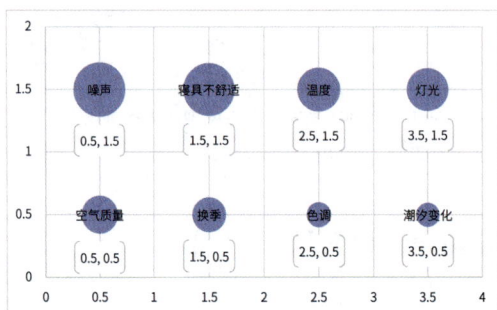

图 2.14　气泡图的位置分布规律

2. 自定义坐标轴标签

如图 2.15 所示，原图隐藏了横坐标轴标签，并为每个气泡添加了铭牌。铭牌由 "圆角矩形 + 圆点开始箭头" 连接线组成，圆角矩形宽度根据文字数量进行调整，连接线长度根据与气泡间的距离调整。另外圆点开始箭头采用最小款式。

图 2.15　铭牌的结构

3. 添加主题图标

如图 2.16 所示，原图为每个气泡都添加了相关主题图标，并根据气泡调整大小，这种设计可增添趣味，也让图表更有代入感。制作时只需要将图标叠放在气泡上，并居中对齐。

图 2.16　气泡图标

2.3.3　图表分步还原

1. 插入气泡图并修改基本格式

如图 2.17（a）所示，选择 A1:C9 单元格区域插入气泡图，然后为气泡图添加辅助系列并修改数据源。将比例系列气泡的 X 轴系列值修改为 D2:D9，Y 轴系列值修改为 E2:E9，气泡大小修改为

B2:B9；将辅助系列气泡的 X 轴系列值修改为 D2:D9，Y 轴系列值修改为 E2:E9，气泡大小修改为 C2:C9。将辅助系列气泡放置在比例系列气泡下方，将横坐标轴和纵坐标轴的取值范围分别设置为"0~4"和"0~2"。将图表字体设置为黑色思源黑体 Normal［如图 2.17（b）所示］。

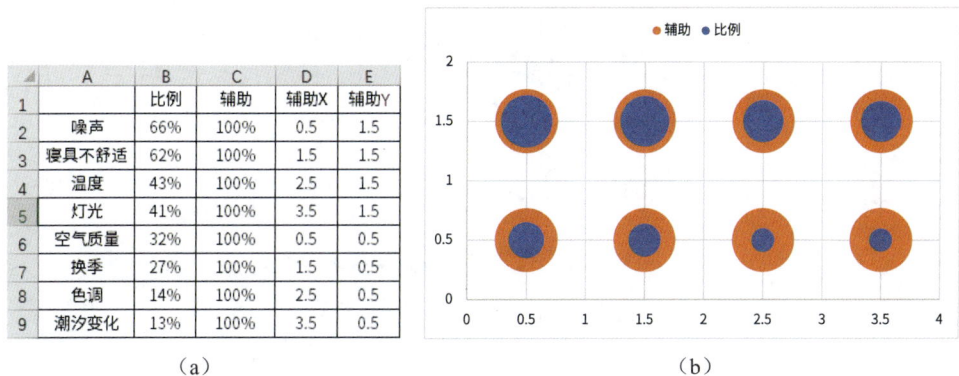

（a）　　　　　　　　　　　　　　　　（b）

图 2.17　百分比气泡图制作步骤 1

2. 设置气泡图

调整图表大小：将图表的高度和宽度分别设置为 11cm 和 13cm。隐藏坐标轴标签和线条。删除图例和网格线。适当调整绘图区大小，上方为标题和图例预留空间、下方为 Logo 和数据来源预留空间。图表设置为无边框［如图 2.18（a）所示］。

设置气泡图：将辅助系列气泡设置为无填充、0.5 磅白色（深色 50%）线条。将比例系列气泡设置为蓝色填充（RGB 值为 135，168，185）、无线条。

添加数据标签：为比例系列气泡添加数据标签，并适当移动，让上排气泡图的标签叠放在比例系列气泡的底部、字体修改为白色；让下排气泡图的标签放置在辅助系列气泡的底部［如图 2.18（b）所示］。

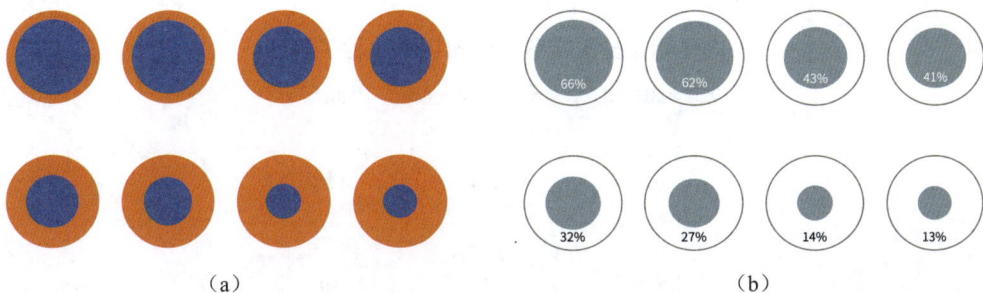

（a）　　　　　　　　　　　　　　　　（b）

图 2.18　百分比气泡图制作步骤 2

3. 制作铭牌、添加图标、制作各项文字性内容

制作铭牌：寝具不舒适圆角矩形（高度和宽度分别设置为 0.6cm 和 2.5cm），设置为白色（深色 5%）填充、0.5 磅白色（深色 50%）边框。将字体设置为 10 号黑色思源黑体 Normal，上下左右边距均设置为 0，居中对齐。连接直线（高度设置为 0.95cm），顺时针旋转 90°，并设置为 0.5 磅白色（深色 50%）、圆形开始箭头。将两条直线分置圆角矩形两侧并组合，然后放置在对应气泡上。同理制作其余铭牌，同一行的铭牌保持顶部对齐，同一列的铭牌保持水平居中对齐。

添加图标：将图标设置为白色（深色 50%）填充，叠放在气泡上并居中对齐，然后根据气泡大小微调图标大小。

参照原图制作标题、图例（圆形＋文本框＋圆角矩形）、单位、Logo 和数据来源等，具体参数详见图表源文件，最终效果如图 2.19 所示。

71

图 2.19　百分比气泡图制作步骤 3

2.4　数据太少，拆分图表：多圆环图组合

2.4.1　图表自画像

解题之道：如图 2.20 所示，如果追求精练，完全可以将 9 张双层半圆环图融合为一张柱形图或者条形图，但图表也会因此变得索然无味，丧失数据新闻图表最大的魅力。解决数据太少这个问题，归根结底还是要充分利用"形式化"这个效率神器。图表设计师通过增大反摸鱼措施名称、添加辅助半圆和独立图例，让图表内容丰富起来，还不会显得多余。

图表类型：饼图＋圆环图。

表达数据关系：横向对比，比较 9 类反摸鱼措施指数。

适用场景：适用于数据新闻媒体、政府报告和商务报告。

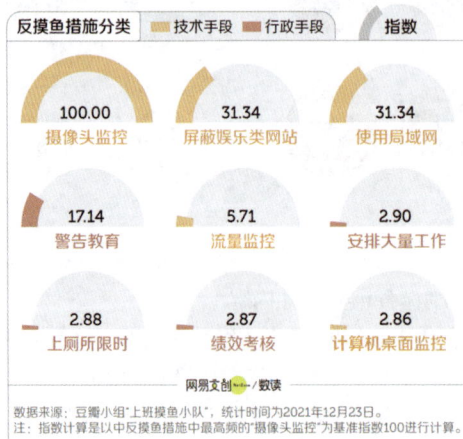

图 2.20　多圆环图组合（选自《网易数读》）

2.4.2　制作技巧拆解

1. 多图组合

如图 2.21 所示，原图将 9 张半圆环图分作 3 行 3 列，每张半圆环图都是独立的图表，通过平均

分布和对齐等排版技巧，将其井然有序地排列好并融为一体。另外，标题、Logo、数据来源和底层矩形边框等都是自由元素，全部组合后变成完整的图表。

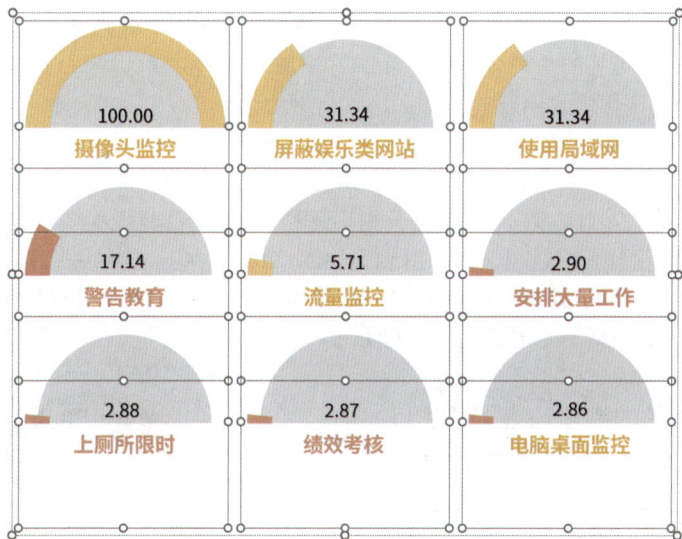

图 2.21　多圆环图排版

2. 半圆环与半饼图组合

如图 2.22 所示，半圆环图用于展示数值大小，半饼图仅作为参照物和装饰，半圆环图一半显示在半饼图内、另一半显示在半饼图外。

制作半饼图和半圆环图时，均需要添加辅助列。其中半饼图及辅助列的数值均为 100（与摄像头监控值保持一致）；半圆环图的辅助列数值为 200- 原圆环图数值（200 即摄像头监控值的两倍）。让半饼图使用主轴（显示在下层）、半圆环图使用次轴（显示在上层）。将半饼图和半圆环图的第一扇区顺时针旋转 270°，将辅助饼图和辅助圆环均设置为无填充、无边框后实现隐身。另外，半饼图增加圆环 15% 的分离程度，方可实现与半圆环图错层显示。

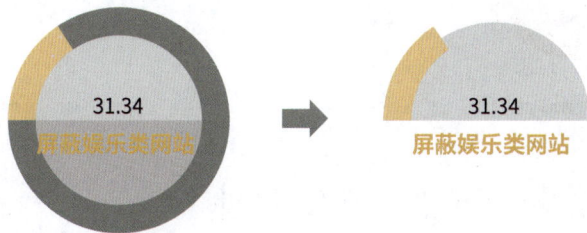

图 2.22　半饼图与半圆环图制作思路

3. 自定义图例

如图 2.23 所示，手段分类图例采用"矩形色块 + 单圆角矩形"制作，并与反摸鱼措施分类图例的单圆角矩形拼接在一起。

图 2.23　图例制作步骤

制作指数图例时，只需缩小屏蔽娱乐类网站圆环图，并修改圆环填充色和数据标签内容，将图表当作图例用。

2.4.3 图表分步还原

1. 插入圆环图并修改基本格式

如图 2.24（a）所示，选择 A1:C2 单元格区域，插入圆环图。然后为圆环图添加饼图系列并修改数据源。将饼图系列圆环的系列名称修改为 D1（饼图），系列值修改为 D2:E2。将图表的字体整体设置为 10 号黑色思源黑体 Normal［如图 2.24（b）所示］。

将摄像头监控系列圆环调整为使用次轴，将饼图系列圆环的圆环大小设置为 0%，然后分别将摄像头监控系列圆环和饼图系列圆环的第 1 扇区起始角度设置为 270°。将饼图系列圆环的分离程度设置为 15%［如图 2.24（c）所示］，然后分别将其中的两部分圆环拖动至原位。将摄像头监控系列圆环中的指数圆环设置为橙色填充（RGB 值为 243，202，131）、无边框；指数辅助圆环设置为无填充、无边框。将饼图系列圆环中的饼图圆环设置为白色（深色 15%）填充、无边框；饼图辅助圆环设置为无填充、无边框［如图 2.24（d）所示］。

	A	指数	指数辅助	饼图	饼图辅助
1		指数	指数辅助	饼图	饼图辅助
2	摄像头监控	100.00	100.00	100	100
3	屏蔽娱乐类网站	31.34	168.66		
4	使用局域网	31.34	168.66		
5	警告教育	17.14	182.86		
6	流量监控	5.71	194.29		
7	安排大量工作	2.90	197.10		
8	上厕所限时	2.88	197.12		
9	绩效考核	2.87	197.13		
10	计算机桌面监控	2.86	197.14		

（a）

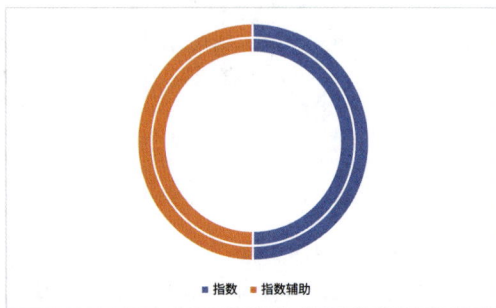

（b）

（c）

（d）

图 2.24 多圆环图组合制作步骤 1

2. 设置圆环图并排版

调整图表大小：将图表的高度和宽度均设置为 4cm。适当调整绘图区大小，使其基本覆盖图表区。删除图例。图表设置为无填充、无边框。

添加数据标签：为摄像头监控系列圆环中的指数圆环添加数据标签，移动到饼图圆环底部，然后删除引导线。

添加圆环标题：摄像头监控文本框（高度和宽度分别设置为 0.56cm 和 2.8cm），字体设置为 11 号橙色思源黑体 Bold，然后放置在饼图系列圆环中的饼图圆环下方，与圆环图保持水平居中对齐。

组合圆环：同理制作其他圆环图，其中行政手段类圆环填充为红色（RGB 值为 220，142，119）。参照原图对圆环图进行排版，同 1 行设置为平均横向分布、同 1 列圆环图设置为平均纵向分布，最后将所有圆环图组合在一起（如图 2.25 所示）。

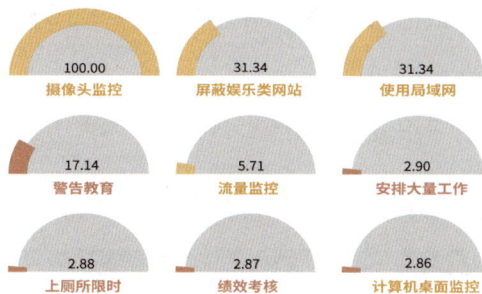

图 2.25　多圆环图组合制作步骤 2

3. 制作图例、装饰线和各项文字类内容

反摸鱼措施分类图例：反摸鱼措施分类单圆角矩形（高度和宽度分别设置为 0.7cm 和 3.47cm），设置为白色填充、0.25 磅白色（深色 50%）边框、最大圆角。字体设置为 10 号黑色思源黑体 Bold。

手段分类图例： 手段分类单圆角矩形（高度和宽度分别设置为 0.7cm 和 4.71cm），设置为白色（深色 15%）填充、0.25 磅白色（深色 50%）边框。录入"技术手段　行政手段"（根据需要在两者中间添加 10 个字符左右空格）。技术手段和行政手段矩形（高度和宽度分别设置为 0.24cm 和 0.5cm），分别设置为橙色填充 / 红色填充、无边框，放置在对应文字前。

指数图例： 复制屏蔽娱乐类网站圆环图，将高度和宽度均设置为 2cm。将屏蔽娱乐类网站系列圆环中的指数圆环填充色修改为白色（深色 50%），数据标签内容修改为"指数"。

参照原图放置反摸鱼措施分类图例、手段分类图例、指数图例，并保持底部对齐。参照原图制作图表背景、装饰线、标题、单位、Logo 和数据来源等，具体参数详见图表源文件，最终效果如图 2.26 所示。

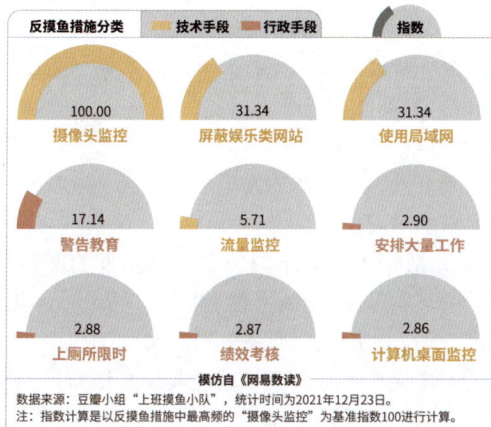

图 2.26　多圆环图组合的源数据及制作步骤

2.5　数据太少，改变类型：左侧布局玉玦图

2.5.1　图表自画像

解题之道： 如图 2.27 所示，如果将 4 类经济体的债务人违约情况做成条形图，着实显得"单薄无力"。图表设计师发散思维，将条形图进行逆时针"弯曲"，便得到了玉玦图。虽然和条形图的表达效果一致，但吸引力却更上一层楼。另外，圆类图表（饼图、圆环图、雷达图等）相较于点类图

表（散点图、滑珠图等）、线类图表（折线图）、柱类图表（柱形图、瀑布图等）和条类图表（滑珠图），空间利用率更高。

图表类型：多层圆环图。

表达数据关系：横向对比，对比新兴市场、其他发展中国家、发达经济体和重债穷国中债务人违约的总债务量。

适用场景：原图适用于数据新闻媒体、去掉各项装饰后适用于政府报告和商务报告。

图 2.27　左侧布局玉玦图（选自《RUC 新闻坊》）

2.5.2　制作技巧拆解

如图 2.28 所示，制作多层圆环时需注意以下 2 个要点。

一是计算辅助列数据。原图中新兴市场的数值最大，占据整个圆环的 1/4。

新兴市场辅助列 =733.30×3=2199.90

整个圆环值 =733.30+2199.90=2933.20

其他发展中国家辅助列 = 整个圆环值 − 其他发展中国家值 =2933.20−439.25=2493.95

同理可以计算其他类型国家辅助列值。

二是原始数据的排列。原始数据由上到下对应着由里到外的圆环，需要将重债穷国放在第 1 行、新兴市场放在最后 1 行。圆环图以 12 点钟位置为起点，并顺时针展开，需要将辅助列放在第 1 列、债务人违约总债务放在第 2 列，才能实现原图效果。

最后将辅助列圆环设置为无填充、无边框后，就能实现左侧布局的玉玦图效果。另外，用文本框制作玉玦图的标签，可以更高效地保持对齐和平均分布。

	A	B	C
1		辅助	债务人违约总债务
2	重债穷国	2822.41	110.79
3	发达经济体	2589.86	343.34
4	其他发展中国家	2493.95	439.25
5	新兴市场	2199.90	733.30

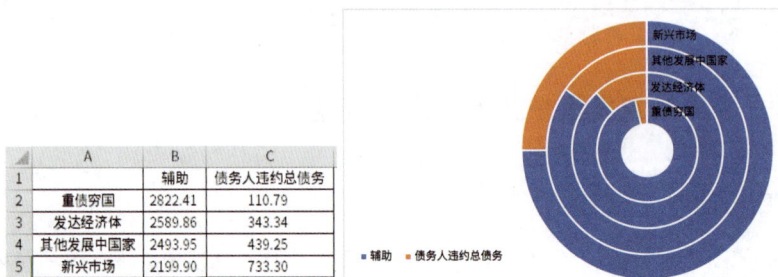

图 2.28　左侧布局的玉玦图制作思路（数据为模仿数据，以原图表为准）

2.5.3 图表分步还原

1. 插入圆环图并修改基本格式

如图 2.29 所示，选择 A1:C5 单元格区域，插入圆环图［如图 2.29（a）所示］。然后切换圆环图的行 / 列，并将圆环大小设置为 20%。将图表的字体整体设置为黑色思源黑体 Normal［如图 2.29（b）所示］。

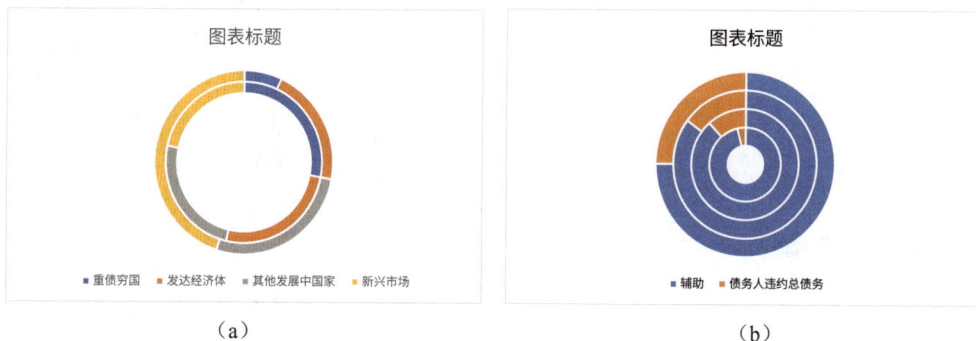

（a）　　　　　　　　　　　　　　　（b）

图 2.29　左侧布局玉玦图制作步骤 1

2. 设置圆环图

调整图表大小：将图表的高度和宽度分别设置为 7.62cm 和 10.64cm。删除标题和图例。适当调整绘图区大小，使其与图表保持基本同高。图表设置为无边框。

设置圆环图：将新兴市场等 4 类经济体的圆环分别填充由深至浅的蓝色（RGB 值分别为 102，132，158，150，172，195、206，212，228、199，213，224），均设置为无边框。将所有的辅助圆环均设置为无填充、无边框。

添加圆环标签：插入文本框，分别制作各圆环标签，显示债务人类型和违约总债务［如图 2.30（a）所示］。

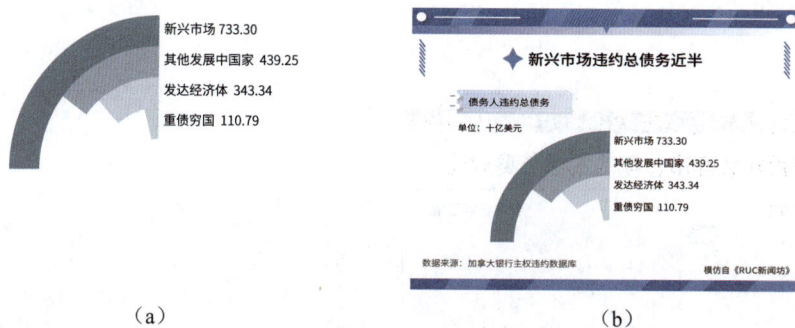

（a）　　　　　　　　　　　　　　　（b）

图 2.30　左侧布局玉玦图制作步骤 2

3. 制作各项文字性内容

各项装饰和文字性内容可以参照原图制作，具体参数详见图表源文件（或参照 1.7 节中的"制作柱形图装饰"部分），最终效果如图 2.30（b）所示。

2.6　数据太多，多用点线："表格＋蝴蝶滑珠图"组合

2.6.1　图表自画像

解题之道：数据太少的破题之道是反其道而行之，用适度的形式化来支撑版面。数据太多的

77

破题之道则是大刀阔斧地修枝剪叶，尽可能地断舍离。如图 2.31 所示，小镇青年包括 6 项作息日常，都市青年包括 7 项作息日常，假如采用面积类图表将不堪重负，改为点线类图表则会游刃有余。图表设计师最终选用了竖版滑珠图，让小镇青年和都市青年左右鼎立呈蝴蝶之势，并且各类日常活动颜色分明、对比显著。

图表类型： 表格 + 滑珠图。

表达数据关系： 横向对比，比较小镇青年和都市青年在休闲、通勤、工作、洗漱和睡眠等活动上的时间安排。

适用场景： 适用于数据新闻媒体，去除外装饰框后也适用于政府报告和商务报告。

2.6.2 制作技巧拆解

1. 表图结合

如图 2.32 所示，表格以时间列为分界线，分为小镇青年日常和都市青年日常两个部分，两个竖版滑珠图分别嵌入对应的表格部分。滑珠图中的网格线采用表格的边框线制作。条形背景采用表格的背景色填充制作，其中白色（深色 15%）细对角线条纹，相当于图表图案填充中的前景；白色（深色 15%）背景填充，相当于图表图案填充中的背景。

2. 竖版滑珠图

如图 2.33 所示，滑珠图采用 6 组"散点图 + 垂直误差线"制作。每类作息活动都是 1 个单独的系列，因此在用误差线连接滑珠的起点和终点时，才可以单独设置颜色。各组散点 X 轴值均分别为 0.5、1.5、…、5.5，Y 轴值分别为每类作息活动的起始时间。然后用作息活动开始时间的垂直误差线（正偏差、无线端、自定义值，误差值为各作息活动结束时间 / 开始时间）制作滑杆。

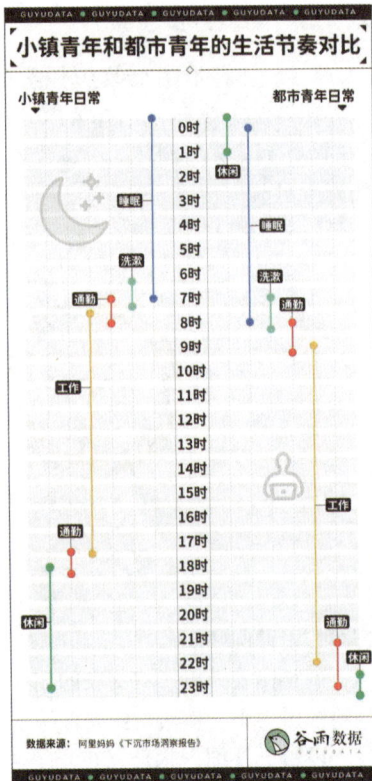

图 2.31　表格 + 蝴蝶滑珠图组合
（选自《谷雨数据》）

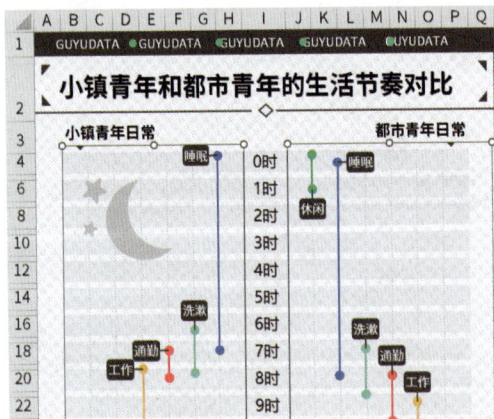

图 2.32　表格结构

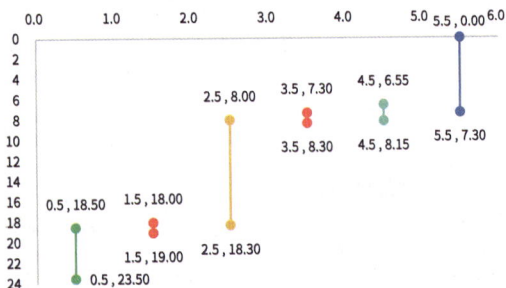

图 2.33　滑珠图制作思路（数据为模仿数据，以原图表为准）

3. 圆角数据标签

如图 2.34 所示，制作圆角数据标签的步骤：添加数据标签—将标签形状修改为圆角矩形—将标签设置为深灰色填充、无边框，字体设置为白色—将标签上下左右边距设置为 0—将标签高度设置为 0.5cm。

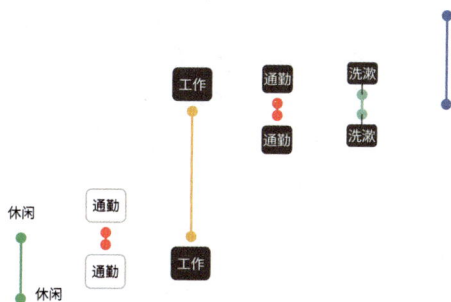

图 2.34 圆角数据标签制作思路

2.6.3 图表分步还原

1. 制作表格框架

如图 2.35 所示,表格的具体参数如下。

行高:标题(第 2 行)45 磅、表头(第 3 行)22.5 磅、主体内容(第 4、6、…、50 行)12 磅、主体内容空白行(第 5、7、…、49 行)3.75 磅、数据来源(第 51 行)26.25 磅、装饰行(第 1、40 行)17.25 磅。

列宽:时间列(I 列)4.5 磅、其余列 2.5 磅。

边框:主体内容中 B~G 列、K~O 列白色(深色 25%)虚线左中右边框,I 列白色(深色 50%)左右边框,表格黑色(淡色 25%)外边框。其余"边框"均采用直线制作。

填充:装饰行(第 1、40 行)填充黑色(淡色 25%)、其余行填充白色(深色 15%)细对角线条纹、主体内容行(第 4、6、…、50 行)填充白色(深色 15%)。

文字内容、数据来源和装饰行参照原图制作,具体参数详见源文件(或参照"1.3 节个性引导线 + 饼图"中的设置背景和各项文字性内容"部分)。

2. 制作滑珠图

如图 2.36(a)所示,选择 A2:G8 单元格区域,插入散点图并修改数据源。将休闲系列散点的 X 轴系

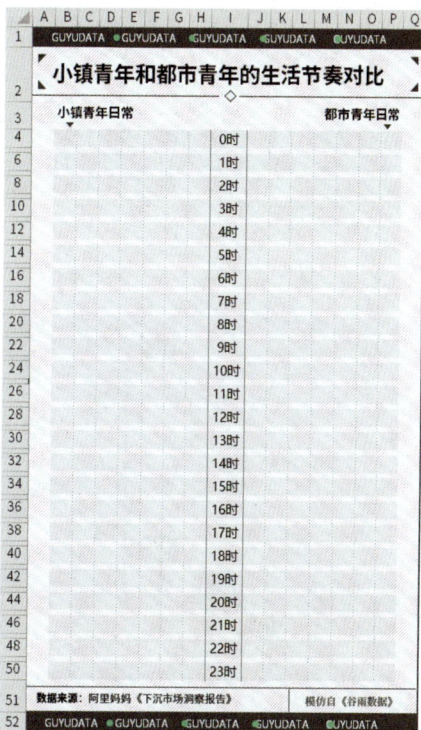

图 2.35 "表格 + 蝴蝶滑珠图"组合制作步骤 1

列值修改为 D3:E3,Y 轴系列值修改为 B3:C3;将通勤系列散点的 X 轴系列值修改为 D4:E4,Y 轴系列值修改为 B4:C4;将工作系列散点的 X 轴系列值修改为 D5:E5,Y 轴系列值修改为 B5:C5;将通勤系列散点的 X 轴系列值修改为 D6:E6,Y 轴系列值修改为 B6:C6;将洗漱系列散点的 X 轴系列值修改为 D7:E7,Y 轴系列值修改为 B7:C7;将睡眠系列散点的 X 轴系列值修改为 B8:C8。将横坐标轴和纵坐标轴的取值范围分别修改为"0~6"和"0~24"。将图表的字体整体设置为黑色思源黑体 Normal [如图 2.36(b)所示]。

调整图表大小:将图表的高度和宽度分别设置为 16.14cm 和 4.63cm。删除标题、图例和网格线。隐藏坐标轴标签和线条。图表设置为无填充、无边框。

设置散点:将休闲、通勤、工作、洗漱和睡眠系列散点设置为 7 号圆形、绿色(RGB 值为 2,202,130)填充 / 红色(RGB 值为 255,70,100)填充 / 黄色(RGB 值 252,197,72)填充 / 浅绿色(RGB 值 102,235,192)填充 / 蓝色(RGB 值 61,130,255)填充、无边框。为休闲系列散

79

点添加误差线并删除水平误差线，垂直误差线设置为正偏差、无线端、自定义（指定 F3:G3 单元格中的值），线条设置为 1.5 磅绿色。同理为其他散点添加误差线。

添加数据标签：为散点添加数据标签。标签修改为圆角矩形，并设置为黑色（淡色 25%）填充、无边框、上下左右边距均设置为 0、高度 0.5cm。引导线设置为 0.5 磅黑色（淡色 25%）。依照原图放置在散点左方或上方（如图 2.37 所示）。

3. 将滑珠图嵌入表格

参照上述步骤制作都市青年日常滑珠图，然后将滑珠图分别嵌入表格，最终效果如图 2.38 所示。

	起点	终点	$x1$轴	$x2$轴	误差1	误差2
小镇青年日常						
休闲	18.50	23.50	0.5	0.5	5.0	0
通勤	18.00	19.00	1.5	1.5	1.0	0
工作	8.00	18.30	2.5	2.5	10.3	0
通勤	7.30	8.30	3.5	3.5	1.0	0
洗漱	6.55	8.15	4.5	4.5	1.6	0
睡眠	0.00	7.30	5.5	5.5	7.3	0

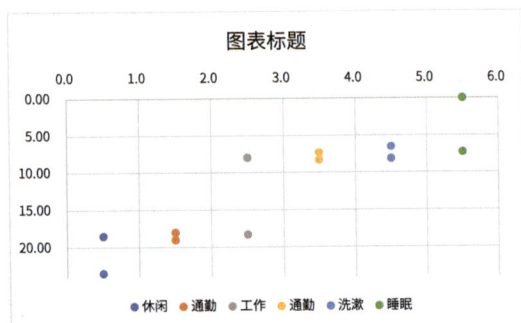

（a）　　　　　　　　　　　　　（b）

图 2.36　"表格＋蝴蝶滑珠图"组合制作步骤 2

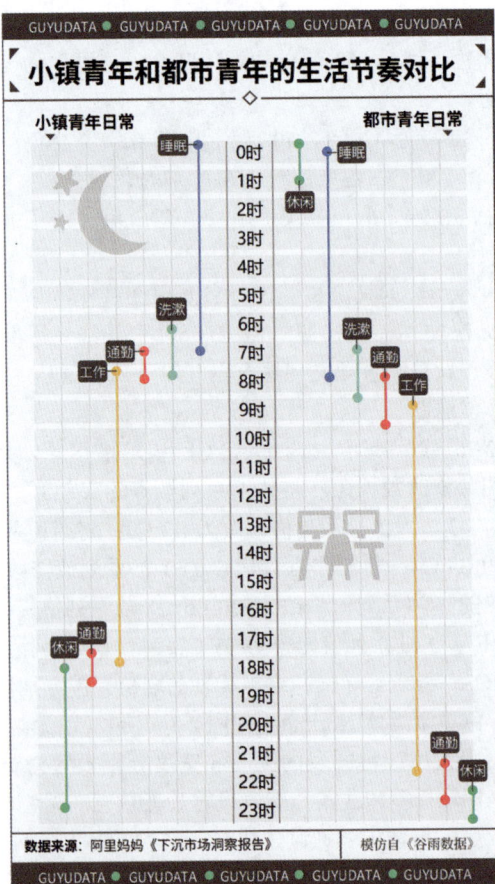

图 2.37　"表格＋蝴蝶滑珠图"组合制作步骤 3　　　图 2.38　"表格＋蝴蝶滑珠图"组合制作步骤 4

2.7 数据太多，做好对应：双色纵坐标轴柱线图

2.7.1 图表自画像

解题之道：数据多、数据系列也多时，图表最常出现图形遮挡和标签遮挡的问题，导致分不清彼此。如图 2.39 所示，图表设计师将数值轴与相应的数据系列设置为同色系，解决两者的对应问题；为折线添加数据标记、为横坐标轴添加指向箭头、为柱形添加背景，解决与相应年份的一一对应问题；将折线和柱形设置为不同色系，解决因遮挡而产生的分辨不清问题；调整折线部分标签的位置，解决与柱形标签的重叠问题；为折线部分标签添加圆角矩形背景，解决不容易分辨的问题。严格把控各项图表细节，提升读者的阅读体验。

图表类型：柱形图＋折线图。

表达数据关系：双重纵向对比，对比 2011—2020 年知网的主营业务收入变化和毛利率变化。

适用场景：适用于数据新闻媒体、商务报告和政府报告。

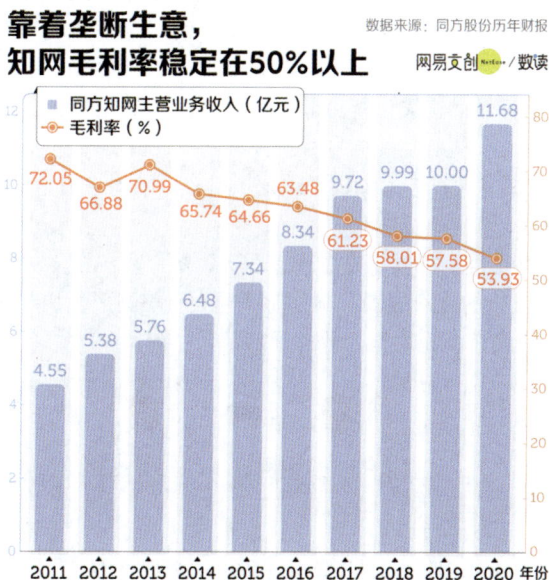

靠着垄断生意，知网毛利率稳定在50%以上

数据来源：同方股份历年财报

网易文创 NetEase／数读

图 2.39　双色纵坐标轴柱线图（选自《网易数读》）

2.7.2 制作技巧拆解

1. 双色纵坐标轴

如图 2.39 所示，同方知网主营业务收入系列柱形和毛利率系列折线分别使用左侧和右侧纵坐标轴，只需分开设置主轴和次轴的颜色即可。

2. 单圆角绘图区

绘图区左上角采用了圆角，制作时可参照 1.12 节中的"半圆角图表边框"部分。

3. 柱形背景和圆角柱形

如图 2.40 所示，制作柱形背景时，可以在柱线图中添加数据值均为 85 的辅助柱形，或者利用辅助散点的误差线来模仿（负偏差、无线端、固定值 85，可参照 2.1 节中的"圆角柱形"部分）。制作圆角柱形时，为柱形添加 3~6 磅边框，并设置为圆角连接。

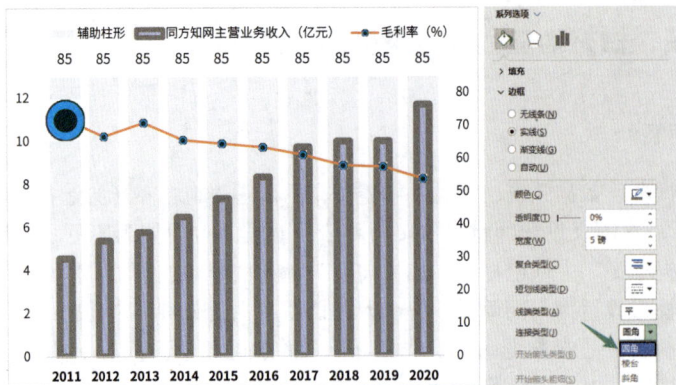

图 2.40　柱形背景和圆角柱形制作思路

4. 自定义坐标轴交叉

如图 2.40 所示，同方知网主营业务收入系列柱形在上、宽度较窄；辅助柱形在下、宽度较宽。制作时前者使用次轴、后者使用主轴即可，此时两者便可以单独设置柱形的间隙宽度。次要纵坐标轴的交叉位置由最大分类修改为自动（可以参照"1.4 节分象限背景填充式散点图"中的"分区域填充"部分），便可以由右侧移动至左侧；主要纵坐标轴的交叉位置由自动修改为最大分类，便可以由左侧移动至右侧；次要横坐标轴的交叉位置由最大坐标轴值修改为自动，便可以由顶部移动至底部。

5. 圆角数据标签

圆角数据标签参照"2.6 节'表格+蝴蝶滑珠图'组合"中的"圆角数据标签"部分制作。

6. 自定义数据标记

数据标记是一个面积类元素，可以填充图形、图案、图片和图标，从而实现"七十二般变化"。如图 2.41 所示，数据标记填充的是双层圆，制作时将一大一小圆形叠加起来，大圆白色填充、橙色边框、放在底部，小圆橙色填充、无边框、放在顶部。

图 2.41　双层圆数据标记制作思路

7. 自定义图例

图例背景采用的是 3 面圆角 1 面直角的矩形，Excel 中并不提供此形状，建议替换为圆顶角矩形。如图 2.42 所示，整体图例由"图例+圆顶角矩形背景+三角形阴影"组成，叠放在绘图区上，立体感十足。

需要注意的是：圆顶角矩形背景和三角形阴影作为表外元素，会显示在图例上层，所以需要制作一个单独的"图例"（复制图表，将图例填充为白色，并增大至与图表同高同宽，再缩小图表）。此时，新图例也是表外元素，可以显示在最上层。

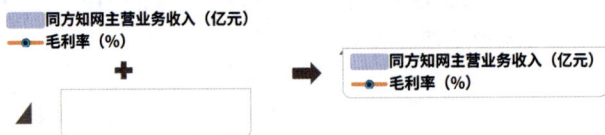

图 2.42　图例制作思路

2.7.3　图表分步还原

1. 插入柱形图并修改基本格式

如图 2.43（a）所示，选择 A1:D11 单元格区域，插入柱形图 [如图 2.43（b）所示]。将毛利率系列修改为折线图并使用主轴、同方知网主营业务收入系列柱形使用次轴、辅助柱形系列使用主轴。

将主要纵坐标轴的取值范围设置为"0~85"，间隔为10，不保留小数点；次要纵坐标轴的取值范围设置为"0~13"，间隔为2，不保留小数点。将图表的字体整体设置为黑色思源黑体 Normal，横坐标轴标签设置为思源黑体 Bold［如图 2.43（c）所示］。

	A	B	C	D
1		同方知网主营业务收入（亿元）	毛利率（%）	辅助柱形
2	2011	4.55	72.05	85
3	2012	5.38	66.88	85
4	2013	5.76	70.99	85
5	2014	6.48	65.74	85
6	2015	7.34	64.66	85
7	2016	8.34	63.48	85
8	2017	9.72	61.23	85
9	2018	9.99	58.01	85
10	2019	10.00	57.58	85
11	2020	11.68	53.93	85

（a）

（b）

（c）

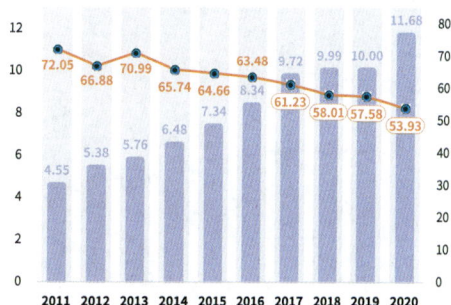

（d）

图 2.43　双色纵坐标轴柱线图制作步骤 1

2. 设置柱线图

调整图表大小：将图表的高度和宽度分别设置为 9.3cm 和 12cm。删除标题、图例和网格线。调整绘图区大小并移动至图表底部，上方预留图表标题空间。图表设置为无填充。

设置坐标轴交叉：恢复显示次要横坐标轴，将次要纵坐标轴、主要纵坐标轴和次要横坐标轴的交叉位置分别设置为自动、最大分类和自动。再次隐藏次要横坐标轴。

设置柱形图：将辅助柱形系列柱形的间隙宽度设置为 30%，并填充为白色（深色 5%）。将同方知网主营业务收入系列柱形设置为浅蓝色（RGB 值为 172，195，244）填充、5 磅浅蓝色圆角连接边框。为柱形添加数据标签，字体设置为浅蓝色思源黑体 Bold，并放在柱形上方。

设置折线图：将折线线条设置为 1.75 磅橘色（RGB 值为 242，143，76）。大圆（高度和宽度均设置为 0.25cm），设置为白色填充、0.5 磅橘色边框；小圆（高度和宽度均设置为 0.15cm），设置为橘色填充、无边框。将小圆叠放在大圆上，居中对齐后组合，并替换折线数据标记。为折线添加数据标签，上下左右边距均设置为 0，字体设置为橘色思源黑体 Bold，并参照原图放置。将 2017—2020 年的数据标签形状修改为圆角矩形、圆角角度调整为最大、上下左右边距设置为 0，设置为 20% 透明度白色填充、0.5 磅浅橘色（RGB 值为 241，,74，130）边框，高度和宽度分别修改为 0.4cm 和 1cm［如图 2.43（d）所示］。

3. 设置坐标轴和单圆角绘图区

设置坐标轴：将次要纵坐标轴线条（左侧纵坐标轴）、主要纵坐标轴线条（右侧纵坐标轴）和主要横坐标轴线条分别设置为 0.5 磅浅蓝色、0.5 磅浅橙色和 0.5 磅白色（深色 50%）。

设置单圆角绘图区：参照 1.12 节中的"半圆角图表边框"部分，制作单圆角绘图区。此时次要纵坐标轴线条（左侧纵坐标轴）顶部还保留着一段多余的浅蓝色线条，看起来不够完美［如图 2.44（a）所示］。继续插入直线（高度 0.2cm），设置为 1 磅白色（为方便读者观察，图中将其设置为橙色），叠放在次要纵坐标轴顶部，就可以将多余的坐标轴部分隐藏起来。

4. 制作圆角图例

圆顶角矩形背景： 插入圆顶角矩形（高度和宽度分别设置为 1cm 和 5.5cm），垂直翻转后设置为白色填充、0.5 磅白色（深色 25%）边框。

圆顶角矩形阴影： 插入直角三角形（高度和宽度分别设置为 0.13cm 和 0.1cm），设置为黑色（淡色 35%）填充和无边框，水平旋转后紧贴着圆顶角矩形左上角摆放，并保持顶部对齐。

图例： 复制图 2.43（2），恢复图例并删除其中的辅助柱形。将图例填充为白色，字体设置为思源黑体 Bold。先将图例调整为与图表同高同宽，再将图表高度和宽度分别设置为 0.89cm 和 5.4cm。此时整张图表只能显示图例。

将图例居中叠放在圆顶角矩形背景上，组合后放在绘图区左上角，并将绘图区顶部与圆顶角矩形阴影保持底部对齐［如图 2.44（b）所示］。

图 2.44 双色纵坐标轴柱线图制作步骤 2

5. 制作各项文字类内容

参照原图制作标题、横坐标轴标题（横坐标轴及标签之间还放置了深灰色三角形）、单位、Logo 和数据来源等，具体参数详见图表源文件，最终效果如图 2.45 所示。

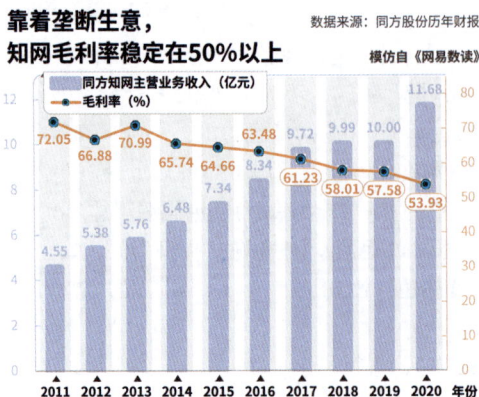

图 2.45 双色纵坐标轴柱线图制作步骤 3

2.8 数多和杂，多用线面：阶梯图

2.8.1 图表自画像

解题之道：继续增加数据量和数据系列数，图表除了遮挡问题，还会相互干扰表达不清、空间有限对比不明，令很多图表制作人都头疼不已。如图 2.46 所示，本例要对比 1896—2020 年 32 届奥运会的男女项目数，以及男女参赛人数，共计 4 个对比维度、128 个数据，属于典型的数据多且杂问题。

图表设计师的制作思路为：**一是**将项目数和参赛人数分开展示，由于两者数量多且数量级不同，拆分显示后，堵塞问题大为减轻，还不影响阅读和对比；**二是**改用阶梯图，柱形和条形如果太多，就只剩下拥挤不堪，观感远不如折线和面积自然流畅，同时增加阶梯线条后，还可以呼应步步高升的项目数和参赛人数；**三是**采用颜色鲜明的对比色，毕竟图表的第一要义就是展示和对比数据；**四是**合理排版，男性项目和人数都远大于女性，因此将男性放在下层，避免遮挡女性。横坐标轴只显示首尾两届奥运会的举办年度，减轻图表负担。另外，两张图表属于并列关系，因此左右分立摆放。

图表类型：柱形图 + 散点图。

表达数据关系：综合对比，1896—2020 年历届奥运会男 / 女项目数、男 / 女参赛人数间的比较属于纵向对比；同一届奥运会中男女项目数和男女人数间的比较属于横向对比。

适用场景：适用于数据新闻媒体和商务报告，去除边框后也适用于政府报告。

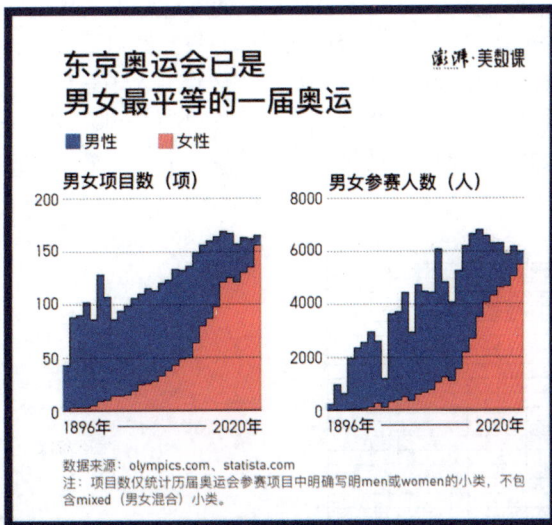

图 2.46　阶梯图（选自《澎湃美数课》）

2.8.2 制作技巧拆解

1. 阶梯面积图

如图 2.47 所示，阶梯效果由"柱形图 + 带直线的散点图"制作而成。将柱形的间隙宽度降为 0，柱形图就变成了阶梯状的面积图。柱形外的边框则由散点图制作，每个柱形的起点和终点就是散点图的坐标值，第 1 个柱形对应散点的 X 轴值分别为 0.52 和 1.52（根据柱形数量多少进行调整），Y 轴值均为柱形值；第 2 个柱形对应散点的 X 轴值在第 1 个柱形的基础上加 1（即 1.52 和 2.25）、Y 轴值均为柱形值，依次类推。另外，建议将最后 1 个散点的 X 轴值由 29.52 缩小至 29.5，否则会增

加横坐标轴长度。最后为散点图添加线条、隐藏数据标记，阶梯面积图便可以加上"边框"。

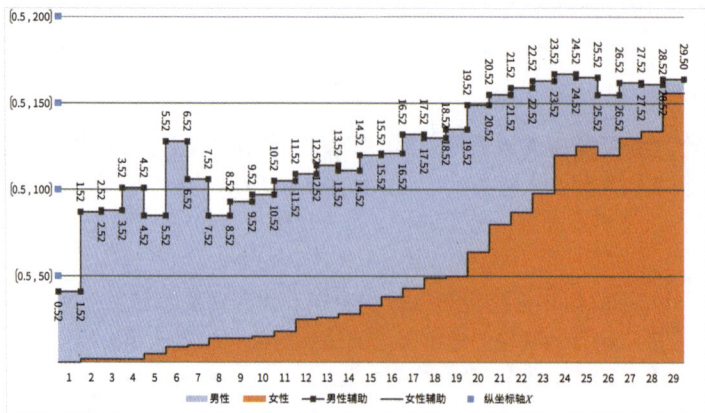

图 2.47　阶梯面积图结构（数据为模仿数据，以原图表为准）

2. 自定义网格线

如图 2.47 所示，网格线显示在柱形图上层，采用纵坐标轴散点（X 轴值均为 0.5、Y 轴值分别为 50、100、150 和 200）的水平误差线（正偏差、无线端、固定值 29）制作。

2.8.3　图表分步还原

1. 插入柱形图并修改基本格式

如图 2.48（a）所示，选择 A2:B31 单元格区域，插入柱形图。新增男性辅助系列、女性辅助系列和纵坐标轴系列，并修改为散点图、修改数据源。将男性辅助系列散点的 X 轴系列值修改为 C3:C60，Y 轴系列值修改为 D3:D60；将女性辅助系列散点的 X 轴系列值修改为 C3:C60，Y 轴系列值修改为 E3:E60；将纵坐标轴系列散点的 X 轴系列值修改为 F3:F6，Y 轴系列值修改为 G3:G6。将纵坐标轴的取值范围设置为"0~200"，间隔为 50。将图表的字体整体设置为黑色思源黑体 Normal [如图 2.48（b）所示]。

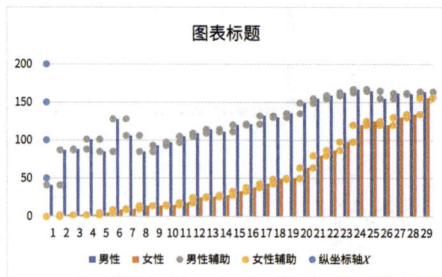

（a）　　　　　　　　　　　　　（b）

图 2.48　阶梯图制作步骤 1

2. 设置柱形格式

调整图表大小：将图表的高度和宽度分别设置为 8.41cm 和 7.67cm。删除图例和网格线。隐藏横坐标轴标签、线条设置为 1 磅黑色（淡色 25%）。图表设置为无边框。

86

设置网格线：为纵坐标轴系列散点添加误差线并删除垂直误差线，水平误差线设置为正偏差、无线端、固定值 29，线条设置为 1 磅黑色（淡色 35%）圆点虚线。将纵坐标轴系列散点的数据标记设置为无。

设置柱形图：将柱形的系列重叠和间隙宽度分别设置为 100% 和 0。将男性系列和女性系列柱形分别填充蓝色（RGB 值为 24，101，193）和粉色（RGB 值为 255，117，142）。分别为男性辅助系列散点和女性辅助系列散点添加 1.25 磅黑色（淡色 25%）线条，并将数据标记设置为无。

参照原图修改标题并制作横坐标轴标签。同理制作男女参赛人数阶梯图，最终效果如图 2.49 所示。

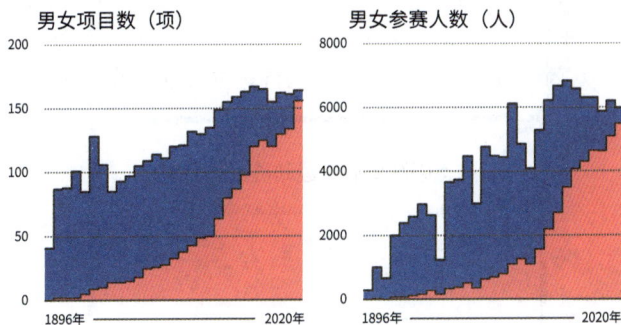

图 2.49　阶梯图制作步骤 2

3. 制作图例、边框和各项文字性内容

制作图例：复制图 2.49，删除和隐藏其他元素，恢复图例且只保留男性系列和女性系列，修改大小后作为整个图表的图例（具体参照 "2.7 节双色纵坐标轴柱线图" 中的 "自定义图例" 部分）。

标题、Logo、文字性说明、数据来源和边框参照原图制作，具体参数详见图表源文件（或参照 "1.9 节标柱重点式表格" 中的 "背景制作" 部分），最终效果如图 2.50 所示。

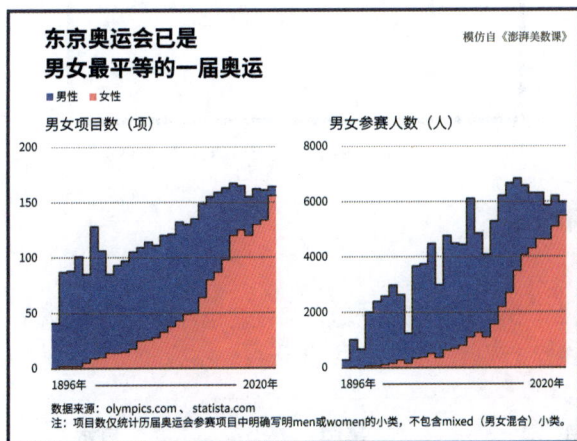

图 2.50　阶梯图制作步骤 3

2.9　数多和杂，分开展示：多折线图组合

2.9.1　图表自画像

解题之道：如图 2.51 所示，本例要对比 1896—2020 年 32 届奥运会中，金牌榜前 7 名国家的女

運动员占比变化，共计 7 个维度、224 个数据（只是预估数，即 7×32）。如果放在一起展示，简直就是一场"灾难"。

图表设计师的制作思路就是以"简"为主：一是将 7 个国家分开展示，1 个国家对应 1 张图，布局相同、配色相同、大小相同、取值范围相同，并排列成 3 行 3 列，同时支持内部对比和外部对比；二是采用折线图，用带数据标记的折线图搭配浅蓝色背景，简简单单又能呈现出美感；三是去除旁支末节，只保留最左侧图表的纵坐标轴标签，只保留 1 条网格线作为参照线，尽量减少坐标轴的标签数量，最大程度地降低图表负担。

图表类型：折线图。

表达数据关系：综合对比，金牌榜前 7 名国家在 1896—2020 年历届奥运会中女运动员的占比变化属于纵向对比；同一年度金牌榜前 7 名国家女运动员的占比对比属于横向对比。

适用场景：适用于数据新闻媒体和商务报告，去除边框后也适用于政府报告。

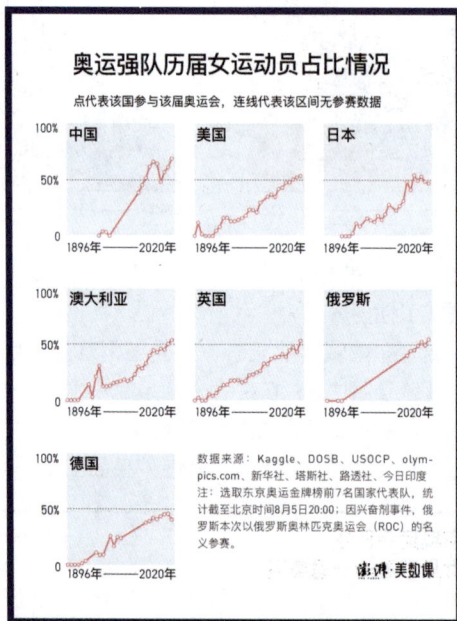

图 2.51　多折线图组合（选自《澎湃美数课》）

2.9.2　制作技巧拆解

1. 多图组合

如图 2.52 所示，和 2.4 节的设计思路一致，只是将圆环图换成折线图。7 张折线图大小相同、取值范围相同，排列成 3 行 3 列后，再融合为一体。

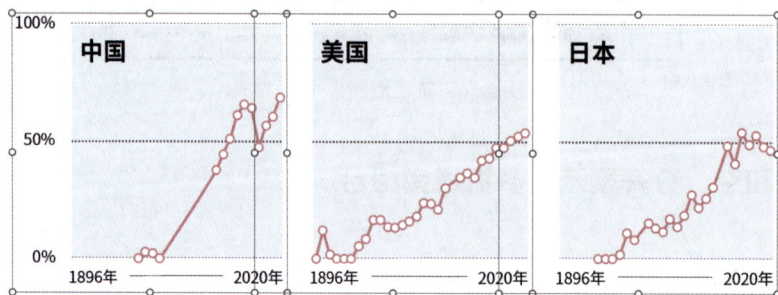

图 2.52　多折线图结构（数据为模仿数据，以原图表为准）

2. 不连续折线

如果未参加某届奥运会，折线图中不显示该数据标记，只需要用直线将已参加的历届奥运会连接起来。如图 2.53 所示，制作时在选择数据源对话框中单击"隐藏的单元格和空单元格"按钮，然后在"隐藏和空单元格设置"对话框中勾选"用直线连接数据点"单选按钮。

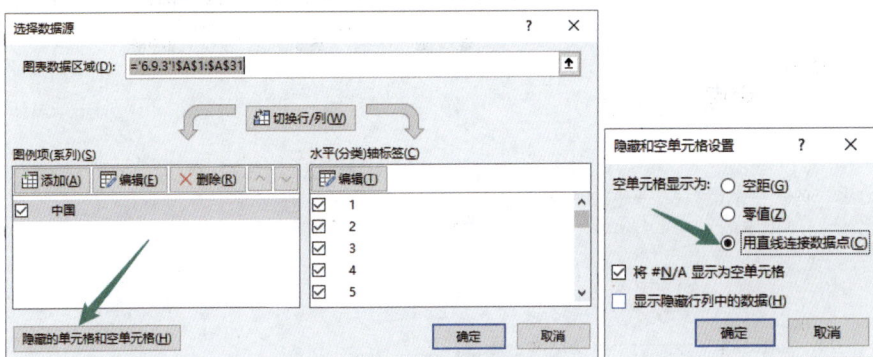

图 2.53 不连续折线制作思路

2.9.3 图表分步还原

1. 插入折线图并修改基本格式

如图 2.54（a）所示，选择 A1:A31 单元格区域，插入带数据标记的折线图。将纵坐标轴的取值范围均设置为"0~1"，间隔为 0.5，不保留小数点。将图表的字体整体设置为黑色思源黑体 Normal [如图 2.54（b）所示]。

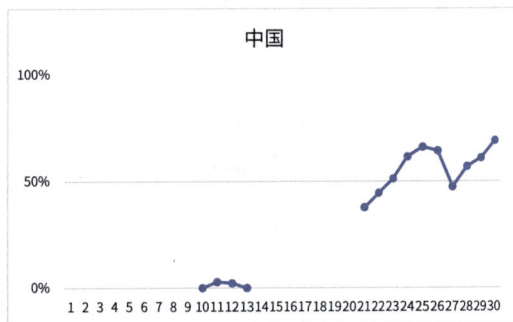

	A	B	C	D	E	F	G
1	中国	美国	日本	澳大利亚	英国	俄罗斯	德国
2		0.0%		0.0%	0.0%		0.0%
3		12.3%		0.0%	3.0%	0.0%	0.0%
4		1.9%		0.0%			0.0%
5		0.0%		0.0%			0.0%
6		0.0%			6.1%		1.5%
7		0.0%	0.0%		4.2%	0.0%	3.9%
8		5.5%	0.0%	14.2%	6.6%	0.0%	
9		8.5%	0.0%	2.5%	11.3%		
10		16.6%	1.9%	20.7%	14.0%		12.5%
11	0.0%	16.8%	11.2%	31.1%	14.2%		9.6%
12	2.8%	13.8%	8.2%	12.5%	17.9%		9.7%

（a）　　　　　　　　　　　　　　　　（b）

图 2.54 多折线图制作步骤 1

2. 设置折线图格式

调整图表大小：将图表的高度和宽度分别设置为 5.48cm 和 5.62cm。将绘图区设置为浅蓝色（RGB 值为 239，243，246）填充、1.5 磅白色边框，并调整大小使其基本充满图表。将网格线设置为 1 磅黑色（淡色 35%）圆点虚线。将标题字体修改为 14 号思源黑体 Bold，并放在绘图区左上角。隐藏横坐标轴标签和线条，参照原图制作横坐标轴标签。图表设置为无填充、无边框。

设置折线图：将折线线条设置为 1.5 磅粉色（RGB 值为 221，131，157）。将数据标记设置为 5 号圆形、白色填充、1 磅粉色边框。将空单元格折线设置为用直线连接数据点。

同理制作其他国家的折线图，并排列为 3 行 3 列，保持平均分布。将第 2 列和第 3 列折线图的纵坐标轴标签设置为无（隐藏后不会改变绘图区大小，还可以保持图表的可对比性。图 2.54 中为方便读者观察，未将标签隐藏），最终效果如图 2.55 所示。

89

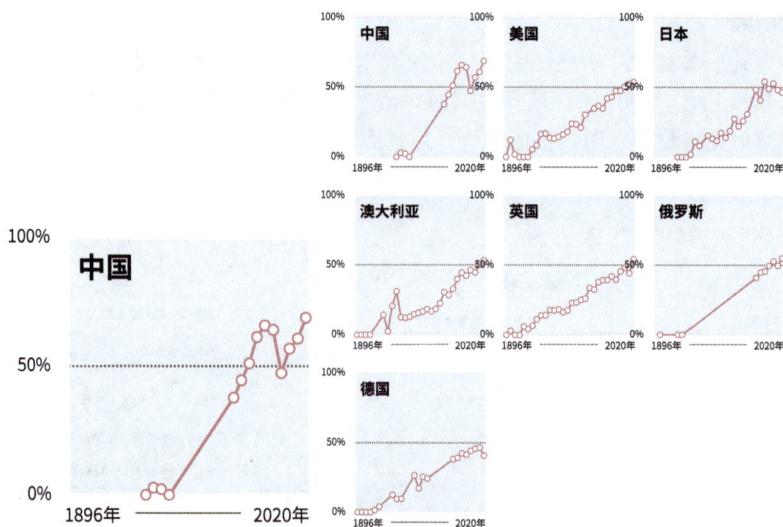

图 2.55 多折线图制作步骤 2

3. 制作边框和各项文字性内容

标题、Logo、文字性说明、数据来源和边框参照原图制作，具体参数详见图表源文件，最终效果如图 2.56 所示。

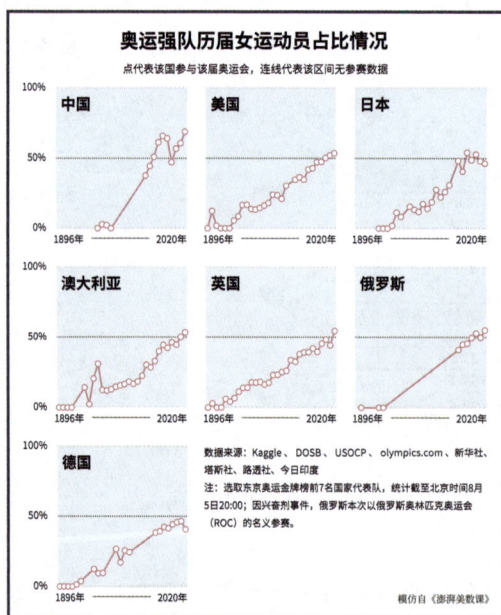

图 2.56 多折线图制作步骤 3

2.10 数多和杂，分开展示："条形图 + 箭头图"组合

2.10.1 图表自画像

解题之道：本节共计 4 个对比维度，地级城市房价、地级城市房价增速、县级城市房价和县级城市房价增速，每个维度 10 个数据，属于典型的数据多且杂问题。

如图 2.57 所示，针对数据量大的问题，图表设计师直接将地级城市和县级城市分成两列显示，并用红蓝色条形进行区分。针对数据种类多的问题，在同一张图表内，房价用条形图、房价增速用箭头图，1 粗 1 细、上下分立，两者互不影响，同一色系、控制距离，增进两者联系。另外，还单独添加了排名标签列，读者获取信息更加便捷。

图表类型：表格＋条形图＋散点图。

表达数据关系：双重横向对比，第 1 重是 2021 年 6 月前 10 个大中城市／县级城市的房价对比；第 2 重是 2021 年 6 月前 10 个大中城市／县级城市的房价增速对比。

适用场景：适用于数据新闻媒体，去除外装饰框后也适用于政府报告和商务报告。

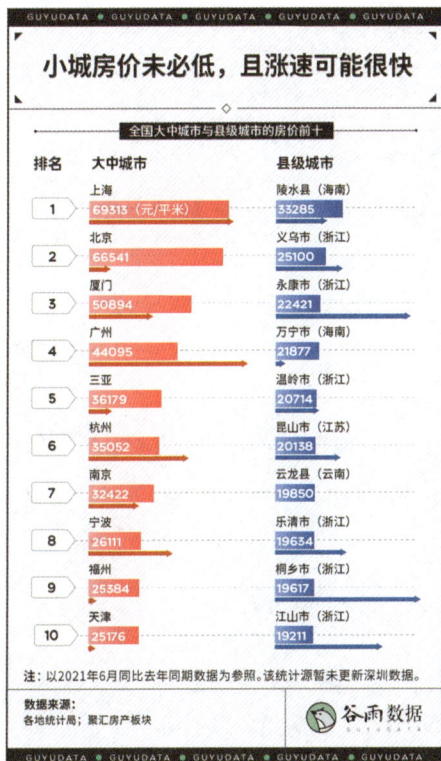

图 2.57 "条形图＋箭头图"组合（选自《谷雨数据》）

2.10.2 制作技巧拆解

1. 表图结合

如图 2.58 所示，表格用五边形箭头排名、各类装饰形状和线条搭建，然后将"两个条形图＋箭头图"分别嵌入表格对应列中。

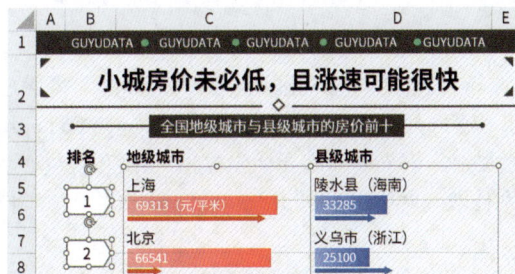

图 2.58 表格结构

91

2. 箭头图

如图 2.59 所示，箭头图紧邻条形图下方放置，箭头图采用"散点图＋误差线"制作，其 X 轴值分别为各城市的房价增速，Y 轴值分别为 0.3、1.3、…、9.3（可以根据实际需要适当调整）。散点水平误差线设置为负偏差、无线端、100%。另外，地级城市和县级城市的图表大小相同、取值范围相同，方具有可比性。

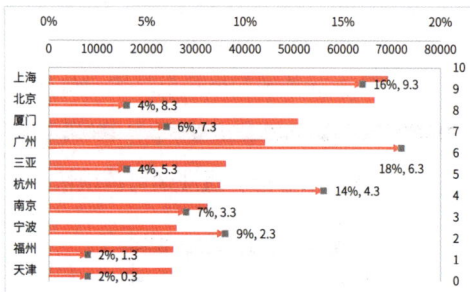

图 2.59 "条形图＋箭头图"制作思路（数据为模仿数据，以原图表为准）

2.10.3 图表分步还原

1. 制作表格框架

如图 2.60 所示，表格的具体参数如下。

行高：标题（第 2 行）40 磅、副标题（第 4 行）24 磅、表头（第 3 行）24 磅、主体内容（第 5、6、…、24 行）19.5 磅、数据来源（第 25、26 行）19.5 磅、装饰行（第 1、27 行）17.25 磅。

列宽："排名"列（A、E 列）5.75 磅、"地级城市"列和"县级城市"列（C、D 列）23 磅、空白列（A、E 列）3 磅。

边框：主体内容中所有名次（深色 50%）虚线上下边框、表格黑色（淡色 25%）外边框。其余"边框"均采用直线制作。

填充：装饰行（第 1、27 行）填充黑色（淡色 25%）、其余行填充白色（深色 15%）细对角线条纹。

图形：排名由五边形箭头制作，均采用白色填充、1 磅白色（深色 50%）边框，叠放在主体行上，并与对应边框线保持垂直居中对齐。

图 2.60 "条形图＋箭头图"组合制作步骤 1

文字内容、数据来源和装饰行参照原图制作，具体参数详见源文件（或参照 1.3 节中的"设置背景和各项文字性内容"部分）。

2. 制作条形图

如图 2.61（a）所示，选择 A2:C11 单元格区域，插入条形图。将增速系列条形修改为散点图、使用次轴、修改数据源。将增速系列散点的 X 轴系列值修改为 C2:C11，Y 轴系列值修改为 D2:D11。将主要纵坐标轴设置为逆序类别。恢复显示次要横坐标轴，并将主要横坐标轴、次要横坐标轴、次要纵坐标轴的取值范围分别修改为"0~80000"、"0~0.2"和"0~10"。将图表的字体整体设置为黑色思源黑体 Normal［如图 2.61（a）所示］。

调整图表大小：将图表的高度和宽度分别设置为 14.37cm 和 5cm。删除标题、图例和网格线。隐藏坐标轴标签和线条。图表设置为无填充、无边框。

设置条形： 将条形填充为0°由50%透明度红色（RGB值为255，72，91）向红色的线性渐变。添加数据标签，放在条形左侧、字体修改为白色，在上海标签后添加单位。

设置散点图： 为增速系列散点添加误差线并删除垂直误差线，水平误差线设置为负偏差、无线端、100%，线条设置为3磅深红色（RGB值为232，56，40）、箭头形开始箭头，数据标记设置为无。

同理可以制作"县级城市"条形图，条形填充为0°由50%透明度蓝色（RGB值为34，114，234）向蓝色的线性渐变，散点误差线设置为3磅深蓝色（RGB值为3，110，184）[如图2.61（c）所示]。

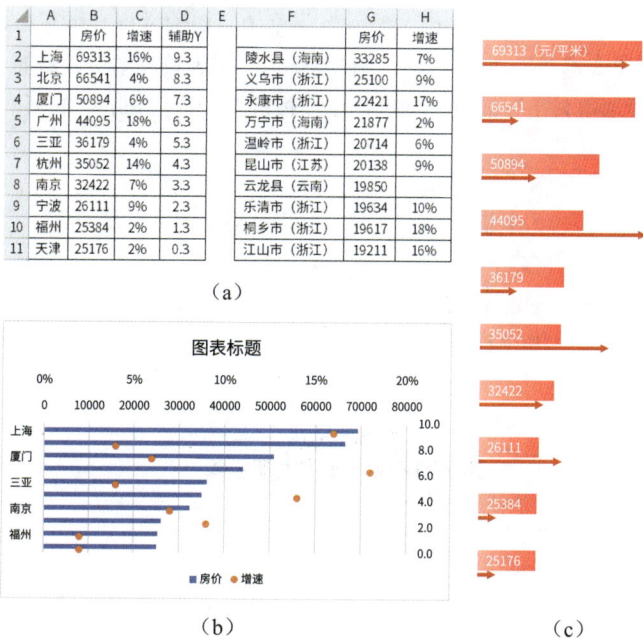

（a）

（b）　　　　　　　　　　　　　（c）

图2.61　"条形图＋箭头图"组合制作步骤2

3. 将条形图嵌入表格

将两个条形图分别嵌入表格对应列，最终效果如图2.62所示。

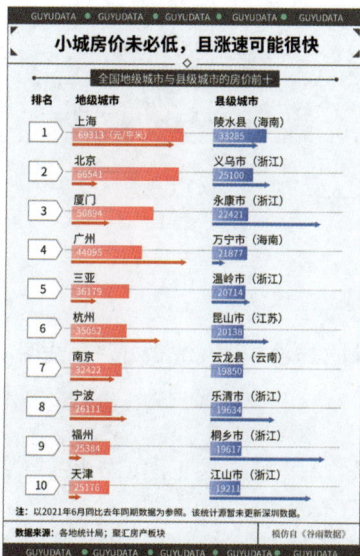

图2.62　"条形图＋箭头图"组合制作步骤3

2.11 差异太小，缩小范围：竖版折线图

2.11.1 图表自画像

解题之道：图表制作人最常遇见的问题中，数据差异绝对名列前茅。图表本为对比数据而生，但无论是差异太大还是太小，都为对比提出了新的难题。

如图 2.63 所示，2011—2020 年方便面的需求量集中在 385.2 亿~463.5 亿份，数据间的差异着实不算太明显。因此图表设计师做出了以下改变：一是缩小数据范围。将数值轴范围由 0~500 缩小至 300~500，相当于将数据差异放大了 40%。二是采用"竖版折线图＋竖版面积图＋条形图"组合，连接折线与纵坐标轴，突出对比效果。三是增加标准线。数值 400 处的网格线相当于标准线，可以让对比更清晰。

图表类型：折线图＋面积图＋柱形图。

表达数据关系：纵向对比，对比 2011—2020 年国内方便面的需求量变化。

适用场景：适用于数据新闻媒体、商务报告和政府报告。

将折线图顺时针旋转 90°，就能得到图 2.63 中的竖版折线图，其在表现时间序列和连续性的数据变化方面，和折线图的表达效果旗鼓相当、难分伯仲，不过其竖向排版的模式，十分适合手机查看，对空间的利用率更高。

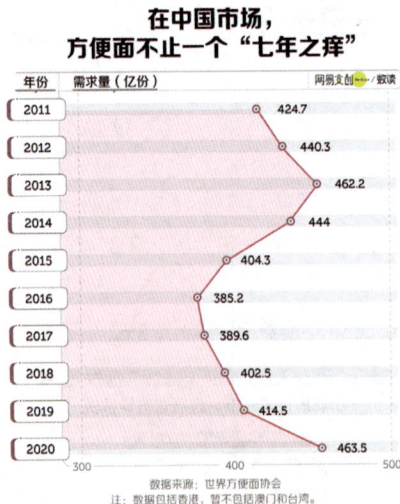

图 2.63 竖版折线图（选自《网易数读》）

2.11.2 制作技巧拆解

1. 竖版折线＋面积

和 1.13 节中面积式蝴蝶图的制作方法一致，先做好"折线图＋面积图"，并保存为图片，然后将图表顺时针旋转 90°。

2. 圆角绘图区

绘图区只保留左侧和底部线条，制作时可参照 1.12 节中的"半圆角图表边框"部分。

3. 自定义数据标记

和 2.7 节中双色纵坐标轴柱线图的制作方法一致，将一大一小两个圆形叠加，大圆白色填充、蓝色边框并放在底部，小圆蓝色填充、无填充并放在顶部，两个圆形组合后替换折线图的数据标

记。如图 2.64 所示，还可以通过添加标记折线（与需求量折线数值相同）进行制作，将需求量折线的数据标记设置为 7 号圆形、白色填充、1 磅深紫色边框（外侧的大圆）；将标记折线设置为无线条，数据标记设置为 3 号圆形、深紫色填充、无边框（内侧的小圆）。

4. 自定义坐标轴标签

如图 2.65 所示，横坐标轴标签（白色填充文本框）直接叠放在圆角绘图区上，与网格线一一对应。

纵坐标轴标签由"年份圆角矩形 + 装饰圆形 + 阴影圆角矩形"组成。其中年份圆角矩形设置为白色填充、灰色边框，放在上层；阴影圆角矩形设置为深紫色填充、深紫色边框，放在下层，并适当向左侧移动错位摆放；装饰圆形设置为灰色填充、白色边框，叠放在年份圆角矩形左上角。

图 2.64　自定义数据标记制作思路

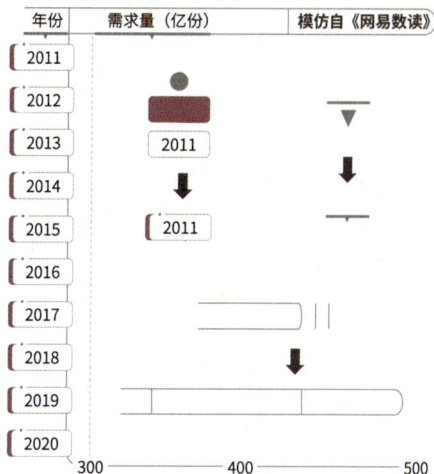

图 2.65　图表装饰结构

5. 自定义图例

如图 2.65 所示，用剪除左侧圆角的圆角矩形（参照 1.11 节中的"自定义图例"部分）放置"年份"和"需求量"图例，并在图例下添加由"直线 + 三角形"组成的装饰。

6. 自定义网格线

如图 2.66 所示，原图仅显示数值 300、400 和 500 处的网格线，数值 300 左侧也能"透出"面积图和柱形背景。制作时将横坐标轴的取值范围设置为"300~500"，然后用白色横坐标轴遮盖数值300 处的网格线，再插入直线模仿数值 300 处的网格线，并适当向右移动。或者添加网格线散点，用垂直误差线模仿网格线。

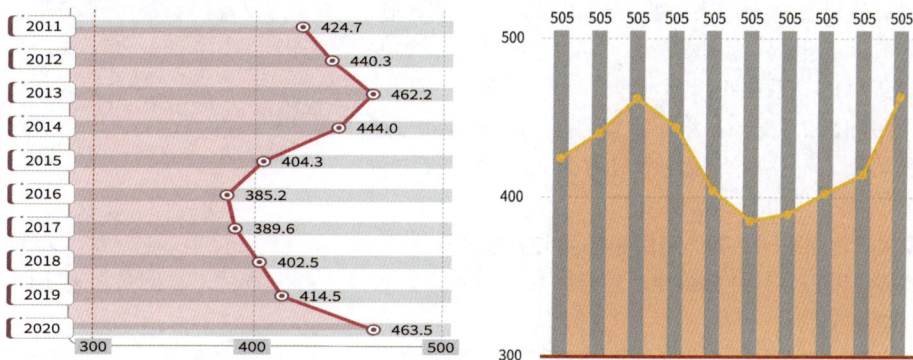

图 2.66　自定义网格线和柱形背景制作思路

95

7. 柱形背景

如图 2.66 所示，原图中柱形背景"超出"了最大刻度值。制作时可以在折线图中添加数据值均为 505 的辅助柱形。或者参照 2.2 节中的"圆角柱形背景"部分，利用横坐标轴散点的水平误差线（正偏差、无线端、固定值 505）来模仿。

2.11.3 图表分步还原

1. 插入折线图并修改图表类型和基本格式

如图 2.67（a）所示，选择 A1:E11 单元格区域，插入带数据标记的折线图，并将面积系列修改为面积图、柱形系列修改为柱形图。将纵坐标轴的取值范围设置为"300~500"，间隔为 100，不保留小数点。将图表的字体整体设置为黑色思源黑体 Normal［如图 2.67（b）所示］。

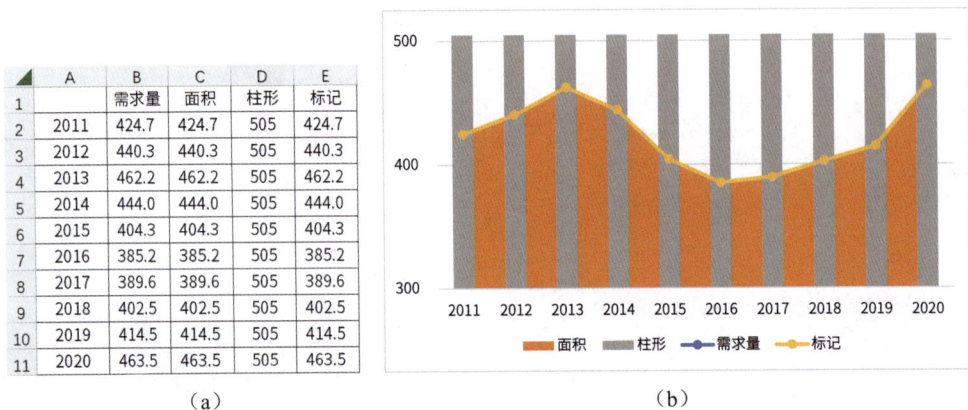

	A	B	C	D	E
1		需求量	面积	柱形	标记
2	2011	424.7	424.7	505	424.7
3	2012	440.3	440.3	505	440.3
4	2013	462.2	462.2	505	462.2
5	2014	444.0	444.0	505	444.0
6	2015	404.3	404.3	505	404.3
7	2016	385.2	385.2	505	385.2
8	2017	389.6	389.6	505	389.6
9	2018	402.5	402.5	505	402.5
10	2019	414.5	414.5	505	414.5
11	2020	463.5	463.5	505	463.5

（a）

（b）

图 2.67　竖版折线图制作步骤 1

2. 设置折线图

调整图表大小：将图表的高度和宽度分别设置为 9cm 和 12cm。然后适当调整绘图区大小，左侧为标题和图例预留空间，右侧为横坐标轴标签、数据来源和标注预留空间，底部为纵坐标轴标签预留空间。将横坐标轴设置为 1 磅白色、网格线设置为 0.5 磅白色（深色 25%）短画线。隐藏坐标轴标签。删除标题和图例，图表设置为无边框。

设置折线图：将需求量系列折线设置为 2.25 磅紫色（RGB 值为 218，63，119），数据标记设置为 7 号圆形、白色填充、1 磅深紫色（RGB 值为 158，81，109）边框。将标记系列折线设置为无线条，数据标记设置为 3 号圆形、深紫色填充、无边框。为需求量系列折线添加数据标签并顺时针旋转 270°，放在折线上方。

设置面积图和柱形图：将面积系列面积设置为 80% 透明度紫色填充。将柱形系列柱形设置为 80% 透明度白色（深色 50%）填充［如图 2.68 所示］。

图 2.68　竖版折线图制作步骤 2

3. 设置圆角绘图区、制作图例和各项文字性内容

复制折线图，并粘贴为图片，然后向右旋转 90°。参照 1.12 节中的"半圆角图表边框"部分制作圆角绘图区。

参照原图制作图例、标题、坐标轴标题和标签、单位、Logo 和数据来源等，具体参数详见图表源文件，最终效果如图 2.69 所示。

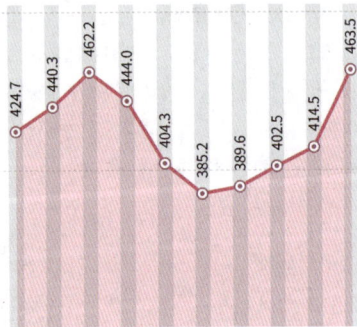

在中国市场，
方便面不止一个"七年之痒"

年份	需求量（亿份）	模仿自《网易数读》
2011		424.7
2012		440.3
2013		462.2
2014		444.0
2015		404.3
2016		385.2
2017		389.6
2018		402.5
2019		414.5
2020		463.5

数据来源：世界方便面协会
注：数据包括香港，暂不包括澳门和台湾。

图 2.69　竖版折线图制作步骤 3

2.12　差异太大，补充子图：子母柱形图

2.12.1　图表自画像

解题之道：差异太大的数据可视化后，数值较小部分的差异，总是莫名其妙地"消失"。其实并不是消失，只是被掩盖了。

如图 2.70 所示，图表设计师通过以下操作，将被忽视的差异恢复如初：**一是**正常制作图表，假如为了照顾少数数据，而放弃整体对比，是因小失大，更不可取；**二是**做好补充，主体图表是稳住基本面，补充图表是进一步的完善和细化，将数据值较小的部分独立成图，局部进行放大，从而兼顾所有数据；**三是**建立连接，主图和子图虽各自独立，但并非毫无关系，因此用同色填充和边框的"矩形 + 连接箭头"，将两者有机地结合起来；**四是**合理布局，将子图就近放置在主图的空白位置，做好对应还互不影响。

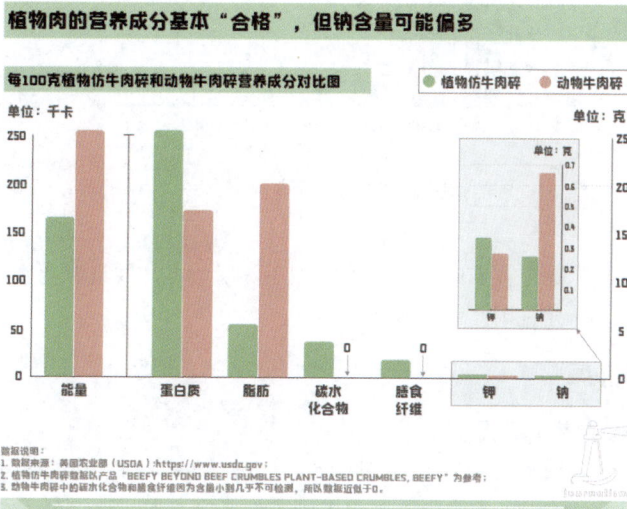

图 2.70　子母柱形图（选自《RUC 新闻坊》）

图表类型：簇状柱形图＋散点图。

表达数据关系：横向对比，对比植物仿牛肉碎和动物牛肉碎的各种营养成分含量。

适用场景：适用于数据新闻媒体、政府报告和商务报告。

2.12.2 制作技巧拆解

1. 子母图

如图 2.71 所示，制作子图时，只需要在母图的基础上，先缩小数据范围和取值范围，再调整图表大小，最后叠放在母图上，并通过相同元素建立两者的联系。比如，本节通过浅灰色填充、灰色边框的"矩形＋箭头"实现连通。

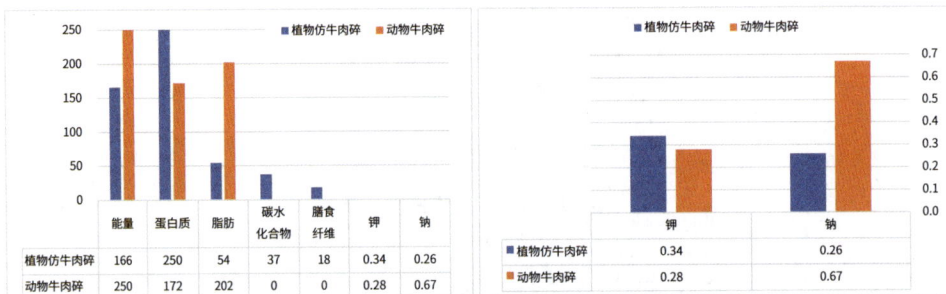

图 2.71　子母图制作思路（数据为模仿数据，以原图表为准）

2. 区域分隔

如图 2.72 所示，能量使用主轴、各项营养成分使用次轴，两个种类之间用线条做了分隔。分隔线采用辅助散点（X 轴值为 1.5，Y 轴值为 0）的垂直误差线（负偏差、线端、固定值 25）制作。

能量和各项营养成分含量的取值范围分别为"0~250"和"0~25"，范围相似、但量级不同。为了便于制作和取得更好的效果，让两者均使用主轴、辅助散点使用次轴，并将次轴的取值范围确定为"0~25"。

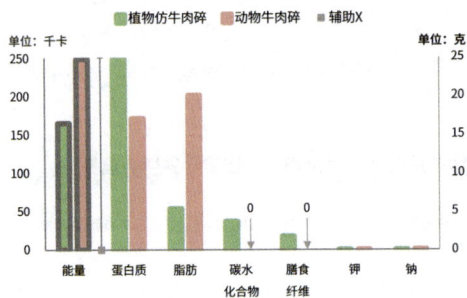

图 2.72　区域分隔制作思路

3. 圆角柱形

如图 2.72 所示，制作圆角柱形时，为柱形添加 3~6 磅边框，并设置为圆角连接（具体可参照2.7 节中的"柱形背景和圆角柱形"部分）。

2.12.3 图表分步还原

1. 插入柱形图并设置基本格式

如图 2.73（a）所示，选择 A2:C8 单元格区域，插入柱形图。新增辅助 X 系列并修改为散点图、使用次轴、修改数据源。将辅助 X 系列散点的 X 轴系列值修改为 D2，Y 轴系列值修改为 E2。将主要纵坐标轴的取值范围设置为"0~250"，间隔为 50。将次要纵坐标轴的取值范围设置为"0~25"，间隔为 5。将图表的字体整体设置为黑色思源黑体 Normal［如图 2.73（b）所示］。

	A	B	C	D	E
1		植物仿牛肉碎	动物牛肉碎	辅助X	辅助Y
2	能量	166	250	1.5	0
3	蛋白质	250	172		
4	脂肪	54	202		
5	碳水化合物	37	0		
6	膳食纤维	18	0		
7	钾	0.34	0.28		
8	钠	0.26	0.67		

（a）

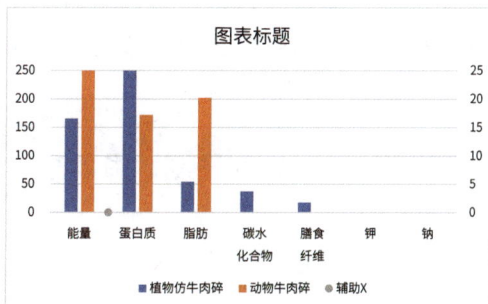

（b）

图 2.73　子母柱形图制作步骤 1

2. 设置柱形图

调整图表大小：将图表的高度和宽度分别设置为 8cm 和 12.7cm。删除标题和网格线。删除图例中的辅助 X 系列。将坐标轴线条均设置为 1 磅白色（深色 50%）。图表设置为无填充、无边框。

设置柱形图：将柱形的系列重叠设置为 -60%。将植物仿牛肉碎系列柱形设置为绿色（RGB 值为 157，205，140）填充、4 磅绿色边框；将动物牛肉碎系列柱形设置为粉色（RGB 值为 231，172，168）填充、4 磅粉色边框。将图例的边框设置为 0.5 磅白色（深色 50%），并放置在图表右上角。

制作分隔线：为辅助 X 系列散点添加误差线并删除水平误差线，垂直误差线设置为正偏差、线端、固定值 25，线条设置为 1 磅白色（深色 50%）。

添加数据标签：为动物牛肉碎中的碳水化合物和膳食纤维添加数据标签，并适当向上移动，将引导线设置为箭头形开始箭头。

添加单位和标题：参照原图制作标题和单位，标题放置在图表的左上角、单位分别放置在主要纵坐标轴和次要纵坐标轴上方［如图 2.74（a）所示］。

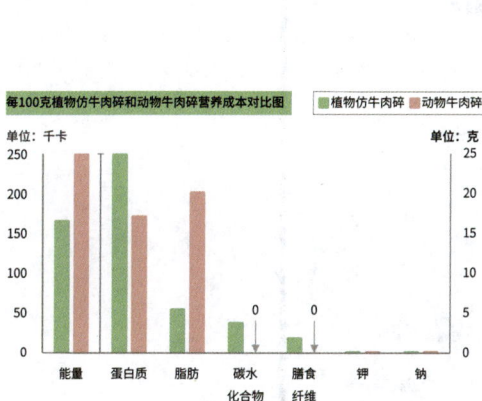

（a）

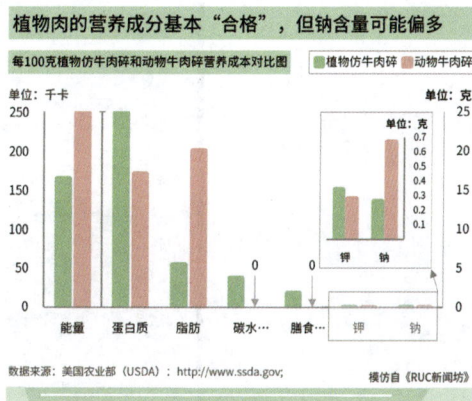

（b）

图 2.74　子母柱形图制作步骤 2

3. 制作子图和各项文字性内容

制作子图：复制图 2.74（a），将植物仿牛肉碎系列柱形的系列值修改为 B7:B8；将动物牛肉碎系列柱形的系列值修改为 C7:C8。删除辅助 X 系列散点。将纵坐标轴的取值范围设置为"0~0.7"，间隔为 0.1。将纵坐标轴交叉设置为最大分类。将图表设置为 60% 透明度白色（深色 5%）填充、1 磅白色（深色 50%）边框。将图表高度和宽度分别设置为 4cm 和 3cm，然后叠放在母图右侧的空白区域。

建立子母图间的联系：插入矩形（高度和宽度分别设置为 1.24cm 和 2.91cm），设置为 60% 透明度白色（深色 5%）填充、1 磅白色（深色 50%）边框。叠放在横坐标轴标签"钾和钠"的上层。插入直线箭头，并设置为 1 磅白色（深色 50%），连接矩形与子图。

文字性内容可以参照原图制作，具体参数详见图表源文件（或参照 1.7 节中的"制作柱形图装饰"部分），最终效果如图 2.75（b）所示。

2.13 差异太大，补充子图：多瀑布图组合

2.13.1 图表自画像

解题之道：如图 2.75 所示，图表制作人需要直面两个问题：数据维度多和数据差异大。

图表设计师通过以下操作，将图表变得逻辑清晰、对比全面：**一是拆分图表**。用最简单的方式展示 6 个地区蓝天救援队的财务状况，降低图表负累、降低制作难度、降低阅读难度。**二是图表选择**。瀑布图是财务收支状况的良配，符合读者预期。**三是图表布局**。6 张图表大小相同、取值范围相同、配色相同、布局相同，排列成 3 行 2 列，保持可对比性。**四是做好补充**。蓝田救援队的数据远小于其他地区，为保持统一布局，采用了与其他地区相同的取值范围，然后在下方补充放大图，弥补缺失的趋势变化。**五是张弛有度**。张是让图表尽量保持简洁，左右 2 张图表共用纵坐标轴；弛是将读者感受放在第 1 位，坐标轴单位采用"万元"，可以节约空间，但对于读者关注的柱形标签单位，则修改为"元"。

图表类型：堆积柱形图。

表达数据关系：横向对比，对比厦门市思明区、东台、济宁市、原平、贾汪区和蓝田蓝天救援队的捐赠收入、其他收入、支出和剩余资金。

适用场景：适用于数据新闻媒体和商务报告，去除边框后也适用于政府报告。

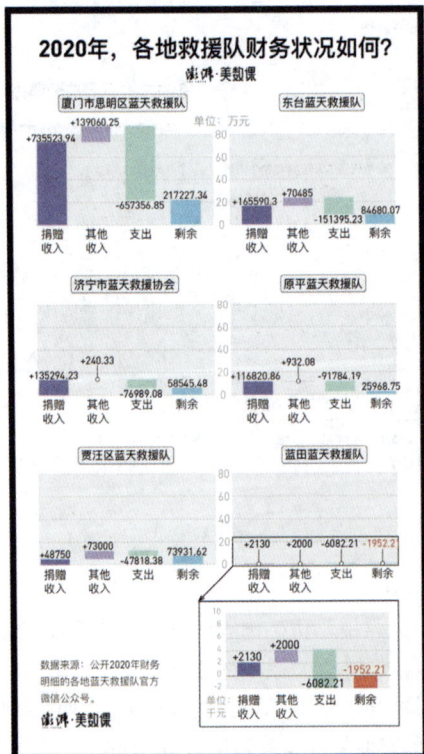

图 2.75　多瀑布图组合（选自《澎湃美数课》）

100

2.13.2　制作技巧拆解

1. 多图组合

如图 2.76 所示，将 7 张瀑布图分成 4 行 2 列，前 6 张瀑布图布局相同，第 7 张瀑布图是蓝田蓝天救援队瀑布图的放大版，两者用"矩形框＋箭头"建立起连接。最后将所有瀑布图组合，使其融为一体。

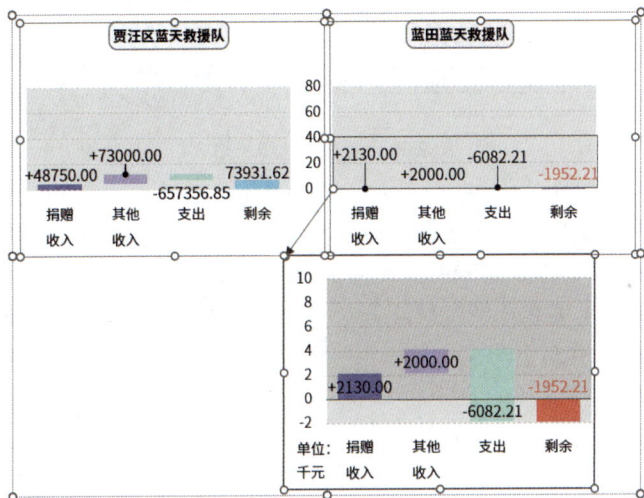

图 2.76　多瀑布图结构

2. 瀑布图

如图 2.77 所示，瀑布图的制作思路是将金额列拆分成汇总列、占位列、增加列和减少列，然后再做堆积柱形图。其中：

汇总列是瀑布图的起点和终点，对应着捐赠收入和剩余。

占位列是让瀑布图实现"升降"的幕后功臣，占位柱形承托起增加列和减少列柱形后，便设置为无填充、功成身退、隐身而去（灰色柱形）。

其他收入占位＝捐赠收入。

支出占位＝捐赠收入＋其他收入＋支出。

增加列是筛选出金额列中的正值部分。

减少列是筛选出金额列中的负值部分，并取其绝对值。

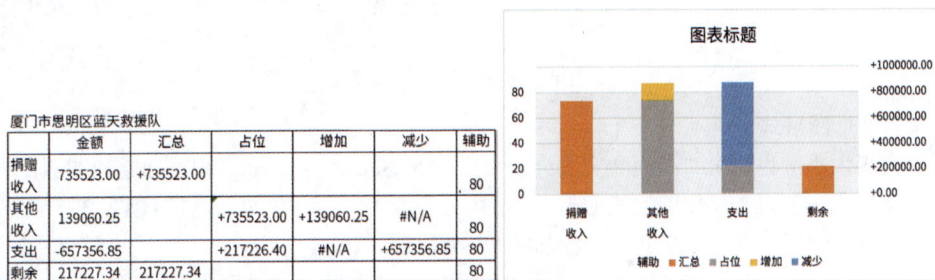

厦门市思明区蓝天救援队

	金额	汇总	占位	增加	减少	辅助
捐赠收入	735523.00	+735523.00				80
其他收入	139060.25		+735523.00	+139060.25	#N/A	80
支出	-657356.85		+217226.40	#N/A	+657356.85	80
剩余	217227.34	217227.34				80

图 2.77　瀑布图制作思路 1

如图 2.78 所示，如果支出大于收入，占位列和减少列都要进行相应调整，同时将支出占位柱形填充为与减少列相同的颜色。

占位列中其他收入占位保持不变，支出占位＝捐赠收入＋其他收入。

增加列保持不变，筛选出金额列中的正值部分。

减少列筛选出金额列中的负值部分，支出减少 = 捐赠收入 + 其他收入 + 支出。

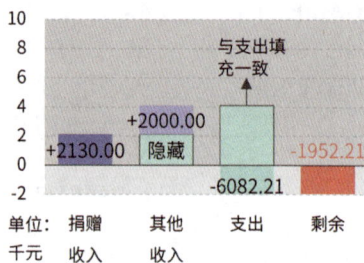

蓝田区蓝天救援队（子图）

	金额	汇总	占位	增加	减少	辅助
捐赠收入	2130.0	+2130.00				10
其他收入	2000		+2130.00	+2000.00	#N/A	10
支出	-6082.21		+4130.00	#N/A	-1952.21	10
剩余	-1952.21	-1952.21				10

图 2.78　瀑布图制作思路 2

3. 柱形背景和坐标轴

如图 2.77 所示，背景由数值均为 80 的辅助柱形制作而成，使用主轴并填充 80% 透明度的灰色。汇总柱形、占位柱形、增加柱形和减少柱形均使用次轴。主要和次要纵坐标轴取值范围分别设置为 0~100 和 0~1000000，范围相同但量级不同。然后通过修改交叉位置，交换主要和次要纵坐标轴的位置，并隐藏次轴最大值 100。

2.13.3　图表分步还原

1. 插入柱形图并修改基本格式

如图 2.79 所示，选择 A2:G6 单元格区域，插入堆积柱形图，并删除金额系列柱形，然后切换行 / 列。让辅助系列柱形使用主轴，其余系列柱形使用次轴。将主要纵坐标轴的取值范围设置为"0~100"，间隔为 20，数字应用格式为"[=100]"";0"。将次要纵坐标轴的取值范围设置为"0~1000000"。将图表字体整体设置为黑色思源黑体 Normal［如图 2.79（a）所示］。

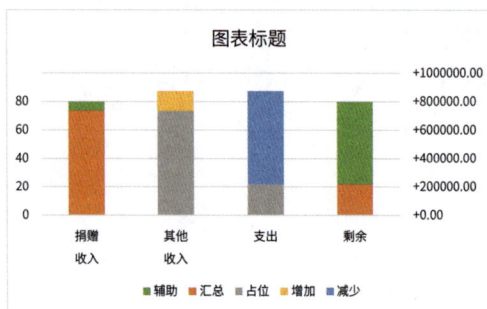

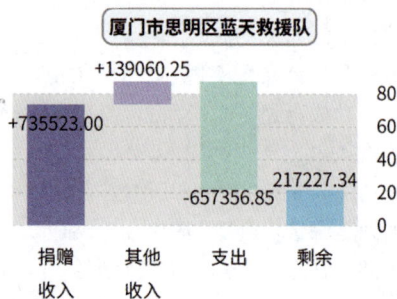

（a）　　　　　　　　　　　　（b）

图 2.79　多瀑布图制作步骤 1

2. 设置柱形图格式

调整图表大小：将图表的高度和宽度分别设置为 5.08cm 和 7.03cm。删除标题和图例。将网格线设置为 0.5 磅白色（深色 15%）短画线。将绘图区设置为 1 磅白色边框。将纵坐标轴交叉设置为最大分类，隐藏坐标轴线条。图表设置为无填充、无边框。

设置柱形图：将辅助柱形系列和汇总系列柱形的间隙宽度分别设置为 0 和 50%。将辅助柱形系列、汇总系列柱形中的捐赠收入和剩余、增加系列柱形、减少系列柱形、占位系列柱形分别填充 80% 透明度白色（深色 50%）、蓝色（RGB 值为 128，120，242）、蓝绿色（RGB 值为 114，214，238）、浅蓝色（RGB 值为 178，172，242）、浅绿色（RGB 值为 171，243，219）和无填充。

添加数据标签：分别为柱形添加数据标签，其中减少系列柱形使用 B3:B6 单元格中（金额列）的值。

制作标题： 插入圆角矩形（高度和宽度分别设置为 0.61cm 和 3.7cm），设置为浅色上对角线图案填充［如图 2.79（b）所示］。

3. 瀑布图排版

图表排版： 同理制作其他地区的瀑布图，并参照原图适当向上移动部分数据标签，将引导线设置为 0.5 磅黑色（淡色 25%）、圆形开始箭头。将瀑布图排列为 3 行 2 列，水平和垂直方向均保持平均分布。第 2 列瀑布图的纵坐标轴标签设置为无（隐藏后不会改变绘图区大小，可以保持图表的可对比性）。

蓝田蓝天救援队子图设置注意事项： 支出占位系列柱形和汇总系列柱形中的剩余柱形分别填充浅绿色和红色（RGB 值为 233，101，97）。纵坐标轴交叉设置为自动。横坐标轴线条设置为 0.5 磅黑色（淡色 25%）、标签放在绘图区下方。绘图区设置为无边框、图表设置为 0.5 磅黑色（淡色 25%）边框［如图 2.80（a）所示］。

建立子母图连接： 将蓝田蓝天救援队子图放置在对应瀑布图下方，并保持右对齐。在蓝田蓝天救援队瀑布图中添加矩形，并设置为无填充、0.5 磅黑色（淡色 25%）边框，叠放在柱形上。然后在蓝田蓝天救援队瀑布图与子图之间添加直线箭头，并设置为 0.5 磅黑色（淡色 25%），排版后的瀑布图效果如图 2.80（b）所示。

4. 制作边框和各项文字性内容

标题、单位、Logo、文字性说明、数据来源和边框参照原图制作，具体参数详见图表源文件，最终效果如图 2.81 所示。

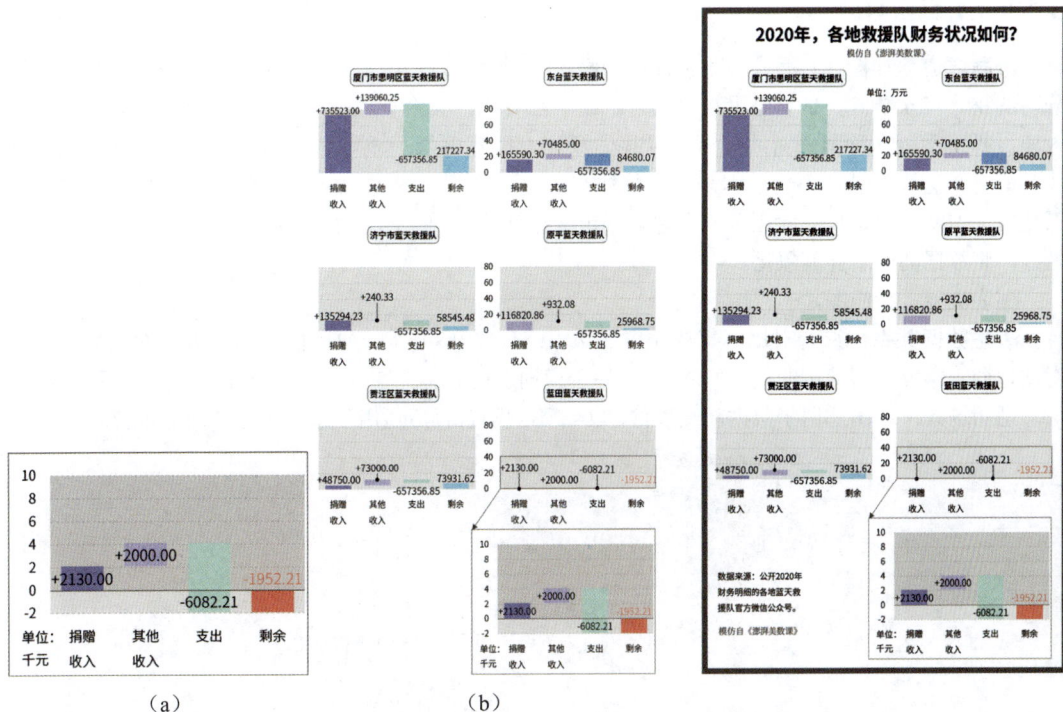

图 2.80　多瀑布图制作步骤 2

图 2.81　多瀑布图制作步骤 3

103

图表最主要的两个功能就是展示数据和对比数据。图表制作人对图表的表达效果不满意，通常都是因为展示效果不够清晰准确、对比效果不够显而易见。想要做到这一点其实并不容易，会遇到很多"拦路虎"，比如线条分不清楚、线条互相交叉、对比不够突出、对比维度太多、长标签难安置、分配空间太少、图表多难排版等。本章精选 18 个图表设计师案例，有针对性地去化解这些图表表达难题。

3.1 线条分不清，统一标签：统一化数据标签折线图

3.1.1 图表自画像

解题之道：如图 3.1 所示，图表设计师将 13 条折线放在一张图中，还能保持条理清晰、对比分明的秘诀有 4 个：一是突出重点。重点折线单独着色，其余折线统一配色，摒除杂乱。二是对号入座。折线系列名称紧跟折线，减少寻找的烦恼。标签内显示城市名称和人均 GDP，并添加了竖线分隔符。这样的设计不仅看起来更加整洁有序，还能代替图例，为绘图区争取更多的显示空间。三是放大差距。尽量拉高绘图区，自然显现出数据间的差异。四是添加辅助。为折线图添加垂直误差线，将数据间的差异具象化。

图表类型：折线图。

表达数据关系：综合对比，每座城市在 2010 年、2015 年和 2021 年的人均 GDP 对比属于纵向对比，同一年度不同城市的人均 GDP 对比属于横向对比。

适用场景：原图适用于数据新闻媒体，去掉不规则背景后适用于政府报告和商务报告。

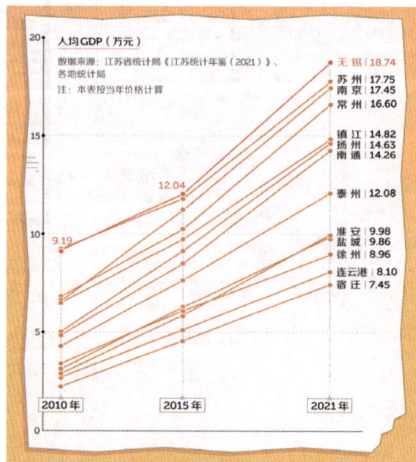

图 3.1　统一化数据标签折线图（选自《网易数读》）

3.1.2 制作技巧拆解

1. 统一化数据标签

如图 3.2 所示，双击鼠标左键可选中单个数据标记，添加数据标签、统一放置在数据标记右侧，将上下左右边距均设置为 0，可以释放出更多空间。比如，常州的数据标签采用默认边距，泰州的数据标签边距为 0。在数据标签内显示系列名称和值，并将"，"（见泰州）分隔符修改为"空格"（见盐城数据标签），然后在"空格"后增加"|"（竖线＋空格，见连云港数据标签）。部分数据标签距离过近，应适当上下调整位置避免遮挡，并删除引导线。

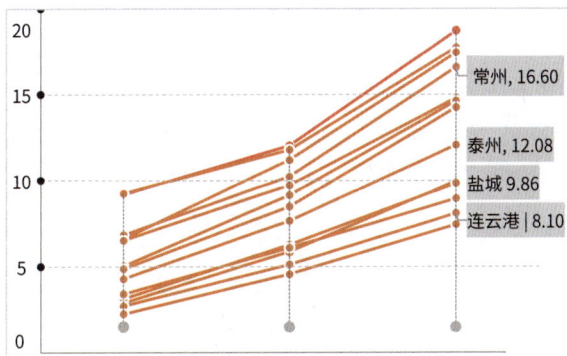

图 3.2　数据标签设置思路

2. 自定义坐标轴刻度线和网格线

原图在纵坐标轴上显示了每个刻度的数据标记（仅在数值 5、10、15 和 20 处显示，数值 0 处并不显示），其作用类似于刻度线。

如图 3.3 所示，网格线和横坐标轴均需要借助辅助散点及误差线来完成，且两者的格式不同。网格线散点显示数值 5、10、15 和 20 处的数据标记（X 轴值均为 0.5，Y 轴值分别为 5、10、15 和 20），用水平误差线制作长短不一的网格线；纵坐标轴散点显示数值 0 处的数据标记（X 轴值为 0.5，Y 轴值为 0），用水平误差线制作横坐标轴。

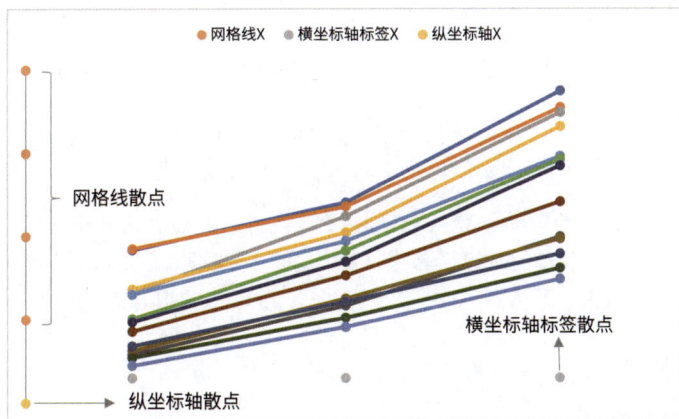

图 3.3　自定义坐标轴刻度线制作思路

3. 自定义坐标轴长度

如图 3.4 所示，原图的横坐标轴长度比数值 5 处的网格线短。如果采用默认横坐标轴，其长度与网格线保持一致。如果采用网格线散点误差线模仿的网格线，其格式与网格线保持一致。改用纵坐标轴散点的水平误差线（正偏差、无线端、固定值 2.8）进行模仿，便可以随意控制横坐标轴的长度和格式。

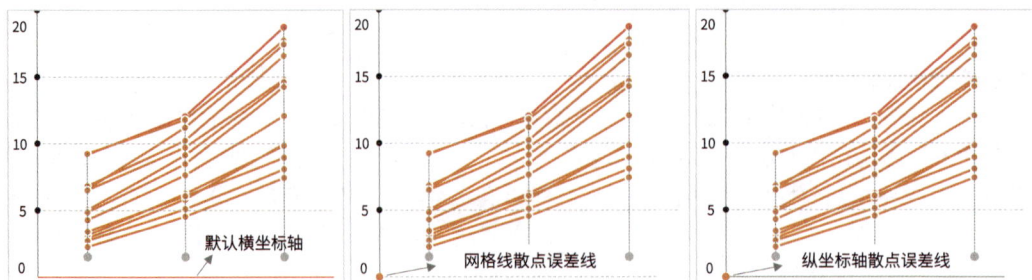

图 3.4　自定义横坐标轴制作思路

4. 自定义网格线长度

如图 3.4 所示，原图中有 3 根网格线，其中数值 10 和 15 处的网格线较短、数值 5 处的网格线较长。数值 20 处无网格线，主要为标题、单位、数据来源预留空间。利用网格线散点的水平误差线（正偏差、无线端、自定义，误差值分别为 3、2.5 和 2.5）制作网格线，可以随意控制每根线的长度。

5. 自定义坐标轴标签

如图 3.5 所示，将标签放在横坐标轴上的空白位置（纵坐标轴值 1.5 处），可以最大化节省空间。标签采用横坐标轴标签散点（X 轴值分别为 1、2 和 3，Y 轴值均为 1.5）的"数据标记（修改为三角形）＋数据标签（添加边框并压缩大小）"制作而成。

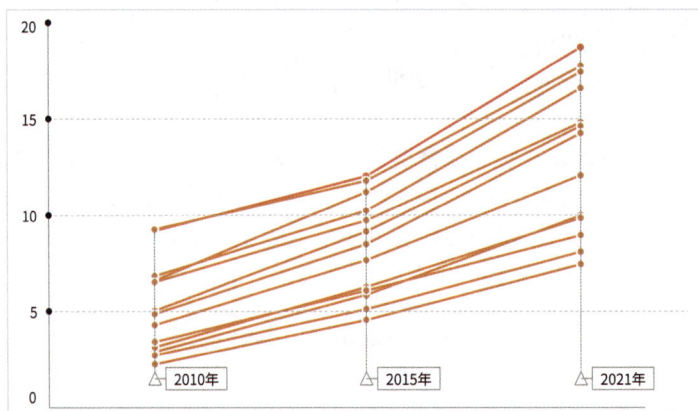

图 3.5　自定义横坐标轴标签制作思路

6. 自定义涨跌线

如图 3.5 所示，Excel 中的默认涨跌线只能连接同类别中的最小值和最大值，无法继续延伸长度。因此借助横坐标轴标签散点的垂直误差线（正偏差、无线端、自定义，误差值分别为 2010 年、2015 年和 2021 年 13 座城市中的人均 GDP 最高值 -Y 轴值 1.5）来制作。

3.1.3　图表分步还原

1. 插入折线图并修改基本格式

如图 3.6（a）所示，选择 A1:D14 单元格区域，插入带数据标记的折线图，并切换行 / 列。新增网格线 X 系列、横坐标轴标签 X 系列和纵坐标轴 X 系列，并修改为散点图、修改数据源。将网格线 X 系列散点的 X 轴系列值修改为 B15:E15，Y 轴系列值修改为 B16:E16；将横坐标轴标签 X 系列散点的 X 轴系列值修改为 B18:E18，Y 轴系列值修改为 B19:E19；将纵坐标轴 X 系列散点的 X 轴系列值修改为 B21:E21，Y 轴系列值修改为 B22:E22。将纵坐标轴的取值范围设置为"0~20"，间隔为 5。将图表的字体整体设置为黑色思源黑体 Normal［如图 3.6（b）所示］。

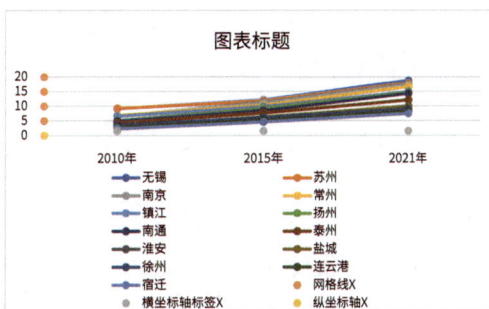

	A	B	C	D	E
1		2010年	2015年	2021年	
2	无锡	9.19	12.04	18.74	
3	苏州	9.26	11.80	17.75	
4	南京	6.61	11.21	17.45	
5	常州	6.84	10.24	16.60	
6	镇江	6.53	9.73	14.82	
7	扬州	5.04	9.15	14.63	
8	南通	4.87	8.49	14.26	
9	泰州	4.30	7.66	12.08	
10	淮安	2.90	5.86	9.98	
11	盐城	3.14	6.27	9.86	
12	徐州	3.42	6.09	8.96	
13	连云港	2.72	5.12	8.10	
14	宿迁	2.25	4.56	7.45	
15	网格线X	0.5	0.5	0.5	0.5
16	网格线Y	5	10	15	20
17	网格线误差线	3.0	2.5	2.5	
18	横坐标轴标签X	1	2	3	
19	横坐标轴标签Y	1.5	1.5	1.5	
20	横坐标轴标签误差线	7.76	10.54	17.24	
21	纵坐标轴X	0.5			
22	纵坐标轴Y	0			

（a）　　　　　　　　　　　　（b）

图 3.6　统一化数据标签折线图制作步骤 1

2. 制作网格线、横坐标轴和涨跌线

调整图表大小：将图表的高度和宽度分别设置为 11.5cm 和 9.8cm。将纵坐标轴线条设置为 0.5 磅白色（深色 50%）。删除标题、图例和网格线。隐藏横坐标轴线条和标签。图表设置为无边框。

设置网格线：将网格线 X 系列散点的数据标记设置为 3 号圆形、黑色（淡色 15%）填充、1 磅黑色（淡色 15%）边框。为网格线 X 系列散点添加误差线并删除垂直误差线，水平误差线设置为正偏差、无线端、自定义（指定 B15:E15 单元格中的值），线条设置为 0.5 磅白色（深色 25%）短画线。

设置横坐标轴：为纵坐标轴 X 系列散点添加误差线并删除垂直误差线，水平误差线设置为正偏差、无线端、固定值 2.8，线条设置为 0.5 磅白色（深色 50%）。

设置涨跌线：为横坐标轴标签 X 系列散点添加误差线并删除水平误差线，垂直误差线设置为正偏差、无线端、自定义（指定 B20:E20 单元格中的值），线条设置为 0.5 磅白色（深色 50%）方点 [如图 3.7（a）所示]。

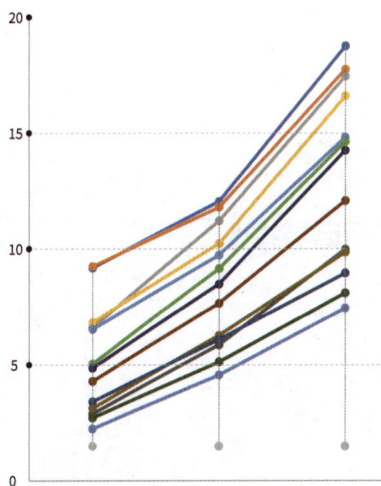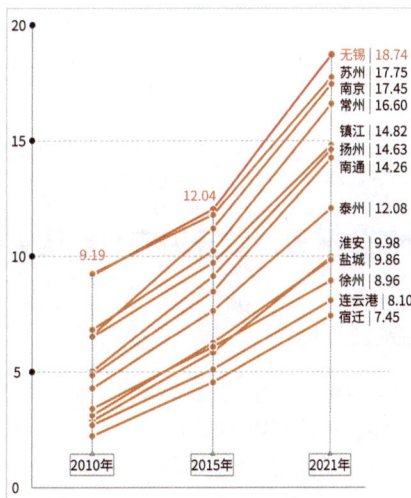

（a）　　　　　　　　　　　　（b）

图 3.7　统一化数据标签折线图制作步骤 2

3. 设置折线图

设置折线图：将无锡系列和其余城市系列折线分别设置为 1.5 磅红色（RGB 值为 236，95，83）

107

和橙色（RGB值为142，142，221）。重复性的设置内容建议用F4键，比如先将无锡系列折线设置为1.5磅，再选中苏州系列折线按F4键，就可以快速将苏州系列折线设置为1.5磅。将所有折线的数据标记均设置为5号圆形、与折线同色填充、1磅白色边框。

添加数据标签：为无锡系列折线添加数据标签，并取消显示引导线，字体设置为与折线同色。在2021年的数据标签内显示系列名称和值，分隔符设置为空格，然后在系列名称后添加"｜"（"|"前后各增加一个空格），"|"字体设置为白色（深色50%）。其余城市仅为2021年添加数据标签，设置方式同上。最后根据需要适当移动位置。

设置横坐标轴标签：将横坐标轴标签X系列散点的数据标记设置为3号三角形、白色填充、0.5磅白色（深色50%）边框。为横坐标轴标签X系列散点添加数据标签，并将数据标签的上下左右边距设置为0、边框设置为0.5磅白色（深色50%）、高度和宽度分别设置为0.5cm和1.03cm，最后适当向上移动位置，使其与三角形数据标记结合在一起［如图3.7（b）所示］。

4. 制作图表标题、数据来源和装饰线条

将图表的填充为浅粉色（RGB值为252，248，247）。参照原图制作标题、图表标题、数据来源、注释和装饰线条等，具体参数详见图表源文件，最终效果如图3.8所示。

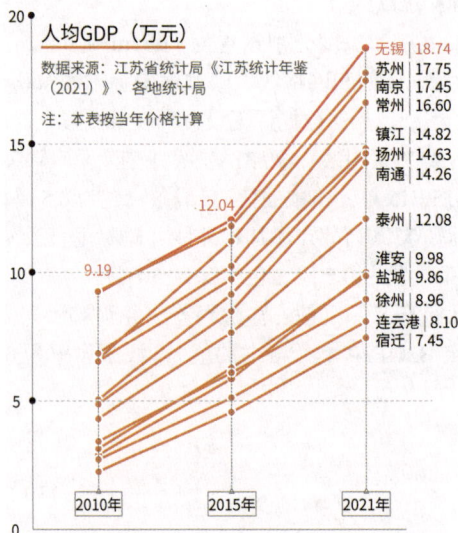

图3.8 统一化数据标签折线图制作步骤3

3.2 线条分不清，做好对应：自定义数据标记折线图

3.2.1 图表自画像

解题之道：图3.9在解决多折线图排版问题时，和图3.1有很多相似之处：一是尽可能地扩大绘图区，将所有文字性内容集中放置在绘图区左下角的空白区域；二是改用自定义形状放置图例，并紧随对应折线摆放，轻松解决线条分不清的难题。

也有很多不同之处：一是对数据标签的处理方式不同。将数据标签设置为与折线同色，并根据折线的走势，整齐地摆放在折线上方、下方或右侧，对于数值比较接近的3条折线，将其数据标签作为一个整体来处理，放置在折线顶部或右侧，实现多而不乱。建立颜色连接后，即使修改数据标签位置，也不用担心无法区分。二是具象数据差异的辅助方式不同。图3.1和图3.9分别采用的是垂直误差线和背景柱形。

图表类型：折线图。

表达数据关系：综合对比，每所大学在 2019 年、2020 年和 2021 年的知网采购费用属于纵向对比，同 1 年中不同大学的知网采购费用对比属于横向对比。

适用场景：原图更适用于数据新闻媒体，修改标题位置后可适用于政府报告和商务报告。

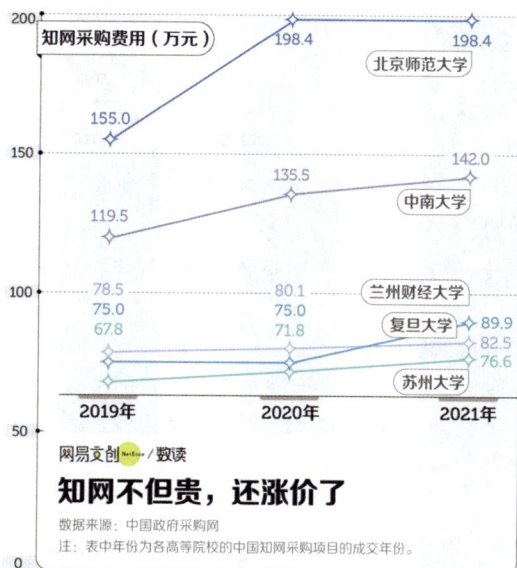

图 3.9　自定义数据标记折线图（选自《网易数读》）

3.2.2　制作技巧拆解

1. 自定义数据标记

如图 3.10 所示，数据标记可以填充图形、图案、图片和图标，本例填充的是四角星。绘制四角星时，先设置白色填充，再增加饱和度，最后调整大小。

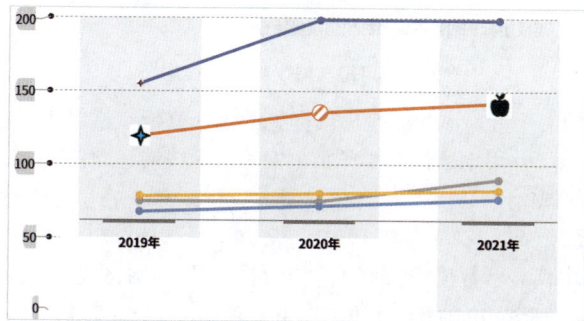

图 3.10　填充数据标记及制作四角星

2. 不规则柱形背景

如图 3.11 所示，2019 年和 2020 年柱形背景的下半部分"隐身"了，为 Logo 和标题数据来源预留出更多的空间。其由堆积柱形图制作而成，第 1 个系列（数据值 150）对应柱形的上半部分，第 2 个系列（数据值 50）对应柱形的下半部分，然后将 2019 年和 2020 年柱形设置为无填充即可。

109

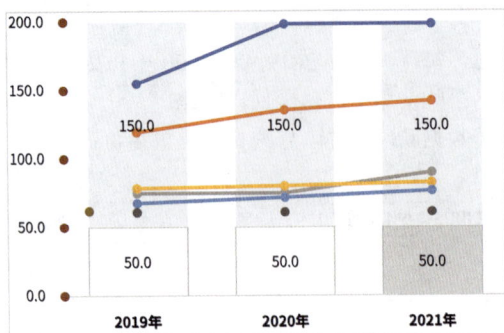

图 3.11　填充数据标记及制作四角星

3. 自定义坐标轴交叉位置

横坐标轴与纵坐标轴的交叉点并非为 0，而是通过设置横坐标轴交叉放在"62"处（可以参照 1.4 节中的"分区域填充"部分）。

4. 自定义坐标轴长度和强调式坐标轴标签

如图 3.2 所示，横坐标轴的起点在 2019 年背景柱形的左侧，终点在 2021 年背景柱形的右侧，默认横坐标轴无法实现，需要借助"横坐标轴散点（X 轴值由背景柱形的间隙宽度决定，在 0.5~0.8 之间，背景柱形越宽则散点 X 轴值越小，Y 轴值为 62）+ 水平误差线（正偏差、无线端、固定值为 2.66）"来制作。

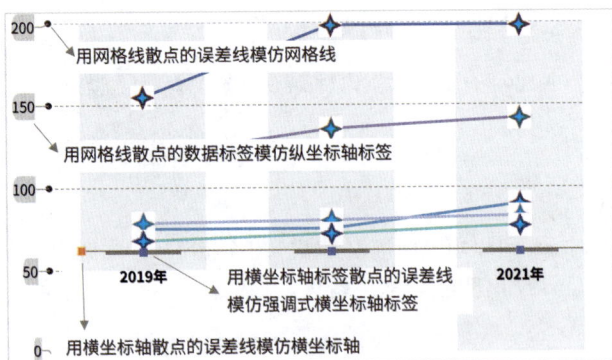

图 3.12　自定义横坐标轴制作思路

在横坐标轴各标签处的下方，添加横坐标轴标签散点（略低于横纵坐标轴交叉处，X 轴值分别为 1、2 和 3，Y 轴值为 61），并用水平误差线（正负偏差、无线端、固定值为 0.2）制作黑色粗线条，配合横坐标轴标签起到强调作用。

5. 自定义显示网格线

如图 3.12 所示，图中仅显示数值 50、100、150 和 200 处的网格线，并且数值 50 处的网格线长度明显较短。制作时需要在横坐标轴 0.5 处添加网格线辅助散点（X 轴值均为 0.5，Y 轴值分别为 0、50、100、150 和 200），用水平误差线（正偏差、无线端、自定义，数值 50 处的误差值可以根据需要微调，数值 100、150 和 200 处的误差值均为 2.83，即横坐标轴 X 系列散点误差值 2.66+ 横坐标轴 X 系列散点的 X 轴值 0.67- 网格线 X 系列散点的 X 轴值 0.5）制作长度不一的网格线。

6. 自定义坐标轴标签形状

如图 3.13 所示，图中坐标轴标签形状为左侧圆角、右侧直角的圆顶角矩形，需要用网格线辅助散点的数据标签来制作，并将数据标签填充为圆顶角矩形。圆顶角矩形的制作步骤依次为填充灰色、圆角最大化、向左旋转 90°、调整大小。复制圆顶角矩形，将数据标签的填充方式修改为图片或纹理填充，图片源为剪贴板。

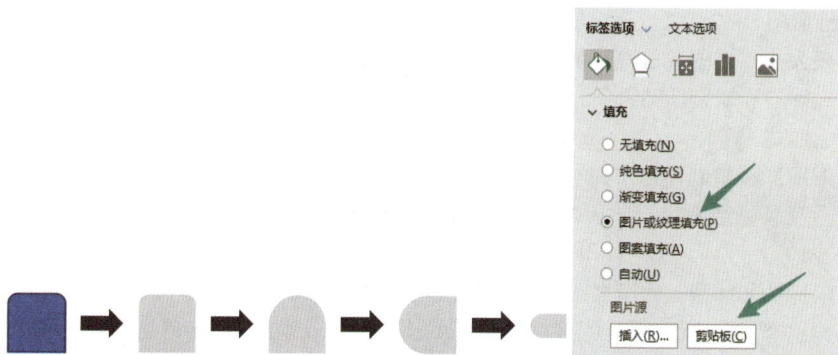

图 3.13　自定义坐标轴标签形状制作思路

7. 自定义图例

如图 3.14 所示，图例由"圆顶角矩形 + 直角三角形 + 文本框"组成，三角形用于模仿阴影提升图例的立体感。制作时圆顶角矩形顺时针旋转 90°，直角三角形连续两次顺时针旋转 90°。

图 3.14　自定义图例

3.2.3　图表分步还原

1. 插入折线图并修改基本格式

如图 3.15（a）所示，选择 A1:D8 单元格区域，插入带数据标记的折线图，并切换行 / 列。新增网格线 X 系列、横坐标轴标签 X 系列和横坐标轴 X 系列，将辅助柱形 1 系列和辅助柱形 2 系列修改为堆积柱形图，将网格线 X 系列、横坐标轴标签 X 系列和横坐标轴 X 系列修改为散点图、修改数据源。将网格线 X 系列散点的 X 轴系列值修改为 B9:F9，Y 轴系列值修改为 B10:F10；将横坐标轴标签 X 系列散点的 X 轴系列值修改为 B12:F12，Y 轴系列值修改为 B13:F13；将横坐标轴 X 系列散点的 X 轴系列值修改为 B14:F14，Y 轴系列值修改为 B15:F15。

将纵坐标轴的取值范围设置为"0~200"，间隔为 50。将图表字体整体设置为黑色思源黑体 Normal，然后将横坐标轴标签设置为思源黑体 Bold ［如图 3.15（b）所示］。

	A	B	C	D	E	F
1		2019年	2020年	2021年		
2	北京师范大学	155.0	198.4	198.4		
3	中南大学	119.5	135.5	142.0		
4	兰州财经大学	75.0	75.0	89.9		
5	复旦大学	78.5	80.1	82.5		
6	苏州大学	67.8	71.8	76.6		
7	辅助柱形1	50.0	50.0	50.0		
8	辅助柱形2	150.0	150.0	150.0		
9	网格线X	0.5	0.5	0.5	0.5	0.5
10	网格线Y	0	50	100	150	200
11	网格线误差线	0.00	0.06	2.83	2.83	2.83
12	横坐标轴标签X	1	2	3		
13	横坐标轴标签Y	61	61	61		
14	横坐标轴X	0.67				
15	横坐标轴Y	62				

（a）

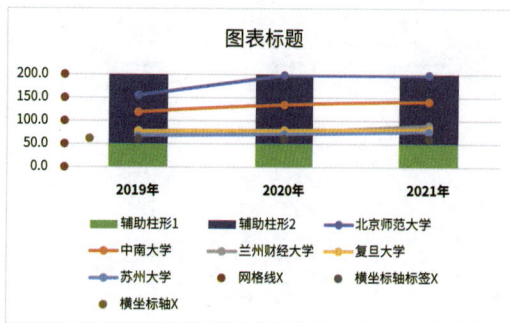

（b）

图 3.15　自定义数据标记折线图制作步骤 1

111

2. 设置柱形图

调整图表大小：将图表的高度和宽度分别设置为 12.3cm 和 11cm。将横坐标轴交叉设置为 62，隐藏纵坐标轴标签和横坐标轴线条。将绘图区移动至图表的最右侧。删除标题、图例和网格线。图表设置为无边框。

设置柱形图：将辅助柱形 1 系列柱形的间隙宽度设置为 49%。将辅助柱形 1 系列中的 2021 年柱形填充为白色（深色 5%）、2019 年和 2020 年柱形设置为无填充，将辅助柱形 2 系列柱形填充为白色（深色 5%）。

设置横坐标轴和标签：为横坐标轴 X 系列散点添加误差线并删除垂直误差线，水平误差线设置为正偏差、无线端、固定值 2.66（可以根据需要微调），线条设置为 0.5 磅黑色（淡色 35%）。为横坐标轴标签 X 系列散点添加误差线并删除垂直误差线，水平误差线设置为正负偏差、无线端、固定值 0.2（可以根据需要微调），线条设置为 2.5 磅白色（深色 50%）。将横坐标轴 X 系列和横坐标轴标签 X 系列散点的数据标记均设置为无。

设置网格线：为网格线 X 系列散点添加误差线并删除垂直误差线，水平误差线设置为正偏差、无线端、自定义（指定 B11:F11 单元格中的值），线条设置为 0.5 磅白色（深色 50%）短画线。将网格线 X 系列散点的数据标记设置为 4 号圆形、黑色（淡色 15%）填充、无边框，纵坐标轴值 0 处的数据标记设置为无［如图 3.16（a）所示］。

3. 设置折线图和纵坐标轴标签

设置折线图：将北京师范大学系列、中南大学系列、兰州财经大学系列、复旦大学系列和苏州大学系列折线分别设置为 1.75 磅蓝色（RGB 值为 24，118，221）、紫色（RGB 值为 142，142，221）、浅蓝色（RGB 值为 38，163，218）、蓝绿色（RGB 值为 172，195，244）和青色（RGB 值为 97，210，207）。插入四角星（高度和宽度均设置为 0.4cm），并设置为白色填充、1.5 磅蓝色边框，适当增加星形的饱和度。复制四角星并粘贴至北京师范大学系列折线。同理修改其他折线的数据标记。

设置纵坐标轴标签：为网格线 X 系列散点添加数据标签，将上下左右边距均设置为 0，形状修改为圆顶角矩形，放在数据标记左侧并适当向右移动，紧挨着数据标记［如图 3.16（b）所示］。

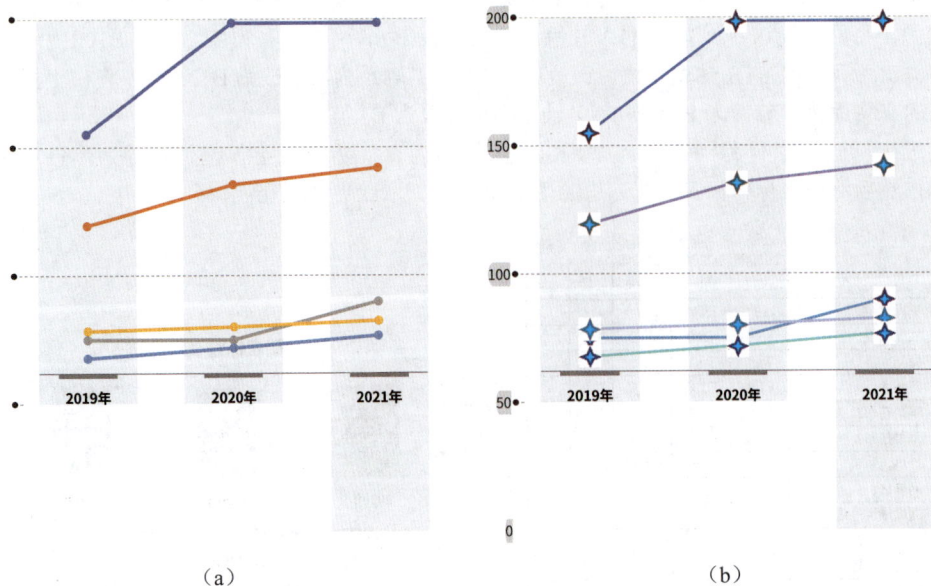

（a）　　　　　　　　　　　　　　　　（b）

图 3.16　自定义数据标记折线图制作步骤 2

4. 设置折线图的数据标签和图例

添加数据标签：分别为五条折线添加数据标签，并删除引导线。所有数据标签均设置为与折线同色、字体设置为思源黑体 Bold。参照原图调整标签位置，其中兰州财经大学系列折线、复旦大学系列折线和苏州大学系列折线的数据标签分别放置在上层、中层和下层，3 层标签之间的距离尽量保持相同。

制作图例：北京师范大学对角圆角矩形（高度和宽度分别设置为 0.67cm 和 2.6cm），设置为白色填充、1 磅黑色（淡色 35%）边框，将圆角设置为最大，上下左右边距均设置为 0，放在对应折线 2021 年的数据标记下方。同理制作其余大学的图例［如图 3.17（a）所示］。

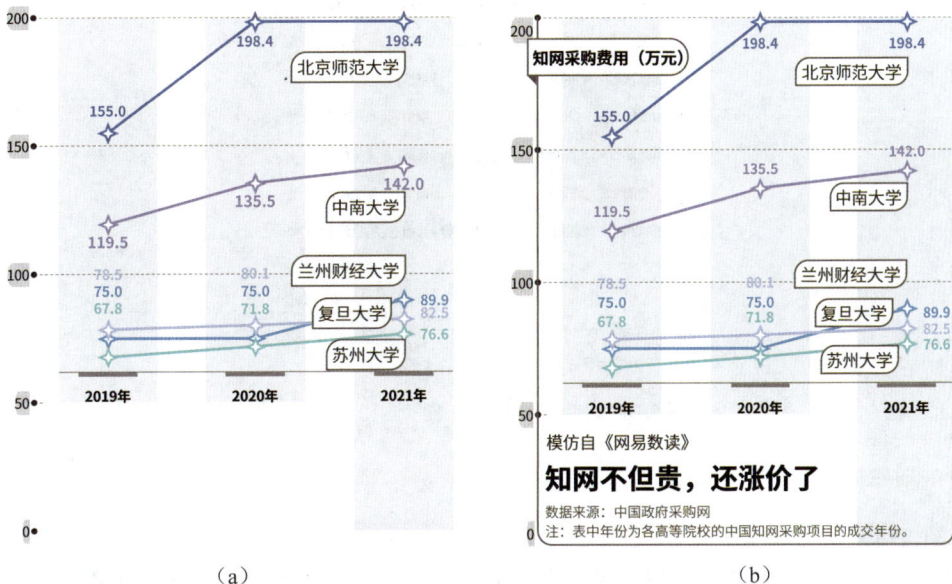

(a)　　　　　　　　　　　　　(b)

图 3.17　自定义数据标记折线图制作步骤 3

5. 制作半圆角图表边框和各项文字类内容

参照 1.12 节中的"半圆角图表边框"部分制作半圆角图表边框。参照原图制作标题、坐标轴标题、Logo 和数据来源等，具体参数详见图表源文件，最终效果如图 3.17（b）所示。

3.3　线条分不清，加点透明：排名折线图

3.3.1　图表自画像

解题之道：如果折线数量不能减少、交叉无法避免、还必须放在同一张图表之中，可以参考一下图 3.18 的制作思路。**一是反向操作**。既然线条设置得再细，都无法回避交叉和遮挡，图表设计师干脆反套路操作，加粗折线增加可视面积，同时提高线条透明度以减少遮挡的影响。**二是颜色鲜明**。10 条线分别用了红、蓝、绿、黄、橙和青 6 个色系，尽可能地提高辨识度。**三是显著标示**。单纯的图例和数据标签，都很难将线条和城市一一对应，因此为每段折线都添加上城市名称，彻底省去寻找的苦恼。**四是排名标签**。在折线左右两端都添加排名标签，类似于左右纵坐标轴，方便读者为每座城市在各阶段的排名情况进行定位。

图表类型：折线图 + 散点图。

表达数据关系：综合对比，每座城市在 1973—2021 年 6—8 月室外体感均温排名对比属于纵向对比，同一时间段内不同城市的室外体感均温排名对比属于横向对比。

适用场景：适用于数据新闻媒体、政府报告和商务报告。

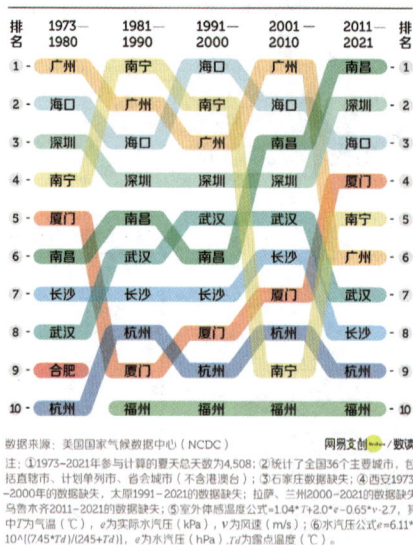

1973—2021年，6—8月室外体感均温酷热城市排名变化

图 3.18　排名折线图（选自《网易数读》）

3.3.2　制作技巧拆解

1. 图表结构

如图 3.19 所示，原图由 11 座城市的气温排名折线图、左右两侧放置排名标签的散点图、顶部放置横坐标轴标签的散点图组成。

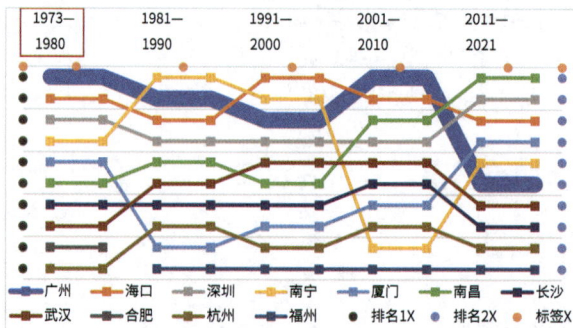

图 3.19　排名折线图结构

2. 自定义折线形状

如图 3.19 所示，气温排名折线的数据标记是 1 段"平行线"，制作时需要将每个年度期间的排名值连续显示 2 次。比如广州 1973—1980 年、1981—1990 年的气温排名分别是第 1 和第 2，其折线的数值则分别为 1、1、2、2。另外折线的蛇形效果，只需将折线线条设置为 10 磅、圆形线端即可。

3. 自定义坐标轴标记和标签

如图 3.20 所示，横坐标轴标签采用辅助散点制作（黑色散点，X 轴值分别为 0.5、1.5、3.5、5.5、7.5、9.5 和 10.5，Y 轴值均为 0.5）。第 1 个散点和最后 1 个散点主要用于显示"排名"标签，需要在原始数据中，利用"Alt+Enter"组合键，将"排"和"名"强制换行，才能实现分行显示。其余散点主要用于显示年度标签，以第 1 个年度标签为例，将"_1973—"和"1980"分行显示，并且在 1973 前加一个空格，方能实现上下对齐的效果。

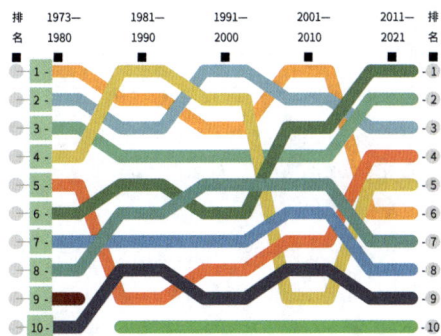

图 3.20　自定义坐标轴标记和标签

4. 自定义数据标签

如图 3.20 所示，排名标签采用 2 组辅助散点制作（灰色圆形散点，左右两侧散点的 X 轴值分别均为 0.5 和 10.5，Y 轴值均分别为 1、2、…、10）。并将数据标记设置为 12 号灰色圆形，左侧散点标签显示 Y 值和 "-"（空格和减号），右侧散点标签显示 "- "（减号和空格）和 Y 值。

3.3.3　图表分步还原

1. 插入折线图并修改基本格式

如图 3.21（a）所示，选择 A1:K12 单元格区域，插入折线图，并切换行/列。新增排名 1X 系列、排名 2X 系列和标签 X 系列，并修改为散点图、修改数据源。将排名 1X 系列散点的 X 轴系列值修改为 B13:K13，Y 轴系列值修改为 B15:K15；将排名 2X 系列散点的 X 轴系列值修改为 B13:K13，Y 轴系列值修改为 B15:K15；将标签 X 系列散点的 X 轴系列值修改为 B16:K16，Y 轴系列值修改为 B17:K17。将纵坐标轴的取值范围设置为 "0.5~10.5"，并设置为逆序刻度值。将图表的字体整体设置为黑色思源黑体 Normal〔如图 3.21（b）所示〕。

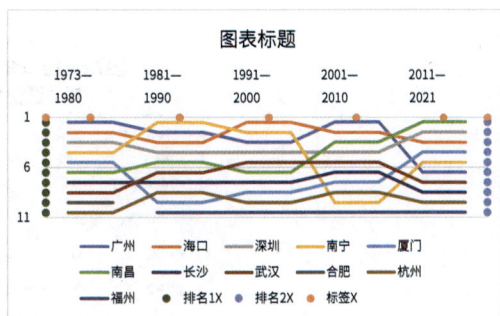

（a）　　　　　　　　　　　（b）

图 3.21　排名折线图制作步骤 1

2. 设置折线线条和数据标签

调整图表大小：将图表的高度和宽度分别设置为 13.5cm 和 12.7cm。删除标题、图例和网格线。隐藏横坐标轴线条和标签、纵坐标轴标签。调整绘图区位置，上方预留标题的空间、下方预留数据来源的空间。图表设置为无边框。

115

设置折线线条：将 11 座城市的折线均设置为 10 磅、圆形线端，颜色分别设置为 60% 透明度的橘色 1（RGB 值为 251，169，49）、蓝色 1（RGB 值为 108，191，210）、绿色 1（RGB 值为 96，188，149）、黄色（RGB 值为 242，212，64）、橘色 2（RGB 值为 243，119，75）、绿色 2（RGB 值为 61，143，100）、蓝色 2（RGB 值为 30，163，216）、蓝绿色（RGB 值为 57，169，161）、棕色（RGB 值为 128，10，16）、蓝色 3（RGB 值为 30，79，112）、绿色 3（RGB 值为 88，192，100）。

添加数据标签：为广州系列折线添加数据标签，并放在数据标记右侧，然后删除第 2、4、6、8 和 10 个数据标签。同理为其余城市添加数据标签［如图 3.22（a）所示］。

设置横坐标轴标签：为标签 X 系列散点添加数据标签，显示 B18:K18 单元格中的值、取消显示 Y 值，并放在数据标记上方、适当向下移动。将数据标记设置为无。

设置纵坐标轴标签：将排名 1X 系列散点的数据标记设置为 12 号圆形、白色（深色 15%）填充、无边框。为排名 1X 系列散点添加数据标签，显示 Y 值，并在其后添加"—"，放在数据标记中间、适当向右移动，使排名数字完全落在数据标记中间。同理设置排名 2X 系列散点的数据标记和数据标签［如图 3.22（b）所示］。

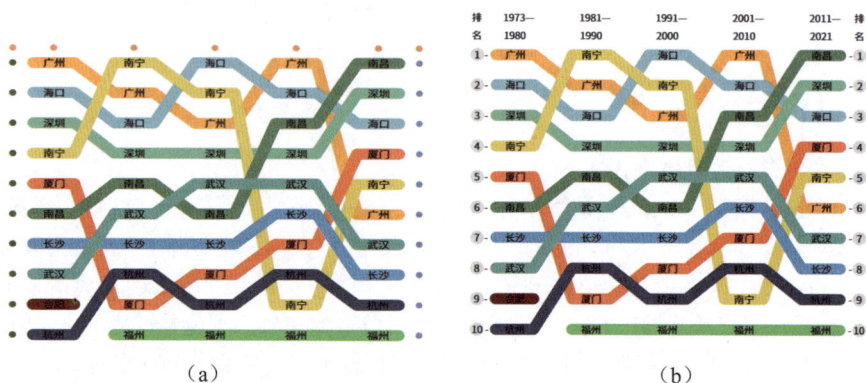

（a）　　　　　　　　　　　　　（b）

图 3.22　排名折线图制作步骤 2

3. 制作装饰线条和各项文字性内容

参照原图分别制作标题、分隔线、Logo 和数据来源，具体参数详见图表源文件，最终效果如图 3.23 所示。

图 3.23　排名折线图制作步骤 3

3.4 线条分不清，提亮颜色：渐变折线图

3.4.1 图表自画像

解题之道： 如图 3.24 所示，如果一张图中线条较多且相互交织，想要分清楚彼此，每条线都必须足够鲜明。在搭配颜色时，尽量选择饱和度高的对比色或间色，避免使用渐变色或近似色。比如本例中分别使用了红、黄、蓝（三基色）和青色，这些颜色如果用于面积图、柱形图等填充面积较大的图表，容易让人产生疲累感，但用于折线图时反倒能凸显出其超高的辨识度。

图表类型： 折线图 + 散点图。

表达数据关系： 纵向对比，比较 2009 年 5 月至 2021 年 5 月深圳、北京、上海和广州的房价变化情况。

适用场景： 适用于数据新闻媒体，去除外装饰框后也适用于政府报告和商务报告。

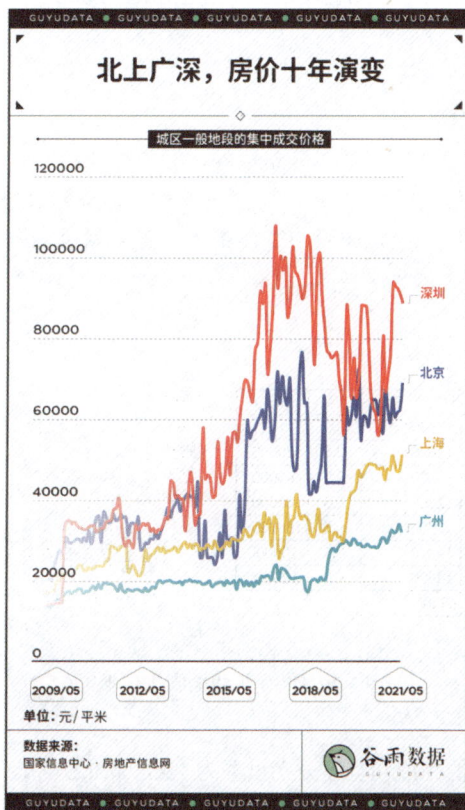

图 3.24　渐变折线图（选自《谷雨数据》）

3.4.2 制作技巧拆解

1. 图表区域划分

将图表按照功能划分为上装饰区、标题区、图表区、功能区和下装饰区，是谷雨数据图表的典型设计风格，借此让图表变得层次鲜明、与众不同。

2. 自定义坐标轴标签

如图 3.25 所示，横坐标轴只显示部分标签、纵坐标轴标签放置在网格线上。制作时，利用辅助折线图（显示标签的部分数值为 0，其余数值均为空）的数据标签代替横坐标轴标签。利用标签散

117

点（X轴值均为0.5，Y轴值分别为0、20000、…、120000）的数据标签代替纵坐标轴标签。另外，数据标签还要用五边形箭头进行填充（参照"3.2节自定义数据标记折线图"中的"自定义坐标轴标签形状"部分）。

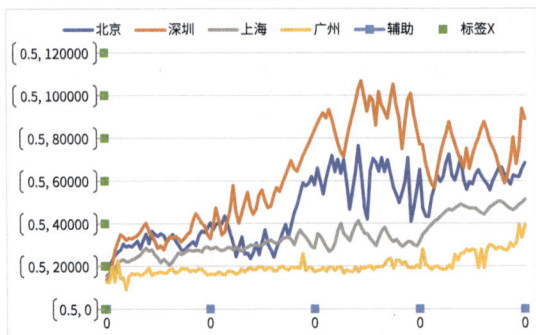

图3.25　自定义坐标轴标签制作思路（数据为模仿数据，以原图表为准）

3.4.3　图表分步还原

1. 插入折线图并修改基本格式

如图3.26（a）所示，选择A1:G146单元格区域，插入折线图。将标签X系列折线修改为散点图、修改数据源。将X轴系列值修改为G2:G8，Y轴系列值修改为H2:H8。将纵坐标轴的取值范围设置为"0~120000"，间隔20000。将图表的字体整体设置为黑色思源黑体Normal［如图3.26（b）所示］。

	北京	深圳	上海	广州	辅助	标签X	标签Y
2009/5	19200	13731	15626	12800	0	0.5	0
2009/6	20200	14527	16828	12600		0.5	20000
2009/7	22600	20896	17830	19800		0.5	40000
2009/8	25000	27463	19232	12800		0.5	60000
2009/9	26600	31443	21636	22800		0.5	80000
2009/10	27600	34826	22638	14400		0.5	100000
2009/11	30400	33831	23038	14600		0.5	120000
2009/12	29000	32239	22037	9200			

（a）

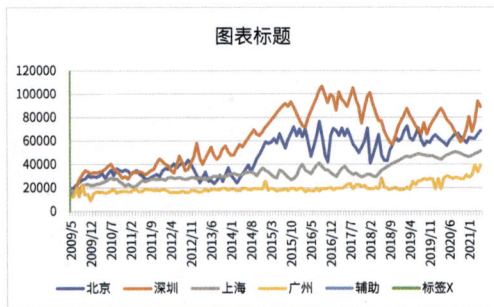

（b）

图3.26　渐变折线图制作步骤1

2. 设置折线图格式

调整图表大小：将图表的高度和宽度分别设置为15cm和12.7cm。调整绘图区大小，上方预留上装饰区和标题的空间、上方预留功能区和下装饰区的空间、右侧预留放置折线名称的空间。隐藏坐标轴标签和刻度线，将横坐标轴线条设置为1磅黑色（淡色25%）。将网格线设置为0.5磅白色（深色25%）短画线。将标题修改为14号思源黑体Bold，并放在绘图区上方。删除图例。

设置折线图：深圳系列折线设置为2.25磅0°由浅红色（RGB值为255，236，238，位置0%）向红色（RGB值为255，67，67，位置50%）的线性渐变；北京系列折线由浅蓝色（RGB值为231，236，253）向蓝色（RGB值为77，112，240）渐变；上海系列折线由浅黄色（RGB值为255，249，228）向黄色（RGB值为255，206，43）渐变；广州系列折线由浅青色（RGB值为218，247，248）向青色（RGB值为0，197，210）渐变。

添加数据标签：分别为深圳系列、北京系列、上海系列和广州系列折线的最后月份添加数据标签，显示系列名称、取消显示值、放在折线右侧，颜色与对应折线保持一致，字体设置为思源黑体Bold。

118

设置横坐标轴标签：为辅助系列添加数据标签，显示类别名称、取消显示值、放在折线下方。用五边形箭头填充数据标签，并适当向上移动。

设置纵坐标轴标签：为标签 X 系列散点添加数据标签，并移动至对应网格线上方［如图 3.27（a）所示］。

3. 设置背景和各项文字性内容

参照原图制作背景和边框、各项装饰、分隔线，以及标题、Logo、文字性说明、数据来源，具体参数详见图表源文件（或参照 1.3 节中的"设置背景和各项文字性内容"部分），最终效果如图 3.27（b）所示。

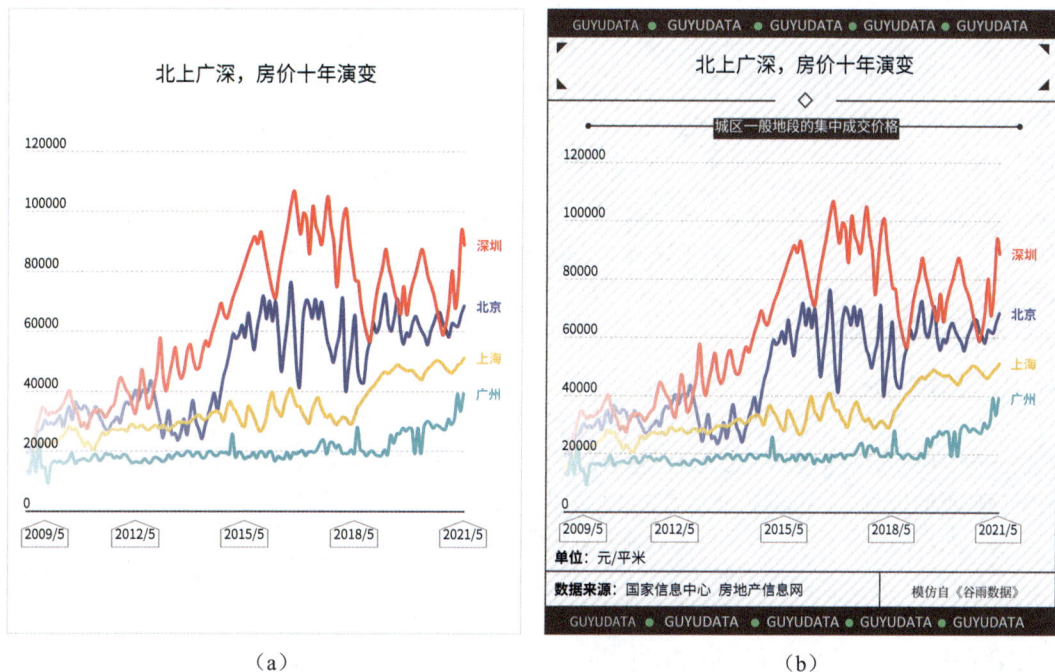

图 3.27　渐变折线图制作步骤 2

3.5　线条总交叉，一线一图："折线图 + 面积图"组合

3.5.1　图表自画像

解题之道：多折线图的处理方式主要有以下 4 种。图 3.1 的做法是尽可能放大绘图区，对重点折线单独着色，其余折线统一配色，摒除杂乱。图 3.9 的做法是尽可能放大绘图区，重新排版和着色交叉折线的数据标签，增加折线的可分辨性。图 3.18 的做法是反向操作，加粗折线增加可视面积，提高线条透明度减少遮挡的影响。图 3.28 的做法是将折线图"拆分"，1 张图对应"1 条折线 + 面积"，相互之间不会有任何干扰，从根源上解决线条交叉的问题。同时，5 张图表的大小相同、取值范围相同，具备了图表最必不可少的可比性。另外面积背景还增加了透明度，可以展露出下层的垂直网格线，增强可对比性和层次感。

图表类型：多折线图 + 多面积图。

表达数据关系：横向对比，比较北上广深前二十大热门餐厅中九种品类餐饮各自的人均消费金额中位数。

适用场景：原图更适合用于数据新闻媒体、去除自定义图例后可适用于政府报告和商务报告。

119

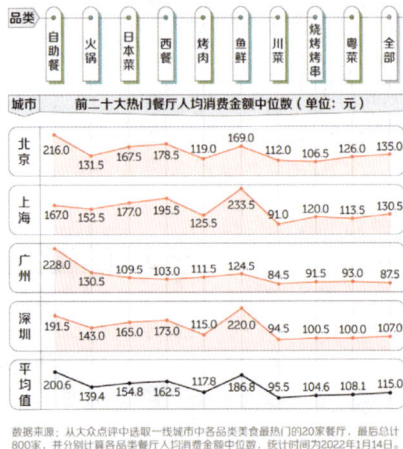

图 3.28 "折线图＋面积图"组合（选自《网易数读》）

3.5.2 制作技巧拆解

1. 分隔式折线＋面积

如图 3.29 所示，分隔式图表采用"堆积折线图＋堆积面积图"制作，且堆积折线图和堆积面积图一一对应。实现分隔的关键是为堆积折线图添加辅助折线、为堆积面积图添加辅助面积。本例将每座城市的折线显示范围都划定为 300（可以根据实际需要适当调整），即每座城市的前二十大热门餐厅人均消费金额中位数与对应的辅助折线数值之和等于 300。

总而言之，每座城市都需要 4 列数据（北京因显示在最上方，仅需要折线列和辅助面积列），即折线列和 3 个辅助列。以平均值为例：

第 1 列：平均值折线数值（前二十大热门餐厅人均消费金额中位数）。

第 2 列：平均值折线辅助值 =300 －平均值折线数值。

第 3 列：平均值面积数值 = 平均值折线数值。

第 4 列：平均值面积辅助值 =300 －平均值面积数值。

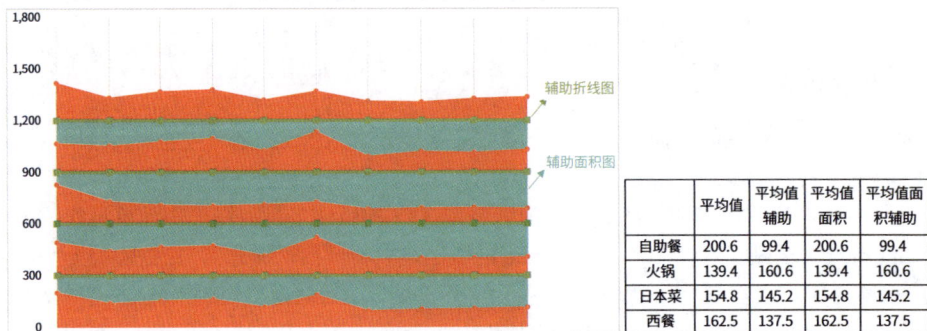

	平均值	平均值辅助	平均值面积	平均值面积辅助
自助餐	200.6	99.4	200.6	99.4
火锅	139.4	160.6	139.4	160.6
日本菜	154.8	145.2	154.8	145.2
西餐	162.5	137.5	162.5	137.5

图 3.29 "分隔式折线＋面积"原理

2. 圆角边框

如图 3.30 所示，每座城市均配备了大小相同的圆角边框，既可以将每条折线都独立出来，又可以从视觉上固定好图表的大小，强化图表的对比性。制作时插入与单座城市折线图大小相同的圆角矩形，并且与这座城市的面积图保持底部对齐，5 个圆角矩形还要设置为平均纵向分布。

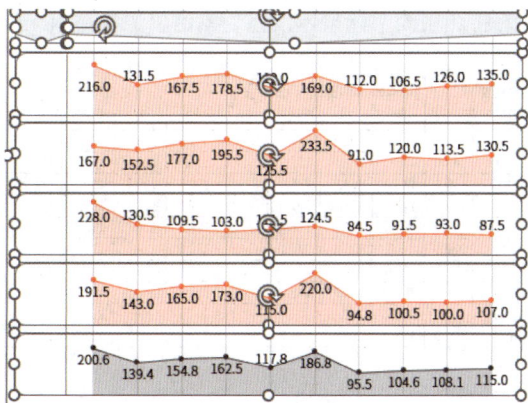

图 3.30 "圆角边框 + 自定义图例"制作思路

3. 自定义图例

原图的绘图区布局类似表格：**第 1 行**是表头，列明了城市、前二十大热门餐厅人均消费金额中位数及单位；**第 2 行至第 6 行**则是主体内容，每行都列明了具体的城市名称、当前城市的前二十大热门餐厅人均消费金额中位数折线图。图例是由整个表格的行标题和列标题共同组成的。

在图表内融入表格的结构，十分有创意。如图 3.5.3 所示，**行标题**文本框直接叠放在折线图的圆角矩形边框左侧，并在标题与折线图之间添加了分隔线；**列标题**中的城市和前二十大热门餐厅人均消费金额中位数，分别采用了五边形箭头叠加文本框，两个五边形箭头的总宽度与圆角矩形相同，且首尾两端均保持对齐。

4. 自定义坐标轴标签

如图 3.31 所示，横坐标轴标签是 1 条细线串起来多个牌子，就像是餐厅中一个个悬挂起来的菜单牌，拟物化的形象十分生动，让读者有身临其境进入餐厅的代入感。

图 3.31 菜单牌式横坐标轴标签制作思路

标签由"五边形箭头 + 圆顶角矩形 + 圆顶角矩形阴影 + 文本框 + 圆形 + 连接线"组成。其中橄榄绿和青色圆顶角矩形阴影交替出现，最后的合计圆顶角矩形采用灰色阴影，所有的圆顶角矩形均设置为平均横向分布。连接线并非完整的一条线，而是由 11 根线组成，第 1 根线连接的是五边形箭头右端与第 1 个菜单牌的穿线孔；第 2 根线连接的是第 1 个菜单牌的右端与第 2 个菜单牌的穿线孔，其他线条以此类推，这样的制作方式可以形成更加逼真的穿孔效果。另外，整个横坐标轴标签与折线图的圆角矩形保持同宽，且首尾两端均保持对齐。

5. 自定义网格线

如图 3.29 所示，垂直网格线穿越所有的折线图和图例，最终与横坐标轴标签相交。制作时，适当增加纵坐标轴的最大值，便可以让折线部分整体下移，然后在崭露出的网格线上依次摆放图例和横坐标轴标签。

3.5.3 图表分步还原

1. 插入折线图并修改基本格式

如图 3.32（a）所示，选择 A1:S11 单元格区域，插入堆积折线图［如图 3.32（b）所示］。将平均值面积系列、平均值面积辅助系列、深圳面积系列、深圳面积辅助系列、广州面积系列、广州面积辅助系列、上海面积系列、上海面积辅助系列和北京面积系列修改为堆积面积图。将纵坐标轴的

121

取值范围设置为"0~1800"。将图表的字体整体设置为黑色思源黑体 Normal［如图 3.32（c）所示］。

	A	平均值	平均值辅助	平均值面积	平均值面积辅助	深圳	深圳辅助	深圳面积	深圳面积辅助	广州	广州辅助	广州面积	广州面积辅助	上海	上海辅助	上海面积	上海面积辅助	北京	北京面积
2	自助餐	200.6	99.4	200.6	99.4	191.5	108.5	191.5	108.5	228.0	72.0	228.0	72.0	167.0	133.0	167.0	133.0	216.0	216.0
3	火锅	139.4	160.6	139.4	160.6	143.0	157.0	143.0	157.0	130.5	169.5	130.5	169.5	152.5	147.5	152.5	147.5	131.5	131.5
4	日本菜	154.8	145.2	154.8	145.2	165.0	135.0	165.0	135.0	109.5	190.5	109.5	190.5	177.0	123.0	177.0	123.0	167.5	167.5
5	西餐	162.5	137.5	162.5	137.5	173.0	127.0	173.0	127.0	103.0	197.0	103.0	197.0	195.5	104.5	195.5	104.5	178.5	178.5
6	烤肉	117.8	182.2	117.8	182.2	115.0	185.0	115.0	185.0	111.5	188.5	111.5	188.5	125.5	174.5	125.5	174.5	119.0	119.0
7	鱼鲜	186.8	113.2	186.8	113.2	220.0	80.0	220.0	80.0	124.5	175.5	124.5	175.5	233.5	66.5	233.5	66.5	169.0	169.0
8	川菜	95.5	204.5	95.5	204.5	94.8	205.2	94.8	205.2	84.5	215.5	84.5	215.5	91.0	209.0	91.0	209.0	112.0	112.0
9	烧烤烤串	104.6	195.4	104.6	195.4	100.5	199.5	100.5	199.5	91.5	208.5	91.5	208.5	120.0	180.0	120.0	180.0	106.5	106.5
10	粤菜	108.1	191.9	108.1	191.9	100.0	200.0	100.0	200.0	93.0	207.0	93.0	207.0	113.5	186.5	113.5	186.5	126.0	126.0
11	全部	115.0	185.0	115.0	185.0	107.0	193.0	107.0	193.0	87.5	212.5	87.5	212.5	130.5	169.5	130.5	169.5	135.0	135.0

（a）

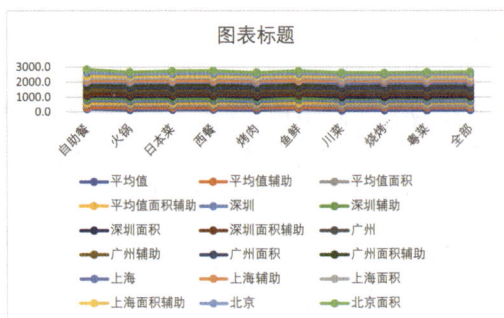

（b）

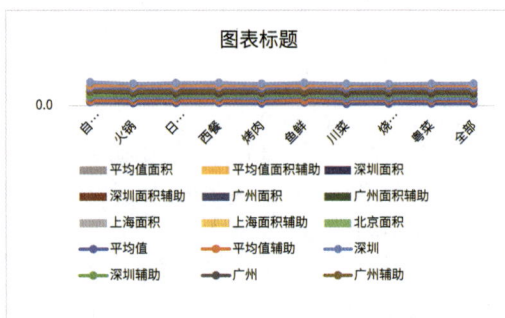

（c）

图 3.32 "折线图 + 面积图"组合制作步骤 1

2. 设置折线图和面积图

调整图表大小：将图表的高度和宽度分别设置为 14cm 和 13cm。删除标题、图例和网格线。将横坐标轴改为"在刻度线上"。隐藏坐标轴线条及标签。添加垂直网格线并设置为 0.25 磅白色（深色 15%）。适当调整绘图区大小，上方为标题、横坐标轴标签和图例预留空间，下方为数据来源预留空间，左侧为城市名称预留空间。图表设置为无边框［如图 3.33（a）所示］。

设置折线图：将深圳系列、广州系列、上海系列和北京系列折线线条均设置为 1 磅橘色（RGB 值为 255，108，69），数据标记设置为 4 号、橘色填充、无边框。将平均值系列折线线条设置为 1 磅黑色（淡色 25%），数据标记设置为 4 号、黑色（淡色 25%）填充、无边框。将平均值辅助系列、深圳辅助系列、广州辅助系列和上海辅助系列折线均设置为无线条、数据标记设置为无。

添加数据标签：分别为平均值系列、深圳系列、广州系列、上海系列和北京系列折线添加数据标签，并参照原图调整标签位置。

设置面积图：将深圳系列面积、广州系列面积、上海系列面积和北京系列面积均设置为 80% 透明度橘色填充。将平均值系列面积设置为 80% 透明度黑色（淡色 25%）填充。将平均值辅助系列面积、深圳辅助系列面积、广州辅助系列面积和上海辅助系列面积均设置为无填充［见图 3.33（b）］。

3. 设置圆角边框、分隔线、图例边框、横坐标轴标签背景

制作圆角边框：北京圆角矩形（高度和宽度分别设置为 1.46cm 和 12.33cm），设置为无填充、0.5 磅白色（深色 50%）边框。叠放在北京折线图上，调整圆角矩形的大小，底部与北京系列面积保持底部对齐，左侧预留出放置城市名称的空间。同理制作其余城市圆角边框，将所有圆角矩形设置为左对齐，并平均纵向分布，如图 3.34（a）所示。

分隔线、图例边框和横坐标轴标签背景参照原图制作，具体参数详见图表源文件。

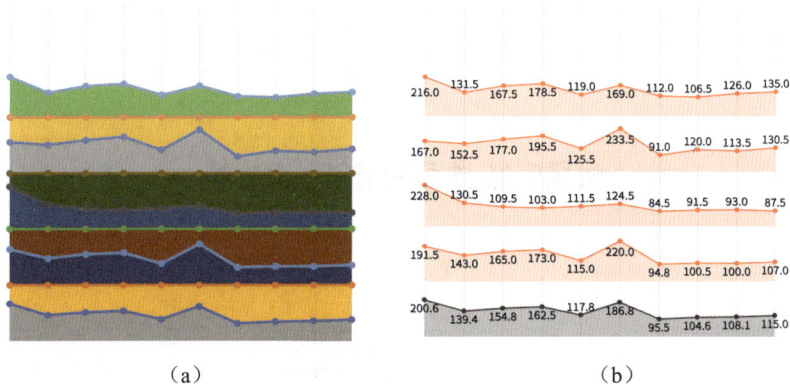

（a）   （b）

图 3.33 "折线图 + 面积图"组合制作步骤 2

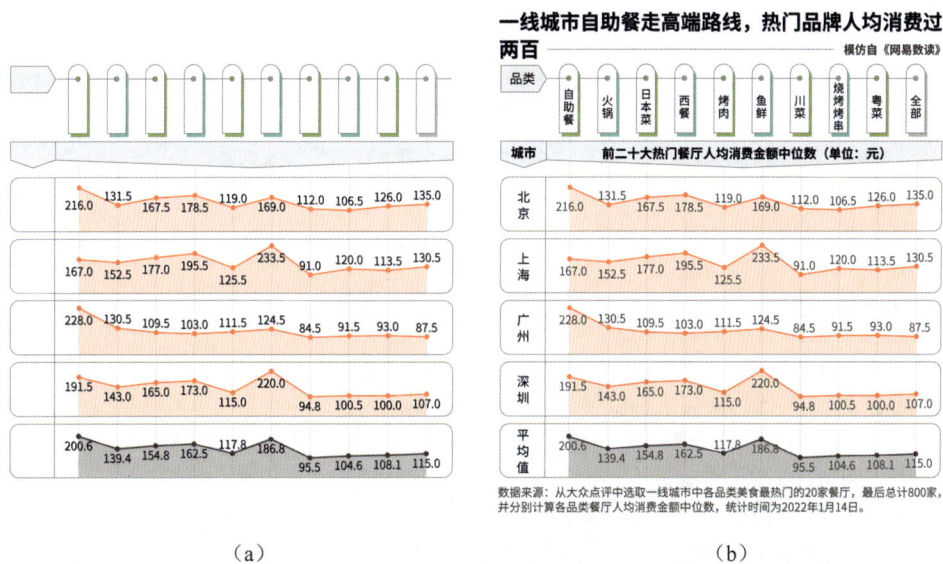

（a）   （b）

图 3.34 "折线图 + 面积图"组合制作步骤 3

4. 制作各项文字类内容

参照原图分别制作标题、横坐标轴标签、图例、Logo 和数据来源等，具体参数详见图表源文件，最终效果见图 3.34（b）。

3.6 对比不突出，加参照物：圆角绘图区式折线图

3.6.1 图表自画像

解题之道：有对比才能找到差距，对比越清晰，对分析和决策越有利。如图 3.35 所示，图表设计师通过以下几步操作，快速提高折线图的对比性：一是增加参照物。如果只是表现纵向对比关系，体现数据随时间的变化，折线图完全可以胜任。如果再加上横向对比关系，体现固定时间点的数据差异，添加上柱形背景可以将差异具象化。二是颜色对比。采用红蓝对比色，有助于增强对比效果。三是添加数据标记和数据标签。数据标记可以定位对比点，数据标签可以量化折线之间的差异。

图表类型：带数据标记的折线图 + 散点图。

123

表达数据关系：综合对比，睡眠质量均值／睡眠舒适度均值分别在预测试、1 周后、2 周后、3 周后和 4 周后的变化是纵向对比；同阶段的睡眠质量均值和睡眠舒适度均值比较是横向对比。

适用场景：适用于数据新闻媒体、商务报告和政府报告。

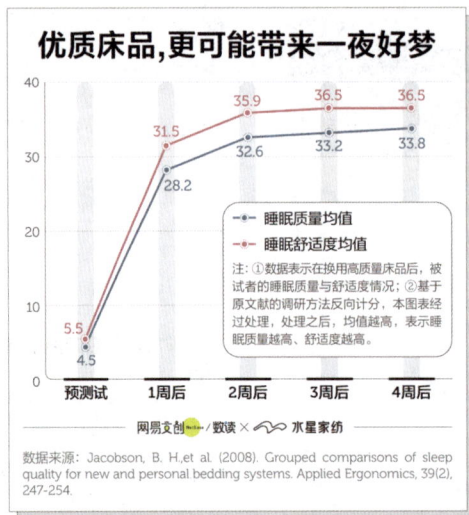

图 3.35　圆角绘图区式折线图（选自《网易数读》）

3.6.2　制作技巧拆解

1. 圆角柱形背景和强调式坐标轴标签

如图 3.36 所示，在折线图中添加辅助散点（X 轴值分别为 1、2、3、4 和 5，Y 轴值均为 0），用垂直误差线（正偏差、无线端、固定值为 38.8）制作圆角柱形（参照"2.2 节圆角柱形背景式折线图"中的"圆角柱形背景"部分）；用水平误差线（正负偏差、无线端、固定值 0.3）制作强调式坐标轴标签（参照 3.2 节中的"强调式坐标轴标签"部分）。另外，由于原标签与横坐标轴之间的距离太远，因此用辅助散点的数据标签模仿横坐标轴标签。

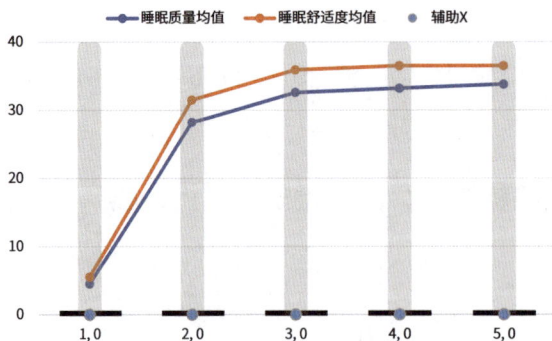

图 3.36　圆角柱形背景和强调式坐标轴标签制作思路

2. 自定义数据标记

数据标记采用了小圆叠大圆的特殊效果，可以参照 2.7 节中的"自定义数据标记"部分制作。

3. 自定义图例

如图 3.37 所示，原图将图例和注解进行了整合（由"圆角矩形＋独立图例图表＋文本框"组成），与圆角绘图区和圆角柱形背景形成了呼应，可以参照 2.7 节中的"自定义图例"部分制作。

4. 图表阴影

如图 3.38 所示，原图通过添加阴影增加立体感。插入和图表大小相同的矩形，设置为浅灰色填充、灰色边框，并将图表和矩形错层、错位摆放，即可形成阴影效果。

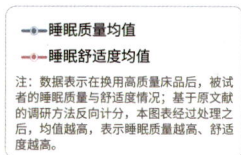

图 3.37　自定义图例制作思路

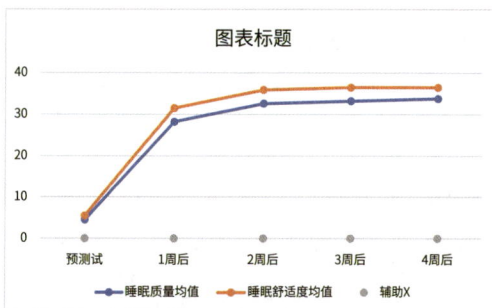

图 3.38　图表阴影制作思路

3.6.3　图表分步还原

1. 插入折线图并修改基本格式

如图 3.39（a）所示，选择 A1:D6 单元格区域，插入带数据标记的折线图。将辅助 X 系列修改为散点图、修改数据源。将 X 轴系列值修改为 D2:D6，Y 轴系列值修改为 E2:E6。将纵坐标轴的取值范围设置为"0~40"，间隔为 10。将图表的字体设置为黑色思源黑体 Normal［如图 3.39（b）所示］。

▲	A	B	C	D	E
1		睡眠质量均值	睡眠舒适度均值	辅助X	辅助Y
2	预测试	4.5	5.5	1	0
3	1周后	28.2	31.5	2	0
4	2周后	32.6	35.9	3	0
5	3周后	33.2	36.5	4	0
6	4周后	33.8	36.5	5	0

（a）　　　　　　　　　　　　　　　（b）

图 3.39　圆角绘图区式折线图制作步骤 1

2. 制作圆角柱形背景和强调式横坐标轴标签

调整图表大小：将图表的高度和宽度分别设置为 14.5cm 和 13.5cm。将网格线设置为 0.5 磅方点。隐藏横坐标轴标签。删除标题和图例。适当调整绘图区大小，其上方为标题预留空间，下方为 Logo 和数据来源预留空间

制作柱形背景：为辅助 X 系列散点添加误差线，垂直误差线设置为正偏差、无线端、固定值 38.8（酌量减小误差值，以便于正常显示圆角效果，误差线线条越粗，则应减小值越大），线条设置为 15 磅 70% 透明度白色（深色 35%）、圆形线端；水平误差线设置为正负偏差、无线端、固定值 0.3（可以根据需要微调），线条设置为 5 磅黑色（淡色 5%）。

制作横坐标轴标签：为辅助 X 系列散点添加数据标签，显示 A2:A6 单元格中的值、取消显示 Y 值和引导线，放在散点下方，字体设置为 12 号思源黑体 Normal，并适当向上移动。将散点数据标记设置为无［如图 3.40（a）所示］。

3. 设置折线图

设置折线图：将睡眠质量均值系列和睡眠舒适度均值系列折线分别设置为蓝色（RGB 值为 78，124，160）和粉红色（RGB 值为 214，118，146）。

125

设置数据标记和数据标签：在白色填充、0.5 磅蓝色边框的大圆（高度和宽度均设置为 0.3cm）上，叠加蓝色填充、无边框的小圆（高度和宽度均设置为 0.18cm），并替换睡眠质量均值系列折线的数据标记。同理制作睡眠舒适度均值系列折线的数据标记。分别为睡眠质量均值系列和睡眠舒适度均值系列折线添加数据标签，设置为与折线同色，并参照原图调整位置［如图 3.40（b）所示］。

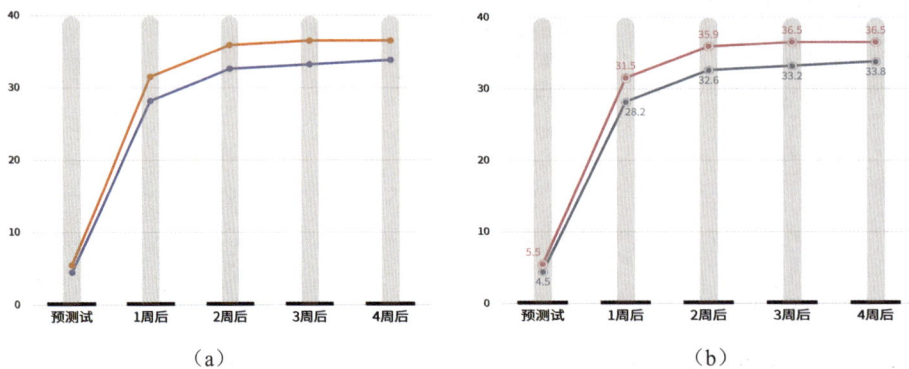

图 3.40　圆角绘图区式折线图制作步骤 2

4. 制作圆角绘图区和圆角矩形图例

参照"1.12 节'条形图＋折线图'组合式蝴蝶图"中的"半圆角图表边框"部分，制作半圆角绘图区。参照"2.7 节双色纵坐标轴柱线图"中的"自定义图例"部分，制作圆角矩形图例［如图 3.41（a）所示］。

5. 制作各项文字类内容和图表阴影

参照原图分别制作标题、装饰线、Logo 和数据来源等，以及图表阴影。具体参数详见图表源文件，最终效果如图 3.41（b）所示。

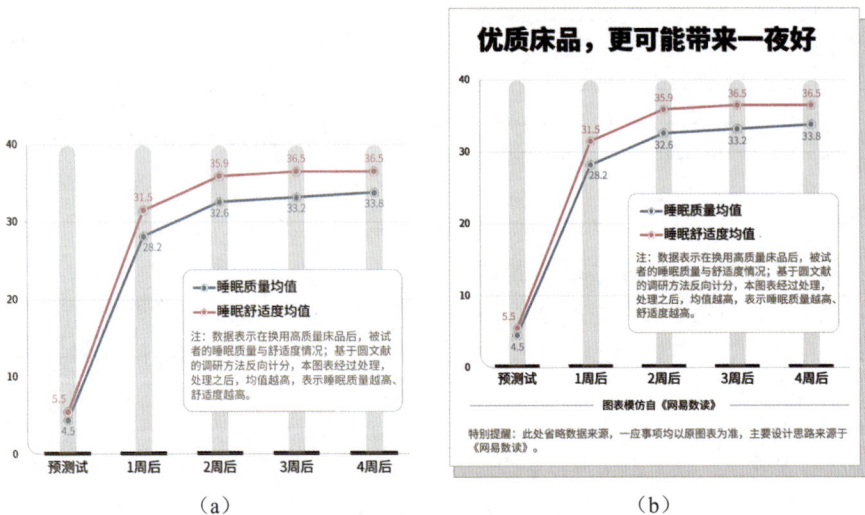

图 3.41　圆角绘图区式折线图制作步骤 3

3.7　对比不突出，加参照物：带误差线的垂直滑珠图

3.7.1　图表自画像

解题之道：如图 3.42 所示，本例不仅要对比竞速项目和竞技项目，还要对比男女赛道，对比最

高落差和最低落差。图表设计师通过以下几步操作，实现区分和对比：一是采用滑珠图。男女赛道的滑珠左右分立，并用红蓝色进行区分。最高落差和最低落差则通过"滑珠位置＋提醒标签＋指示箭头"进行区分。二是增加参照物。滑珠图的滑杆，功能类似柱形背景，可以将数据差异具象化。三是采用不等距网格线。大部分项目的垂直落差范围集中于0~800m，但男子滑降竞速项目的最高落差为1100m，不等距网格线既可以满足低落差区的高效区分，又能正常显示最高落差值。

图表类型：柱形图＋散点图。

表达数据关系：多重横向对比，同项目中男子／女子赛道的最高落差和最低落差对比属于第1重横向对比；同项目中男子和女子赛道的落差对比属于第2重横向对比；不同项目中男子和女子赛道的落差对比属于第3重横向对比。

适用场景：原图适用于数据新闻媒体、去掉各项形状装饰后适用于政府报告和商务报告。

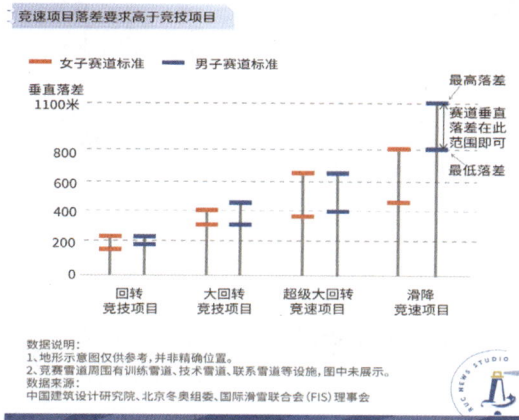

图 3.42　带误差线的垂直滑珠图（选自《RUC 新闻坊》）

3.7.2　制作技巧拆解

1. 竖版滑珠图

如图 3.43 所示，竖版滑珠图采用"柱形图＋散点图"制作，其中男子 X 系列使用柱形图，确保可以正常显示横坐标轴标签；两个系列女子赛道标准系列均使用散点图，分别用于显示最高落差和最低落差，X 轴值分别为 0.8、1.8、2.8 和 3.8，Y 轴值分别为各滑雪项目中女子赛道标准的最高落差和最低落差；两个系列男子赛道标准系列均使用散点图，分别用于显示最高落差和最低落差，X 轴值分别为 1.2、2.2、3.2 和 4.2，Y 轴值分别为各滑雪项目中男子赛道标准的最高落差和最低落差。

女子组和男子组的滑杆分别采用对应赛道标准的最高落差的垂直误差线制作，误差为负偏差、无线端、100%。

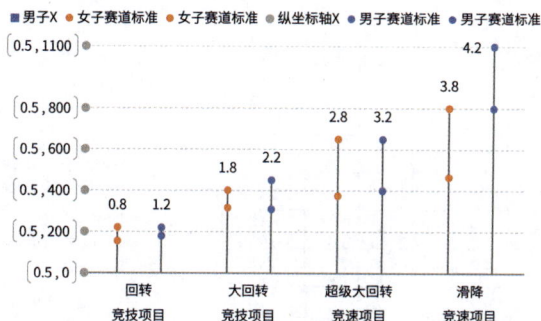

图 3.43　垂直滑珠图制作思路（数据为模仿数据，以原图表为准）

127

2. 自定义网格线

如图 3.43 所示，原图中网格线并非均匀分布，其采用纵坐标轴散点（X 轴值均为 0.5，Y 轴值分别为 0、200、400、600、800 和 1100）的水平误差线（正偏差、无线端、自定义，数值 0 处误差值为空，其余数值处误差值为 4）制作。

3. 自定义坐标轴标签

如图 3.44 所示，由于横坐标轴标签较长，原图进行了分行显示，只需要在原始数据中对标签内容进行强制换行即可。

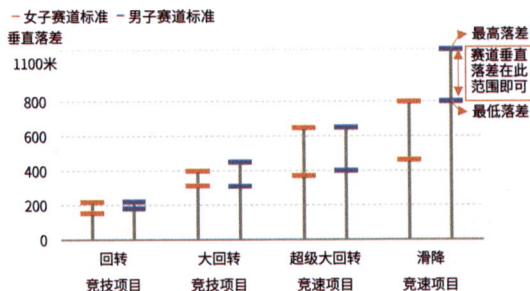

图 3.44　自定义坐标轴标签和图例制作思路

4. 自定义图例

如图 3.44 所示，最高落差和最低落差图例分别采用滑降竞速项目中的男子赛道标准的数据标签制作，引导线采用箭头式结尾箭头。解释说明则通过"双向箭头直线＋文本框"制作。

3.7.3　图表分步还原

1. 插入柱形图并修改基本格式

如图 3.45（a）所示，选择 A1:G5 单元格区域，插入柱形图。将女子赛道标准系列柱形、女子赛道标准（最高偏差）系列柱形、女子 X 系列柱形、男子赛道标准系列柱形和男子赛道标准（最高偏差）系列柱形修改为散点图、修改数据源。

将女子赛道标准系列散点的 X 轴系列值修改为 D2:D5，Y 轴系列值修改为 B2:B5；将女子赛道标准（最高偏差）系列散点的 X 轴系列值修改为 D2:D5，Y 轴系列值修改为 C2:C5；将女子 X 系列散点的系列名称修改为 H1，X 轴系列值修改为 H2:H7，Y 轴系列值修改为 I2:I7；将男子赛道标准系列散点的 X 轴系列值修改为 G2:G5，Y 轴系列值修改为 E2:E5；将男子赛道标准（最高偏差）系列散点的 X 轴系列值修改为 G2:G5，Y 轴系列值修改为 F2:F5。

将横坐标轴的取值范围设置为"0~1100"。将图表的字体整体设置为黑色思源黑体 Normal［如图 3.45（b）所示］。

	A	B	C	D	E	F	G	H	I	J
1		女子赛道标准	女子赛道标准（最高偏差）	女子X	男子赛道标准	男子赛道标准（最高偏差）	男子X	纵坐标轴X	纵坐标轴Y	纵坐标轴误差线
2	回转竞技项目	155	220	0.8	180	220	1.2	0.5	0	0
3	大回转竞技项目	315	400	1.8	310	450	2.2	0.5	200	4
4	超级大回转竞速项目	373	650	2.8	400	650	3.2	0.5	400	4
5	滑降竞速项目	464	800	3.8	800	1,100	4.2	0.5	600	4
6								0.5	800	4
7								0.5	1100	4

（a）

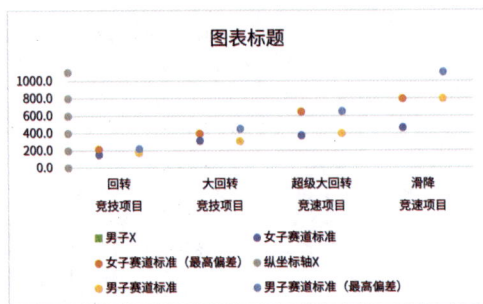

（b）

图 3.45　带误差线的垂直滑珠图制作步骤 1

2. 设置散点图

调整图表大小：将图表的高度和宽度分别设置为 8.67cm 和 12cm。删除标题、网格线和图例中的男子 X、女子赛道标准（最高偏差）、纵坐标轴 X 和男子赛道标准（最高偏差）系列，并放置在图表左上角。将横坐标轴线条设置为 1 磅白色（深色 50%）。隐藏纵坐标轴标签。将图表设置为无边框。

设置散点图：将女子赛道标准和女子赛道标准（最高偏差）系列散点的数据标记均设置为 15号橙色（RGB 值为 234，106，73）填充横线；将男子赛道标准和男子赛道标准（最高偏差）系列散点的数据标记均设置为 15 号蓝色（RGB 值为 44，98，174）填充横线。分别为女子赛道标准（最高偏差）系列散点和男子赛道标准（最高偏差）添加误差线并删除水平误差线，垂直误差线设置为负偏差、无线端、100%，线条设置为 2 磅黑色（淡色 50%）。

设置纵坐标轴标签：为纵坐标轴 X 系列散点添加数据标签，并放在数据标记左侧，将"1100"处的标签内容修改为"垂直落差（此处换行）1100m"。将数据标记设置为无。

设置网格线：为纵坐标轴 X 系列散点添加误差线并删除垂直误差线，水平误差线设置为正偏差、无线端、自定义（指定 J2:J7 单元格中的值），线条设置为 0.5 磅白色（深色 25%）短画线。

设置图例：为滑降竞速项目中男子赛道标准系列散点和男子赛道标准（最高落差）系列散点分别添加数据标签并修改内容，将引导线设置为箭头形结尾箭头。解释说明直线（宽度 1.56cm），设置为 0.5 磅白色（深色 50%）短画线，起点和终点均设置为箭头形结尾箭头，并居中放置在两个数据标记右侧；解释说明文本框（高度和宽度分别设置为 1.22cm 和 1.51cm），录入内容后放置在解释说明直线右侧，并与数据标签保持水平居中对齐 [如图 3.46（a）所示]。

3. 制作散点图装饰框和各项文字性内容

散点图的各项装饰可以参照 1.8.3 节中的"制作柱线图装饰"部分制作，文字性内容可以参照原图制作，具体参数详见图表源文件（或参照 1.7 节中的"制作柱形图装饰"部分），最终效果如图 3.46（b）所示。

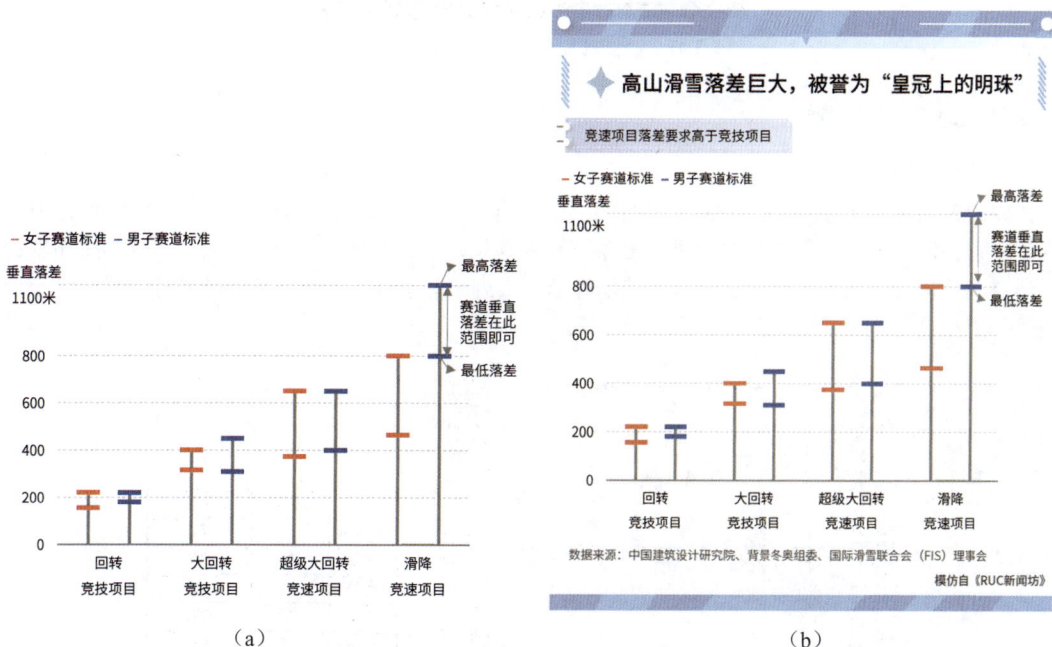

（a）

（b）

图 3.46　带误差线的垂直滑珠图制作步骤 2

129

3.8 对比不突出，上下连通：高低柱形图

3.8.1 图表自画像

解题之道：想要单纯地比较 5 座城市的最高气温与最低气温，可以制作最高气温折线和最低气温折线。想要突出表示两者之间的差距，可以参照图 3.1 和图 3.9，将折线上下连通，在折线间添加涨跌线、误差线或者柱形背景，还可以参照图 3.47，直接使用高低柱形图。

图表类型：堆积柱形图＋散点图。

表达数据关系：横向对比，比较 5 座城市的最高气温与最低气温，以及两者的温度差。

适用场景：适用于数据新闻媒体，去除外装饰框后也适用于政府报告和商务报告。

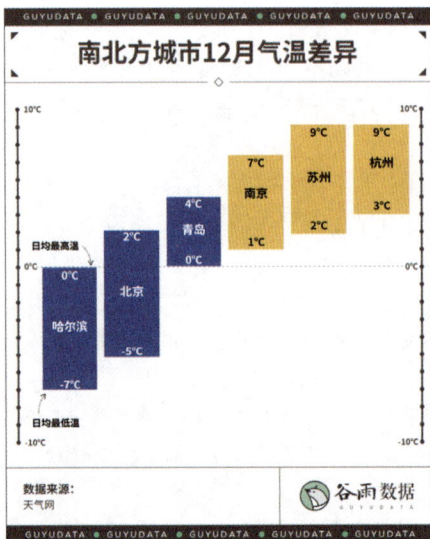

图 3.47 高低柱形图（选自《谷雨数据》）

3.8.2 制作技巧拆解

1. 悬空柱形

如图 3.48 所示，悬空柱形图采用堆积柱形图制作，由于温度横跨零度上下，需添加辅助柱形。其中北京辅助柱形高度等于最高气温，哈尔滨和青岛辅助柱形高度等于 0，南京、苏州和杭州辅助柱形高度等于最低气温。然后将北京的辅助柱形设置为与北京柱形同色，其余辅助柱形设置为无填充、无边框。

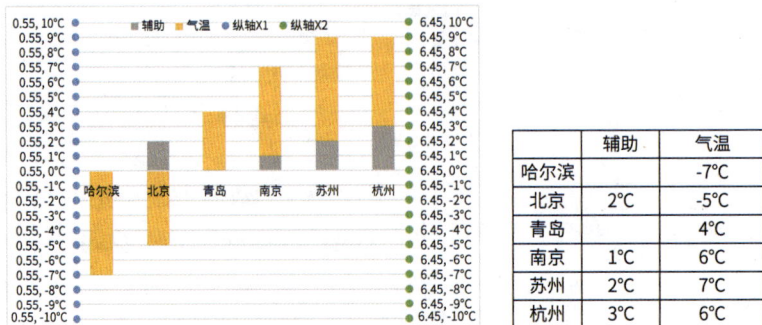

	辅助	气温
哈尔滨		-7℃
北京	2℃	-5℃
青岛		4℃
南京	1℃	6℃
苏州	2℃	7℃
杭州	3℃	6℃

图 3.48 悬空柱形制作思路

2. 自定义坐标轴

如图 3.48 所示，左右两侧的纵坐标轴均由散点图制作而成，两者的 X 轴值分别为 0.55 和 6.45，Y 轴值均分别为 -10、-9、…、10。另外在原始数据中，为数字应用格式 "0 "℃""" 后，即可显示单位。

3.8.3 图表分步还原

1. 插入柱形图并修改基本格式

如图 3.49（a）所示，选择 A1:E7 单元格区域，插入堆积柱形图。将纵轴 X1 系列柱形和纵轴 Y 系列柱形修改为散点图、修改数据源。将纵轴 X1 系列柱形的 X 轴系列值修改为 D2:D22，Y 轴系列值修改为 E2:E22。将纵轴 Y 系列柱形的系列名称修改为 F1，X 轴系列值修改为 F2:F22，Y 轴系列值修改为 E2:E22。将纵坐标轴的取值范围设置为 "−10~10"，间隔为 1。将图表的字体整体设置为黑色思源黑体 Normal［如图 3.49（b）所示］。

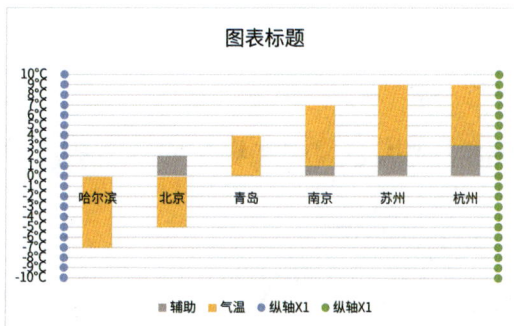

（a）　　　　　　　　　　　　　（b）

图 3.49　高低柱形图制作步骤 1

2. 设置柱形图格式

调整图表大小：将图表的高度和宽度分别设置为 13.2cm 和 12.7cm。调整绘图区大小，上方预留上装饰区和标题的空间、下方预留功能区和下装饰区的空间。删除网格线和图例。标题修改为 14 号思源黑体 Bold，并放在绘图区上方。隐藏纵坐标轴标签和线条、横坐标轴标签。将横坐标轴线条设置为 0.5 磅黑色（淡色 25%）短画线。

设置柱形图：将柱形的间隙宽度设置为 50%。将哈尔滨类别、北京类别和应辅助柱形以及青岛类别柱形填充为蓝色（RGB 值为 0，70，231）；将南京类别、苏州类别和杭州类别柱形填充为黄色（RGB 值为 245，192，67）；将其余辅助柱形设置为无填充。

添加数据标签：为气温系列柱形添加数据标签，并显示类别名称、取消显示值、放在柱形中间，颜色与原图保持一致。

设置纵坐标轴：将纵轴 X1 系列和纵轴 X2 系列散点的线条设置为 2 磅黑色（淡色 25%）、数据标记设置为 5 号、黑色（淡色 25%）填充、无边框。为纵轴 X1 系列散点添加数据标签，显示 G2:G22 单元格中的值（仅显示 -10℃、0℃ 和 10℃ 处数值）、取消显示 Y 值、放置在散点右侧。

参照原图为每个柱形添加最低温度和最高温度文本框，并分别放置在柱形图的底部和顶部。制作图例（文本框）和圆弧指示箭头［弧形设置为 0.5 磅黑色（淡色 25%）短画线］［如图 3.50（a）所示］。

131

3. 设置背景和各项文字性内容

参照原图制作背景和边框、各项装饰、分隔线，以及标题、Logo、文字性说明、数据来源，具体参数详见图表源文件（或参照 1.3 节中的"设置背景和各项文字性内容"部分），最终效果如图 3.50（b）所示。

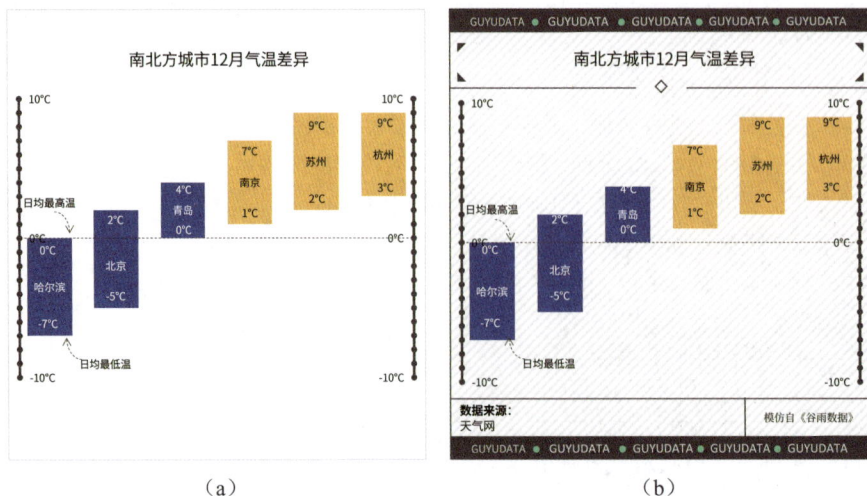

（a）　　　　　　　　　　　　　　　　　（b）

图 3.50　高低柱形图制作步骤 2

3.9　对比不突出，首尾比较：分区折线 + 面积组合图

3.9.1　图表自画像

解题之道：对于两个类别的数据、两个时间点的数据、使用前后的数据、实验前后的数据等来说，想要对比更突出，最简单实用的做法，莫过于前后对比或者首尾对比。如图 3.51 所示，对比的是互联网电子商务行业、直播业态和全平台分别在 2021 年 Q1 和 2022 年 Q1 的招聘需求，两个时间点、3 类行业，图表设计师采用 3 组前后对比图，就将互联网电子商务行业快速下降、直播业态高位增长、全平台整体下滑的态势展示得一览无遗。

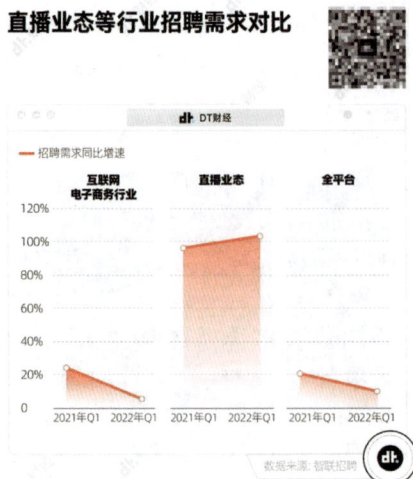

图 3.51　分区折线 + 面积组合图（选自《DT 财经》）

132

图表类型：带数据标记的折线图＋面积图＋散点图。

表达数据关系：综合对比，互联网电子商务行业/直播业态分别在2021年Q1和2022年Q1的招聘需求变化属于纵向对比；同1年度互联网电子商务行业与直播业态的招聘需求对比属于横向对比。

适用场景：适用于数据新闻媒体和商务报告，去除外装饰框后也适用于政府报告。

3.9.2 制作技巧拆解

1."折线图＋面积图"分区

如图3.52所示，"3条折线＋面积图"组合相互独立，折线图与面积图则一一对应。制作时，原始数据需要错行放置，即每个行业仅在对应的时间行中填入数据，其余行则均为空值。将原始数据重复插入图表，并分别修改为折线图和面积图，便能实现折线图与面积图的对应。

在折线图中添加分隔线散点（X轴值分别为2.5和4.5，Y轴值均为0），并用"数据标记（设置为白色方形）＋垂直误差线（正偏差、无线端、固定值1.4，并设置为白色）"制作分隔线，从而实现图表分区。

	互联网 电子商务行业	直播业态	全平台
2021年Q1	24.8%		
2022年Q1	6.4%		
2021年Q1		96.2%	
2022年Q1		103.1%	
2021年Q1			21.5%
2022年Q1			11.0%

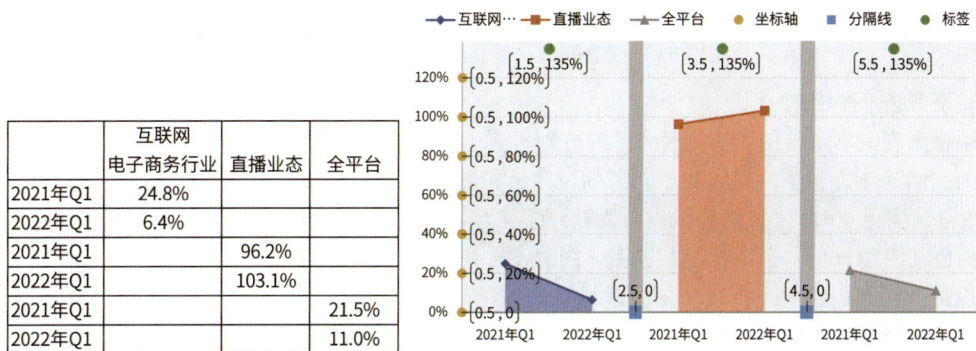

图3.52 "折线图＋面积图"分区制作思路（数据为模仿数据，以原图表为准）

2.自定义纵坐标轴标签

如图3.52所示，在折线图中添加坐标轴散点（X轴值均为0.5，Y轴值分别为0、20%、…、120%），用其数据标签代替纵坐标轴标签，并适当向左移动，便能实现原图中左对齐的效果。另外，将纵坐标轴的取值范围设置为"0~1.39"，间隔为0.2，便可以不显示最顶部的标签和网格线。

3.自定义区域名称

如图3.52所示，在折线图中添加标签散点（X轴值分别为0.5、3.5和5.5，Y轴值均为1.35），用其数据标签制作区域名称。

3.9.3 图表分步还原

1.插入折线图并修改基本格式

如图3.53（a）所示，选择A1:G7单元格区域，插入带数据标记的折线图。然后复制B1:D7单元格区域，并粘贴至折线图［如图3.53（b）所示］。

将坐标轴系列、坐标轴Y系列和分隔线系列修改为散点图、修改数据源；将互联网电子商务行业2系列、直播业态2系列和全平台2系列折线修改为面积图。将坐标轴系列散点的X轴系列值修改为E2:E8，Y轴系列值修改为F2:F8；将坐标轴Y系列散点的系列名称修改为G1（分隔线），X轴系列值修改为G2:G3，Y轴系列值修改为H2:H3；将分隔线系列散点的系列名称修改为I1（标签），X轴系列值修改为I2:I4，Y轴系列值修改为J2:J4。将纵坐标轴的取值范围均修改为"0~1.39"，间隔0.2，不保留小数点。将图表的字体整体设置为黑色思源黑体Normal［如图3.9.3（c）所示］。

（a）

（b）

（c）

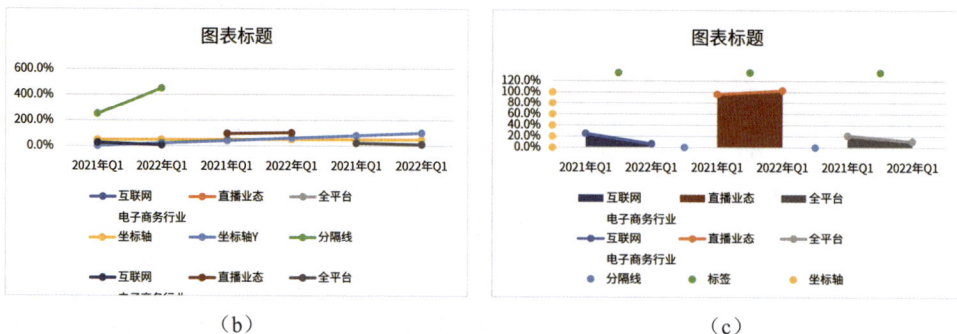

图 3.53 "分区折线＋面积组合图"制作步骤 1

2. 设置条形图格式

调整图表大小：将图表的高度和宽度分别设置为 14cm 和 12.7cm。调整绘图区大小，上方预留标题的空间、下方预留注释和数据来源的空间、右侧预留边框和 Logo 的空间。将横坐标轴设置为1 磅白色（深色 50%）。将网格线设置为 0.5 磅白色（深色 25%）短画线。将绘图区填充为 30% 透明度白色（深色 5%）。删除标题和图例。图表设置为无边框。

设置折线图：将所有折线图的线条设置为红色（RGB 值为 241，97，80），数据标记设置为 5号圆形、白色填充、1 磅红色边框。

设置面积图：将所有面积图填充为 90°由 30% 透明度红色向 100% 透明度红色的线性渐变。

设置分隔线：为分隔线系列散点添加误差线并删除水平误差线，垂直误差线设置为正偏差、无线端、固定值 1.4，线条设置为 10 磅白色。将散点数据标记设置为 9 号方形、白色填充、无边框［如图 3.54（a）所示］。

设置纵坐标轴标签：为坐标轴系列散点添加数据标签，并移动至图表左侧、保持左对齐。将散点数据标记设置为无。

设置区域名称：为标签系列散点添加数据标签，显示 B1:D1 单元格中的值，适当向上移动并保持顶部对齐。将数据标记设置为无［如图 3.54（b）所示］。

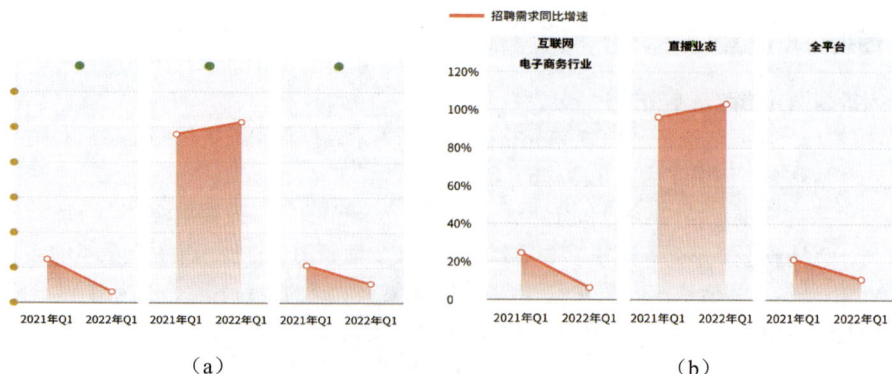

（a）

（b）

图 3.54 "分区折线＋面积组合图"制作步骤 2

3. 设置装饰和各项文字性内容

参照原图制作标题、各项装饰和文字性内容，具体参数详见图表源文件（或参照"1.1 节分段坐标轴式折线图"中的"设置装饰和各项文字性内容"部分），最终效果如图 3.55 所示。

图 3.55 "分区折线 + 面积组合图"制作步骤 3

3.10 对比维度多，左右开工："个性标签 + 双蝴蝶图"组合

3.10.1 图表自画像

解题之道：如图 3.56 所示，本例共计 4 个对比维度，国企社招人数、国企校招人数、民企社招人数和民企校招人数。并且 2017—2021 年是一个连续性的时间序列，很多图表制作人理所当然将折线图作为首选，但是线条的交叉问题，会让整个对比效果大打折扣。改为簇状柱形图 / 簇状条形图后，交叉问题虽然消失了，但对比效果不升反降。图表设计师最终选择的是双蝴蝶图，左右开弓后，同侧条形对比社招人数和校招人数，双侧条形对比国企招聘和民企招聘。既能保证对比效果，又能保持图表多而不乱。

图表类型：表格 + 条形图。

表达数据关系：综合对比，2017—2021 年国企 / 民企的社招人数 / 校招人数变化属于纵向对比；同一年度国企与民企的社招人数和校招人数比较属于横向对比。

适用场景：适用于数据新闻媒体，去除外装饰框后也适用于政府报告和商务报告。

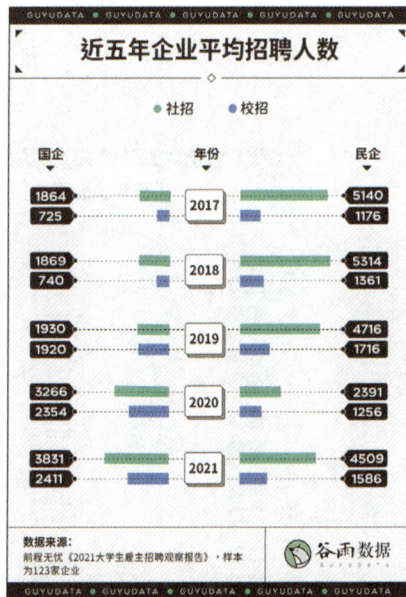

图 3.56 "个性标签 + 双蝴蝶图"组合

（选自《谷雨数据》）

3.10.2 制作技巧拆解

如图 3.57 所示，表格用"招聘人数圆形 + 五边形箭头"组合、"圆角矩形 + 年份圆角矩形"组

135

合、各类装饰形状和线条搭建，然后将两个条形图分别嵌入表格对应列中。

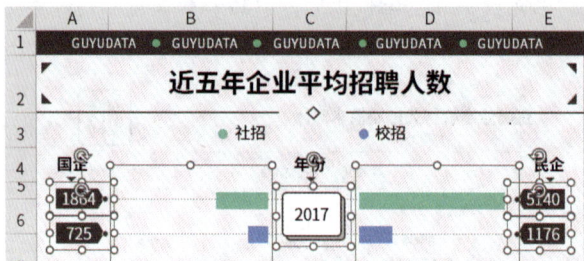

图 3.57　表格结构

3.10.3　图表分步还原

1. 制作表格框架

如图 3.58（a）所示，表格的具体参数如下。

行高： 标题（第 2 行）40 磅、表头（第 3、4 行）24 磅、主体内容（第 5、6、8、…、14 行）24 磅、空白行（第 7、9、…、15 行）33 磅、数据来源（第 16 行）19.5 磅、装饰行（第 1、17 行）17.25 磅。

列宽： "国企／民企"列（A、E 列）8 磅、条形（B、D 列）19 磅、"年份"列（C 列）8 磅。

边框： 主体内容中每年度（深色 50%）虚线上下边框、表格黑色（淡色 25%）外边框。其余"边框"均采用直线制作。

填充： 装饰行（第 1、17 行）填充黑色（淡色 25%）、其余行填充白色（深色 15%）细对角线条纹。

图形： 招聘人数由"五边形箭头＋圆形"组成，均采用黑色（淡色 25%）填充，圆形设置 0.5 磅白色边框，叠放在主体行上，并与对应边框线保持垂直居中对齐。年份由两个错层叠加的圆角矩形组成，上层采用白色填充、1 磅黑色（淡色 25%）边框；下层采用白色（深色 25%）填充、1 磅黑色（淡色 25%）边框，叠放在年份列上。

文字内容、数据来源和装饰行参照原图制作，具体参数详见源文件（或参照"1.3 节个性引导线＋饼图"中的"设置背景和各项文字性内容"部分）。

（a）

	A	B	C	D	E
1		国企		国企	
2		社招	校招	社招	校招
3	2017	1864	725	5140	1176
4	2018	1869	740	5314	1361
5	2019	1930	1920	4716	1716
6	2020	3266	2354	2391	1256
7	2021	3831	2411	4509	1586

（b）

图 3.58　"个性标签＋双蝴蝶图"组合制作步骤 1

2. 制作条形图

如图 3.58（b）所示，选择 A2:C7 单元格区域，插入条形图，并将纵坐标轴设置为逆序类别。将横坐标轴的取值范围修改为"0~5500"。将图表的字体整体设置为黑色思源黑体 Normal［如图 3.59（a）所示］。

调整图表大小：将图表的高度和宽度分别设置为 10.61cm 和 4.12cm。删除标题、图例和网格线。并将横坐标轴设置为逆序刻度值。隐藏坐标轴标签和线条。图表设置为无填充、无边框。

设置条形：将条形的系列重叠设置为 -100%。社招系列条形和校招系列条形分别填充为水绿色（RGB 值为 97，217，173）和蓝色（RGB 值为 97，158，255）［如图 3.59（b）所示］。

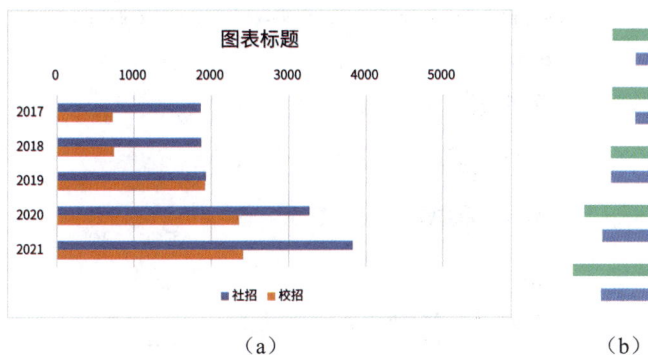

图 3.59 "个性标签＋双蝴蝶图"组合制作步骤 2

3. 将条形图嵌入表格

参照上述步骤制作民企条形图，然后将两个条形图分别嵌入表格对应列，最终效果如图 3.60 所示。

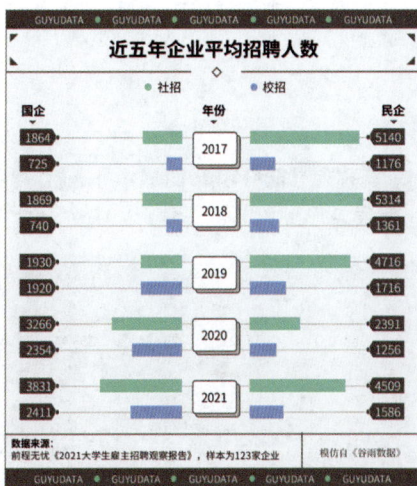

图 3.60 "个性标签＋双蝴蝶图"组合制作步骤 3

3.11 分配空间少，就近放置：自定义图例条形图

3.11.1 图表自画像

解题之道：如图 3.61 所示，18 岁以下和 45 岁以上人群的占比较低，因此对应的条形空间严重不足。图表设计师将数据标签统一放置在条形下方后，空间不足的问题便迎刃而解，还显得更加整

137

洁美观。本例的另一个特色就是自定义图例，可以更好地与图表内容相结合，弥补了默认图例实用有余、个性不足的遗憾。

图表类型：堆积条形图+散点图。

表达数据关系：横向对比+静态结构，同类城市中星巴克和瑞星的消费者结构比较属于横向对比；星巴克/瑞星的消费者年龄结构情况属于静态结构。

适用场景：适用于数据新闻媒体、政府报告和商务报告。

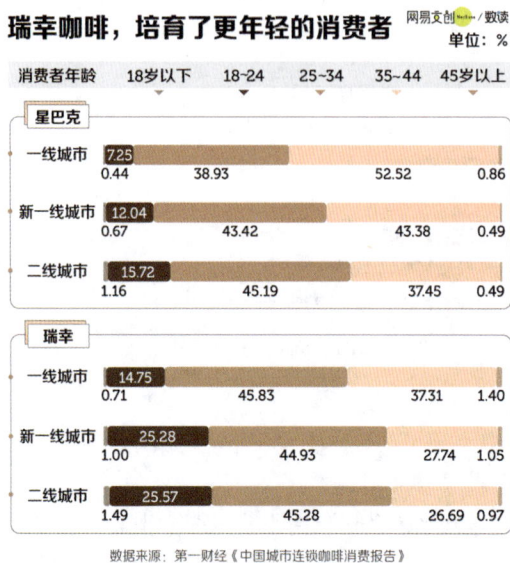

图 3.61　自定义图例条形图（选自《网易数读》）

3.11.2　制作技巧拆解

1. 自定义图例

如图 3.62 所示，图例由"矩形+文本框"组合而成，不同消费者年龄段的文本框叠放在矩形上，一字排开且平均横向分布。代表条形颜色的倒三角形，分别放置在对应的文本框下方。

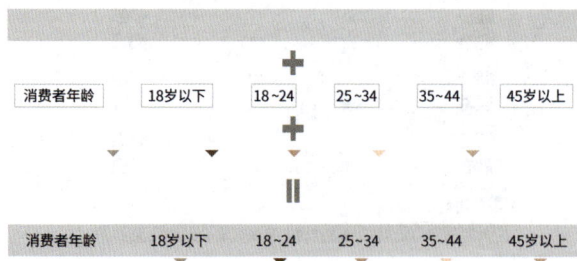

图 3.62　图例结构

2. 堆积类圆角条形

由于个别数值较小（比如 18 岁以下和 45 岁以上的系列值），如果用条形图的误差线制作圆角条形，线条加粗后会遮挡其余条形，效果很不理想。

如图 3.63 所示，这里改用一种全新的方法：首先确定好条形图和绘图区的大小，通过切换行/列，让每个条形作为一个系列。然后复制条形图并粘贴为 SVG 图片，接着将 SVG 图片转换为形状、取消组合，就能获取每个条形系列的高度和宽度。

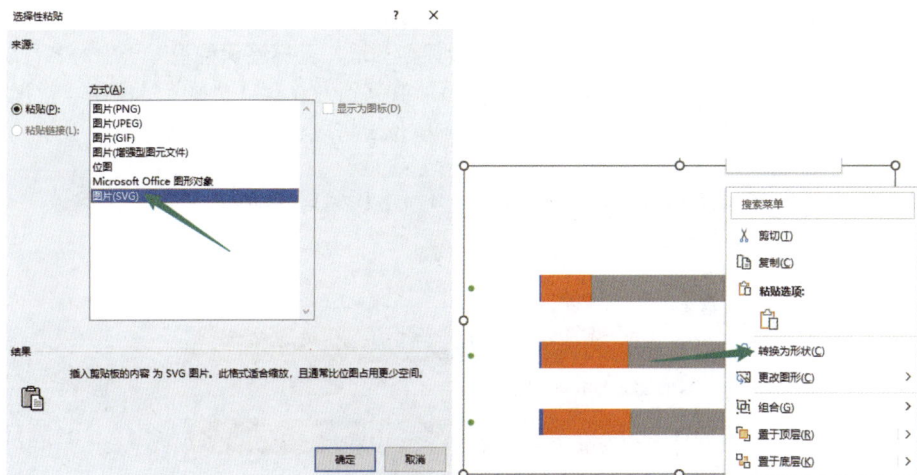

图 3.63　拆分条形图

如图 3.64 所示，本例属于多类别、多系列的堆积条形图，如果直接将 SVG 图片的条形图转换为形状，每个系列的条形中都会包含 3 个类别（即一线城市、新一线城市和二线城市），依然无法得到每个条形的具体高度和宽度。也就是上述拆分方法只适用于单个类别的柱形图或条形图，每个系列都只包含 1 个柱形或条形。

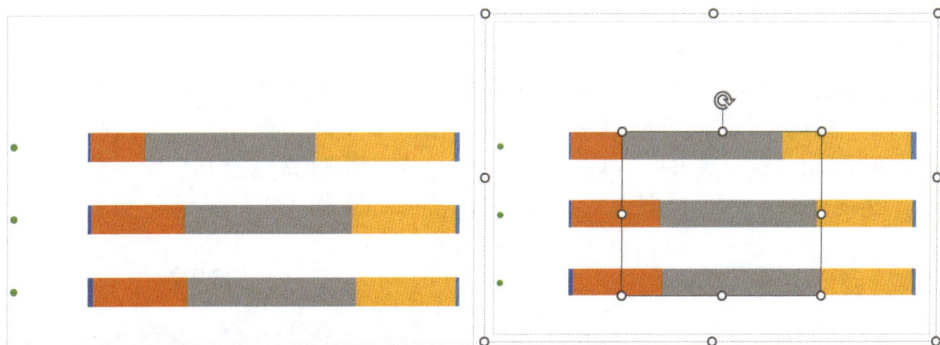

图 3.64　直接拆分多类别条形图

如图 3.65 所示，依据上述思路，首先将各年龄段中的新一线城市和二线城市的条形设置为无填充，条形图中便只剩下一线城市这唯一的类别。再将条形图粘贴为 SVG 图片、转换为形状后，便能获取到每个条形系列的高度和宽度。最后据此分别去调整圆角矩形的高度和宽度，并叠放在原条形图上。

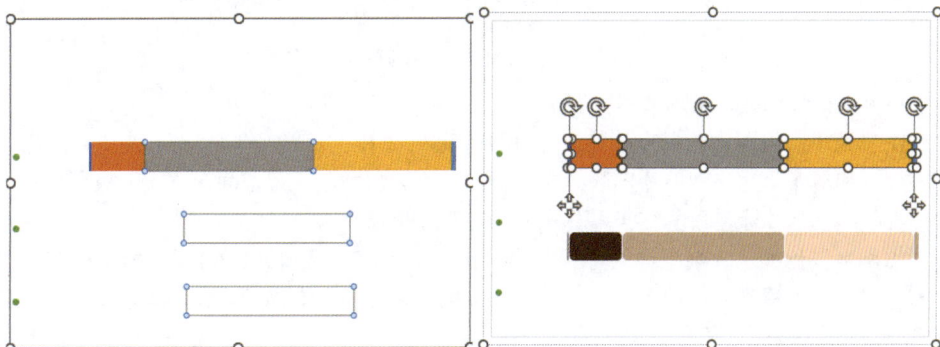

图 3.65　隐藏多余类别后再拆分条形图

139

3. 自定义坐标轴

如图 3.66 所示，纵坐标轴上显示了每个刻度的数据标记，且标签保持垂直居中对齐。制作时，在条形图左侧添加刻度线散点（X 轴值均为 -20，Y 轴值分别为 0.5、1.5 和 2.5），用其数据标记模仿刻度线，用其数据标签模仿纵坐标轴标签，移动标签位置可以实现居中对齐。

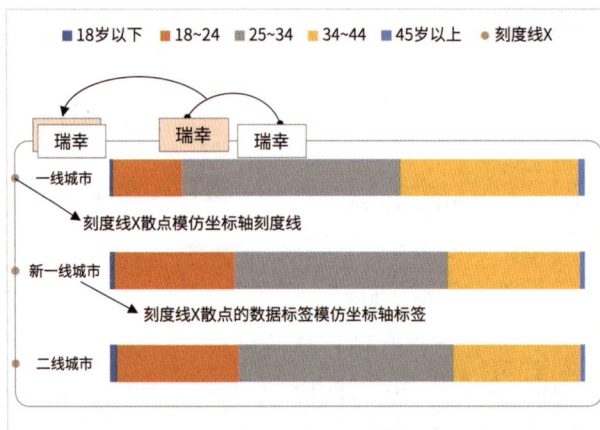

图 3.66　自定义坐标轴制作思路

3.11.3　图表分步还原

1. 插入条形图并修改基本格式

如图 3.67（a）所示，选择 A1:F4 单元格区域，插入堆积条形图，然后切换行 / 列。新增刻度线 X 系列并修改为散点图、使用次轴、修改数据源。将背景 X 系列散点的 X 轴系列值修改为 G2:G4，Y 轴系列值修改为 H2:H4。将横坐标轴和次要纵坐标轴的取值范围分别设置为"-20~100"和"0~3"。将图表的字体整体设置为黑色思源黑体 Normal〔如图 3.67（b）所示〕。

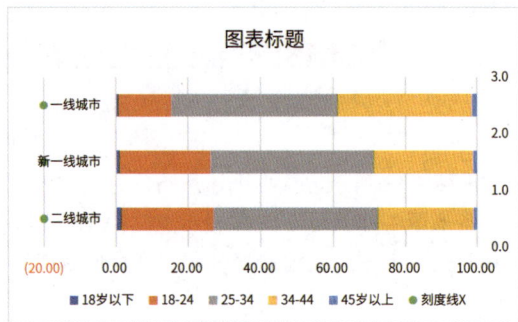

▲	A	B	C	D	E	F	G	H
1		18岁以下	18-24	25-34	34-44	45岁以上	刻度线X	刻度线Y
2	二线城市	1.49	25.57	45.28	26.69	0.97	-20	0.5
3	新一线城市	1.00	25.28	44.93	27.74	1.05	-20	1.5
4	一线城市	0.71	14.75	45.83	37.31	1.40	-20	2.5

（a）　　　　　　　　　　　　　　（b）

图 3.67　自定义图例条形图制作步骤 1

2. 设置纵坐标轴标签、条形数据标签

调整图表大小：将图表的高度和宽度分别设置为 9cm 和 13cm。删除标题、图例和网格线。隐藏坐标轴标签和线条。适当调整绘图区大小，上方为标题和图例预留空间、下方为数据来源预留空间、左侧为新纵坐标轴标签预留空间。图表设置为无边框。

设置纵坐标轴标签：为刻度线 X 系列散点添加数据标签，显示 A2: A4 单元格中的值，取消显示 Y 值和引导线，然后将一线城市和二线城市的数据标签适当向右移动，让所有数据标签保持水平居中对齐。

添加数据标签：分别为所有条形添加数据标签，并参照原图放置〔如图 3.68（a）所示〕。

140

3. 制作圆角条形

确定条形的高度和宽度：复制图 3.68（a），先将新一线城市和二线城市的条形设置为无填充，然后复制并粘贴为 SVG 图片、转换为图形，便可以获得 5 个系列的条形宽度，分别为 0.08cm、1.51cm、4.71cm、3.84cm 和 0.13cm，高度均设置为 0.79cm。同理分别获取新一线城市和二线城市的各系列条形的宽度。

制作圆角条形：一线城市 18 岁圆角矩形（高度和宽度分别设置为 0.79cm 和 0.08cm），设置为茶色填充、无边框，并适当调整圆角角度。复制一线城市 18 岁以下圆角条形并修改填充色、相应的宽度、圆角角度，便可以制作出其余年龄段圆角条形，以及其余城市不同年龄段的圆角条形。

叠放圆角条形：依次将制作好的圆角条形叠放在对应条形上，并设置为底部对齐和平均横向分布（建议先将第 1 个和最后 1 个圆角条形摆放到位，其余圆角条形保持基本对齐，然后选中全部圆角条形并设置为横向分布，可以快速将所有圆角条形叠放到位）将所有条形均设置为无填充［见图 3.68（b）所示］。

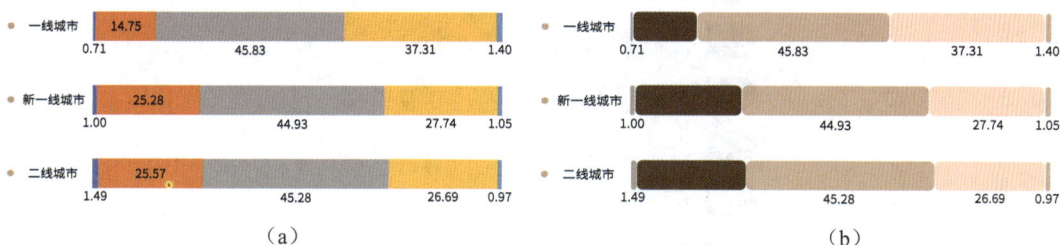

图 3.68　自定义图例条形图制作步骤 2

4. 制作圆角绘图区和各项文字类内容

参照 1.12 节中的"半圆角图表边框"部分，制作圆角绘图区［见图 3.69（a）所示］。

参照原图制作标题、图例、矩形分类标签等，具体参数详见图表源文件，最终效果见图 3.69（b）所示。

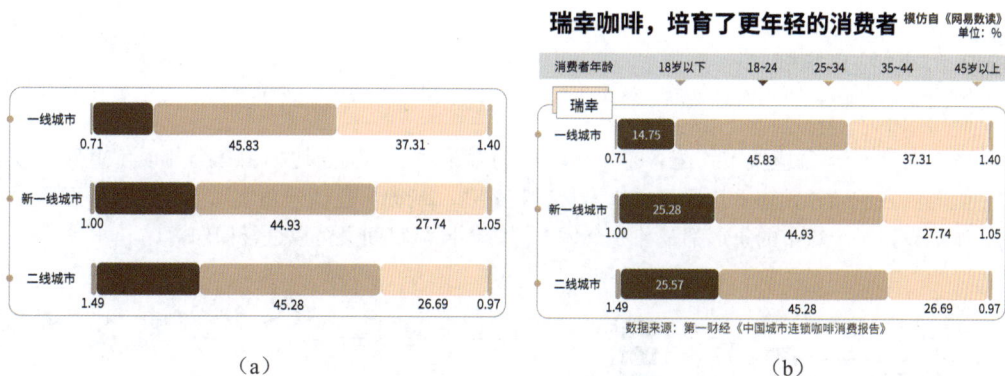

图 3.69　自定义图例条形图制作步骤 3

3.12 分配空间少，就近放置：数据标注式堆积条形图

3.12.1 图表自画像

解题之道：数据标注和数据标签是孪生兄弟，两者功能也完全一致。当读者想要重点研究某些

141

趋势变化时，可以通过数据标注或数据标签，查看对应的具体数值。如图 3.70 所示，部分城市的第一产业占比较低，为了保持统一性，图表设计师直接将所有数据标注统一放置在条形上方。另外，在条形与数据标注之间添加连接箭头、条形和数据标注设置同色填充，建立条形、数据标注和图例之间的联系，有效增强了图表的直观性。

图表类型：堆积条形图。

表达数据关系：横向对比＋静态结构，9 座城市的产业结构比较属于横向对比；单座城市 3 类产业的结构情况属于静态结构。

适用场景：适用于数据新闻媒体和商务报告。

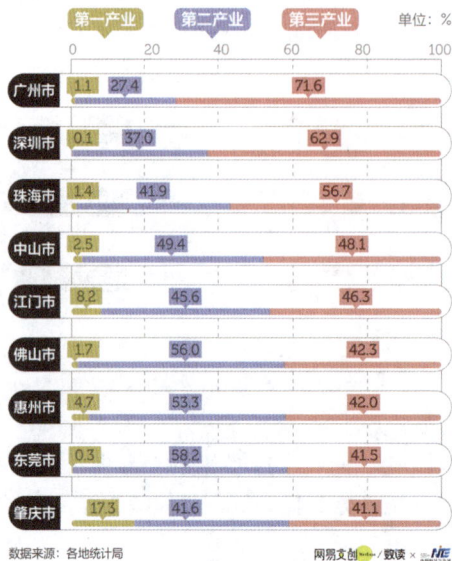

图 3.70　数据标柱式堆积条形图（选自《网易数读》）

3.12.2　制作技巧拆解

1. 圆角边框

如图 3.71 所示，每座城市均配备了大小相同的圆角边框，圆角边框由 2 个圆顶角矩形拼接组成。左侧的深灰色圆顶角矩形用于放置纵坐标轴标签、右侧的白色圆顶角矩形用于放置条形和数据标注。如此设置每个城市的条形都是独立个体，同时不同城市间又可以进行横向对比。

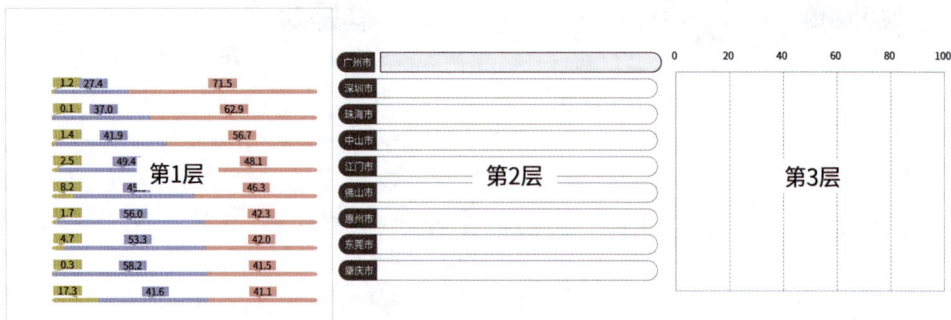

图 3.71　数据标柱式堆积条形图结构

原图效果由 3 层图表叠加而成：**第 1 层**是仅保留条形和数据标注的图表，设置为无填充后放置在最上层；**第 2 层**是圆角边框，由圆顶角矩形拼接而成，所有圆角边框均设置为左对齐、平均纵向分布，并叠放在条形的下层；**第 3 层**是仅保留横坐标轴标签、绘图区边框和网格线的图表，并适当向上移动绘图区（否则会被圆角边框全部遮挡），然后叠放在圆角边框的下层，与第 1 层的条形图保持居中对齐。

2. 堆积类圆角条形

原图中，每座城市条形的两端（第一产业和第三产业）是圆角条形，中间部分（第二产业）则是普通条形，也就是仅对第一产业条形的左边和第三产业条形的右边添加了圆角。圆角条形 / 圆角柱形的常用制作方法有以下 3 种。

如图 3.72 所示，**第 1 种**是 2.1 节中所采用的方法，用放置在横坐标轴上的辅助散点的垂直误差线（圆形线端）模仿。对于本例的堆积条形图来说，无论采用辅助散点的误差线，或者直接借用条形的误差线来制作圆角，都必须面对两个棘手问题。**其一**是为了显示圆角，必须将横坐标轴最小值调低、最大值调高，这时网格线和横坐标轴标签便与原图对应不上；**其二**是 3 类产业的误差线显示顺序是第三产业 > 第二产业 > 第一产业，即使将第二产业的误差线设置为方形，也仅能遮挡住第一产业误差线的右端圆角，无法遮挡住第三产业误差线的左端圆角，和原图效果差异较大。

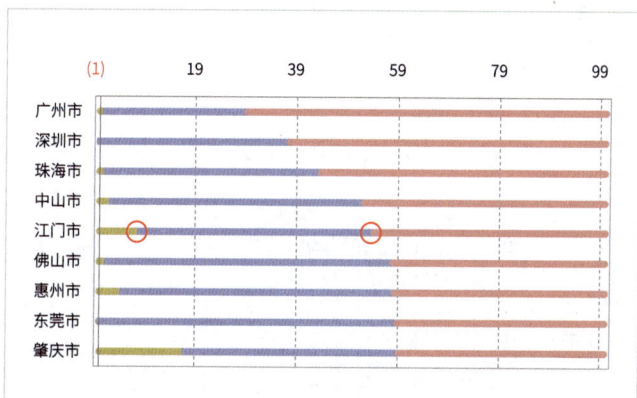

图 3.72　利用条形的误差线制作圆角条形

第 2 种是 3.11 节中所采用的方法，将条形图保存为 SVG 图片后，再转换为形状，从而获取每部分条形的高度和宽度，并据此制作每座城市第一产业和第三产业的圆角条形。可惜的是，原图中包含 9 座城市，在获取广州市的条形高度和宽度前，需要先将其余城市的条形设置为无填充，如此需要循环 9 次方能得到所有城市的条形参数，工作量过于庞大。

第 3 种是 "2.7 节双色纵坐标轴柱线图" 中所采用的方法，为条形添加 3~6 磅边框，并设置为圆角连接，遗憾的是这种方法也不能实现单侧圆角的效果。

如图 3.73 所示，这里介绍**第 4 种**制作圆角的方法，在第一产业前、第三产业后各添加 1 个辅助条形，然后用半圆形填充辅助条形。也就是将第一产业拆分成两个部分：第一产业辅助和第一产业（如图 3.73 所示）。

第一产业辅助值 =1.5。

第一产业值 = 原第一产业值 -1.5。

由于部分第一产业数值小于 1.5，因此采用 if 函数判断（采用公式 "=IF(G2>1.5,1.5,0)"），如果第一产业数值小于 1.5，则第一产业辅助值等于 0，否则等于 1.5。也就是对于第一产业值低于 1.5 的城市，其条形不添加圆角，这一点与原图保持一致。

第三产业拆分为第三产业和第三产业辅助，由于第三产业值均大于 1.5，计算公式如下：

第三产业值 = 原第三产业值 -1.5。

第三产业辅助值 =1.5。

143

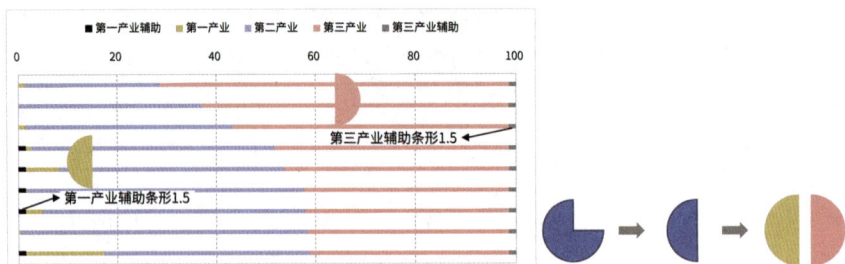

图 3.73　利用辅助条形制作圆角条形思路

3. 自定义图例

如图 3.74 所示，图例由"圆角矩形＋倒三角形"组成，形状更灵活、位置更自由。

图 3.74　图例构成

3.12.3　图表分步还原

1. 插入条形图并修改基本格式

如图 3.75（a）所示，选择 A1:F10 单元格区域，插入堆积条形图。然后将横坐标轴的取值范围设置为"0~100"，间隔为 20。将图表的字体整体设置为黑色思源黑体 Normal［如图 3.75（b）所示］。

	A	B 第一产业辅助	C 第一产业	D 第二产业	E 第三产业	F 第三产业辅助	G 第一产业标签	H 第三产业标签
2	肇庆市	1.5	15.8	41.6	39.6	1.5	17.3	41.1
3	东莞市	0	0.3	58.2	40.0	1.5	0.3	41.5
4	惠州市	1.5	3.2	53.3	40.5	1.5	4.7	42.0
5	佛山市	1.5	0.2	56.0	40.8	1.5	1.7	42.3
6	江门市	1.5	6.7	45.6	44.8	1.5	8.2	46.3
7	中山市	1.5	1.0	49.4	46.6	1.5	2.5	48.1
8	珠海市	0	1.4	41.9	55.2	1.5	1.4	56.7
9	深圳市	0	0.1	37.0	61.4	1.5	0.1	62.9
10	广州市	0	1.2	27.4	70.0	1.5	1.2	71.5

（a）

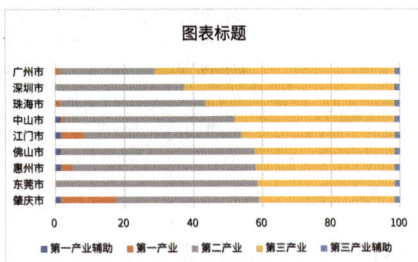

（b）

图 3.75　数据标注式堆积条形图制作步骤 1

2. 设置圆角条形

调整图表大小：将图表的高度和宽度分别设置为 13cm 和 11cm。将纵坐标轴交叉设置为最大分类，隐藏纵坐标轴标签和线条。将绘图区设置为 0.5 磅白色（深色 50%）、网格线设置为 0.5 磅白色（深色 50%）短画线。分别删除标题和图例。适当调整绘图区大小，上方为标题和图例预留空间、下方为数据来源预留空间、左侧为新纵坐标轴标签预留空间。图表设置为无边框。

设置条形图：将条形的间隙宽度设置为 400%。分别将第一产业系列、第二产业系列和第三产业系列条形填充为黄色（RGB 值为 215,195,103）、蓝色（RGB 值为 152,167,222）和粉色（RGB 值为 232,161,161）。

设置圆角：插入不完整圆（高度和宽度均设置为 1.48cm），并调整为半圆，设置为黄色填充、无边框，复制并粘贴至第一产业辅助系列条形。同理设置第三产业辅助系列条形圆角［如图 3.12.7（1）所示］。

3. 设置圆角边框

制作圆角边框：广州条形圆顶角矩形（高度和宽度分别设置为 9.3cm 和 0.8cm，左右两侧略宽于绘图区，底部略低于条形，上方预留出放置数据标注的空间），向右旋转 90°，设置为最大圆

144

角，设置为白色填充（图中为方便观察设置为无填充）、0.5 磅白色（深色 50%）边框，叠放在广州市的条形上。广州文本框圆顶角矩形（高度和宽度分别设置为 1.3cm 和 0.8cm），设置为黑色（淡色 25%）填充、0.5 磅黑色（淡色 25%）边框，字体设置为 9 号白色思源黑体 Normal，上下左右边距均设置为 0，保持居中对齐。将广州文本框圆顶角矩形紧挨着广州条形圆顶角矩形左侧放置，底部对齐后叠放在广州条形上。同理制作其他城市圆角边框。

组合条形图和圆角边框：复制图 3.76（a），将绘图区边框、网格线均设置为无线条，将图表设置为无填充（仅保留条形）。将所有圆角边框组合后放置在底层，并与条形一一对应。

叠加网格线：将所有条形均设置为无填充（仅保留横坐标轴标签、绘图区边框和网格线），适当向上移动绘图区，叠放在最底层［如图 3.77（b）所示］。

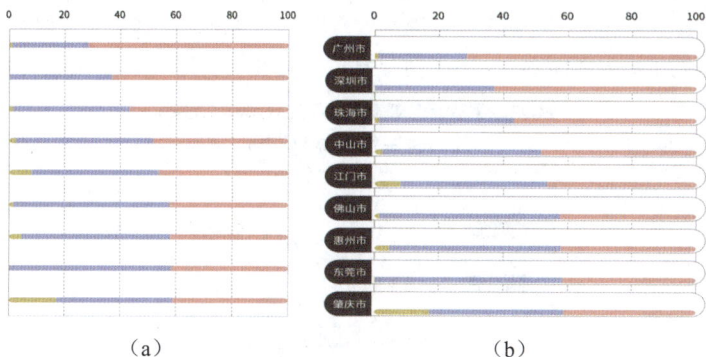

（a）　　　　　　　　　　　（b）

图 3.76　数据标注式堆积条形图制作步骤 2

4. 添加数据标注

分别为 3 类产业条形添加数据标注，并将上下边距设置为 0、左右边距设置为 0.1，高度和宽度分别设置为 0.4cm 和 0.82cm，然后移动至对应条形上方。第一产业数据标注显示 G2:G10 单元格中的值、取消显示类别名称、值和引导线，填充为黄色。第二产业的数据标注取消显示类别名称、引导线，填充为蓝色。第三产业的数据标注显示 H2:H10 单元格中的值、取消显示类别名称、原条形值和引导线，填充为粉色［如图 3.77（a）所示］。

5. 制作图例和各项文字类内容

参照原图制作标题、图例、单位、数据来源和 Logo 等，具体参数详见图表源文件，最终效果如图 3.77（b）所示。

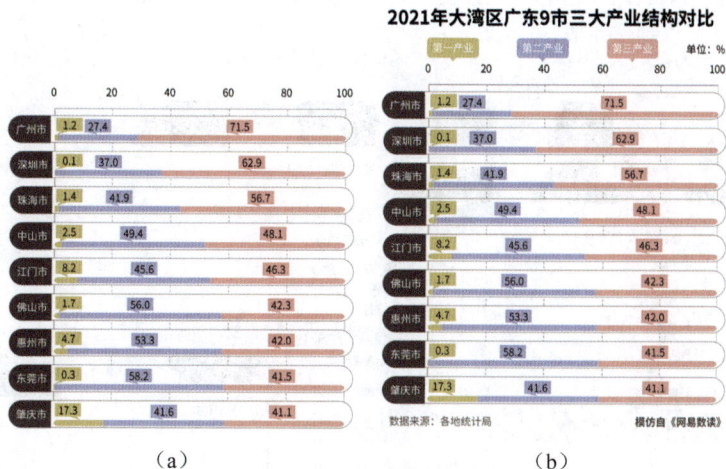

（a）　　　　　　　　　　　（b）

图 3.77　数据标注式堆积条形图制作步骤 4

3.13 分配空间少，就近放置：个性标签＋饼图

3.13.1 图表自画像

解题之道：当饼图和圆环图中的部分数值较小时，将数据标签放在图形内部，两者相互拖累；将数据标签放在图形外部，两者容易"断联"。如图 3.78 所示，图表设计师为饼图配备了统一的标签样式和连接线，然后将其整齐划一地摆放在图形周围，巧妙化解了标签摆放的难题，个性化造型和对齐的线条还能作为一种装饰存在。

图表类型：饼图。

表达数据关系：静态结构，儿科医生每周不休息、休息 1 天、休息 2 天和休息 3 天各自的占比。

适用场景：适用于数据新闻媒体，去除外装饰框后也适用于政府报告和商务报告。

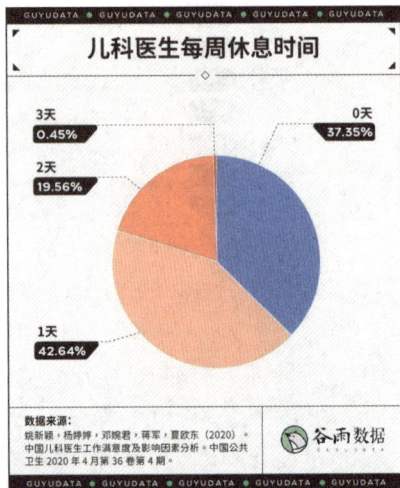

图 3.78　个性标签＋饼图（选自《谷雨数据》）

3.13.2 制作技巧拆解

如图 3.79 所示，数据标签由"圆角矩形＋平滑顶角后的剪去单角矩形"组成。首先选中剪去单角矩形，然后进入编辑顶点状态，选择右上角的顶点并平滑顶点，接着叠放在圆角矩形右侧并组合、垂直翻转，便可以制作完成。

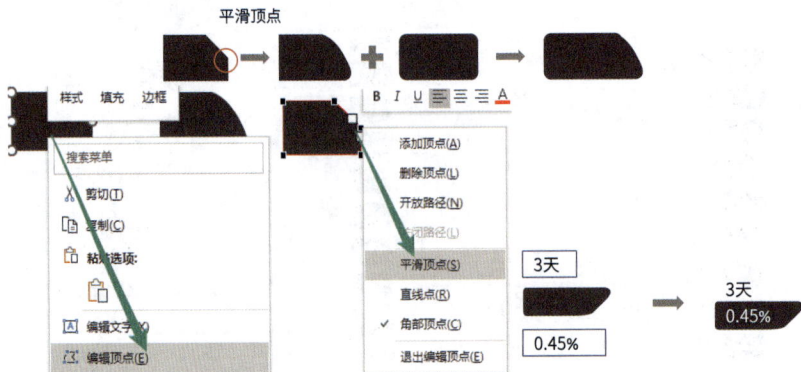

图 3.79　个性标签制作思路

146

另外，在组合形状的上方和中间分别叠加文本框，用于显示休息时间和相应占比。连接线通过任意多边形绘制，具体可参照 1.11 节中的"心跳曲线"部分绘制。

3.13.3　图表分步还原

1. 插入饼图并修改基本格式

如图 3.80（a）所示，选择 A1:B5 单元格区域，插入饼图。将图表的字体整体设置为黑色思源黑体 Normal［如图 3.80（b）所示］。

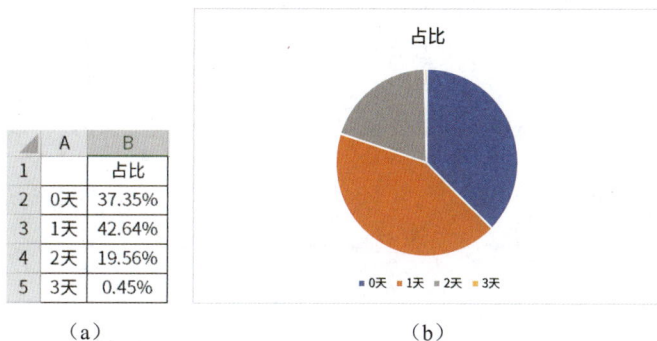

图 3.80　"个性标签＋饼图"制作步骤 1

2. 设置饼图格式

调整图表大小：将图表的高度和宽度分别设置为 13cm 和 12cm。调整绘图区大小，上方预留上装饰区和标题的空间、下方预留功能区和下装饰区的空间。标题修改为 14 号思源黑体 Bold，并放在绘图区上方。删除图例。

设置饼图：边框设置为 0.25 磅白色。休息 0 天、1 天、2 天和 3 天类别的扇形分别填充蓝色（RGB 值为 99，157，254）、浅粉色（RGB 值为 253，194，176）、粉色（RGB 值为 255，157，132）和深粉色（RGB 值为 228，1112，64）。

添加数据标签：参照原图制作数据标签和连接线，左右两侧和顶部标签保持左对齐、右对齐和顶部对齐，所有连接线保持平行［如图 3.81（a）所示］。

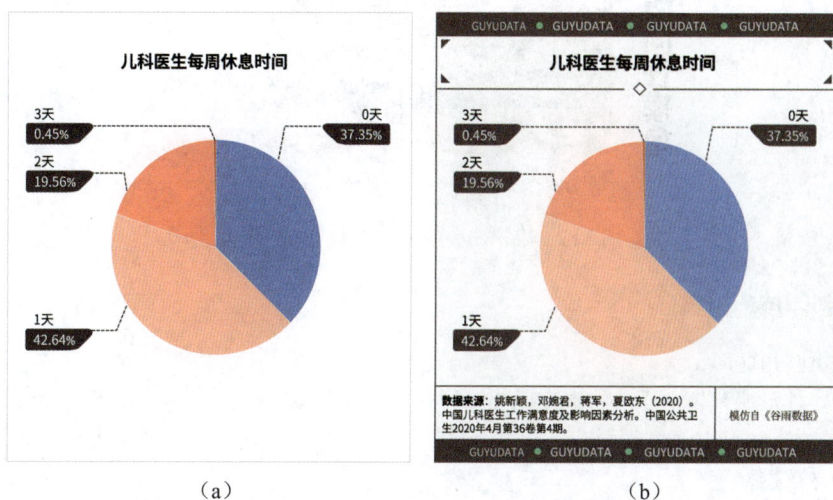

图 3.81　"个性标签＋饼图"制作步骤 2

3. 设置背景和各项文字性内容

各项装饰、Logo、文字性说明、数据来源参照原图制作，具体参数详见图表源文件（或参照 1.3

147

节中的"设置背景和各项文字性内容"部分），最终效果如图 3.81（b）所示。

3.14 长标签棘手，加宽图形：堆积柱形图

3.14.1 图表自画像

解题之道：标签过长（坐标轴标签、数据标签或图例标签），是个既常见又棘手的问题，相对应的解决方案有很多，不过图 3.82 的解决方案十分奏效且优雅。图表设计师**一是**将柱形宽度加宽，然后将图例标签放在柱形内，柱形搭配圆润外观；**二是**柱形交替填充紫色和橙色，打破单调又易于分辨，大面积填充也不会杂乱；**三是**将纵坐标轴标签和数据标签统一右置，数据标签与柱形保持同色，并用大括号进行连接；**四是**顺势摆放各项元素，图表布局井然有序，将最优雅的姿态呈现给读者。

图表类型：堆积柱形图 + 散点图。

表达数据关系：静态结构，展示不同摸鱼时长的占比情况。

适用场景：适用于数据新闻媒体和商务报告。

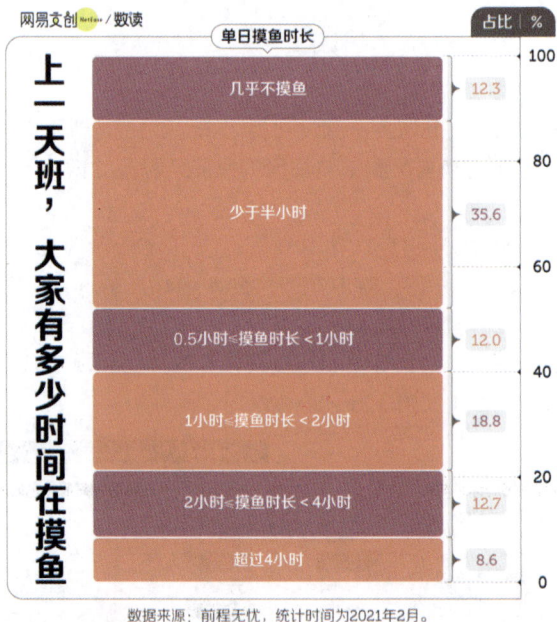

图 3.82　堆积柱形图（选自《网易数读》）

3.14.2 制作技巧拆解

1. 堆积类圆角柱形

原图中，柱形拥有超出寻常的宽度、圆润的外表，可以参照 3.11 节中"堆积类圆角条形"部分进行制作。

2. 自定义数据标签

柱形的数据标签用于显示"长度超标"的系列名称，最终的数据值则放置在柱形右侧，采用了"大括号 + 圆角矩形"的形式，圆角矩形采用浅灰色背景，字体颜色采用玫瑰红色和紫色交替。

大括号主要有 2 种制作方法：**第 1 种**是直接插入大括号，优点是简单方便、缺点是排版难度大。

如图 3.83 所示，**第 2 种**是通过 2 组辅助散点及其误差线制作，其中标签散点主要用于制作大括号的"身体"部分（散点分布在柱形右侧，且与每个柱形系列的顶部和底部一一对应，X 轴值均为 1.36，Y 轴值分别为 0、8.6、21.3、40.1、52.1、87.7 和 100，Y 轴值是柱形系列的累计值，比如 8.6 为第 1 个柱形系列值、21.3 为第 1 个和第 2 个柱形系列的合计值、40.1 为前 3 个柱形系列的合计值），水平误差线用于连接柱形（负偏差、无线端、固定值为 0.02，0.02 为辅助散点与柱形之间的距离，可以根据柱形的宽度做适当调整）、垂直误差线用于连接相邻散点（正偏差、无线端、自定义、误差值为柱形系列值）；标签散点主要用于模仿大括号的"箭头"部分（X 轴值均为 1.37，Y 轴值分别为 4.3、14.95、30.7、46.1、69.9 和 93.85，Y 轴值是前几个柱形系列的累计值和当前柱形系列值的一半，比如 4.3 为第 1 个柱形系列值的一半、14.95 为第 1 个柱形系列值和第 2 个柱形系列值的一半、30.7 为前 2 个柱形系列的合计值和第 3 个柱形系列值的一半），并用顺时针旋转 90° 的变形三角形填充散点的数据标记。

变形三角形制作思路：选中三角形并单击鼠标右键，在弹出的菜单中选择"编辑顶点"进入编辑模式，选择左下角顶点，顶点处会出现"白色方块 + 蓝色调节杆"，向右上方拖曳白色方块，可以让右下方的线条向内凹陷。同理调整左上角的顶点。

柱形的数据标签采用标签散点的数据标签制作，将数据标签的形状调整为圆角矩形并调整大小、填充灰色。

3. 自定义坐标轴刻度线和网格线长度

如图 3.83 所示，纵坐标轴上的数据标记，采用纵坐标轴散点（X 轴值均为 1.5，Y 轴值分别为 0、20~100）制作，并用逆时针旋转 90° 的三角形填充数据标记。网格线采用纵坐标轴散点的水平误差线（负偏差、无线端、固定值 0.17，0.17 为纵坐标轴与柱形之间的距离，可以根据柱形宽度适当调整）制作。

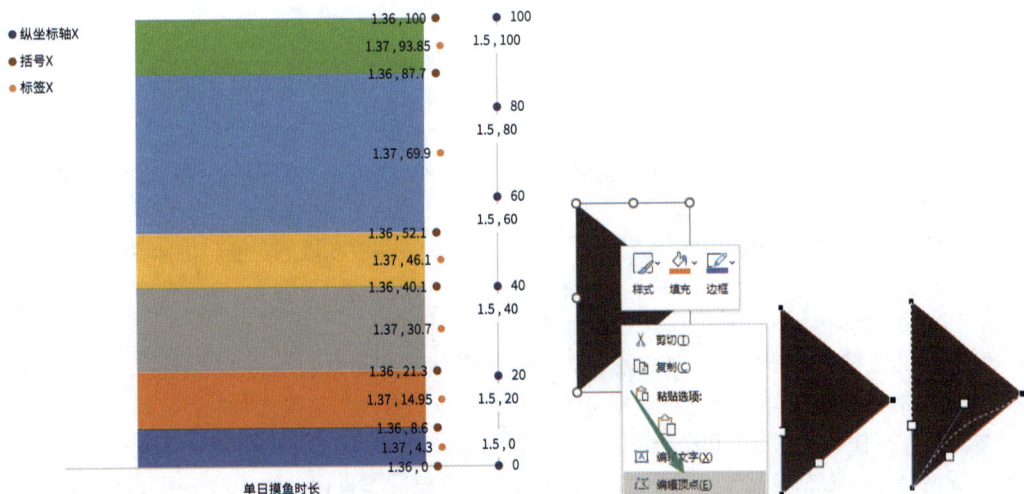

图 3.83　自定义数据标签和刻度线制作思路

3.14.3　图表分步还原

1. 插入柱形图并修改基本格式

如图 3.84（a）所示，选择 A1:B7 单元格区域，插入柱形图，并切换行 / 列。新增纵坐标轴 X 系列、括号 X 系列和标签 X 系列，并修改为散点图、修改数据源。将纵坐标轴 X 系列散点的 X 轴系列值修改为 C2:C7，Y 轴系列值修改为 D2:D7；将括号 X 系列散点的 X 轴系列值修改为 E2:E8，Y 轴系列值修改为 F2:F8；将标签 X 系列散点的 X 轴系列值修改为 G2:G7，Y 轴系列值修改为 H2:H7。

149

将纵坐标轴的取值范围设置为"0~100"，间隔为20。将图表的字体整体设置为黑色思源黑体Normal［如图3.84（b）所示］。

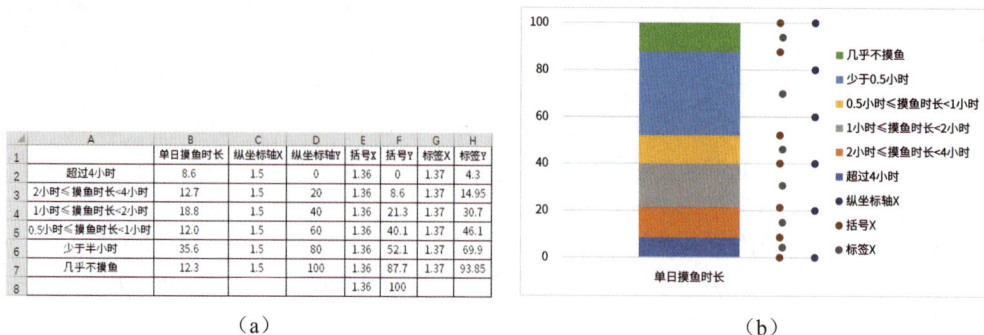

（a）

（b）

图3.84　堆积柱形图制作步骤1

2. 制作圆角柱形

调整图表大小：确定柱形图和绘图区大小：将图表的高度和宽度分别设置为12cm和11cm。将纵坐标轴交叉设置为最大分类。隐藏横坐标轴标签。将柱形的间隙宽度设置为50%。删除图例和网格线。

制作圆角柱形：参照3.11节中"堆积类圆角条形"部分，分别确定柱形高度、制作圆角柱形、叠放圆角柱形。其中紫色和橙色RGB值分别为"173，106，137"和"234，144，123"。

添加数据标签：为每个柱形系列添加数据标签，标签显示系列名称、取消显示值、取消自动换行，并将字体设置为白色［如图3.85（a）所示］。

3. 设置柱形数据标签、网格线和纵坐标轴刻度线

制作大括号：为括号X系列散点添加误差线，水平误差线设置为负偏差、无线端、固定值0.02，线条设置为0.5磅白色（深色35%）；垂直误差线设置为正偏差、无线端、自定义（指定B2:B8单元格中的值），线条设置为0.5磅白色（深色35%）。大括号三角形（高度和宽度分别设置为1.01cm和1.62cm），顺时针旋转90°，设置为黑色（淡色25%）填充、无线条。通过编辑顶点得到变体三角形，然后将高度和宽度分别调整为0.22cm和0.35cm，然后复制并粘贴至标签X系列散点的数据标记。

制作柱形数据标签：为标签X系列散点添加数据标签，并放在散点右侧。将标签形状修改为圆角矩形、设为白色（深色15%）填充、无边框、上下左右边距均设置为0、高度和宽度分别设置为0.5cm和0.8cm、字体与对应柱形保持一致。

制作柱形数据标签背景：背景矩形（高度和宽度分别设置为11.2cm和0.1cm），设置为白色（深色15%）填充、无线条。叠放在大括号上，与大括号的身体部分保持右对齐、与最上方和最下方的的圆角柱形保持顶部对齐和底部对齐，最后移动至最下层。

添加网格线：为纵坐标轴X系列散点添加误差线并删除垂直误差线，水平误差线设置为负偏差、无线端、固定值0.17，线条设置为0.5磅白色（深色25%）短画线。

添加纵坐标轴刻度线：参照大括号箭头的做法，制作变形三角形，并粘贴至纵坐标轴X系列散点的数据标记［如图3.85（b）所示］。

4. 设置圆角绘图区和和各项文字类内容

参照1.12节中的"半圆角图表边框"部分，制作圆角绘图区［如图3.86（a）所示］。

参照原图制作标题、图例、单位、数据来源和Logo等，具体参数详见图表源文件，最终效果如图3.86（b）所示。

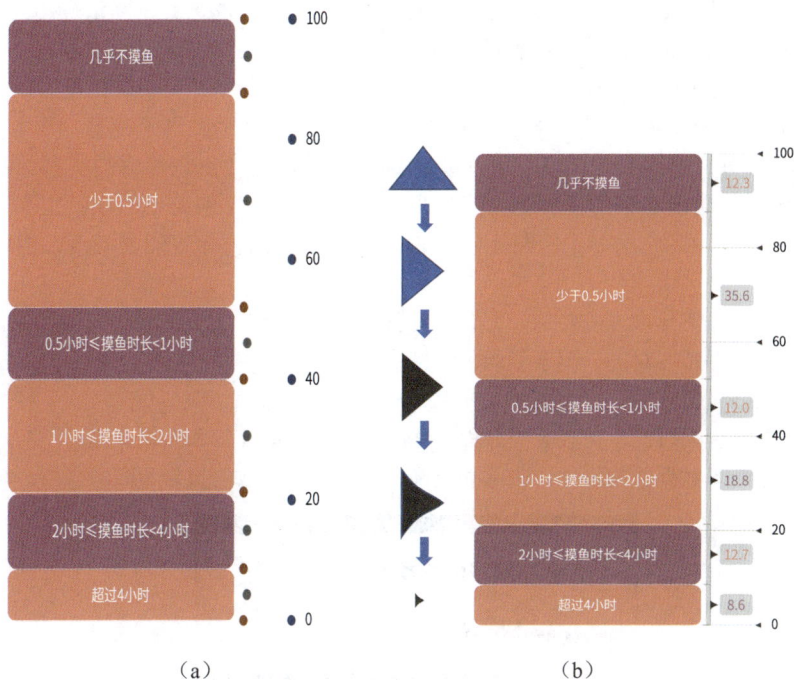

图 3.85　堆积柱形图制作步骤 2

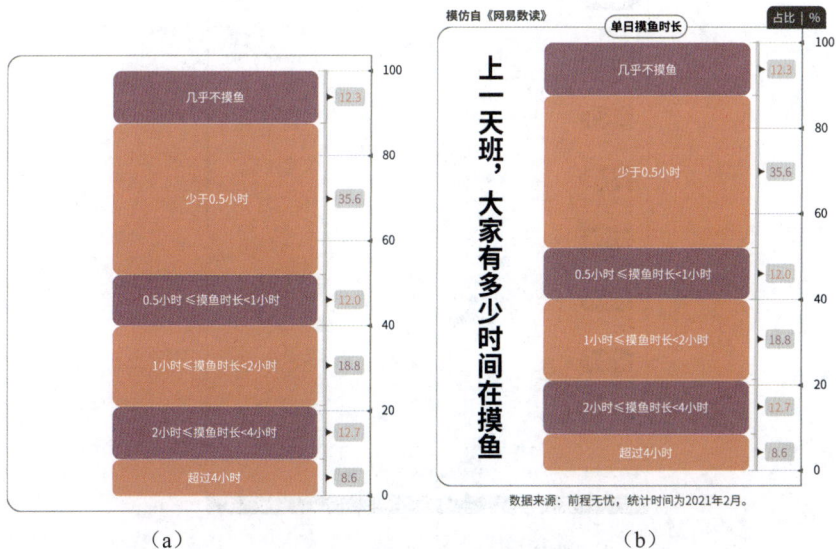

图 3.86　堆积柱形图制作步骤 3

3.15　长标签棘手，独立放置：带连接线的滑珠图

3.15.1　图表自画像

　　解题之道：如图 3.87 所示，图表设计师有效地解决了以下 2 个问题。

　　第 1 个问题是整齐有序地展示新传考研的 8 类课程名称、课程时间和主要内容。用表格容纳又多又长的信息，用五边形箭头和圆角矩形将信息分类，用箭头传递时间顺序。

151

第 **2 个问题**是简洁清晰地对比 8 类课程的最低价、最高价和价格差距。用滑珠图的蓝橙滑珠分别表示课程最低价和最高价，用误差线表示价格差距，用圆角矩形背景表示所有课程中最低价与最高价之差。上下错层摆放的数据标签，既能让读者获取课程具体价格，又不会相互重叠。

图表设计师在处理超长标签时，不只是简单地安顿下来，而是做出了美感。具体体现在：一**是整齐排列**。将所有标签保持左对齐，并平均纵向分布后，呈现出规律化的美感。二**是留有余地**。左右两侧分别与边框和条形图保持适当的距离，给长标签提供充足的呼吸空间，消除局促感。三**是适当装饰**。标签外添加了圆角矩形边框后，可以强化长标签的整齐度，同时显得不再单调。

另外，为了与长标签形成左右呼应，强化长标签、条形和数据标签的一一对应关系，数据标签被统一安置在右侧、保持右对齐、用条形同色连接线做好关联。

图表类型：表格 + 滑珠图。

表达数据关系：横向对比，比较 8 类课程名称的最低价、最高价和价格差距。

适用场景：适用于数据新闻媒体，去除外装饰框后也适用于政府报告和商务报告。

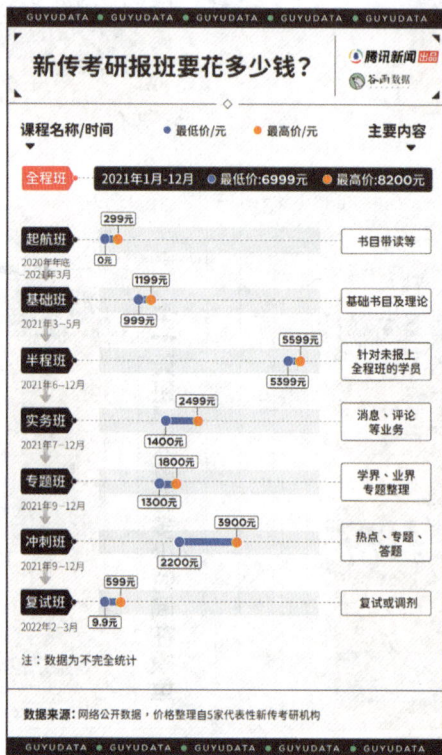

图 3.87　带连接线的滑珠图（选自《谷雨数据》）

3.15.2　制作技巧拆解

1. 表图结合

如图 3.88 所示，表格用课程名称五边形箭头、课程时间文本框、课程内容圆角矩形、各类装饰形状和线条搭建，然后将滑珠图嵌入表格中的价格列。

2. 滑珠图

如图 3.89 所示，滑珠图采用"散点图（X 轴值分别为各课程的最低价和最高价，Y 轴值分别为 0.5、1.5、…、6.5）+ 水平误差线（用最小值的水平误差线制作滑杆，并设置为正偏差、无线端、自定义值，误差值为各课程最高价 - 最低价）"制作。

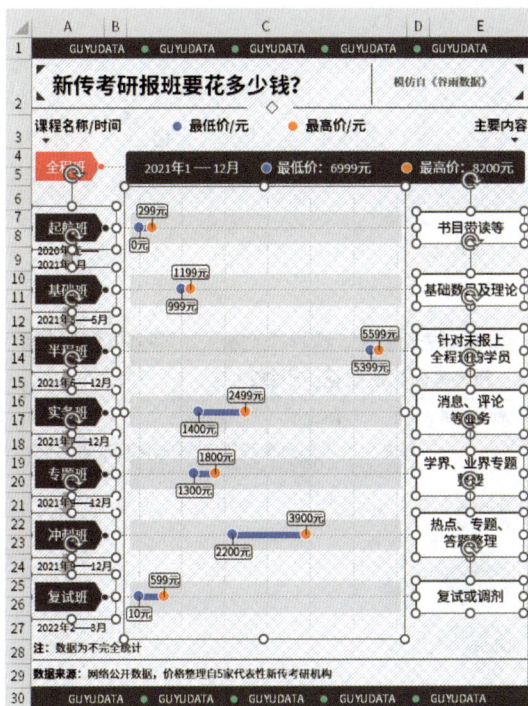

图 3.88　表格结构

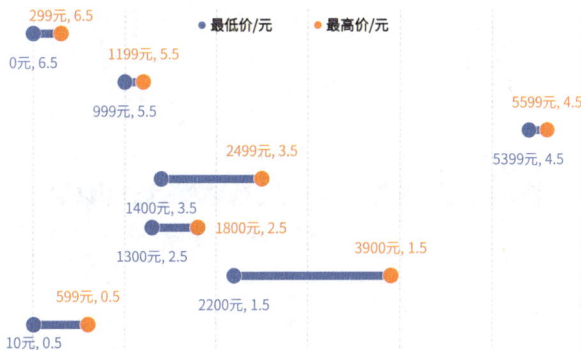

图 3.89　滑珠图制作思路

3.15.3　图表分步还原

1. 制作表格框架

如图 3.90 所示，表格的具体参数如下。

行高：标题（第 2 行）45 磅、表头（第 3 行）27 磅、主体内容（第 4 和 5 行、第 7 和 8 行、第 10 和 11 行……第 25 和 26 行）15 磅、主体内容间的空白行（第 6、9、…、24 行）19.5 磅、数据来源（第 28 和 29 行）19.5 磅、装饰行（第 1、30 行）17.25 磅。

列宽："课程名称"列（A 列）9.38 磅、"最低价 / 最高价"列（C 列）38 磅、"主要内容"列（E 列）13.38 磅、空白列（B 和 D 列）2.5 磅。

边框：主体内容中每个课程白色（深色 50%）虚线中边框、表格黑色（淡色 25%）外边框。其余"边框"均采用直线制作。

填充：装饰行（第 1、30 行）填充黑色（淡色 25%），其余行填充白色（深色 15%）细对角线

153

条纹。

图形：课程名称由"五边形箭头+圆形"组成，均采用黑色（淡色 25%）填充，圆形 0.5 磅白色边框；价格圆角矩形采用 40% 透明度白色（深色 15%）填充、无边框；课程内容圆角矩形采用白色填充、0.5 磅黑色（淡色 25%）边框。"全程班"五边形箭头采用红色填充（RGB 值为 255，72，90），"全程班"价格圆角矩形采用黑色（淡色 25%）填充。所有图形叠放在主体行上，并保持垂直居中对齐。

其余文字内容、数据来源和装饰行参照原图制作，具体参数详见源文件（或参照 1.3 节中的"设置背景和各项文字性内容"部分）。

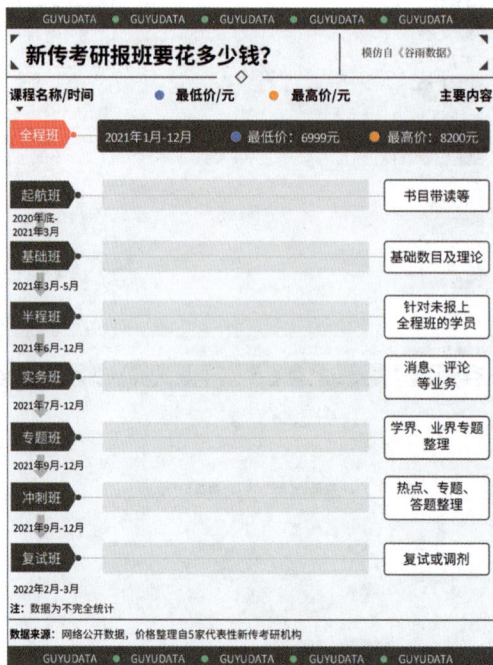

图 3.90　带连接线的滑珠图制作步骤 1

2. 制作滑珠图

如图 3.91（a）所示，选择 A1:C8 单元格区域，插入散点图并修改数据源。将最低价系列散点的 X 轴系列值修改为 B2:B8，Y 轴系列值修改为 D2:D8；将最高价系列散点的 X 轴系列值修改为 C2:C8，Y 轴系列值修改为 D2:D8。将纵坐标轴的取值范围修改为"0~7"，横坐标轴的取值范围修改为"0~6000"，间隔为 1000。将图表的字体整体设置为黑色思源黑体 Normal［如图 3.91（b）所示］。

调整图表大小：将图表的高度和宽度分别设置为 12.83cm 和 8.23cm。删除标题、图例和水平网格线。垂直网格线设置为 0.5 磅白色（深色 15%）短画线。隐藏坐标轴标签和线条。图表设置为无填充、无边框。

设置散点：将最低价系列散点和最高价系列散点设置为 8 号圆形、蓝色（RGB 值为 58，134，255）填充 / 橙色（RGB 值为 255，133，0）填充、0.5 磅白色边框。为最低价系列散点添加误差线并删除垂直误差线，水平误差线设置为正偏差、无线端、自定义（指定 E2:E5 单元格中的值），线条设置为 5 磅蓝色。

添加数据标签：为散点添加数据标签。标签修改为圆角矩形，并设置为无填充、0.5 磅黑色（淡色 25%）边框、上下左右边距均设置为 0、高度设置为 0.4cm。引导线设置为 0.5 磅黑色（淡色 25%）。最低价和最高价标签分别放在散点下方和上方［如图 3.91（c）所示］。

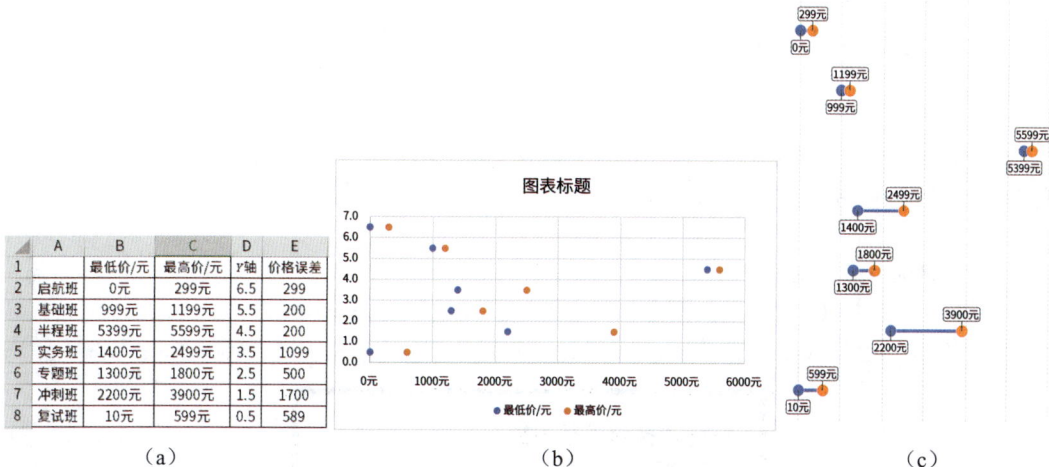

（a） （b） （c）

图 3.91 带连接线的滑珠图制作步骤 2

3. 将滑珠图嵌入表格

将滑珠图分别嵌入表格后，最终效果如图 3.92 所示。

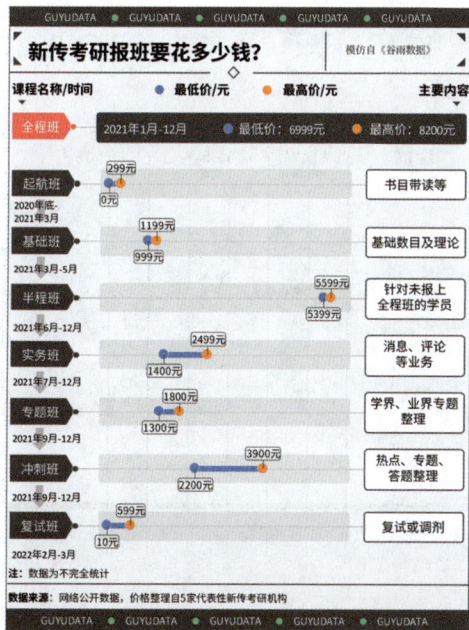

图 3.92 带连接线的滑珠图制作步骤 3

3.16 多图难排版，规律摆放："条形图＋多扇形图"组合

3.16.1 图表自画像

解题之道：本例的难点在于，需要同时展示技能具备者总人数的占比，以及 16 项技能具备者人数的占比。如果采用单一图表，制作和阅读难度很大；如果采用多张图表，排版难度很大。

如图 3.93 所示，图表设计师通过以下操作，轻松解决制作和排版难题：一是拆分图表。将技能具备者总人数占比和单项技能具备者人数占比分开，将 16 项技能具备者人数的占比情况也分开，1

项占比对应 1 张图表，再清晰不过。二是图表选择。由于部分救援人员具备多项技能，因此合计占比值并不等于 100%，不适合采用饼图或圆环图。技能具备者总人数的占比最终采用百分比堆积柱形图，节省空间、简单易懂。16 项技能具备者人数的占比均采用扇形玫瑰图，与总体情况做出区分，内部又能保持统一、方便对比。三是图表布局。总体占比情况在上、部分占比情况在下，16 个扇形玫瑰图大小相同、取值范围相同、配色相同、布局相同，平均排列成 4 行 4 列，并且左右两端均与总体占比条形图保持对齐，最终效果整洁有序。

图表类型：簇状柱形图 + 气泡图。

表达数据关系：双重静态构成，技能具备者总人数占蓝天救援队总人数的比重是第 1 重静态构成；各单项技能具备者人数占蓝天救援队总人数的比重是第 2 重静态构成。

适用场景：适用于数据新闻媒体和商务报告，去除边框后也适用于政府报告。

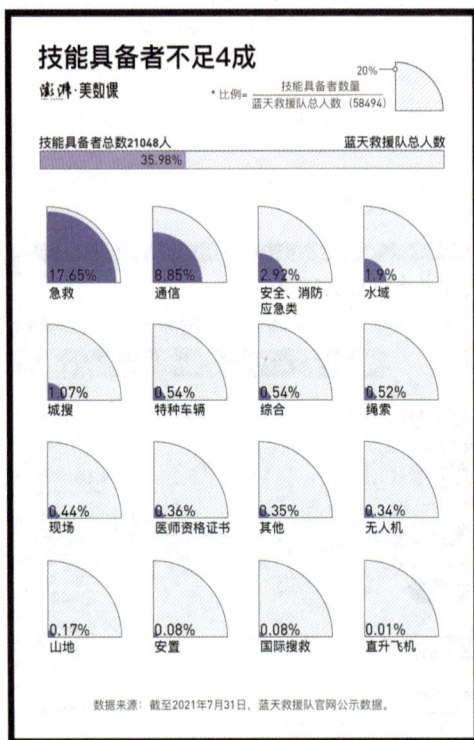

图 3.93 "条形图 + 多扇形图"组合（选自《澎湃美数课》）

3.16.2 制作技巧拆解

1. 多图组合

多扇形图组合和 2.4 节、2.9 节和 2.13 节都属于同类设计，将 16 张扇形图平均排列成 4 行 4 列。

2. 比例式扇形图

如图 3.94 所示，原图由"比例扇形 + 辅助扇形"组成，采用气泡图制作。气泡以坐标轴原点为圆心，如果将横坐标轴和纵坐标轴的取值范围均设置为"0~0.2"，便可只显示第一象限的部分，然后在外边叠加扇形边框。另外，将气泡调至最大，并适当增加图表尺寸，以便获得更大更好的显示效果。如果需要将扇形图复制到文档中，建议另存为图片，然后裁剪掉空白部分，提高版面利用率。

3. 自定义图例

如图 3.95 所示，图例由文本框、线条、圆形和图案填充扇形（与辅助扇形图保持一致）组成。

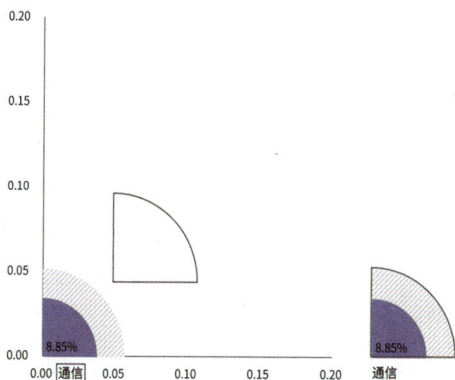

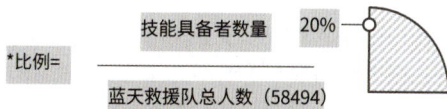

图 3.94　扇形图制作思路　　　　　　　　　　　图 3.95　图例构造

3.16.3　图表分步还原

1. 制作条形图

如图 3.96（a）所示，选择 A1:B3 单元格区域，插入条形图，并切换行 / 列。将技能具备者总数系列条形放在蓝天救援队总人数系列条形上方。将横坐标轴的取值范围设置为"0~58494"。将图表的字体整体设置为黑色思源黑体 Normal。

调整图表大小：将图表的高度和宽度分别设置为 2.01cm 和 10.94cm。删除标题和网格线。将坐标轴标签和线条均设置为无。图表设置为无填充、无边框。

设置条形图：将条形系列重叠设置为 100%。将技能具备者总数系列条形设置为浅蓝色（RGB 值为 176，173，241）填充；将蓝天救援队总人数系列条形设置为深色上对角线图案［白色（深色 5%）前景、白色背景］填充、1 磅白色（深色 50%）边框。

添加数据标签：为技能具备者总数系列条形添加数据标签，显示系列名和值，并放在条形左上角；为蓝天救援队总人数系列条形添加数据标签，显示系列名，并放在条形右上角；插入文本框制作技能具备者总数系列条形的占比［如图 3.96（b）所示］。

	A	B	C	D	E
1		比例			
2	技能具备者总数	21,048			
3	蓝天救援队总人数	58,494			
4					
5		比例	辅助	X轴	Y轴
6	急救	17.65%	20%	0	0
7	通信	8.85%			
8	安全、消防应急类	2.92%			
9	水域	1.9%			
10	城搜	1.07%			
11	特种车辆	0.54%			
12	综合	0.54%			
13	绳索	0.52%			
14	现场	0.44%			
15	医师资格证书	0.36%			
16	其他	0.35%			
17	无人机	0.34%			
18	山地	0.17%			
19	安置	0.08%			
20	国际搜救	0.08%			
21	直升飞机	0.01%			

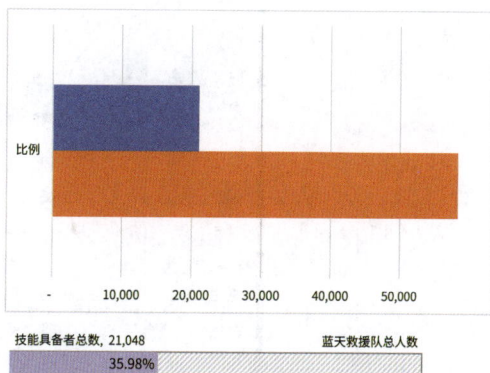

（a）　　　　　　　　　　　　　　　　（b）

图 3.96　"条形图＋多扇形图"组合制作步骤 1

157

2. 制作扇形图

如图 3.96（a）所示，选择 B5:D6 单元格区域，插入气泡图。将气泡图的系列名称修改为 B5（比例），X 轴系列值修改为 D6，Y 轴系列值修改为 E6，气泡大小修改为 B6。增加辅助系列并修改数据源，X 轴系列值修改为 D6，Y 轴系列值修改为 E6，气泡大小修改为 C6。将图表的字体整体设置为黑色思源黑体 Normal［如图 3.97 所示］。

调整图表大小：将图表的高度和宽度分别设置为 10.16cm 和 10.04cm。将坐标轴的取值范围均设置为"0~0.2"，并隐藏横坐标轴标签和线条。绘图区基本充满图表。图表设置为无填充、无边框。

设置气泡图：将气泡大小设置为 300。将比例系列和辅助系列气泡分别填充为蓝色（RGB 值为 68，114，196）和深色上对角线图案。

制作气泡边框：插入扇形（高度和宽度均设置为 2.35cm），设置为无填充、1 磅黑色（淡色 25%）边框，居中叠放在气泡图上。

参照原图制作数据标签和标题［如图 3.97 所示］。

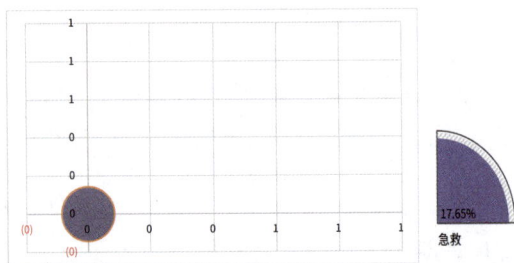

图 3.97　"条形图 + 多扇形图"组合制作步骤 2

3. 制作边框和各项文字性内容

同理制作其他技能的扇形图，并排列为 4 行 4 列，水平和垂直方向均保持平均分布。排版时，将条形图放置在上方、扇形图组合放置在下方。

标题、图例等文字性内容和边框参照原图制作，具体参数详见图表源文件，最终效果如图 3.98 所示。

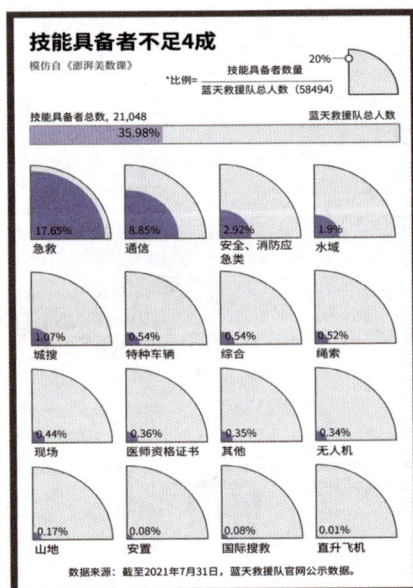

图 3.98　"条形图 + 多扇形图"组合制作步骤 3

158

多图难排版，规律摆放：多方块图组合

3.17.1　图表自画像

　　解题之道：如图 3.99 所示，多张图表放在一起排版时，一是保持统一。颜色、类型、大小和取值范围均一致，对比性不容缺失。二是保持对齐。各个方位都要对齐，呈现效果才会整齐，最终一齐遮"百丑"。三是保持简约。图表多时、元素要减、装饰要少。四是融为一体。用边框容器或表格容器等将所有图表都汇总到一起，才是一个整体。

　　图表类型：面积图。

　　表达数据关系：静态构成 + 横向对比，各项目转项运动员占参赛运动员的比重属于静态构成；不同项目之间转项运动员人数与参赛运动员人数之间的对比属于横向对比。

　　适用场景：适用于数据新闻媒体和商务报告，去除边框后也适用于政府报告。

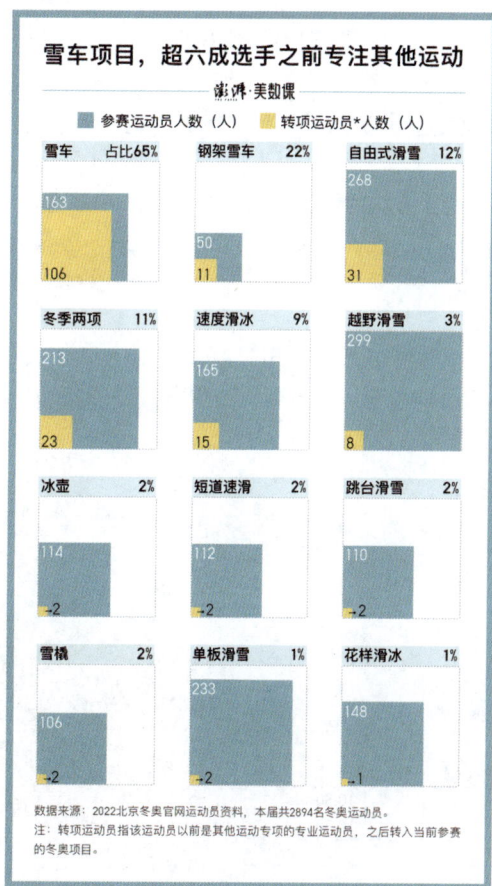

图 3.99　多方块图组合（选自《澎湃美数课》）

3.17.2　制作技巧拆解

1. 表图结合

　　如图 3.100 所示，直接在表格上叠加百分比方块图，可以制作出原图效果。

　　图例：所有方块图共用图例，由只保留图例的方块图制作（可以参照 2.7 节中的"自定义图例"部分）。

表头行：单元格填充浅蓝色底纹，通过调整空格的数量，让项目名称及占比分置单元格两侧。

方块图单元格：单元格设置为正方形，并将方块图的绘图区嵌入单元格（确保所有方块图绘图区大小一致，保持可比性），形成方形效果。

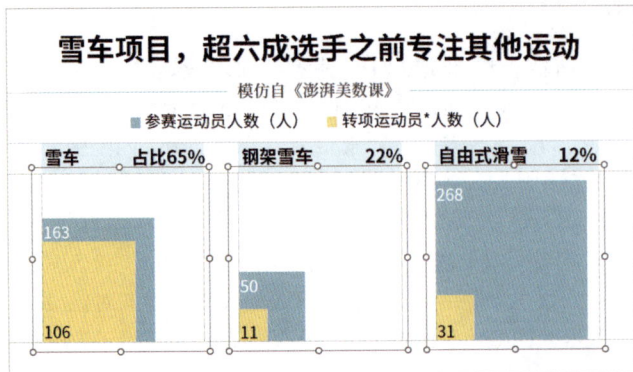

图 3.100　表格结构

2. 百分比方块图

如图 3.101 所示，本例是通过比较方块的面积来体现占比。为了制作出更好的方形效果，需注意以下几点。

一是坐标轴值的确定，其决定方块的边长。以雪车为例，转项运动员人数、参赛运动员人数和最大值分别为 106、163 和 300，用 SQRT 函数对其求平方根后，边长分别为 10.3、12.77 和 17.32。因此横坐标轴值分别为 0、10.3、12.77 和 17.32。转项运动员人数和参赛运动员人数的纵坐标轴均为 10.3 和 12.77，并且与其横坐标轴值一一对应。

二是横坐标轴必须设置为日期坐标轴。由于日期只能显示整数，最终方形会略有偏差。

三是对空白值的处理。在面积图中，将系列中的空白值显示为"空距"，才能呈现方块的效果（如图 3.101 所示）。

	A	B	C	D
1	雪车			
2			参赛运动员人数（人）	转项运动员*人数（人）
3	0	0.00	12.77	10.30
4	106	10.30	12.77	10.30
5	163	12.77	12.77	
6	300	17.32		

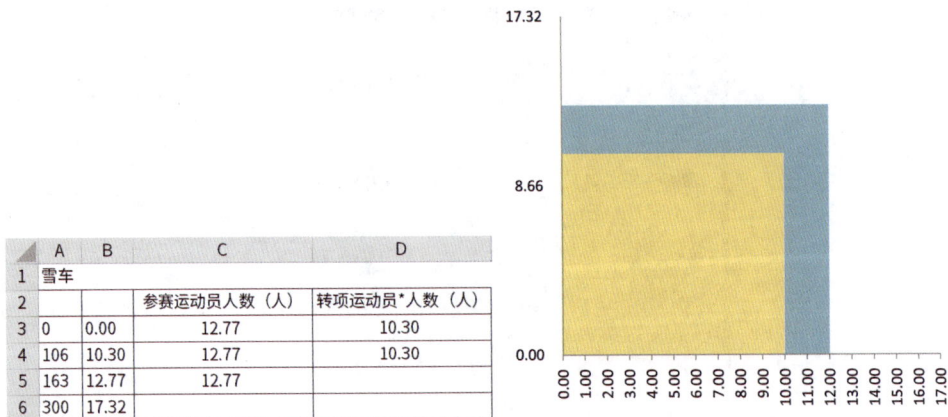

图 3.101　百分比方块图制作思路

3.17.3　图表分步还原

1. 制作表格框架

如图 3.102 所示，以第一行的 3 个项目为例，表格的具体参数如下。

行高：标题（第 1 行）45 磅、图例（第 2 行）27 磅、表头（第 3 行）16.5 磅、主体内容（第 4 行）90 磅。

列宽："雪车""钢架雪车"和"自由式滑雪"（B、D、F列）14.38磅、空白列（A、C、E、G列）2.5磅。

边框：标题行蓝色（RGB值为130，193，209）下边框，主体内容中（B4、D4、F4单元格）白色（深色50%）虚线外边框。

填充：表头（B3、D3、F3单元格）浅蓝色（RGB值为230，241，244）填充。

文字内容、Logo、数据来源参照原图制作，具体参数详见源文件。

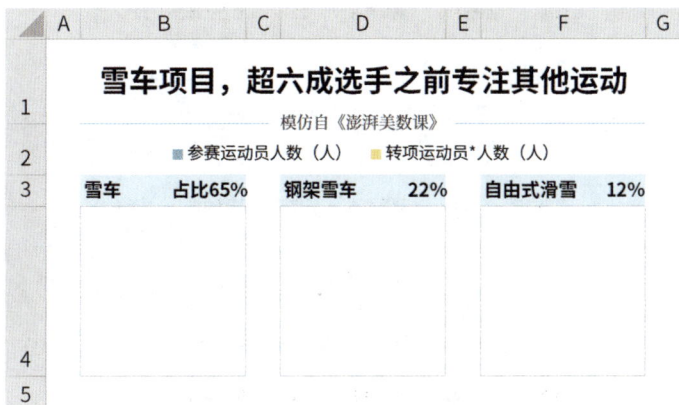

图3.102　多方块图组合制作步骤1

2. 制作方块图

如图3.101所示，选择B2:D6单元格区域，插入面积图。将横坐标轴设置为日期坐标轴，将纵坐标轴的取值范围设置为"0~17.32"。将图表的字体整体设置为黑色思源黑体Normal［如图3.103（a）所示］。

调整图表大小：将图表的高度和宽度均设置为3.49cm。删除标题、图例和网格线。隐藏坐标轴线条和标签。图表设置为无填充、无边框。

设置面积图：将参赛运动员人数和转项运动员人数系列面积分别填充为浅黄色（RGB值为255，229，123）和蓝色。

添加数据标签：插入文本框分别制作面积图的标签，并参照原图修改数值和位置［如图3.103（b）所示］。

同理可以制作其他项目的方块图，冰壶等转项运动员人数较少的项目，需在图中添加圆形结尾箭头的直线，来模仿标签引导线。

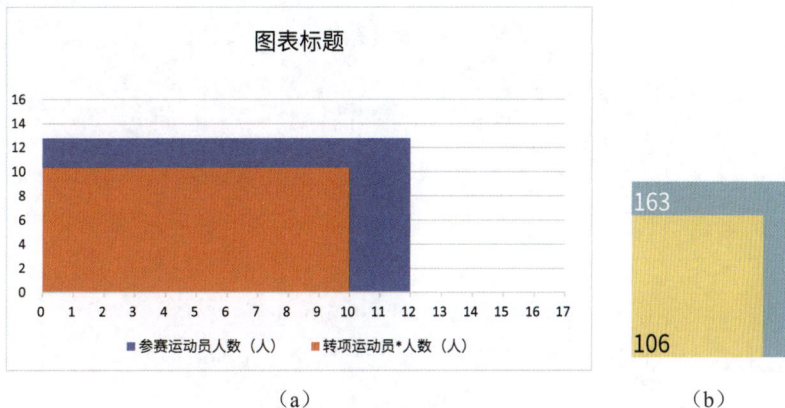

（a）　　　　　　　　　　（b）

图3.103　多方块图组合制作步骤2

161

3. 将方块图嵌入表格，制作各项文字性内容

分别将方块图的绘图区嵌入对应单元格。标题、图例等文字性内容和边框参照原图制作，具体参数详见图表源文件，最终效果如图 3.104 所示。

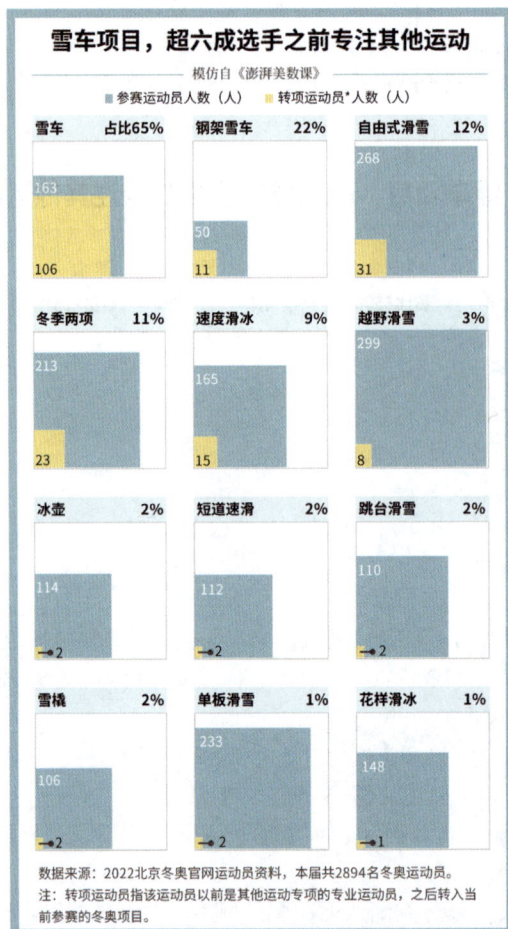

图 3.104　多方块图组合制作步骤 3

图表制作人将数据展示完、数据对比好后，基础工作便已完成。此时如果直接拿给读者看，相当于要求读者从零开始，重复自己的分析研究工作。因此，图表制作人的工作还没有结束，还应该继续帮助读者区分重点、抓住重点，进而提炼观点，常用的手段有增加辅助、添加标签、增加平均线、添加合计值、划分区域，等等。本章精选 11 个优秀案例，跟着图表设计师学习如何运用这些技巧，把图表重点推送给读者。

4.1 重点难区分，划分区域：分象限散点图

4.1.1 图表自画像

解题之道：图表制作人应学着做传道授业的师者，授课时要有的放矢、划分重点，这样才能提高学生的学习效率。

如图 4.1 所示，图表设计师的师者风范体现在：一是划分区域。根据全国每千老年人养老床位数的平均线、每千老年人养老机构数的平均线，将整个散点绘图区划分成 4 个区域。这样每个地区的养老和医疗资源高下立判。二是继续强化。将养老机构多、养老床位多的区域填充对角线图案，自然吸引读者关注。三是突出重点。通过修改散点和标签填充色、修改标签形状、加粗标签字体，将养老和医疗资源整体处于全国前列的上海，直接推送到读者面前。

图表类型：散点图＋面积图。

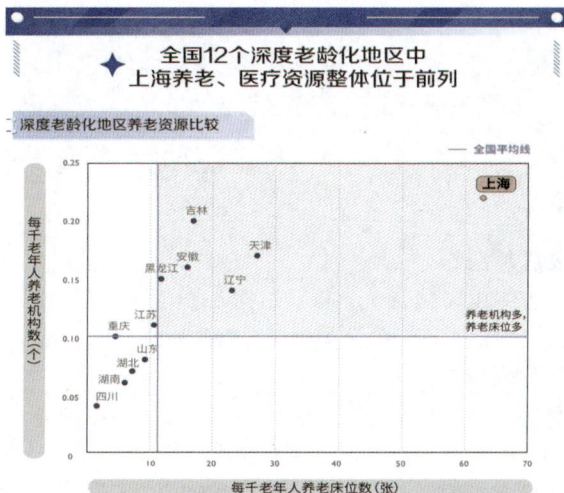

图 4.1　分象限散点图（选自《RUC 新闻坊》）

表达数据关系：双属性分布关系，全国 12 个深度老龄化地区中，各自每千老年人养老床位数分布情况和每千老年人养老机构数的分布情况。

适用场景：原图适用于数据新闻媒体、去掉各项形状装饰后适用于政府报告和商务报告。

4.1.2 制作技巧拆解

1. 散点图区域划分

如图 4.2 所示，和 1.4 节中的区域划分制作思路一致，区域划分采用辅助散点的误差线实现，其 X 轴值为全国每千老年人养老床位数的平均值 11，Y 轴值为每千老年人养老机构数的平均值 0.105。

水平误差线中负偏差 =11（即每千老年人养老床位数的平均值）。

水平误差线中正偏差 =70 － 11（即横坐标轴最大值－每千老年人养老床位数的平均值）。

垂直误差线中负偏差 =0.105（即每千老年人养老机构数的平均值）。

垂直误差线中正偏差 =0.25 － 0.105（即纵坐标轴最大值－每千老年人养老机构数的平均值）。

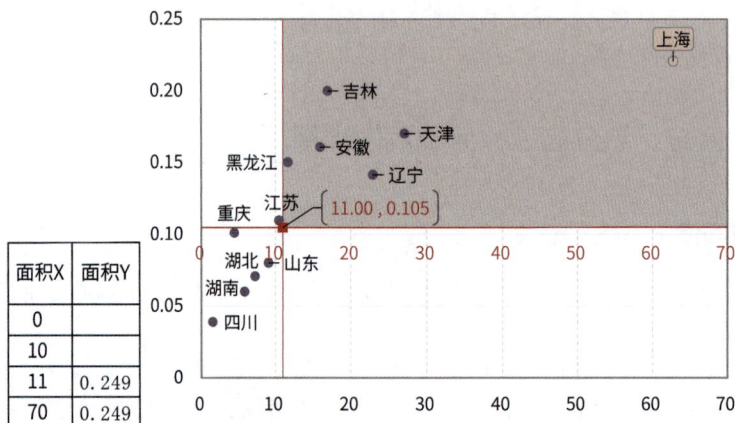

图 4.2　散点图区域划分思路（数据为模仿数据，以原图表为准）

2. 区域图案填充

如图 4.2 所示，和 3.17 节中的方块图制作思路一致，右上角"养老机构多，养老床位多"的区域填充采用面积图制作。制作时需要注意：一是面积图使用主轴，散点图使用次轴。面积图分为数值区和空白区，其中"0~10"之间的数值为空、"11~70"之间的数值为 0.249（略小于纵坐标轴最大值 0.25，否则填充图案后会遮盖绘图区边框）。二是主要横坐标轴采用日期坐标轴。三是主要横坐标轴的交叉位置设置为 0.105，便只显示交叉位置以上的面积部分。

4.1.3 图表分步还原

1. 插入散点图并修改基本格式

如图 4.3（a）所示，选择 B2:C14 单元格区域，插入散点图。然后添加面积 X 系列并修改为面积图并修改数据源。将面积 X 系列面积的分类轴标签修改为 D2:D5、系列值修改为 E2:E5。让面积图使用主轴、散点图使用次轴。

恢复显示次要横坐标轴，并修改为日期坐标轴，间隔为 10 天。将主要横坐标轴的取值范围设置为"0~70"，间隔为 10，不保留小数点。将主要和次要纵坐标轴的取值范围设置为"0~0.25"，间隔为 0.05，保留两位小数点，数字应用格式"［=0］"0";0.00"。将图表的字体整体设置为黑色思源黑体 Normal［如图 4.3（b）所示］。

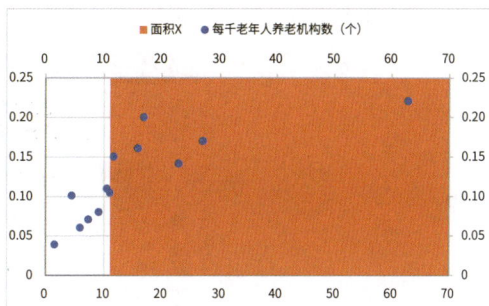

	A	每千老年人养老床位数（张）	每千老年人养老机构数（个）	面积X	面积Y	水平正误差	水平负误差	垂直正误差	垂直负误差
2	四川	1.54	0.04	0					
3	重庆	4.49	0.10	10					
4	湖南	5.90	0.06	11	0.249				
5	湖北	7.31	0.07	70	0.249				
6	山东	9.10	0.08						
7	江苏	10.50	0.11						
8	黑龙江	11.67	0.15						
9	安徽	15.90	0.16						
10	吉林	16.92	0.20						
11	辽宁	22.95	0.14						
12	天津	27.05	0.17						
13	上海	62.82	0.22						
14	平均线	11.00	0.105			59.00	11.03	0.15	0.105

（a）　　　　　　　　　　　　　　（b）

图 4.3　分象限散点图制作步骤 1

2. 设置散点图

调整图表大小：将图表的高度和宽度分别设置为 7.62cm 和 11cm。将主要横坐标轴的交叉位置设置为 0.105。将主要和次要横坐标轴、主要纵坐标轴的线条设置为无。将次要纵坐标轴和绘图区的线条设置为 1 磅白色（深色 50%）。将次要纵坐标轴的刻度线设置为无。将水平网格线和垂直网格线分别设置为 0.5 磅白色（深色 5%）、0.5 磅白色（深色 15%）短画线。图表设置为无边框。

设置面积图：将面积 X 系列面积填充为浅色上对角线，前景为白色（深色 15%）、背景为白色〔如图 4.4（a）所示〕。

设置散点数据标记：将散点设置为 5 号蓝灰色（RGB 值分别为 83，95，132）填充、无边框；将平均线散点设置为无填充；将上海散点设置为茶色（RGB 值分别为 214，194，183）填充、0.5 磅白色（深色 50%）无边框。

添加数据标签：为散点添加数据标签，显示 A2:A14 单元格中的内容、取消显示 Y 轴和引导线。将标签上下左右间距均设置为 0、高度设置为 0.4cm、宽度按需设置。然后根据需要适当调整位置，避免相互遮挡。最后将上海的数据标签形状修改为圆角矩形（参照 1.2 节中的"自定义纵坐标轴标签"部分制作）、字体设置为思源黑体 Bold，并与数据标记保持相同的填充色和边框。

设置坐标轴：将次要横坐标轴交叉修改为自动。隐藏主要横坐标轴和次要纵坐标轴的标签。

制作分隔线：为散点添加误差线，水平误差线设置为正负偏差、无线端、自定义（正偏差指定 F2:F14 单元格中的值、负偏差指定 G2:G14 单元格中的值）；垂直误差线设置为正负偏差、无线端、自定义（正偏差指定 H2:H14 单元格中的值、负偏差指定 L2:L14 单元格中的值），线条设置为 1 磅蓝灰色〔如图 4.4（b）所示〕。

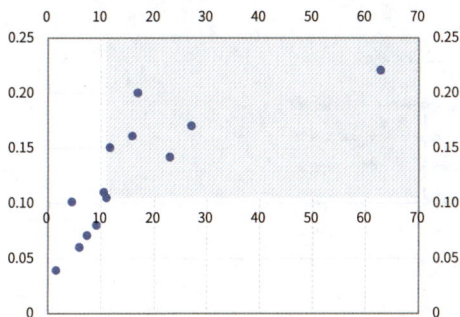
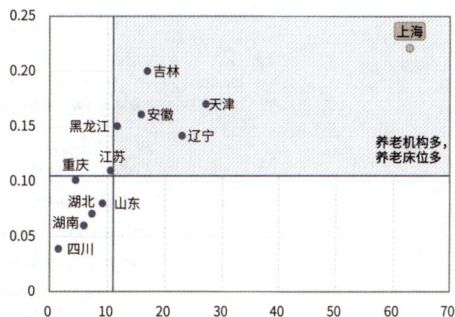

（a）　　　　　　　　　　　　　　（b）

图 4.4　分象限散点图制作步骤 2

3. 制作各项文字性内容

各项装饰可以参照 1.8.3 节中的"制作柱线图装饰"部分制作，文字性内容可以参照原图制作，

165

具体参数详见图表源文件（或参照 1.7 节中的"制作柱形图装饰"部分），最终效果如图 4.5 所示。

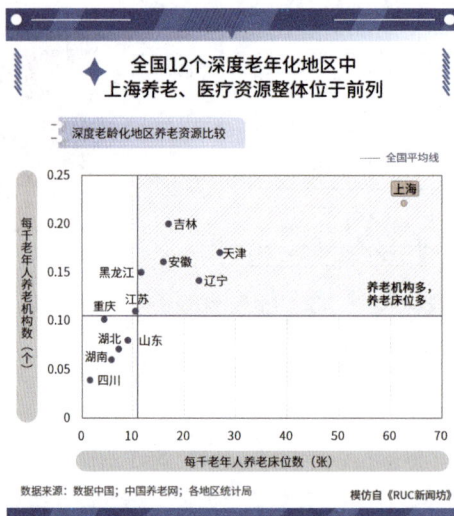

图 4..5 分象限散点图制作步骤 3

4.2 重点难区分，加标准线："标准线 + 面积图 + 条形图"组合

4.2.1 图表自画像

解题之道：区分图表重点时，除了 4.1 节中介绍的划分区域，还可以添加标准线，这样谁处于标准之上，谁不符合标准，读者都能分辨得清清楚楚。标准线可以根据需要添加单条或者多条，选取的依据主要有行业标准值、行业平均值、预期目标值、预警值等。

如图 4.6 所示，图表设计师区分重点内容的方式如下：一是将专业满意度进行排名，充分降低阅读难度。二是添加平均线，读者可以观察到只有前 3 名的专业，处于平均满意度之上。三是叠加背景。为低于平均值的条形部分叠加了浅灰色的背景，将其"隐藏"起来减少关注度，是平均线的重要辅助。

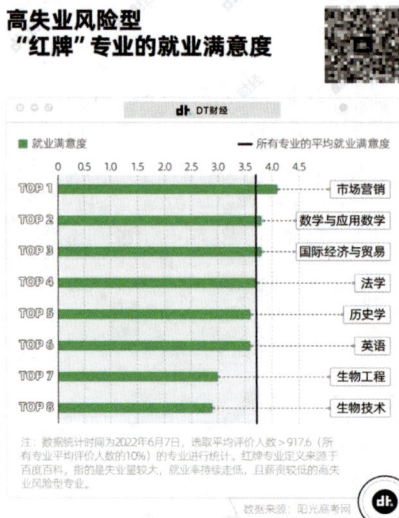

图 4.6 "标准线 + 面积图 + 条形图"组合（选自《DT 财经》）

166

图表类型：条形图 + 散点图。

表达数据关系：横向对比，对比前 8 名高失业风险型专业的就业满意度。

适用场景：适用于数据新闻媒体和商务报告，去除外装饰框后也适用于政府报告。

4.2.2 制作技巧拆解

1. 自定义数据标签

原图中条形的数据标签被统一安置在图表右侧，并用线条建立连接。如图 4.7 所示，条形的数据标签由标签散点（X 轴值分别为 5.23、4.69、…、5.23，由标签长度决定，根据需要可以适当调整，Y 轴值分别为 0.5、1.5、…、7.5）的数据标签制作。标签的圆角矩形边框制作方法参照 1.2 节中的"自定义纵坐标轴标签"部分。

纵坐标轴标签与条形间的连接线，采用装饰散点（X 轴值为条形值 +0.05，Y 轴值与纵坐标轴标签散点保持一致）的水平误差线（正偏差、无线端、自定义，误差值 = 标签散点 X 轴值 − 装饰散点 X 轴值）制作。

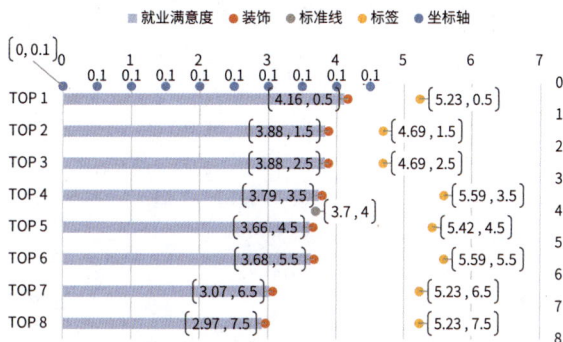

图 4.7 自定义坐标轴制作思路（数据为模仿数据，以原图表为准）

2. 自定义横坐标轴和网格线

如图 4.7 所示，与 1.2 节中的横坐标轴和网格线的设计思路一致，原图中只显示左侧条形部分的横坐标轴标签与网格线。此效果需要添加坐标轴散点（X 轴值分别为 0、0.2、…、0.8，Y 轴值均为 0.1），并用数据标签模仿横坐标轴标签、用垂直误差线（负偏差、无线端、固定值 7.8）模仿网格线。

3. 标准线 + 背景

如图 4.8 所示，标准线及其背景分别采用标准线散点的垂直误差线（正负偏差、无线端、固定值为 4）和水平误差线（负偏差、无线端、100%）制作，线条设置为 221 磅、90% 透明度深灰色。

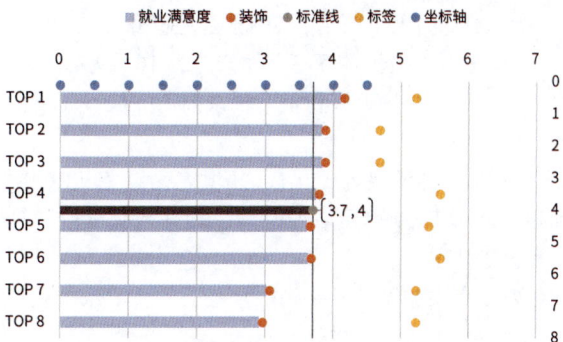

图 4.8 标准线制作思路

167

4.2.3 图表分步还原

1. 插入条形图并修改基本格式

如图 4.9（a）所示，选择 A1:F9 单元格区域，插入条形图［如图 4.9（b）所示］。将装饰系列、标准线系列、标准线 Y 系列和标签系列条形修改为散点图，使用次轴、修改数据源。将装饰系列散点的 X 轴系列值修改为 C2:C9，Y 轴系列值修改为 G2:G9；将标准线系列散点的 X 轴系列值修改为 D2，Y 轴系列值修改为 E2；将标准线 Y 系列散点的系列名称修改为 F1（标签），X 轴系列值修改为 F2:F9，Y 轴系列值修改为 G2:G9；将标签系列散点的系列名称修改为 H1（坐标轴），X 轴系列值修改为 H2:H10，Y 轴系列值修改为 I2:I10。

将主要横坐标轴和次要纵坐标轴的取值范围分别修改为"0~7"和"0~8"。将主要和次要纵坐标轴分别设置为逆序类别和逆序刻度值。将图表的字体整体设置为黑色思源黑体 Normal［如图 4.9（c）所示］。

	A	B	C	D	E	F	G	H	I	J	K
1		就业满意度	装饰	标准线	标准线Y	标签	辅助Y	坐标轴	坐标轴Y	专业	装饰误差线
2	TOP 1	4.11	4.16	3.7	4	5.23	0.5	0	0.1	市场营销	1.07
3	TOP 2	3.83	3.88			4.69	1.5	0.5	0.1	数学与应用数学	0.81
4	TOP 3	3.83	3.88			4.69	2.5	1.0	0.1	国际经济与贸易	0.81
5	TOP 4	3.74	3.79			5.59	3.5	1.5	0.1	法学	1.80
6	TOP 5	3.61	3.66			5.42	4.5	2.0	0.1	历史学	1.76
7	TOP 6	3.63	3.68			5.59	5.5	2.5	0.1	英语	1.91
8	TOP 7	3.02	3.07			5.23	6.5	3.0	0.1	生物工程	2.16
9	TOP 8	2.92	2.97			5.23	7.5	3.5	0.1	生物技术	2.26
10								4.0	0.1		
11								4.5	0.1		

（a）

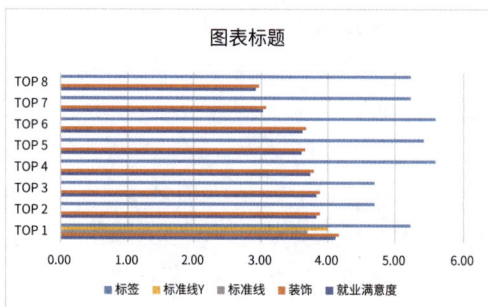

（b）

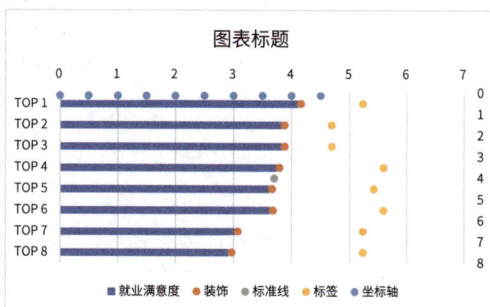

（c）

图 4.9 "标准线 + 面积图 + 条形图"组合制作步骤 1

2. 设置条形图

调整图表大小：将图表的高度和宽度分别设置为 14cm 和 12.7cm。调整绘图区大小，上方预留标题的空间、下方预留注释和数据来源的空间、右侧预留边框和 Logo 的空间。将主要纵坐标轴设置为 1 磅白色（深色 50%）。将主要纵坐标轴标签字体修改为 10 号华文彩云。隐藏横坐标轴和次要纵坐标轴。删除图例中的装饰、标准线、标签和坐标轴系列，并放置在绘图区左上角。图表设置为无边框。

设置条形图：将条形的间隙宽度设置为 150%，并填充为绿色（RGB 值为 9，186，107）。为标签系列散点添加数据标签，显示 J2:J9 单元格中的值、取消显示 Y 值。将标签形状修改为圆角矩形、移动至图表右侧，并保持右对齐。

设置连接线：为装饰系列散点添加误差线并删除垂直误差线，水平误差线设置为正偏差、无线端、自定义（指定 K2:K9 单元格中的值），线条设置为 0.5 磅白色（深色 50%）短画线。将标签系列散点和装饰系列散点的数据标记设置为 5 号、白色填充、0.5 磅黑色（淡色 25%）边框［如图 4.10

168

（a）所示]。

　　设置横坐标轴标签及网格线：为坐标轴系列散点添加误差线并删除水平误差线，垂直误差线设置为负偏差、无线端、固定值 7.8，线条设置为 50% 透明度黑色（淡色 50%）短画线。为坐标轴系列散点添加数据标签，显示 X 值、取消显示 Y 值、放在散点上方。将数据标记设置为无。

　　添加标准线及背景：为标准线系列散点添加误差线，垂直误差线设置为正负偏差、无线端、固定值 4，线条设置为 2 磅黑色（淡色 25%）；水平误差线设置为负偏差、无线端、100%，线条设置为 221 磅 90% 透明度黑色（淡色 25%）。将数据标记设置为无。

　　参照原图制作标准线图例（直线 + 文本框），并放在绘图区右上角，与条形数据标签保持右对齐 [如图 4.10（b）所示]。

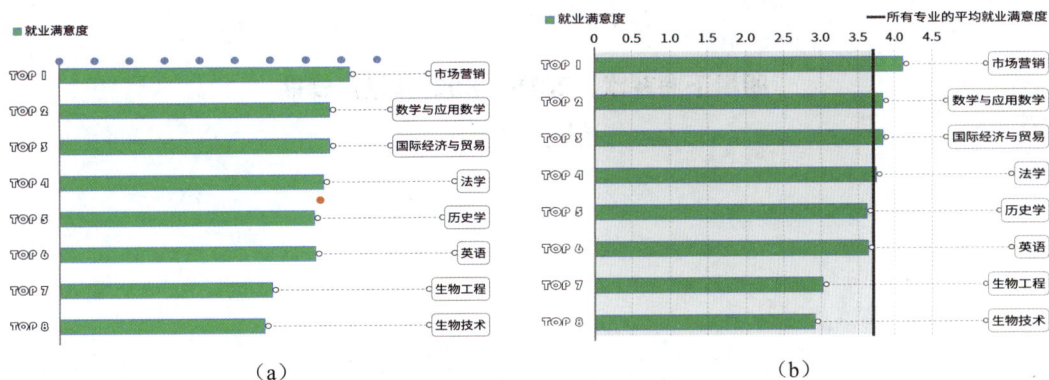

（a）　　　　　　　　　　　　　　　　　（b）

图 4.10　"标准线 + 面积图 + 条形图"组合制作步骤 2

3. 设置装饰和各项文字性内容

　　参照原图制作标题、各项装饰和文字性内容，具体参数详见图表源文件（或参照 1.1 节中的"设置装饰和各项文字性内容"部分），最终效果如图 4.11 所示。

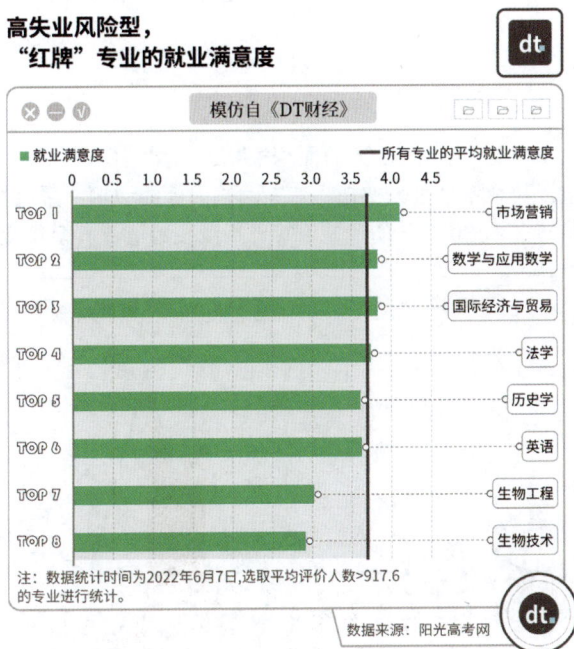

图 4.11　"标准线 + 面积图 + 条形图"组合制作步骤 3

4.3 抓不住重点，增加辅助：突出重点式折线图

4.3.1 图表自画像

解题之道：如图 4.12 所示，图表设计师通过增加 2 个辅助项，突出显示重点内容：一是差异化处理，高亮显示 2015—2017 年折线、数据标签和横坐标轴标签；二是标注重点区域，为 2015—2017 年折线添加面积背景以及与坐标轴之间的连接线。读者第一眼就会注意到这个区域，想要弄清楚它到底有何特别之处。然后用标题直接点出此阶段是明星下海做餐饮的高峰期。

图表类型：折线图 + 面积图。

表达数据关系：纵向对比，对比 1999—2021 年明星下海做餐饮的占比。

适用场景：适用于数据新闻媒体和商务报告，去除圆角边框后也适用于政府报告。

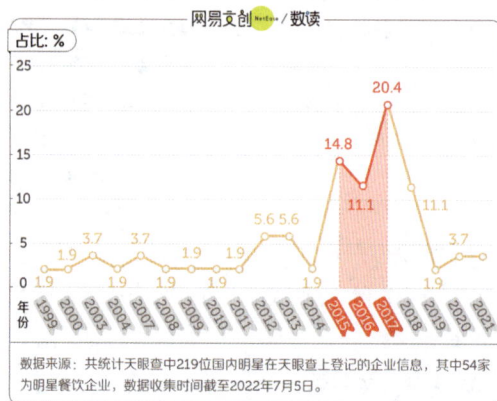

图 4.12 突出重点式折线图（选自《网易数读》）

4.3.2 制作技巧拆解

1. 重点区域面积填充

如图 4.13 所示，2015—2017 年折线部分的面积填充，采用辅助面积图制作，其中 2015—2017 年数值与折线图保持一致，其余年度则为空白。左右两侧的虚线边框，采用折线图的误差线（负偏差、无线端、自定义，2015 年和 2017 年的误差值等于折线图数值，其余年度则为空白）制作。

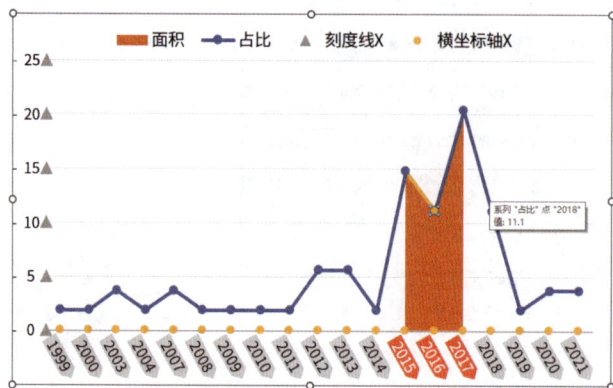

图 4.13 面积填充、自定义坐标轴和标签制作思路

2. 自定义坐标轴标签

如图 4.13 所示，旗帜形状的坐标轴标签采用横坐标轴散点（X 轴值分别为 1、2、3、…、19，Y 轴值均为 0）的数据标签制作，标签形状修改为五边形箭头（制作方法参照"1.2 节长标签 + 条形图"中的"自定义纵坐标轴标签"部分，原形状建议搜索相应图标）制作，然后设置为浅灰色填充、无边框，顺时针旋转 60°，再将 2015—2017 年标签填充不同的颜色。

3. 自定义折线颜色和数据标签

如图 4.13 所示，连续单击鼠标左键两次，便可以选中单个数据标记（包括对应年度的线条）和数据标签，然后修改线条颜色、边框颜色和填充色。

4. 自定义刻度线

如图 4.13 所示，圆角绘图区上的刻度线，采用刻度线散点（X 轴值均为 0.5，Y 轴值分别为 0、5、10、15、20 和 25）的数据标签制作，依次在每个数据标签前添加"-"（减号 +2 个空格，为了对齐，数值 0 和 5 处需要添加 3 个空格），并适当向左移动与圆角绘图区连接在一起。

5. 自定义图例

图例由"圆顶角矩形 + 直角三角形 + 文本框"组成，叠放在圆角绘图区上，增加立体感。

4.3.3 图表分步还原

1. 插入折线图并修改基本格式

如图 4.14（a）所示，选择 A1:C20 单元格区域，插入带数据标记的折线图。将面积系列修改为面积图。新增刻度线 X 系列和横坐标轴 X 系列，并修改为散点图、修改数据源。将刻度线 X 系列散点的 X 轴系列值修改为 E2:E7，Y 轴系列值修改为 F2:F7；将横坐标轴 X 系列散点的 X 轴系列值修改为 G2:G20，Y 轴系列值修改为 H2:H20。将纵坐标轴的取值范围设置为"0~25"，间隔为 5，不保留小数点。将图表的字体整体设置为黑色思源黑体 Normal〔如图 4.14（b）所示〕。

	A	B	C	D	E	F	G	H
1		占比	面积	占比误差线	刻度线X	刻度线Y	横坐标轴X	横坐标轴Y
2	1999	1.9			0.5	0	1	0
3	2000	1.9			0.5	5	2	0
4	2003	3.7			0.5	10	3	0
5	2004	1.9			0.5	15	4	0
6	2007	3.7			0.5	20	5	0
7	2008	1.9			0.5	25	6	0
8	2009	1.9					7	0
9	2010	1.9					8	0
10	2011	1.9					9	0
11	2012	5.6					10	0
12	2013	5.6					11	0
13	2014	1.9					12	0
14	2015	14.8	14.8	14.8			13	0
15	2016	11.1	11.1				14	0
16	2017	20.4	20.4	20.4			15	0
17	2018	11.1					16	0
18	2019	1.9					17	0
19	2020	3.7					18	0
20	2021	3.7					19	0

（a）

（b）

图 4.14　突出重点式折线图制作步骤 1

2. 设置坐标轴标签

调整图表大小：将图表的高度和宽度分别设置为 9cm 和 13cm。将横坐标轴设置为 1 磅黑色（淡色 25%）、网格线设置为 0.5 磅白色（深色 15%）方点虚线。隐藏坐标轴标签。适当调整绘图区大小，上方为标题预留空间、下方为新横坐标轴标签和数据来源预留空间、左侧为新纵坐标轴标签预留空间。

设置纵坐标轴标签：为刻度线 X 系列散点添加数据标签，并放在数据标记左侧。将标签上下左右边距均设置为 0，高度和宽度均设置为 0.7cm。分别在每个数据标签前添加"-"，并适当向左移

171

动与图表边框连接在一起。

设置横坐标轴标签：为横坐标轴 X 系列散点添加数据标签，并放在数据标记下方。将标签形状修改为五边形箭头、设置为白色（深色 15%）填充、无边框、顺时针旋转 60°。将标签上下左右边距均设置为 0，高度和宽度分别设置为 0.4cm 和 1cm。分别将 2015—2017 年的数据标签设置为红色填充（RGB 值为 245,108,77）、白色字体。适当向下移动，与横坐标轴保持一定的间距［如图 4.15（a）所示］。

3. 设置折线图

设置折线图：将折线设置为 2 磅橘黄色（RGB 为值 246，188，72），将 2015—2017 年之间的折线颜色设置为红色。将折线数据标记设置为白色填充、1.5 磅橘黄色边框，分别将 2015 年、2016 年和 2017 年的数据标记颜色修改为红色。

添加数据标签：为折线添加数据标签并设置为橘黄色，分别将 2015 年、2016 年和 2017 年的数据标签颜色修改为红色。参照原图调整标签位置。

设置面积图：将面积设置为 70% 透明度红色填充。为折线添加误差线，并设置为负偏差、无线端、自定义（指定 D2:D20 单元格中的值），线条设置为 0.5 磅红色短画线［如图 4.15（b）所示］。

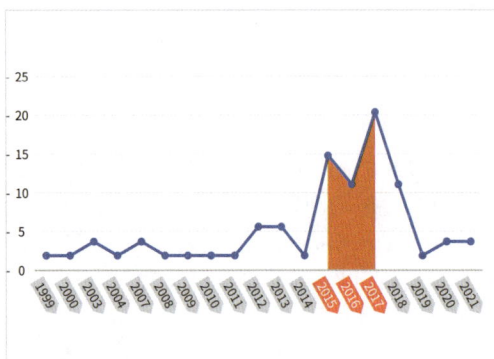
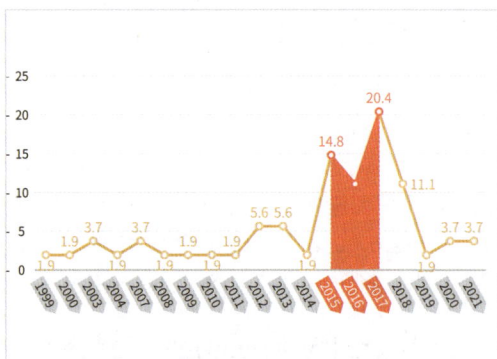

（a）   （b）

图 4.15　突出重点式折线图制作步骤 2

4. 设置圆角绘图区、制作各项文字性内容

参照 1.12 节中的"半圆角图表边框"部分，制作圆角绘图区［如图 4.16（a）所示］。

参照原图制作标题、图例、分割线等，具体参数详见图表源文件，并将折线图的边框设置为无，最终效果如图 4.16（b）所示。

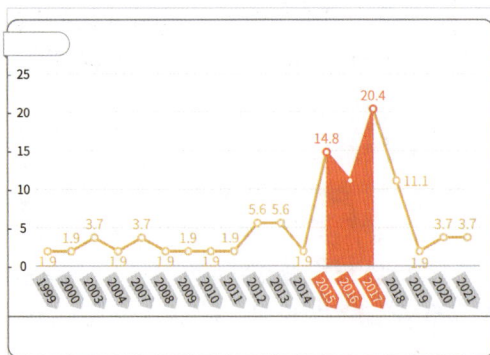

（a）   （b）

图 4.16　突出重点式折线图制作步骤 3

4.4 抓不住重点，加上标签：显示特定坐标轴标签的柱线图

4.4.1 图表自画像

解题之道：标签原本平等，因为选择才分出了高下。如果有选择性地为图表添加标签，被选中的部分，地位一下子就被提高了。如图 4.17 所示，横坐标轴除了起点和终点标签外，仅保留了 2020.01 和 2021.01 这两个标签，柱形和折线上只保留屈指可数的几个数据标签，皆因为这些时间点是飞机日利用率和正班客座率的阶段性高点或低点。这些标签都是图表设计师留下的重要线索，需要读者重点关注。

图表类型：柱形图＋折线图＋散点图。

表达数据关系：双重纵向对比，比较 2019 年 4 月至 2022 年 5 月我国民航的飞机日利用率和正班客座率。

适用场景：原图适用于数据新闻媒体、去掉顶部和底部的各项形状装饰后适用于政府报告和商务报告。

图 4.17　显示特定坐标轴标签的柱线图（选自《RUC 新闻坊》）

4.4.2　制作技巧拆解

显示特定坐标轴标签：特定坐标轴标签采用辅助散点（X 轴值分别为 1、10、22 和 38，Y 轴值均为 2）的数据标签制作，并将数据标记填充为"＋"号。

4.4.3　图表分步还原

1. 插入柱形图并修改基本格式

如图 4.18（a）所示，选择 A1:C38 单元格区域，插入柱线图。新增辅助 X 系列并修改为散点

图、修改数据源。将辅助 X 系列散点的 X 轴系列值修改为 D2:D38，Y 轴系列值修改为 E2:E38。让折线图使用次轴、柱形图和散点图使用主轴。将主要纵坐标轴的取值范围设置为"2~10"，间隔为 2，不保留小数。将次要纵坐标轴的取值范围设置为"0.4~1"，间隔为 0.2，不保留小数。将图表的字体整体设置为黑色思源黑体 Normal［如图 4.18（b）所示］。

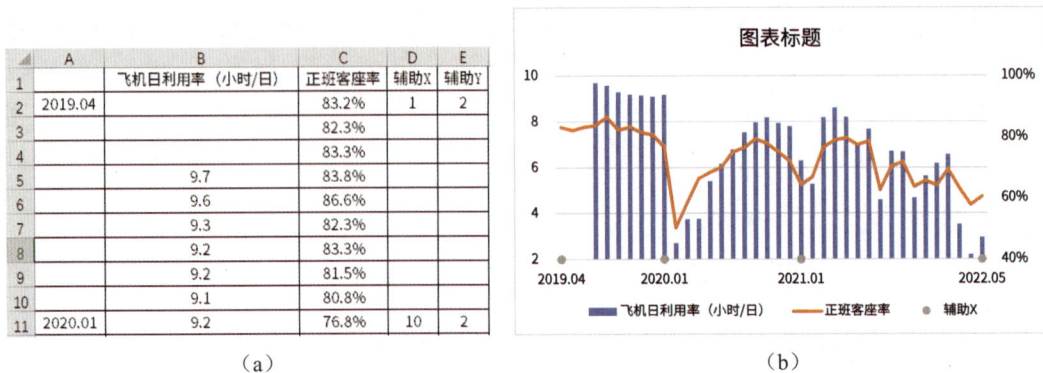

（a）

（b）

图 4.18　显示特定坐标轴标签的柱线图制作步骤 1（数据为模仿数据，以原图表为准）

2. 设置柱线图

调整图表大小：将图表的高度和宽度分别设置为 9.9cm 和 12cm。将主要和次要纵坐标轴、横坐标轴线条设置为 0.5 磅白色（深色 50%）。将主要和次要纵坐标轴刻度线设置为内部。将图例放置在图表顶部。删除标题和网格线。图表设置为无填充、无边框。

设置柱形图：将柱形的间隙宽度设置为 30%。将柱形填充为蓝色（RGB 值为 167，198，225）。将折线线条设置为 0.5 磅紫色（RGB 值为 172，127，138），数据标记设置为 3 号、紫色填充、无边框。插入加号（将高度和宽度均设置为 0.4cm），线条设置为 0.5 磅白色（深色 50%），并粘贴至辅助 X 系列散点。参照原图，分别为柱形图和折线图添加数据标签（如图 4.19 所示）。

3. 制作各项装饰和文字性内容

参照原图分别制作标题、Logo 和数据来源，具体参数详见图表源文件（或参照 1.7 节中的"制作柱形图装饰"部分），最终效果如图 4.20 所示。

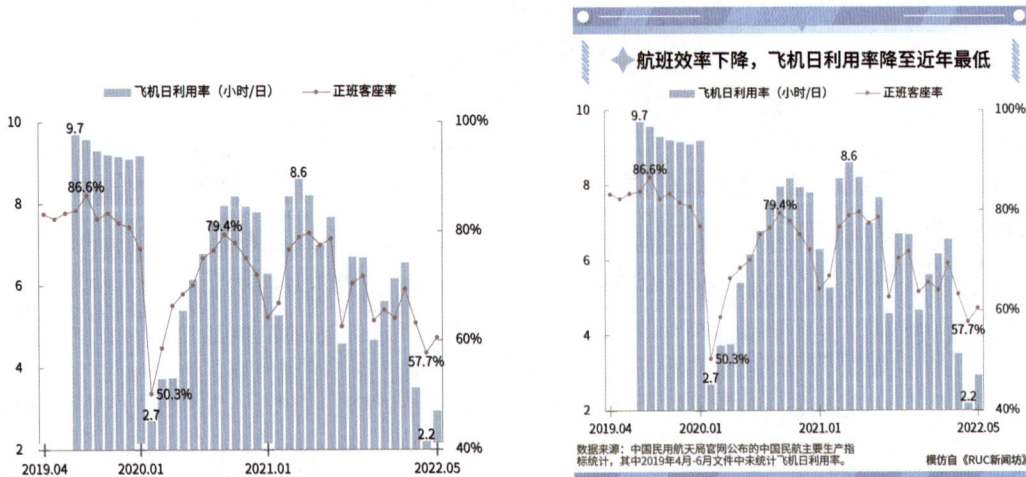

图 4.19　显示特定坐标轴标签的柱线图制作步骤 2

图 4.20　显示特定坐标轴标签的柱线图制作步骤 3

4.5.1　图表自画像

解题之道：如图 4.21 所示，未添加数据标注之前，读者对每个数据的关注度相同，观察时也许会由前至后，也许先观察最小值或最大值。因此，图表设计师为重点数据添加了数据标注，并提供导致搜索量快速增加的关键事件，为读者分析解答数据变化的前因后果。这些标记可以提醒读者，首先关注这些数据，如果时间不够，甚至可以只关注这些数据。其作用类似于阅读文章的中心思想，或者新闻的导语。

图表类型：折线图 + 面积图 + 气泡图。

表达数据关系：纵向对比，对比 1 月 30 日至 2 月 5 日期间，冰墩墩的网络搜索情况。

适用场景：适用于数据新闻媒体和商务报告，去除外装饰框后也适用于政府报告。

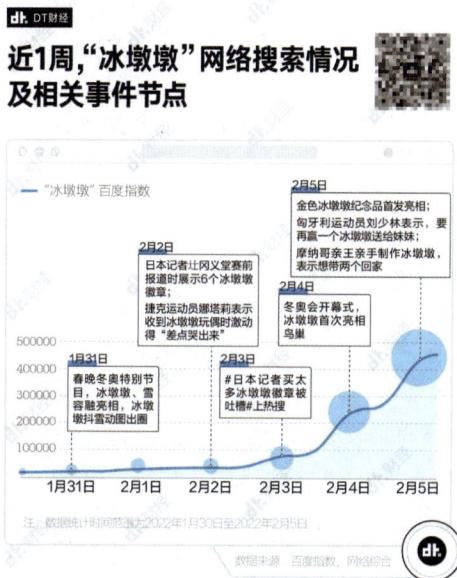

图 4.21　"折线图 + 面积图 + 气泡图"组合（选自《DT 财经》）

4.5.2　制作技巧拆解

1. "折线图 + 面积图 + 气泡图"组合

折线图可以与面积图直接组合，气泡图则无法与其他图表直接组合，此时可以将气泡图叠加在"折线图 + 面积图上层"实现组合。如图 4.22 所示，叠加时需要注意：一是气泡图的大小。气泡图（无填充、蓝色边框）的高度与折线图（浅灰色填充、无边框）相同，宽度略大于折线图。制作时建议先复制折线图，再修改为气泡图，这样可以保持图表的大小和绘图区位置不变。二是气泡的位置。每个气泡的位置不是标准的 0.5、1.5 和 2.5 等，而是要根据实际的叠加情况进行适当的调整，同时还要与横坐标轴的取值范围搭配好。三是气泡图的位置。气泡图并非与折线图完全重合，而是上下重叠、左右按需适当调整。

2. 自定义数据标注

如图 4.22 所示，数据标注由"折线图的误差线 + 时间文本框 + 蓝色线条 + 事件圆顶角矩形"组合而成，其中折线图的误差线长度，需要根据数据标注的位置适当调整。

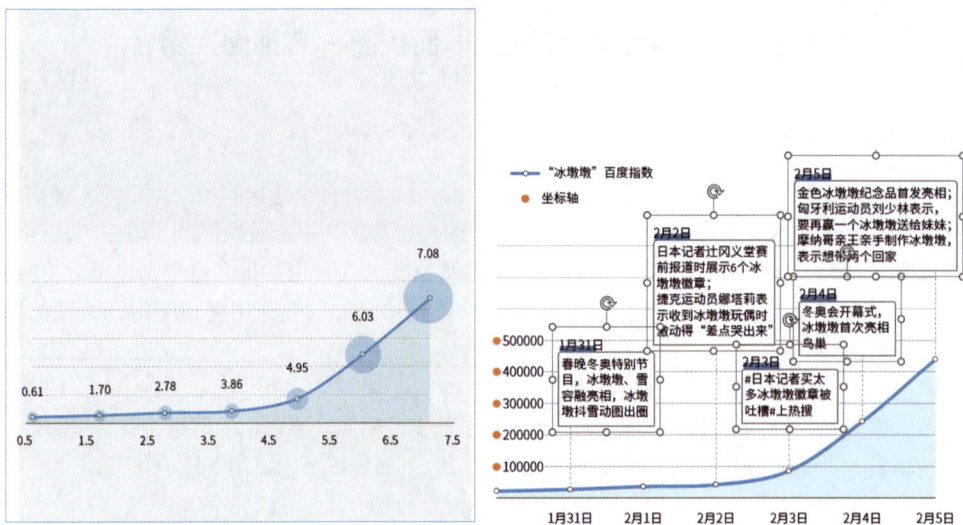

图 4.22 "折线图 + 面积图 + 气泡图"组合制作思路（数据为模仿数据，以原图表为准）

3. 自定义坐标轴标签

如图 4.22 所示，纵坐标轴只显示 100000~500000 的数据标签，其由辅助散点的数据标签制作而成，并用水平误差线（正偏差、无线端、固定值 6）模仿网格线。

4.5.3 图表分步还原

1. 插入折线图并修改基本格式

如图 4.23（a）所示，选择 A1:D8 单元格区域，插入带数据标记的折线图。将气泡 X 系列和气泡 Y 系列修改为散点图、修改数据源 [如图 4.23（b）所示]。将气泡 X 系列散点的系列名称修改为 E1（坐标轴），X 轴系列值修改为 E2:E6，Y 轴系列值修改为 F2:F6；将气泡 Y 系列面积的系列名称修改为 B1（冰墩墩百度指数），系列值修改为 B2:B8。将纵坐标轴的取值范围修改为"0~800000"，间隔 100000。将图表的字体整体设置为黑色思源黑体 Normal [如图 4.23（c）所示]。

	A	B	C	D	E	F	G
1		"冰墩墩"百度指数	气泡X	气泡Y	坐标轴	坐标轴Y	误差线
2	早	21818	0.61	21818	1	100000	
3	1月31日	27273	1.70	27273	1	200000	200000
4	2月1日	36364	2.78	36364	1	300000	
5	2月2日	41818	3.86	41818	1	400000	500000
6	2月3日	85455	4.95	85455	1	500000	150000
7	2月4日	241818	6.03	241818			300000
8	2月5日	440000	7.08	440000			300000

（a）

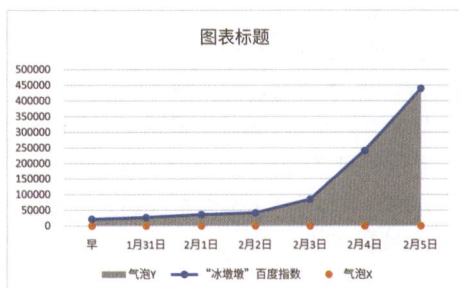

（b）

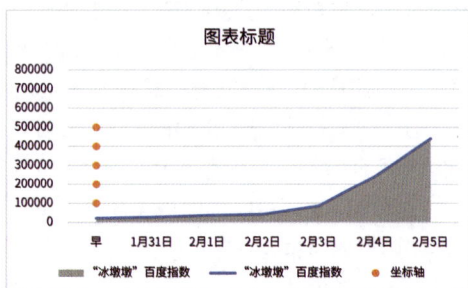

（c）

图 4.23 "折线图 + 面积图 + 气泡图"组合制作步骤 1

176

2. 设置折线图格式

调整图表大小：将图表的高度和宽度分别设置为14cm和12.7cm。调整绘图区大小，上方预留标题的空间、下方预留注释和数据来源的空间、右侧预留边框和Logo的空间。将横坐标轴设置为1磅白色（深色50%）。删除标题和图例中的散点图和面积图，并放在绘图区左上角。图表设置为无边框。

设置折线图和面积图：将折线线条设置为蓝色（RGB值为43，156，220），数据标记设置为4号圆形、白色填充、0.5磅黑色（淡色25%）边框。将面积图设置为30%透明度蓝色填充［如图4.24（a）所示］。

设置纵坐标轴标签和网格线：隐藏纵坐标轴标签。删除网格线。为坐标轴系列散点添加数据标签，设置为白色填充，并适当向左移动。为坐标轴系列散点添加误差线并删除垂直误差线，水平误差线设置为正偏差、无线端、固定值6，线条设置为0.5磅50%透明度白色（深色50%）短画线。将散点数据标记设置为无。

隐藏首个横坐标轴标签：插入矩形并设置为白色填充、无边框，叠放在第1个横坐标轴标签"早"上。

制作数据标记：为折线添加误差线，设置为正偏差、无线端、自定义（指定G2:G20单元格中的值），线条设置为0.5磅白色（深色50%）短画线。参照原图分别插入文本框、直线和圆顶角矩形制作标注，具体参数详见图表源文件，最终效果如图4.24（b）所示。

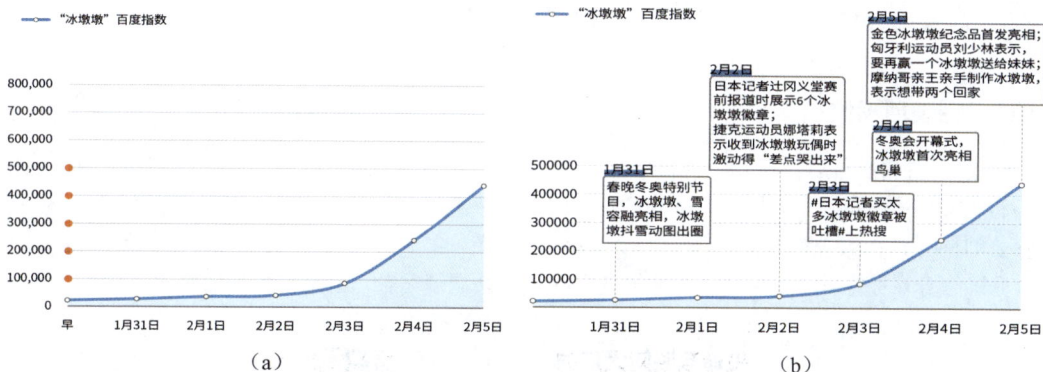

图4.24 "折线图＋面积图＋气泡图"组合制作步骤2

3. 制作气泡图

复制图4.24（b），删除坐标轴系列散点和冰墩墩百度指数系列面积，将冰墩墩百度指数系列折线修改为气泡图、修改数据源。将系列名称修改为C1（气泡X），X轴系列值修改为C2:C6，Y轴系列值修改为D2:D6，气泡大小修改为D2:D6。将图表的高度和宽度分别设置为14cm和13.17cm。隐藏坐标轴，删除图例。将气泡大小设置为40，填充为70%透明度蓝色（如图4.25所示）。

图4.25 "折线图＋面积图＋气泡图"组合制作步骤3

4. 设置装饰和各项文字性内容

将气泡图叠放在折线图上层，适当调整让气泡与折线的数据标记一一对应。参照原图制作标题、各项装饰和文字性内容，具体参数详见图表源文件（或参照1.1节中的"设置装饰和各项文字

177

性内容"部分），最终效果如图 4.26 所示。

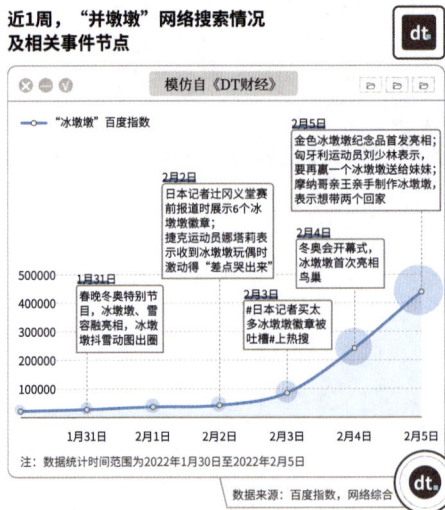

图 4.26 "折线图 + 面积图 + 气泡图"组合制作步骤 4

4.6 抓不住重点，加上箭头：增长箭头式柱形图

4.6.1 图表自画像

解题之道：分析读者的心理是图表制作人的必修课之一。读者在看到图表后，都渴望瞬间抓住核心和要害，就像是去景区旅游，都想要第一时间看到最美的风景。因此，图表制作人就要当好自己图表的向导，在最关键的部分添加上"路标"。如图 4.27 所示，图表设计师以增长箭头为路标，配合升降百分点标签，在呈现 2 年的数据变化时，效果立竿见影，重点内容呼之欲出。

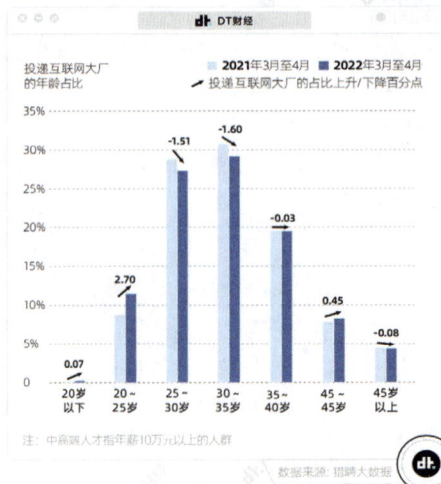

图 4.27 增长箭头式柱形图（选自《DT 财经》）

图表类型：簇状柱形图＋散点图。

表达数据关系：分布关系＋纵向对比，2021年/2022年投递互联网大厂的中高端人才年龄段分布情况属于分布关系；2021年与2022年投递互联网大厂的人才年龄占比值变化属于纵向对比。

适用场景：适用于数据新闻媒体和商务报告，去除外装饰框后也适用于政府报告。

4.6.2　制作技巧拆解

1. 增长箭头

如图4.28所示，增长箭头采用带线条的散点图（X轴值分别为0.86、1.14、1.86、2.14、…、6.86、7.14，根据柱形的间隙宽度不同，需要适当调整，Y轴值为对应柱形值＋5%）制作。并且只显示偶数散点的线条（依次选中偶数散点，并将线条设置为深灰色），在尾部添加箭头，将散点分为两两一组。

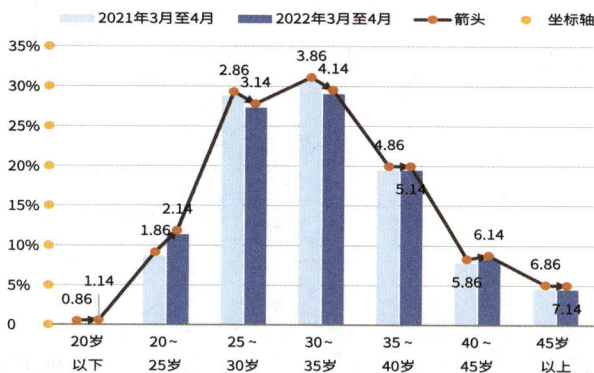

图4.28　增长箭头和自定义坐标轴制作思路（数据为模仿数据，以原图表为准）

2. 自定义纵坐标轴标签

如图4.28所示，纵坐标轴标签由坐标轴散点（X轴值均为0.5，Y轴值分别为5%、10%、…、35%）的数据标签制作，可以自由设置为左对齐。

4.6.3　图表分步还原

1. 插入柱形图并修改基本格式

如图4.29（a）所示，选择A1:E89单元格区域，插入簇状柱形图［如图4.29（b）所示］。将箭头系列和箭头Y系列柱形修改为散点图、修改数据源。将箭头系列散点的X轴系列值修改为D2:D15，Y轴系列值修改为E2:E15；将箭头Y系列散点的系列名称修改为F1（坐标轴），X轴系列值修改为F2:F8，Y轴系列值修改为G2:G8。将纵坐标轴的取值范围修改为"0~0.35"，间隔0.05。将图表的字体整体设置为黑色思源黑体Normal［如图4.29（c）所示］。

2. 设置条形图格式

调整图表大小：将图表的高度和宽度分别设置为14cm和12.7cm。调整绘图区大小，上方预留标题的空间、下方预留注释和数据来源的空间、右侧预留边框和Logo的空间。隐藏横坐标轴线条和纵坐标轴标签。将网格线设置为0.5磅白色（深色25%）短画线。删除图例中的箭头和坐标轴系列，并放置在绘图区右上角。图表设置为无边框。

设置条形图：将条形的系列重叠和间隙宽度分别设置为−8%和150%。将2021年3月至4月系列柱形和2022年3月至4月系列柱形分别填充为浅蓝色（RGB值为214，234，255）和蓝色（RGB值为36，125，255）。

设置纵坐标轴标签：为坐标轴系列散点添加数据标签，显示X值、取消显示Y值、放在散点左侧，并用标签工具适当移动保持左对齐。将数据标记设置为无［如图4.30（a）所示］。

设置增长箭头： 依次选择箭头系列散点中的偶数散点，将其线条设置为2磅黑色（淡色25%）、尾部箭头。为散点添加数据标签，并显示H2:H15单元格中的值、取消显示Y值、放在散点上方并适当向右移动。将数据标记设置为无。

参照原图制作年龄占比图例并放在绘图区左上角；制作投递互联网大厂的占比上升/下降百分点图例（直线+文本框），并放在图例下方，与图例保持右对齐［如图4.30（b）所示］。

A	B 2021年3月至4月	C 2022年3月至4月	D 箭头	E 箭头Y	F 坐标轴	G 坐标轴Y	H 增减标签
20岁以下	0.00%	0.07%	0.86	0.50%	0.5	0	0.07
20~25岁	8.66%	11.36%	1.14	0.57%	0.5	5%	
25~30岁	28.82%	27.31%	1.86	9.16%	0.5	10%	2.70
30~35岁	30.64%	29.04%	2.14	11.86%	0.5	15%	
35~40岁	19.50%	19.47%	2.86	29.32%	0.5	20%	-1.51
40~45岁	7.81%	8.26%	3.14	27.81%	0.5	25%	
45岁以上	4.57%	4.49%	3.86	31.14%	0.5	30%	-1.6
			4.14	29.54%	0.5	35%	
			4.86	20.00%			-0.03
			5.14	19.97%			
			5.86	8.31%			0.45
			6.14	8.76%			
			6.86	5.07%			-0.08
			7.14	4.99%			

（a）

（b）

（c）

图4.29 增长箭头式柱形图制作步骤1

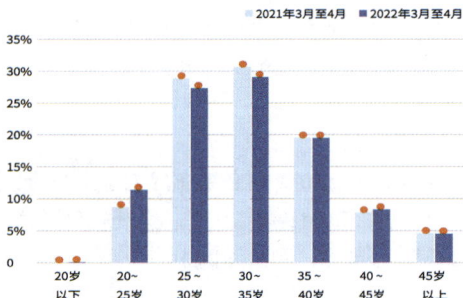

（a）

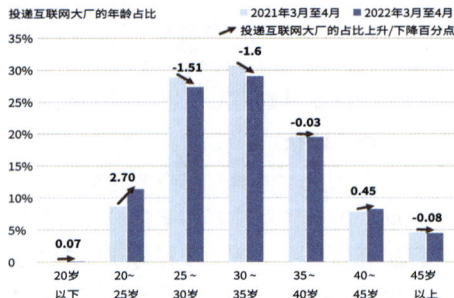

（b）

图4.30 增长箭头式柱形图制作步骤2

3. 设置装饰和各项文字性内容

参照原图制作标题、各项装饰和文字性内容，具体参数详见图表源文件（或参照1.1节中的

"设置装饰和各项文字性内容"部分），最终效果如图 4.31 所示。

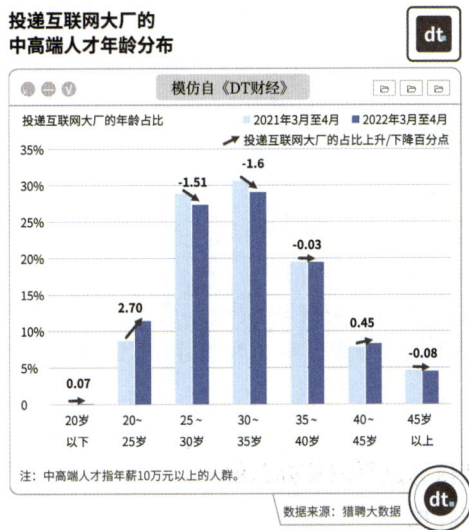

图 4.31　增长箭头式柱形图制作步骤 3

4.7　抓不住重点，先做排名：长标签 + 蝴蝶图

4.7.1　图表自画像

解题之道：设计图表时，需要遵从读者的阅读习惯，比如从上至下、从左至右、从中心至四周。因此，将重点内容放在图表的最左侧（比如柱形图和气泡图）、最上方（比如条形图和气泡图）或中心位置（比如气泡图、饼图和圆环图），有助于读者快速获取关键信息。排序是提取和筛选重点的常用手段，数据排序后逻辑性更强，排名靠前的数据更值得被关注，甚至具有一定预警作用，对读者的参照意义也更强，如图 4.32 所示。

图 4.32　长标签 + 蝴蝶图（选自《DT 财经》）

181

图表类型：表格＋条形图。

表达数据关系：双重横向对比，求职者认为远程居家办公的 6 个好处 /6 个顾虑的占比是第 1 重横向对比；远程居家办公的好处与顾虑对比是第 2 重横向对比。

适用场景：适用于数据新闻媒体和商务报告，去除外装饰框后也适用于政府报告。

4.7.2　制作技巧拆解

1. 表图结合

如图 4.32 所示，表格用圆角矩形、圆形、图标等各类装饰形状和线条搭建（具体制作步骤参照 1.1 节中的"设置装饰和各项文字性内容"部分），然后将左右 2 个条形图分别嵌入表格对应列中（嵌入方法参照 1.5 节中的"将图表嵌入表格"部分）。另外，表格中的各类好处和顾虑长标签，所有选项均直接在表格中输入，举例部分则采用文本框制作，放在对应选项下方，并保持左对齐 / 右对齐。

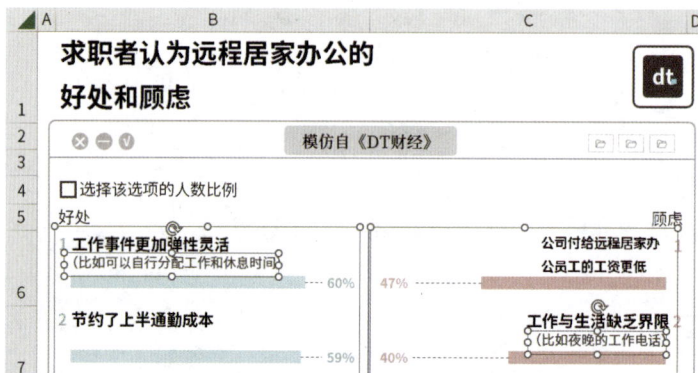

图 4.33　表格结构

2. 数据标签

如图 4.33 所示，好处和顾虑条形图的数据标签，利用标签工具统一移动至最右侧或最左侧，并填充为白色。另外，条形与标签之间的连接线，采用条形误差线（正偏差、无线端、固定值 0.7）制作。

4.7.3　图表分步还原

1. 制作表格框架

如图 4.34（a）所示，表格的具体参数如下。

行高：标题（第 1 行）60 磅、装饰行（第 2、3 行）17.25 磅、表头（第 4、5 行）17.25 磅、主体内容行（第 6~11 行）49.5 磅、数据来源（第 12 行）52.5 磅。

列宽："好处和顾虑"列（B、C 列）35 磅、空白列（A、D 列）1.5 磅。

边框：主体内容行的 B 列添加白色（深色 50%）右边框。

字体："好处"的序号设置为 11 号蓝色（RGB 值为 170，196，195），其余字体设置为 11 号黑色，并保持顶部对齐和左对齐；"顾虑"的序号设置为 11 号粉色（RGB 值为 220，184，186），其余字体设置为 11 号黑色，并保持顶部对齐和右对齐。表头采用 11 号字体、各类好处和顾虑的举例采用 9 号字体。

数据来源和各项装饰图形参照原图制作，具体参数详见源文件（或参照 1.1 节中的"设置装饰和各项文字性内容"部分）。

（a）

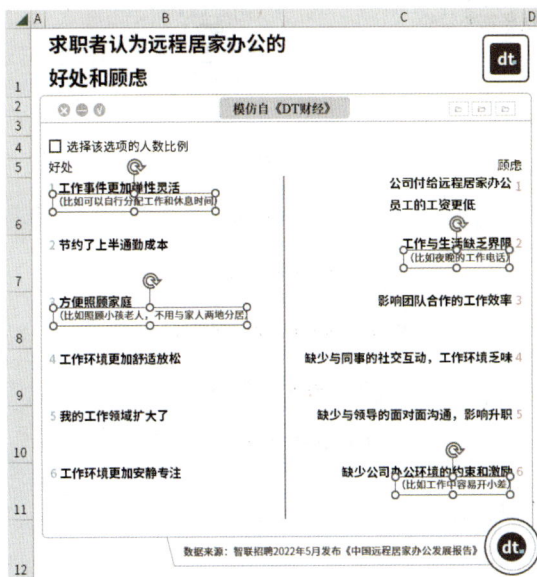

	A	B	C
1		好处	顾虑
2	1	60%	47%
3	2	59%	40%
4	3	46%	39%
5	4	30%	39%
6	5	27%	25%
7	6	27%	25%

（b）

图 4.34 "长标签＋蝴蝶图"制作步骤 1

2. 制作条形图

如图 4.34（b）所示，选择 A1:B7 单元格区域，插入条形图。将纵坐标轴设置为逆序类别。将横坐标轴的取值范围修改为"0~0.7"。将图表的字体整体设置为 11 号黑色思源黑体 Normal［如图 4.35（a）所示］。

调整图表大小：将图表的高度和宽度分别设置为 11cm 和 7.33cm。删除标题、图例和网格线。隐藏坐标轴标签和线条。图表设置为无填充、无边框。

设置条形：将条形的系列重叠设置为 500%。条形填充蓝色。为条形添加误差线，并设置为正偏差、无线端、固定值 0.7，线条设置为 0.5 磅黑色（淡色 35%）短画线。

添加数据标签：为条形添加数据标签，字体设置为 11 号思源黑体 Bold 蓝色，标签填充为白色，移动至绘图区右侧并保持右对齐［如图 4.35（b）所示］。

同理制作顾虑条形图，最终效果［如图 4.35（c）所示］。

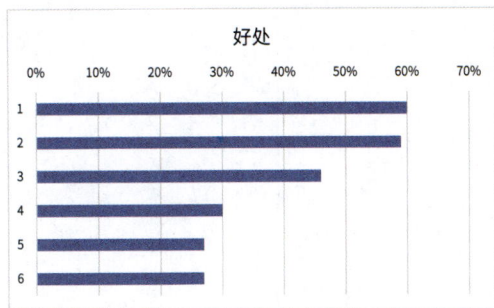

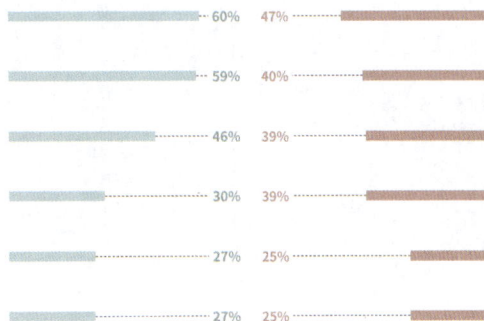

（a）　　　　　　　　　　　（b）　　　　　　　　　（c）

图 4.35 "长标签＋蝴蝶图"制作步骤 2

3. 将条形图嵌入表格

将两个条形图分别嵌入表格对应列，最终效果如图 4.36 所示。

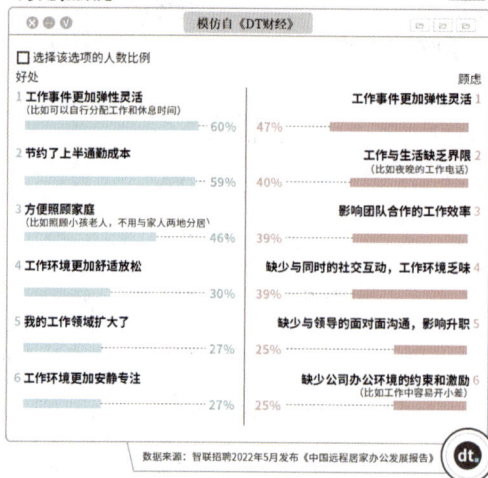

求职者认为远程居家办公的
好处和顾虑

图 4.36 "长标签 + 蝴蝶图"制作步骤 3

4.8 观点难提炼，加平均线：平均线式柱线图

4.8.1 图表自画像

解题之道：准确地提炼出图表观点，并留下具有引导性和针对性的线索，读者按图索骥也能提炼出相似观点，是图表制作人的必备技能。如图 4.37 所示，图表设计师为读者留下以下线索：一是对收获人数柱形进行排名，并添加极值线。读者可以看到，在 TOP20 月饼中，稻香村销量最高、周师傅销量最低。稻香村销量一骑绝尘，几乎是第 2 名的两倍。二是为单价折线添加平均线、极值标签和提醒箭头。读者可以观察到，TOP20 月饼均价为 10.1 元，诺梵单价最高，几乎是均价的 3 倍，但目标消费群体并不少。九岭夼单价最低，仅是均价的 1/3，但销量仅处于中下游。

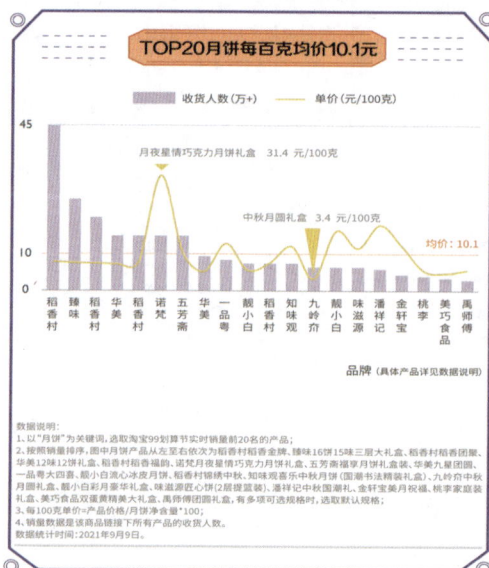

图 4.37 平均线式柱线图（选自《RUC 新闻坊》）

图表类型：柱线图（柱形图＋折线图）。

表达数据关系：横向对比，比较淘宝"99 划算节"销量前 20 名月饼的收货人数和单价。

适用场景：原图适用于数据新闻媒体，去掉各项形状装饰后适用于政府报告和商务报告。

4.8.2 制作技巧拆解

1. 平均线

如图 4.38 所示，平均线采用辅助折线（数值均为 10.1）的线性趋势线制作，并分别向前后各推 0.5 个周期，从而实现和横坐标轴相同长度。均价标签采用辅助折线终点的数据标签制作，纵坐标轴数值为 10 的标签采用辅助折线起点的数据标签制作。

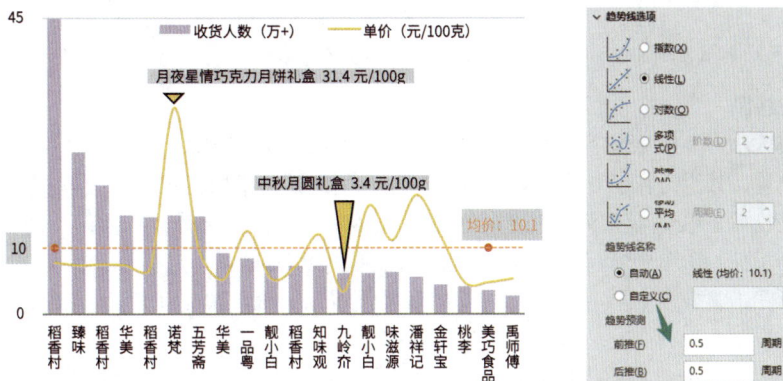

图 4.38　平均线和指示箭头制作思路

2. 自定义数据标签

如图 4.38 所示，数据标签内容可以自由修改为礼盒名称和单价，指示箭头采用垂直翻转的三角形制作。

3. 形状装饰框

如图 4.39 所示，原图中装饰框有着鲜明的特色，让普通的图表变得更有设计感。装饰框由"剪去对角的矩形＋空心圆＋直线＋虚线"等形状组成。图表制作人可以通过多观察、多研究、多模仿、多总结，实现原创设计。

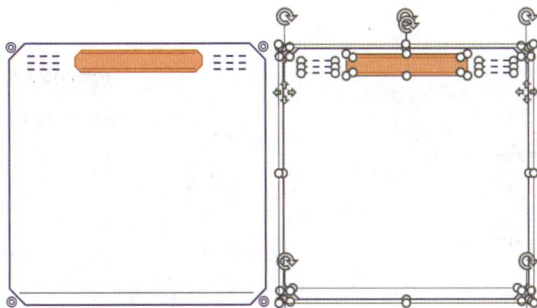

图 4.39　形状装饰结构

4.8.3 图表分步还原

1. 插入柱形图并修改图表类型和基本格式

如图 4.40（a）所示，选择 A1:D21 单元格区域，插入柱线图。将单价系列柱形修改为折线图。将纵坐标轴的取值范围设置为"0~45"，间隔为 45，不保留小数。将图表的字体整体设置为黑色思源黑体 Normal，将横坐标轴标签设置为竖排显示［如图 4.40（b）所示］。

185

（a）　　　　　　　　　　　　（b）

图4.40　平均线式柱线图制作步骤1（数据为模仿数据，以原图表为准）

2. 设置柱线图

调整图表大小：将图表的高度和宽度分别设置为12.53cm和12.7cm。将图例放置在图表顶部。调整绘图区位置，其上方预留出标题及装饰的空间，下方预留出数据说明及装饰线条的空间。将主要和次要纵坐标轴的线条设置为0.5磅白色（深色50%），刻度线设置为内部。将横坐标轴的线条设置为0.5磅白色（深色50%）。删除标题。图表设置为无边框。

设置柱形图：将收货人数系列柱形的间隙宽度设置为80%，填充浅紫色（RGB值为203，190，213）。

设置折线图：将单价系列折线设置为1.5磅黄色（RGB值为247，216，91）。将均价系列折线设置为无线条，添加线性趋势线，并分别向前和向后各推0.5个周期，趋势线线条设置为1磅橙色（RGB值为243，161，105）。

设置纵坐标轴标签：为均价系列折线的起点（稻香村）添加数据标签，并修改为10、字体修改为黑色，放置在数据标记左侧，与纵坐标轴保持左对齐。

设置数据标签：为均价系列折线的终点（禹师傅）添加数据标签，显示系列名称、取消显示值，字体修改为橙色，放置在数据标记上方，与趋势线保持右对齐。为单价系列折线中的诺梵和九岭夯添加数据标签，并输入相应产品名及单价。诺梵三角形指示箭头高度和宽度分别设置为0.2cm和0.4cm，九岭夯三角形指示箭头高度和宽度分别设置为1.4cm和0.4cm，均设置为黄色填充，并放置在数据标记和数据标签中间［如图4.41（a）所示］。

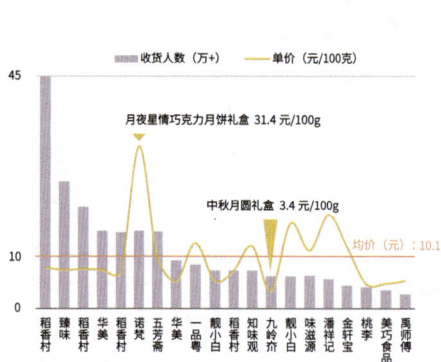

（a）　　　　　　　　　　　　（b）

图4.41　平均线式柱线图制作步骤2

186

3.制作柱线图装饰框和各项文字性内容

各项装饰、分隔线和文字性内容可以参照原图制作，具体参数详见图表源文件，最终效果如图4.41（b）所示。

(4.9) 观点难提炼，营造趋势：增强式数据标签面积图

4.9.1 图表自画像

解题之道：本例中折线的连续性增长态势很明显，可以直接提炼出"自2004年起，我国高校毕业生人数逐年升高"这个基本观点。如果需要更深入的挖掘分析，可以继续营造和归纳趋势变化。这里图表设计师将18年的样本研究区间分成3个阶段，每个阶段利用线条进行分隔，并添加增强式的数据标签，这样读者就能轻松获取每个阶段的毕业人数，得出"每隔6年我国毕业人数都会有一个较大幅度的提升"（分别增长140.6%、33.0%和40.7%）的观点。此外，还可以通过计算平均增长率，并添加增长箭头，得出"我国高校毕业生人数增速先降后升，总量持续攀升"（3个阶段平均增长率分别为15.76%、4.87%、5.85%，整体平均增长率6.4%）的观点，如图4.42所示。

图表类型：折线图＋面积图。

表达数据关系：纵向对比，比较2004—2022年我国高校毕业生人数的变化情况。

适用场景：适用于数据新闻媒体，去除外装饰框后也适用于政府报告和商务报告。

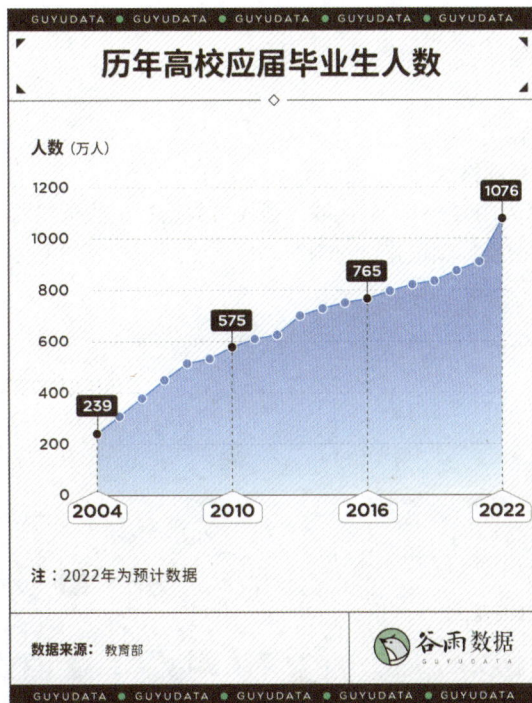

图4.42　增强式数据标签面积图（选自《谷雨数据》）

4.9.2　制作技巧拆解

1.图表区域划分

如图4.43所示，原图由上至下，可以分为上装饰区、标题区、图表区、功能区和下装饰区。这样的区域划分，可以让图表更加层次鲜明、各司其职。

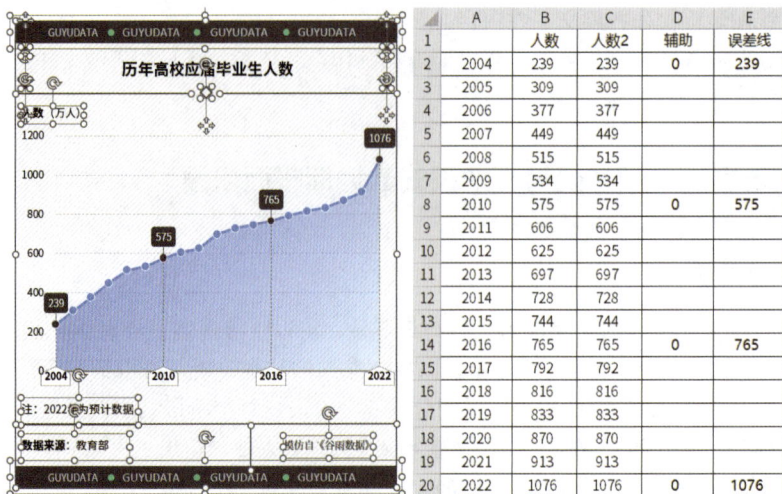

	A	B 人数	C 人数2	D 辅助	E 误差线
2	2004	239	239	0	239
3	2005	309	309		
4	2006	377	377		
5	2007	449	449		
6	2008	515	515		
7	2009	534	534		
8	2010	575	575	0	575
9	2011	606	606		
10	2012	625	625		
11	2013	697	697		
12	2014	728	728		
13	2015	744	744		
14	2016	765	765	0	765
15	2017	792	792		
16	2018	816	816		
17	2019	833	833		
18	2020	870	870		
19	2021	913	913		
20	2022	1076	1076	0	1076

图 4.43　图表分区域制作思路（数据为模仿数据，以原图表为准）

2. 自定义坐标轴标签

如图 4.43 所示，原图中只显示分隔区域首尾两端（2004、2010、2016 和 2022）的横坐标轴标签，并且与折线的误差线（灰色短画线）、数据标记（深灰色填充）和数据标签（深灰色圆角矩形 + 深灰色引导线）一一对应。制作时，利用辅助折线图（2004、2010、2016 和 2022 数值为 0，其余数值均为空）的数据标签代替横坐标轴标签。另外，数据标签还要用五边形箭头进行填充（参照 3.2 节中的"自定义坐标轴标签形状"部分）。

4.9.3　图表分步还原

1. 插入折线图并修改基本格式

如图 4.43 所示，选择 A1:D20 单元格区域，插入带数据标记的折线图。将人数 2 系列折线图修改为面积图。将横坐标轴的坐标轴位置修改为在刻度线上。将图表的字体整体设置为黑色思源黑体 Normal［如图 4.44（a）所示］。

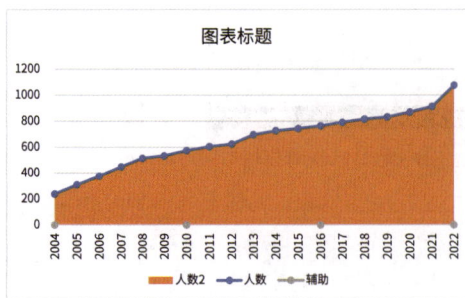

（a）

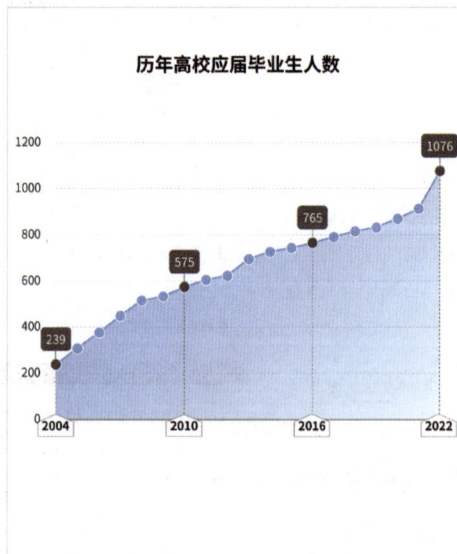

（b）

图 4.44　增强式数据标签面积图制作步骤 1

2. 设置折线图格式

调整图表大小：将图表的高度和宽度分别设置为 14.22cm 和 12.06cm。调整绘图区大小，上方预留上装饰区和标题的空间、下方预留功能区和下装饰区的空间。网格线设置为 0.5 磅白色（深色25%）短虚线。标题修改为 14 号思源黑体 Bold，并放在绘图区上方。隐藏横坐标轴标签、线条设置为 1 磅白色（深色 50%）。

设置折线图：线条设置为 1.5 磅蓝色（RGB 值为 97，158，255），数据标记设置为 8 号圆形、蓝色填充、0.5 磅白色边框。将 2004 年、2010 年、2016 年和 2022 年的数据标记填充黑色（淡色25%）。

添加数据标签：为面积图添加数据标签，只保留 2004 年、2010 年、2016 年和 2022 年的标签。将标签形状修改为圆角矩形，并设置为黑色（淡色 25%）填充、无边框。适当调整标签大小，向上移动至折线图上方，将引导线设置为黑色（淡色 25%）。

添加误差线：为折线图添加误差线，并设置为负偏差、无线端、自定义（指定 E2:E20 单元格中的值，2004 年、2010 年、2016 年和 2022 年的误差值等于折线值，其余数值均为空），线条设置为 0.5 磅黑色（淡色 25%）短画线。

设置面积图：面积图填充为 45° 由 10% 透明度蓝色向 90% 透明度蓝色的线性渐变。

设置横坐标轴标签：为辅助系列添加数据标签，并显示类别名称、取消显示值。用五边形箭头填充标签，放在折线下方，并适当向上移动［如图 4.44（b）所示］。

3. 设置背景和各项文字性内容

标题、Logo、文字性说明、数据来源参照原图制作，具体参数详见图表源文件（或参照 1.3 节中的"设置背景和各项文字性内容"部分），最终效果如图 4.45 所示。

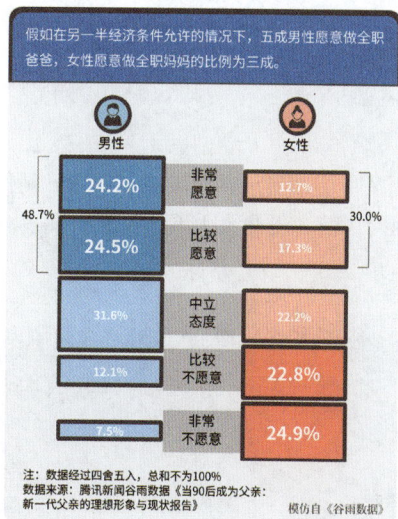

图 4.45　增强式数据标签面积图制作步骤 2

4.10　观点难提炼，添加合计：渐变百分比堆积条形图

4.10.1　图表自画像

解题之道：如图 4.46 所示，图表设计师的巧思有 2 个：一是对于流入占比逐步增加的三线城市和四线城市，采用亮色填充，第一时间抓住读者目光；二是在三四线城市条形的下方叠放矩形，并在 2020 年的三四线城市条形下添加合计值，提醒读者将两者放在一起分析和研究。得益于这简单

189

又巧妙的设计，让整个图表的观点呼之欲出。

图表类型：百分比堆积条形图。

表达数据关系：综合对比，2017 年、2018 年、2019 年和 2020 年同一城市类型的人才流入占比属于纵向对比；同一年度中不同类型城市的人才流入占比属于横向对比。

适用场景：适用于数据新闻媒体，去除外装饰框后也适用于政府报告和商务报告。

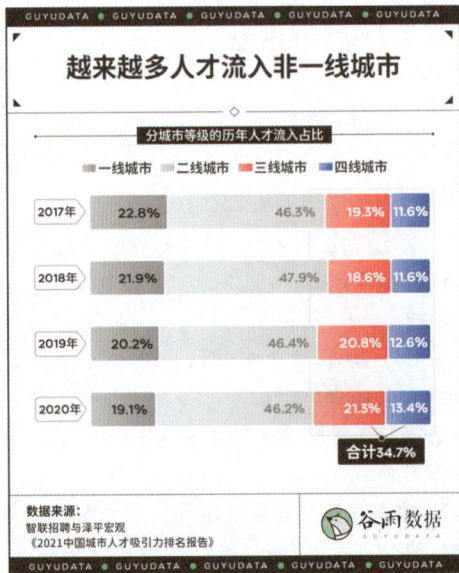

图 4.46 渐变百分比堆积条形图（选自《谷雨数据》）

4.10.2 制作技巧拆解

1. 堆积类圆角条形

本例和 3.11 节中自定义图例条形图都属于圆角堆积条形图，制作思路完全相同。两者本质虽相同，但设计手法和方向却大不相同。前者更侧重于聚焦重点、助攻观点形成，后者则倾向于实用与华丽兼备。

2. 图表结构

如图 4.47 所示，由上至下分别为堆积条形图、"矩形 + 直线 + 圆形"组合、圆角条形组合。

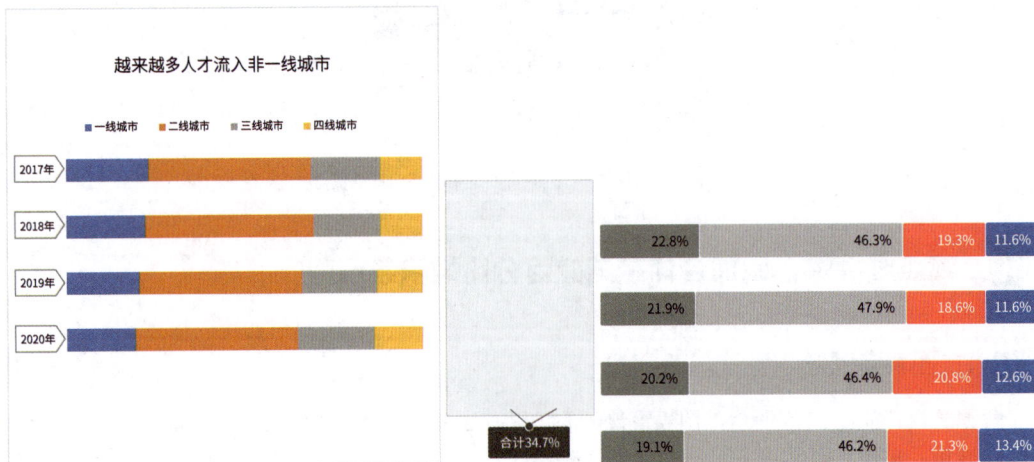

图 4.47 图表结构

4.10.3 图表分步还原

1. 插入条形图并修改基本格式

如图 4.48（a）所示，选择 A1:E5 单元格区域，插入百分比堆积条形图。将图表的字体整体设置为黑色思源黑体 Normal［如图 4.48（b）所示］。

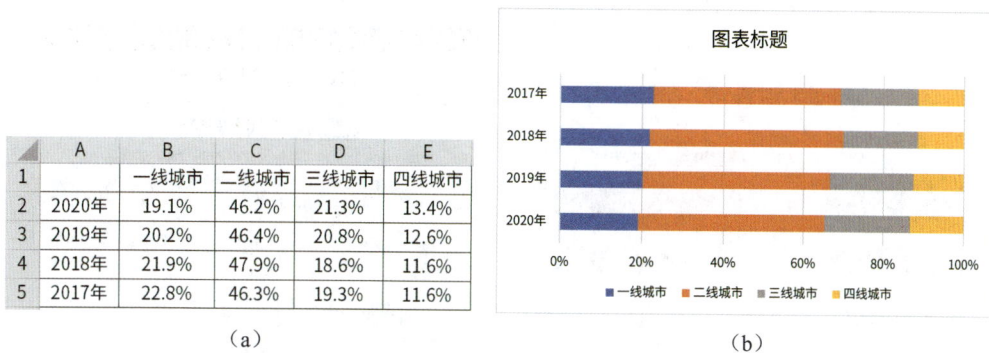

	A	B	C	D	E
1		一线城市	二线城市	三线城市	四线城市
2	2020年	19.1%	46.2%	21.3%	13.4%
3	2019年	20.2%	46.4%	20.8%	12.6%
4	2018年	21.9%	47.9%	18.6%	11.6%
5	2017年	22.8%	46.3%	19.3%	11.6%

（a）　　　　　　　　　　　　　（b）

图 4.48　渐变百分比堆积条形图制作步骤 1

2. 设置条形图格式

如图 4.49（a）所示，将图表的高度和宽度分别设置为 12.85cm 和 12.06cm。调整绘图区大小，上方预留上装饰区和标题的空间、下方预留功能区和下装饰区的空间。将标题修改为 14 号思源黑体 Bold，并放在绘图区上方。隐藏横坐标轴标签和线条、纵坐标轴线条。删除网格线。图表设置为无边框。

3. 制作堆积圆角条形

参照 3.11 节中的做法，分别确定每一年度、每类城市条形的宽度。以 2017 年为例，一线、二线、三线和四线城市条形长度分别为 2.41cm、4.87cm、2.01cm 和 1.22cm。接下来据此分别制作各城市圆角矩形，其高度可以根据需要适当调整，并分别填充 0°由 50% 透明度白色（深色 50%）向白色（深色 50%）的线性渐变、0°由 50% 透明度白色（深色 25%）向白色（深色 25%）的线性渐变、0°由 50% 透明度红色（RGB 值为 255，72，90）向红色的线性渐变、0°由 50% 透明度蓝色（RGB 值为 36，115，235）向红色的线性渐变，均设置为 0.5 磅白色边框。然后在圆角矩形内录入对应条形值并保持右对齐。接着将所有圆角矩形按顺序首尾相接并组合在一起。同理制作其他年度的圆角条形［如图 4.49（b）所示］。

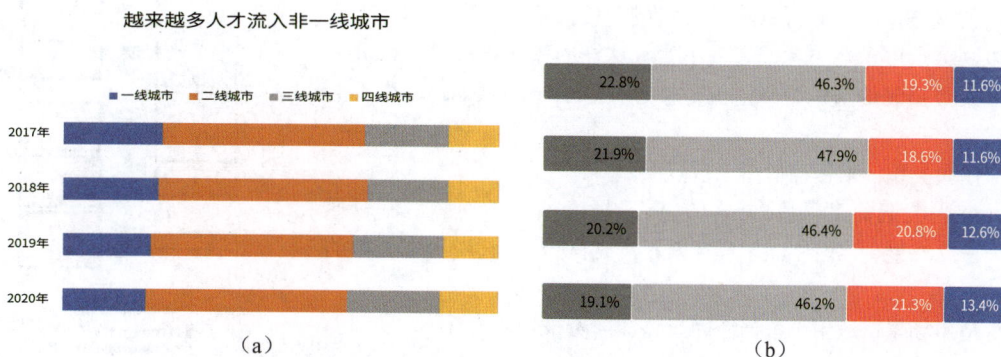

（a）　　　　　　　　　　　　　（b）

图 4.49　渐变百分比堆积条形图制作步骤 2

4. 制作辅助元素

叠放圆角条形：将制作好的圆角条形分别叠放在对应条形上，并保持左对齐。

191

制作纵坐标轴标签外框：将年份五边形箭头分别叠放在对应年份标签上，并保持左对齐。

制作合计组合框：矩形背景（高度和宽度分别设置为5.78cm和3.79cm），设置为白色（深色5%）填充、0.5磅白色（深色25%）边框，叠放在三线城市和四线城市条形下层。合计圆角矩形（高度和宽度分别设置为0.79cm和2.11cm），设置黑色（淡色25%）填充、无边框、字体白色，放置在三线城市和四线城市条形下方。圆形和连接直线参照原图制作［如图4.50（a）所示］。

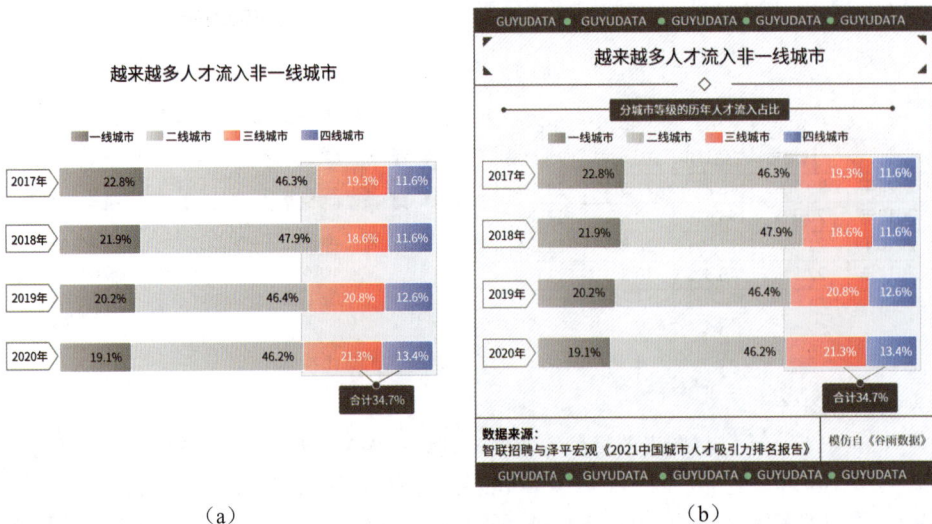

（a）　　　　　　　　　　　　　（b）

图4.50　渐变百分比堆积条形图制作步骤3

5. 设置背景和各项文字性内容

标题、Logo、文字性说明、数据来源参照原图制作，具体参数详见图表源文件（或参照1.3节中的"设置背景和各项文字性内容"部分），最终效果如图4.50（b）所示。

4.11　观点难提炼，大者入题：分隔式堆积柱形图

4.11.1　图表自画像

解题之道：如图4.51所示，提炼图表观点时，最常用、最直观的做法，就是分析总结最大值或者较大值。当然反向操作也可以，重点展示最小者或者较小值。这样的操作比较符合研究人员观察数据时的基本逻辑，也更接近读者的心理预期，基本不会出错。

图表类型：堆积柱形图＋散点图。

表达数据关系：静态结构，展示男女性非常愿意、比较愿意、中立态度、比较不满意和非常不满意做全职爸爸/全职妈妈的占比。

适用场景：适用于数据新闻媒体和商务报告。

4.11.2　制作技巧拆解

1. 分隔堆积柱形图

如图4.52所示，每类意愿的男女性柱形都保持着一一对应、

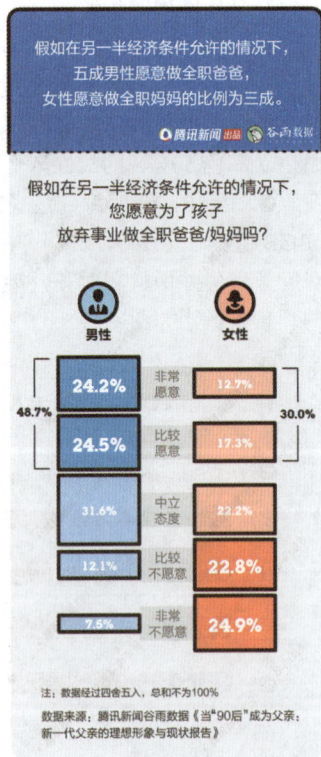

图4.51　分隔式堆积柱形图（选自《谷雨数据》）

垂直居中对齐。为了实现这种效果，需要在堆积柱形图中穿插一些辅助柱形，补齐男女性柱形间的差异，让男女性的柱形大小保持平衡。

辅助柱形分两类：**第一类是补齐差异**。男女性相对应的柱形，分别计算上下相邻柱形的合计值，以较大值柱形为基准，为较小值柱形补齐差值。**第二类是增加分隔**。在较大值柱形间，添加2.5%的分隔用于隔开柱形。

以非常愿意和比较愿意柱形为例，男性值分别为24.2%和24.5%，女性值分别为12.7%和17.3%。此时男性合计值较大，需要在非常愿意和比较愿意柱形间，添加2.5%的分隔辅助柱形。女性合计值较小，在非常愿意和比较愿意柱形的上下方，均需要添加辅助柱形，其中：

非常愿意上方的辅助柱形（辅助6）等于5.8%，即（男性非常愿意24.2%- 女性非常愿意12.7%）/2；

非常愿意下方的辅助柱形（辅助5）等于11.9%，即（男性非常愿意24.2%- 女性非常愿意12.7%）/2+分隔2.5%+（男性比较愿意24.5%- 女性比较愿意17.3%）/2。

同理可以计算出其他柱形之间的辅助柱形大小。

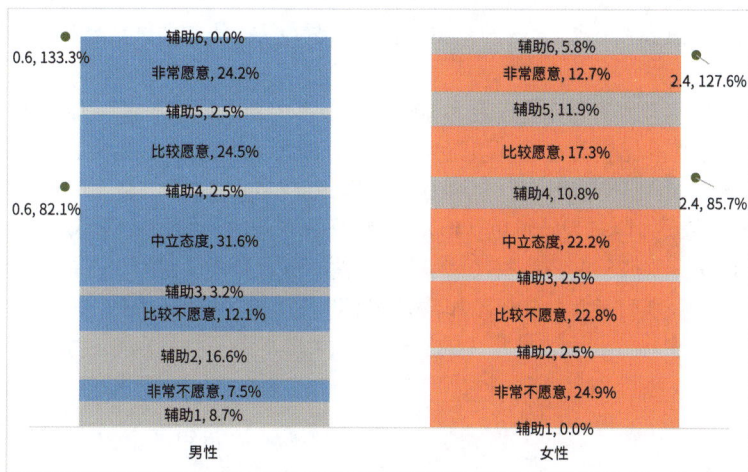

图4.52　分隔堆积柱形图制作思路

2. 合计值方括号和标签

如图4.52所示，非常愿意和比较愿意柱形合计值方括号和标签采用辅助散点的误差线和数据标签制作。散点 X 轴值分别为0.6、0.6、2.4和2.4，Y 轴值分别为133.3%（男性柱形合计值）、82.1%（男性比较愿意柱形下方的柱形合计值）、127.6%（女性柱形合计值-辅助6柱形值）和85.7%（女性比较愿意柱形下方的柱形合计值）。其中水平误差线设置为正偏差、无线端和自定义值（0.06、0.06、−0.06和−0.06）；垂直误差线设置为负偏差、无线端和自定义值（51.2%、0、41.9%和0）。数据标签则填充为与图表背景同色，并叠放在垂直误差线上。

3. 自定义标题和图例

标题区域采用圆顶角矩形制作，然后叠放在设置为圆角边框的图表顶部。男女柱形之间的标签采用矩形制作，并用其代替图例。

4.11.3　图表分步还原

1. 插入堆积柱形图并修改基本格式

如图4.53（a）所示，选择A1:C12单元格区域，插入带数据标记的折线图，并切换行/列。新增辅助X系列并修改为散点图、修改数据源。将辅助X系列散点的 X 轴系列值修改为D2:D5，Y 轴系列值修改为E2:E5。将纵坐标轴的取值范围修改为"0~1.4"。将图表的字体整体设置为黑色思

193

源黑体 Normal［如图 4.53（b）所示］。

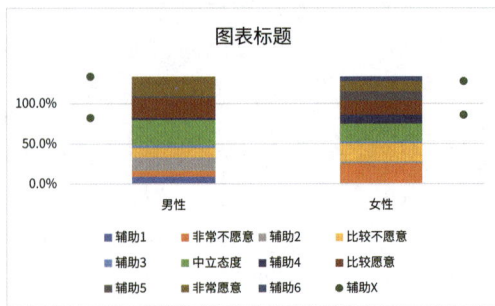

（a）　　　　　　　　　　　　　　　　（b）

图 4.53　分隔式堆积柱形图制作步骤 1

2. 设置柱线图格式

调整图表大小：将图表的高度和宽度分别设置为 14cm 和 11cm。调整绘图区大小，上方预留标题和图例空间、下方预留注释和 Logo 的空间。删除标题、网格线和图例。隐藏坐标轴标签和线条。图表设置为无边框。

设置柱形图：将柱形的间隙宽度设置为 80%。将所有辅助系列柱形设置为无填充、无边框。将男性柱形中的非常愿意和比较愿意系列填充为深蓝色（RGB 值为 29，163，219），中立态度、比较不愿意和非常不愿意系列填充为浅蓝色（RGB 值为 161，209，240）。将女性柱形中的非常愿意、比较愿意和中立态度系列填充为浅粉色（RGB 值为 252，188，172），比较不愿意和非常不愿意系列填充为粉色（RGB 值为 255，131，106）。将男女性柱形边框均设置为 3 磅黑色（淡色 25%）。

添加数据标签：分别为男女性柱形添加数据标签，并设置为白色思源黑体 Bold。将男性柱形中的非常愿意和比较愿意标签、女性柱形中的比较不愿意和非常不愿意标签的字体修改为 14 号［如图 4.54（a）所示］。

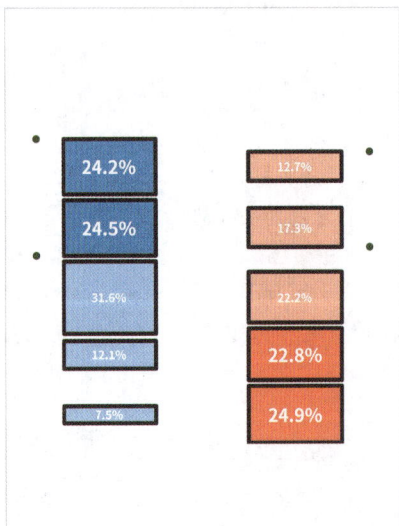
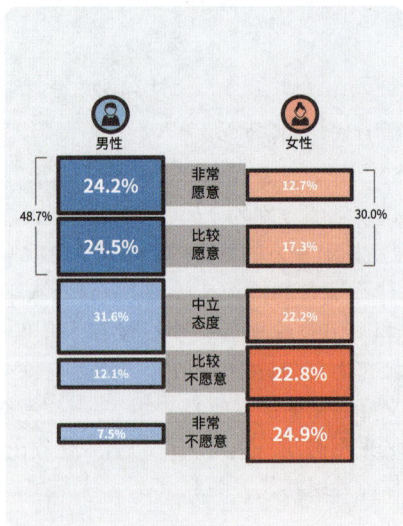

（a）　　　　　　　　　　　　　　　　（b）

图 4.54　分隔式堆积柱形图制作步骤 2

3. 制作合计标签和图例

添加误差线：为散点添加误差线，水平误差线设置为正偏差、无线端、自定义（指定 F2:F5 单元格中的值）；垂直误差线设置为负偏差、无线端、自定义（指定 G2:G5 单元格中的值），线条保持默认。为散点添加数据标签，只保留上方两个标签，并修改为对应柱形的合计值、填充为白色（深色 5%），叠放在垂直误差线中间。

制作图例：系列名称矩形（高度和宽度分别设置为 1.14cm 和 2.2cm），设置为白色（深色 25%）填充，放置在男性柱形中间。男女性圆形（高度和宽度均设置为 0.94cm），设置为蓝色填充 / 粉色填充、3 磅黑色（淡色 25%）边框，分别叠加男女图标并放置在对应柱形上方。另外，参照原图添加文本框制作图例名称。

图表填充：将图表设置为白色（深色 5%）填充、圆角边框，再修改为无线条 [如图 4.54（b）所示]。

4. 设置背景和各项文字性内容

标题圆顶角矩形、Logo、文字性说明、数据来源参照原图制作，具体参数详见图表源文件，最终效果如图 4.55 所示。

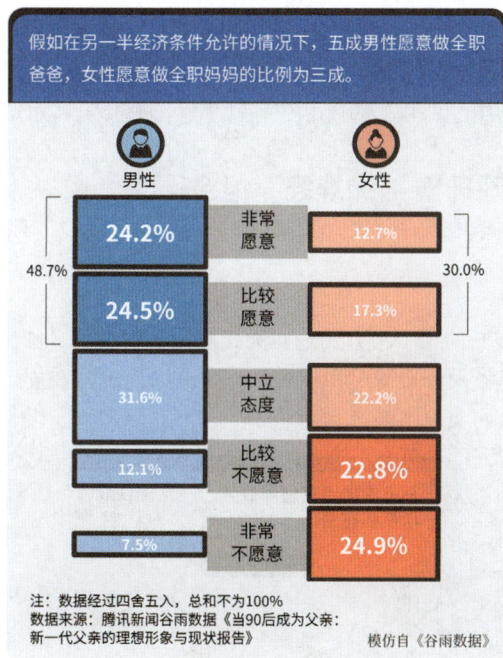

假如在另一半经济条件允许的情况下，五成男性愿意做全职爸爸，女性愿意做全职妈妈的比例为三成。

男性　　　　　女性

	男性		女性	
	24.2%	非常愿意	12.7%	
48.7%	24.5%	比较愿意	17.3%	30.0%
	31.6%	中立态度	22.2%	
	12.1%	比较不愿意	22.8%	
	7.5%	非常不愿意	24.9%	

注：数据经过四舍五入，总和不为100%
数据来源：腾讯新闻谷雨数据《当90后成为父亲：新一代父亲的理想形象与现状报告》
模仿自《谷雨数据》

图 4.55　分隔式堆积柱形图制作步骤 3

数据新闻没亮点，如何利用图表把故事讲好？

制作 1 张图表，就是在讲 1 个故事。图表设计师把综合分析、重点研究后的结论和依据，用专业化和形象化的图表语言，讲述给读者听、展示给读者看。好的图表设计师，可以汲取数据中的关键点和亮点，把图表故事讲得浅显易懂、引人入胜。本章将抽取 11 个优秀的数据新闻案例，向专业图表设计师学习，如何利用并列式、递进式和总分式分步展开数据，把故事讲清楚、说好听。

5.1 并列式展开：“圆环图 + 蝴蝶图”组合

5.1.1 图表自画像

解题之道：图表故事展开的第 1 种方式是并列式，这时图表中几部分内容的重要程度相同。如图 5.1 所示，本例中家庭年收入分布情况和疾病年花费分布情况，在展示时孰先孰后皆可，但是依据传统，人们更习惯于先收再支。

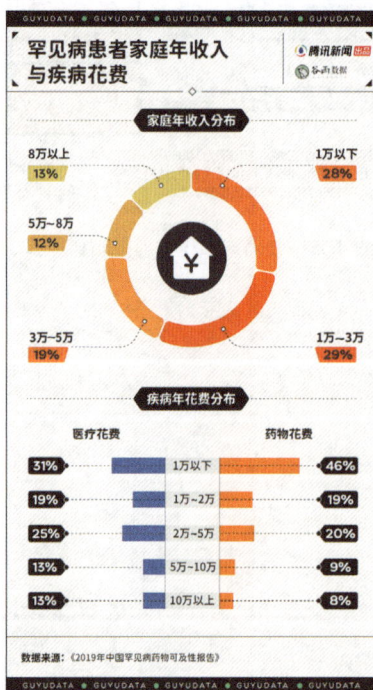

图 5.1 “圆环图 + 蝴蝶图”组合（选自《谷雨数据》）

在家庭年收入部分，图表设计师选用最简单的圆环图，但采用了圆润的圆环，搭配上圆润的

"引导线＋标签"，并在圆环中心叠加"房子＋钱币"符号，让故事沉重的主题变得更为柔和一些。在疾病年花费部分，图表设计师选用蝴蝶图，介绍疾病花费分布结构的同时，还进一步对比了医疗花费和药物花费，结论显而易见：小额支出多集中于药物花费、大额支出医疗花费则更胜一筹。

图表类型： 圆环图＋堆积条形图＋散点图。

表达数据关系： 双重静态结构＋横向对比，不同家庭年收入的占比情况属于第 1 重结构；不同疾病年花费的占比情况属于第 2 重结构；同档次花费下的医疗花费和药物花费比较属于横向对比。

适用场景： 适用于数据新闻媒体，去除外装饰框后也适用于商务报告。

5.1.2　制作技巧拆解

1. 多图组合

表图结合通常以表格为背景，多图组合通常在背景上（比如矩形、圆角矩形）按顺序摆放图表。本例中则采用子母图的设计组合方式，加大圆环图的同时上移绘图区，然后将蝴蝶图叠放在圆环下方的空白位置，圆环图和蝴蝶图分别对应子母图中的主图和子图（如图 5.2 所示）。

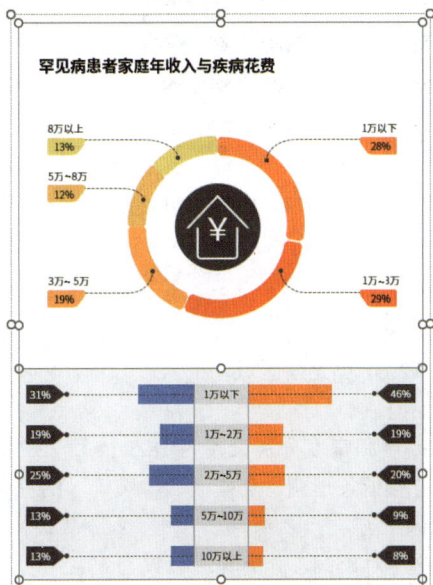

图 5.2　组合图结构

2. 圆润的圆环图

Excel 中无法直接制作圆润的圆环图。如图 5.3 所示，变通的方法是增加圆环分离度并添加粗边框。圆环大小增加至 85% 左右、分离度增加至 6% 左右，然后为圆环添加 6 磅左右的边框，并将边框的连接类型修改为棱台或者圆形。

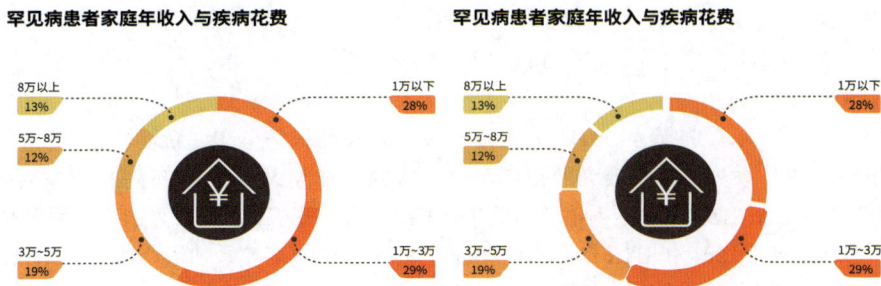

图 5.3　圆润的圆环图制作思路

197

另外，圆环图的数据标签由文本框和圆角梯形组成，具体制作过程参照 3.13 节中的"自定义数据标签"部分。半圆角引导线的具体制作过程参照 2.1 节中的"圆角绘图区"部分。

3. 蝴蝶图

如图 5.4 所示，蝴蝶图采用堆积条形图制作，由左至右分别是医疗花费系列（采用原始数值的相反数）、坐标轴系列（数值均为 30%，用于放置纵坐标轴标签）、药物花费系列（采用原始数值）。

另外，在条形图中添加标签 X1 散点系列、标签 X2 散点系列和坐标轴散点系列，其中标签散点（2 组散点 X 轴值均分别为 -0.7 和 1，Y 轴值均为 0.5、1.5……4.5）分别用于显示医疗花费和药物花费的数据标签（用深灰色五边形箭头填充，制作方法参照 1.2 节中的"自定义纵坐标轴标签"部分）；坐标轴散点（X 轴值分别为 0 和 30%，Y 轴值均为 2.5）及垂直误差线（正负偏差、无线端、固定值 2.25）用于制作纵坐标轴。

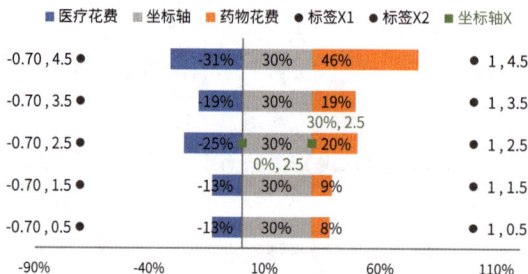

图 5.4 蝴蝶图制作思路

5.1.3 图表分步还原

1. 制作圆环图

如图 5.5（a）所示，选择 A2:B7 单元格区域，插入圆环图。将图表的字体整体设置为黑色思源黑体 Normal［如图 5.5（b）所示］。

调整图表大小：将图表的高度和宽度分别设置为 18.5cm 和 12.7cm。调整绘图区大小，上方预留上装饰区、标题的空间，下方预留条形图、功能区、下装饰区的空间。删除图例。标题修改为 14 号思源黑体 Bold，并放在绘图区上方。

设置圆环图：将圆环大小设置为 85%、分离程度设置为 6%。将 1 万以下类别、1 万~3 万类别、3 万~5 万类别、5 万~8 万类别和 8 万以上类别圆环分别填充为橙色 1（RGB 值为 253，126，22）、橙色 2（RGB 值为 255，96，0）、橙色 3（RGB 值为 251，156，45）、橙色 4（RGB 值为 248，186，67）和橙色 5（RGB 值为 246，216，89）。为所有圆环添加 5 磅同色边框，并将连接类型修改为棱台。

添加图标：圆形（高度和宽度均设置为 2.67cm）设置为黑色（淡色 25%）填充，并输入人民币符号叠加房子图标。

参照原图制作引导线和标签，左侧标签和右侧标签分别保持左对齐和右对齐，所有引导线保持平行，具体参数详见图表源文件，最终效果如图 5.5（c）所示。

2. 制作蝴蝶图

如图 5.5（a）所示，选择 A10:D15 单元格区域，插入堆积条形图。新增标签 X1 系列、标签 X2 系列和坐标轴 X 系列，并修改为散点图、使用次轴、修改数据源。将标签 X1 系列散点的 X 轴系列值修改为 E11:E15，Y 轴系列值修改为 F11:F15；将标签 X2 系列散点的 X 轴系列值修改为 G11:G15，Y 轴系列值修改为 F11:F15；将坐标轴 X 系列散点的 X 轴系列值修改为 I11:I12，Y 轴系列值修改为 J11:J12。将横坐标轴和次要纵坐标轴的取值范围分别设置为"-0.9~1.1"和"0~5"。将图表的字体整体设置为黑色思源黑体 Normal［如图 5.6（a）所示］。

198

调整图表大小：将图表的高度和宽度分别设置为 6.5cm 和 12.7cm。删除标题、网格线和图例。隐藏坐标轴标签和线条。

设置条形图：将条形的间隙宽度设置为 100%。将医疗花费系列、坐标轴系列和药物花费系列条形分别填充为蓝色（RGB 值为 58，134，255）、60% 透明度白色（深色 25%）和橙色（RGB 值为 255，129，0）。

设置纵坐标轴：为坐标轴 X 系列散点添加误差线并删除水平误差线，垂直误差线设置为正负偏差、无线端、固定值 2.25，线条设置为 0.5 磅白色（深色 50%）。为坐标轴系列条形添加数据标签，并显示 A11:A15 单元格中的值、取消显示值。

设置网格线：为标签 X1 系列散点添加误差线并删除垂直误差线，水平误差线设置为正偏差、无线端、固定值 0.7，线条设置为 0.5 磅黑色（淡色 25%）短画线。同理为标签 X2 系列散点添加误差线。

设置数据标签：为标签 X1 系列散点添加数据标签，用五边形箭头填充、左右边距分别设置为 0.1cm 和 0.3cm、适当向右移动。数据标记设置为 6 号、与标签同色填充、无边框。同理制作药物花费数据标签［如图 5.6（b）所示］。

	A	B	C	D	E	F	G	H	I	J
1	家庭年收入分布									
2		收入占比								
3	1万以下	28%								
4	1万~3万	29%								
5	3万~5万	19%								
6	5万~8万	12%								
7	8万以上	13%								
8										
9	疾病年花费分布									
10		医疗花费	坐标轴	药物花费	标签X1	标签Y1	标签X2	医疗标签	坐标轴X	坐标轴Y
11	10万以上	-13%	30%	8%	-0.7	0.5	1	13%	0%	2.5
12	5万~10万	-13%	30%	9%	-0.7	1.5	1	13%	30%	2.5
13	2万~5万	-25%	30%	20%	-0.7	2.5	1	25%		
14	1万~2万	-19%	30%	19%	-0.7	3.5	1	19%		
15	1万以下	-31%	30%	46%	-0.7	4.5	1	31%		

（a）

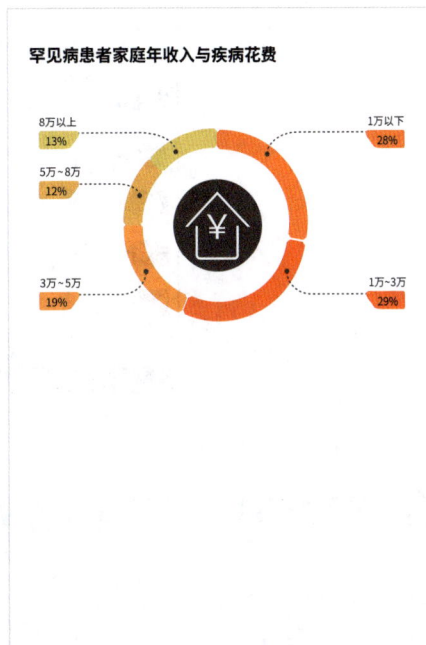

（c）

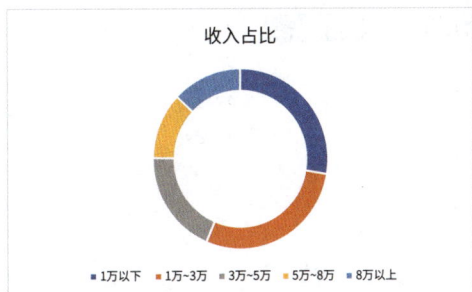

（b）

图 5.5 "圆环图 + 蝴蝶图"组合制作步骤 1

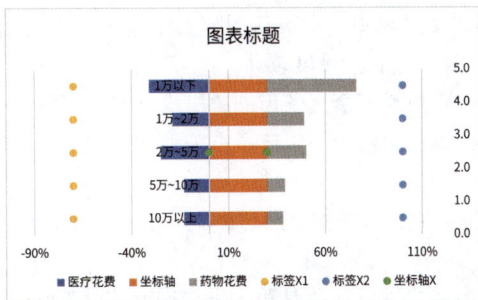

（a）

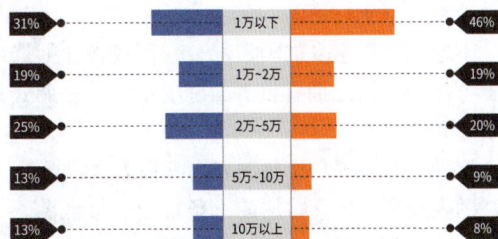

（b）

图 5.6 "圆环图 + 蝴蝶图"组合制作步骤 2

199

3. 设置背景和各项文字性内容

将蝴蝶图叠放在圆环图下的空白区域。参照原图制作背景和边框、各项装饰、分隔线，以及标题、Logo、文字性说明、数据来源，具体参数详见图表源文件（或参照 1.3 节中的"设置背景和各项文字性内容"部分），最终效果如图 5.7 所示。

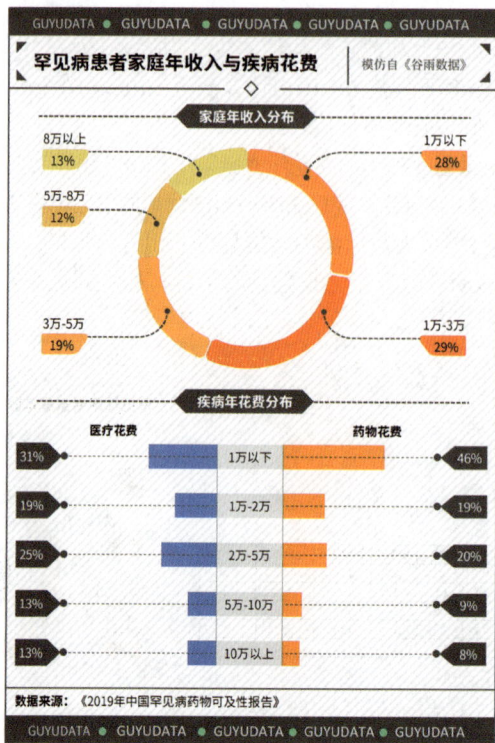

图 5.7 "圆环图＋蝴蝶图"组合制作步骤 3

5.2 并列式展开："半玫瑰图＋条形图"组合

5.2.1 图表自画像

解题之道：如图 5.8 所示，故事的逻辑线是留在工作城市优势众多，同时回家乡后又会带来诸多不便，两种因素综合考虑后，返乡的纠结之情油然而生。

在工作城市买房的因素部分，图表设计师选用的是半玫瑰图。由于买房理由是个多选题，所有因素的占比之和不等于 1，因此不宜再采用常规的饼图／圆环图。半玫瑰图魅力十足、节省空间，表达效果类似于柱形图／条形图，是比较流行的网红图表，读者接受度较高。

不愿意住在家乡的因素部分，图表设计师选用的是圆角渐变填充条形图。纵坐标轴标签放在条形上方，条形因此拥有更多的施展空间。强调式数据标签，读者会不由自主去关注这些因素，更容易引起共鸣。

这种网红图表与经典图表的混搭方式，既给读者带来惊喜又保留了熟悉感。

图表类型：填充雷达图＋条形图＋散点图。

表达数据关系：双重横向对比，5 类在工作城市买房的因素比较是第 1 重横向对比；7 类不愿意住在家乡的因素比较是第 2 重横向对比。

适用场景：适用于数据新闻媒体，去除外装饰框后也适用于商务报告。

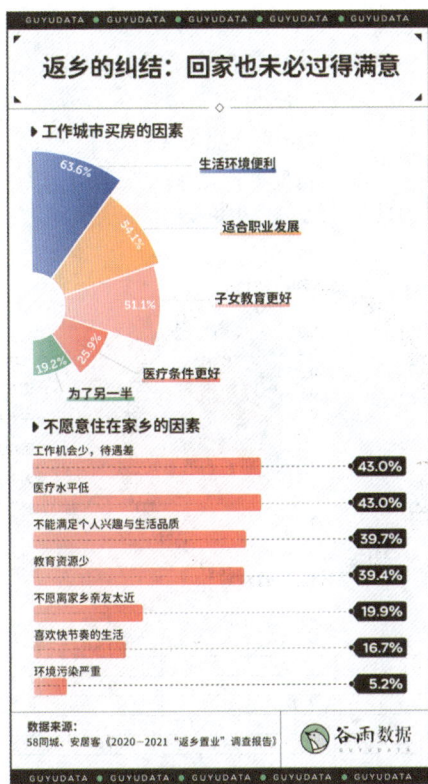

图 5.8 "半玫瑰图 + 条形图"组合（选自《谷雨数据》）

5.2.2 制作技巧拆解

1. 多图组合

增加条形图高度的同时下移绘图区，然后将无填充、无边框的半玫瑰图叠放在条形上方的空白位置（如图 5.9 所示）。

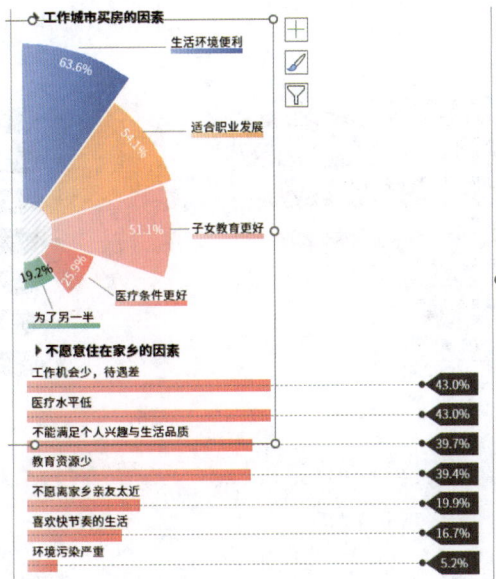

图 5.9 组合图结构

2. 玫瑰图

如图 5.10 所示，玫瑰图采用填充雷达图制作，先将雷达图平分为 360 份，然后由 5 类在工作城市买房的因素平分右侧的 180°，其分配角度分别为 0°、-36°、36°、-72°、72°-108°、108、°-144°和 144°、-180°，并在对应的分配角度内均等于买房因素占比值，在非对应角度内则为 0。最后在雷达图中心 0°、-180°角度处，增加一个数值均为 0.1 的半圆形，模仿镂空效果。另外，制作半玫瑰图时，必须选择全部 360 行图表数据。

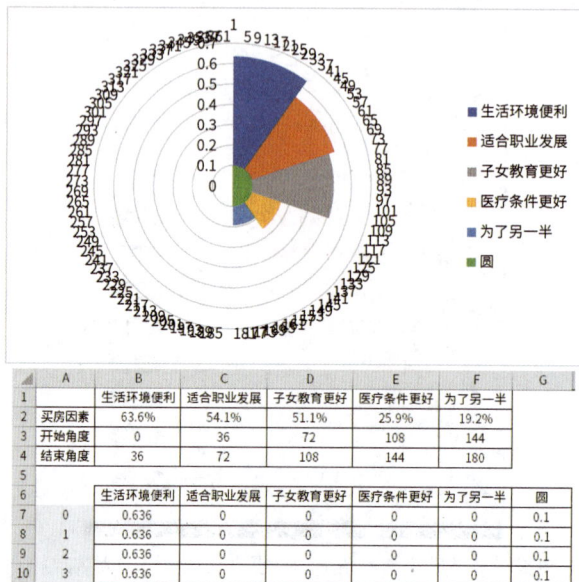

图 5.10　半玫瑰图制作思路

3. 条形标签

如图 5.11 所示，条形图的比例标签和连接线分别由标签散点图（X 轴值均为 0.7，根据需要可以适当调整，Y 轴值均依次为 0.5、1.5、…、6.5）和水平误差线（负偏差、无线端、100%）制作而成。数据标签用深灰色五边形箭头填充，制作方法参照"1.2 节长标签＋条形图"中的"自定义纵坐标轴标签"部分。

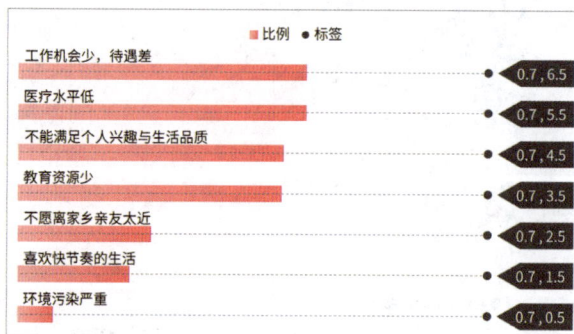

图 5.11　条形图制作思路

5.2.3　图表分步还原

1. 制作条形图

如图 5.12（a）所示，选择 A1:C8 单元格区域，插入条形图。将标签系列条形修改为散点图、使用次轴、修改数据源。将 X 轴系列值修改为 C2:C8，Y 轴系列值修改为 D2:D8。将横坐标轴和次要纵坐标轴的取值范围分别设置为"0~0.8"和"0~7"。将图表的字体整体设置为黑色思源黑体 Normal［如图5.12（b）所示］。

调整图表大小：将图表的高度和宽度分别设置为18.5cm和12.7cm。调整绘图区大小，上方预留上装饰区、标题、半玫瑰图的空间，下方预留功能区和下装饰区的空间。删除标题、网格线和图例。隐藏坐标轴标签和线条。

设置条形图：将条形的间隙宽度设置为150%，填充0°由50%透明度粉色（RGB值253,106,122）向粉色的线性渐变。

添加数据标签：为条形添加数据标签，并显示类别名称、取消显示值、取消自动换行，移动至对应条形上方并保持左对齐。

设置网格线：为排序系列散点添加误差线并删除垂直误差线，水平误差线设置为负偏差、无线端、100%，线条设置为0.5磅白色短画线。

设置比例标签：为排序系列散点添加数据标签，用五边形箭头填充、左右边距分别设置为0.3cm和0.2cm。标签显示A2:A8单元格中的值、取消显示值和引导线，放在散点右侧并适当向左移动。数据标记设置为6号、与标签同色填充、0.5磅白色边框［如图5.12（c）所示］。

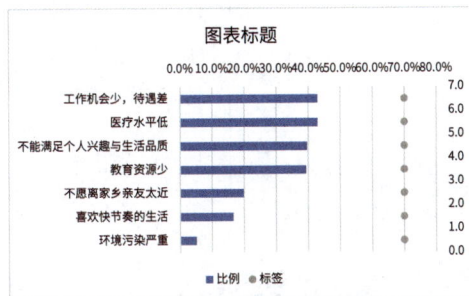

（a）

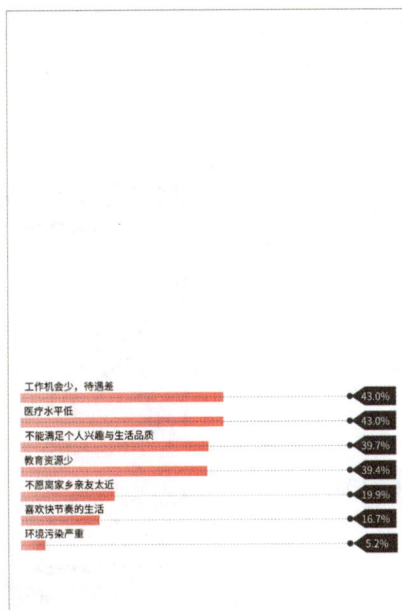

（b）　　　　　　　　　　　　　　　（c）

图5.12　"半玫瑰图＋条形图"组合制作步骤1

2. 制作半玫瑰图

如图5.10所示，选择B6:G367单元格区域，插入填充雷达图。将雷达值轴的取值范围设置为"0~0.7"。将图表的字体整体设置为黑色思源黑体 Normal［如图5.13（a）所示］。

调整图表大小：将图表的高度和宽度分别设置为10.77cm和12.7cm。删除标题和图例。隐藏坐标轴标签和线条。图表设置为无填充、无边框。

设置雷达图：分别将每个系列的边框设置为1磅白色。将生活环境便利系列雷达填充0°由50%透明度蓝色（RGB值为36，116，235）向蓝色的线性渐变。适合职业发展系列、子女教育更好系列、医疗条件更好系列和为了另一半系列雷达分别设置为橘色（RGB值为25，167，107）、浅粉色（RGB值253，165，174）、粉色（RGB值252，119，132）和绿色（RGB值83，215，171）渐变填充。将圆系列雷达填充为白色（深色15%）细对角线条纹。

203

参照原图制作各系列雷达图的数据标签、系列名称（利用文本框制作）、矩形装饰条（颜色与对应雷达图保持一致）和引导线（利用直线制作），具体参数详见图表源文件，最终效果如图 5.13（a）所示。

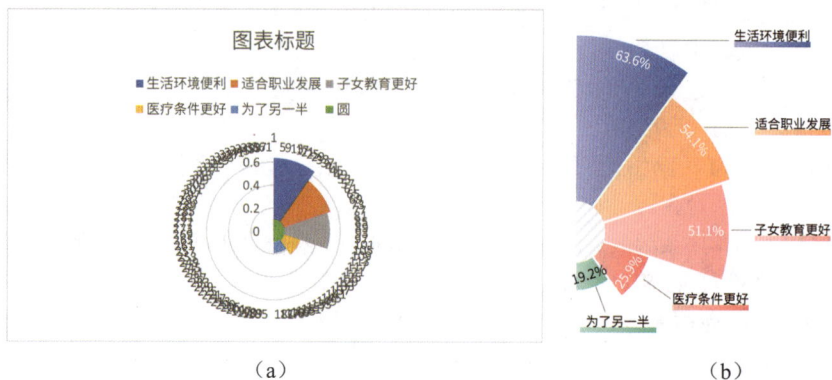

图 5.13 "半玫瑰图＋条形图"组合制作步骤 2

3. 设置背景和各项文字性内容

将半玫瑰图放置在条形图上的空白区域，并保持左对齐。参照原图制作背景和边框、各项装饰、分隔线，以及标题、Logo、文字性说明、数据来源，具体参数详见图表源文件（或参照 1.3 节中的"设置背景和各项文字性内容"部分），最终效果如图 5.14 所示。

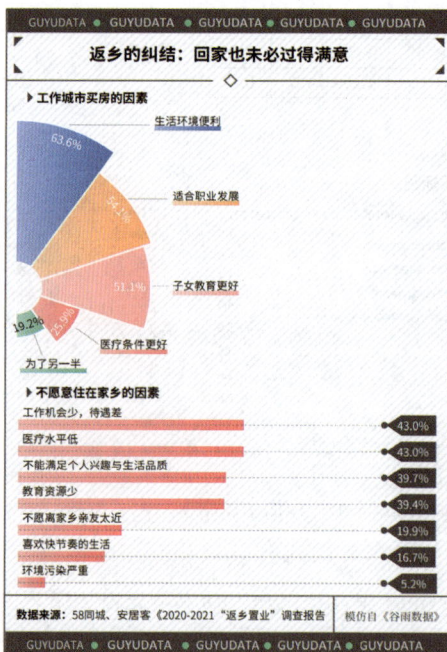

图 5.14 "半玫瑰图＋条形图"组合制作步骤 3

5.3 并列式展开："散点图＋条形图＋分类框"组合

5.3.1 图表自画像

解题之道： 如图 5.15 所示，故事的逻辑线是比较冬奥会的冰上项目和雪上项目运动员的伤病率

204

及排名。因此，图表设计既要满足两大项目的内部对比，又要满足两大项目间的互相对比，还要列示出伤病率的总排名。

冰上项目部分：图表设计师将各项目依照伤病率高低进行排序，并制作成条形图。对于进入总排名前6的项目，在条形右侧添加圆形排名标签，并用线条连接条形和圆形，合并成一个整体。

雪上项目部分：图表设计师将各项目先分类后排序，并制作成条形图。同类项目用矩形框选为独立的整体，并添加提醒标签和指示箭头。进入排行榜的项目，添加和冰上项目相同的圆形排名标签。

整体图表设计以直接明了为主，并具有强烈的统一性和完整性。同时排名标签既超出图表之外，又连接为一体的设计很有新意。另外，冰上项目和雪上项目的标题直接提炼出伤害率最高的项目，并在总标题中直接点出"雪上项目的伤病率总体大于冰上项目"的核心观点，为图表故事画上完美句号。

图表类型：条形图＋散点图。

表达数据关系：双重横向对比，冰上／雪上各项目的伤病率比较属于第1重横向对比；雪上和冰上项目的伤病率比较属于第2重横向对比。

适用场景：原图适用于数据新闻媒体，去掉各项形状装饰后适用于政府报告和商务报告。

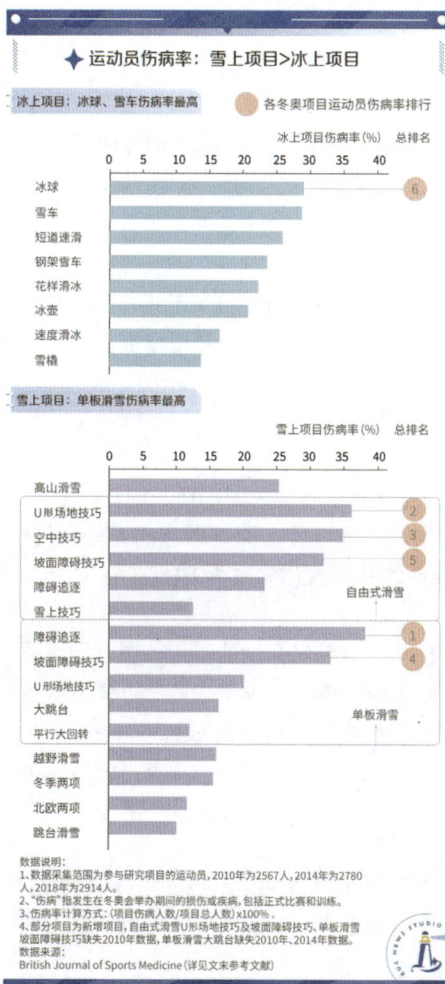

图5.15 "散点图＋条形图＋分类框"组合（选自《RUC新闻坊》）

5.3.2 制作技巧拆解

1. 条形图与散点图组合

如图 5.16 所示，条形图表示各冬奥项目运动员的伤病率、散点图表示各冬奥项目伤病率的总排名，条形与散点一一对应。条形图使用主轴、散点图使用次轴，散点图 X 轴值均为 42，Y 轴值分别为 7.5、8.5、11.5、12.5 和 13.5，未进入排名的项目则不显示散点。

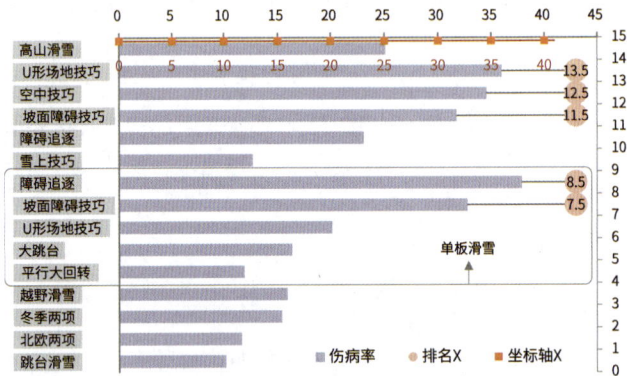

图 5.16　条形图与散点图组合制作思路（数据为模仿数据，以原图表为准）

2. 自定义坐标轴

如图 5.16 所示，横坐标轴取值范围为"0~45"，但只显示"0~41"的部分。其采用坐标轴散点（X 轴值分别为 0、5、…、40，Y 值均为 14.85）和误差线制作。用垂直误差线（正偏差、无线端、固定值 0.15）模仿刻度线，用水平误差线（正偏差、无线端、自定义值，数值 0 处误差值为 41，其余均为空）模仿横坐标轴线条。

3. 自定义坐标轴标签

如图 5.16 所示，上下两个条形图的纵坐标轴标签长度不同，但保持着左对齐。其采用条形图的数据标签制作，并通过 EasyShu 的标签工具移动至合适位置。

5.3.3 图表分步还原

1. 制作冰上项目条形图

如图 5.17（a）所示，选择 A1:D9 单元格区域，插入簇状条形图。将排名 X 和排名 Y 系列修改为散点图、使用次轴、修改数据源。将排名 X 系列散点的 X 轴系列值修改为 C2:C9，Y 轴系列值修改为 D2:D9；将排名 Y 系列散点的系列名称修改为 E1（坐标轴 X），X 轴系列值修改为 E2:E10，Y 轴系列值修改为 F2:F10。

调整取值范围：将横坐标轴和次要纵坐标轴的取值范围分别设置为"0~45"和"0~8"，将主要纵坐标轴设置为逆序类别。将图表的字体整体设置为黑色思源黑体 Normal［如图 5.17（b）所示］。

调整图表大小：将图表的高度和宽度分别设置为 5.36cm 和 11.8cm。删除标题、图例和网格线。将主要纵坐标轴线条设置为 1 磅白色（深色 50%）。隐藏主要纵坐标轴标签、隐藏横坐标轴和次要纵坐标轴的线条和标签。调整绘图区大小，左侧预留出空间放置主要纵坐标轴的长标签。图表设置为无填充、无边框。

设置横坐标轴：为坐标轴 X 系列散点添加误差线，垂直误差线设置为正偏差、无线端、固定值 0.15；水平误差线设置为正偏差、无线端、自定义值（指定 G2:G9 单元格中的值），线条均设置为 1 磅白色（深色 50%）。

设置主要纵坐标轴标签：为条形添加数据标签，显示类别名称、取消显示值和引导线，先放在轴内侧使其保持左对齐，然后移动至主要纵坐标轴左侧。

设置条形图：将条形的间隙宽度设置为80%，填充为灰蓝色（RGB值为180，203，217）。

设置散点图：将排名X系列散点的数据标记设置为15号圆形，并填充为浅橙色（RGB值为240，198，183）。为排名X系列散点添加数据标签，并将内容修改为对应排名。

连接条形及散点：为条形添加误差线，并设置为正偏差、无线端、自定义（指定H2:H9单元格中的值，冰球的误差值等于43-28.98=14.02，即排名X值减伤病率，其余未排名项目的误差值均为空），线条设置为0.5磅白色（深色50%）[如图5.17（c）所示]。

	A	B	C	D	E	F	G	H
1	冰上项目	伤病率	排名X	排名Y	坐标轴X	坐标轴Y	坐标轴误差线	伤病率误差线
2	冰球	28.98	43	7.5	0	7.85	41	14.02
3	雪车	28.71			5	7.85		
4	短道速滑	25.84			10	7.85		
5	钢架雪车	23.51			15	7.85		
6	花样滑冰	22.30			20	7.85		
7	冰壶	20.83			25	7.85		
8	速度滑冰	16.43			30	7.85		
9	雪橇	13.82			35	7.85		
					40	7.85		

（a）

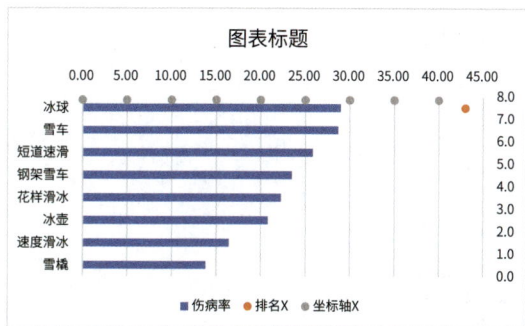

（b）

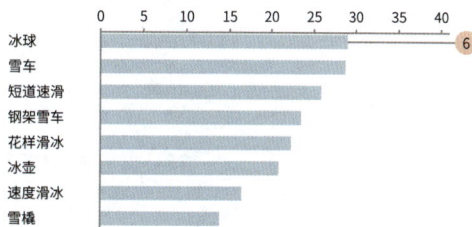

（c）

图5.17 "散点图＋条形图＋分类框"组合制作步骤1

2. 制作雪上项目条形图

如图5.18（a）所示，复制冰上项目条形图，并将条形的水平轴标签修改为A2:A16，系列值修改为B2:B16；排名X系列散点X轴系列值修改为C2:C16，Y轴系列值修改为D2:D16；坐标轴X系列散点X轴系列值修改为E2:E16，Y轴系列值修改为F2:F16。将次要纵坐标轴的取值范围设置为"0~15"。将图表的高度和宽度分别设置为8.67cm和11.8cm。

制作分类框：插入圆角矩形（高度和宽度分别设置为2.62cm和11.47cm），设置为无填充、0.5磅白色（深色50%）边框，适当调整圆角大小，叠放在U形场地技巧、空中技巧……雪上技巧的条形上层。指引箭头（高度0.53cm），设置为0.5磅白色（深色50%），叠放在圆角矩形右下角。自由式滑雪文本框放在指引箭头上方。同理可以制作单板滑雪分类框。

参照冰上项目条形图，为雪上项目条形图制作横坐标轴、次要纵坐标轴标签、散点连接线，填充条形（冰蓝色RGB值为185，188，213）等[如图5.18（b）所示]。

3. 组合图表并制作各项文字性内容

冰上项目条形图在上、雪上项目条形图在下，两者保持左对齐并组合在一起。

各项文字性内容可以参照原图制作，具体参数详见图表源文件（或参照1.7节中的"制作柱形图装饰"部分），最终效果如图5.19所示。

207

	A	B	C	D	E	F	G	H
1	雪上项目	伤病率	排名X	排名Y	坐标轴X	坐标轴Y	坐标轴误差线	伤病率误差线
2	高山滑雪	25.11			0	14.85	41	
3	U形场地技巧	36.00	43	13.5	5	14.85		7.00
4	空中技巧	34.55	43	12.5	10	14.85		8.45
5	坡面障碍技巧	31.74	43	11.5	15	14.85		11.26
6	障碍追逐	23.06			20	14.85		
7	雪上技巧	12.68			25	14.85		
8	障碍追逐	37.87	43	8.5	30	14.85		5.13
9	坡面障碍技巧	32.77	43	7.5	35	14.85		10.23
10	U形场地技巧	20.17			40	14.85		
11	大跳台	16.34						
12	平行大回转	11.91						
13	越野滑雪	15.91						
14	冬季两项	15.40						
15	北欧两项	11.66						
16	跳台滑雪	10.21						

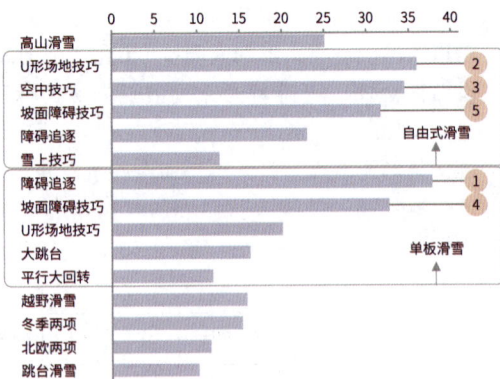

（a）　（b）

图 5.18　"散点图＋条形图＋分类框"组合制作步骤 2

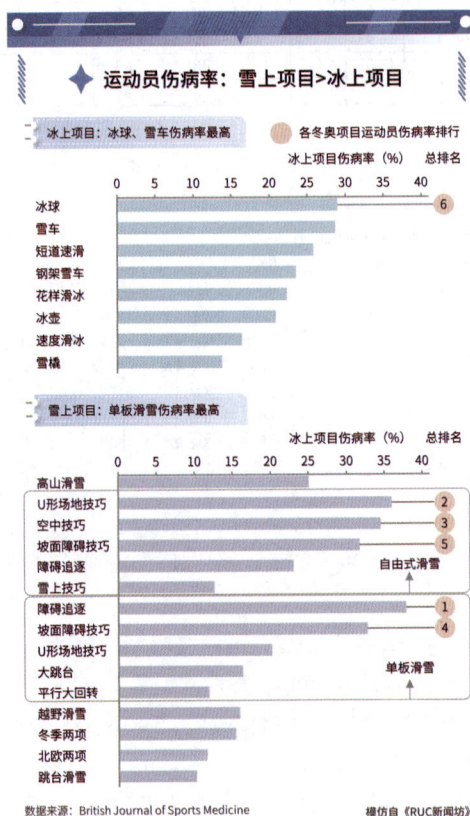

图 5.19　"散点图＋条形图＋分类框"组合制作步骤 3

5.4　递进式展开："百分比方块图＋条形图＋气泡图"组合

5.4.1　图表自画像

解题之道：图表故事展开的第 2 种方式是递进式，先介绍基本情况，吸引人注意，然后做更细致的介绍，引人入胜。如图 5.20 所示，本例探讨的主题是作者创作主角时，是否存在性别偏好。图表设计师的展开思路如下。

第1步 先用2个百分比方块图，对比男女作者创作与自己同性角色的占比，男女性用颜色和图标进行区分。结果显示：女性作者更高，男性作者略低。

第2步 用气泡图，对比男女作者的相同性别偏向程度。气泡图是方块图的补充，配色保持一致，并进一步印证观点：女性作者确实更乐意创作同性角色。

第3步 开始深入分析，用堆积条形图展示作者的国家分布情况。同时为下一步的分析"创作偏好是否存在地区差异"做铺垫。

第4步 用气泡图展示3个国家的男女作者的同性别偏向程度。结果显示：美国女作者更偏爱同性主角，日本男作者尤其偏爱同性主角。设计师在这里卖了个关子，读者欲知详情，烦请仔细阅读新闻内容。

图表类型：面积图＋气泡图＋堆积条形图。

表达数据关系：多重横向对比，包含多项对比关系，男性作者和女性作者创作与自己同性角色的占比比较属于第1重对比；男性作者和女性作者创作相同性别角色的偏向程度比较属于第2重对比；中国、美国和日本的男女性作者的数量比较属于第3重对比；中国、美国和日本的男女性作者创作相同性别角色的偏向程度比较属于第4重对比。

适用场景：原图适用于数据新闻媒体，去掉形状装饰后适用于政府报告和商务报告。

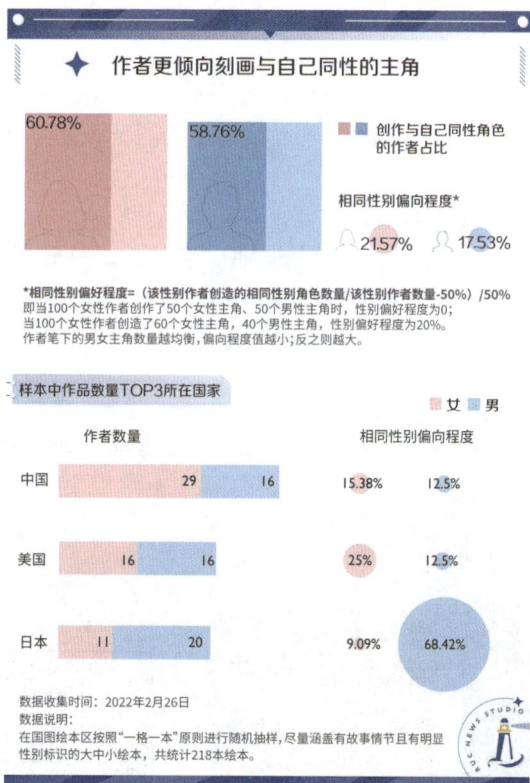

图5.20 "百分比方块图＋条形图＋气泡图"组合（选自《RUC新闻坊》）

5.4.2 制作技巧拆解

1. 多图排版

如图5.21所示，原图由上下两部分4张图表组成。上半部分的"方块图＋气泡图"是基本情况，一大一小，搭配默契，并保持底部对齐；下半部分的"堆积条形图＋气泡图"是递进情况，大小相当，并保持垂直居中对齐。上下图表既有分隔，又整体保持对齐。

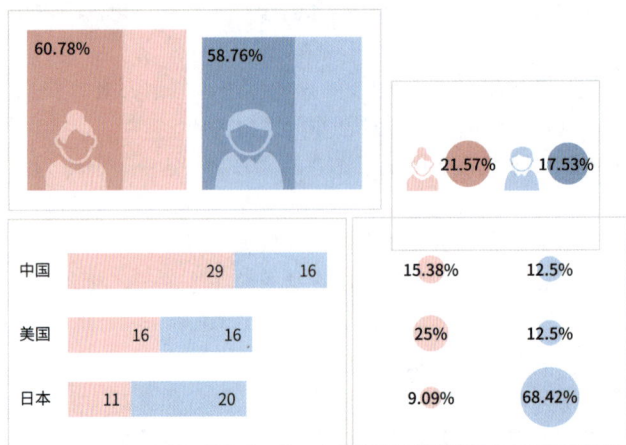

图 5.21　多图排版思路（数据为模仿数据，以原图表为准）

2. 百分比方块图

3.17 节中多方块图组合主要通过比较方块的面积来体现占比，本例主要通过比较方块的宽度来体现占比。如图 5.22 所示，百分比方块图的本质是面积图，制作时有以下几个重点。

一是横坐标轴值的确定，其决定着面积图的宽度。这里将每个完整的方块确定为 100、两个方块之间的间隔为 10，再加上男、女作者本身的占比值，横坐标轴值最终可以确定为 0、60.78（女作者占比）、100（女作者辅助值）、110（方块中间的间隔）、168.76（男作者占比，即 110+58.76）、210（男作者辅助值，即 100+10+100）。

二是横坐标轴必须设置为日期坐标轴。

三是纵坐标轴值的确定。其只影响面积图的高度，方块效果则是通过调整图表大小实现。女作者和男作者占比值分别为 60.78 和 58.76，所有系列在对应的横坐标轴范围内才有值。比如女作者的横坐标轴范围是"0~60.78"，因此数值 0 和 60.78 对应的纵坐标轴值为 60.78，其余数值均为空白。

四是将面积图中的空白值显示为"空距"。

五是人像图标。图表用颜色和图标区分男女作者，将准备好的图标直接叠放在对应面积上并对齐即可。

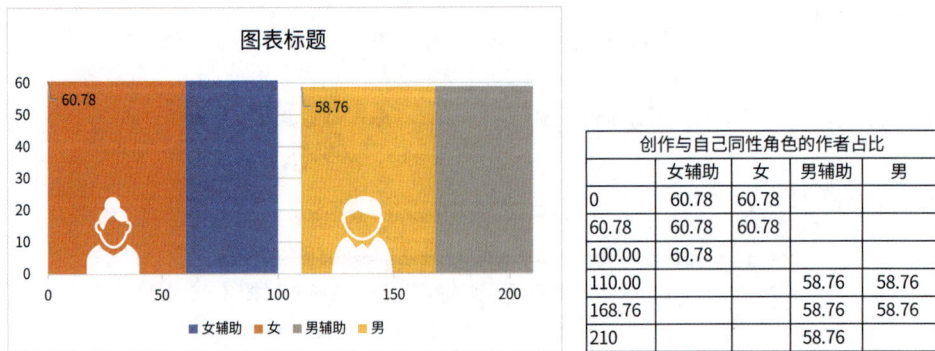

创作与自己同性角色的作者占比			
	女辅助	女	男辅助	男
0	60.78	60.78		
60.78	60.78	60.78		
100.00	60.78			
110.00			58.76	58.76
168.76			58.76	58.76
210			58.76	

图 5.22　百分比方块图制作思路

3. 气泡图的坐标值

气泡图的坐标值有一定的规律，曾介绍过很多次，可以参照图 5.23。

210

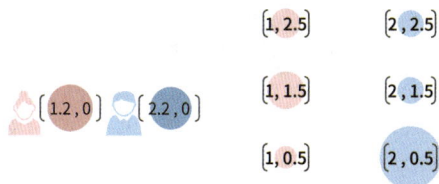

图 5.23　气泡图坐标轴值设置

5.4.3　图表分步还原

1. 制作面积图

如图 5.24（a）所示，选择 A2:E8 单元格区域插入面积图。将横坐标轴设置为日期坐标轴，将纵坐标轴的取值范围设置为"0~61"，间隔为 10。将图表的字体整体设置为黑色思源黑体 Normal [如图 5.24（b）所示]。

调整图表大小：将图表的高度和宽度分别设置为 3.92cm 和 7.56cm。删除标题、图例和网格线。隐藏坐标轴线条和标签。图表设置为无填充、无边框。

填充面积图：将女、女辅助、男辅助和男系列面积分别填充为粉色（RGB 值为 230,171,177）、浅粉色（RGB 值为 249，212，219）、蓝色（RGB 值为 123，181，218）和浅蓝色（RGB 值为 184，216，241）。将男女图标分别叠放在对应面积上，并分别填充为浅蓝色和浅粉色，并保持底部对齐。

添加数据标签：为女和男系列面积分别添加数据标签，并参照原图修改数值、放置在左上角 [如图 5.24（c）所示]。

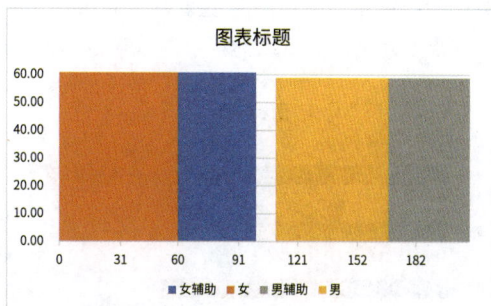

（a）　　　　　　　　　　　　（b）

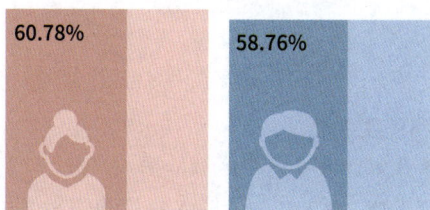

（c）

图 5.24　"百分比方块图＋条形图＋气泡图"组合制作步骤 1

211

第 5 章 ■ 数据新闻没亮点，如何利用图表把故事讲好？

2. 制作相同性别偏向程度气泡图

如图 5.24（a）所示，选择 B11:D13 单元格区域，插入气泡图。将 X 轴系列值修改为 B12:B13，Y 轴系列值修改为 C12:C13，气泡大小修改为 D12:D13。将横坐标轴的取值范围设置为 "0.5~2.5"，纵坐标轴的取值范围设置为 "-0.2~0.2"。将图表的字体整体设置为黑色思源黑体 Normal［如图 5.25（1）所示］。

调整图表大小：将图表的高度和宽度分别设置为 3.31cm 和 4.18cm。删除标题、图例和网格线。隐藏坐标轴线条和标签。图表设置为无填充、无边框。

设置气泡图：将气泡大小设置为 150。将女和男气泡分别填充为粉色和蓝色。将男女图标分别放在对应气泡左侧，分别填充为浅粉色和浅蓝色，并保持底部对齐。

添加数据标签：为气泡图添加数据标签，并放在气泡上［如图 5.25（b）所示］。

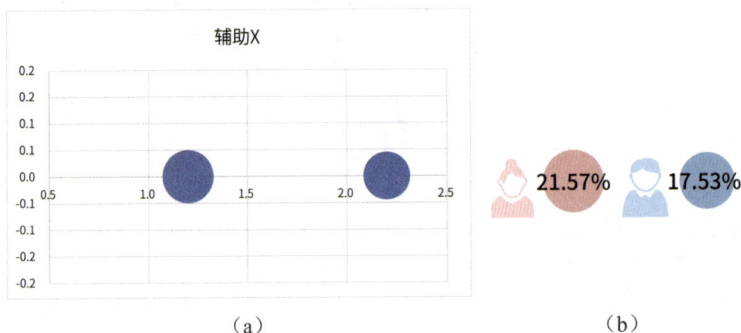

（a）　　　　　　　　　　（b）

图 5.25　"百分比方块图 + 条形图 + 气泡图"组合制作步骤 2

3. 制作条形图

如图 5.24（a）所示，选择 A21:C24 单元格区域，插入条形图。将横坐标轴的取值范围设置为 "0~45"，将图表的字体整体设置为黑色思源黑体 Normal［如图 5.26（1）所示］。

调整图表大小：将图表的高度和宽度分别设置为 4.54cm 和 6.87cm。删除标题、图例和网格线。隐藏横坐标轴线条和标签、隐藏纵坐标轴线条。图表设置为无填充、无边框。

设置条形图：将条形的间隙宽度设置为 80%。将女和男系列条形分别填充为浅粉色和浅蓝色。为女和男系列条形分别添加数据标签，并放在条形内［如图 5.26（b）所示］。

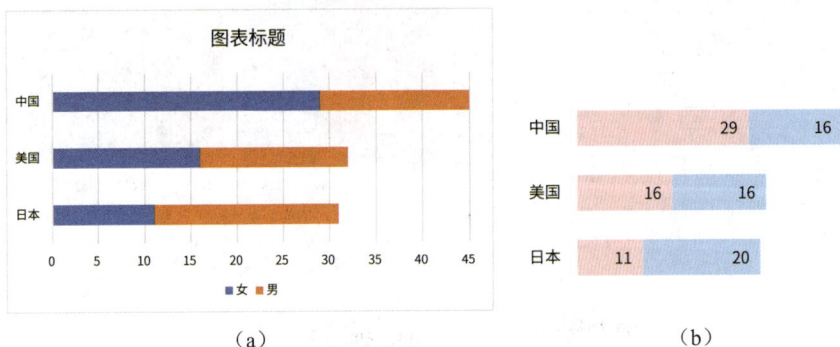

（a）　　　　　　　　　　（b）

图 5.26　"百分比方块图 + 条形图 + 气泡图"组合制作步骤 3

4. 制作分国家相同性别偏向程度气泡

如图 5.24（a）所示，选择 B16:D18 单元格区域，插入气泡图。将系列 1 气泡的系列名称修改为 D15，X 轴系列值修改为 B16:B18，Y 轴系列值修改为 C16:C18，气泡大小修改为 D16:D18；将系列 2 气泡的系列名称修改为 F15，X 轴系列值修改为 E16:E18，Y 轴系列值修改为 C16:C18，气泡大小修改为 E16:E18。将横坐标轴的取值范围设置为 "0.5~2.5"，纵坐标轴的取值范围设置为 "0~3"。

将图表的字体整体设置为黑色思源黑体 Normal〔如图 5.27（a）所示〕。

其他步骤参照第 2 步，最终气泡图效果如图 5.27（b）所示。

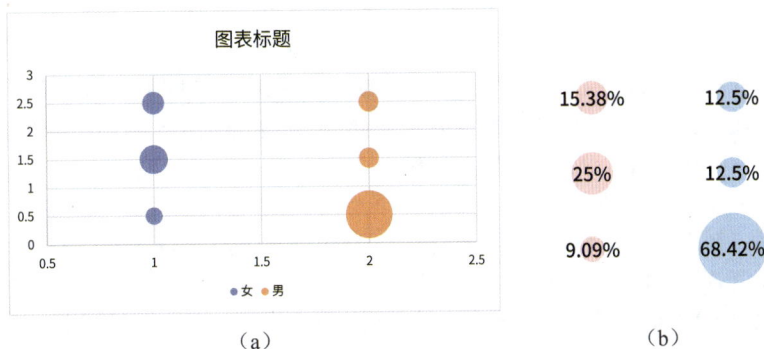

图 5.27 "百分比方块图＋条形图＋气泡图"组合制作步骤 4

5. 组合图表并制作各项文字性内容

将面积图和相同性别偏向程度气泡图放在第 1 排，并保持图表底部对齐；将条形图和分国家相同性别偏向程度气泡图放在第 2 排，并保持图表垂直居中对齐。两排图表保持左对齐和右对齐。

各项文字性内容可以参照原图制作，具体参数详见图表源文件（或参照 1.7 节中的"制作柱形图装饰"部分），最终效果如图 5.28 所示。

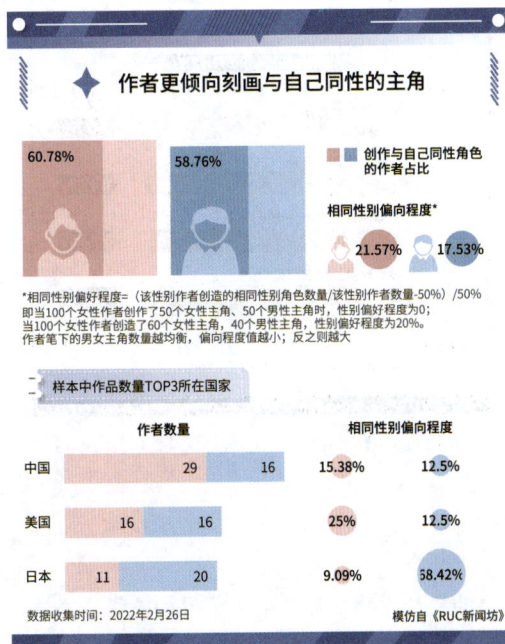

图 5.28 "百分比方块图＋条形图＋气泡图"组合制作步骤 5

5.5 递进式展开："双色柱形图＋渐变条形图"组合

5.5.1 图表自画像

解题之道：如图 5.29 所示，图表设计师通过两步，把"新人的投资知识欠缺"这个故事讲述

213

得既有理有据又有亮点。首先从不同类型投资者的投资知识得分切入。第一组双色柱形图对比入市 5~10 年投资者和新入市投资者的得分，第二组双色柱形图对比盈利投资者和亏损投资者的得分，从而得出经验丰富、盈利的投资者得分更高，而新人的投资知识则更欠缺这一结论。为了更有效地进行区分，得分高柱形采用深色填充、得分低柱形采用浅色填充。

接下来图表设计师采用递进法，进一步地统计了投资者最期望学到的投资教育内容，并用渐变条形图展示了排名前 4 的内容，让读者可以直观地看到，投资者更渴望和迫切学习到的投资知识，以及投资风险提示和证券基础知识普及等基本性内容。

图表类型：柱形图 + 条形图 + 散点图。

表达数据关系：双重横向对比，不同类型投资者的投资知识得分比较是第 1 重横向对比；投资者最期望学到的投资教育内容比例是第 2 重横向对比。

适用场景：适用于数据新闻媒体，去除外装饰框后也适用于政府报告和商务报告。

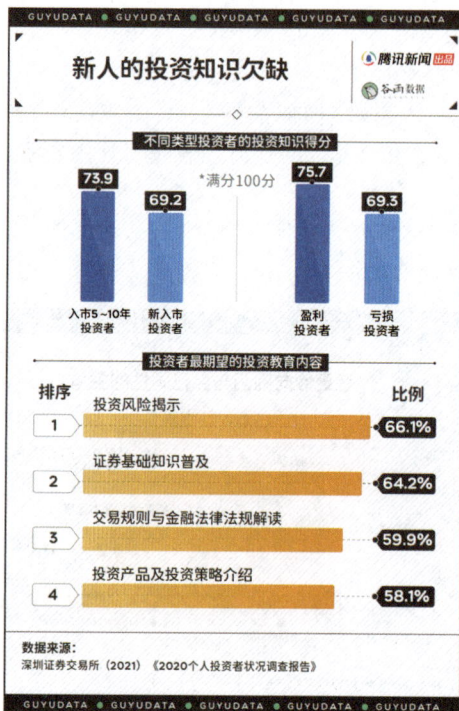

图 5.29 "双色柱形图 + 渐变条形图"组合（选自《谷雨数据》）

5.5.2 制作技巧拆解

1. 多图组合

如图 5.30 所示，与 5.1 节的设计思路一致，采用子母图的组合方式，加大柱形图的同时上移绘图区，然后将条形图叠放在柱形下方的空白位置。

2. 双色柱形

如图 5.30 所示，直接在柱形图的右上角叠加直角三角形（80% 透明度白色填充、与柱形同高同宽），就可以实现原图中的双色柱形图效果。另外，在柱形上方添加辅助散点（Y 轴值等于对应柱形值 +1），用于显示柱形的数据标签。在两组柱形之间添加空白行，可以将两者分开，并用辅助散点（X、Y 轴值分别为 3 和 70）的误差线制作分隔线。

3. 条形标签

如图 5.30 所示，条形图左右两侧的排名标签和比例标签均由散点图的数据标签模仿而成，两者

的 X 轴值分别为 0 和 0.7（根据需要可以适当调整），Y 轴值分别为 0.5、1.5、2.5 和 3.5，具体可参照 5.1 节中的"蝴蝶图"部分。

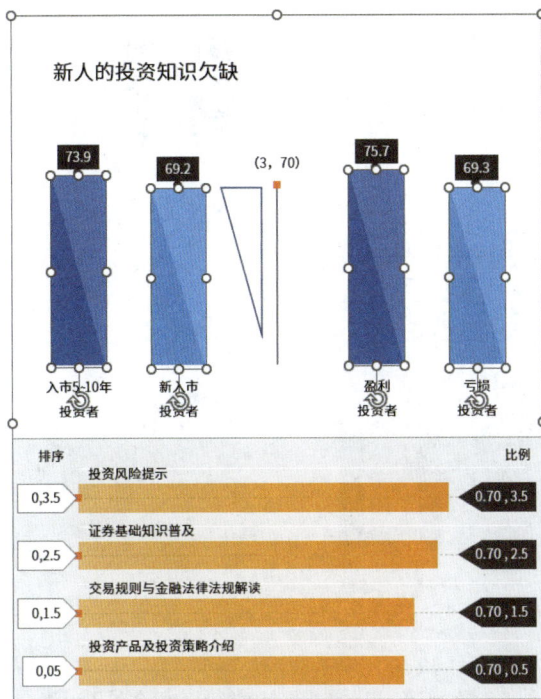

图 5.30　组合图结构

5.5.3　图表分步还原

1. 制作柱形图

如图 5.31（a）所示，选择 A2:D7 单元格区域，插入柱形图。将得分 1 系列柱形和辅助 X 系列柱形修改为散点图、修改数据源。将辅助 X 系列散点的 X 轴系列值修改为 D3，Y 轴系列值修改为 E3。将纵坐标轴的取值范围设置为"0~80"。将图表的字体整体设置为黑色思源黑体 Normal［如图 5.31（b）所示］。

调整图表大小：将图表的高度和宽度分别设置为 18.73cm 和 12.7cm。调整绘图区大小，上方预留上装饰区和标题的空间，下方预留条形图、功能区、下装饰区的空间。删除网格线和图例。标题修改为 14 号思源黑体 Bold，并放在绘图区上方。隐藏纵坐标轴标签和线条，隐藏横坐标轴线条。

设置柱形图：将柱形的间隙宽度设置为 80%。将入市 5~10 投资者类别和盈利投资者类别柱形填充为蓝色（RGB 值为 38，112，220）；新入市投资者类别和亏损投资者类别柱形填充为天蓝色（RGB 值为 59，169，255）。插入直角三角形，填充 80% 透明度白色、连续两次顺时针旋转 90°，并分别叠加在各柱形上，与柱形保持同高同宽。

添加数据标签：为得分 1 系列散点添加数据标签，并显示 B3:B7 单元格中的值、取消显示 Y 值。将标签上下边距设置为 0、填充为黑色（淡色 25%）、字体修改为白色，放在散点上方并适当下移。将散点数据标记设置为 7 号、与标签同色填充、无边框。

分隔线：为辅助 X 系列散点添加数据标签，并修改为"* 满分 100 分"、放在散点上方。为散点添加误差线并删除水平误差线，垂直误差线设置为负偏差、无线端、固定值 70，线条设置为 1 磅白色（深色 50%）［如图 5.31（3）所示］。

215

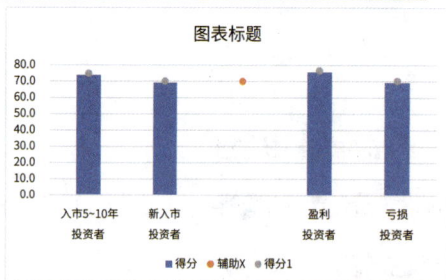

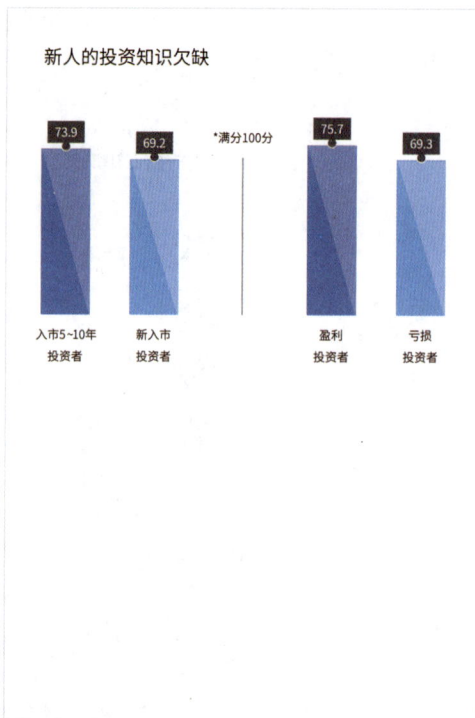

（a） （b）

图 5.31 "双色柱形图＋渐变条形图"组合制作步骤 1

2. 制作条形图

如图 5.31（1）所示，选择 A10:D14 单元格区域，插入条形图。将排序系列条形和比例系列条形修改为散点图、使用次轴、修改数据源。将排序系列散点的 X 轴系列值修改为 C11:C14，Y 轴系列值修改为 E11:E14；将比例系列散点的 X 轴系列值修改为 D11:D14，Y 轴系列值修改为 E11:E14。将横坐标轴和次要纵坐标轴的取值范围分别设置为"0~0.8"和"0~4"。将图表的字体整体设置为黑色思源黑体 Normal［如图 5.32（a）所示］。

调整图表大小：将图表的高度和宽度分别设置为 6cm 和 12.7cm。删除标题、网格线和图例。隐藏坐标轴标签和线条。图表设置为无填充、无边框。

设置条形图：将条形的间隙宽度设置为 50%，填充 0°由 50% 透明度橙色（RGB 值为 243，153，2）向橙色的线性渐变。

添加数据标签：为条形添加数据标签，并显示类别名称、取消显示值、取消自动换行，移动至对应条形上方并保持左对齐。

设置网格线：分别添加主要和次要垂直网格线，并分别设置为 0.5 磅白色和白色（深色 50%）短画线。

设置排序标签和比例标签：为比例系列散点添加数据标签，用五边形箭头填充、左右边距分别设置为 0.4cm 和 0.2cm。将数据标记设置为 7 号、与标签同色填充、无边框。同理制作排序标签。

参照原图制作排序文本框和比例文本框，并将条形图设置无填充、无边框后最终效果如图 5.32（b）所示。

3. 设置背景和各项文字性内容

将条形图叠放在柱形图下的空白区域。参照原图制作背景和边框、各项装饰、分隔线，以及标题、Logo、文字性说明、数据来源，具体参数详见图表源文件（或参照 1.3 节中的"设置背景和各项文字内容"部分），最终效果如图 5.33 所示。另外，模仿案例并未采用原图中的圆角柱形和圆角条形，具体制作思路可参照 3.14 节中的"堆积类圆角条形"部分。

（a）　　　　　　　　　　　　　　　　　　　（b）

图 5.32　"双色柱形图 + 渐变条形图"组合制作步骤 2

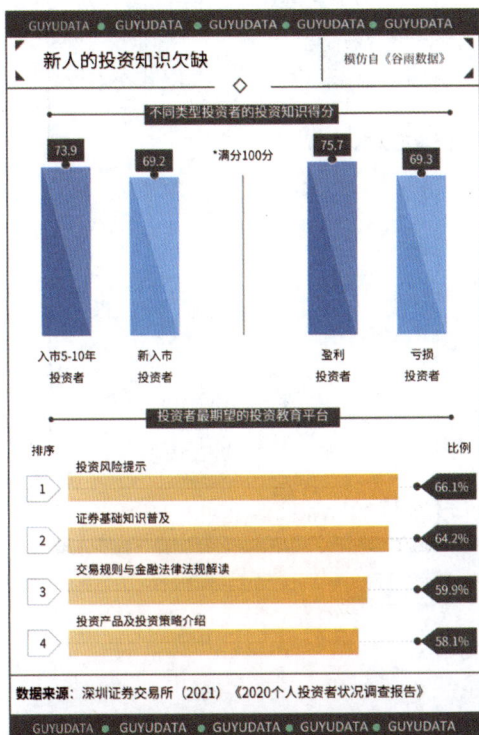

图 5.33　"双色柱形图 + 渐变条形图"组合制作步骤 3

5.6　递进式展开："半圆环图 + 方形气泡图"组合

5.6.1　图表自画像

解题之道：如图 5.34 所示，为了表现好"北京租金 3000 元档位房源的区域分布"这个主题，图表设计师把故事线确定为：先锁定 3000 元档位房源分布在几环，然后进一步精准定位到各个区。

第 1 步房源分布在几环及数量占比，采用圆润的半圆环图，简单明了又节省空间。标签设计整齐有序，平均租金和各环线统一放置在半圆环两侧，并用与圆环相同的填充色建立连接；各环线房源数量占比标签放置在圆环内，并与圆环角度保持一致。

217

第 **2** 步房源的各区域分布及数量占比，采用方形气泡图，1 个区域对应 1 个气泡，12 个区域既得到了充分展示，还能互不影响。标签设计整齐有序，平均租金统一放置在气泡图上方，地区名称和数量占比统一放置在气泡中间。

图表类型：圆环图 + 气泡图。

表达数据关系：双重静态结构，各环线 3000 元档房源的数量占比情况是第 1 重结构；12 个区域 3000 元档房源的数量占比情况是第 2 重结构。

适用场景：适用于数据新闻媒体，去除外装饰框后也适用于政府报告和商务报告。

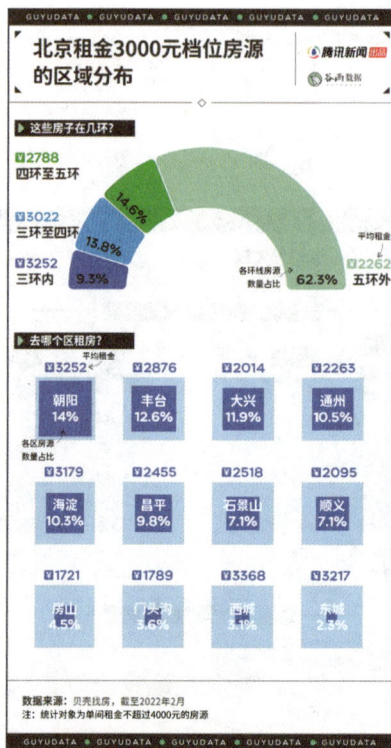

图 5.34 "半圆环图 + 方形气泡"图组合（选自《谷雨数据》）

5.6.2 制作技巧拆解

1. 多图组合

与 5.1 节组合、5.6 节组合的布局一致，加大圆环图的同时上移绘图区，然后将气泡图叠放在圆环下方的空白位置。

2. 圆润的半圆环图

与 5.1 节组合中的圆润圆环图制作思路一致，增加圆环分离度并添加粗边框。半圆环图的制作思路参照 2.4 节中的"半圆环与半饼图组合"部分。

如图 5.35 所示，圆环图的平均租金及环线数据标签由圆角矩形和文本框组成。数量占比数据标签需要增加自定义旋转，才能与对应圆环角度保持一致。引导线采用弧形制作。

3. 方形气泡图

如图 5.36 所示，方形气泡采用气泡图制作（X 轴值由左到右分别为 0.5、1.5、2.5 和 3.5，Y 轴值由下到上分别为 0.5、1.5、和 2.5），并填充"在下层叠加圆形"的矩形。其中下层圆形较大并设置为无填充、无边框（为便于观察，图中采用深灰色边框），上层矩形较小并设置蓝色填充，两者对齐后组合，然后复制并粘贴至气泡图即可。

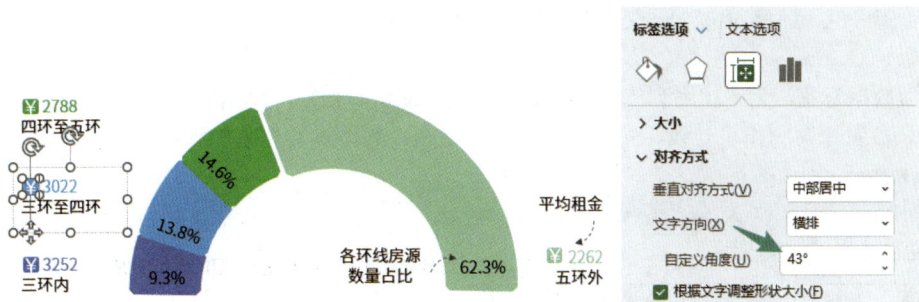

图 5.35　圆润的半圆环图制作思路

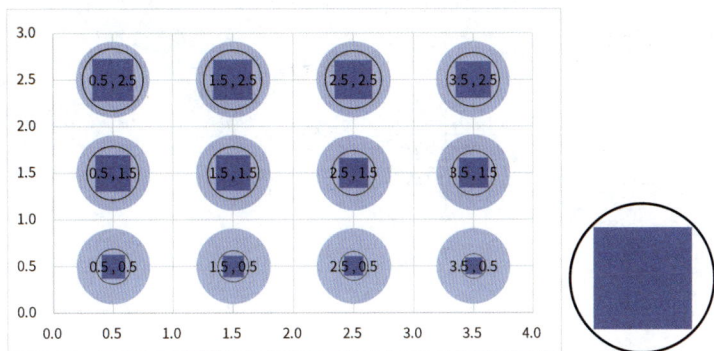

图 5.36　方形气泡图制作思路

5.6.3　图表分步还原

1. 制作半圆环图

如图 5.37（a）所示，选择 A2:B7 单元格区域，插入圆环图。将图表的字体整体设置为黑色思源黑体 Normal［如图 5.37（b）所示］。

调整图表大小：将图表的高度和宽度分别设置为 17.5cm 和 12.7cm。调整绘图区大小，上方预留上装饰区和标题的空间，下方预留条形图、功能区、下装饰区的空间。删除图例。标题修改为 14 号思源黑体 Bold，并放在绘图区上方。

设置圆环图：将圆环大小设置为 65%、分离程度设置为 10%、第 1 扇区起始角度设置为 271°。将三环内类别、三环至四环类别、四环至五环类别和五环外类别圆环分别填充为蓝色（RGB 值为 84，112，198）、天蓝色（RGB 值为 46，167，224）、深绿色（RGB 值为 34，172，56）和绿色（RGB 值为 157，209，167）。为各类别圆环分别添加 5 磅同色边框，并将连接类型修改为棱台。

参照原图制作引导线、图例和标签。其中左右两侧平均租金和环线标签分别保持左对齐和右对齐。三环至四环、四环至五环数量占比标签分别旋转 19° 和 43°，具体参数详见图表源文件，最终效果如图 5.37（c）所示。

2. 制作方形气泡图

如图 5.37（a）所示，选择 E2:H14 单元格区域，插入气泡图。将占比系列气泡的 X 轴系列值修改为 E3:E14，Y 轴系列值修改为 F3:F14，系列气泡大小修改为 H3:H14。将横坐标轴和次要纵坐标轴的取值范围分别设置为 "0~4" 和 "0~3"。将图表的字体整体设置为黑色思源黑体 Normal［如图 5.38（a）所示］。

调整图表大小：将图表的高度和宽度分别设置为 7.6cm 和 12.7cm。删除标题、网格线和图例。隐藏坐标轴标签和线条。图表设置为无填充、无边框。

设置气泡图：将气泡大小修改为 120。Y 轴系列气泡填充为 "浅蓝色（RGB 值为 186，221，

241）、1 磅白色（深色 50%）圆点虚线边框"的矩形，将占比系列气泡填充为"蓝色、无边框"的矩形。

设置数据标签： 为占比系列气泡添加数据标签，显示 D3:D14 单元格中的值，分隔符修改为新文本行。参照原图制作引导线、图例和平均租金标签，具体参数详见图表源文件，最终效果如图 5.38（b）所示。

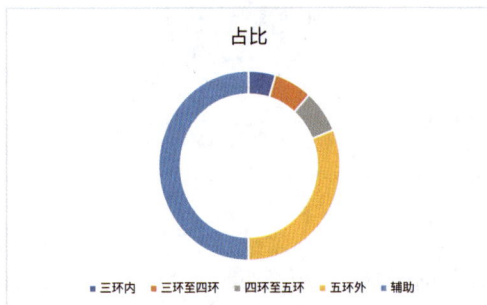

（a）

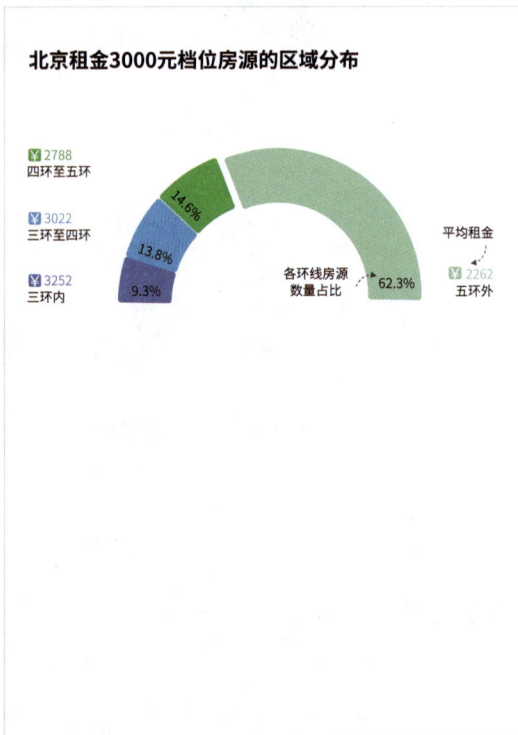

（b）　　　　　　　　　　　　（c）

图 5.37　"半圆环图＋方形气泡图"组合制作步骤 1

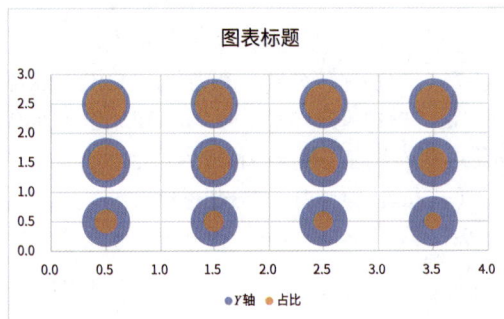

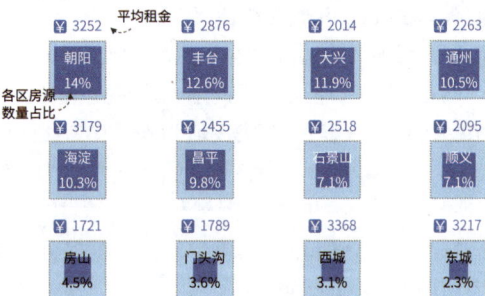

（a）　　　　　　　　　　　　（b）

图 5.38　"半圆环图＋方形气泡图"组合制作步骤 2

3. 设置背景和各项文字性内容

将方形气泡图叠放在半圆环图下的空白区域。参照原图制作背景和边框、各项装饰、分隔线、标题等，具体参数详见图表源文件（或参照 1.3 节中的"设置背景和各项文字性内容"部分），最终效果如图 5.39 所示。

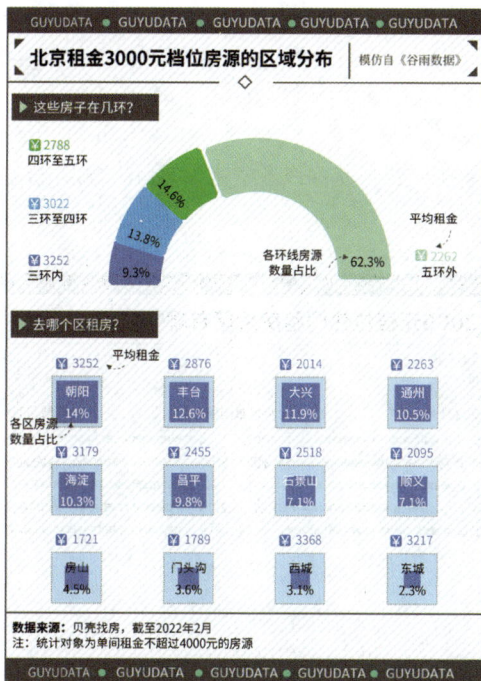

图 5.39 "半圆环图＋方形气泡图"组合制作步骤 3

5.7 递进式展开："圆式条形图＋方形气泡图"组合

5.7.1 图表自画像

解题之道： 如图 5.40 所示，本例是 5.7 节 "半圆环图＋方形气泡图" 故事的延续，当读者相继了解到 3000 元档位房源分布在几环、哪个区域后，不禁想要刨根问底，3000 元档位房源到底在哪里？有没有更为具体的位置？图表设计师接下来的故事走向，就是满足读者诉求。将 3000 元档位房源由各区域再细化到片区，从热门的 12 个区域中，将房源数量占比较高的前 6 个区域，单独挑出来重点展示。

房源的各区域分布及数量占比，沿用了方形气泡图，1 个区域对应 1 个气泡。各区域的房源数量，则分别制作了 TOP5 片区圆式条形图，与房源分布在几环所采用的圆润半圆环图遥相呼应。需要特别注意的是，由区域到片区是递进式关系，各区域之间则是并列关系。整体图表设计是将 6 个区域分成 3 行显示，每行 2 个区域左右分立，每个区域包含 1 张方形气泡和 1 张圆角条形图。

图表类型： 气泡图＋条形图。

表达数据关系： 静态结构＋横向对比，静态结构是 6 个区域 3000 元档房源的数量占比情况、横向对比是 6 个区域中各自房源数量 TOP5 的片区情况。

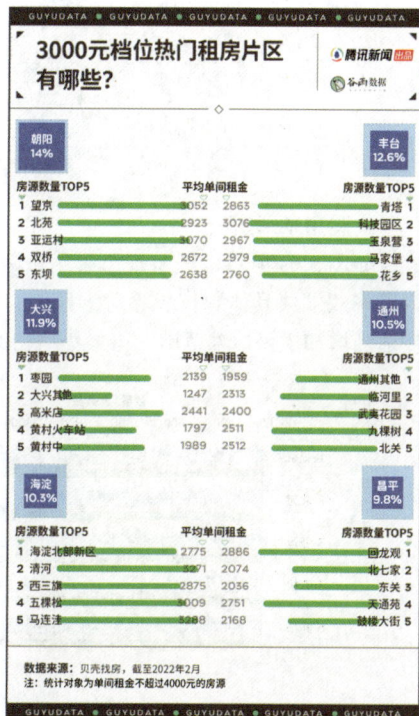

图 5.40 "圆式条形图＋方形气泡图"组合
（选自《谷雨数据》）

适用场景： 适用于数据新闻媒体，去除外装饰框后也适用于政府报告和商务报告。

5.7.2 制作技巧拆解

1. 表图结合

如图 5.41 所示，表格用各类装饰形状和线条搭建，然后将方形气泡图和条形图依次嵌入表格对应行、列中。

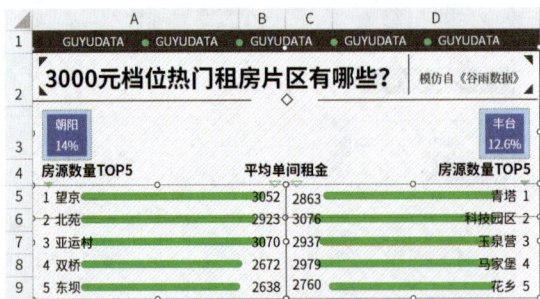

图 5.41 表格结构

2. 方形气泡图

如图 5.42 所示，通过修改气泡的坐标轴值（X 轴值分别为 0.07 和 0.93，Y 轴值均为 0.5），便可以实现分置左右两端的效果，具体制作方法参照 5.6 节中的方形气泡图。

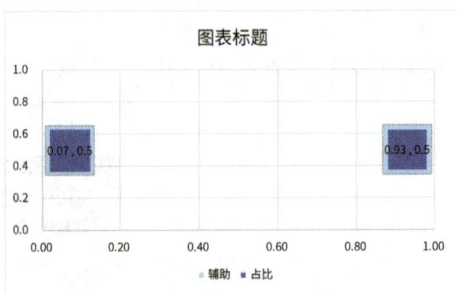

图 5.42 方形气泡图制作思路

3. 圆角条形图

如图 5.43 所示，圆角条形采用条形的误差线（负偏差、无线端、100%）制作，并将线条设置为圆形线端（具体制作步骤可参照 2.1 节中的"圆角柱形"部分）。为了完整显示圆形线端，还需要适当增加横坐标轴范围，将最小值由 0 调整为 -100（根据需要可以适当调整）。

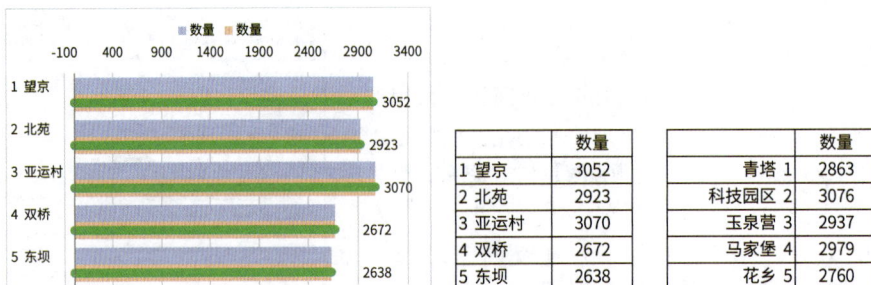

图 5.43 圆式条形图制作思路

在条形图中新增 1 个条形，将 2 个条形设置为重合，用两者的数据标签分别显示纵坐标轴标签（片区名称）和房源数量，并对片区名称做对齐处理（利用 Easyshu 的标签工具）。另外，片区名称中还增加了排名，排名与名称间需要添加适量空格。

5.7.3　图表分步还原

1. 制作表格框架

如图 5.44 所示，表格的具体参数如下。

行高：标题（第 2 行）40 磅、方形气泡图行表头（第 3、10、17 行）40 磅、表头（第 4、11、18 行）19.5 磅、主体内容（第 5~9、2~16、19~23 行）17.25 磅数据来源（第 24 行）33 磅、装饰行（第 1、25 行）17.25 磅。

列宽："房源数量 TOP5"列（A、D 列）26 磅、"平均单间租金"列（B、C 列）5.38 磅。

填充：装饰行（第 1、17 行）填充黑色（淡色 25%）、其余行填充白色（深色 15%）细对角线条纹。

文字内容、数据来源和装饰行参照原图制作，具体参数详见源文件（或参照 1.3 节中的"设置背景和各项文字性内容"部分）。

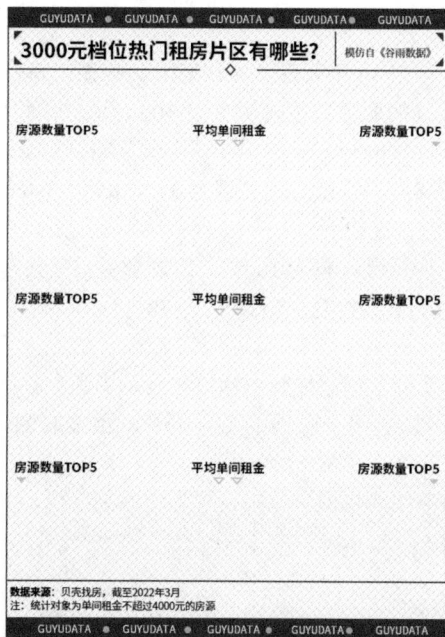

图 5.44　"圆式条形图＋方形气泡图"组合制作步骤 1

2. 制作方形气泡图

如图 5.45（a）所示，选择 B1:E7 单元格区域，插入气泡图。将 Y 轴系列气泡的 X 轴系列值修改为 B2:B3，Y 轴系列值修改为 C2:C3，系列气泡大小修改为 D2:D3；将占比系列气泡的 X 轴系列值修改为 B2:B3，Y 轴系列值修改为 C2:C3，系列气泡大小修改为 E2:E3。将横坐标轴和纵坐标轴的取值范围分别设置为"0~1"和"0~1"。将图表的字体整体设置为黑色思源黑体 Normal［如图 5.45（b）所示］。

调整图表大小：将图表的高度和宽度分别设置为 4.5cm 和 13.81cm。删除标题、网格线和图例。隐藏坐标轴标签和线条。图表设置为无填充、无边框。

设置气泡图：将气泡大小修改为 300。Y 轴系列气泡和占比系列气泡分别填充浅蓝色（RGB 值为 186，221，241）填充、1 磅白色（深色 50%）圆点虚线边框矩形和蓝色填充、无边框矩形。

设置数据标签：为占比系列气泡添加数据标签，显示 A2:A3 单元格中的值，分隔符修改为新文本行［如图 5.45（c）所示］。

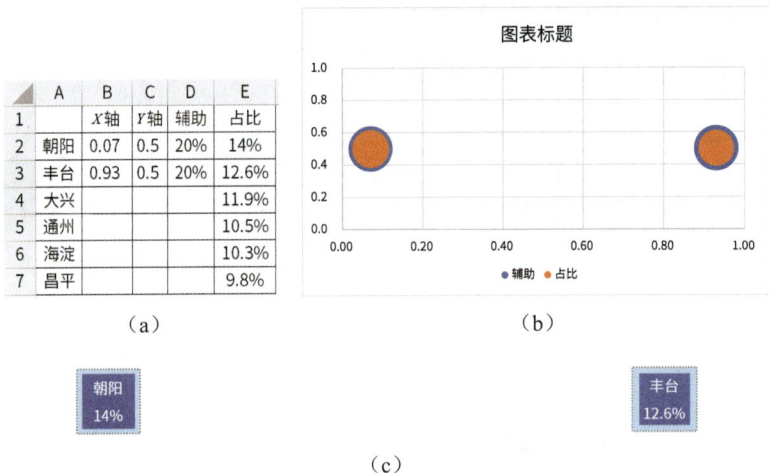

（a）　　　　　　　　　　（b）

（c）

图 5.45　"圆式条形图 + 方形气泡图"组合制作步骤 2

3. 制作圆角条形图

如图 5.46（a）所示，选择 A1:B6 单元格区域，插入条形图。再次添加数量系列，并将纵坐标轴设置为逆序类别。将横坐标轴的取值范围设置为"-100~3400"，将图表的字体整体设置为 10 号黑色思源黑体 Normal［如图 5.46（b）所示］。

调整图表大小：将图表的高度和宽度分别设置为 3.04cm 和 7.04cm。删除网格线。隐藏坐标轴标签和线条。图表设置为无填充、无边框。

设置条形图：将条形的系列重叠设置为 100%。为数量 1 系列条形添加误差线，并设置为负偏差、无线端、100%，线条设置为 6 磅绿色（RGB 值为 78，188，95）、圆形线端。将条形设置为无填充。

添加数据标签：为数量 1 系列条形添加数据标签，显示类别名称、取消显示值，并移动至最左侧、保持左对齐。为数量 2 系列条形添加数据标签，并移动至最右侧、保持右对齐［如图 5.46（c）所示］。

同理制作丰台区的圆角条形图，将横坐标轴设置为逆序刻度值，并对调片区名称标签和数量标签位置［如图 5.46（d）所示］。

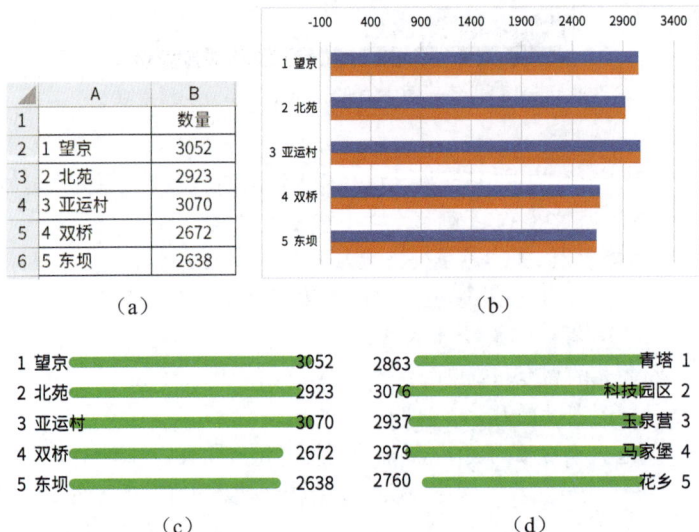

（a）　　　　　　　　　　（b）

（c）　　　　　　　　　　（d）

图 5.46　"圆式条形图 + 方形气泡图"组合制作步骤 3

224

4. 将条形图嵌入表格

参照上述步骤制作其他方形气泡图和圆式条形图，然后将所有图表分别嵌入表格对应行列，最终效果如图 5.47 所示。

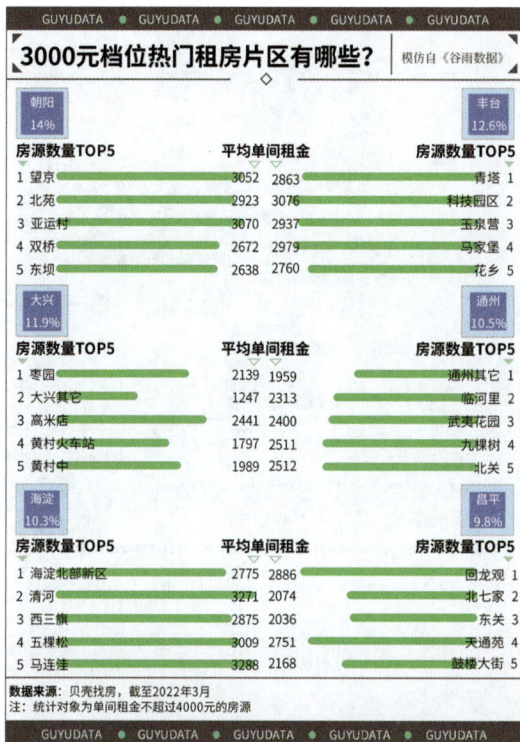

图 5.47 "圆式条形图＋方形气泡图"组合制作步骤 4

5.8 总分式展开："悬空柱形图＋条形图"组合

5.8.1 图表自画像

解题之道：图表故事展开的第 3 种方式是总分式，先介绍总体情况、概览全篇，再顺势展开，做更详细的介绍。如图 5.48 所示，故事的逻辑线是很多剧本杀都推出了续集，但评分却不及原作。

整体情况介绍的是系列剧本的得分比例。对于数据新闻图表来说，传统饼图和百分比堆积柱形图的吸引力稍显不足，所以图表设计师将 1 个百分比堆积柱形图"拆分"为 3 个柱形图。1 个柱形图代表 1 个评分区间，背景柱形代表 100%，得分比例柱形先做累加，然后层叠放在背景柱形上，并添加一定透明度，让下层的柱形背景图案若隐若现。结果显示：75% 的作品评分超过 5 分，6 分以上作品占比高达 45%。

细分情况介绍的是 10 部剧本杀续集与前作的分差。图表设计师直接采用最传统的条形图，创意图表与经典图表相组合的形式屡试不爽，读者接受度很高。结果显示：6 部系列作品的评分低于前作，其中 3 部作品的续作评分下降超过 1 分，继而得出标题中的结论。

图表类型：堆积柱形图＋条形图。

表达数据关系：静态结构＋横向对比，系列剧本的得分比例属于静态结构；10 部剧本杀续集与前作的分差比较属于横向对比。

适用场景：原图适用于数据新闻媒体，去掉各项形状装饰后适用于政府报告和商务报告。

225

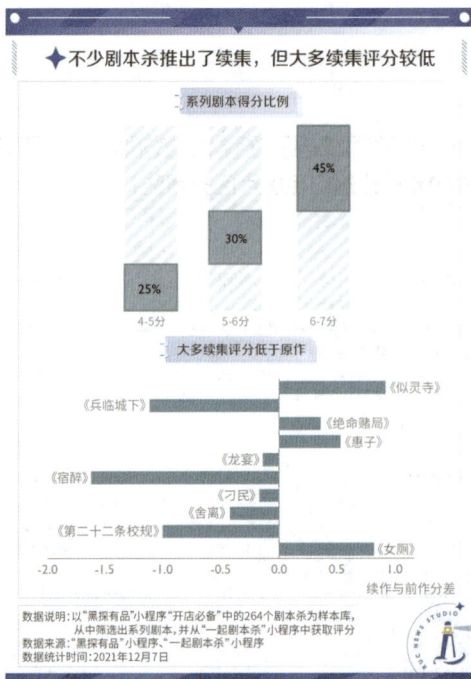

图 5.48 "悬空柱形图 + 条形图"组合（选自《RUC 新闻坊》）

5.8.2 制作技巧拆解

1. 悬空柱形 + 柱形背景

如图 5.49 所示，悬空柱形图的制作思路和瀑布图（参照 2.13 节）类似，采用堆积柱形图制作，在比例柱形下方添加辅助柱形，然后将辅助柱形设置为无填充、无边框，便可实现悬空效果。其中比例柱形和辅助柱形使用次轴（左侧橙色纵坐标轴），柱形背景使用主轴（左侧蓝色纵坐标轴）并填充图案，所有柱形保持相同的间隙宽度（图中为便于读者分辨，加宽了背景柱形）。

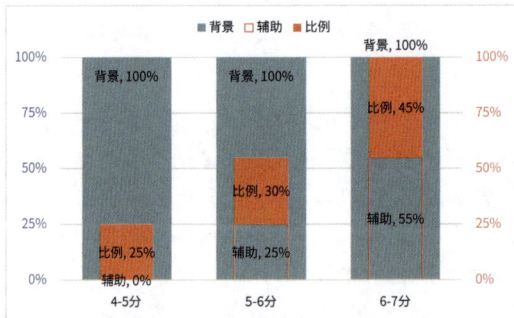

图 5.49 "悬空柱形 + 柱形背景"制作思路（数据为模仿数据，以原图表为准）

2. 多图排版

原图中柱形图在上、条形图在下，两者大小虽不同，但水平居中对齐后，美观度依然不减。同时为两者添加矩形边框后，增加了整体性和融合度。

5.8.3 图表分步还原

1. 插入柱形图并修改图表类型和基本格式

如图 5.50（a）所示，选择 A1:D4 单元格区域，插入堆积柱形图。让背景系列柱形使用主轴、辅助系列柱形和比例系列柱形使用次轴。将主要和次要纵坐标轴的取值范围均设置为"0~1"。将图表的字体整体设置为黑色思源黑体 Normal［如图 5.50（b）所示］。

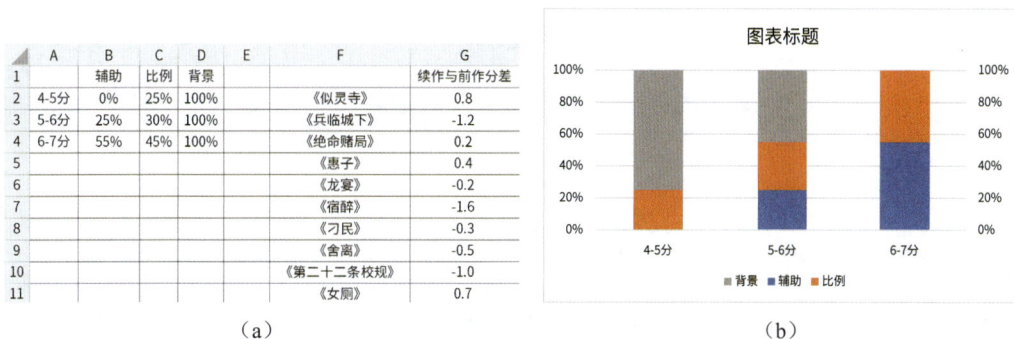

（a）

（b）

图 5.50 "悬空柱形图＋条形图"组合制作步骤 1

2. 设置柱形图

调整图表大小：将图表的高度和宽度分别设置为 6cm 和 9cm。删除标题、图例和网格线。隐藏横坐标轴线条、主要和次要纵坐标轴的标签。

调整背景柱形：将背景系列柱形的间隙宽度设置为 50%，并填充为宽上对角图案［浅蓝色（RGB 值为 235，241，241）前景、白色背景］。

调整比例柱形：将背景系列柱形的间隙宽度设置为 50%，并设置为 30% 透明度蓝色（RGB 值为 111，156，175）填充、1.5 磅蓝色边框。添加数据标签并放在柱形中间。

调整辅助柱形：将辅助系列柱形设置为无填充、无边框［如图 5.51（a）所示］。

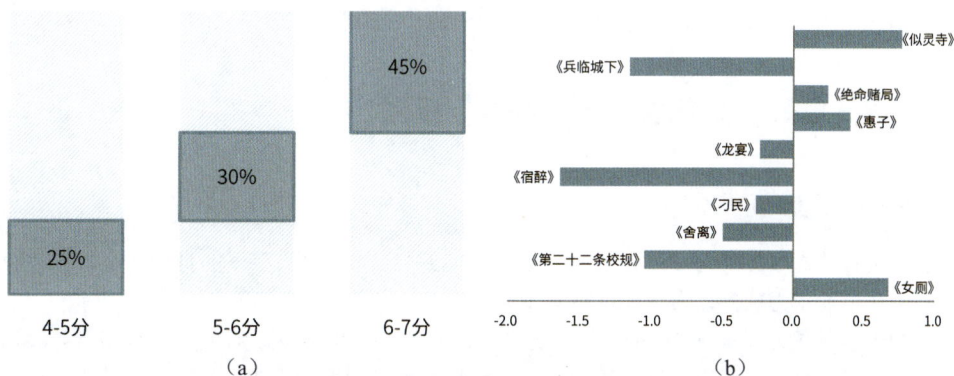

（a）

（b）

图 5.51 "悬空柱形图＋条形图"组合制作步骤 2

3. 制作条形图

插入条形图：如图 5.50（a）所示，选择 F1:G11 单元格区域，插入条形图。将纵坐标轴设置为逆序类别。将横坐标轴的取值范围设置为"-2~1"。将图表的字体整体设置为黑色思源黑体 Normal。

调整图表大小：将图表的高度和宽度分别设置为 7.62cm 和 11.5cm。删除标题、图例和网格线。隐藏纵坐标轴标签。将坐标轴线条设置为 1 磅白色（深色 50%）。

设置条形图：将续作与前作分差系列条形的间隙宽度设置为 50%，并填充为蓝色。添加数据标签，并放在条形外［如图 5.51（b）所示］。

4. 组合图表并制作各项文字性内容

将柱形图和条形图上下放置并组合，组合图的各项装饰和文字性内容可以参照原图制作，具体参数详见图表源文件（或参照 1.7 节中的"制作柱形图装饰"部分），最终效果如图 5.52 所示。

227

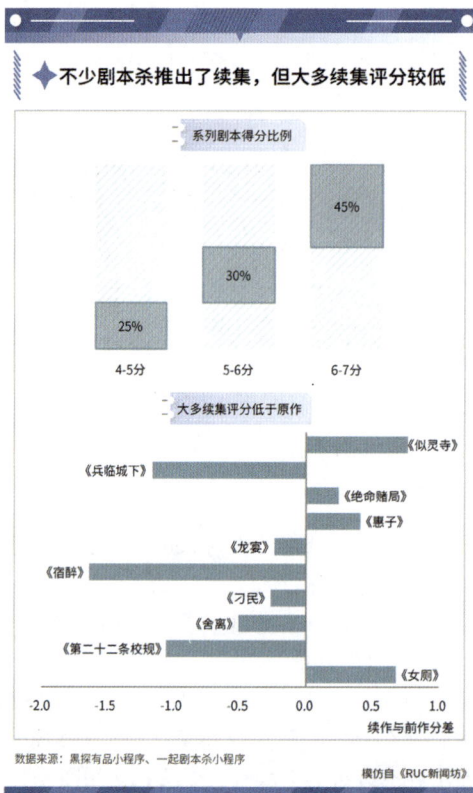

图 5.52 "悬空柱形图 + 条形图"组合制作步骤 3

5.9 总分式展开:"折线图 + 多面积图"组合

5.9.1 图表自画像

解题之道:如图 5.53 所示,故事的逻辑线是 1985—2014 年中国孩子的身体质量指标值总体在下降,其中速度及耐力项目、力量项目和其他项目都出现了滑坡现象。

整体情况介绍的是 1985—2014 年身体质量指标值变化。图表设计师采用折线图,并添加了条形标准线,为最高点、最低点和尾点添加标签,让每个阶段的趋势变化尽收眼底。结果显示:身体质量指标值自 1995 年的最高点下滑至 2005 年的最低点,此后虽有回弹,但依旧处于负值状态。

细分情况分别介绍了速度及耐力项目、力量项目和其他项目,每类项目下又包括多个子项。1个子项对应 1 张面积图,每张图表的单位不尽相同,但大小相同,具有独立性、统一性和可比性。配色上也做了区分,速度及耐力项目使用绿色渐变色、力量项目和其他项目使用橙色渐变色。图表减负上只保留横坐标轴的起点和终点标签。排版上所有面积图平均分布、按列对齐、总分图表保持左右对齐。结果显示:速度及耐力项目中有 3 项、力量项目中有 2 项、其他项目中有 1 项均呈现出明显的滑坡,占全部项目的 60%,因此体质问题必须受到更多的重视。

图表类型:折线图 + 堆积柱形图 + 面积图。

表达数据关系:综合对比,1985—2014 年中国孩子身体质量指标值变化属于总体上的纵向对比;1985—2014 年中国孩子速度及耐力项目、力量项目和其他项目的各指标值变化属于细分的纵向对比;同一年度中各项指标值的比较属于横向对比。

适用场景:适用于数据新闻媒体和商务报告,去除边框后也适用于政府报告。

228

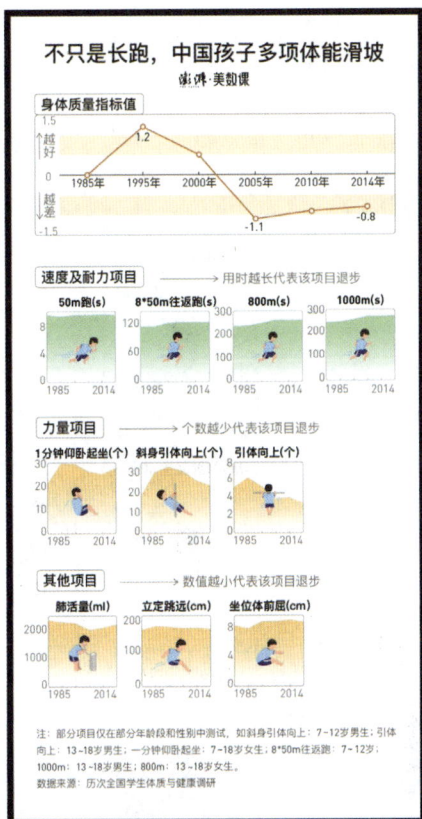

图 5.53 "折线图＋多面积图"组合（选自《澎湃美数课》）

5.9.2 制作技巧拆解

1. 多图组合

原图依据身体质量指标项目种类进行排版。身体质量指标值折线图统领全篇，放在最上方，宽度与速度及耐力项目中四个面积图的总宽度保持一致；各细分项目面积图依据数量多少，一字排开、平均分布，各自独自又能实现横向比较。

2. 间隔条形背景

如图 5.54 所示，浅灰色与白色交替出现的条形背景，采用堆积柱形图制作，4 个辅助柱形中，辅助 1 系列和辅助 3 系列柱形设置为无填充、辅助 2 系列和辅助 4 系列柱形填充 60% 透明度的浅黄色，并将柱形的间隙宽度设置为 0%。

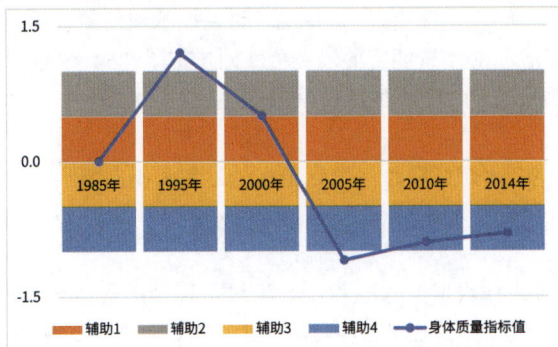

图 5.54 间隔条形背景制作思路

3. 保持绘图区大小一致

如图 5.55 所示，各面积图的取值范围不同，但图表和绘图区大小却相同。建议先制作取值最高的肺活量面积图，确定好图表大小和绘图区大小。然后以此为基准，通过修改数据源，制作其他项目的面积图。另外，绘图区还叠加了圆角边框（参照 2.1 节中的"圆角绘图区"部分），以及与当前项目相关的插画。

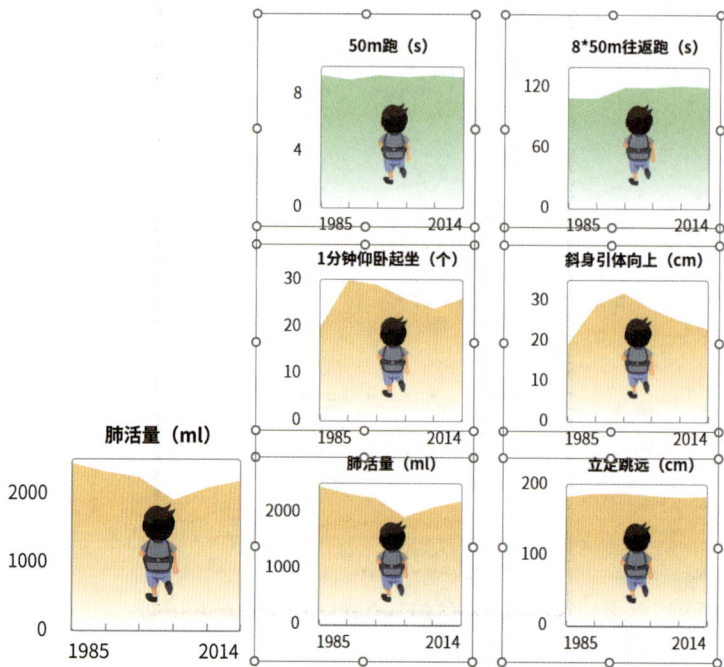

图 5.55　绘图区一致的面积图制作思路

5.9.3　图表分步还原

1. 制作折线图

如图 5.56（a）所示，选择 A1:F7 单元格区域，插入带数据标记的折线图。将辅助 1~4 系列折线均修改为堆积柱形图。将纵坐标轴的取值范围设置为"-1.5~1.5"，间隔 1.5，数字应用格式"[=0] 0;0.0"。将图表的字体整体设置为黑色思源黑体 Normal［如图 5.56（b）所示］。

调整图表大小：将图表的高度和宽度分别设置为 5.5cm 和 16.08cm。删除标题、图例和网格线。将横坐标轴线条设置为 0.5 磅黑色（淡色 25%）无。添加内部次要刻度线，并拉长绘图区，使其基本与图表右侧重合。图表设置为 0.5 磅白色（深色 50%）圆角边框。

设置柱形图：将柱形的间隙宽度设置为 100%。将辅助 1 和辅助 3 系列柱形设置为无填充、辅助 2 和辅助 4 系列柱形填充为 60% 透明度的浅黄色（RGB 值为 254，243，217）。

设置折线图：将折线设置为 1.5 磅茶色（RGB 值为 195，125，81）。将数据标记设置为 5 号、白色填充、1.5 磅茶色。

参照原图添加数据标签、"越好和越坏"纵坐标轴标题和指向箭头，具体参数详见图表源文件［如图 5.56（c）所示］。

2. 制作面积图

如图 5.57（a）所示，选择数据插入面积图。将纵坐标轴的取值范围设置为"0~2400"，间隔 1000。将图表的字体整体设置为黑色思源黑体 Normal［如图 5.57（b）所示］。

调整图表大小：将图表的高度和宽度分别设置为 4.19cm 和 4.04cm。删除标题和网格线。将横坐标轴线条设置为 0.5 磅白色（深色 50%），隐藏横坐标轴标签。图表设置为无填充、无边框。

设置面积图：将面积图填充 90° 由浅橙色（RGB 值为 252，213，136，位置 30%）向白色（位置 100%）的线性渐变。

参照原图添加标题、横坐标轴标签、圆角绘图区和插图，具体参数详见图表源文件〔如图 5.57 （c）所示〕。

	A	B	C	D	E	F
1		身体质量指标值	辅助1	辅助2	辅助3	辅助4
2	1985年	0.0	0.5	0.5	-0.5	-0.5
3	1995年	1.2	0.5	0.5	-0.5	-0.5
4	2000年	0.5	0.5	0.5	-0.5	-0.5
5	2005年	-1.1	0.5	0.5	-0.5	-0.5
6	2010年	-0.9	0.5	0.5	-0.5	-0.5
7	2014年	-0.8	0.5	0.5	-0.5	-0.5

（a）

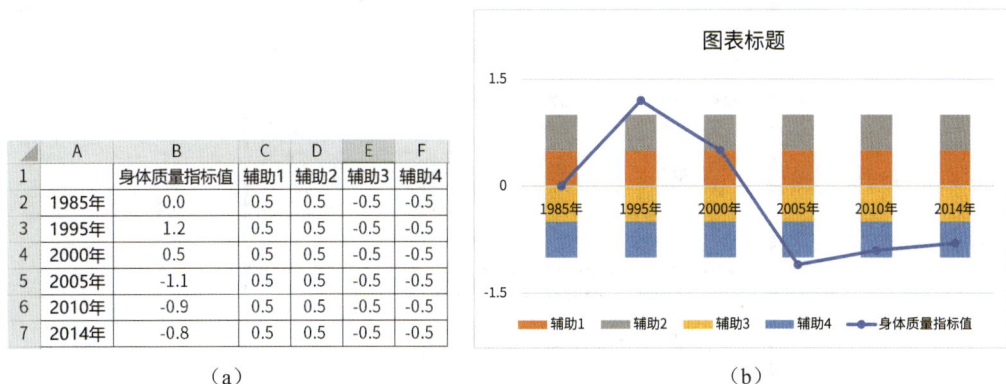

（b）

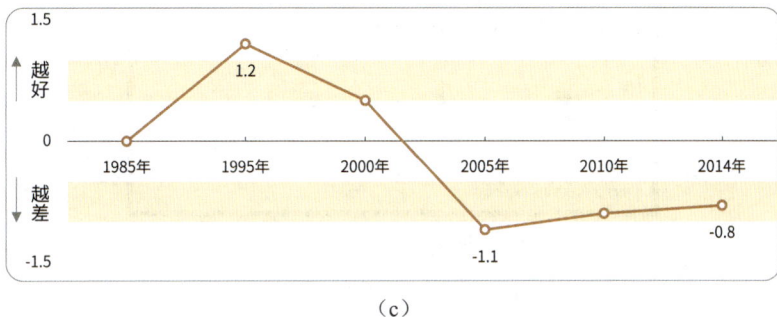

（c）

图 5.56 "折线图 + 多面积图"组合制作步骤 1

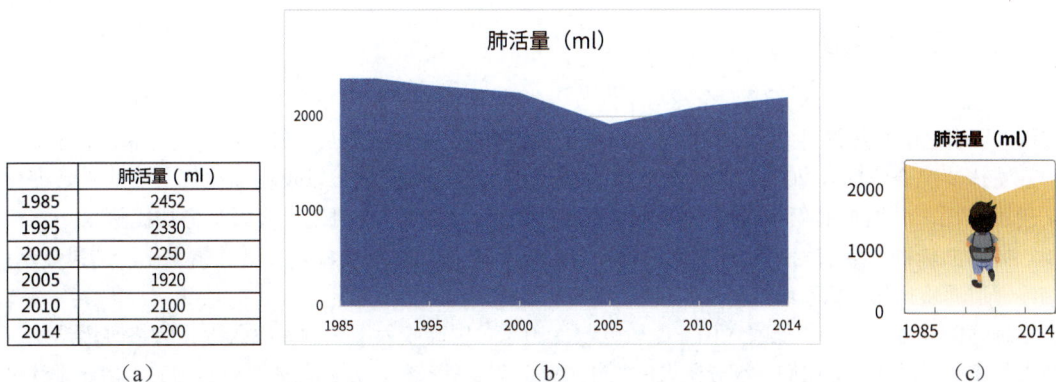

	肺活量（ml）
1985	2452
1995	2330
2000	2250
2005	1920
2010	2100
2014	2200

（a）

（b）

（c）

图 5.57 "折线图 + 多面积图"组合制作步骤 2

3. 制作边框和各项文字性内容

同理制作其他项目的面积图，速度及耐力项目的面积图填充由浅绿色（RGB 值为 184，223，170，位置 30%）到白色（位置 100%）的 90° 线性渐变。

参照原图排版图表，折线图在上，面积图按照项目分类，由上到下进行排列，面积图保持对齐和平均分布。另外，标题、图例等文字性内容和边框参照原图制作，具体参数详见图表源文件，最终效果如图 5.58 所示。

231

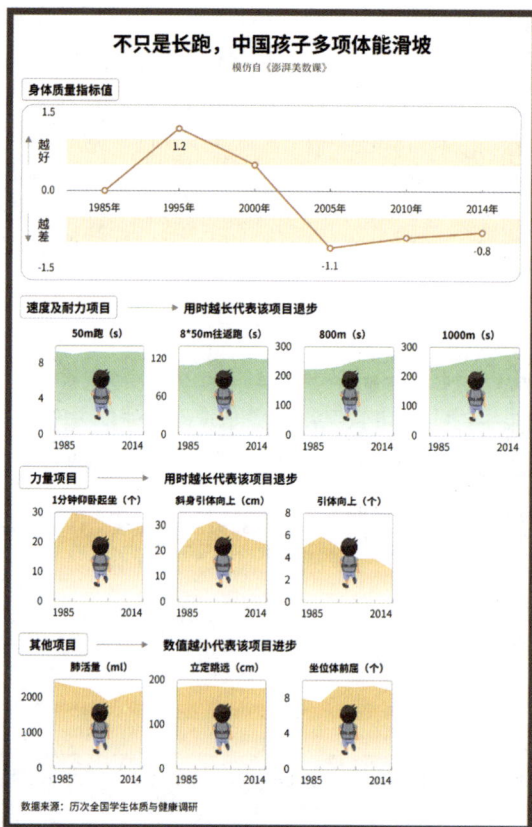

图 5.58 "折线图 + 多面积图"组合制作步骤 3

5.10 总分式展开："气泡图 + 多面积图"组合

5.10.1 图表自画像

解题之道： 如图 5.59 所示，全球与不同收入类型国家的图表之间是总分关系，疾病人数与增加比例的图表之间则是并列关系。图表设计师将图表布局为：并列关系左右分布、总分关系上下分布。

整体情况介绍的是 2016—2060 年临终时遭遇疾病的人数变化，以及增加比例。疾病人数变化采用面积图，并增加面积与横坐标轴之间的连接线，将不同的时期进行分隔。增加比例采用气泡图，并添加辅助气泡作为参照。图表的设计思路是简单化、规范化，并突出对比变化。结果显示：临终时遭遇疾病的人数持续性增加，增加比例高达 87%。

细分情况分别介绍了低收入国家、较低收入国家、中高收入国家和高收入国家临终时遭遇疾病的人数变化，以及增加比例。细分图表的制作策略是先保持统一，延续总体图表的图表类型、设计风格和图表布局，并保持细分图表的大小和取值范围相同，然后用深浅不同的填充色做出区分。结果显示：收入类型不同的国家，临终时遭遇疾病的人数都在增加，但增加比例与发达程度基本成反比。

图表类型： 面积图 + 气泡图。

表达数据关系： 综合对比，全球以及不同收入类型国家在 2016—2060 年临终遭遇疾病折磨的人数比较属于纵向对比；全球以及不同收入类型国家在 2016—2060 年间疾病人群的增加比例比较属于第 1 重横向对比；同 1 年度不同收入类型国家临终遭遇疾病折磨的人数对比属于第 2 重横向对比。

适用场景： 适用于数据新闻媒体和商务报告，去除边框后也适用于政府报告。

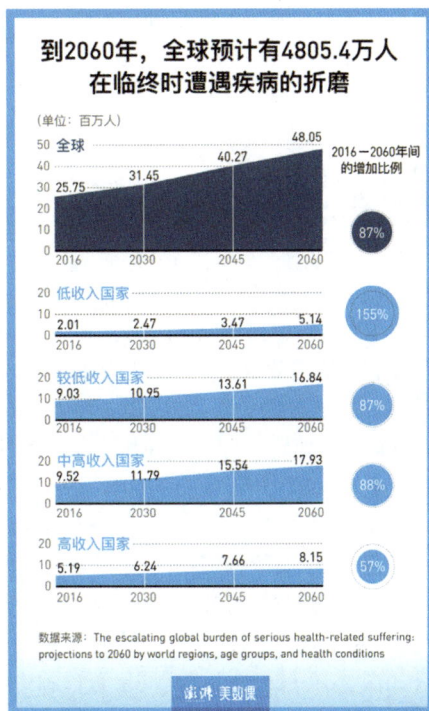

图 5.59 "气泡图＋多面积图"组合（选自《澎湃美数课》）

5.10.2 制作技巧拆解

1. 多图组合

如图 5.60 所示，原图由 1 个整体面积图、4 个细分面积图、1 个气泡图组成，整体面积图最大、放置在上方，细分面积图大小相同、平均分布在下方，气泡图放置在右侧。

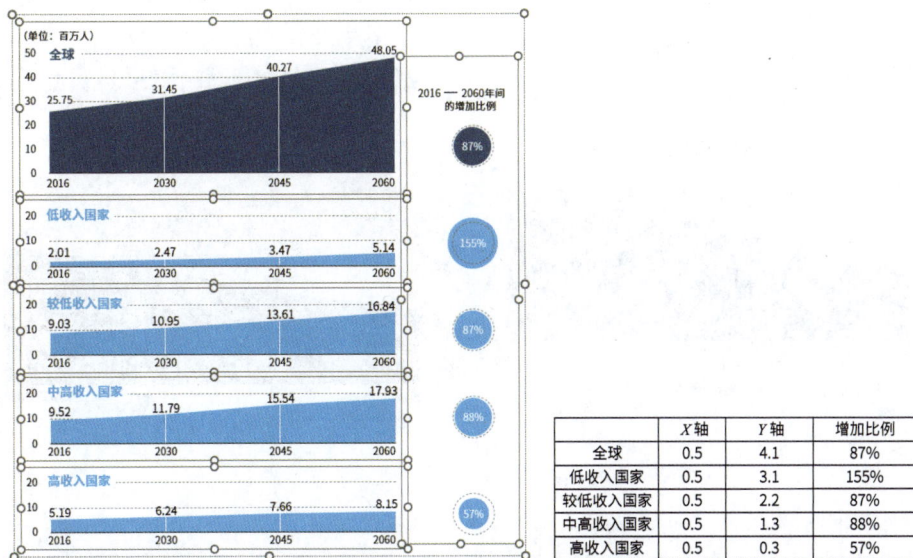

	X轴	Y轴	增加比例
全球	0.5	4.1	87%
低收入国家	0.5	3.1	155%
较低收入国家	0.5	2.2	87%
中高收入国家	0.5	1.3	88%
高收入国家	0.5	0.3	57%

图 5.60 "气泡图＋多面积图"组合构造

2. 面积图坐标轴标签

如图 5.60 所示，横坐标轴标签中的 2016 和 2060，分别与面积图的左右两侧对齐。想要实现这个效果，可以用辅助面积图（数值均为 0）的数据标签进行模仿。

3. 气泡图分布

如图 5.60 所示，面积图与气泡图一一对应，由于整体面积图和细分面积图大小不同，气泡图的 *Y* 轴值需要根据面积图的排版情况，进行适当调整。本例中，气泡图原 *Y* 轴值分别为 4.5、3.5、2.5、1.5 和 0.5，调整后分别为 4.1、3.1、2.2、1.3 和 0.3。

5.10.3 图表分步还原

1. 制作面积图

如图 5.61（a）所示，选择 A1:B5 和 G1:G5 单元格区域，插入面积图。将纵坐标轴的取值范围设置为"0~50"，间隔 10。将图表的字体整体设置为黑色思源黑体 Normal［如图 5.61（b）所示］。

调整图表大小： 将图表的高度和宽度分别设置为 5.27cm 和 12cm。删除标题和图例。将网格线设置为 0.5 磅白色（深色 50%）短画线。隐藏坐标轴标签和线条。图表设置为无填充、无边框。

设置面积： 将面积图填充为深蓝色（RGB 值为 68，114，196）。为面积图添加误差线，并设置为负偏差、无线端、100%，线条设置为 0.5 磅白色。

添加数据标签： 为全球系列面积图添加数据标签，设置为白色填充，移动至面积图上方，将 2016 年和 2060 年的标签分别与面积图保持左右对齐。同理为标签系列面积图添加数据标签，并显示类别名称、取消显示值，移动至面积图上方，2016 年和 2060 年的标签分别与面积图保持左右对齐。

参照原图制作单位和标题［如图 5.61（c）所示］。同理可以制作细分面积图，图表高度和宽度分别设置为 2.54cm 和 12cm，填充为蓝绿色（RGB 值为 49，187，239）。

	A	B	C	D	E	F	G
1		全球	低收入国家	较低收入国家	中高收入国家	高收入国家	标签
2	2016	25.75	2.01	9.03	9.52	5.19	0
3	2030	31.45	2.47	10.95	11.79	6.24	0
4	2045	40.27	3.47	13.61	15.54	7.66	0
5	2060	48.05	5.14	16.84	17.93	8.15	0
6							
7		*X* 轴	*Y* 轴	增加比例	辅助		
8	全球	0.5	4.1	87%	100%		
9	低收入国家	0.5	3.1	155%	100%		
10	较低收入国家	0.5	2.2	87%	100%		
11	中高收入国家	0.5	1.3	88%	100%		
12	高收入国家	0.5	0.3	57%	100%		

（a）

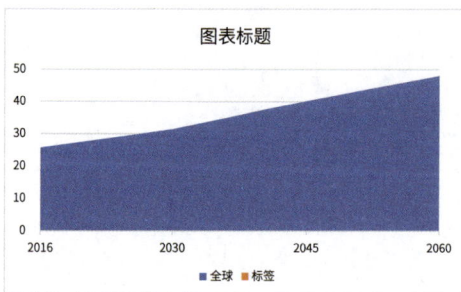

（b）

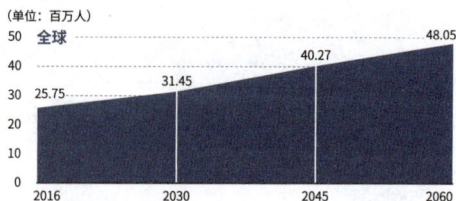

（c）

图 5.61 "气泡图 + 多面积图"组合制作步骤 1

2. 制作气泡图

如图 5.61（1）所示，选择 B7:D12 单元格区域，插入气泡图。将气泡图的系列名称修改为 D7（增加比例）。新增辅助系列并修改数据源，将 *X* 轴系列值修改为 B7:B12，*Y* 轴系列值修改为 C7:C12，气泡大小修改为 E7:E12。将图表的字体整体设置为黑色思源黑体 Normal［如图 5.62（a）所示］。

调整图表大小： 将图表的高度和宽度分别设置为 14.75cm 和 3.6cm。将绘图区基本充满图表。

删除标题和网格线。图表设置为无填充、无边框。

调整取值范围：将横坐标轴和纵坐标轴的取值范围分别设置为"0~0.8"和"0~5"，并隐藏坐标轴标签和线条。

填充气泡：将气泡大小设置为300。将增加比例系列气泡中的全球气泡填充深蓝色、其余气泡填充蓝绿色。将辅助系列气泡设置为无填充、0.5磅白色（深色50%）边框。

参照原图制作数据标签和标题［如图5.62（b）所示］。

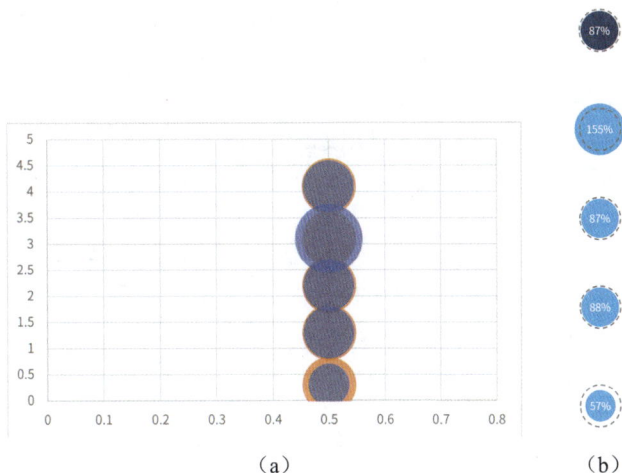

（a）　　　　　　　　　　　（b）

图 5.62 "气泡图 + 多面积图"组合制作步骤 2

3. 排列图表、制作边框和各项文字性内容

将整体面积图和细分面积图平均排列为5行，并保持左对齐。将气泡图放置在面积图右侧，并使气泡与面积图一一对应。

标题、图例等文字性内容和边框参照原图制作，具体参数详见图表源文件，最终效果如图5.63所示。

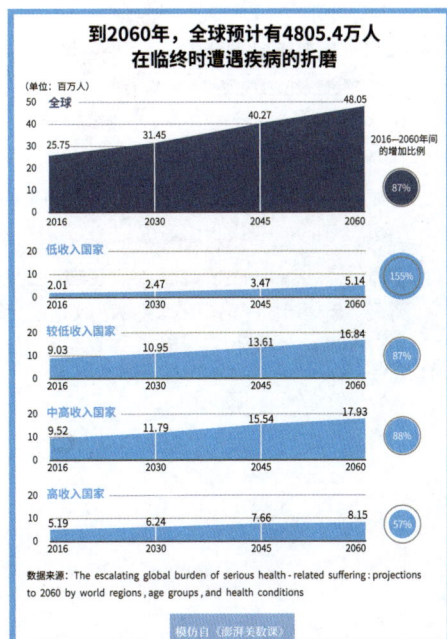

图 5.63 "气泡图 + 多面积图"组合制作步骤 3

235

5.11 总分式展开："长标签 + 气泡图 + 热力图"组合

5.11.1 图表自画像

解题之道：中国人最讲究安居乐业，宜居城市是老百姓喜闻乐见的议题。然而越熟悉的话题，越难做出新意。如图 5.64 所示，图表设计师准备了以下几个吸引点。

一是话题切入点吸引人。话题定位在统计大家如何选择宜居城市。当自己还在纠结，陷于两难境地时，不妨借助大数据瞧一瞧别人都做何选择，获取有价值的参照。

二是话题展开方式吸引人。不仅给出了具有普适性的大众方案，还贴心地细分出不同年龄段人群所做出的选择，毕竟同龄人的想法和理念更容易产生共频。

三是数据处理后更吸引人。将数据进行由大到小排序，前置更多数人的选择，满足部分人群的从众心理。

四是图表选择和布局吸引人。大众选择采用的是菱形气泡图，错层摆放十分别致且更节省空间，同时将所有气泡右置，可以兼顾长标签的有序摆放；分年龄段采用的是热力图，选择当前选项的人越多，对应的颜色越深。同样采用左右布局，长标签在左并实行双层布置、热力图在右整齐排列。另外，总分图表通过颜色（均采用红色系）和外层虚线边框实现前后呼应。

图表类型：气泡图 + 条件格式。

表达数据关系：多重横向对比，民众选择寻找宜居城市的不同方式比例是第 1 重横向对比；"00后""95 后""90 后"和"85 后"各自的选择是第 2~5 重横向对比。

适用场景：适用于数据新闻媒体，去除外装饰框后也适用于商务报告。

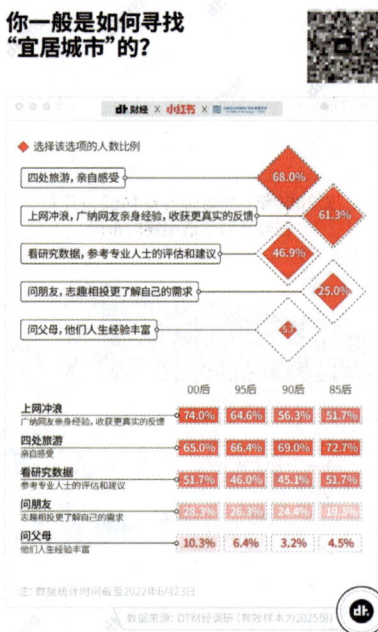

图 5.64 "长标签 + 气泡图 + 热力图"组合（选自《DT 财经》）

5.11.2 制作技巧拆解

1. 表图结合

如图 5.65 所示，表格用各类装饰形状和线条搭建，然后将菱形气泡图嵌入表格对应行中。

236

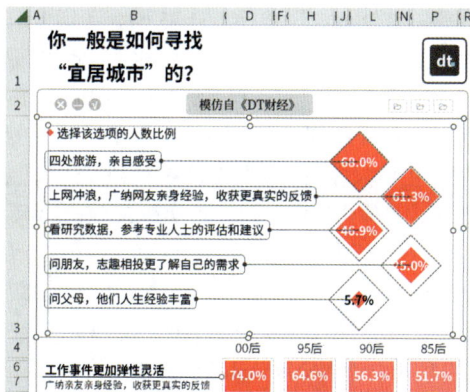

图 5.65　表格结构

2. 菱形气泡图

如图 5.66 所示，菱形气泡图和 5.7 节中的方形气泡图制作方法一致。通过调整气泡图的坐标轴值（X 轴值分别为 0.5 和 1，Y 轴值由上到下分别为 2.5、2、1.5、1 和 0.5），便可以实现气泡错落摆放的效果。

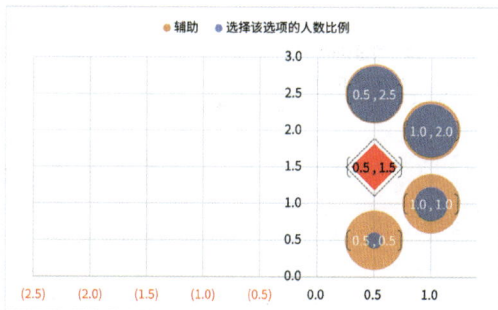

图 5.66　菱形气泡图制作思路

3. 热力图制作

热力图的具体制作方法，可以参照 1.8 节中的"热力图制作"部分。如图 5.67 所示，热力图的单元格由上下两行组成，分别用于放置上下长标签。另外，热力图外的虚线边框，需要在单元格的上下均添加空白行、左右均添加空白列，且空白行的高度和空白列的宽度保持一致。

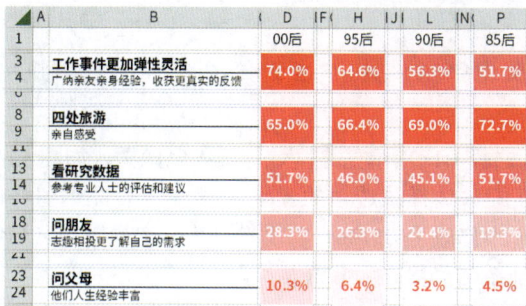

图 5.67　热力图制作思路

5.11.3　图表分步还原

1. 制作表格框架

如图 5.68 所示，表格的具体参数如下。

237

行高：标题（第 1 行）60 磅、装饰行（第 2 行）21.75 磅、菱形气泡图行（第 3 行）21.75 磅、表头（第 4 行）17.25 磅、主体内容上标签行（第 6、11、16、21 和 26 行）15 磅、主体内容下标签行（第 7、12、17、22 和 27 行）15 磅、主体内容上下边框行（第 5 和 8、10 和 13、15 和 18、20 和 23、25 和 28 行）2.25 磅、主体内容空白行（第 9、14、19、和 24 行）9 磅、数据来源（第 12 行）59.25 磅。

　　列宽：标签列（B 列）27 磅、主体内容列（D、H、L 和 P 列）6.25 磅、主体内容左右边框列（C 和 E、G 和 I、K 和 M、O 和 Q）0.23 磅、主体内容空白列（F、J 和 N 列）1 磅、空白列（A 和 R 列）1.5 磅。

　　边框：主体内容上标签行的 B 列添加黑色（淡色 25%）下边框。边框尾部的圆形为自行插入，高度和宽度均设置为 0.2cm，并设置为白色填充、0.5 磅黑色（淡色 25）边框。

　　字体：上标签设置为 11 号黑色思源黑体 Bold，上标签设置为 9 号黑色思源黑体 Normal，并保持左对齐。表头设置为 11 号黑色思源黑体 Normal。热力单元格中前 4 项和最后 1 项分别设置为 11 号思源黑体 Bold 白色和红色。

　　热力图：选择 D6:P27 单元格区域，添加条件格式中的色阶。将最小值类型修改为数字、值设置为 3.2%、颜色设置为白色；将最大值类型修改为数字、值设置为 74%、颜色设置为红色（RGB 值为 254、35、67）。

　　数据来源和各项装饰图形参照原图制作，具体参数详见源文件（或参照 1.1 节中的"设置装饰和各项文字性内容"部分）。

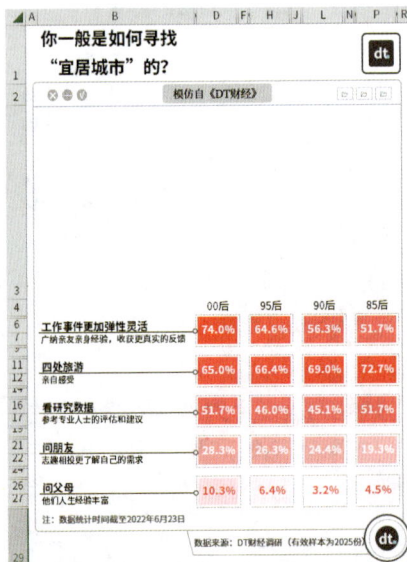

图 5.68 "长标签 + 气泡图 + 热力图"组合制作步骤 1

　　2. 制作菱形气泡图

　　如图 5.69（a）所示，选择 B1:E6 单元格区域，插入气泡图［如图 5.69（b）所示］。将辅助系列气泡的系列名称修改为 B1（选择该选项的人数比例），X 轴系列值修改为 D2:D6，Y 轴系列值修改为 E2:E6，系列气泡大小修改为 B2:B6；将 Y 轴系列气泡的系列名称修改为 C1（辅助），X 轴系列值修改为 D2:D6，Y 轴系列值修改为 E2:E6，系列气泡大小修改为 C2:C6。将横坐标轴和纵坐标轴的取值范围分别设置为"0~3"和"-2.5~1.4"。将图表的字体整体设置为 11 号黑色思源黑体 Normal［如图 5.69（c）所示］。

　　调整图表大小：将图表的高度和宽度分别设置为 6.96cm 和 13.87cm。删除标题、网格线。将图例放在图表左上角。隐藏坐标轴标签和线条。图表设置为无填充、无边框。

　　设置气泡图：将气泡大小修改为 180。将选择该选项的人数比例系列气泡填充为菱形（红色填充、无边框）；将 Y 轴系列气泡填充为菱形［无填充、1 磅黑色（淡色 25%）方点虚线边框］。

设置数据标签：为选择该选项的人数比例系列气泡添加数据标签，显示气泡大小、取消显示 Y 值，放在气泡中间，除最下方气泡的标签外，其余字体均修改为白色思源黑体 Bold。为 Y 轴系列气泡添加数据标签，显示 A2:A6 单元格中的值、取消显示 Y 值。将形状修改为圆角矩形，设置为无填充、0.5 磅黑色（淡色 25%）边框、上下边距设置为 0、高度修改为 0.6cm。最后将标签移动至图表左侧，并保持左对齐。将引导线修改为 0.5 磅黑色（淡色 25%）、圆形尾部箭头［如图 5.69（d）所示］。

	A	B	C	D	E
1		选择该选项的人数比例	辅助	X轴	Y轴
2	四处旅游，亲自感受	68.0%	75%	0.5	2.5
3	上网冲浪，广纳网友亲身经验，收获更真实的反馈	61.3%	75%	1.0	2.0
4	看研究数据，参考专业人士的评估和建议	46.9%	75%	0.5	1.5
5	问朋友，志趣相投更了解自己的需求	25.0%	75%	1.0	1.0
6	问父母，他们人生经验丰富	5.7%	75%	0.5	0.5

（a）

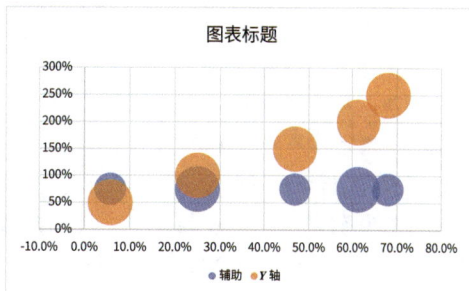

（b）

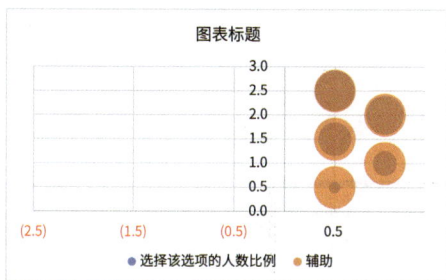

（c）

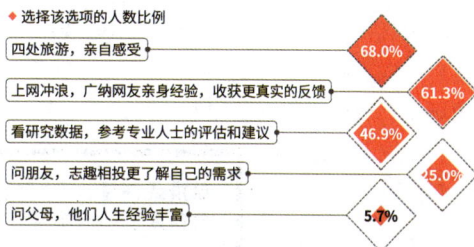

（d）

图 5.69　长标签＋气泡图＋热力图组合制作步骤 2

3. 将气泡图嵌入表格

将菱形气泡嵌入表格对应行列，最终效果如图 5.70 所示。

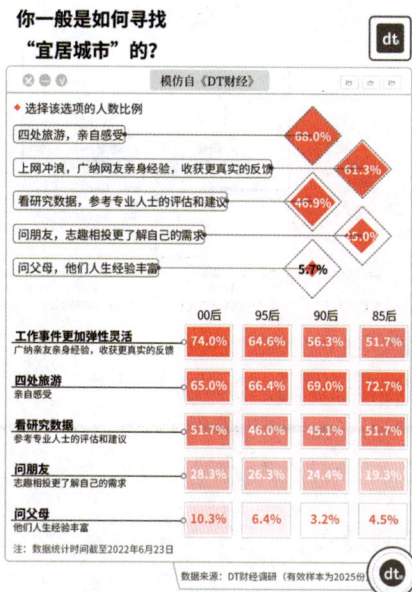

图 5.70　"长标签＋气泡图＋热力图"组合制作步骤 3

239

5.12 总分式展开："半圆环图 + 子母柱形图"组合

5.12.1 图表自画像

解题之道：如图 5.71 所示，故事的逻辑线是比较虚拟主播的付费用户中，钟爱单推还是更加博爱，以及不同级别用户的付费偏好。

整体情况介绍的是所有付费用户的偏好。图表设计师采用了半圆环图，可以同时展示付费用户的总量和付费结构，一举两得。半圆环图的优势还体现在，比柱形新颖、比圆环图节省空间。结果显示：单推人数占据着绝对优势。

细分情况分别介绍了舰长、提督和总督的付费偏好。图表设计师采用了堆积柱形图，并为数值较小的提督和总督部分，单独制作了子堆积柱形图。同时连接箭头的加入，将两者有机地结合起来。此处，堆积柱形图和半圆环图的功能类似，兼具总量比较和结构组成。结果显示：单推人数虽多，或许是迫于钱少，消费级别更高的总督，更乐于为多位主播付费。

图表类型：圆环图 + 堆积柱形图。

表达数据关系：静态构成 + 横向对比，只为 1 个虚拟主播花了钱和为多个虚拟主播花了钱的用户数量和占比情况属于第 1 重"横向对比 + 静态结构"；舰长、提督和总督的单推数及占比情况属于第 2 重"横向对比 + 静态结构"。

适用场景：适用于数据新闻媒体和商务报告，去除边框后也适用于政府报告。

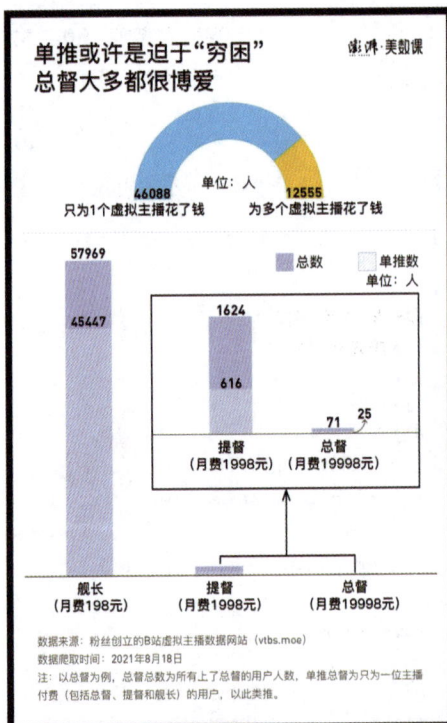

图 5.71 "半圆环图 + 子母柱形图"组合（选自《澎湃美数课》）

5.12.2 制作技巧拆解

如图 5.72 所示，原图由"半圆环图 + 主堆积柱形图 + 子堆积柱形图"组成，半圆环图在上、堆积柱形图在下，上下图表保持同宽，并用短画线进行分隔。子堆积柱形图用于放大数值较小的提督柱形和总督柱形，放置在主堆积柱形图右上方的空白位置，两者用连接符（用任意多边形绘制，参照"1.25 节拟物式热力图"中的绘制连接线部分）和矩形框（子图的边框，与连接符同宽、同色）建立起连接关系。

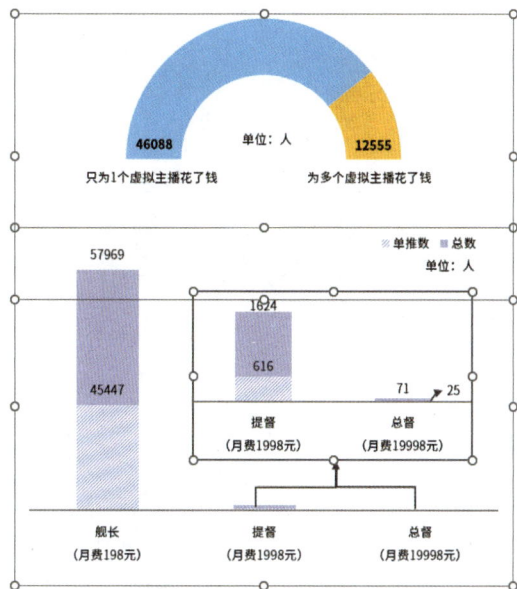

图 5.72 "半圆环图 + 子母柱形图"组合构造

5.12.3　图表分步还原

1. 制作半圆环图

如图 5.73（a）所示，选择 A1:B4 单元格区域，插入圆环图。将图表的字体整体设置为黑色思源黑体 Normal［如图 5.73（b）所示］。

调整图表大小：将图表的高度和宽度分别设置为 7.1cm 和 12.7cm。删除标题和图例。图表设置为无填充、无边框。

设置圆环：将圆环图的圆环大小设置为 60%，第 1 扇区起始角度设置为 270°。将圆环图设置为无边框，为 1 个虚拟主播花了钱类别、为多个虚拟主播花了钱类别和辅助类别圆环分别设置为青色（RGB 值为 106，197，241）填充、黄色（RGB 值为 255，205，32）填充和无填充。

添加数据标签：为圆环图添加数据标签，并将标签分别移动至对应圆环底部，字体设置为思源黑体 Bold。参照原图制作单位和各圆环标题［如图 5.73（c）所示］。

2. 制作堆积柱形图

如图 5.73（a）所示，选择 A6:C9 单元格区域（A7、A8 和 A9 参照原图强制换行），插入堆积柱形图。将纵坐标轴的取值范围设置为"0~120000"，将图表的字体整体设置为黑色思源黑体 Normal［如图 5.74（1）所示］。

调整图表大小：将图表的高度和宽度分别设置为 8.89cm 和 12.7cm。删除标题和网格线。隐藏纵坐标轴标签。将横坐标轴线条设置为 1 磅白色（深色 50%）。图表设置无边框。

设置柱形：柱形间隙宽度设置为 150%。将总数系列柱形填充为浅蓝色（RGB 值为 180，190，251），将单推数系列柱形填充为深色上对角线图案（浅蓝色前景、白色背景）。

将图例放置在图表右上角，并参照原图制作单位和数据标签［如图 5.74（b）所示］。

制作子堆积柱形图：复制堆积柱形图，并将数据源修改为 A6:C9，图表高度和宽度分别修改为 4.16cm 和 7.1cm。参照原图制作单位和数据标签，其中总督单推数标签的引导线设置为 1 磅黑色

241

（淡色 25%）、箭头式尾部箭头。将绘图区基本充满图表。将图表边框设置 1 磅黑色（淡色 25%）[如图 5.74（c）所示]。

组合堆积柱形图：将子堆积柱形图放置在主堆积柱形图的右上方空白处，并参照原图制作连接线，然后组合图表 [如图 5.74（d）所示]。

	A	B	C
1		人数	
2	只为1个虚拟主播花了钱	46088	
3	为多个虚拟主播花了钱	12555	
4	辅助	58643	
5			
6		单推数	总数
7	舰长（月费198元）	45447	57969
8	提督（月费1998元）	616	1624
9	总督（月费19998元）	25	71

（a）

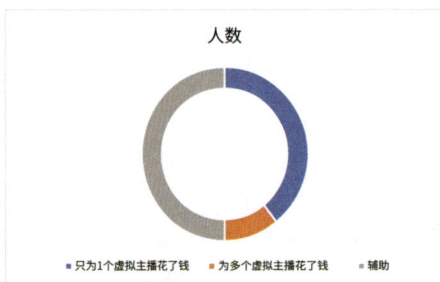

（b）

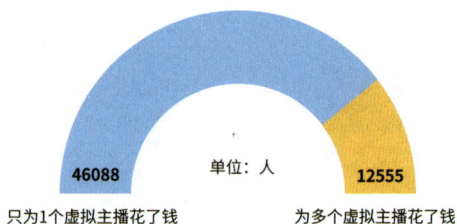

（c）

图 5.73 "半圆环图 + 子母柱形图"组合制作步骤 1

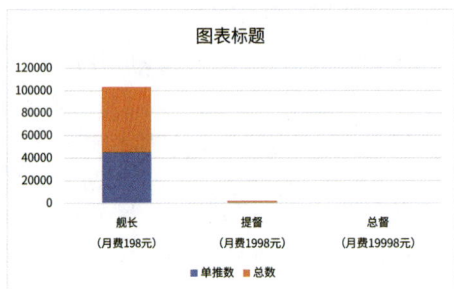

（a）

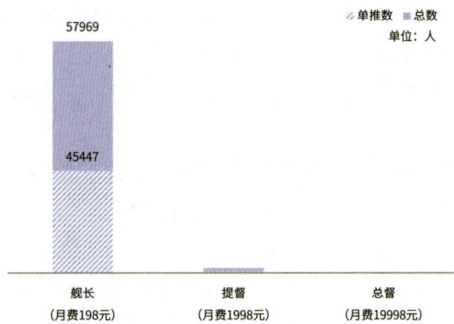

（b）

（c）

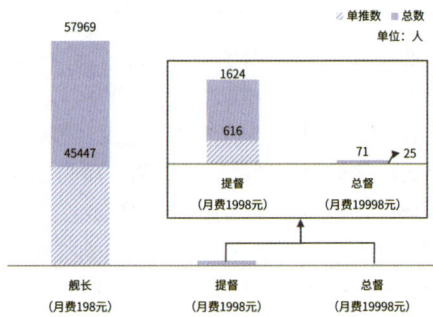

（d）

图 5.74 "半圆环图 + 子母柱形图"组合制作步骤 2

3. 排列图表、制作边框和各项文字性内容

将半圆环图放置在上方、子母堆积柱形图放置在下方，并保持居中对齐，然后在中间插入分隔线。

标题、数据来源等文字性内容和边框参照原图制作，具体参数详见图表源文件，最终效果如图 5.75 所示。

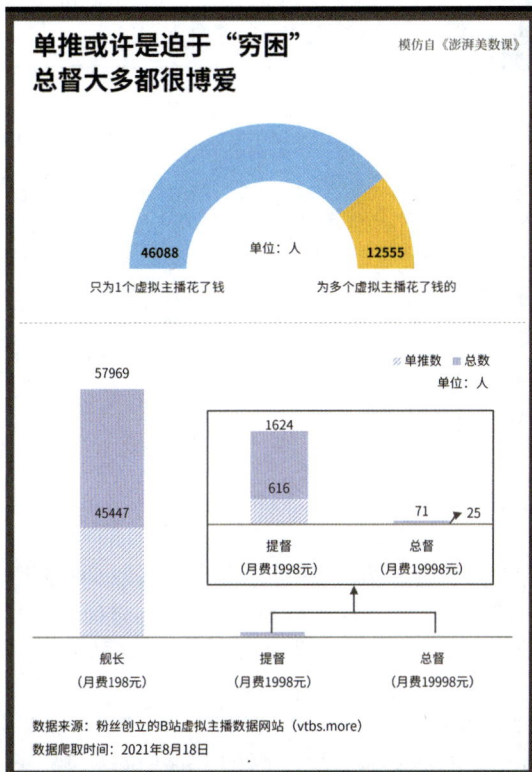

图 5.75 "半圆环图＋子母柱形图"组合制作步骤 3

现在各类新式图表、网红图表不断推陈出新，想要用创意留住读者挑剔的目光，难度不言而喻。创意最为考验图表制作人的想象力，设计工作型图表时，需要提供适度的新鲜感，太过超前读者难以接受、不够醒目读者不会买账。本章精选了 12 个饱含图表设计师精彩构思的作品，专门解决灵感枯竭难题。

6.1　变换形状：切角式柱形图

6.1.1　图表自画像

解题之道：看腻了传统柱形图，不妨将柱形的形状变一变，更能吸引读者关注。如图 6.1 所示，图表设计师在柱形的右上角切出圆角、将横坐标轴标签做成标牌挂在柱形上、将浅灰色独立式矩形背景叠加在纵坐标轴标签下、用白色虚线将柱形一分为二、高亮"睡得好"柱形呼应标题等，让图表变得新鲜感十足、创意十足。

图表类型：柱形图 + 散点图。

表达数据关系：横向对比，比较 8 项自定义健康指标的比例。

适用场景：适用于数据新闻媒体，去除各项装饰后也适用于商务报告和政府报告。

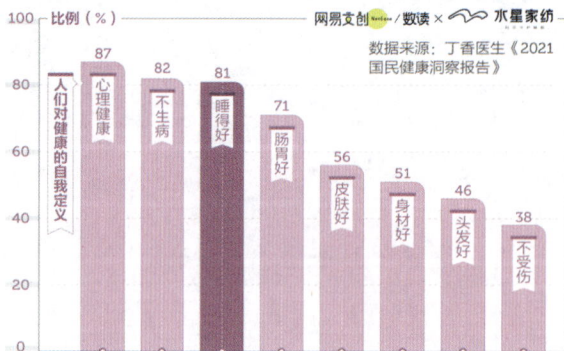

图 6.1　切角式柱形图（选自《网易数读》）

6.1.2　制作技巧拆解

1. 切角柱形

柱形除了做切角外（本质上是单圆角柱形），还添加了白色虚线作为装饰，另外将"睡得好"类别柱形加深了填充色,以此引起读者的关注和重视。具体制作参照 3.11 节中"堆积类圆角条形"部分,将柱形图保存为 SVG 图片、转换形状、获取所有柱形的高度和宽度、制作单圆角矩形、叠放在原柱形上。白色虚线通过柱形图的误差线制作(负偏差、无线端、100%)。

2. 图表结构

如图 6.2 所示,装饰虚线显示在切角柱形上方、网格线显示在切角柱形的下方。因此需要将整个图表分为 3 层,上、中、下层分别是原柱形图、切角柱形和网格线。

为了获得和原柱形图一样的单独的网格线层,需要复制原柱形图,在不改变图表和绘图区大小的前提下,将其余所有的元素都隐藏或删除,只保留网格线(和制作自由图例的思路类似)。

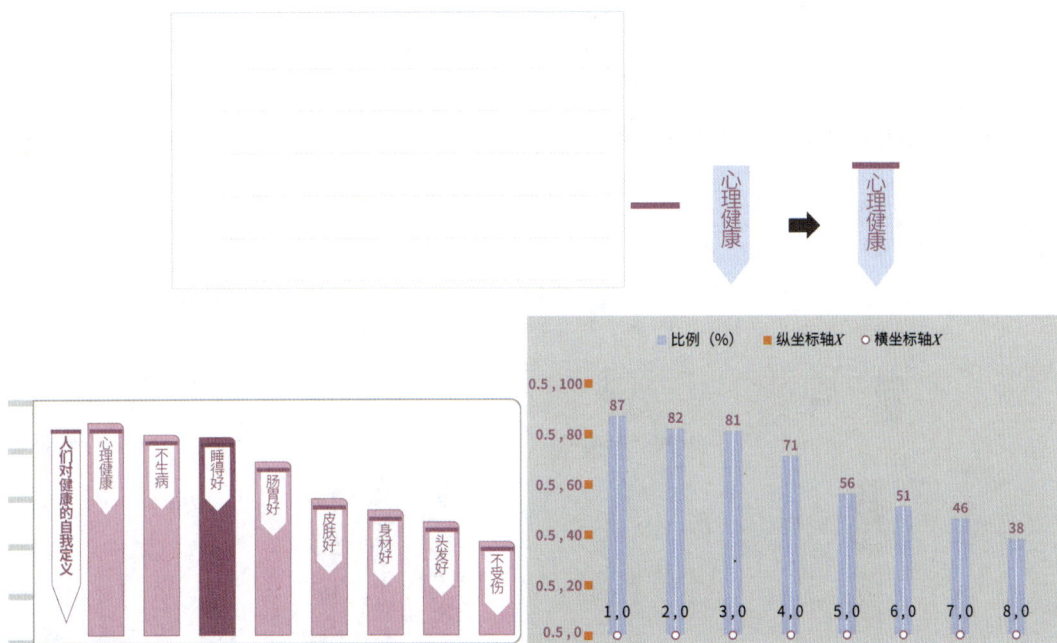

图 6.2 图表结构

3. 自定义坐标轴刻度线和标签

如图 6.2 所示,横坐标轴上的圆形数据标记采用横坐标轴散点(X 轴值分别为 1、2、…、8,Y 轴值均为 0)的数据标记制作。纵坐标轴标签采用纵坐标轴散点(X 轴值均为 0.5,Y 轴值分别为 0、20、…、100)的数据标签制作,并放在绘图区左侧,中间预留的空间用于放置横坐标轴标题。纵坐标轴标签下方的浅灰色背景由矩形制作,并叠放在图表的下方,保持对齐。横坐标轴的标签和标题采用"矩形 + 五边形箭头"组合而成(和原图形状有所差异,如果希望保持一致,建议下载相应形状的图标)。

6.1.3 图表分步还原

1. 插入柱形图并修改基本格式

如图 6.3(a)所示,选择 A1:D9 单元格区域,插入柱形图。将纵坐标轴 X 系列和纵坐标轴 Y 系列修改为散点图、修改数据源。将纵坐标轴 X 系列散点的 X 轴系列值修改为 C2:C9,Y 轴系列值修改为 D2:D9;将纵坐标轴 X 系列散点的系列名称修改为 E1,X 轴系列值修改为 E2:E9,Y 轴系列值修改为 F2:F9。将纵坐标轴的取值范围设置为"0~100",间隔为 20。将图表的字体整体设置为黑色思源黑体 Normal ［如图 6.3（b）所示］。

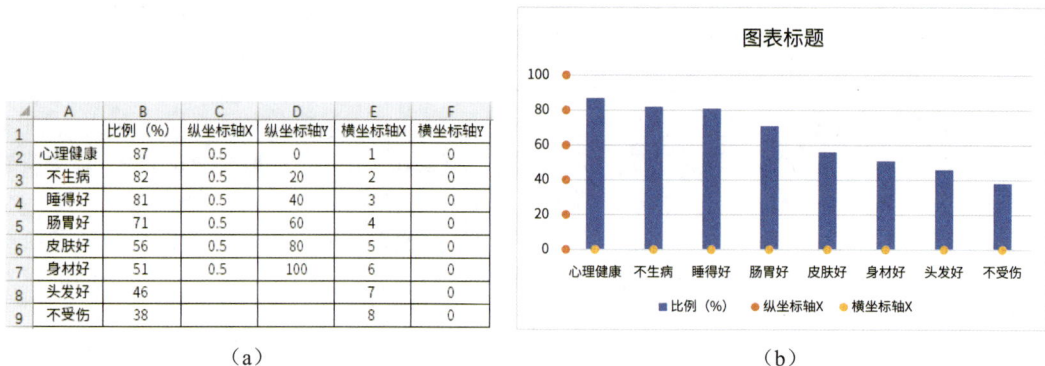

图表标题

	A	B	C	D	E	F
1		比例（%）	纵坐标轴X	纵坐标轴Y	横坐标轴X	横坐标轴Y
2	心理健康	87	0.5	0	1	0
3	不生病	82	0.5	20	2	0
4	睡得好	81	0.5	40	3	0
5	肠胃好	71	0.5	60	4	0
6	皮肤好	56	0.5	80	5	0
7	身材好	51	0.5	100	6	0
8	头发好	46			7	0
9	不受伤	38			8	0

（a）　　　　　　　　　　　　　　　　　（b）

图 6.3　切角式柱形图制作步骤 1

2. 制作切角柱形、设置网格线

制作切角柱形：依次确定柱形图和绘图区大小、确定柱形高度、制作并叠放切角柱形 ［如图 6.4（a）所示］。

设置网格线：复制柱形图，然后将纵坐标轴 X 系列散点和横坐标轴 X 系列散点的数据标记均设置为无、删除图例、将图表边框设置为无，只保留网格线，称为网格线图表。

组合各图层：将网格线图表移动至底层、将切角柱形下移至中间层。将切角柱形和柱形图组合在一起，并与网格线图表设置为居中对齐。删除原柱形图网格线 ［如图 6.4（b）所示］。

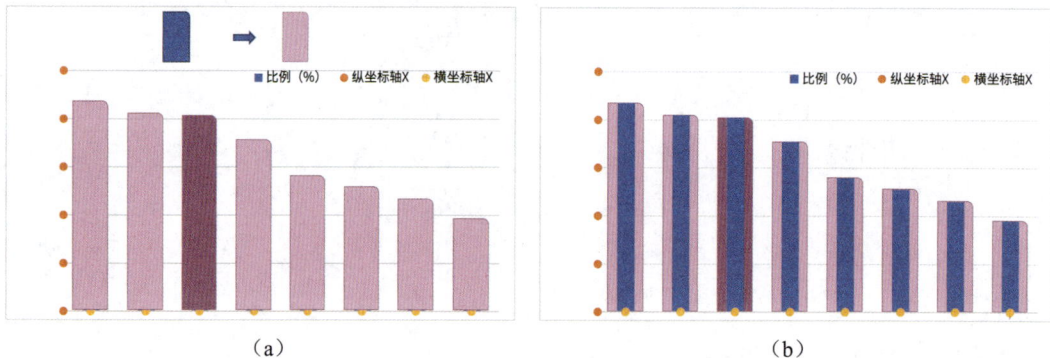

（a）　　　　　　　　　　　　　　　　　（b）

图 6.4　切角式柱形图制作步骤 2

3. 设置柱形图

添加误差线：为柱形添加误差线，并设置为负偏差、无线端、100%，线条设置为 0.5 磅白色短画线。为柱形添加数据标签并放在柱形外，字体设置为紫色思源黑体 Bold，适当向下移动使其更靠近柱形。将柱形设置为无填充。

设置横坐标轴：将横坐标轴 X 系列散点的数据标记设置为白色填充、1 磅深紫色线条。参照原图制作横坐标轴标题和标签，依次叠放在对应柱形上。

设置纵坐标轴标签：为纵坐标轴 X 系列散点添加数据标签，并放在散点左侧。将标签上下左右边距均设置为 0，字体设置为 9 号深紫色思源黑体 Bold，移动至图表最左侧。将数据标记设置为无。参照原图制作纵坐标轴标签背景，依次摆放在对应标签上，其中数值 0 和 100 处的矩形与标签保持底部对齐，其余矩形与标签保持垂直居中对齐，移动至最下层 ［如图 6.5（a）所示］。

4. 设置圆角绘图区、制作各项文字性内容

参照 1.12 节中的"半圆角图表边框"部分，制作圆角绘图区 ［如图 6.5（b）所示］。

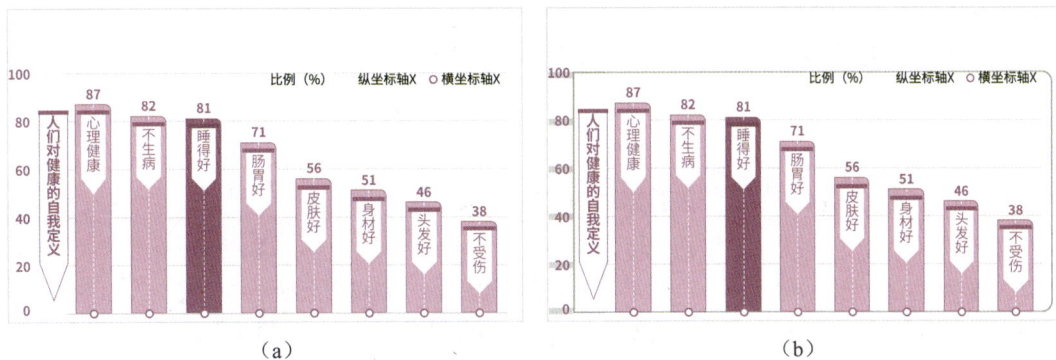

图 6.5　切角式柱形图制作步骤 3

参照原图制作标题、图例等，具体参数详见图表源文件，并将折线图的边框设置为无，最终效果如图 6.6 所示。

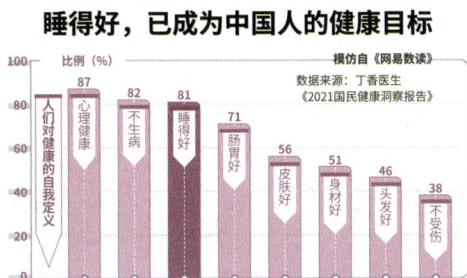

睡得好，已成为中国人的健康目标

图 6.6　切角式柱形图的源数据及制作步骤

6.2　变换形状：山峰图

6.2.1　图表自画像

解题之道：如图 6.7 所示的图形像是高低起伏、连绵不绝的山峰；数据标签和山顶的锚点连接，像插在山顶的旗帜；横坐标轴标签添加矩形框，像山底的草木。很难想象这惟妙惟肖的群山是由柱形图演变而来。两者表达的含义完全一致，但山峰图外表更为灵动，让人忍不住驻足多看几眼，这也是很多图表制作人毕生都在追求、都想实现的目标，尽可能拉长读者在图表上的停留时间。

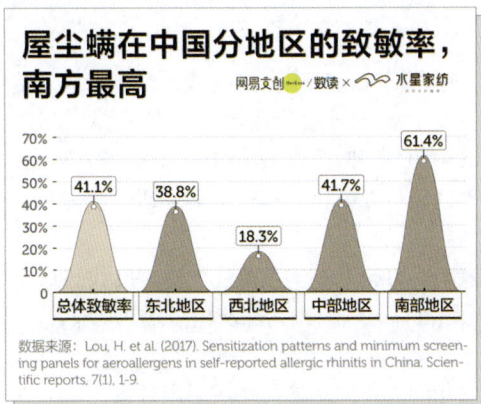

屋尘螨在中国分地区的致敏率，南方最高

数据来源：Lou, H. et al. (2017). Sensitization patterns and minimum screening panels for aeroallergens in self-reported allergic rhinitis in China. Scientific reports, 7(1), 1-9.

图 6.7　山峰图（选自《网易数读》）

图表类型：柱形图＋散点图。

表达数据关系：横向对比，比较中国不同地区的屋尘螨致敏率。

适用场景：适用于数据新闻媒体和商务报告。

6.2.2 制作技巧拆解

1. 自定义填充柱形

如图 6.8 所示，山峰图的本质是切换行 / 列后的柱形图，然后用"山峰"形状进行填充（类似于 1.11 节中用心跳曲线填充条形）。3.14 节中曾用变形三角形来模仿大括号的"箭头"部分，制作山峰时可以沿用这种方法。分编辑三角形的 3 个顶点就可以得到一个"山峰状"的变形三角形。

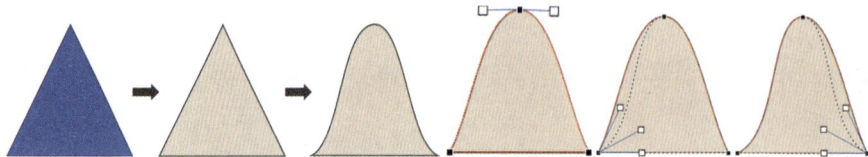

图 6.8　山峰制作思路

2. 自定义坐标轴标签

如图 6.9 所示，横坐标轴标签与刻度线一一对应，标签紧贴着横坐标轴放置在上细下粗的矩形盒子里。柱形图切换行 / 列后，只剩下 1 个类别，无法实现原图效果。因此横坐标轴标签和刻度线分别采用横坐标轴散点（X 轴值分别为 0.6、0.8、1、1.2 和 1.4，Y 轴值均为 0）的数据标签和垂直误差线（正偏差、无线端、固定值 0.02，可以根据需要适当微调）制作。然后为数据标签添加浅灰色边框，在底部放置 1.5 磅与标签同宽的深灰色线条。

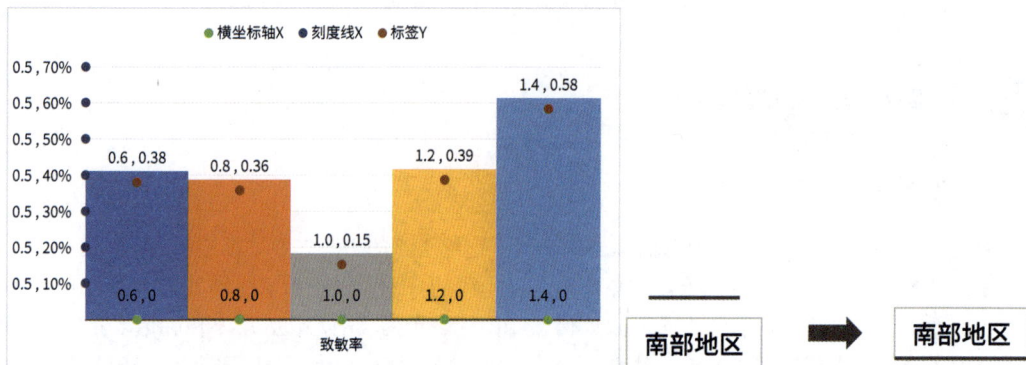

图 6.9　自定义标签和网格线制作思路

3. 自定义数据标签

如图 6.9 所示，柱形图的数据标签由标签、连接线、锚点组成。其中标签为柱形自身的数据标签，并将形状修改为圆角矩形。锚点和连接线由标签散点（X 轴值分别为 0.6、0.8、1、1.2 和 1.4，Y 轴值分别为 0.38、0.36、0.15、0.39 和 0.58，Y 轴值等于柱形系列值 -0.03）的数据标记和垂直误差线制作（正偏差、无线端、固定值 0.05，可以根据需要适当微调）。

4. 自定义刻度线

如图 6.9 所示，网格线起点处添加了深灰色短线，由刻度线散点（X 轴值均为 0.5，Y 轴值分别为 10%、20%、…、70%）的数据标记（设置为深灰色短线）制作。

5. 图表阴影

在图表下错层、错位叠加相同大小的矩形，形成阴影效果。

6.2.3 图表分步还原

1. 插入柱形图并修改基本格式

如图 6.10（a）所示，选择 A1:B6 单元格区域，插入柱形图，并切换行 / 列。新增横坐标轴 X 系列、刻度线 X 系列和标签 Y 系列，并修改为散点图、修改数据源。将横坐标轴 X 系列散点的 X 轴系列值修改为 C2:C6，Y 轴系列值修改为 D2:D6；将刻度线 X 系列散点的 X 轴系列值修改为 E2:E8，Y 轴系列值修改为 F2:F8；将标签 Y 系列散点的 X 轴系列值修改为 C2:C6，Y 轴系列值修改为 G2:G6。将纵坐标轴的取值范围设置为"0~0.7"，间隔为 0.1，不保留小数点。将图表的字体整体设置为黑色思源黑体 Normal，将纵坐标轴标签设置为黑色（淡色 25%）[如图 6.10（b）所示]。

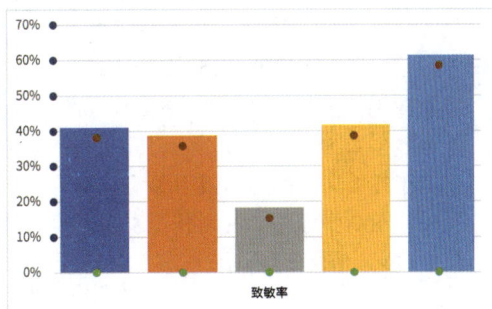

（a）　　　　　　　　　　　　　　　（b）

图 6.10　山峰图的制作步骤 1

2. 设置柱形图

调整图表大小：将图表的高度和宽度分别设置为 12cm 和 11cm。将横坐标轴设置为 1 磅黑色（淡色 25%）、网格线设置为 0.25 磅白色（深色 15%）方点虚线。隐藏横坐标轴标签，适当调整绘图区大小，上方为标题预留空间、下方为新横坐标轴标签和数据来源预留空间。

设置柱形图：将柱形的间隙宽度和系列重叠均设置为 0。插入三角形（将高度和宽度分别设置为 4.02cm 和 4cm，可以根据需要调整），设置为浅茶色填充（RGB 值为 234，218，205）、1 磅黑色（淡色 25%）边框。依次编辑三角形顶点，得到"山峰状"三角形，并粘贴至总体致敏率系列柱形。复制变形三角形，并将填充色修改为茶色（RGB 值为 181，169，153），分别粘贴至其余系列柱形[如图 6.11（a）所示]。

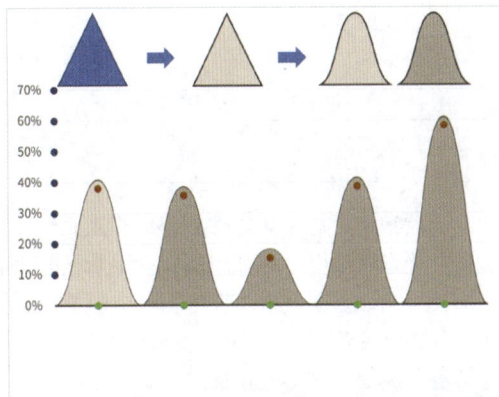
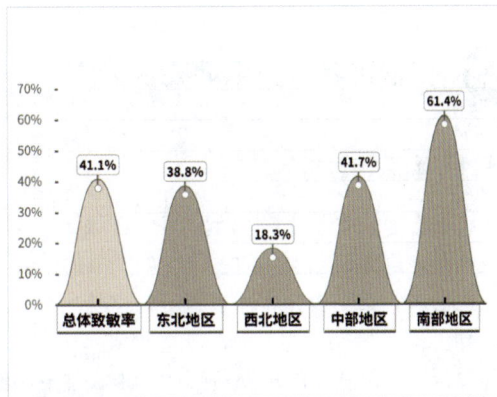

（a）　　　　　　　　　　　　　　　（b）

图 6.11　山峰图的制作步骤 2

3. 设置坐标轴

设置横坐标轴刻度线：为横坐标轴 X 系列散点添加误差线并删除水平误差线，垂直误差线设置

249

为正偏差、无线端、固定值 0.02，线条设置为 1.5 磅黑色。

设置横坐标轴标签：为横坐标轴 X 系列散点添加数据标签，显示单元格中的值、取消显示 Y 值。将标签设置为白色填充、白色（深色 50%）无边框，将上下左右边距均设置为 0、将高度和宽度分别设置为 0.7cm 和 1.9cm（总体致敏率标签宽度设置为 2.2cm），将字体修改为 11 号黑色思源黑体 Bold。将标签放在散点下方，适当向上移动使其紧贴横坐标轴。分别在标签下方叠加直线 [宽度设置为 2.2cm，线条设置为 1.5 磅黑色（淡色 25%）]，并保持对齐。

添加数据标签：为柱形依次添加数据标签，并放在柱形外。将标签形状修改为圆角矩形，设置为白色填充、0.5 磅白色（深色 50%）边框，将上下左右边距均设置为 0、高度和宽度分别设置为 0.5cm 和 1.1cm、字体修改为思源黑体 Bold。将标签 Y 系列散点的数据标记设置为白色填充、0.5 磅白色（深色 50%）边框。为标签 Y 系列散点添加误差线并删除水平误差线，垂直误差线设置为正偏差、无线端、固定值 0.05, 线条设置为 1 磅黑色（淡色 35%）。

纵坐标轴刻度线：将刻度线 X 系列散点的数据标记设置为 5 号、短横线黑色（淡色 35%）填充、无边框 [如图 6.11（b）所示]。

4. 制作各项文字性内容和阴影

参照原图制作标题、图例和图表阴影等，具体参数详见图表源文件，并将折线图的边框设置为无，最终效果如图 6.12 所示。

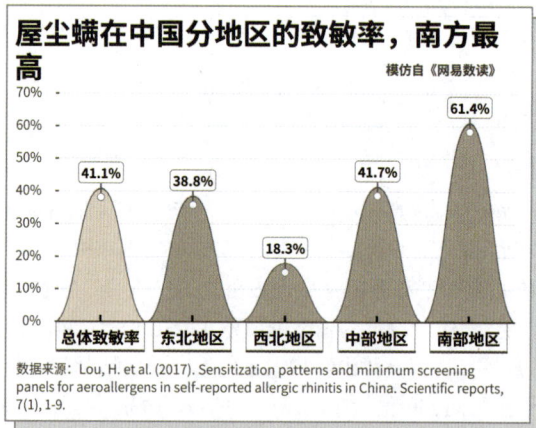

图 6.12　山峰图的制作步骤 3

6.3　变换形状：多组填充柱形图

6.3.1　图表自画像

解题之道：如图 6.13 所示的柱形图设计非常巧妙，既能满足不同主角定位剧集的相互比较，还能反映特定剧集独立女主的占比。如此酷的图表，让人一时想象不出来该如何制作。不妨一起来做个逆向思考：**第 1 步**先将图表拆分，就能得到 4 个华夫图（方块图）；**第 2 步**将圆角矩形替换为矩形，并去掉行与行间的缝隙，就能得到 1 个包含 5 个类别的堆积柱形图；**第 3 步**将所有类别合并，就能得到 1 个最普通的堆积柱形图。堆积柱形图经过 1 步步蜕变，最终破茧成蝶，充分展现了图表设计师的思考和智慧。

图表类型：堆积柱形图。

表达数据关系：横向对比 + 静态结构，都没出现、都出现、只出现女主和只出现男主的剧集数量比较属于横向对比；都出现 / 只出现女主的剧集中，女主独立与女主非独立的剧集的数量占比情况属于静态结构。

适用场景：适用于数据新闻媒体、政府报告和商务报告。

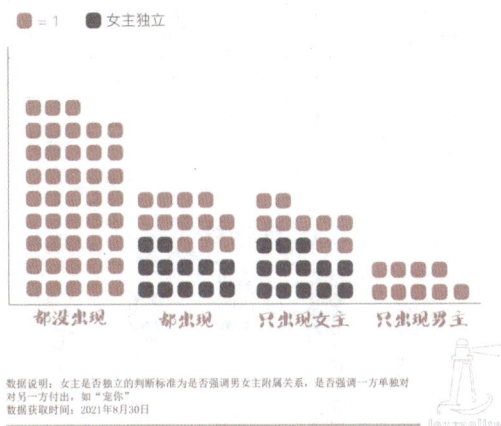

图 6.13　多组填充柱形图（选自《RUC 新闻坊》）

6.3.2　制作技巧拆解

1. 多组填充柱形图结构

如图 6.14 所示，原图由 4 组柱形图组合而成，即"都没出现"柱形、"都出现"柱形、"只出现女主"柱形和"只出现男主"柱形，每个柱形图均需要独立制作。另外坐标轴、坐标轴标签、图例均需要独立制作。其中坐标轴采用隐藏其余元素、只保留横纵坐标轴的柱形图制作（类似于自由图例）；坐标轴标签采用文本框制作；图例采用"圆角矩形 + 文本框"制作。

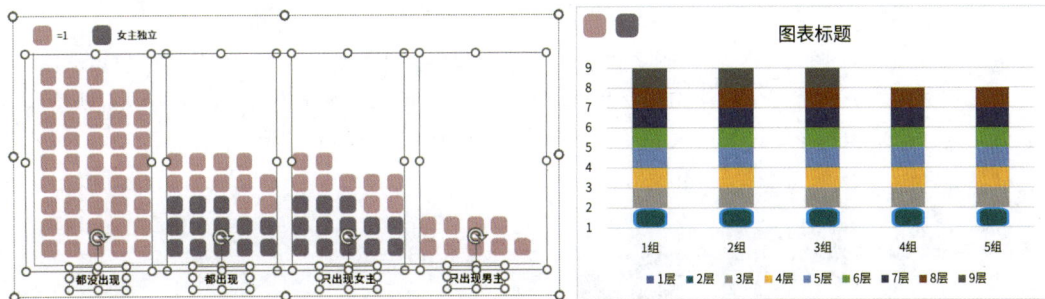

图 6.14　多组填充柱形图结构及制作思路（数据为模仿数据，以原图表为准）

2. 填充柱形图

如图 6.14 所示，原图中每个柱形都被分作 5 列、每个方块代表着 1 部剧集。制作时，需要将原始数据拆分为 5 组，并根据数据大小拆分为不同的层数。以都没出现柱形为例，43 部剧集共分成 5 组、9 层，所有的数值均为 1。然后制作堆积柱形图，并填充为白色粗边框圆角矩形，最后通过调整柱形的间隙宽度和图表大小，实现方形效果。

6.3.3　图表分步还原

1. 插入柱形图并修改基本格式

如图 6.15（a）所示，选择 A2:F11 单元格区域，插入堆积柱形图，并切换行 / 列。将纵坐标轴

251

的取值范围设置为"0~9"。将图表的字体整体设置为黑色思源黑体 Normal〔如图 6.15（b）所示〕。

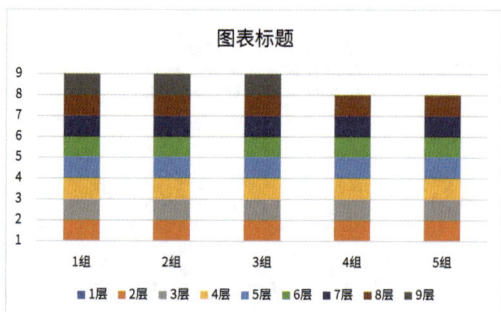

	都没出现					都出现					只出现女主					只出现男主				
	1组	2组	3组	4组	5组	1组	2组	3组	4组	5组	1组	2组	3组	4组	5组	1组	2组	3组	4组	5组
1层	1	1	1	1	1	1	1	1	1	1	1	1	1	1	1	1	1	1	1	
2层	1	1	1	1	1	1	1	1	1	1	1	1	1	1	1	1	1	1		
3层	1	1	1	1	1	1	1	1	1	1	1	1	1	1	1					
4层	1	1	1	1	1	1	1	1	1		1	1	1	1						
5层	1	1	1	1	1	1	1	1	1											
6层	1	1	1	1	1	1	1													
7层	1	1	1	1	1	1	1													
8层	1	1	1																	
9层	1	1	1																	

（a）

（b）

图 6.15　多组填充柱形图制作步骤 1

2. 设置柱形图

调整图表大小：将图表的高度和宽度分别设置为 6.73cm 和 4.51cm。删除标题、图例和网格线。隐藏坐标轴线条和标签。图表设置为无填充、无边框。

设置柱形图：将柱形的间隙宽度设置为 20%。插入圆角矩形（高度和宽度分别设置为 0.69cm），设置为淡紫色（RGB 值为 206，156，168）填充、2 磅白色边框。将圆角矩形按层粘贴至柱形〔如图 6.16（a）所示〕。

同理制作其他柱形，其中女主独立的剧集填充为紫色圆角矩形（RGB 值为 126，114，138）。填充时建议采用"分层填充＋单个填充"相结合的方式，既可以提高填充效率，又可以实现精准填充。最后将 4 个堆积柱形图设置成水平平均分布并组合〔如图 6.16（b）所示〕。

（a）　　　　　　　　　　（b）

图 6.16　多组填充柱形图制作步骤 2

3. 制作各项文字性内容

复制图 6.15（2），隐藏全部元素，仅保留横坐标轴和纵坐标轴线条，并将图表的高度和宽度分别设置为 7.34cm 和 16.84cm，叠放在堆积柱形图组合下层并对齐。各项装饰和文字性内容可以参照原图制作，具体参数详见图表源文件（或参照 1.7 节中的"制作柱形图装饰"部分），最终效果如图 6.17 所示。

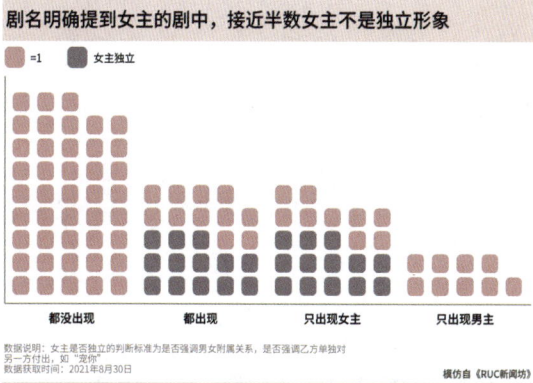

剧名明确提到女主的剧中，接近半数女主不是独立形象

■ =1　■ 女主独立

都没出现　　都出现　　只出现女主　　只出现男主

数据说明：女主是否独立的判断标准为是否强调男女附属关系，是否强调乙方单独对另一方付出，如"宠你"
数据获取时间：2021年8月30日　　　　　　　　　　　横仿自《RUC新闻坊》

图 6.17　多组填充柱形图制作步骤 3

6.4 变换形状：扇形玫瑰图

6.4.1 图表自画像

解题之道：南丁格尔玫瑰图诞生于 19 世纪，近几年再度翻红，变成了所谓的网红图表。在此基础上二度创新的半玫瑰图和扇形玫瑰图，更是赚足了读者的眼球。玫瑰图主要用于表达横向对比关系，与柱形图和条形图的表达能力无异，但表达效果悬殊。

如图 6.18 所示，扇形玫瑰图表达效果更好表现在：**一是**圆形排布方式。结合了柱形图的功能，与饼图的排布方式，让读者觉得新鲜有趣。**二是**扇形展示区域。将图表的显示区域锁定在右下角，对空间的利用更加充分。**三是**数据排序。数据按照顺时针方向由大到小进行展示，更便于读者观察和分析。**四是**定制化的网格线和刻度值。仅为数值低于 15 的区域搭配网格线和刻度值，阳台系列则突破了网格线的限制，直冲天际，突显出悬殊的差距。

图表类型：填充雷达图 + 饼图 + 圆环图。

表达数据关系：横向对比，比较 B 站的热门绿植视频中，通常摆放在哪些位置。

适用场景：适用于数据新闻媒体，去除外装饰框后也适用于商务报告。

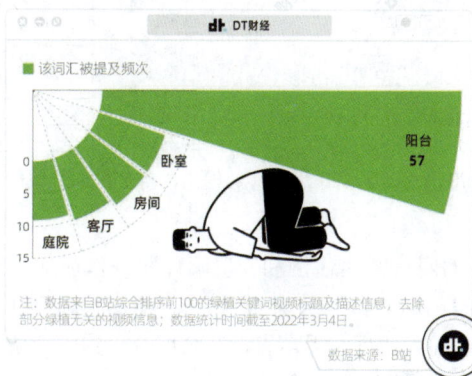

B站热门绿植视频标题及描述热门空间位置词

■ 该词汇被提及频次

阳台 57　卧室　房间　客厅　庭院

注：数据来自B站综合排序前100的绿植关键词视频标题及描述信息，去除部分绿植无关的视频信息；数据统计时间截至2022年3月4日。

数据来源：B站

图 6.18　扇形玫瑰图（选自《DT 财经》）

6.4.2 制作技巧拆解

1. 多图叠加组合

如图 6.19 所示，扇形玫瑰图和"网格线＋标签"需要分开制作，然后将网格线图表（多层圆环图）叠加在扇形玫瑰图上层。

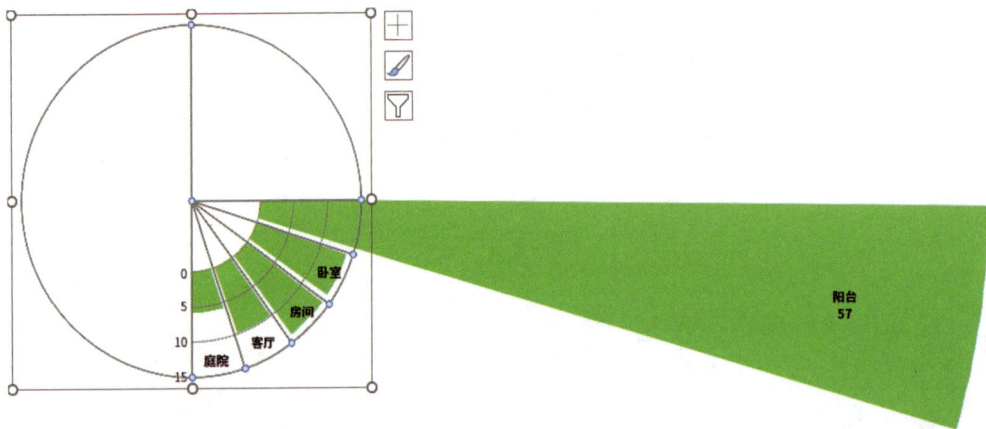

图 6.19　扇形玫瑰图结构

2. 扇形玫瑰图

扇形玫瑰图和 5.2 节中的半玫瑰图制作思路一致，只需要修改一下各个系列的起始角度。如图 6.20 所示，5 个室内区域平分右下角的 180°，其分配角度分别为 90°-107°、109°-125°、127°-143°、145°-161° 和 163°-180°。由于两个系列间存在一定间隔，因此要将每个系列（阳台系列的开始角度和庭院系列的结束角度保持不变）的开始角度和结束角度均减去 1。最后在雷达图中心 90°-180° 角度处，增加一个数值均为 5 的半圆形，模仿镂空效果。另外，由于数据差异较大，阳台系列数据应适当减小。同时适量增大图表大小，以便更清晰地显示数据较小的系列。

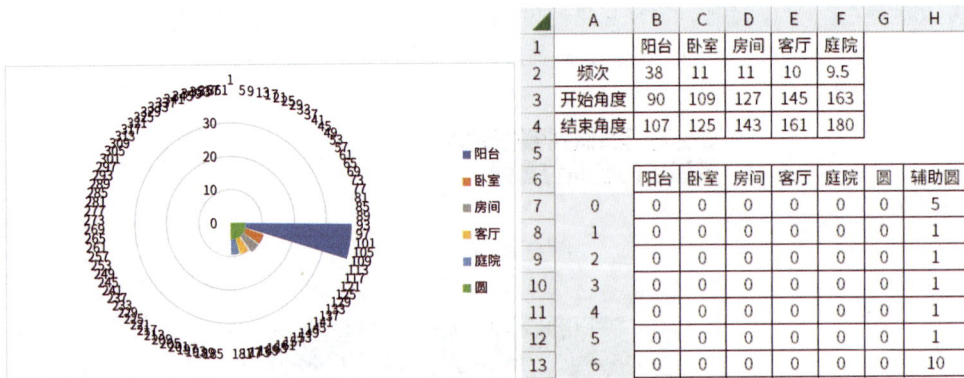

图 6.20　扇形玫瑰图制作思路（数据为模仿数据，以原图表为准）

3. 自定义网格线和标签

如图 6.21 所示，玫瑰图的网格线由饼图和 5 层圆环图制作而成，其数据分别为 5（右上角扇形）、1、1、1、1、1（右下角扇形）和 10（左侧扇形），饼图和圆环图分别使用主轴和次轴。饼图中，右下角部分设置为浅灰色虚线边框、无填充，其余部分设置为无边框、无填充。圆环图中，外边 3 层右下角部分设置为浅灰色虚线边框、无填充，其余部分设置为无边框、无填充。标签采用文本框制作。

254

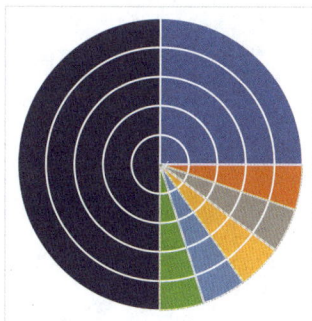

图 6.21　自定义网格线制作思路

6.4.3　图表分步还原

1. 制作扇形玫瑰图

如图 6.20 所示，选择 B6:G367 单元格区域，插入填充雷达图。将雷达值轴的取值范围设置为
"0~38"。将图表的字体整体设置为黑色思源黑体 Normal［如图 6.22（a）所示］。

调整图表大小：将图表的高度和宽度分别设置为 30cm 和 30cm。删除标题、网格线和图例。隐
藏坐标轴标签和线条。图表设置为无填充、无边框。

设置雷达图：将圆系列雷达填充为白色，其余系列雷达填充为绿色（RGB 值为 104，200，
48）。

参照原图为阳台系列雷达添加数据标签（利用文本框制作），具体参数详见图表源文件，最终
效果如图 6.22（b）所示。

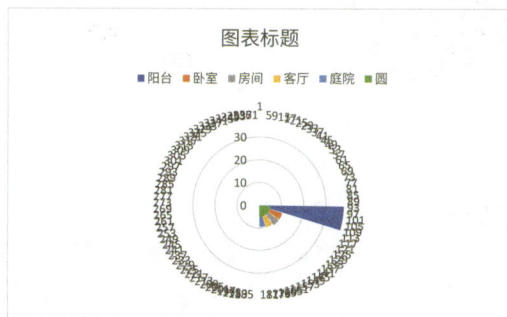

（a）

（b）

图 6.22　扇形玫瑰图制作步骤 1

2. 制作网格线图

如图 6.20 所示，选择 H6:H13 单元格区域，插入圆环图。复制 H6:H13 单元格区域，重复粘贴
至圆环图 5 次［如图 6.23（a）所示］。将第 1 个辅助圆修改为饼图并使用次轴、其余 5 个辅助圆使
用主轴［如图 6.23（b）所示］。

调整图表大小：将图表的高度和宽度均设置为 9.4cm。调整绘图区使其基本充满图表。删除图

255

例。图表设置为无填充、无边框。

设置边框：将饼图右下角部分设置为 0.25 磅白色（深色 50%）长画线、无填充，其余部分设置为无边框、无填充［如图 6.23（c）所示］。将圆环图外边 3 层右下角的部分设置为 0.25 磅白色（深色 50%）长画线、无填充，其余部分设置为无边框、无填充。

添加标签：参照原图制作数值轴标签（保持右对齐）和系列标签［如图 6.23（d）所示］。

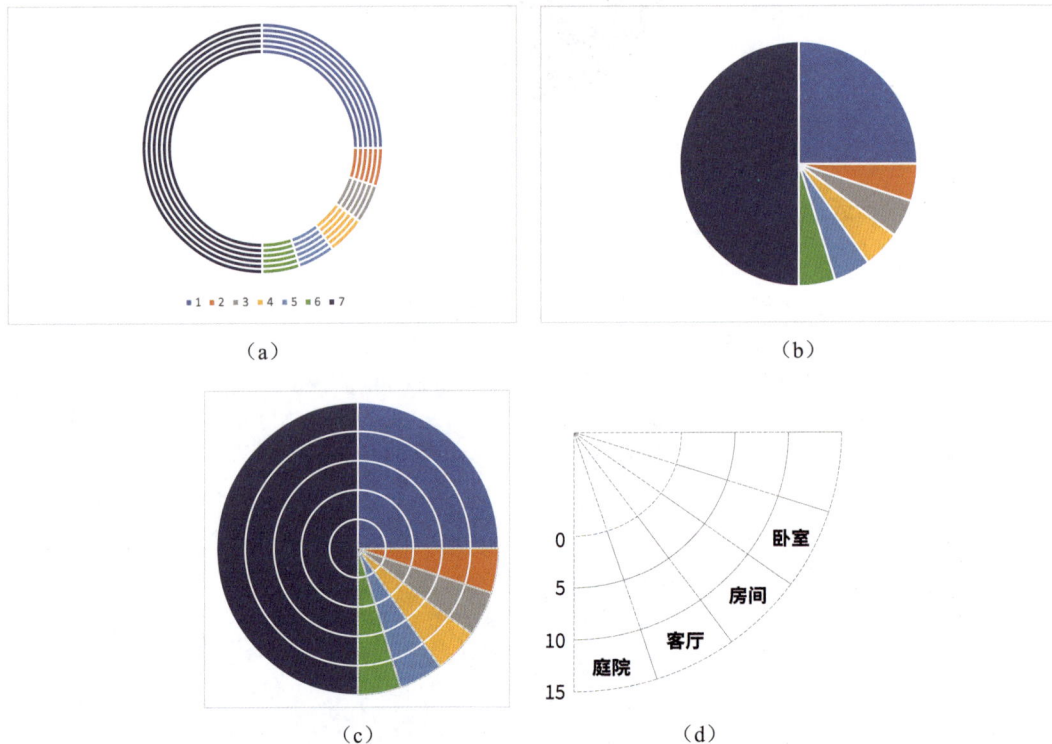

（a）　　　　　　　　　　　　　　　　　（b）

（c）　　　　　　　　　　　　　　　　　（d）

图 6.23　扇形玫瑰图制作步骤 2

3. 设置背景和各项文字性内容

将网格线饼图叠放在扇形玫瑰图上，并保持对齐。参照原图制作标题、各项装饰和文字性内容，具体参数详见图表源文件（或参照 1.1 节中的"设置装饰和各项文字性内容"部分），最终效果如图 6.24 所示。

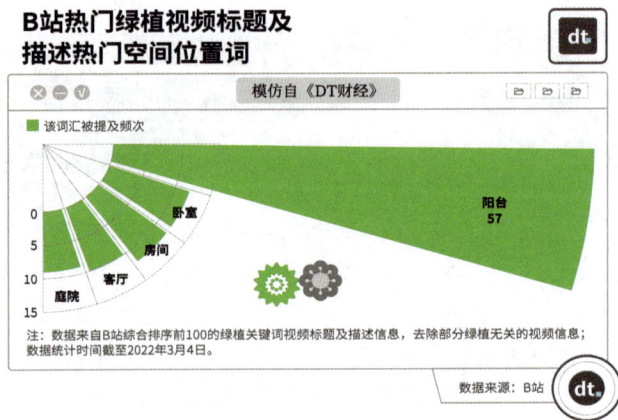

图 6.24　扇形玫瑰图制作步骤 3

6.5.1 图表自画像

解题之道：如图 6.25 所示，图表设计师将司空见惯的折线图顺时针旋转 90°，就变成了垂直走向的折线图，看起来别有一番风味。另外在两条折线间添加水平误差线，具象化数据间的差异；添加车辆进出日均线，谁高谁低、是否达标都能轻松分辨；重点标注特殊时间点，提醒读者春节会对快递业产生巨大影响，2021 年和 2022 年的最低值均出现在此阶段。

图表类型：条形图 + 散点图。

表达数据关系：综合对比，1 月 9 日至 4 月 17 日全国主要快递企业分拨中心吞吐量指数的比较属于纵向对比；两年之中同时间段的吞吐量指数的比较属于横向对比。

适用场景：原图适用于数据新闻媒体，去掉形状装饰后适用于政府报告和商务报告。

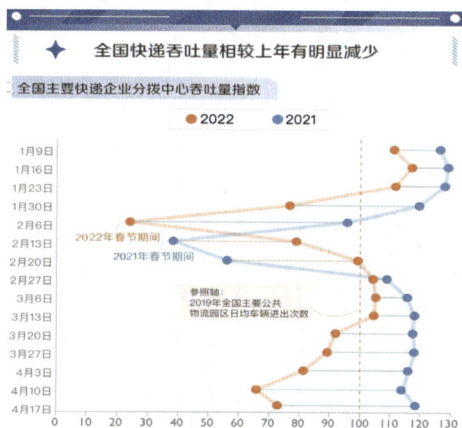

图 6.25 带误差线的竖版折线图（选自《RUC 新闻坊》）

6.5.2 制作技巧拆解

1. 竖版折线 + 误差线

如图 6.26 所示，竖版折线图采用散点图模仿，X 轴值分别为两年的全国主要快递企业分拨中心吞吐量指数，Y 轴值分别为 1、2、3、4~10。用 2021 年的水平误差线（负偏差、无线端、误差值为 2021 年吞吐量指数 -2022 年吞吐量指数），表示 2021 年吞吐量指数高于 2022 年的部分（蓝色水平线）；用 2022 年的水平误差线（负偏差、无线端、误差值为 2022 年吞吐量指数 -2021 年吞吐量指数），表示 2021 年吞吐量指数低于 2022 年的部分（橙色水平线）。

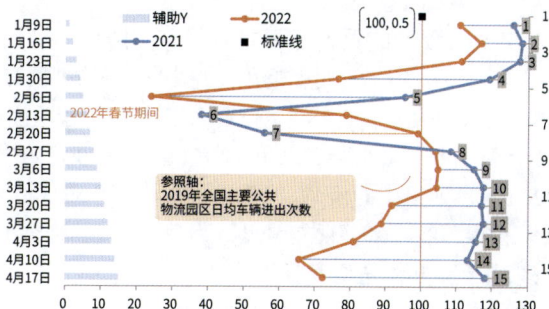

图 6.26 竖版折线图制作思路（数据为模仿数据，以原图表为准）

2. 参照线

如图 6.26 所示，吞吐量指数 100 处的参照线，采用"标准线散点（X 轴值为 100，Y 轴值为 0.5）+ 垂直误差线（正偏差、无线端、固定值 15）"制作。

3. 自定义数据标签

如图 6.26 所示，原图中标记了 2021 年和 2022 年吞吐量指数的最低值，其分别采用当年 2 月 13 日和 2 月 6 日的数据标签制作。

6.5.3 图表分步还原

1. 插入条形图并修改基本格式

如图 6.27（a）所示，选择 A1:E16 单元格区域，插入条形图。将 2022 系列条形、2021 系列条形和标准线系列条形修改为散点图、使用次轴（辅助 Y 系列仍使用条形图，可以让纵坐标轴标签保留日期格式）、修改数据源。将 2022 系列散点的 X 轴系列值修改为 B2:B16，Y 轴系列值修改为 D2:D16；将 2021 系列散点的 X 轴系列值修改为 C2:C16，Y 轴系列值修改为 D2:D16；将标准线系列散点的 X 轴系列值修改为 E2，Y 轴系列值修改为 F2。

将主要纵坐标轴设置为文本坐标轴、逆序类别，将横坐标轴交叉修改为最大分类；将主要横坐标轴的取值范围设置为"0~130"，间隔为 10；将次要纵坐标轴的取值范围设置为"0.5~15.5"、逆序刻度值。将图表的字体整体设置为黑色思源黑体 Normal［如图 6.27（b）所示］。

	A	B	C	D	E	F	G	H
1		2022	2021	辅助Y	标准线	标准线Y	2021误差线	2022误差线
2	1月9日	110.99	125.78	1	100	0.5	14.79	
3	1月16日	117.00	128.21	2			11.21	
4	1月23日	111.48	127.56	3			16.09	
5	1月30日	76.5	119.28	4			42.74	
6	2月6日	24.1	95.39	5			71.34	
7	2月13日	78.8	38.03	6				40.79
8	2月20日	99.1	55.74	7				43.39
9	2月27日	104.0	108.39	8			4.39	
10	3月6日	104.8	115.05	9			10.24	
11	3月13日	104.3	117.65	10			13.33	
12	3月20日	91.8	117.16	11			25.35	
13	3月27日	88.9	117.65	12			28.76	
14	4月3日	80.9	115.54	13			34.61	
15	4月10日	65.7	113.26	14			47.61	
16	4月17日	72.3	118.14	15			45.83	

（a）

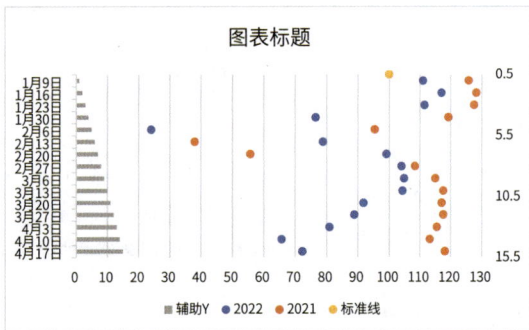

（b）

图 6.27　带误差线的竖版折线图制作步骤 1

2. 设置散点图

调整图表大小：将图表的高度和宽度分别设置为 12cm 和 12cm。删除标题和图例中的辅助 Y、标准线系列，将图例设置为 0.5 磅白色（深色 25%）边框，并放置在图表顶部。将主要纵坐标轴和主要横坐标轴的线条设置为 0.5 磅白色（深色 50%）。将主要横坐标轴刻度线设置为外部；隐藏次要纵坐标轴的标签和线条。将网格线设置为 0.5 磅白色（深色 5%）［如图 6.28（a）所示］。

设置散点图：将 2022 年系列散点的数据标记设置为 5 号圆形、橙色（RGB 值为 229，123，65）填充、无边框，线条设置为 2 磅 50% 透明度橙色；将 2021 年系列散点的数据标记设置为 5 号圆形、蓝色（RGB 值为 79，145，204）填充，线条设置为 2 磅 50% 透明度蓝色。

设置误差线：为 2022 年系列散点添加误差线并删除垂直误差线，水平误差线设置为负偏差、无线端、自定义（指定 H2:H16 单元格中的值），线条设置为 0.5 磅 50% 透明度橙色。为 2021 年系列散点添加误差线并删除垂直误差线，水平误差线设置为负偏差、无线端、自定义（指定 G2:G16 单元格中的值），线条设置为 0.5 磅 50% 透明度蓝色。

设置参照线：为辅助 Y 系列散点添加误差线并删除水平误差线，垂直误差线设置为正偏差、无线端、固定值 15，线条设置为 0.5 磅橙色短画线。

添加数据标签： 为 2022 年 2 月 6 日吞吐量指数添加数据标签，输入"2022 年春节期间"，字体设置为橙色，并放在数据标记下方。同理为 2021 年 2 月 13 日吞吐量指数添加数据标签，字体设置为蓝色。

添加参照线数据标签： 参照线圆角矩形（高度和宽度分别设置为 1.3cm 和 4.21cm）设置为 80% 透明度橙色填充、无边框，输入对应文字内容后，放置在参照线左侧空白处。弧形连接线（高度和宽度分别设置为 1.45cm 和 1.64cm）设置为 0.5 磅橙色，顺时针适当旋转后，放置在矩形与参照线之间［如图 6.28（b）所示］。

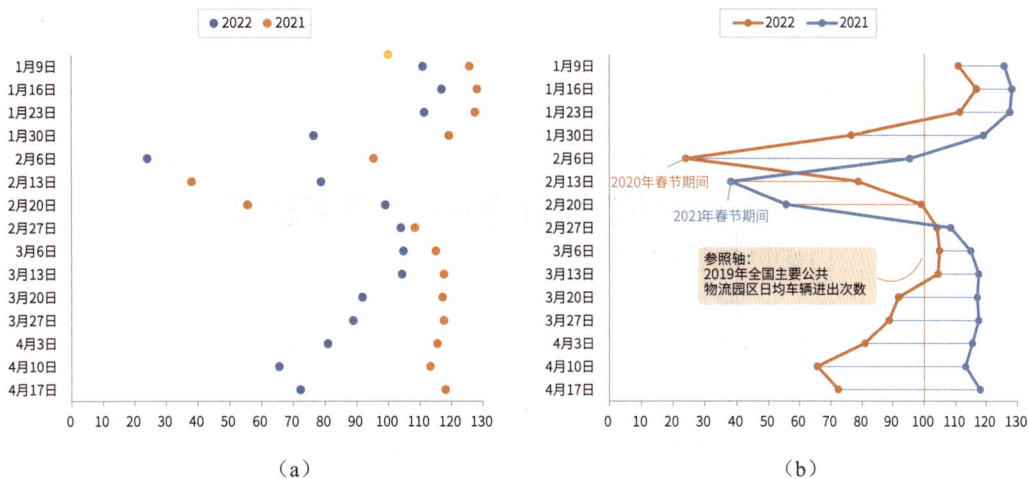

图 6.28　带误差线的竖版折线图制作步骤 2

3. 制作散点图装饰框和各项文字性内容

散点图的各项装饰和文字性内容可以参照原图制作，具体参数详见图表源文件（或参照 1.7 节中的"制作柱形图装饰"部分），最终效果如图 6.29 所示。

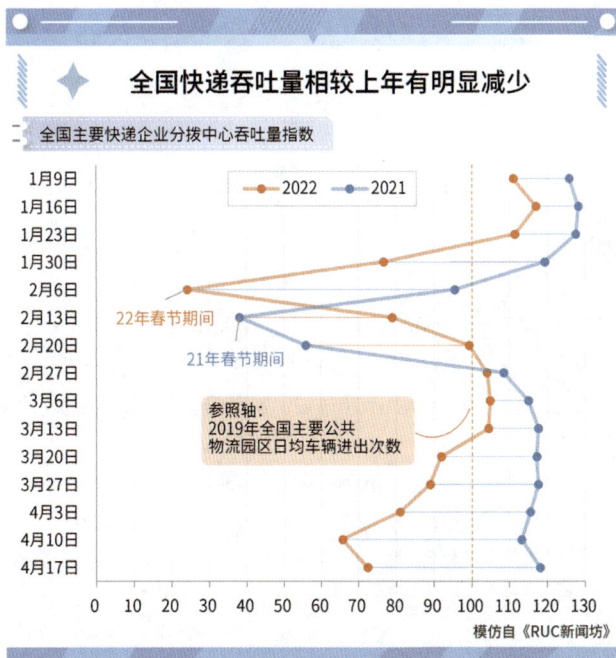

图 6.29　带误差线的竖版折线图制作步骤 3

6.6 渐变填充：内部渐变条形图

6.6.1 图表自画像

解题之道：如图 6.30 所示，图表设计师将条形分段，并设置由浅到深的渐变填充，读者通过颜色深浅就能直观地判断条形数据的大小，又能增加条形图的层次感。另外还加入了圆角条形背景，提供最大值参考的同时尽量消除空白；为纵坐标轴标签配备自定义形状边框和主题图标，方便读者理解。这些佐料的加入，让枯燥的条形图多了几分新鲜感。

图表类型：堆积条形图和散点图。

表达数据关系：横向对比，比较露营消费者对各类营地配套设施要求的占比。

适用场景：适用于数据新闻媒体、政府报告和商务报告。

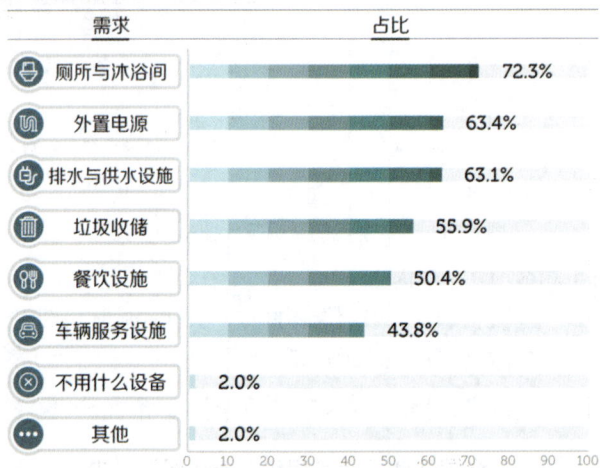

图 6.30　内部渐变条形图（选自《网易数读》）

6.6.2 制作技巧拆解

1. 分段式渐变条形填充

如图 6.30 所示，条形分成了 8 个区间，每个区间代表 10%，对应 1 种独立的填充色，数据由小到大对应着由浅到深的蓝绿色。制作时，需要将所有需求的占比拆分成 8 层，第 1 层表示占比数值中 0~10% 的部分、第 2 层表示占比数值中 10%~20% 的部分，以此类推。然后用拆分后的数据制作堆积条形图，每层条形填充 1 种颜色。

如果有现成的渐变色，可以直接用 Snipaste 从原图中分别吸取每层条形的颜色。如果没有完整的颜色，但有开始色和结束色两种颜色，建议采用 PPT 插件 iSlide 的"补间功能"制作中间的过渡色。如图 6.31 所示，在 PPT 中分别插入蓝色矩形和橙色矩形并分置两端，选中两个矩形，单击 iSlide 选项卡中的"补间"按钮，然后在弹出的"补间"对话框中，将补间数量调整为 7（根据实际需要调整即可，就是最终生成的渐变色数量），接着单击"应用"按钮，便可以生成由蓝色向橘色渐变的 7 个矩形，最后再用 Snipaste 分别获取每个矩形对应的 RGB 值。另外，不超过 6 种颜色的渐变色，可以直接选用 Excel 的主题色，其每类个性色都提供 5 个备选的同色系渐变色。

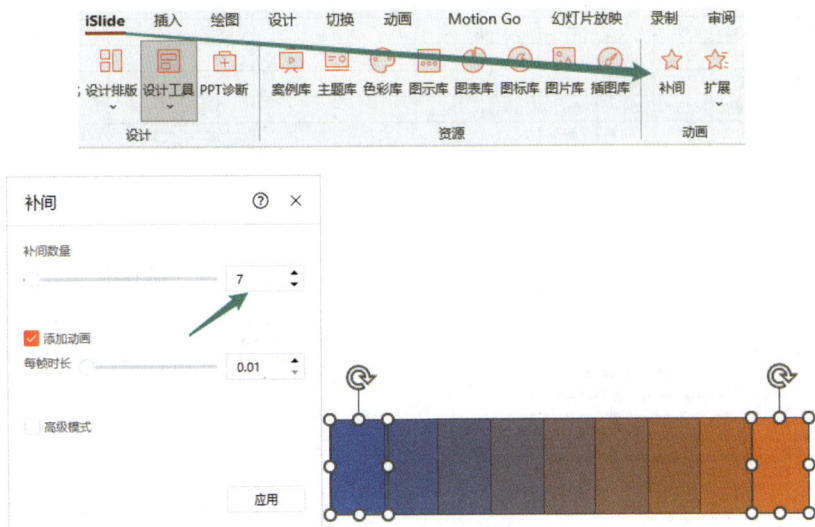

图 6.31　利用 iSlide 制作渐变色

2. 圆角条形背景

圆角条形背景采用辅助散点（X 轴值分别为 1、2、3、…、19，Y 轴值分别为 0.5、1.5、2.5、…、7.5）的水平误差线（正偏差、无线端、固定值 98）制作，具体可参照 2.1 节中的"圆角柱形背景"部分。

3. 自定义图例

如图 6.30 所示，图例类似于表格的表头，上下两条分隔线分别代表表头的上下边框，然后用文本框和短横线制作图例的具体内容。

4. 自定义坐标轴标签

原图中，纵坐标轴标签放置在左侧圆形（其上方叠加了"深青色圆形＋图标"）、右侧圆角矩形的自定义图形中。如图 6.32 所示，参照"1.11 节'条形图＋气泡图'组合"中的"自定义图例"部分，将大圆和圆角矩形"结合"为一体，然后将小圆和图标依次叠放在圆心上。

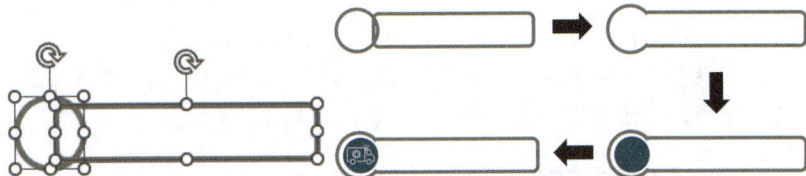

图 6.32　利用 PPT 组合圆形和圆角矩形

6.6.3　图表分步还原

1. 插入条形图并修改基本格式

如图 6.33（a）所示，选择 A1:I9 单元格区域，插入堆积条形图［图 6.33（b）所示］，然后切换行 / 列。新增背景 X 系列并修改为散点图、使用次轴、修改数据源。将 X 轴系列值修改为 J2:J9，Y 轴系列值修改为 K2:K9。将横坐标轴的取值范围设置为"0~100"，间隔为 10，不保留小数点；将次要纵坐标轴的取值范围设置为"0~8"。将图表的字体整体设置为黑色思源黑体 Normal［如图 6.33（c）所示］。

第 6 章　■　灵感枯竭没创意，实用图表如何做到不枯燥？

	第一层	第二层	第三层	第四层	第五层	第六层	第七层	第八层	背景X	背景Y	标签
其他	2							0	0	0.5	2.0%
不用什么设备	2							0	0	1.5	2.0%
车辆服务设施	10	10	10	10	3.8			0	0	2.5	43.8%
餐饮设施	10	10	10	10	10	0.4		0	0	3.5	50.4%
垃圾收储	10	10	10	10	10	5.9		0	0	4.5	55.9%
排水与供水设施	10	10	10	10	10	10	3.1	0	0	5.5	63.1%
外置电源	10	10	10	10	10	10	3.4	0	0	6.5	63.4%
厕所与沐浴间	10	10	10	10	10	10	10	2.3	0	7.5	72.3%

（a）

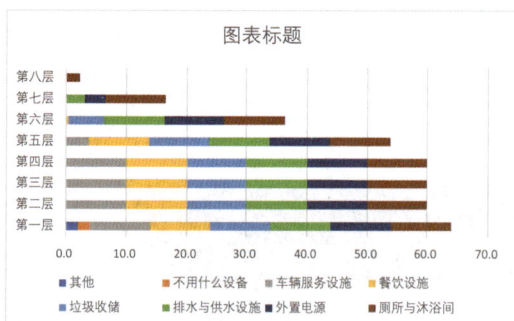

（b）

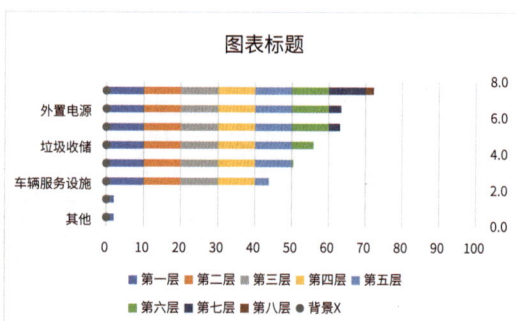

（c）

图 6.33　内部渐变条形图的制作步骤 1

2. 设置圆角条形背景和渐变条形填充

调整图表大小：将图表的高度和宽度分别设置为 11cm 和 12cm。删除标题和图例。隐藏次要纵坐标轴标签。将横坐标轴和纵坐标轴均设置为 0.5 磅白色（深色 50%）。将网格线设置为 0.5 磅白色（深色 15%）短虚线。适当调整绘图区大小，上方为标题和图例预留空间、下方为数据来源预留空间、左侧为纵坐标轴标签的特殊边框预留空间。图表设置为无边框。

设置条形背景：为背景 X 系列散点添加误差线并删除垂直误差线，水平误差线设置为正偏差、无线端、固定值 98，线条设置为 9.25 磅 90% 透明度黑色（淡色 35%）、圆形线端。将数据标记设置为无［如图 6.34（a）所示］。

设置条形图：分别将第一层系列、第二层系列……第八层系列条形填充为青绿色 1、青绿色 2……青绿色 8（8 种颜色的 RGB 值分别为 191，234，239、148，205，214、121，181，188、87，159，163、1，148，150、0，127，127、0，107，102、0，184，78）。

添加数据标签：为第八层系列条形添加数据标签，显示 L2:L9 单元格中的值、取消显示值和引导线，然后适当向右移动，使其放在柱形的右侧［如图 6.34（b）所示］。

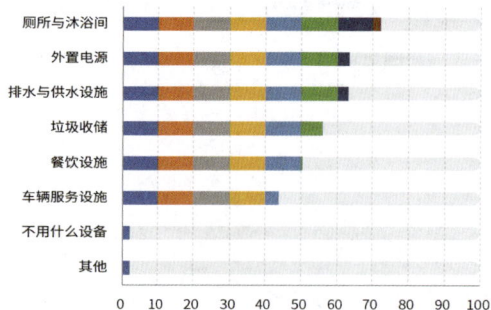

（a）

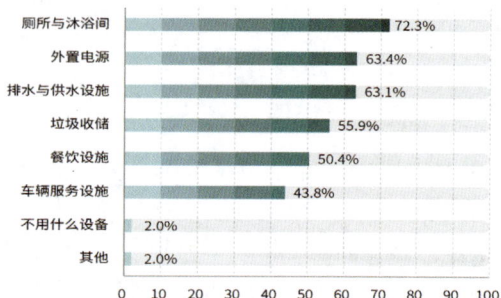

（b）

图 6.34　内部渐变条形图的制作步骤 2

3. 设置纵坐标轴标签背景、制作各项文字类内容

参照原图制作纵坐标轴标签背景图形，并叠放在对应类别标签上，所有背景设置左对齐、纵向平均分布 [如图 6.35（a）所示]。

参照原图制作标题、图例和分隔线等，具体参数详见图表源文件，最终效果如图 6.35（b）所示。

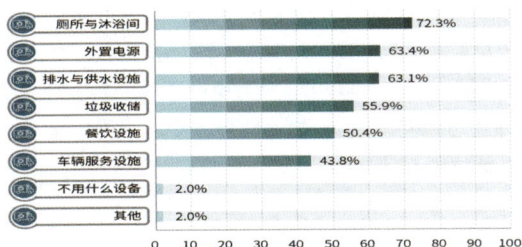

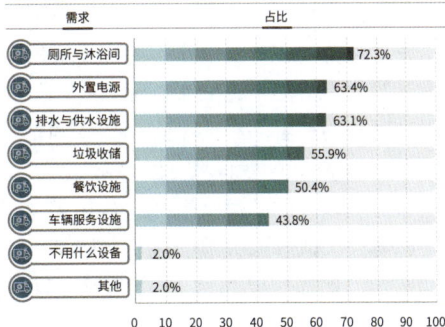

（a）　　　　　　　　　　　　（b）

图 6.35　内部渐变条形图制作步骤 3

6.7　图形填充：泡泡图

6.7.1　图表自画像

解题之道：再实用的图表，看得久了，也会相看两生厌。图表设计师会在实用的基础上，千方百计地增加趣味性。比如，用不同的形状去填充柱形图和条形图，能产生很多意想不到的效果。如图 6.36 所示，用圆形填充条形后，就得到泡泡图，一个接一个，圆嘟嘟、胖乎乎的，让人忍不住想要多看一眼。此外还可以填充矩形、菱形、三角形等常见图形，或者填充爱心、月亮、星星等特殊图形，甚至可以填充图标、特殊符号等。另外，图表排版也打破了传统的框架，每行泡泡图都添加了边框，独立成图，但又保持着统一的格式。

图 6.36　泡泡图（选自《网易数读》）

图表类型：簇状条形图。

表达数据关系：横向对比，比较企业对于"海归"人员的各类背景要求。

适用场景：适用于数据新闻媒体、政府报告和商务报告。

6.7.2　制作技巧拆解

1. 自定义填充条形

如图 6.37 所示，粉色圆形代表用人单位倾向录取"海归"的背景比例，灰色圆形则作为辅助，代表着最大值，粉色圆形叠放在灰色圆形上。制作时，需要添加辅助条形（数值均为 100%），然后将两个条形重合，并分别填充粉色和浅灰色。

为了得到更好的填充效果，需要控制好条形的间隙宽度、圆形的大小和圆形的数量。圆形尽量与条形高度相同或者略小于条形高度。确定圆形数量时建议以没有变形和不完整的圆形为标准。本例中横坐标轴最大值为 1，因此会默认显示 1 个圆形，可以先将填充方式修改为层叠，这时显示的圆形是条形可以容纳的最大数量。如果出现了半个圆形，可以继续调整绘图区大小，通过缩小绘图区让半圆消失，或者放大绘图区将半圆补齐。此外还可以将填充方式修改为层叠并缩放，显示固定数量的圆形，比如想要显示 16 个圆形，就将缩放单位调整为 1/16，其中 1 是横坐标轴最大值、16是圆形数量。

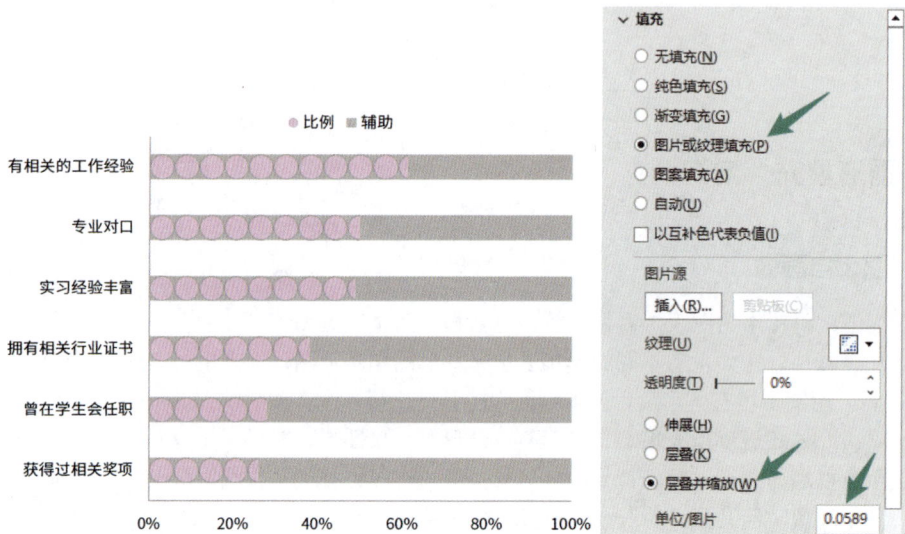

图 6.37　条形图填充思路

2. 自定义图表边框

原图中，每个条形都拥有独立的矩形边框，并且边框左侧还叠加了紫色装饰线。制作时，插入无填充，"灰色边框矩形 + 紫色线条"叠放在条形上，所有的矩形还应设置为平均纵向分布。另外直接在矩形内输入用人单位倾向录取"海归"的背景内容代替纵坐标轴标签，如图 6.38 所示。

图 6.38　自定义图表边框制作思路

6.7.3　图表分步还原

1. 插入条形图并修改基本格式

如图 6.39（a）所示，选择 A1:C7 单元格区域，插入簇状条形图。将横坐标轴的取值范围设置

264

为"0~1"。将图表的字体整体设置为黑色思源黑体 Normal［如图 6.39（b）所示］。

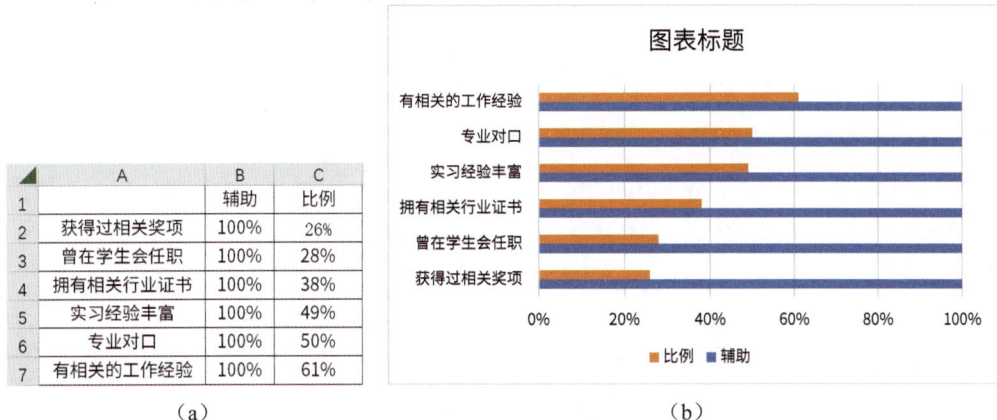

（a）　　　　　　　　　　（b）

图 6.39　泡泡图制作步骤 1

2. 设置条形图

调整图表大小：将图表的高度和宽度分别设置为 10cm 和 13cm。删除标题和图例。隐藏坐标轴标签。将纵坐标轴和网格线设置为无线条。适当调整绘图区大小，上方为标题、图例和 Logo 预留空间，下方为数据来源预留空间，左侧为新纵坐标轴标签预留空间。图表设置为无边框［如图 6.40（a）所示］。

设置条形图：将条形的系列重叠和间隙宽度分别设置为 100% 和 140%。插入圆形（高度和宽度均设置为 0.4cm），设置为粉色填充（RGB 值为 232，195，222）、0.1 磅白色（深色 35%）边框，并粘贴至比例系列条形，填充类型设置为层叠并缩放，缩放比例为 0.0589（此处显示 17 个圆形，缩放比例 =1/17）。复制圆形并将填充色修改为白色（深色 15%），粘贴至辅助系列条形，填充类型设置为层叠并缩放，缩放比例为 0.0589。

添加数据标签：为辅助系列条形添加数据标签，显示 C2:C7 单元格中的值、取消显示值和引导线，放在柱形右侧［如图 6.40（b）所示］。

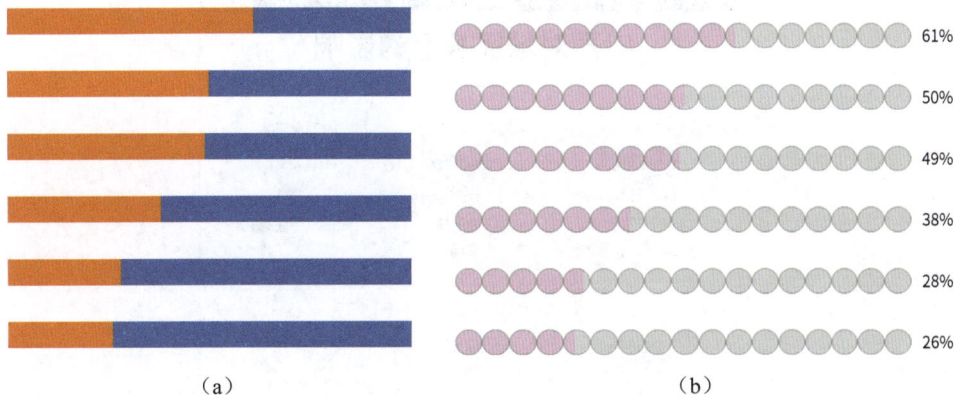

（a）　　　　　　　　　　（b）

图 6.40　泡泡图制作步骤 2

3. 设置图表边框、制作各项文字类内容

参照原图制作图表边框，并依次叠放在条形上、修改文字内容［如图 6.41（a）所示］。

参照原图制作标题、图例和装饰线等，具体参数详见图表源文件，最终效果如图 6.41（b）所示。

（a）

（b）

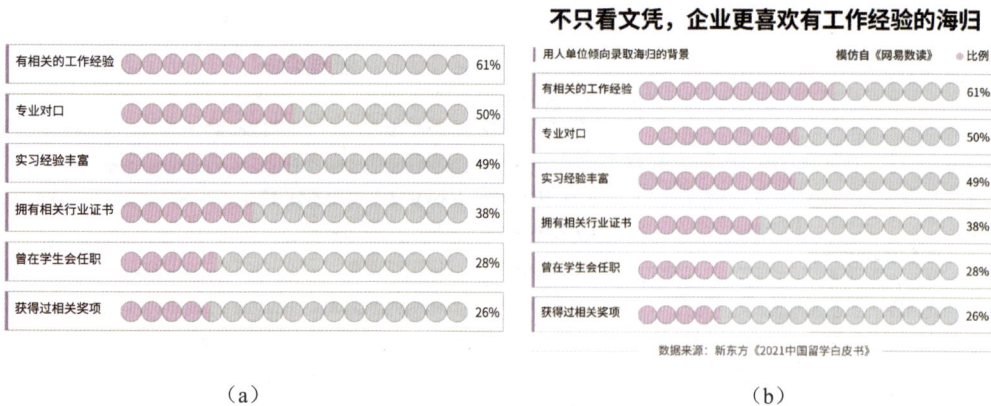

图 6.41　泡泡图制作步骤 3

6.8 图形点缀：水波图

6.8.1 图表自画像

解题之道：如图 6.42 所示，水波图融入了图表设计师的诸多巧思：一是将常见的圆形、方形等，改为心形形状，心脏作为身体的一部分，与主题的关联性更强；二是在辅助心形和占比心形之间拉开了适当的距离，图表不会显得太满和拥挤，还增加了层次感；三是用波纹作为点缀，图表更为灵动，似乎流动了起来。

图表类型：簇状柱形图。

表达数据关系：横向对比，比较噪声对居民睡眠质量、心神、注意力、身体器官、身体机能下降等方面的影响情况。

适用场景：适用于数据新闻媒体，去除外装饰框后也适用于商务报告。

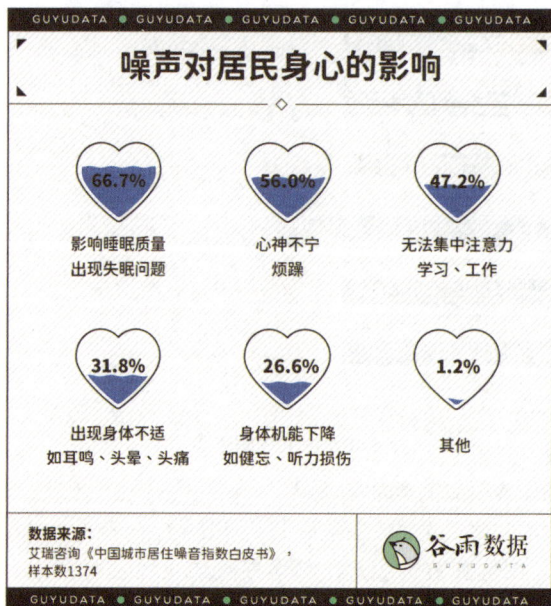

图 6.42　水波图（选自《谷雨数据》）

6.8.2 制作技巧拆解

1. 多图组合

如图 6.43 所示，将 6 张水波图分作 2 行 3 列，每张水波图都是独立的图表，然后叠放在空白图表（将柱形设置为无填充）做成的背景上。

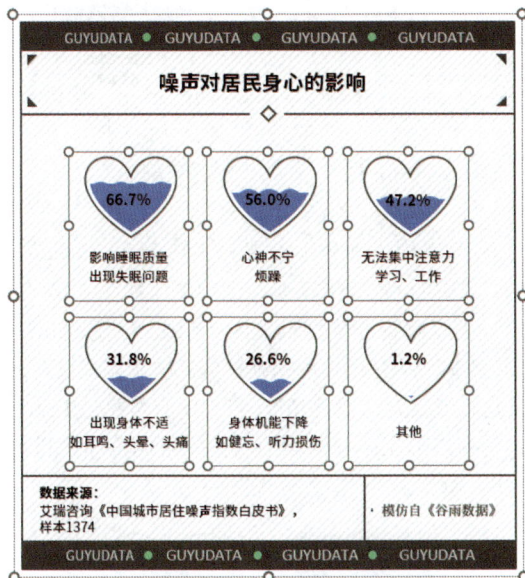

图 6.43 水波图结构

2. 水波图

如图 6.44 所示，水波图采用柱形图制作，其中辅助柱形使用次轴、显示在上层；占比柱形使用主轴、显示在下层。辅助柱形填充为无填充、1.5 磅深灰色边框的心形；占比柱形填充为蓝色填充、5 磅白色边框（为方便观察，特设置为橙色）的心形。填充方式选择层叠并缩放，缩放单位 1，确保只显示 1 个完整心形。

另外，波纹由圆形制作，利用 PPT 中的"剪除"功能，只保留最上方 10% 的圆弧部分，波纹的数量由图表宽度决定，将多个剪除过的圆形组合在一起，具体制作步骤参照 1.11 节中的"自定义图例"部分。水波图的横坐标轴标签和数据标签均采用文本框制作。

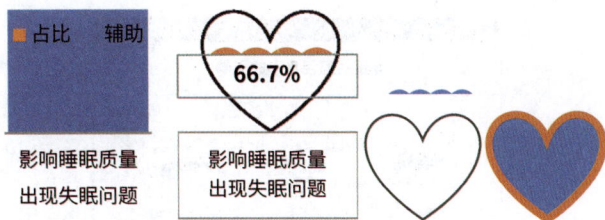

图 6.44 水波图制作思路

6.8.3 图表分步还原

1. 插入柱形图并修改基本格式

如图 6.45（a）所示，选择 A1:C2 单元格区域，插入柱形图。让辅助系列柱形使用次轴、占比系列柱形使用主轴。将主要和次要纵坐标轴的取值范围均设置为"0~1"，将图表的字体整体设置为黑色思源黑体 Normal［如图 6.45（b）所示］。

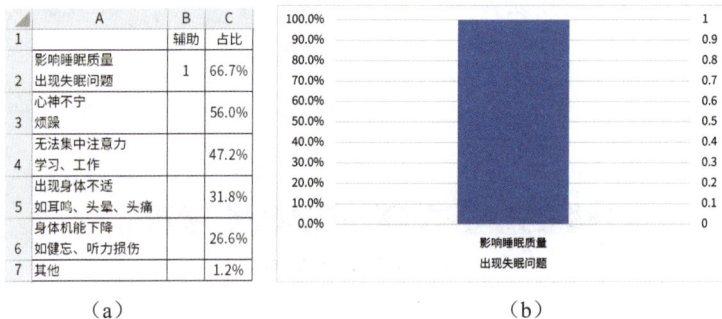

	A	B	C
1		辅助	占比
2	影响睡眠质量 出现失眠问题	1	66.7%
3	心神不宁 烦躁		56.0%
4	无法集中注意力 学习、工作		47.2%
5	出现身体不适 如耳鸣、头晕、头痛		31.8%
6	身体机能下降 如健忘、听力损伤		26.6%
7	其他		1.2%

（a）　　　　　　　　　　　　（b）

图 6.45　水波图制作步骤 1

2. 设置柱形图格式

调整图表大小：将图表的高度和宽度分别设置为 3.43cm 和 2.89cm。隐藏坐标轴标签和线条。将柱形的间隙宽度设置为 5%。图表设置为无填充、无边框［如图 6.46（a）所示］。

设置柱形图：插入心形（高度和宽度分别设置为 2.44cm 和 2.69cm），设置为无填充、1.5 磅黑色（淡色 25%）深灰色边框。复制并填充至辅助系列柱形，填充方式设置为层叠并缩放，缩放单位 1。同理填充占比系列柱形，填充心形设置为蓝色填充（RGB 值为 59，127，228）、5 磅白色边框。

将波纹组合叠放在占比系列心形上。参照原图制作横坐标轴标签和数据标签，数据标签设置为思源黑体 Bold［如图 6.46（b）所示］。

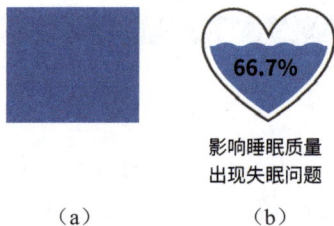

（a）　　　　　　　　（b）

图 6.46　水波图制作步骤 2

3. 设置背景和各项文字性内容

同理制作其他水波图，并将水波图平均分布为 2 行 3 列。复制图 6.8.5（2），并参照原图制作成背景，各项装饰、分隔线，以及标题、Logo、文字性说明、数据来源的具体参数详见图表源文件，然后将水波图叠放在背景上后，最终效果如图 6.47 所示。

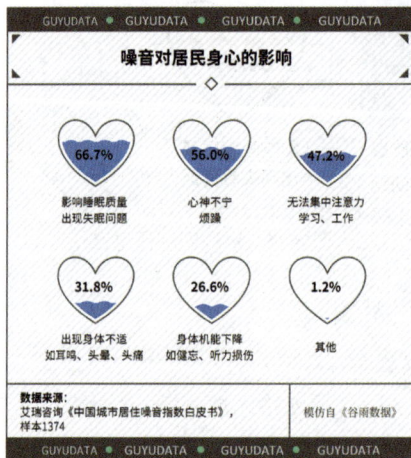

图 6.47　水波图制作步骤

268

6.9.1 图表自画像

解题之道："混搭"一词由来已久，本质上是将两类不同的东西有机地融合在一起，兼具两者特色。比如，将中国传统音乐混搭西洋乐器重新演绎的新国风音乐、将中式元素与现代材质巧妙糅合而成的新中式装修风格等。图表制作人如果创意告急，不妨尝试将图表进行混搭。

如图 6.48 所示，折线图、面积图和气泡图单独来看都司空见惯，然而被图表设计师搭配在一起后，气泡图置顶并排成 1 行，然后通过线条与对应折线连接起来，不禁令人感叹：图表还可以这样做、这样玩，简直太有趣。本例和 4.5 节中的"折线图 + 面积图 + 气泡图"组合有异曲同工之妙，但通过不同的排版，依然可以做出新意。

图表类型：折线图 + 面积图 + 气泡图。

表达数据关系：综合对比，1 月 11 日至 1 月 18 日《开端》的全网声量 / 微博热搜话题数量比较属于纵向对比；同一天《开端》的全网声量和微博热搜话题数量比较属于纵向对比。

适用场景：适用于数据新闻媒体和商务报告，去除外装饰框后也适用于政府报告。

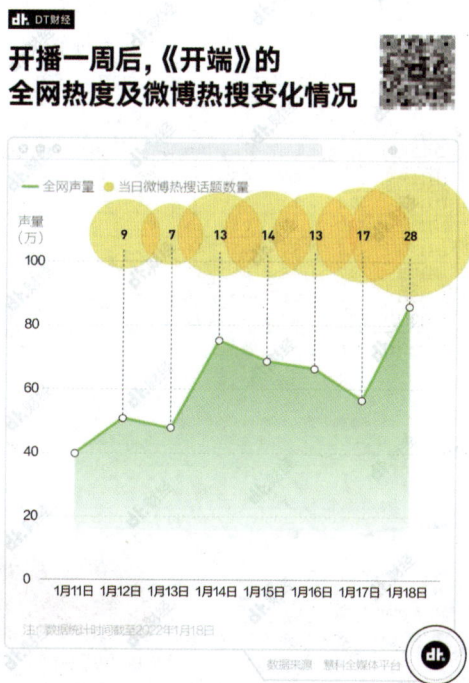

图 6.48 "误差线 + 折线图 + 面积图 + 气泡图"组合（选自《DT 财经》）

6.9.2 制作技巧拆解

如图 6.49 所示，制作气泡图与"折线图 + 面积图"组合时需要注意：一是气泡图的大小。气泡图（浅灰色填充）与折线图大小并不相同，而是根据实际需要调整其高度和宽度。二是气泡的位置。气泡 X 轴值分别为 0.5、1.5、…、6.5，Y 轴值均为 0.5，为完整显示气泡，还需适当增大横坐标轴的取值范围。三是气泡图的位置。气泡图与折线图不重合，而是叠放在右上方。具体可参照 4.5 节中的"'折线图 + 面积图 + 气泡图'组合"部分。

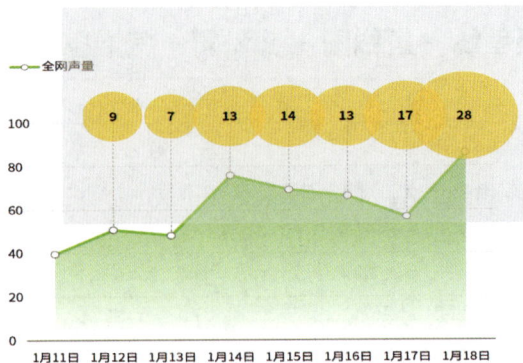

图 6.49 "折线图 + 面积图 + 气泡图"组合制作思路（数据为模仿数据，以原图表为准）

6.9.3 图表分步还原

1. 插入折线图并修改基本格式

如图 6.50（a）所示，选择 A1:D9 单元格区域，插入带数据标记的折线图 [如图 6.50（b）所示]。将气泡 X 系列和气泡 Y 系列修改为散点图、修改数据源。将气泡 X 系列散点的系列名称修改为 F1（坐标轴），X 轴系列值修改为 F2:F7，Y 轴系列值修改为 G2:G7；将气泡 Y 系列面积的系列名称修改为 B1（全网声量），系列值修改为 B2:B9。将纵坐标轴的取值范围均修改为"0~105"，间隔 20。将图表的字体整体设置为黑色思源黑体 Normal [如图 6.50（c）所示]。

	A	B	C	D	E	F	G	H
1		全网声量	气泡X	气泡Y	气泡	坐标轴x	坐标轴Y	误差线
2	1月11日	39.5	0.5	0.5	9	0.5	0	
3	1月12日	50.6	1.5	0.5	7	0.5	20	54.4
4	1月13日	48.0	2.5	0.5	13	0.5	40	57.0
5	1月14日	75.8	3.5	0.5	14	0.5	60	29.2
6	1月15日	69.2	4.5	0.5	13	0.5	80	35.8
7	1月16日	66.3	5.5	0.5	17	0.5	100	38.7
8	1月17日	56.7	6.5	0.5	28			48.3
9	1月18日	86.1						18.9

（a）

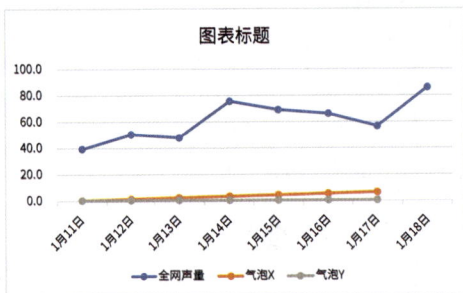

（b）

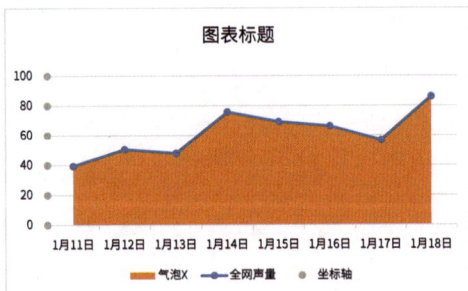

（c）

图 6.50 "误差线 + 折线图 + 面积图 + 气泡图"组合制作步骤 1

2. 设置折线图

调整图表大小：将图表的高度和宽度分别设置为 14cm 和 12.7cm。调整绘图区大小，上方预留标题的空间、下方预留注释和数据来源的空间、右侧预留边框和 Logo 的空间。将横坐标轴设置为 1 磅白色（深色 50%）、无刻度线。将网格线设置为 0.5 磅白色（深色 15%）短画线。删除标题。删除图例中的散点图和面积图，并放在绘图区左上角。图表设置为无边框。

设置折线图和面积图：将折线设置为绿色（RGB 值为 113，209，41），数据标记设置为 6 号圆形、白色填充、0.5 磅黑色（淡色 25%）边框。将面积图设置为 90° 由 30% 透明度绿色向 100% 透明度绿色的渐变填充。

设置纵坐标轴标签：隐藏纵坐标轴标签。为坐标轴系列散点添加数据标签，并适当向左移动、保持左对齐。将散点数据标记设置为无。

制作连接线：为折线添加误差线，设置为正偏差、无线端、自定义（指定 H2:H9 单元格中的值，即最大值 105- 折线对应值），线条设置为 0.5 磅黑色（淡色 35%）短画线 [如图 6.51（a）所示]。

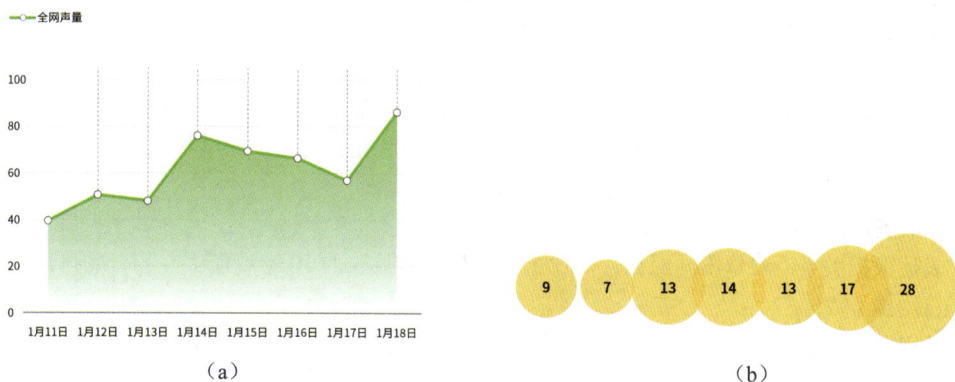

（a）

（b）

图 6.51　"误差线 + 折线图 + 面积图 + 气泡图"组合制作步骤 2

3. 制作气泡图

复制图 6.51（a），并删除坐标轴系列散点和全网声量系列面积。将全网声量系列折线修改为气泡图并修改数据源。将系列名称修改为 C1（气泡 X），X 轴系列值修改为 C2:C8，Y 轴系列值修改为 D2:D8，气泡大小修改为 E2:E8。将图表的高度和宽度分别设置为 6.33cm 和 11.48cm。隐藏坐标轴线条和标签。删除图例。将气泡大小设置为 250，填充为 40% 透明度黄色（RGB 值为 113，209，41）。为气泡图添加数据标签，并放在气泡中间，字体修改为思源黑体 Bold [如图 6.51（b）所示]。

4. 设置装饰和各项文字性内容

将气泡图叠放在折线图右上角，并让气泡与折线的数据标记一一对应。参照原图制作标题、图例（圆形 + 文本框）、各项装饰和文字性内容，具体参数详见图表源文件（或参照 1.1 节中的"设置装饰和各项文字性内容"部分），最终效果如图 6.52 所示。

图 6.52　"误差线 + 折线图 + 面积图 + 气泡图"组合制作步骤 3

271

6.10 分段显示：长标签 + 刻度条形图

6.10.1 图表自画像

解题之道：有时候设计就是要挖空心思，尽力给读者提供一些看起来不太一样的东西。对于经常阅读图表的读者来说，条形图很常见，表图结合也很常见。熟悉《DT财经》图表风格的读者，甚至会觉得灰白间隔背景、数据排序、长标签与图表上下分列、标签统一右置对齐等设计元素，也经常出现。面对图表审美日益提高的读者，想要为其不断带来惊喜决非易事。

如图6.53所示，图表设计师给出的创意解决方案如下：一是叠加多种设计元素。将多种常见元素糅合在一起，混搭出精致感。二是保持图表简洁。叠加设计元素，不能以牺牲图表的简洁性为代价，最终呈现效果必须保留易读性；三是坚持微创新。为条形加上"刻度线"，以100为单位分段显示条形，既可以作为阅读参照，也形成装饰的美感。

图表类型：表格 + 条形图 + 散点图。

表达数据关系：双重横向对比，对比上海日均排号最长的10家餐厅中，各自的排名、人均价格和日均排号数量。

适用场景：适用于数据新闻媒体和商务报告，去除外装饰框后也适用于政府报告。

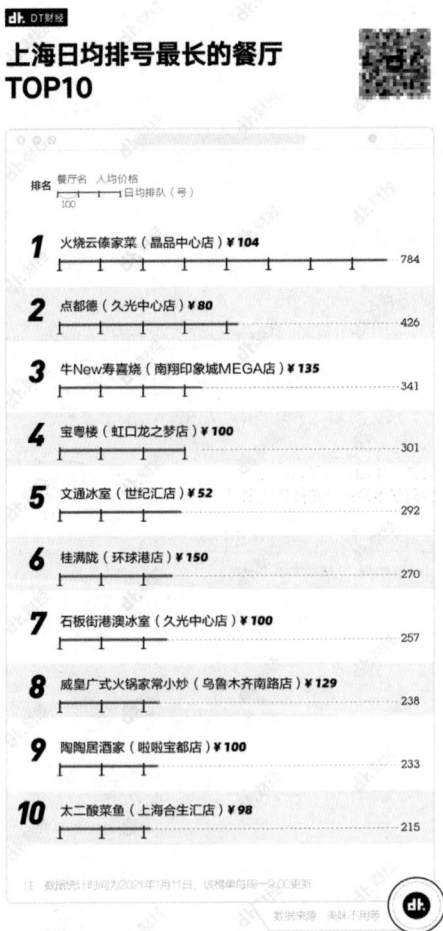

图 6.53　长标签 + 刻度条形图（选自《DT财经》）

6.10.2 制作技巧拆解

1. 表图结合

如图 6.54 所示，表格用圆角矩形、圆形、图标等各类装饰形状和线条搭建，然后将条形图分别嵌入表格对应列中（嵌入方法参照 1.5 节中的"将图表嵌入表格"部分）。

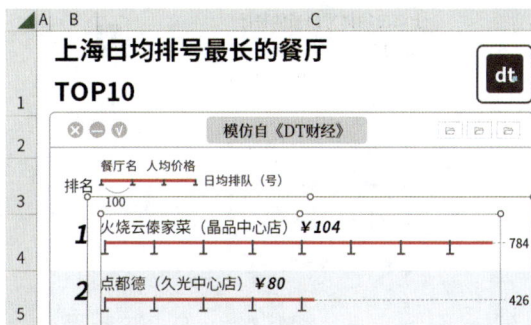

图 6.54　表格结构

2. 分段条形图

如图 6.55 所示，让条形图分段的秘诀，是在条形下方增加分段散点，其中第 1 行的 X 轴值分别为 0、100、⋯、700，Y 轴值均为 0.7；第 2 行的 X 轴值分别为 0、100、⋯、400，Y 轴值均为 1.7；第 3~10 行的 X 轴值与前两行类似，Y 轴值分别为 2.7、3.7、⋯、9.7。分段的刻度线采用分段散点的误差线制作，其中垂直误差线设置为负偏差、无线端、固定值 0.25；水平误差线设置为正负偏差、无线端、固定值 8。细条形采用条形的误差线（负偏差、无线端、100%）制作。

另外，图例采用"条形图 + 文本框 + 弧形"制作。将条形图的原始数据修改为第 1 行条形和分段散点，并将横坐标轴和次要纵坐标轴的取值范围分别修改为"-8~308"和"0~1"。

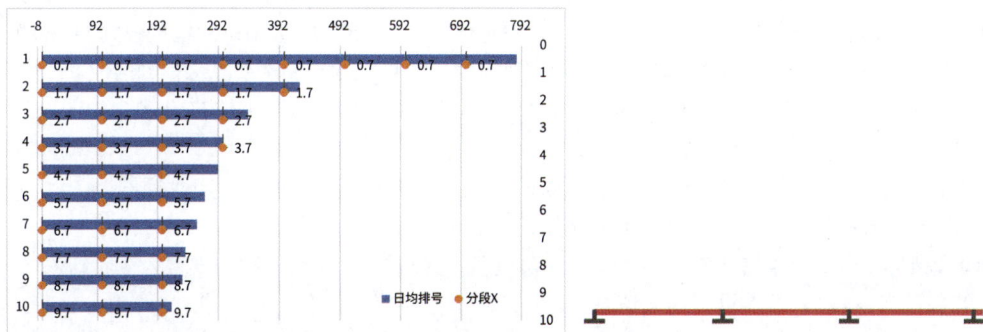

图 6.55　分段条形图制作思路

6.10.3 图表分步还原

1. 制作表格框架

如图 6.56 所示，表格的具体参数如下。

行高：标题（第 1 行）60 磅、装饰行（第 2 行）30 磅、图例（第 3 行）40 磅、主体内容行（第 4~13 行）40 磅、数据来源（第 14 行）53.25 磅。

列宽："排名"列（B 列）5 磅、"餐厅名"列（C 列）52.13 磅、空白列（A、D 列）1 磅。

边框：主体内容行的 B 列添加白色（深色 50%）右边框。

填充：主体内容中的偶数行（第 5、7、9、11 和 13 行）填充白色（深色 5%）。

字体："排名"设置为 18 号思源黑体 Bold 斜体，并保持顶部对齐和右对齐；"餐厅名"设置为

273

11 号思源黑体 Normal，"人均价格"设置为 11 号思源黑体 Bold 斜体，并保持顶部对齐和左对齐。图例中文字采用 9 号思源黑体 Normal。

图例、数据来源和各项装饰图形参照原图制作，具体参数详见源文件（或参照 1.1 节中的"设置装饰和各项文字性内容"部分）。

图 6.56 "长标签 + 刻度条形图"制作步骤 1

2. 制作条形图

如图 6.57（a）所示，选择 A1:C11 单元格区域，插入条形图［如图 6.57（b）所示］。将分段 X 系列条形修改为散点图、修改数据源。将 X 轴系列值修改为 C2:C20，Y 轴系列值修改为 D2:D20。将主要和次要纵坐标轴分别设置为逆序类别和逆序刻度值。将横坐标轴和次要纵坐标轴的取值范围分别修改为"-8~800"和"0~10"。将图表的字体整体设置为 11 号黑色思源黑体 Normal［如图 6.57（c）所示］。

调整图表大小： 将图表的高度和宽度分别设置为 15.01cm 和 11.41cm。删除标题、图例和网格线。隐藏坐标轴标签和线条。图表设置为无填充、无边框。

设置条形： 为条形添加误差线，并设置为负偏差、无线端、100%，线条设置为 2 磅红色（RGB 值为 221，209，41）。条形设置为无填充。

添加数据标签： 为条形添加数据标签，移动至绘图区右侧，并保持右对齐。将引导线设置为 0.5 磅白色（深色 50%）短画线［如图 6.57（d）所示］。

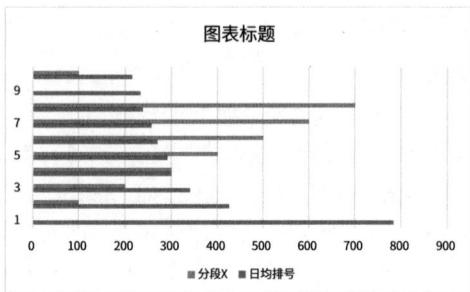

	A	B	C	D
1		日均排号	分段X	分段Y
2	1	784	0	0.7
3	2	426	100	0.7
4	3	341	200	0.7
5	4	301	300	0.7
6	5	292	400	0.7
7	6	270	500	0.7
8	7	257	600	0.7
9	8	238	700	0.7
10	9	233	0	1.7
11	10	215	100	1.7

（a）　　　　　　　　　　　　　（b）

图 6.57 "长标签 + 刻度条形图"制作步骤 2

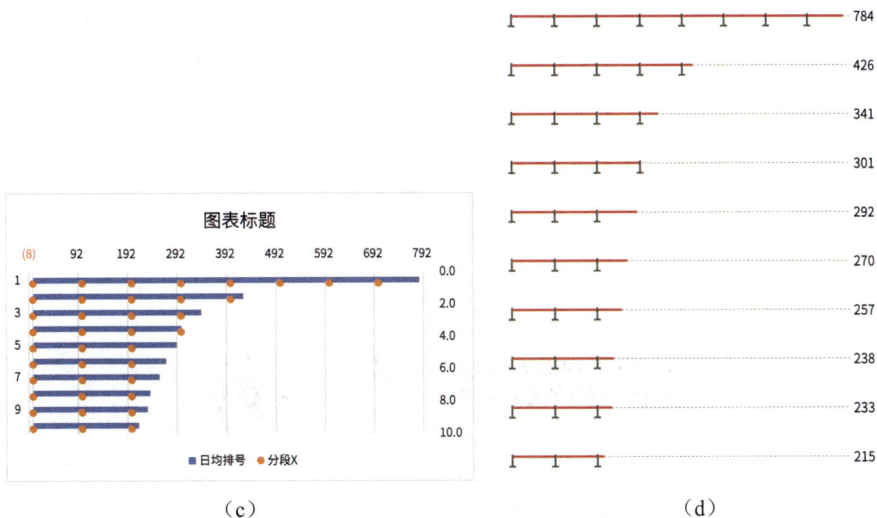

（c）　　　　　　　　　　　　　　　　　　　　　（d）

图 6.57　"长标签 + 刻度条形图"制作步骤 2（续）

3. 将条形图嵌入表格

将条形图嵌入表格对应列，最终效果如图 6.58 所示。

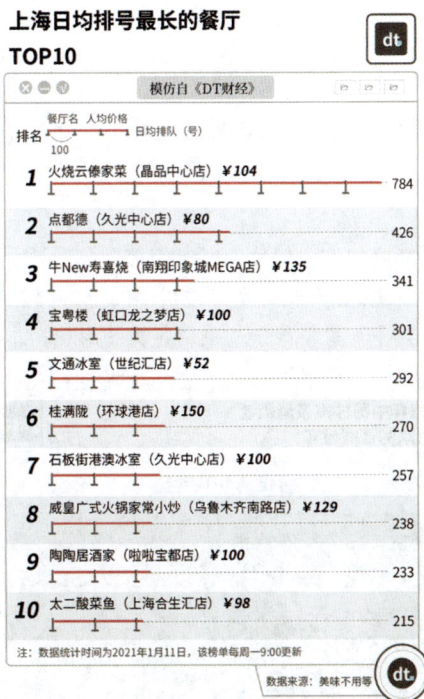

图 6.58　"长标签 + 刻度条形图"制作步骤 3

6.11　巧用图标：添加图标的树状图

6.11.1　图表自画像

解题之道：添加图标是让图表改头换面最有效和最简单的方式之一。图标的魅力在于色彩、版式、风格和主题都可以变幻无穷。图标的作用主要有填补空白、装饰点缀、烘托氛围和关联主题。图表制作人无论是遇到瓶颈，还是偷懒省事，或是临时应急，抑或是突出主题，都可以选择添加图标。图标如果使用得当，对读者的吸引力甚至会高于图表本身，所以选好图标也很重要。

如图 6.59 所示，为了搭配茶饮主题，图表设计师在树状图上面积最大的单丛草部分，添加了 3 个捧着茶杯又形态各异的小人，年轻消费者的个性化气息一下子全显现了出来，称得上画龙点睛。

图表类型： 树状图。

表达数据关系： 静态结构，2021 年最受消费者欢迎的柠檬茶中，各自茶底的占比情况。

适用场景： 适用于数据新闻媒体和商务报告，去除装饰框和图标后也适用于政府报告。

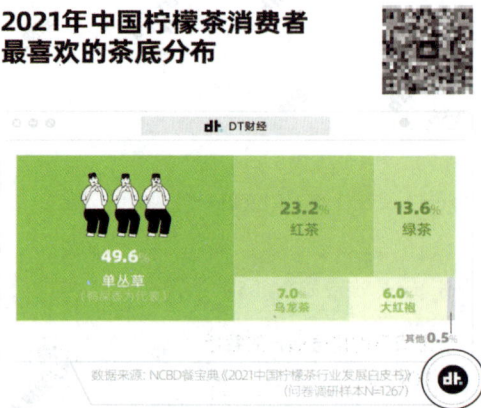

图 6.59　添加图标的树状图（选自《DT 财经》）

6.11.2　制作技巧拆解

树状图： 树状图虽然可以直接制作，但修改时有很多限制，比如数据标签无法自定义、绘图区大小无法修改。如图 6.60 所示，原图效果需要在树状图的上方叠加数据标签（采用文本框制作）、引导线和图标，在树状图的下层叠放图表背景（采用各类图形和文本框制作）。

图 6.60　树状图制作思路

6.11.3 图表分步还原

1. 插入树状图并修改基本格式

如图 6.61（a）所示，选择 A1:B7 单元格区域，插入树状图。将图表的字体整体设置为黑色思源黑体 Normal［如图 6.61（b）所示］。

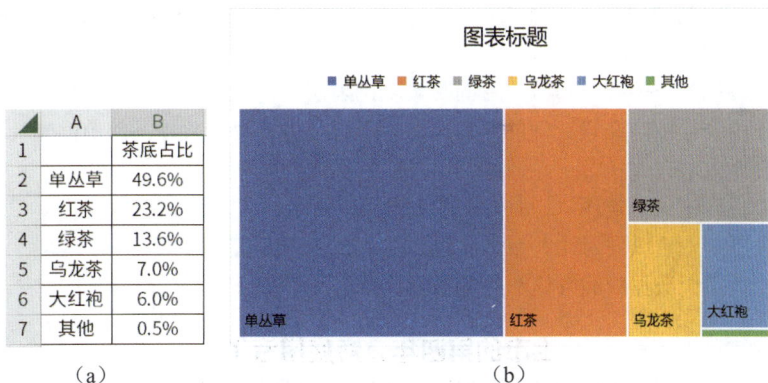

（a）　　　　　　　　　　　　　　　　（b）

图 6.61　添加图标的树状图制作步骤 1

2. 设置树状图格式

调整图表大小：将图表的高度和宽度分别设置为 7.62cm 和 12cm。删除标题、图例和数据标签。图表设置为无填充、无边框。

设置树状图：将单丛草系列、红茶系列、绿茶系列、乌龙茶系列、大红袍系列和其他树形分别填充为绿色 1（RGB 值为 145，209，34）、绿色 2（RGB 值为 180，230，79）、绿色 3（RGB 值为 212，244，135）、绿色 4（RGB 值为 232，248，173）、浅黄色（RGB 值为 252，255，212）和浅灰色（RGB 值为 220，220，220）。

制作数据标签：参照原图制作数据标签、叠加图标，具体参数详见图表源文件（如图 6.62 所示）。

3. 设置装饰和各项文字性内容

参照原图制作标题、各项装饰和文字性内容，具体参数详见图表源文件（或参照 1.1 节中的"设置装饰和各项文字性内容"部分），最终效果如图 6.63 所示。

图 6.62　添加图标的树状图制作步骤 2

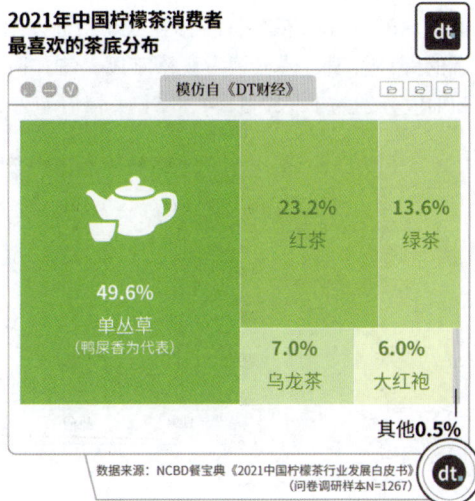

图 6.63　添加图标的树状图制作步骤 3

6.12 增加背景：顶部坐标轴标签式折线图

6.12.1 图表自画像

解题之道：背景的作用主要有具象化差异、增加层次感、提升立体感，烘托出图表的氛围感。如图 6.64 所示，图表设计师为折线图添加了 3 类背景：一是折线下的柱形背景，目的是让对比更高效；二是纵坐标轴标签下的圆角背景，目的是丰富图表层次；三是图例下的矩形背景，目的是增加立体效果。简单的折线图，在设计师的花式改造下身价倍增。另外置顶摆放的横坐标轴标签和圆形刻度线，也十分令人难忘。

图表类型：折线图 + 散点图。

表达数据关系：双重纵向对比关系，比较 2017—2021 年海底捞的营业收入和净利润。

适用场景：适用于数据新闻媒体和商务报告。

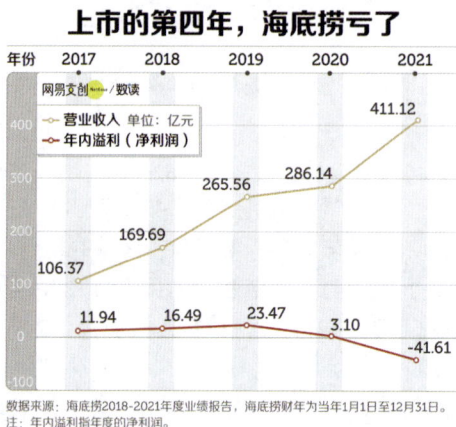

图 6.64　顶部横坐标轴标签式折线图（选自《网易数读》）

6.12.2 制作技巧拆解

1. 顶部横坐标轴标签

如图 6.65 所示，横坐标轴标签放在绘图区上方，且添加了数据标记，这样设置比较符合读者由上至下的阅读习惯，降低读者观察难度。制作时将横坐标轴交叉设置为最大值，另外用横坐标轴散点（X 轴值分别为 1、2、3、4 和 5，Y 轴值均为 500）的数据标记代替刻度线。

图 6.65　顶部横坐标轴标签、柱形背景制作思路

2. 柱形背景

在柱形背景衬托下，横坐标轴标签及数据标记、折线的数据标记之间的一一对应关系更加明显。制作时可以在折线图中添加数值均为 500 的辅助柱形，或者充分利用横坐标轴散点的垂直误差线（负偏差、无线端、固定值 500）模仿。

3. 自定义显示部分网格线

如图 6.64 所示，图中仅显示数值 0、100、200、300 和 400 处的网格线，并且数值 0 处的网格线颜色明显更深，其实数值 0 处并非真正的网格线，而是横坐标轴线条。网格线利用网格线散点（X 轴值均为 0.5，Y 值分别为 -100、0、…、500）的水平误差线（正偏差、无线端、自定义值，其中 100~400 处的误差值均为 5，其余误差值均为空或 0）制作。

4. 自定义纵坐标轴标签和背景

如图 6.66 所示，纵坐标轴标签下添加了浅灰色填充的圆角矩形背景，此背景与绘图区的圆角矩形背景高度相同、圆角角度相同，自然地衔接在一起。

纵坐标轴标签采用网格线散点的数据标签制作，并删除数值 500 处的数据标签。制作纵坐标轴背景时，先将图表设置为无填充，再将浅灰色圆角矩形叠放在图表和绘图区圆角矩形的下层，并与纵坐标轴标签保持左对齐、与绘图区圆角矩形保持底部对齐。

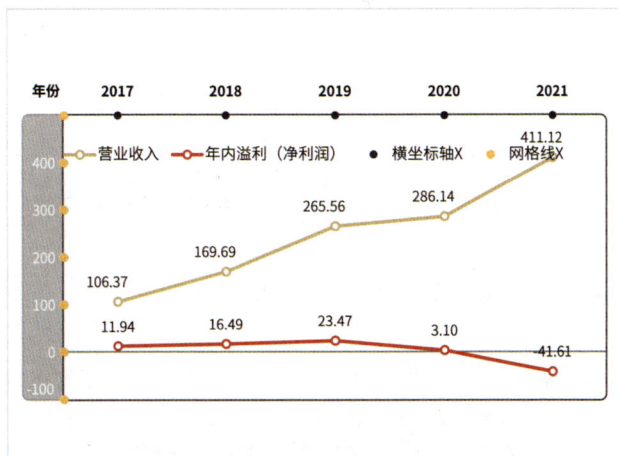

图 6.66　纵坐标轴标签和背景制作思路

5. 自定义图例

如图 6.67 所示，原图中将图例和单位进行整合，并添加阴影效果。制作思路很简单，先在图例后插入单位文本框，然后在其下方错位叠加与其大小相同的浅灰色矩形。

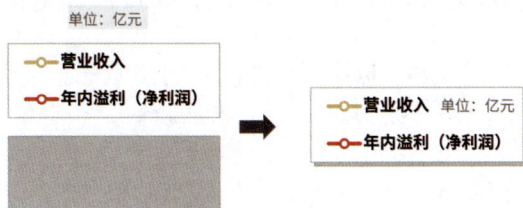

图 6.67　图例制作思路

6.12.3　图表分步还原

1. 插入折线图并修改基本格式

如图 6.68（a）所示，选择 A1:C6 单元格区域，插入带数据标记的折线图［如图 6.68（b）所示］。

新增横坐标轴 X 系列和网格线 X 系列，并修改为散点图、修改数据源。将横坐标轴 X 系列散点的 X 轴系列值修改为 D2:D8，Y 轴系列值修改为 E2:E8；将网格线 X 系列散点的 X 轴系列值修改为 F2:F8，Y 轴系列值修改为 G2:G8。将纵坐标轴的取值范围设置为"−100~500"，间隔为 100。将图表的字体整体设置为黑色思源黑体 Norma［如图 6.68（c）所示］。

	A	B 营业收入	C 年内溢利（净利润）	D 横坐标轴X	E 横坐标轴Y	F 网格线X	G 网格线Y	H 网格线误差线
1								
2	2017	106.37	11.94	1	500	0.5	500	
3	2018	169.69	16.49	2	500	0.5	400	5
4	2019	265.56	23.47	3	500	0.5	300	5
5	2020	286.14	3.10	4	500	0.5	200	5
6	2021	411.12	-41.61	5	500	0.5	100	5
7						0.5	0	
8						0.5	-100	

（a）

（b）

（c）

图 6.68　顶部横坐标轴标签式折线图制作步骤 1

2. 设置折线图格式

调整图表大小：将图表的高度和宽度分别设置为 10cm 和 14cm。隐藏坐标轴标签。将横坐标轴线条设置为 1 磅白色（深色 50%）。调整绘图区大小，在其上方预留图表标题空间、下方预留数据来源空间。删除标题、图例和网格线。将图例移动至绘图区上方的空白区域。图表设置为无填充、无边框。

设置折线图：将营业收入系列和年内溢利系列折线分别设置为 2.25 磅金色（RGB 值为 222，187，109）和红色（RGB 值为 225，0，41）。将所有折线的数据标记均设置为 5 号圆形、白色填充、1.5 磅与折线同色边框。

添加数据标签：分别为折线添加数据标签，并放在折线上方，适当移动位置，使其更靠近折线［如图 6.69（a）所示］。

设置横坐标轴和柱形背景：为横坐标轴 X 系列散点添加数据标签，并放在散点上方，字体修改为思源黑体 Bold。为横坐标轴 X 系列散点添加误差线并删除水平误差线，垂直误差线设置为负偏差、无线端、固定值 600，线条设置为 25 磅 90% 透明度黑色（淡色 35%）。将横坐标轴 X 系列散点的数据标记设置为 5 号圆形、黑色（淡色 15%）填充、无边框。

设置纵坐标轴和网格线：为网格线 X 系列散点添加数据标签，并放在散点左侧，将标签上下左右边距均设置为 0。删除数值 500 处的数据标签。为网格线 X 系列散点添加误差线并删除垂直误差线，水平误差线设置为正偏差、无线端、自定义（指定 H2:H8 单元格中的值），线条设置为 0.5 磅白色（深色 35%）。将数据标记设置为无［如图 6.69（b）所示］。

（a）

（b）

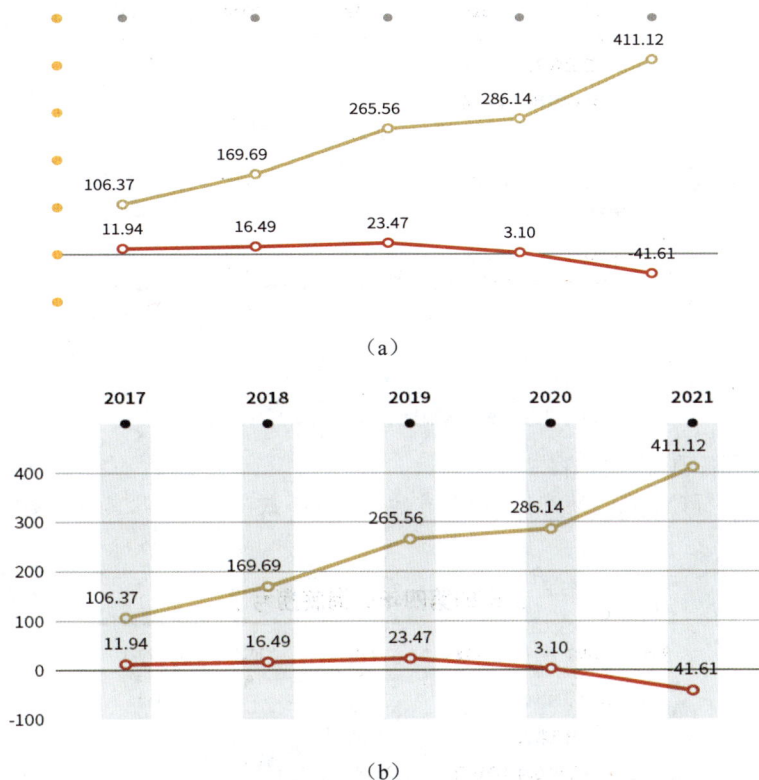

图 6.69　顶部横坐标轴标签式折线图制作步骤 2

3. 设置圆角绘图区和纵坐标轴背景

制作圆角绘图区：插入圆角矩形（高度和宽度分别设置为 6.31cm、12.37cm，根据绘图区的大小调整），设置为白色填充、1 磅白色（深色 35%）边框，叠放在折线图的绘图区下层，并适当调整圆角弧度。

制作纵坐标轴背景：复制圆角矩形并修改为白色（深色 25%）填充，叠放在图表和绘图区圆角矩形的下层，与绘图区圆角矩形保持底部对齐、与纵坐标轴标签保持左对齐［如图 6.70（a）所示］。

4. 制作图例及阴影

参照 2.7 节中的"自定义图例"部分，分别制作图例、单位文本框和阴影矩形，组合后叠放在绘图区的左上角［如图 6.70（b）所示］。

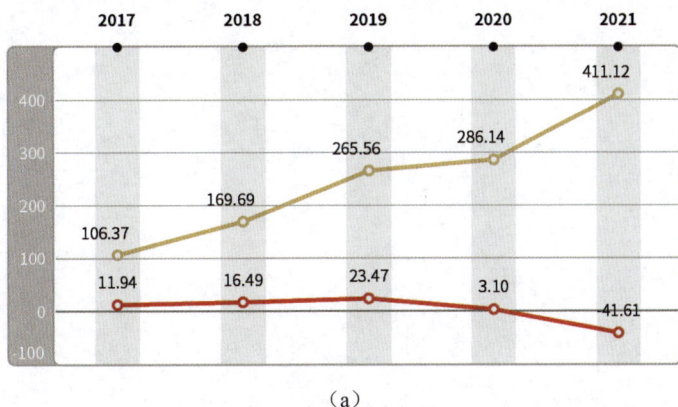

（a）

图 6.70　顶部横坐标轴标签式折线图制作步骤 3

281

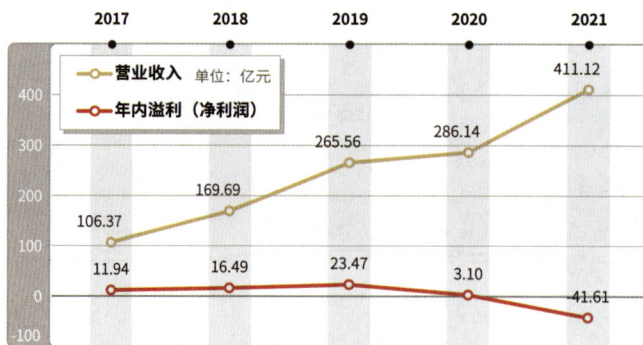

（b）

图 6.70　顶部横坐标轴标签式折线图制作步骤 3（续）

5. 制作装饰和各项文字性内容

参照原图制作标题、各项装饰和文字性内容，具体参数详见图表源文件，最终效果如图 6.71 所示。

图 6.71　顶部横坐标轴标签式折线图制作步骤 4

第7章 表格平庸内容多，如何兼容并包又提升颜值？

表格，既简单又复杂。简单之处在于人人都会做，即使不会做，通过几分钟的练习就可以直接上手；复杂之处在于想要摆脱平庸、做出特色，需要一定功力。也就是说，表格想要做到兼容并包、颜值高企，设计难度要远远大于制作难度。本章精选 13 个优秀的表格案例，向专业图表设计师学习，充分发挥图表设计的优势和力量，将普通的表格做得不那么普通。

7.1 颜值提升术：添加装饰线条的表格

7.1.1 图表自画像

解题之道：美是多种多样的，既有外放的排版之美、装饰之美和色彩之美，也有内秀的规范之美、层次之美和质感之美。如图 7.1 所示，表格颜值的提升体现在：**一是**多类边框搭配丰富表格层次。最外层边框采用蓝色粗边框，表格主体部分采用细边框，同类关键词下的不同生产执行标准采用细虚线边框。**二是**巧妙加入装饰条和图标。表头下的蓝色线条，既能提醒读者关注，又提亮整个表格、呼应外边框，图标增加可识别度。**三是**添加渐变背景，提升表格质感。**四是**根据表格内容和层级关系合理搭配字体大小、粗细和颜色。

图表类型：表格。

表达关系：横向对比，比较各类热销口罩所执行的生产标准，以及商品宣传是否高于实际标准。

适用场景：适用于数据新闻媒体和商务报告，去除表格背景框后适用于政府报告。

热销口罩商品名，
和实际生产执行标准一致吗？

搜索的关键词	搜出来的口罩类型（基于生产执行标准）	实际标准是否不低于商品宣传
“医用防护口罩”	医用防护口罩	✓
“N95”/“KN95”/“颗粒物防护口罩”	医用防护口罩	✓
	颗粒物防护口罩	✓
“医用外科口罩”	医用外科口罩	✓
	一次性使用医用口罩	✗
“医用口罩”	医用防护口罩	✓
	医用外科口罩	✓
	一次性使用医用口罩	✓

数据来源：热销口罩数据，来自于淘宝、京东、拼多多平台上，分别搜索关键词“口罩”销量排名前30位的商品，不包括防晒口罩，不包括只有儿童口罩产品的，共计90个。

注：关键词搜索结果仅基于90个热销口罩商品，不代表线上购物实际搜索中的结果。

澎湃·美数课

图 7.1　添加装饰线条的表格（选自《澎湃美数课》）

7.1.2　制作技巧拆解

1. 表格叠加背景

如图 7.2 所示，原表中表格与背景相互独立，只需将制作好的表格保存为图片（参照"1.8 节新闻式热力图"中的"图表与图片组合"部分），然后叠放在背景图形上，水平居中对齐后组合在一起。

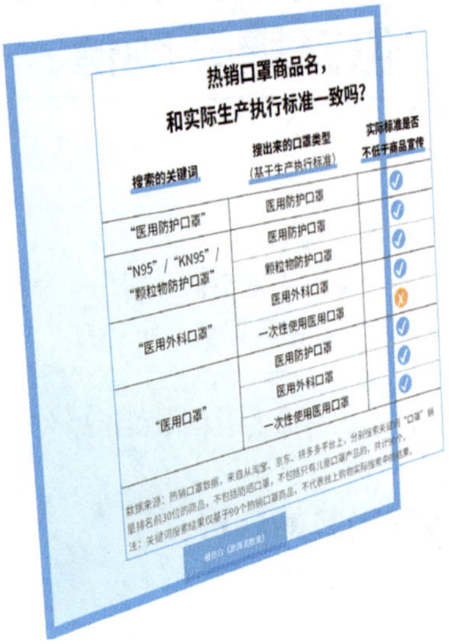

图 7.2　表格结构

2. 背景制作和装饰线条

如图 7.2 所示，表格背景采用矩形制作，填充 315°由浅蓝色至蓝白色的线性渐变色，再加上 6 磅的蓝色边框。表头下的蓝色装饰线，采用 4 磅蓝色线条制作，并叠放在表头下方。

7.1.3　图表分步还原

1. 制作表格框架

如图 7.3（a）所示，表格的具体参数如下（根据实际需要可以进行调整）。

行高：标题（第 1 行）60 磅、表头（第 2 行）49.5 磅、主体内容（第 3~10 行）25.5 磅、空白行（第 11 行）9.75 磅、数据来源（第 12~13 行）23.25 磅。

列宽："搜索的关键词"（A 列）21 磅、"搜出来的口罩类型"（B 列）24.13 磅、"实际标准是否不低于商品宣传"（C 列）14.88 磅。

文字内容：

标题采用 18 号黑色思源黑体 Bold、水平方向和垂直方向均居中对齐。

表头采用 11 号黑色思源黑体 Bold、水平方向和垂直方向均居中对齐。依据原图对表头内容，进行强制换行。其中 B 列中的第二行文字采用思源黑体 Normal。

主体部分采用 11 号黑色思源黑体 Normal、水平方向和垂直方向均居中对齐。

数据来源采用 9 号黑色（淡色 25%）思源黑体 Normal、水平方向左对齐、垂直方向居中对齐。

边框：上下边框（每类关键词的内部边框采用虚线，比如 B4 和 C4 的下边框）、B 列左右边框均采用 0.5 磅黑色（淡色 25%）边框。

是否符合标准图标：对号圆形高度和宽度均设置为 0.61cm，填充蓝色（RGB 值为 77，177，232），录入"√"；错号圆形填充橙色（RGB 值为 254，153，41），录入"×"。所有图标居中放置并保持对齐。

表头装饰线：直线设置为 4 磅蓝色，直接叠放在各表头下方。

热销口罩商品名，和实际生产执行标准一致吗？		
搜索的关键词	搜出来的口罩类型（基于生产执行标准）	实际标准是否不低于商品宣传
"医用防护口罩"	医用防护口罩	✅
"N95" / "KN95" / "颗粒物防护口罩"	医用防护口罩	✅
	颗粒物防护口罩	✅
"医用外科口罩"	医用外科口罩	✅
	一次性使用医用口罩	❌
"医用口罩"	医用防护口罩	✅
	医用外科口罩	✅
	一次性使用医用口罩	✅

数据来源：热销口罩数据，来自从淘宝、京东、拼多多平台上，分别搜索关键词"口罩"销量排名前30位的商品，不包括防晒口罩，不包括只有儿童口罩产品的，共计90个。

注：关键词搜索结果仅基于90个热销口罩商品，不代表线上购物实际搜索中的结果。

（a）

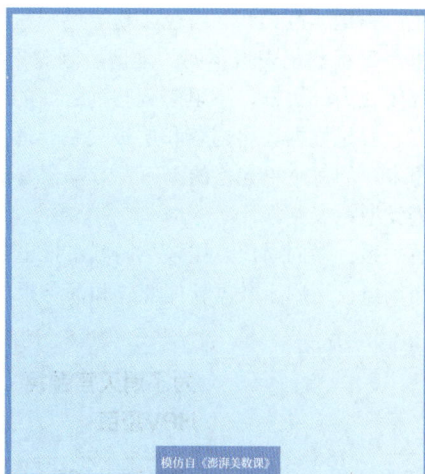

（b）

图 7.3 添加装饰线条的表格制作步骤 1

2. 制作表格背景

插入矩形（高度和宽度分别设置为 15.29cm 和 14.21cm），设置为 315°由浅蓝色（RGB 值为 206，236，249）至蓝白色（RGB 值为 247，254，252）的线性渐变色填充、6 磅蓝色边框。Logo 文本框（高度和宽度分别设置为 1.06cm 和 4.21cm），设置为 30%透明度深蓝色（RGB 值为 28，150，218）填充、无边框，并叠放在矩形的底部中间［如图 7.3（b）所示］。

3. 将表格与背景组合

将表格叠放在背景上，并保持水平居中对齐，最终效果如图 7.4 所示。

图 7.4 添加装饰线条的表格制作步骤 2

7.2 颜值提升术：添加色块式表格

7.2.1 图表自画像

解题之道：如图 7.5 所示，表格的主题是宫颈癌和 HPV 疫苗，因此设计中处处都透着温暖和关爱的气氛：一是配色柔和。粉色、粉绿色和粉紫色，给人的感受就是备受呵护和体贴。二是独立式圆角边框。每行都代表着不同的地区，因此采用独立式边框。边框去掉了棱角，提升表格的温度。三是半封闭式内部边框，不阻碍列与列之间的交流。四是按推出时间进行排序，提高表格的逻辑性和可读性。五是根据表格内容和层级关系合理搭配字体大小、粗细和颜色。六是保留呼吸空间。表格内容虽多，但每个单元格的上下左右都预留出一定边距，减少局促感和压迫感。

图表类型： 表格。

表达关系： 横向对比，比较不同城市推出 HPV 疫苗的时间、对象、疫苗种类和具体形式。

适用场景： 适用于数据新闻媒体和商务报告。

图 7.5　添加色块式表格（选自《澎湃美数课》）

7.2.2　制作技巧拆解

1. 表格制作思路

如图 7.6 所示，直接在表格上叠加各类圆角矩形，可以制作出原表效果。

在表头行和主体内容行，分别叠加仅保留边框的圆角矩形，其宽度略高于行高。松紧有度的表格，需要保留一定的呼吸空间，因此在行之间均增加了空白行。

在疫苗列叠加了不同填充色的圆角矩形，用以区分疫苗种类，其高度和宽度均小于当前单元格。

Logo 采用文本框制作。在表格的上下左右分别预留空白行和空白列，用于放置表格粉色外边框。

2. 空心圆角矩形制作阴影思路

如图 7.7 所示，表头行的圆角矩形，下边框明显宽于其他边框。由于圆角矩形未进行填充，如果借鉴"11.4 节双色填充表格"中的做法，直接添加下阴影，其上下边框都将被加粗。这里先将圆角矩形填充为深灰色，然后利用 PPT 中的"剪除"功能，只保留最下方的圆角部分，最后叠加在原始圆角矩形底部，即可实现原图效果。

为了消灭宫颈癌，越来越多城市可免费打HPV 疫苗

模仿自《澎湃美数课》

推出时间	城市	对象	疫苗	形式
2020年9月	福建厦门	13-14岁半的在校女生	国产二价	免费
2021年1月	内蒙古鄂尔多斯	13-18岁女生	进口二价	免费
2021年1月	山东济南	15岁以下的在校七年级女生	国产二价	免费
2021年11月	江苏无锡	15岁以下的在校初二女生	国产二价	免费
2021年11月	广东各市	14岁以下的在校初一女生	国产二价	免费
2021年11月	四川成都	13-14岁的在校女生	不限	每人补贴六百
2022年2月	海南各市	13-14岁半的在校女生	国产二价	免费
2022年3月	河北石家庄	14岁女生	国产二价	免费
2022年3月	河北唐山	14岁在校女生	国产二价	免费
2022年4月	江苏南京	在校初一女生	不限	国产免费其他补贴

数据来源：根据媒体报道整理，统计时间截至2022年4月20日。

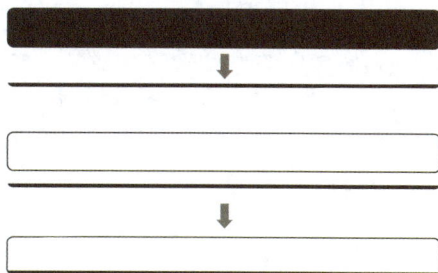

图 7.6　表格结构　　　　　　　　　　图 7.7　空心圆角矩形制作阴影思路

7.2.3　图表分步还原

如图 7.8（a）所示，表格的具体参数如下（根据实际需要可以进行调整）。

行高：标题（第 2 行）58.5 磅、表头（第 4 行）27.75 磅、主体内容（第 6、8、10、…、24 行）27.75 磅、数据来源（第 25 行）45 磅、空白行（第 1 行，用于放置表格外边框）15 磅、空白行（第 3、5 行）12 磅、空白行（第 7、9、11、…、23 行）7.5 磅。

列宽："推出时间""对象"及"疫苗"列（B、D、E 列）13 磅、"城市"和"形式"列（C、F 列）10.5 磅、首尾空白列（A、G 列，用于放置表格外边框）2 磅。

文字内容：

标题采用 18 号黑色思源黑体 Bold、水平方向左对齐、垂直方向居中对齐。

Logo 文本框采用 11 号黑色思源宋体 Medium、水平方向和垂直方向均居中对齐，放置在标题行右下角。

表头行采用 11 号黑色思源黑体 Bold、水平方向和垂直方向均居中对齐。

主体部分采用 11 号黑色思源黑体 Normal、水平方向和垂直方向均居中对齐。

数据来源采用 10 号黑色（淡色 25%）思源黑体 Normal、水平方向和垂直方向均居中对齐。

边框：表头 C、D、E 三列添加白色（深色 50%）左右边框；主体内容行 C、D、E 三列添加白色（深色 50%）虚线左右边框。

圆角矩形边框：表头圆角矩形高度和宽度分别设置为 1.13cm 和 13.31cm、无填充、1 磅黑色（淡色 25%）边框、在底部叠加剪除后的圆角矩形。主体行圆角矩形高度和宽度分别设置为 1.15cm 和 13.31cm、无填充、1 磅白色（深色 35%）边框。主体行所有圆角矩形保持纵向平均分布、左对齐。

疫苗列圆角矩形：高度和宽度分别设置为 0.9cm 和 2.5cm、无边框，国产二价、进口二价和不限分别填充粉色（RGB 值为 255，156，206）、水绿色（RGB 值为 130，219，210）和蓝紫色（RGB 值为 141，119，232）。分别居中放置在对应单元格内，并保持水平居中对齐［如图 7.8（a）所示］。

依据原图在表格外叠加粉色边框后，最终效果如图 7.8（b）所示。

287

（a）　　　　　　　　　　　　　　　（b）

图 7.8　添加色块式表格制作步骤

7.3　颜值提升术：双色填充表格

7.3.1　图表自画像

解题之道：图 7.9 是图 7.5 的延续，两者设计风格和配色相同，都很漂亮。不同之处：一是表格结构。整个表格框架采用不同的圆角矩形搭建，并通过设置对齐和均匀分布，让整体结构整齐有序。二是双色填充。分别用粉蓝色和粉红色填充圆角矩形区分进口疫苗和国产疫苗，双色填充让对比更鲜明。疫苗类型则采用浅灰色填充。三是添加图标。用注射器图标表示接种针数，并且注射器颜色与对应圆角矩形采用同色系，有效地呼应和区分国产疫苗和进口疫苗。

图表类型：表格。

表达关系：横向对比，比较各类 HPV 疫苗的类型、国内上市年份、生产商、试种年龄和接种针数。

适用场景：适用于数据新闻媒体和商务报告。

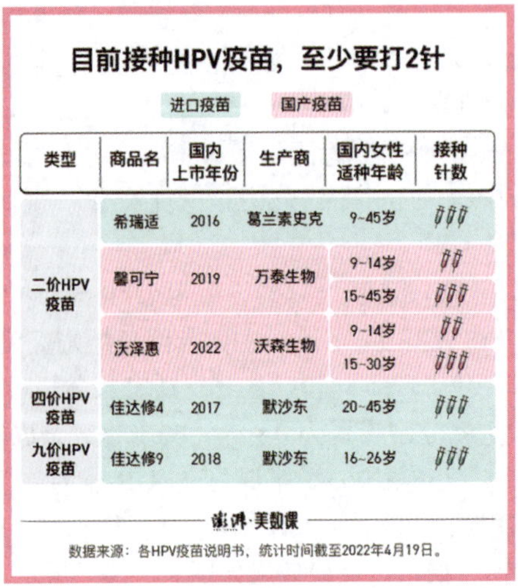

图 7.9　双色填充表格（选自《澎湃美数课》）

288

7.3.2 制作技巧拆解

1. 表格叠加背景

如图 7.10 所示，原表由表格、圆角矩形组合框架、矩形背景组成，三者相互独立。

其中：**原始表格**是基础，先制作表格内容，然后保存为图片。**圆角矩形组合**是表格的骨架，依据原始表格内容，对多个圆角矩形进行排列组合，此间要始终牢记对齐原则。另外，对表头添加下阴影后，可以形成下边框明显宽于其余边框的效果。**矩形背景**是表格的容器，采用白色填充、粉色粗边框。

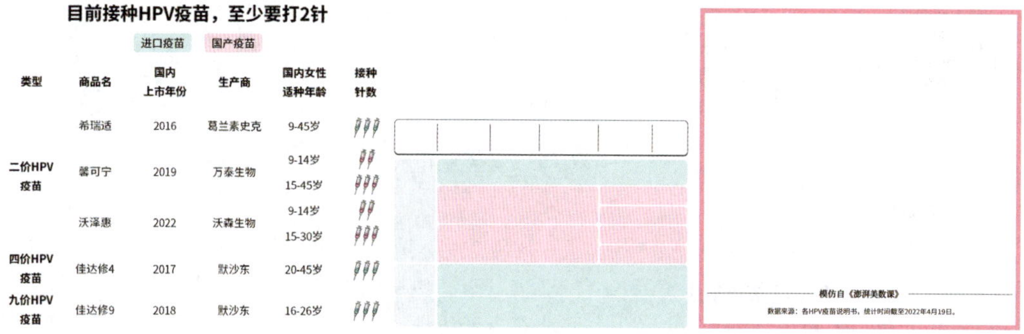

图 7.10　表格结构

2. 图标与表格颜色搭配

如图 7.11 所示，在注射器图标下叠加对应填充色的圆顶角矩形，可以实现与表格的颜色搭配。

图 7.11　图标与表格颜色搭配思路

7.3.3 图表分步还原

1. 制作表格框架

如图 7.12（a）所示，表格的具体参数如下（根据实际需要可以进行调整）。

行高：标题（第 1 行）34.5 磅、图例（第 2 行）27 磅、表头（第 3 行）45 磅、主体内容（第 4、8、9 行）39.75 磅、主体内容（第 5、6、7、8 行）24.75 磅。

列宽："类型"列（A 列）9 磅、"商品名"和"国内女性适种年龄"列（B、C、D、E 列）11 磅、"接种针数"列（F 列）8 磅。

文字内容：

标题采用 18 号黑色思源黑体 Bold、水平方向和垂直方向均居中对齐。

国产疫苗和进口疫苗图例圆角矩形分别填充浅粉色（RGB 值为 255，225，240）和浅蓝色（RGB 值为 225，244，241），字体采用 11 号黑色思源黑体 Normal、水平方向和垂直方向均居中对齐。

表头（第 3 行和 A 列）采用 11 号黑色思源黑体 Bold、水平方向和垂直方向均居中对齐。依据原图对表头内容进行强制换行。

主体部分采用 11 号黑色思源黑体 Normal、水平方向和垂直方向均居中对齐。

合并单元格：依据原图对部分单元格进行合并，比如 A4:A8。

图标：依据原图在"接种针数"列，放置相应数量、相应颜色的注射器图标，注意保持居中对齐。

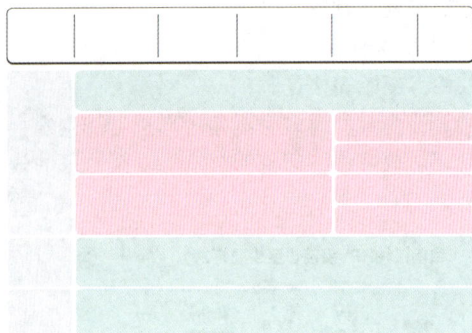

类型	商品名	国内上市年份	生产商	国内女性适种年龄	接种针数

目前接种HPV疫苗，至少要打2针

进口疫苗　　国产疫苗

类型	商品名	国内上市年份	生产商	国内女性适种年龄	接种针数
二价HPV疫苗	希瑞适	2016	葛兰素史克	9-45岁	💉💉💉
	馨可宁	2019	万泰生物	9-14岁	💉💉
				15-45岁	💉💉💉
	沃泽惠	2022	沃森生物	9-14岁	💉💉
				15-30岁	💉💉💉
四价HPV疫苗	佳达修4	2017	默沙东	20-45岁	💉💉💉
九价HPV疫苗	佳达修9	2018	默沙东	16-26岁	💉💉💉

（a）　　　　　　　　　　　　　　　（b）

图 7.12　双色填充表格制作步骤 1

2. 制作圆角矩形组合

表头圆角矩形设置为白色填充、0.5 磅黑色（淡色 25%）边框。添加下方阴影，黑色（淡色 25%）、0% 透明度、100% 大小、0 磅模糊、角度 90°、距离 1 磅。依据原始表格添加两列之间的直线分隔。

类型列圆角矩形设置为白色（深色 5%）填充、无边框；将国产疫苗和进口疫苗圆角矩形分别填充浅粉色和浅蓝色，均设置为无边框。所有圆角矩形尽量保持圆角相同、间距相同，并与表格内容一一对应［如图 7.12（b）所示］。

3. 将表格与背景组合

依据原图制作表格背景及各项文字内容，然后将表格、圆角矩形组合和背景按照由上到下的顺序叠放，并保持水平居中对齐，最终效果如图 7.13 所示。

目前接种HPV疫苗，至少要打2针

进口疫苗　　国产疫苗

类型	商品名	国内上市年份	生产商	国内女性适种年龄	接种针数
二价HPV疫苗	希瑞适	2016	葛兰素史克	9-45岁	💉💉💉
	馨可宁	2019	万泰生物	9-14岁	💉💉
				15-45岁	💉💉💉
	沃泽惠	2022	沃森生物	9-14岁	💉💉
				15-30岁	💉💉💉
四价HPV疫苗	佳达修4	2017	默沙东	20-45岁	💉💉💉
九价HPV疫苗	佳达修9	2018	默沙东	16-26岁	💉💉💉

模仿自《澎湃美数课》

数据来源：各HPV疫苗说明书，统计时间截至2022年4月19日。

图 7.13　双色填充表格制作步骤 2

7.4　颜值提升术："表格＋进度图"组合

7.4.1　图表自画像

解题之道：图 7.14 是图 7.5 和图 7.9 的再次延续，设计风格、色系和圆角元素一脉相承。表格的表达重点是不同国产疫苗的研究进展情况，因此在疫苗进展列嵌入进度图，1 个进程对应 1 种颜色，点亮代表该进程已完成、灰色代表未完成。另外，临床测试性别列改用男女图标。直观明了的设计，让读者的阅读体验像流水一般自然流畅。

图表类型：表格。

表达关系：横向对比，比较不同种类 HPV 疫苗类型对应的申请方、疫苗进展和临床试验性别。

适用场景：适用于数据新闻媒体和商务报告。

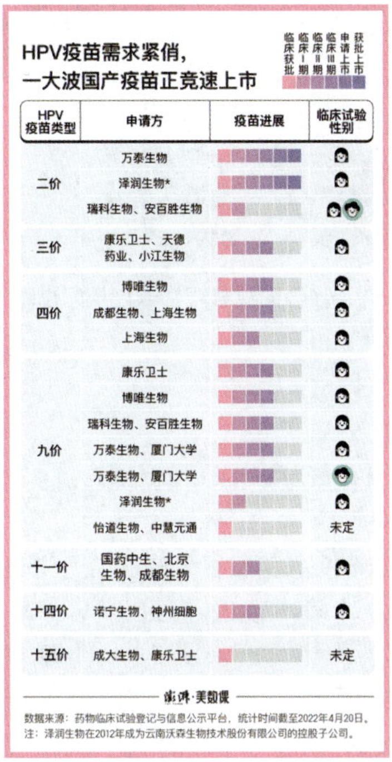

图 7.14 "表格＋进度图"组合（选自《澎湃美数课》）

7.4.2 制作技巧拆解

1. 表格叠加背景

和 7.3 节相似，由"表格＋圆角矩形组合框架＋矩形背景"组成，三者相互独立。如图 7.15 所示，矩形背景是表格的容器、圆角矩形组合是表格的骨架、原始表格是基础。

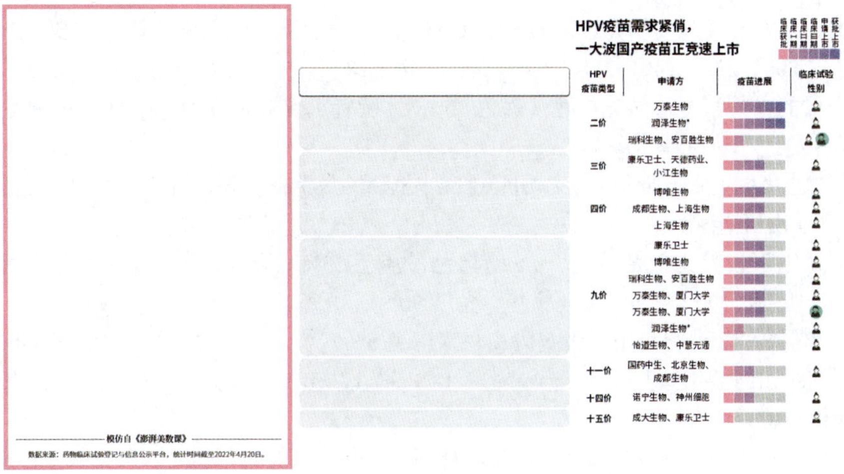

图 7.15 表格结构

2. 进度图

如图 7.16 所示，表达疫苗 6 个进程的进度图，由 1 组紫色向紫蓝色渐变填充的正方形制作，并依次叠放在对应单元格上，类似于 1.14 节中的分区间式热力图。

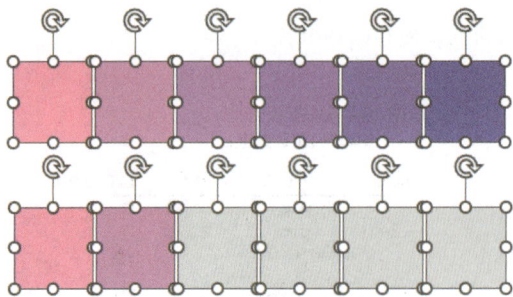

图 7.16 图标与表格颜色搭配思路

7.4.3 图表分步还原

1. 制作表格框架

如图 7.17（a）所示，表格的具体参数如下（根据实际需要可以进行调整，为方便阅读为表格添加了浅灰色背景）。

行高：标题（第 1 行）75 磅、表头（第 2 行）34.5 磅、主体内容（第 8、22 行）36 磅、主体内容（第 4~26 行中剔除 8、22 行）21 磅、空白行（第 7、9、13、21、23、25 行）4.5 磅。

列宽："HPV 疫苗类型"和"临床试验性别"列（A、D 列）10.5 磅、"申请方"列（B 列）19.88 磅、"疫苗进展"列（C 列）15.5 磅。

文字内容：

标题采用 18 号黑色思源黑体 Bold、水平方向左对齐、垂直方向居中对齐。

表头（第 2 行和 A 列）采用 11 号黑色思源黑体 Bold、水平方向和垂直方向均居中对齐。依据原图对表头内容，进行强制换行。

主体部分采用 11 号黑色思源黑体 Normal、水平方向和垂直方向均居中对齐。

合并单元格：依据原图对部分单元格进行合并，比如 A4:A6。

图标：依据原图在"临床试验性别"列放置男女式图标，其中男士图标下叠加青色（RGB 值为 130，219，210）圆形。

进度图：正方形（高度和宽度均设置为 0.45cm），分别填充紫色向紫蓝色渐变（RGB 值分别为 255，156，206、232，149，211、209，141，216、187，134，222、164，126，227、141，119，232），未完成的进程正方形填充白色（深色 15%）。所有正方形设置为居中对齐并横向平均分布，然后分别居中叠放在对应单元格中。

图例：在进度图的正方形组合上添加竖排文本框，并放置在标题行右侧。

2. 制作圆角矩形组合

表头圆角矩形设置为白色填充、0.5 磅黑色（淡色 25%）边框。添加下方阴影，黑色（淡色 25%）、0% 透明度、100% 大小、0 磅模糊、角度 90°、距离 1 磅。

"HPV 疫苗类型"列圆角矩形设置为白色（深色 5%）填充、无边框。所有圆角矩形尽量保持圆角相同、间距相同，并与表格内容一一对应 [如图 7.17（b）所示]。

3. 将表格与背景组合

依据原图制作表格背景及各项文字内容，然后将表格、圆角矩形组合和背景按照由上到下的顺序叠放，并保持水平居中对齐，最终效果如图 7.18 所示。

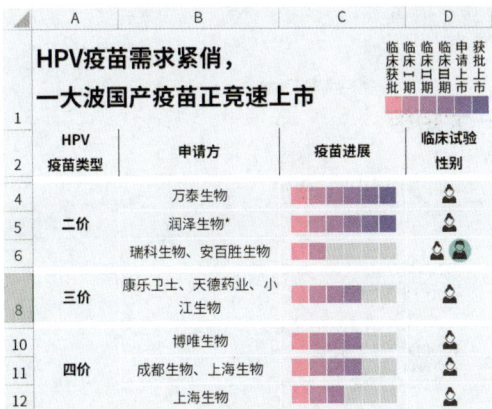

（a） （b）

图 7.17 "表格 + 进度图"组合制作步骤 1

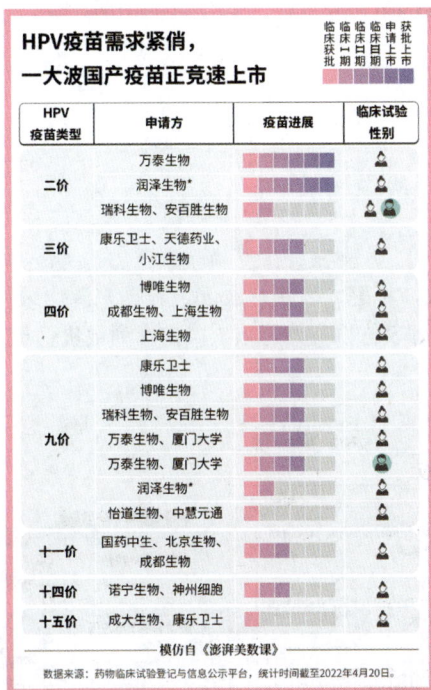

图 7.18 "表格 + 进度图"组合制作步骤 2

7.5 表和图组合："表格 + 圆环图"组合

7.5.1 图表自画像

  解题之道：表格有个大度量，再多也能装，图表可以七十二变，两者结合就是强强联合。如图 7.5.1 所示，将经验少的原因文字与举例文字全部塞入表格后，表格依然举重若轻、井井有条。点睛之笔是圆环图，其特色在于"出格"行径，融入表格又超然于表格，别具一格。

  图表类型：表格 + 圆环图。

  表达数据关系：横向对比，比较留学生觉得自己经验少的 5 类原因的指数。

293

适用场景： 适用于数据新闻媒体、政府报告和商务报告。

图 7.19 "表格 + 圆环图"组合（选自《网易数读》）

7.5.2 制作技巧拆解

1. 表图结合

如图 7.20 所示，表格为底，标题、表头、Logo、数据来源均采用文本框制作，和圆环图一样叠放在表格上。制作时先设计好表格框架，再依次确定行列数量、行高、列宽、边框线，然后确定每部分内容的摆放位置。

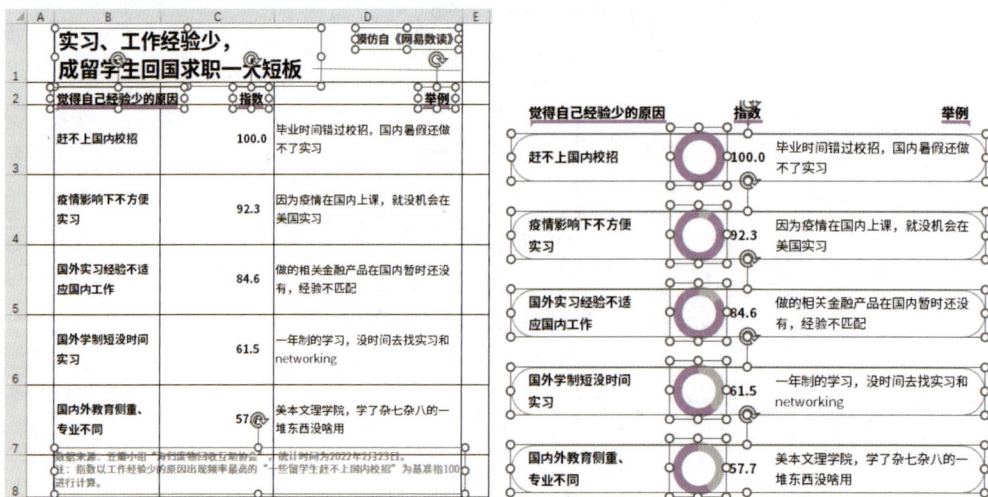

图 7.20 表格结构

2. 多个圆环图组合

如图 7.20 所示，5 类指数均配备了圆环图，制作时需要添加辅助列（辅助列值 =100- 指数值）。圆环图直接叠放在对应原因行上，并与圆角边框保持垂直居中对齐。

3. 自定义表头

如图 7.21 所示，表头由"文本框 + 矩形 + 倒三角形"组合而成。

图 7.21　图例制作思路

7.5.3　图表分步还原

1. 制作表格框架

如图 7.22（a）所示，表格的具体参数如下。

行高：标题（第 1 行）55.50 磅、表头（第 2~10 行）21 磅、主体内容 66 磅、数据来源 39.75 磅。

列宽："觉得自己经验少的原因"列（B 列）16.75 磅、"指数"列（C 列）18.13 磅、"举例"列（D 列）29.75 磅、A 列和 E 列（用于放置圆角边框）3.75 磅。

文字内容：

标题文本框采用 20 号黑色思源黑体 Bold、水平方向左对齐、垂直方向居中对齐、行距 0.7 倍。

表头文本框 12 号黑色思源黑体 Bold、水平方向和垂直方向均设置为居中对齐。

"觉得自己经验少的原因"指向箭头中，矩形（高度和宽度分别设置为 0.1cm 和 4.2cm，根据文本框的宽度设置），设置为紫色填充（RGB 值为 181，135，184）、无边框；三角形（高度和宽度均设置为 0.16cm），设置为紫色填充、无边框。将三角形叠放在矩形左下角并组合，然后放在对应文本框下方。同理制作其他指向箭头。

主体部分中"觉得自己经验少的原因"列采用 11 号黑色思源黑体 Bold，水平方向左对齐、垂直方向居中对齐；"指数"列采用 11 号黑色思源黑体 Bold、水平方向增加缩进量、垂直方向居中对齐；"举例"列采用 11 号蓝色思源黑体 Normal、水平方向右对齐、垂直方向居中对齐。

数据来源和 Logo 根据原图效果制作。

边框：圆角边框（高度和宽度分别设置为 1.4cm 和 14.6cm），设置为无填充、0.5 磅白色（深色 50%）边框，调整为最大圆角并叠放在每行上。

（a）

	A	B	C
		辅助	指数
1			
2	赶不上国内校招	0.0	100.0
3	疫情影响下不方便实习	7.7	92.3
4	国外实习经验不适应国内工作	15.4	84.6
5	国外学制短没时间实习	38.5	61.5
6	国内外教育侧重、专业不同	42.3	57.7

（b）

图 7.22　"表格＋圆环图"制作步骤 1

2. 制作圆环图

如图 7.22（b）所示，选择 A1:C2 单元格区域，插入圆环图［如图 7.23（a）所示］。将占比类别和占比辅助类别分别填充为紫色和白色（深色 25%）、无边框。将圆环图的圆环大小设置为

65%。删除标题和图例。图标设置为无填充、无边框［如图 7.23（b）所示］。将图表高度和宽度均设置为 1.77cm，并适当调整绘图区大小［如图 7.23（c）所示］。

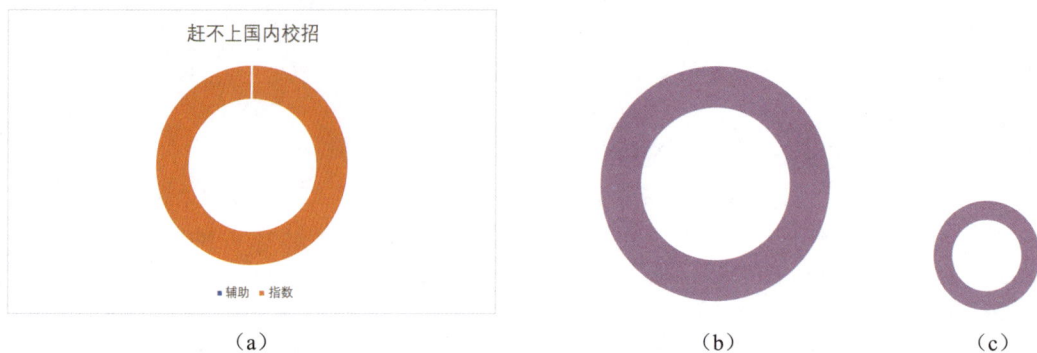

图 7.23 "表格＋圆环图"制作步骤 2

3. 将圆环图嵌入表格

同理制作其余原因圆环图。依次将每个原因的圆环图叠放在对应的圆角边框上，并与其保持垂直居中对齐。最终效果如图 7.24 所示。

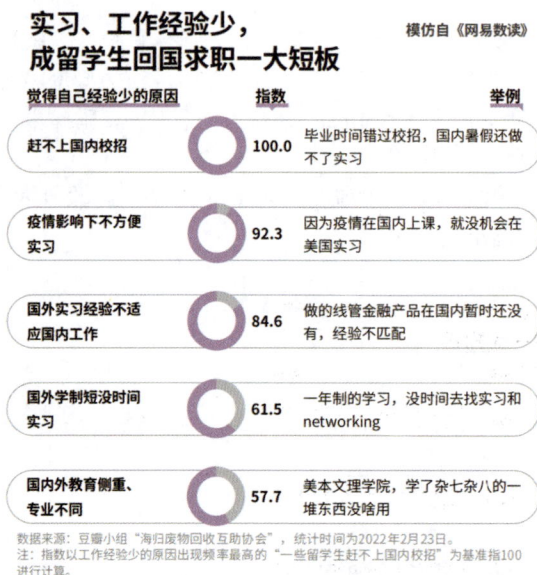

图 7.24 "表格＋圆环图"制作步骤 3

7.6 表和图组合："表格 ＋ 气泡图"组合

7.6.1 图表自画像

解题之道：如图 7.25 所示，此时的表格是万能货架和重要辅助，将文字、气泡图和圆角矩形排名都整整齐齐地装进去。表格设计也很有特色，行与行分隔采用图案填充的圆角矩形，列与列分隔采用边框线。另外渐变背景的加入和部分气泡的"出格"行径，都很值得玩味。

图表类型：表格＋气泡图。

表达数据关系：横向对比，比较 2019 年俄罗斯、乌克兰出口的葵花籽油、小麦、大麦和玉米占全世界粮食出口量的比重及其排名。

　　适用场景：适用于数据新闻媒体和商务报告，去除边框后也适用于政府报告。

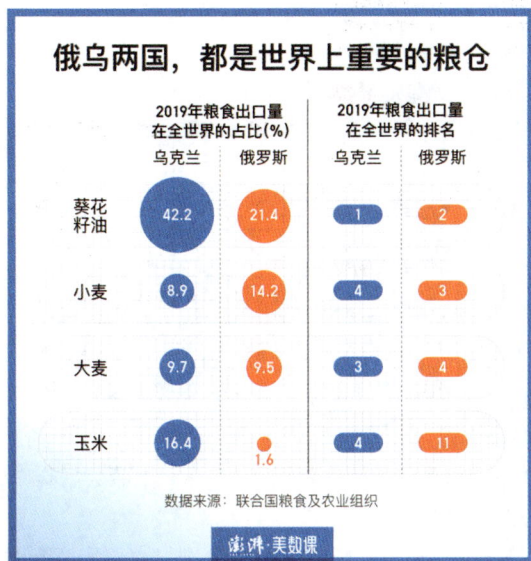

图 7.25　"表格＋气泡图"组合（选自《澎湃美数课》）

7.6.2　制作技巧拆解

　　如图 7.26 所示，和 7.3 节相似，原图由表格＋图案"填充的圆角矩形组合框架＋矩形背景"组成。其中，占比气泡图和排名圆角矩形均直接叠加在表格上。

图 7.26　表格结构

7.6.3　图表分步还原

1. 制作表格框架

　　如图 7.27（a）所示，表格的具体参数如下。

　　行高：标题和表头（第 1、2 行）39.75 磅、表头（第 3 行）20.25 磅、主体内容 45 磅、数据来源 24 磅。

　　列宽：所有列 10 磅。

　　其余排名圆角矩形、文字内容、边框、数据来源参照原图制作，具体参数详见源文件。

297

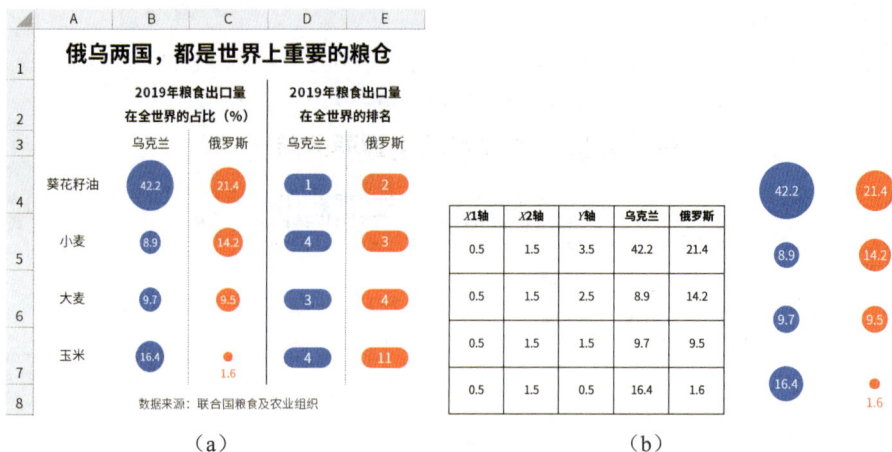

<table>
<tr><th>X1轴</th><th>X2轴</th><th>Y轴</th><th>乌克兰</th><th>俄罗斯</th></tr>
<tr><td>0.5</td><td>1.5</td><td>3.5</td><td>42.2</td><td>21.4</td></tr>
<tr><td>0.5</td><td>1.5</td><td>2.5</td><td>8.9</td><td>14.2</td></tr>
<tr><td>0.5</td><td>1.5</td><td>1.5</td><td>9.7</td><td>9.5</td></tr>
<tr><td>0.5</td><td>1.5</td><td>0.5</td><td>16.4</td><td>1.6</td></tr>
</table>

（a）　　　　　　　　　　　　　　（b）

图 7.27 "表格 + 气泡图"制作步骤 1

2. 制作气泡图和圆角背景

制作气泡图：参照 2.3 节中提供的方法，将图 7.27（b）中的数据制作成气泡图，然后叠放在表格中 "2019 年粮食出口量在全世界的占比" 列。

制作圆角矩形背景：插入圆角矩形（高度和宽度分别设置为 1.48cm 和 11cm），设置为大网格填充［白色（深色 5%）前景、白色背景］、0.5 磅白色（深色 15%）边框。分别叠放在表格的主体内容行上，所有圆角矩形尽量保持圆角相同、间距相同，并与表格内容一一对应。

3. 将表格与背景组合

依据原图制作表格背景及各项文字内容，然后将表格、圆角矩形组合和背景按照由上到下的顺序叠放，并保持水平居中对齐，最终效果如图 7.28 所示。

图 7.28 "表格 + 气泡图"制作步骤 2

7.7 表和图组合："表格 + 多气泡图 + 圆环图"组合

7.7.1 图表自画像

解题之道：如图 7.29 所示，想要在同 1 张图表内同时展示 6 项指标的 5 个组别，难度可想而知。如果用表格，全都是数据，读者完全没有阅读欲望；用单张图表，不同数量级的数据放在一起，对比性几乎全无；用多张图表，十分考验图表制作人的排版功力。如此来看，表和图组合是个必然选择。图表设计师将农村和城镇受访者分开展示，采用相同的表格结构，并用颜色加以区分。图表设计部分，月均家庭收入采用气泡图、自付医疗费/家庭收入的倍数采用菱形气泡图、发生灾难性卫生支出的家庭数量占比采用圆环图，既做到了差异化又能完美融合在表格中。

图表类型：表格 + 气泡图 + 圆环图。

表达数据关系：横向对比，比较农村受访者和城镇受访者的月均家庭收入、自付医疗费/家庭收入的倍数、发生灾难性卫生支出的家庭数量占比。

适用场景：适用于数据新闻媒体和商务报告，去除边框后也适用于政府报告。

图 7.29 "表格 + 多气泡图 + 圆环图"组合（选自《澎湃美数课》）

7.7.2 制作技巧拆解

1. 表图结合

如图 7.30 所示，图表延续了"表格 + 矩形背景"的形式，并在表头部分增加了圆角矩形背景。月均家庭收入气泡图、自付医疗费/家庭收入倍数菱形气泡图和发生灾难性卫生支出的家庭数量占比圆环图分别叠加在表格上。

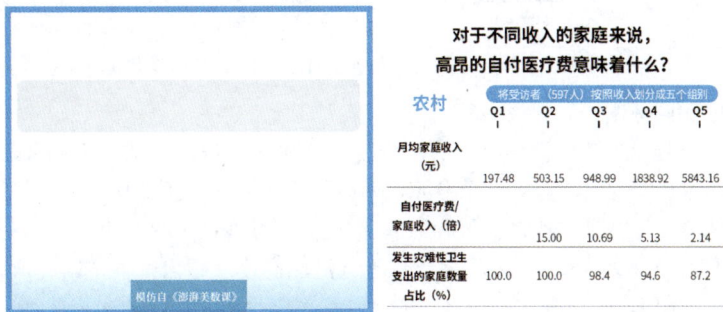

图 7.30 表格结构

299

2. 表头指引线

如图 7.31 所示，Q1~Q5 组别下均添加了指引线。制作时，在表头和主体内容之间增加空白行，然后将每个组别拆分为 2 列，这时就可以用 2 列中间的边框线来模仿指引线。比如，Q1 下的指引线采用的是 B3 和 C3 单元格之间的边框。

图 7.31　表头指引线制作思路

7.7.3　图表分步还原

1. 制作表格框架

如图 7.32 所示，以农村受访者为例，表格的具体参数如下。

行高：标题（第 1 行）60 磅、表头（第 2 行）39.75 磅、表头（第 3 行）6 磅、主体内容 59.25 磅。

列宽："农村"（A 列）14.25 磅、其余列 3.75 磅。

边框：主体内容黑色（淡色 25%）虚线下边框、五个组别的表头黑色（淡色 25%）中间边框。

其余表头圆角矩形、文字内容、数据来源参照原图制作，具体参数详见源文件。

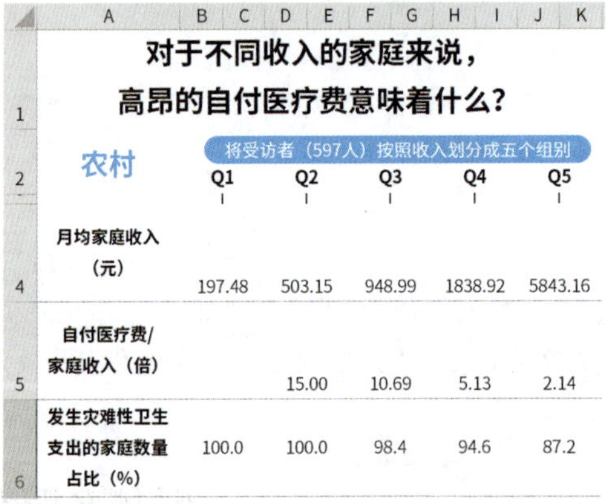

图 7.32　"表格 + 多气泡图 + 圆环图"组合制作步骤 1

2. 制作气泡图和圆环图

制作气泡图：参照 2.3 节中提供的方法，将图 7.33 中的数据制作成气泡图（H3 单元格中的值为城镇 Q5 组的月均家庭收入，有了这个参照，两组气泡图才具有可对比性。最终气泡图的横坐标轴取值范围设置为 0~5，参照气泡 X 轴值为 5.5，因此并不会在图中显示出来）。将气泡填充为蓝色（RGB 值为 68，114，196）。另外，还要适当增加气泡图高度（超出行一定高度，可以让气泡变得更大，更接近原图效果），然后叠放在表格中的"月均家庭收入"行（如图 7.31 所示）。

用菱形替换气泡图，可以制作出菱形气泡图的效果（具体可参照 1.11 节中的"心形气泡图"部分）。并且为 Q1 组添加了数据标签，代替在单元格中显示对应数值。

制作圆环图：参照 7.5 节中提供的方法制作圆环图，并分别居中放置在对应单元格中。

城镇受访者的表格、气泡图、圆环图布局与农村受访者完全一致，只是主题色更换为草绿色（RGB 值为 180，204，30）。

	A	B	C	D	E	F	G	H
1		X轴	0.5	1.5	2.5	3.5	4.5	5.5
2		Y轴	0.5	0.5	0.5	0.5	0.5	0.5
3	农	月均家庭收入	197.48	503.15	948.99	1838.92	5843.16	14132.36
4	村	自付医疗费	36.35	15	10.69	5.13	2.14	
5		家庭数量占比	100	100	98.4	94.6	87.2	
6		家庭数量占比辅助	0	0	1.6	5.4	12.8	

图 7.33 "表格＋多气泡图＋圆环图"组合制作步骤 2

3. 将表格与背景组合

依据原图制作表格背景、圆角矩形表头，然后将表格叠放在背景上，并保持水平居中对齐，最终效果如图 7.34 所示。

图 7.34 "表格＋多气泡图＋圆环图"组合制作步骤 3

7.8 表和图组合："表格＋双滑珠图"组合

7.8.1 图表自画像

解题之道：如图 7.35 所示，图表设计师用 2 个并行的滑珠图，分别表示 4 类室内体验项目的日均人流量范围和年均营业额范围，然后再用表格将两个滑珠图串联起来。这样的设计，让图表既条

301

理分明又浑然一体。

图表类型：表格+滑珠图。

表达数据关系：横向对比，比较4类室内体验项目各自的日均人流量和年均营业额。

适用场景：适用于数据新闻媒体，去除外装饰框后也适用于政府报告和商务报告。

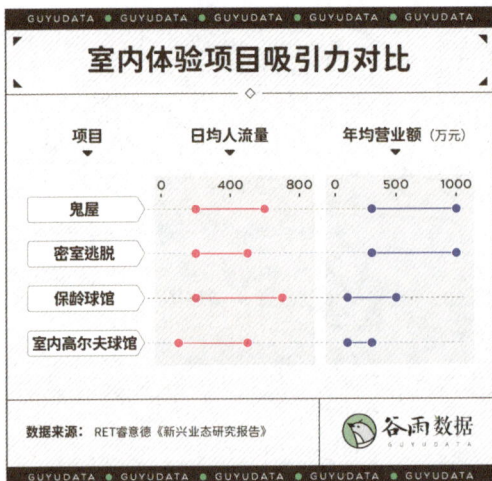

图 7.35 "表格+双滑珠图"组合（选自《谷雨数据》）

7.8.2 制作技巧拆解

1. 表图结合

如图 7.36 所示，表格是基础框架，滑珠图分别嵌入表格中的"日均人流量"列和"年均营业额"列。五边形箭头叠放在"项目"名称上，并保持左对齐。

2. 表格图案填充

如图 7.37 所示，选中待设置单元格，并按"Ctrl+1"组合键，在"设置单元格格式"对话框中，先选择"填充"选项卡，然后分别选择"图案样式"和"图案颜色"，就能实现和图表相似的图案填充效果。

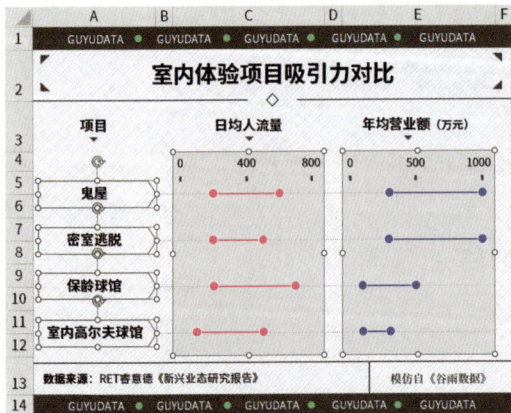

图 7.36 表格结构

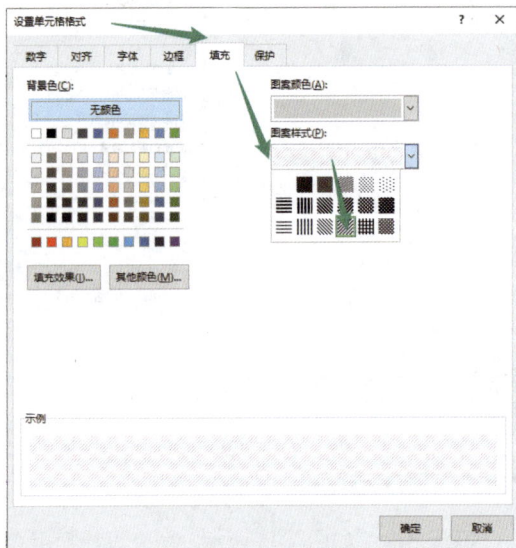

图 7.37 表格图案填充

302

3. 滑珠图

如图 7.38 所示，滑珠图采用"散点图（*X*轴值分别为各室内体验项目日均人流量的最小值和最大值，*Y*轴值分别为 0.5、1.5、2.5 和 3.5）+ 水平误差线（用最小值水平误差线制作滑杆，并设置为正偏差、无线端、自定义，误差值为各室内体验项目日均人流量最大值 - 最小值）"制作。

滑珠图的横坐标轴标签和刻度，采用辅助散点（*X*轴值分别为 0、400 和 800，*Y*轴值均为 3.8）的数据标签和数据标记（用竖线填充）制作。

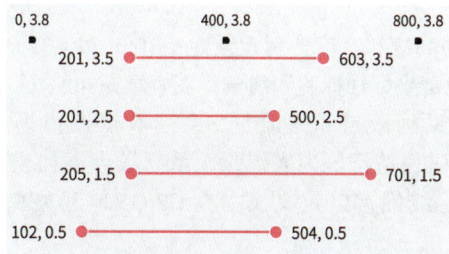

图 7.38　滑珠图制作思路

7.8.3　图表分步还原

1. 制作表格框架

如图 7.39 所示，表格的具体参数如下。

行高：标题（第 2 行）40 磅、表头（第 3 行）40 磅、空白行（第 4 行）15 磅、主体内容（第 5~12 行）59.25 磅、数据来源（第 2 行）40 磅、装饰行（第 1、14 行）18 磅。

列宽："项目"列（A 列）15.75 磅、"日均人流量"和"年均营业额"列（C、E 列）20 磅、空白列 1.75 磅。

边框：主体内容中每个项目白色（深色 50%）虚线中边框、表格黑色（淡色 25%）外边框。其余"边框"均采用直线制作。

填充：装饰行（第 1、14 行）填充黑色（淡色 25%）、其余行填充白色（深色 15%）细对角线条纹。

表头三角形、文字内容、数据来源和装饰行参照原图制作，具体参数详见源文件（或参照 1.3 节中的"设置背景和各项文字性内容"部分）。

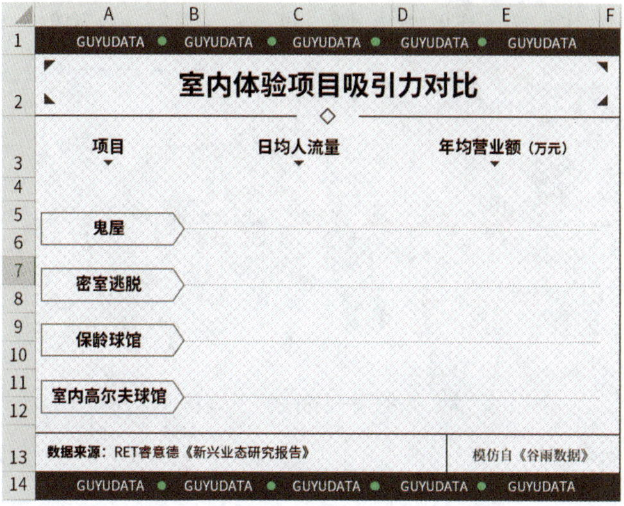

图 7.39　"表格 + 双滑珠图"制作步骤 1

303

2. 制作滑珠图

如图 7.40（a）所示，选择 A1:D5 单元格区域，插入散点图并修改数据源。将人流量 1 系列散点的 X 轴系列值修改为 B2:B5，Y 轴系列值修改为 D2:D5；将人流量 2 系列散点的 X 轴系列值修改为 C2:C5，Y 轴系列值修改为 D2:D5；将 Y 轴系列散点的系列名称修改为 E1（标签 X），X 轴系列值修改为 C2:C5，Y 轴系列值修改为 D2:D5。将纵坐标轴的取值范围修改为"0~4"；将横坐标轴的取值范围修改为"0~800"，间隔 400。将图表的字体整体设置为黑色思源黑体 Normal[如图 7.40（b）所示]。

调整图表大小：将图表的高度和宽度分别设置为 5.61cm 和 4.37cm。调整绘图区大小，使其基本充满图表。删除网格线。隐藏坐标轴标签和线条。图表填充 40% 透明度白色（深色 15%）。

设置散点：将人流量 1 系列散点和人流量 2 系列散点设置为 8 号圆形、粉色（RGB 值为 247，97，151）填充、0.5 磅白色边框。为人流量 1 系列散点添加误差线并删除垂直误差线，水平误差线设置为正偏差、无线端、自定义（指定 G2:G5 单元格中的值），线条设置为 1.5 磅粉色。

坐标轴标签：插入直线（高度设置为 0.15cm），设置为 2 磅黑色（淡色 25%），并将其粘贴至标签 X 系列散点。添加数据标签，显示 X 值、取消显示 Y 值、放在散点上方[如图 7.40（c）所示]。

同理可以制作年均营业额滑珠图，滑珠和滑杆采用蓝色（RGB 值为 65，97，249），具体效果如图 7.40（d）所示。

	A	B	C	D	E	F	G
1		人流量1	人流量2	Y轴	标签X	标签Y	人流量误差
2	鬼屋	201	603	3.5	0	3.8	402
3	密室逃脱	201	500	2.5	400	3.8	300
4	保龄球馆	205	701	1.5	800	3.8	497
5	室内高尔夫球馆	102	504	0.5			402
6							
7		营业额1	营业额2	Y轴	标签X	标签Y	营业额误差
8	鬼屋	305	1000	3.5	0	3.8	695
9	密室逃脱	299	1000	2.5	500	3.8	701
10	保龄球馆	96	503	1.5	1000	3.8	407
11	室内高尔夫球馆	102	311	0.5			209

（a）

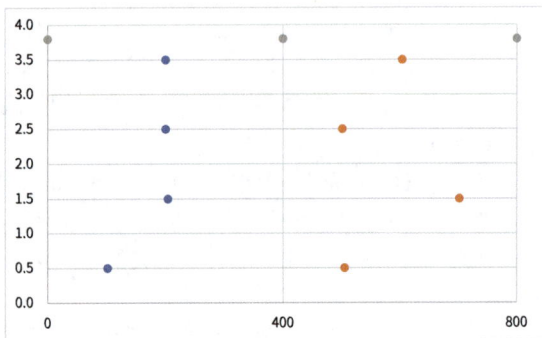

（b）

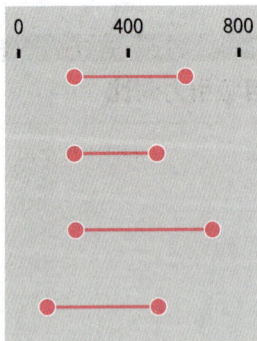

（c）

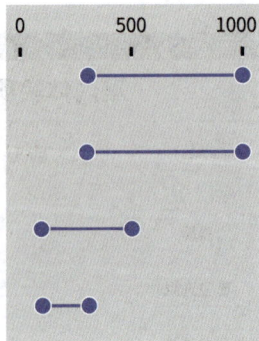

（d）

图 7.40 "表格＋双滑珠图"制作步骤 2

3. 将滑珠图嵌入表格

将滑珠图分别嵌入表格后，最终效果如图 7.41 所示。

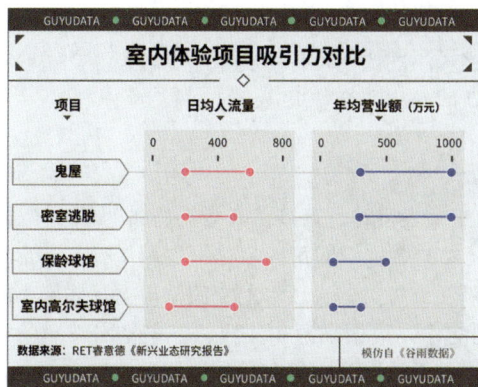

图 7.41　"表格 + 双滑珠图"制作步骤 3

7.9　将内容分类：KPI 式表格

7.9.1　图表自画像

解题之道：如图 7.42 所示，对于纯文字类表格来说，设计难度远远大于制作难度，设计的重点在于，如何去除枯燥感，如何保持层次分明。图表设计师给出的答案是条目式设计，就像展示 KPI 一样。

首先是合理布局。所有体育项目的重要性相同，每"行"显示 2 类体育项目，2 类项目之间添加空白列，2 个项目行之间也要添加空白行，内容再多也不能显得过分拘谨和局促，一定要保留基本的呼吸空间。**其次**是分出层次。增大项目标题字体，添加标题背景，与赛事名称形成反差。**最后**是增加趣味。为每个项目都匹配相应的图标，图标填充红色并在下层叠加"黄色气球"，既提亮版面，又增加吸引力。这种条目式的设置能让表格变得井井有条、方便阅读。

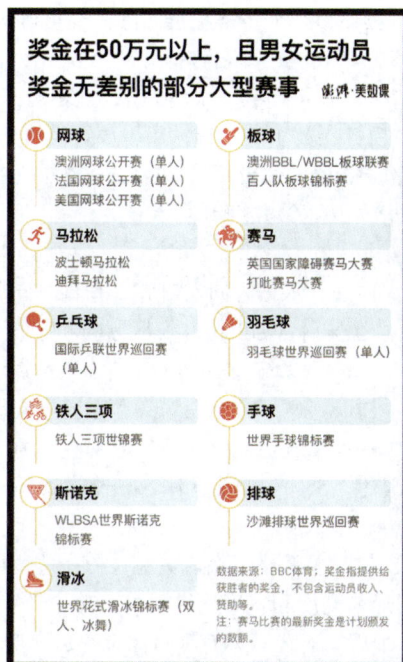

图 7.42　KPI 式表格（选自《澎湃美数课》）

305

图表类型：表格。

表达关系：横向对比，比较不同比赛项目中奖金超 50 万元的大型赛事。

适用场景：适用于数据新闻媒体和商务报告。

7.9.2　制作技巧拆解

如图 7.43 所示，制作 KPI 式表格时，直接在表格上叠加"圆形（显示体育项目图标）＋圆角矩形（显示体育项目名称）"组成的名称框即可。名称框占用 1 行，圆形放置在 2 列之间，中间的黄色边框代表着体育项目的分隔线。每类体育项目的空间则根据具体赛事的数量调整。

另外，Logo 采用文本框制作。数据来源和注释放在表格右下角的空白位置。在表格的上下左右分别预留空白行和空白列，用于放置表格深灰色外边框。

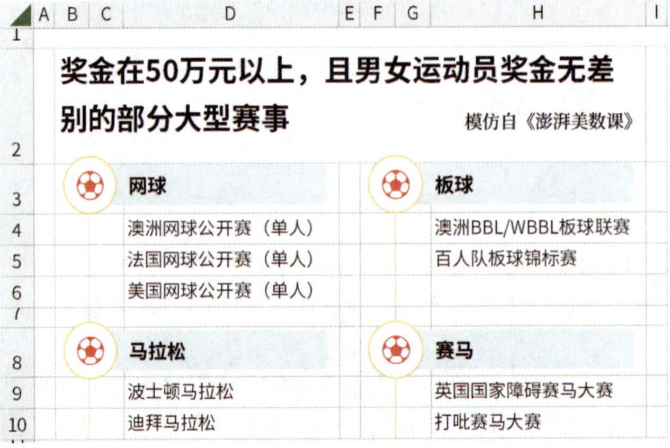

图 7.43　表格结构

7.9.3　图表分步还原

如图 7.44（a）所示，表格的具体参数如下（根据实际需要可以进行调整）。

行高：标题（第 2 行）69.75 磅、表头（即名称框行，第 3、8、12、16、20、24 行）30 磅、主体内容（即体育项目名称行，第 4、5、6 等行）18.75 磅、空白行（第 7、11、15、19、23 行，用于分隔两类体育项目）12 磅、空白行（第 1、27 行，用于放置表格外边框）12 磅。

列宽：分隔线（B、C、F、G 列）3 磅、体育项目（D、H 列）21.63 磅、首尾空白列（A、E、I 列，用于分隔两类体育项目和放置表格外边框）1.5 磅。

文字内容：

标题采用 18 号黑色思源黑体 Bold、水平方向左对齐、垂直方向居中对齐。

Logo 文本框采用 11 号黑色思源宋体 Medium、水平方向和垂直方向均居中对齐，放置在标题行右下角。

表头采用 12 号黑色思源黑体 Bold、水平方向左对齐、垂直方向居中对齐。

主体部分采用 11 号黑色思源黑体 Normal、水平方向左对齐、垂直方向居中对齐。

数据来源采用 9 号黑色（淡色 25%）思源黑体 Normal、水平方向左对齐、垂直方向顶部对齐。

边框：以网球为例，B4、B5、B6 单元格添加浅黄色（RGB 值为 255，226，112）右边框。

体育项目图标圆形：插入圆形（高度和宽度均设置为 1.2cm），设置为白色填充、1 磅浅黄色边框。叠放在边框线上，并保持水平居中对齐。体育项目图标叠放在圆形上，并保持居中对齐。

体育项目名称圆角矩形：插入圆角矩形（高度和宽度分别设置为 0.85cm 和 5.1cm），设置为浅蓝色（RGB 值为 237，243，244）、无边框。放置在体育项目图标圆形右侧，并与其保持垂直居中对齐。另外，其左边距设置为 0.7cm［如图 7.44（a）所示］。

依据原图在表格外叠加黑色（淡色 25%）边框后，最终效果如图 7.44（b）所示。

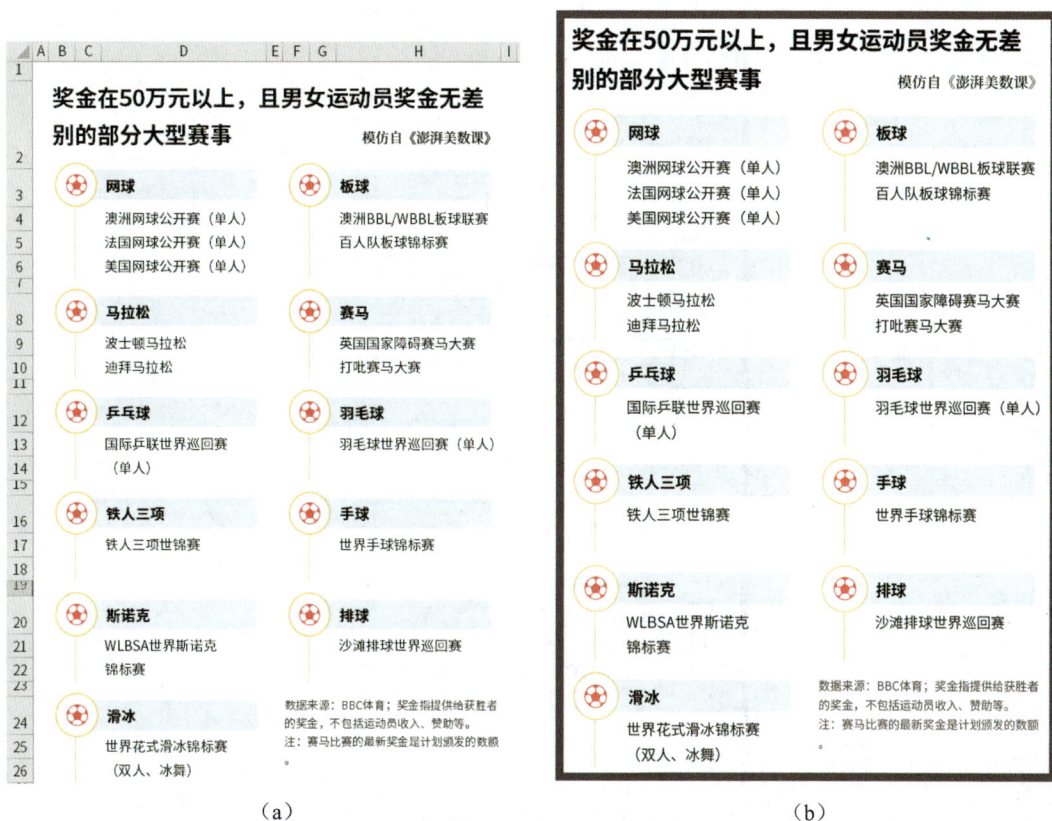

（a）

（b）

图 7.44　KPI 式表格制作步骤

7.10　将内容分类：罗列式表格

7.10.1　图表自画像

解题之道：图 7.45 可以说是图 7.9.1 的升级版，纯文字、内容多、分类也多，既要清晰地将所有内容展示出来，还要有层次、有对比、有重点。图表设计师给的方案是集 KPI 式表格和普通表格之所长，按照条目、兼具分类地罗列出所有内容。

首先是合理布局。每"行"显示 1 届冬奥会，金牌、银牌、铜牌和排名列之间添加空白列，两届冬奥会行之间也要添加空白行，保留基本的呼吸空间。**其次**是分出层次。举办时间背景、金银铜牌背景和排名背景间的层次变化，举办时间、排名与其他字体间的层次变化。**再次**是增加对比。用冬奥会会徽对比举办时间，用图标颜色对比金银铜牌。**最后**是有机结合。以行为单位，用蓝色渐变线条将冬奥会的举办时间、获得金银铜牌的项目及数量和排名全都串联起来。

图表类型：表格。

表达关系：横向对比，比较自 1992 年起历届冬奥会中国获得奖牌的数量。

适用场景：适用于数据新闻媒体。

图 7.45　罗列式表格（选自《澎湃美数课》）

7.10.2　制作技巧拆解

如图 7.46 所示，在这个罗列式表格中，每届冬奥会都是 1 个独立和完整的个体，其由时间列、奖牌列、排名列和分隔线组成。

时间列由"圆形背景＋冬奥会会徽＋时间文本框"组成。

奖牌列由"圆形奖牌＋数量文本框＋增加缩进的单元格"组成，单元格填充浅灰色底纹。不同奖牌列之间还添加空白列进行分隔。

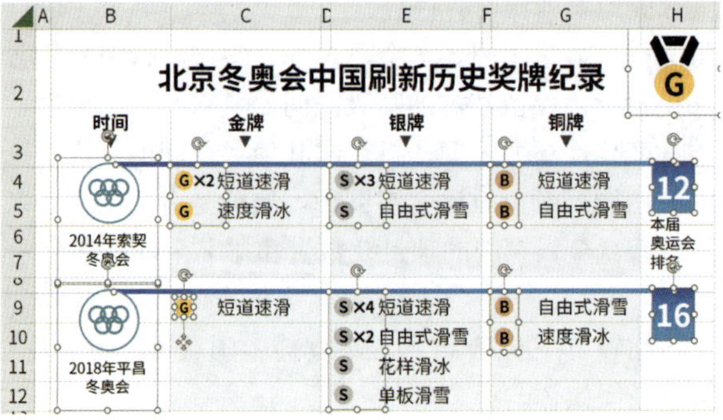

图 7.46　表格结构

排名列由垂直渐变填充的矩形制作。

分隔线由水平渐变的直线制作，放置在主体内容上方，与时间列的圆形背景和排名列的矩形保持顶部对齐。另外，表格的右上角还放置 1 个金牌图标，由"图标＋圆形奖牌"组成。

7.10.3 图表分步还原

如图 7.47（a）所示，以 2014 年索契冬奥会为例，表格的具体参数如下（根据实际需要可以进行调整）。

行高：标题（第 2 行）33.75 磅、表头（第 3 行）34.5 磅、主体内容（第 4、5、6、7 行）15 磅、空白行（第 8 行，用于分隔两届冬奥会）9 磅。

列宽："时间"列（B 列）11.5 磅、"金牌银牌铜牌"列（C、E、G 列）14.38 磅、首尾空白列（D、F 列，用于分隔不同奖牌）0.62 磅。

文字内容：

标题采用 18 号黑色思源黑体 Bold、水平和垂直方向均居中对齐。

Logo 文本框采用 11 号黑色思源宋体 Medium、水平方向和垂直方向均居中对齐，放置在标题行右下角。

表头采用 11 号黑色思源黑体 Bold、水平方居中对齐、垂直方向顶部对齐。表头下方居中放置高度和宽度均设置为 0.25cm、黑色（淡色 25%）、垂直翻转的三角形

主体部分采用 11 号黑色思源黑体 Normal、水平方向左对齐并增加缩进量、垂直方向居中对齐。

数据来源采用 9 号黑色（淡色 25%）思源黑体 Normal、水平方向左对齐、垂直方向顶部对齐。

冬奥会会徽：会徽圆形（高度和宽度均设置为 1.25cm），设置为白色填充、1 磅蓝色（RGB 值为 29，141，163）边框，放置在时间列。时间文本框放置在圆形下方，并保持水平居中对齐。

排名矩形：排名矩形（高度和宽度分别设置为 1.07cm 和 0.87cm），设置为 90°由深蓝色（RGB 值为 1，86，173）向浅蓝色（RGB 值为 16，151，202）线性渐变填充、无边框。放置在排名列，与冬奥会会徽圆形保持顶部对齐。

分隔线：线条设置 3 磅 0°由深蓝色向浅蓝色线性渐变，放置在主体行上方、与排名矩形保持顶部对齐［如图 7.47（a）所示］。

依据原图添加图标、Logo 和 0°由深蓝色向浅蓝色线性渐变外边框后，最终效果如图 7.47（b）所示。

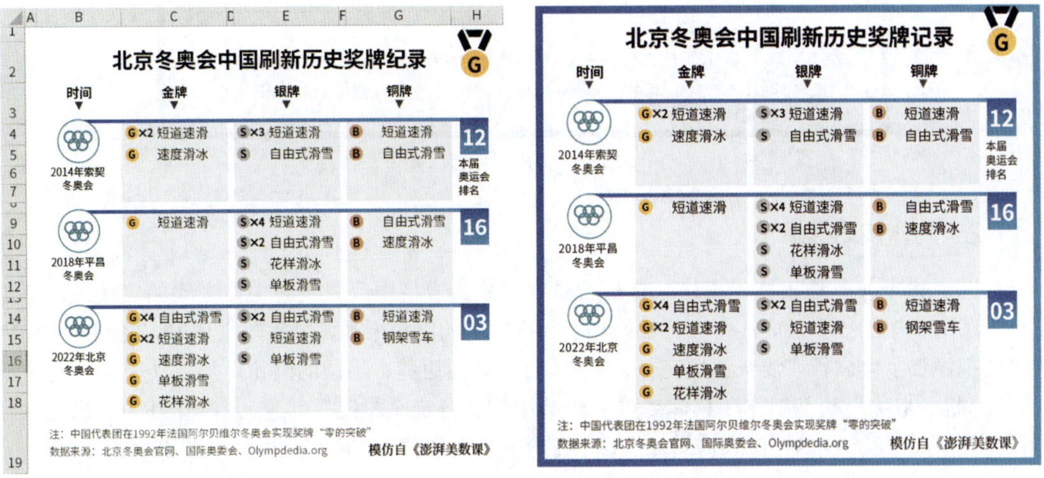

（a）　　　　　　　　　　　　　　　（b）

图 7.47　罗列式表格制作步骤

309

7.11 多图形拼接：添加图标式表格

7.11.1 图表自画像

解题之道：背景凸显质感和重点、边框划分层次和区域，两者都是改造和设计表格的重要工具。如图 7.48 所示，图表设计师用 6 个圆角矩形拼接成 1 个创意表格：**一是**表格结构。表头是两边剪去半圆的圆角矩形，主体是与表头同高同宽的圆角矩形，表头与主体之间用圆形定位、用线条连接。**二是**边框背景。以行为单位，深色圆角矩形外边框、浅色虚线内边框间的对比，紫色背景表头、白色背景主体间的对比，都充满了层次感。**三是**张弛有道。表头与主体内容之间、主体内容之间都添加了空白行，保留足够的呼吸空间。**四是**呼应主题。增加表头行高，文字置底，顶部放置与主题相关的图标。

图表类型：表格。

表达关系：横向对比，比较不同地区在新闻报道当时与当前的彩礼金额。

适用场景：适用于数据新闻媒体和商务报告。

我国农村地区"天价彩礼"现象

澎湃·美数课

地域	最初报道时间	当时彩礼金额	当前彩礼金额
甘肃庆阳平凉一带	2014.3	15万元及以上	30万元及以上
安徽	2016.2	20万元及以上	26万元及以上
鲁西南一带	2016.3	15万元及以上	20万元及以上
河南	2017.2	6万~8万元	10万~20万元
宁夏西海固地区	2017.2	20万元及以上	30万元及以上

数据来源：《当前我国农村"天价彩礼"的产生机制及其治理》，论文数据整合自中国知网以"天价彩礼"为主题词的新闻报道文本，数据时间截至2021年6月29日。

图 7.48　添加图标式表格（选自《澎湃美数课》）

7.11.2 制作技巧拆解

如图 7.49 所示，原表由"表格＋矩形背景"组成。表格中，表头与主体之间的连接线由上下两个"圆形＋短画线"组成，主体行都叠加了同高同宽的圆角矩形，表头与主体内容之间、主体内容之间都添加了空白行（浅灰色填充行）。表头背景是两边剪去半圆的圆角矩形，其采用 PPT 中的"合并形状—剪除"功能制作（具体参照 1.11 节中的"自定义图例"部分）。制作好的表格先保存为图片（参照 1.8 节中的"图表与图片组合"部分），再叠加到矩形背景上。

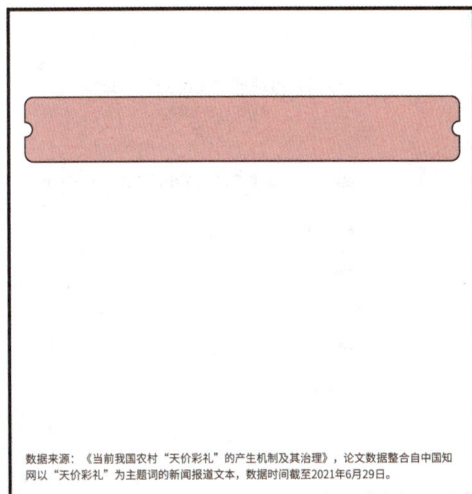

图 7.49　表格结构

表格内容：

我国农村地区"天价彩礼"现象

模仿自《澎湃美数课》

地域	最初报道时间	当时彩礼金额	当前彩礼金额
甘肃庆阳平凉一带	2014.3	15万元及以上	30万元及以上
安徽	2016.2	20万元及以上	26万元及以上
鲁西南一带	2016.3	15万元及以上	20万元及以上
河南	2017.2	6万~8万元	10万~20万元
宁夏西海固地区	2017.2	20万元及以上	30万元及以上

数据来源：《当前我国农村"天价彩礼"的产生机制及其治理》，论文数据整合自中国知网以"天价彩礼"为主题词的新闻报道文本，数据时间截至2021年6月29日。

7.11.3　图表分步还原

1. 制作表格框架

如图 7.50（a）所示，表格的具体参数如下（根据实际需要可以进行调整）。

行高：标题（第 1 行）31.5 磅、Logo 和空白行（第 2、3 行）15 磅、表头（第 4 行）49.5 磅、连接线（第 5 行）19.5 磅、主体内容（第 6、8、10、12、14 行）33 磅、主体内容空白行（第 7、9、11、13、15 行）3 磅。

列宽："地域"列（B 列）17 磅、"最初报道时间"和"当前彩礼金额"、"当时彩礼金额"列（C、D、E 列）13.5 磅、首尾空白列（A、F 列，用于放置圆角矩形超出单元格的部分，同时方便复制表格）0.77 磅。

文字内容：

标题采用 18 号黑色思源黑体 Bold、水平方向和垂直方向均居中对齐。

Logo 采用 11 号黑色思源宋体 Medium、水平方向和垂直方向均居中对齐。

表头行和地域列（第 4 行和 B 列）采用 11 号黑色思源黑体 Bold，表头行水平方向居中对齐、垂直方向下对齐；地域列水平和垂直方向均居中对齐。

主体部分采用 11 号黑色思源黑体 Normal、水平方向和垂直方向均居中对齐。

图标：填充白色（深色 5%），依次水平居中放在对应表头文字上方。

边框：C、D 两列中的表头行和主体内容行，添加白色（深色 50%）虚线左右边框。

圆角矩形：主体行上分别叠放圆角矩形（高度和宽度分别设置为 1.15cm 和 12.7cm），设置为无填充、1 磅黑色（淡色 15%）边框。所有圆角矩形保持纵向平均分布、左对齐。

连接线：圆形（高度和宽度均设置为 0.14cm），设置为白色填充、1 磅黑色（淡色 15%）边框。直线（高度设置为 0.41cm），设置为 0.5 磅白色（深色 50%）短画线。上圆形叠放在图例圆角矩形的下边框、上圆形叠放在甘肃庆阳平凉一带圆角矩形的上边框，直线放在 2 个圆形之间，并与圆形保持垂直居中对齐。

2. 将表格与背景组合

表头圆角矩形背景（高度和宽度分别设置为 1.82cm 和 12.7cm），设置为紫色（RGB 值为 239，177，190）填充、1 磅黑色（淡色 15%）边框。

依据原图制作表格背景及各项文字内容，然后将表格叠放在背景上层，并保持水平居中对齐，最终效果如图 7.50（b）所示。

311

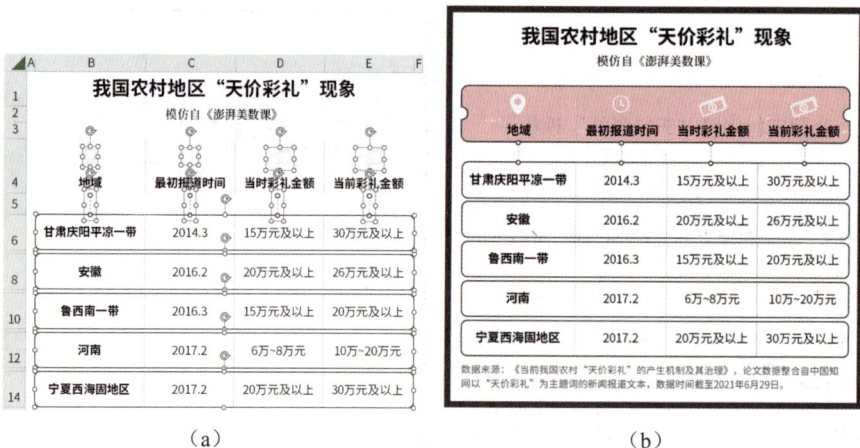

（a）　　　　　　　　　　　　　　　（b）

图 7.50　添加图标式表格制作步骤

7.12　特殊功能表：时间轴式表格

7.12.1　图表自画像

　　解题之道：时间轴属于功能类图表，就是依据时间顺序，把一方面或多方面的事件串联起来，形成相对完整的记录体系，把过去的事物系统化、完整化、精确化（解读来自百度百科）。如图 7.51 所

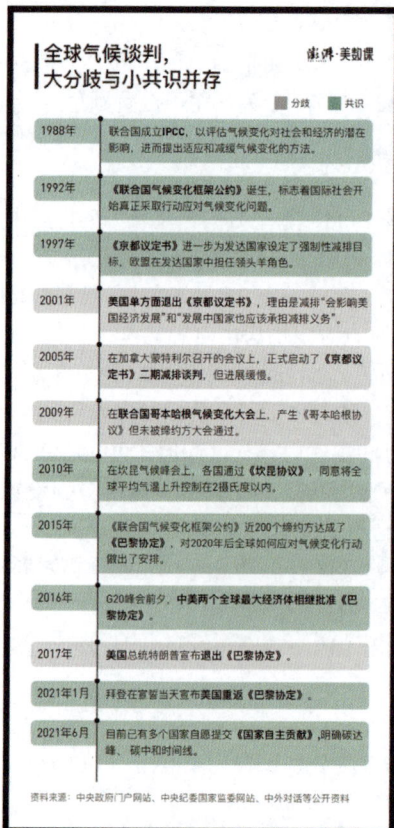

图 7.51　时间轴式表格（选自《澎湃美数课》）

示，利用 Excel 制作时间轴也很方便，采用堆积木的方式，将左右两列圆顶角矩形、时间轴连线和定位圆形组合成框架，再叠加矩形背景即可。设计时间轴时，最重要的就是保持脉络清楚，突出时间线。

图表类型：表格。

表达关系：纵向对比，比较 1988—2021 年全球气候谈判中的分歧与共识。

适用场景：适用于数据新闻媒体、商务报告和政府报告。

7.12.2　制作技巧拆解

如图 7.52 所示，原表并未借助 Excel 的单元格，而是和图 1.9.1 标注重点式表格的制作思路类似，用圆顶角矩形、直线和圆形去堆积木，堆成 1 个时间轴式表格。每个年度的结构组成都相同，由左侧的年度圆顶角和右侧的谈判内容圆顶角组成。左侧年度圆顶角逆时针旋转 90°、文字方向旋转 90°、浅绿色/浅灰色填充。右侧谈判内容圆形顺时针旋转 90°、文字方向旋转 270°、浅绿色/浅灰色填充。

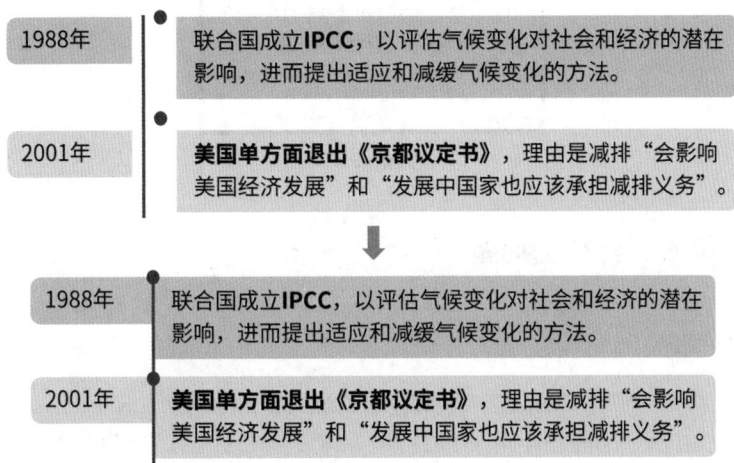

图 7.52　表格结构

7.12.3　图表分步还原

如图 7.52 所示，以 1988 年部分为例介绍制作步骤。

1988 年：圆顶角矩形（高度和宽度分别设置为 2.24cm 和 0.81cm），设置为浅绿色（RGB 值为169，205，191）填充、无边框。文字旋转 90°、设置为 11 号黑色思源黑体 Normal、水平方向设置为居中对齐、垂直方向设置为顶端对齐、上边距设置为 0.2cm、其余边距设置为 0cm。

1988 年谈判内容：圆顶角矩形的高度和宽度分别设为 9.98cm 和 1.42cm。文字旋转 270°、垂直方向设置为底部对齐、下边距设置为 0.3cm。其余参数与 1988 年圆顶角矩形保持一致。重点标记内容 "IPCC" 采用思源黑体 Bold。

时间轴连线：长度根据需要调整，线条设置为 1.5 磅黑色（淡色 25%）。

定位圆形：高度和宽度均设置为 0.25cm，设置为黑色（淡色 25%）填充、无边框。

组合图形：1988 年圆顶角矩形和 1988 年谈判内容圆顶角矩形左右相接、保持顶端对齐。时间轴连线叠放在两者中间、定位圆形叠放在两者相接处的顶部。

其余内容参照制作，其中分歧类圆顶角矩形填充白色（深色 15%）。所有圆顶角矩形尽量保持圆角的角度相同、所有内容设置为纵向平均分布。依据原图制作图例和 Logo，并在表格外叠加深灰色边框，最终效果如图 7.53 所示。

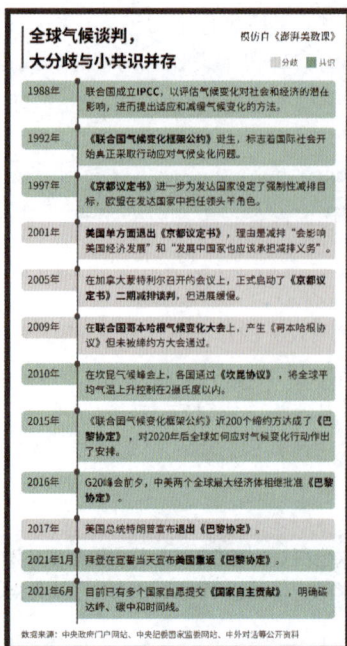

图 7.53　时间轴式表格制作步骤

7.13　特殊功能表：组织结构图

7.13.1　图表自画像

解题之道：组织结构图也属于功能类图表，原意是把企业组织分成若干部分，并且标明各部分之间可能存在的各种关系（解读来自于百度百科）。图 7.54 主要借助组织结构图这种形式，展现不同年代知名人士对元宇宙的解释及定义，本质上还属于时间轴，其制作方式也和时间轴相似。这类图表的制作难度主要体现在设计的思路和排版的耐心上。

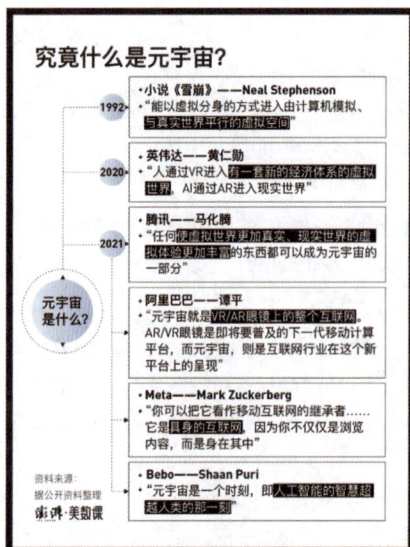

图 7.54　组织结构图（选自《澎湃美数课》）

图表类型：表格。

表达关系：纵向对比，不同年代一些知名人士对元宇宙的解释及定义。

适用场景：适用于数据新闻媒体、商务报告和政府报告。

7.13.2　制作技巧拆解

1. 传统组织结构图制作

如图 7.55 所示，在 Office 中制作组织结构图，最简单的办法是插入 SmartArt 中的层次结构图，然后在其基础上修改成想要的效果。

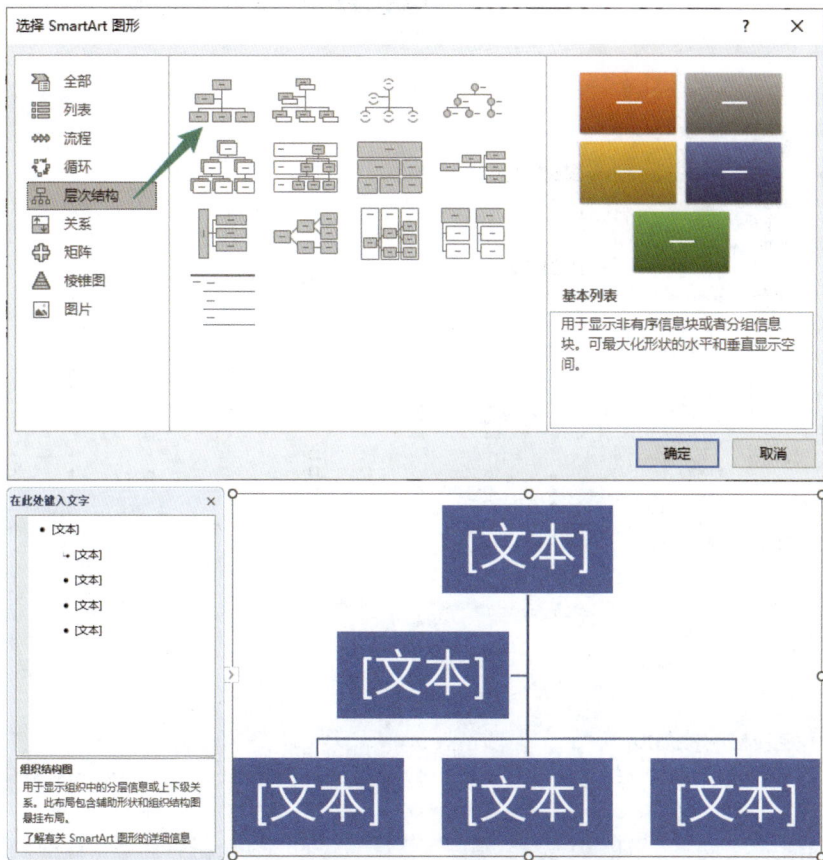

图 7.55　利用 SmartArt 制作组织结构图

2. 自定义组织结构图制作

如果想要原图中的组织结构图效果，就需要高度定制。如图 7.56（a）所示，其制作方法类似于 1.9 节和 7.12 节，将圆形和矩形进行排列组合，然后用肘形箭头将它们连接起来。

元宇宙是什么圆形由"内层渐变填充圆形＋深灰色填充三角形＋外层深灰色边框圆形"组合而成。

知名人士对元宇宙的理解由"矩形＋四角星项目编号＋标注重点内容的深灰色背景"组合而成。其中标注重点内容的背景，是将深灰色矩形直接叠放在对应文字下层。添加四角星项目编号时，先选中矩形中的文字内容，单击鼠标右键，在弹出的菜单中依次选择"项目符号"—"项目符号和编号"，然后在"项目符号和编号"对话框中单击"图片"按钮，选择提前准备好的四角星图片或图标［如图 7.56（b）所示］。

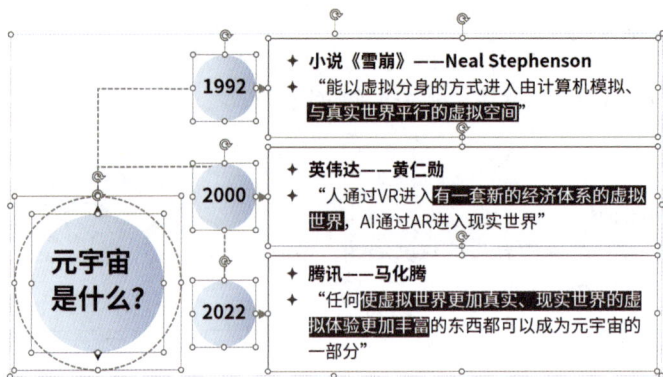

（a）

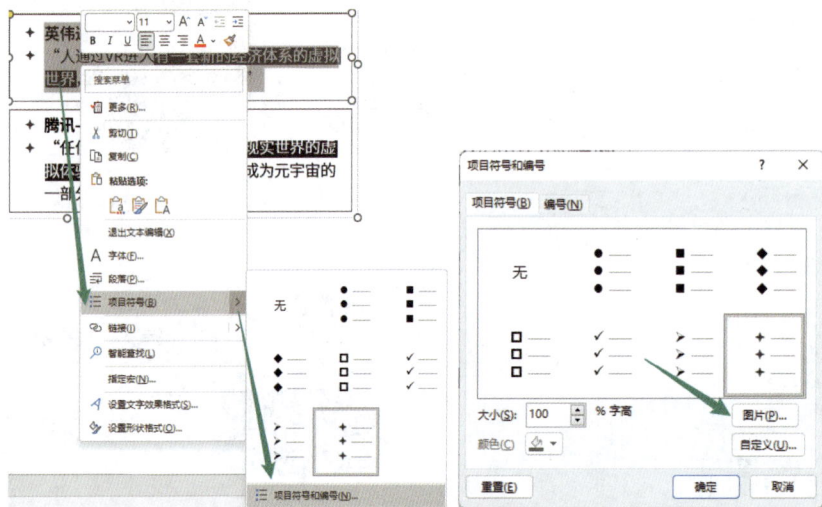

（b）

图 7.56　表格结构及添加项目编号步骤

3. 如何确定表格的参与度

学习了一系列表格设计后，现总结一下，如何区分以表格为主、以表格为辅还是无须表格参与？

以表格为主时，各类形状装饰直接叠加在表格上。如果形状不影响和遮挡原表格内容（比如 7.5 节中为表格叠加圆角矩形边框，此时的形状不填充颜色，仅作为边框使用），或者形状作为表格的组成部分，且内容较为简单时（比如 7.9 节的 KPI 式表格、7.10 节的罗列式表格），则适用此方案。

以表格为辅时，将表格粘贴为图片，叠加在形状背景上。如果形状影响和遮挡原表格内容（比如 7.3 节和 7.4 节），或者形状上需要显示复杂内容时（比如 7.11 节中添加图标式表格中的表头，需要显示多个列标题），则适用此方案。

无须表格参与时，直接用各类形状及文本框组合成表格。如果表格自由度很高，用形状进行组合的效率更高（比如 1.9 节的标柱重点式表格），或者需要制作特殊功能的表格（比如 7.12 节的时间轴式表格和本节的组织结构图），则适用此方案。

7.13.3　图表分步还原

如图 7.57 所示，以 1992 年为例，介绍制作步骤。

元宇宙是什么圆形：内层圆形（高度和宽度均设置为 2.97cm），设置为 0°由浅蓝色（RGB 值为 232，237，243）向蓝色（RGB 值为 169，195，228）线性渐变填充、无边框。字体采用 17 号黑色思源黑体 Bold、水平和垂直方向均居中对齐。外层圆形（高度和宽度均设置为 3.74cm），设置为无填充、1 磅白色（深色 50%）边框。2 个圆形保持居中对齐。三角形（高度和宽度均设置为 0.2cm），设置为黑色（淡色 15%）填充、无边框，分别放置在内圆顶部和底部。

知名人士的理解：

矩形背景（高度和宽度分别设置为 2.12cm 和 8.62cm），设置为无填充、0.5 磅黑色（淡色 25%）边框。人物行和相应理解行的字体分别采用 11 号黑色思源黑体 Bold 和 Normal，水平方向设置为左对齐、垂直方向设置为居中对齐，左边距设置为 0.4cm、右边距设置为 0.2cm，并在段落前添加四角星项目编号。重点标注内容背景（高度设置为 0.42cm、宽度根据实际需要调整），设置为黑色（淡色 15%）填充、无边框。

肘形箭头：线条设置为 1 磅白色（深色 50%）方点虚线。连接时，箭头起点可以吸附在"元宇宙是什么"圆形顶部、终点吸附在矩形左侧，多个肘形箭头可以自动对齐。

时间圆形：高度和宽度均设置为 1.42cm，设置为 0°由浅蓝色向蓝色线性渐变填充、无边框，叠加在肘形箭头终点［如图 7.57（a）所示］。

其余内容参照制作，所有知名人士的理解矩形设置为纵向平均分布，并与"元宇宙是什么"圆形保持垂直居中对齐。依据原图添加标题、资料来源、Logo 和外边框后，最终效果如图 7.57（b）所示。

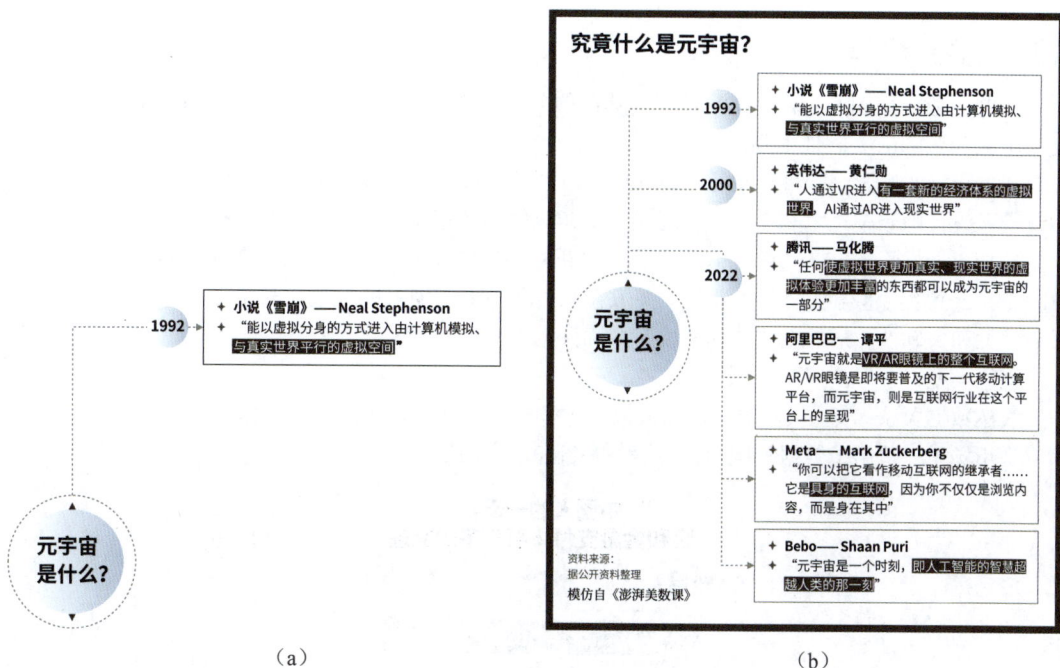

（a）　　　　　　　　　　　　（b）

图 7.57　组织结构图制作步骤

经过图表设计师的多轮点拨，外加自我钻研和磨炼，相信各位图表制作人的解题之道已积攒了一箩筐。然而现实世界总是这么魔幻，根本不讲究单打独斗，而是不讲武德，直接一窝蜂地进行围攻。中国有句古话：办法永远都比困难多。只要找准问题，放心大胆地逐个击破即可。本章精选了13个综合性很强的案例，包括双重问题和三重问题。接下来就瞧一瞧图表设计师，如何抽丝剥茧拆分问题，对症下药化解问题。

8.1　对比不突出 + 创意不足："蝴蝶图 + 半气泡图"组合

8.1.1　图表自画像

解题之道：如图 8.1 所示，图表亟须解决的问题有 2 个：一是突出 2 类业务 4 个指标的对比。交易笔数和金额的关联性很强、但数量级不同，放在一起对比不够明显，不放在一起又容易失联。二是 4 类指标的对比，能将对比任务完成好已属不易，有没有新意，只能听天由命。

图表设计师破题之术有 2 个：一是采用圆角蝴蝶图表现交易笔数。蝴蝶图擅长表现对比，辅助条形的加入如虎添翼，圆角的加入又添了一丝新意。二是采用半气泡图表现交易金额。将气泡图一分为二，2 个半气泡各代表 1 类业务，并放在同类业务蝴蝶羽翼的旁边，与条形一一对应，同时满足对比性和关联性。最终整体布局紧凑有序，又创意十足。

图表类型：条形图 + 气泡图。

表达数据关系：双重横向对比，比较银行卡和电子支付业务中各项业务的每天交易笔数和金额。

适用场景：适用于数据新闻媒体、商务报告和政府报告。

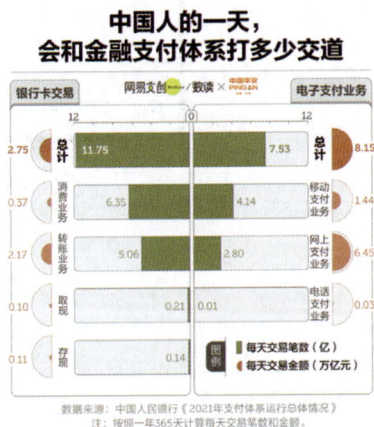

图 8.1　"蝴蝶图 + 半气泡图"组合（选自《网易数读》）

8.1.2 制作技巧拆解

1. 多图组合

如图 8.2 所示，原图由 4 张图表组合而成，由左到右分别是半气泡图、条形图、条形图和半气泡图，分别展示的是银行卡每日交易金额、银行卡每日交易笔数、电子支付每天交易笔数和电子支付每天交易金额。相同类型图表的大小保持一致，不同类型的图表保持一一对应。

2. 半气泡图

如图 8.3 所示，在制作半气泡图时，银行卡交易气泡、电子支付业务气泡和辅助气泡的 X 轴值均设置为 0，Y 轴值分别设置为 0.5、1.5、…、4.5，将 Y 轴的取值范围设置为"0~5"，银行卡交易气泡图 X 轴的取值范围设置为"−0.5~0"，电子支付业务气泡图 X 轴的取值范围设置为"0~0.5"，便可以实现显示一半的气泡。

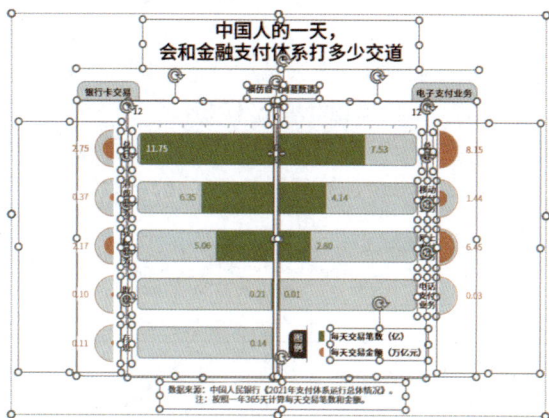

图 8.2 多图组合制作思路

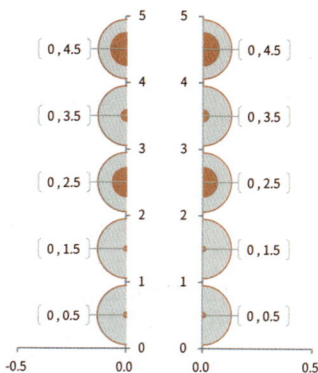

图 8.3 半气泡图制作思路

3. 自定义条形背景

如图 8.4 所示，条形图的圆角背景由圆顶角矩形制作，具体可参照 3.11 节中"堆积类圆角条形"部分。

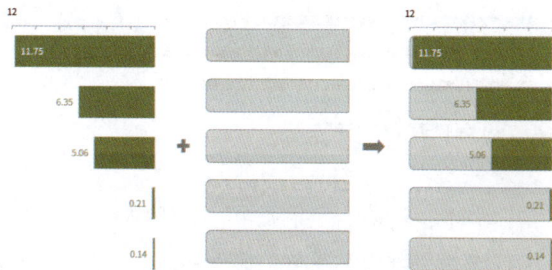

图 8.4 条形背景制作思路

4. 自定义图例

如图 8.5 所示，图例由圆顶角矩形、直线、矩形、半圆形和文本框共同组合而成。

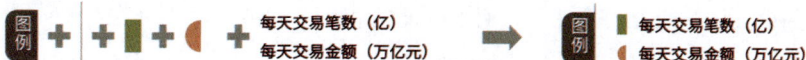

图 8.5 图例结构

5. 自定义坐标轴标签

如图 8.2 所示，纵坐标轴标签放置在半气泡图和条形图之间，均采用文本框制作而成。2 个条形图的横坐标轴共用数值 0，采用圆角矩形制作而成。

8.1.3 图表分步还原

1. 制作条形图

插入条形图：如图 8.6（a）所示，选择 A2:C7 单元格区域，插入条形图。将每天交易金额系列条形的系列名称修改为 G2（条形辅助），系列值修改为 G3:G7。将条形图的系列重叠设置为 100%，然后将条形辅助系列放在每天交易笔数系列的上方。将纵坐标轴设置为逆序类别，将横坐标轴的取值范围设置为"0~12"。将图表字体设置为思源黑体 Normal［如图 8.6（b）所示］。

调整图表大小：将条形图的高度和宽度分别设置为 10.17cm 和 5.76cm。删除图例和网格线。隐藏纵坐标轴线条和标签。将横坐标轴设置为逆序刻度值，线条设置为 0.5 磅白色（深色 50%），标签格式设置为"［=12］0;"";"""（仅显示数值 12 的标签），将刻度线设置为内部。图表设置为无填充、无边框。

设置条形图：将条形的间隙宽度设置为 60%。将条形辅助系列条形填充为白色（深色 15%）、1 磅白色（深色 50%）边框；将每天交易笔数系列条形设置为橄榄绿填充（RGB 值为 129，133，76）。

添加数据标签：为每天交易笔数系列条形添加数据标签，并放在条形外，将字体设置为橄榄绿，将总计数据标签放在条形内，并设置为白色加粗［如图 8.6（c）所示］。

| | 银行卡交易 | | | 电子支付业务 | | 辅助 | | | |
	每天交易笔数（亿）	每天交易金额（万亿元）		每天交易笔数（亿）	每天交易金额（万亿元）	条形辅助	气泡辅助	气泡辅助X	气泡辅助Y
总计	11.75	2.75	总计	7.53	8.15	12	8.15	0	4.5
消费业务	6.35	0.37	移动支付业务	4.14	1.44	12	8.15	0	3.5
转账业务	5.06	2.17	网上支付业务	2.80	6.45	12	8.15	0	2.5
取现	0.21	0.10	电话支付业务	0.01	0.03	12	8.15	0	1.5
存现	0.14	0.11				12	8.15	0	0.5

（a）

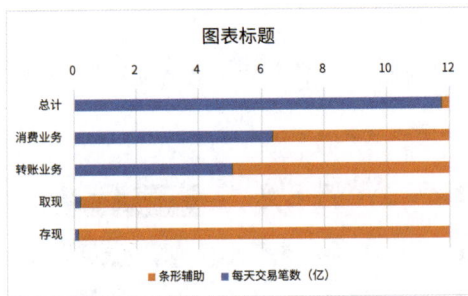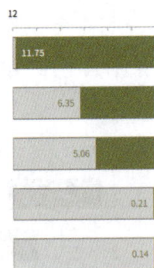

（b）　　　　　　　　　（c）

图 8.6 "蝴蝶图＋半气泡图"组合制作步骤 1

添加圆角条形背景：3.11 节中"堆积类圆角条形"的做法，获取辅助条形的高度和宽度，并据此制作圆顶角矩形，然后叠放在条形图下层，接着将辅助条形设置为无填充、无边框。同理制作电子支付业务条形图。

组合蝴蝶图：将银行卡交易条形图和电子支付业务条形图分置右两侧，中间预留一定的呼吸空间，用于放置圆角矩形（如图 8.7 所示）。

2. 制作半气泡图

插入气泡图：如图 8.6（1）所示，选择 A2:C7 单元格区域，插入气泡图。将每天交易笔数系列散点的系列名称修改为 C2（每

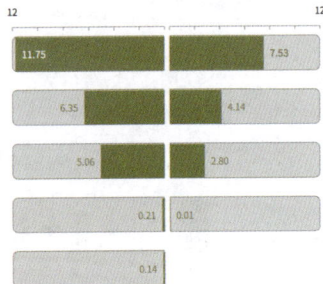

图 8.7 "蝴蝶图＋半气泡图"组合制作步骤 2

320

天交易金额），X 轴系列值修改为 I3:I7，Y 轴系列值修改为 J3:J7，气泡大小修改为 C3:C7。新增气泡辅助系列，系列名称修改为 H2（气泡辅助），X 轴系列值修改为 I3:I7，Y 轴系列值修改为 J3:J7，气泡大小修改为 H3:H7。然后将气泡辅助系列放在每天交易金额系列下方。将横坐标轴的取值范围设置为"−0.5~0"，纵坐标轴的取值范围设置为"0~5"。将图表字体设置为思源黑体 Normal［如图 8.8（a）所示］。

调整图表大小：将气泡图的高度和宽度分别设置为 9.21cm 和 3.92cm（根据条形图适当调整）。隐藏坐标轴线条和标签。图表设置为无填充、无边框。

设置气泡图：将气泡大小设置为 200。将每天交易金额系列气泡填充为橙色（RGB 值为 219，125，97）；将气泡辅助系列气泡设置为白色（深色 15%）填充、0.5 磅橙色边框。

添加数据标签：为气泡辅助系列气泡添加数据标签，显示 C3:C7 单元格中的值、取消显示 Y 值和引导线，放置在气泡的左侧。将标签高度和宽度分别设置为 0.5cm 和 0.9cm，并设置为白色填充，字体设置为橙色，并加粗总计的数据标签［如图 8.8（b）所示］。

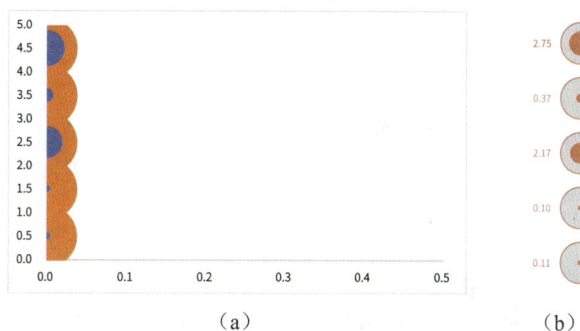

（a）　　　　　　　　　　　　　　（b）

图 8.8　"蝴蝶图 + 半气泡图"组合制作步骤 3

3. 组合半气泡图和条形图

组合图表：由左到右分别放置银行卡每日交易金额半气泡图、银行卡每日交易笔数条形图、电子支付每天交易笔数条形图和电子支付每天交易金额半气泡图。半气泡图与条形图之间预留放置纵坐标轴标签的空间。

制作纵坐标轴标签：参照原图用文本框分别制作左右两侧的纵坐标轴标签，其中左侧文本框高度和宽度分别设置为 1.4cm 和 0.4cm、右侧文本框高度和宽度分别设置为 1.4cm 和 0.7cm（如图 8.9所示）。

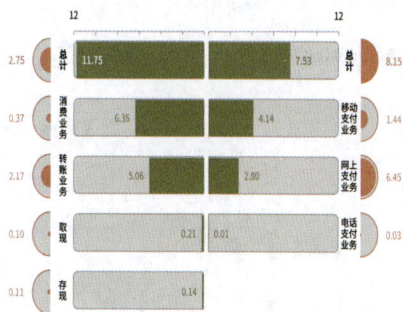

图 8.9　"蝴蝶图 + 半气泡图"组合制作步骤 4

4. 制作圆角绘图区和各项文字性内容

参照 1.12 节中的"半圆角图表边框"部分，制作圆角绘图区。数值 0 标签的圆顶角矩形，设置为白色填充、0.5 磅白色（深色 50%）边框，叠放在 2 个条形图的正上方中间处，底部与条形图的横坐标轴保持底部对齐。

321

第 8 章 ■ 综合性问题来袭，如何分类拆解、优雅展示？

参照原图分别制作标题、分隔线、图例、Logo 和数据来源，具体参数详见图表源文件，最后将所有图表及图形组合在一起，最终效果如图 8.10 所示。

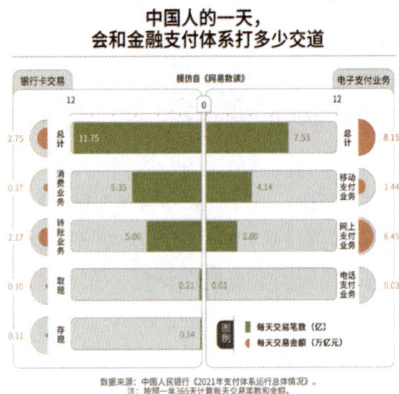

图 8.10 "蝴蝶图＋半气泡图"组合制作步骤 5

8.2 对比不突出＋创意不足：竖版蝴蝶式棒棒糖图

8.2.1 图表自画像

解题之道：如图 8.11 所示，图表亟须解决的问题有 2 个：一是对比 12 类植物肉的单价以及和参照物的差价，差价还要体现出正负和倍数；二是如何将图表做得让读者猜不到，不让读者再有"唉，又是柱形图"的感叹。

图表设计师破题之术有 2 个：一是采用蝴蝶式棒棒糖图。用绿色气泡表示植物肉价格、绿色直线表示价格高于比较对象的倍数；红色气泡表示比植物肉价格高的比较对象的价格、红色直线表示价格低于比较对象的倍数。二是充分利用上下位置对比、红绿颜色对比、气泡大小对比、气泡位置对比，有条理性地将所有数据之间的差异表现出来。另外，为避免产生遮挡，植物肉的名称（横坐标轴标签），根据实际情况分别放在横坐标轴下和红色气泡下。

图表类型：气泡图。

表达数据关系：横向对比，对比 12 类植物肉的单价，以及与对应动物肉产品的价差倍数。

适用场景：适用于数据新闻媒体、政府报告和商务报告。

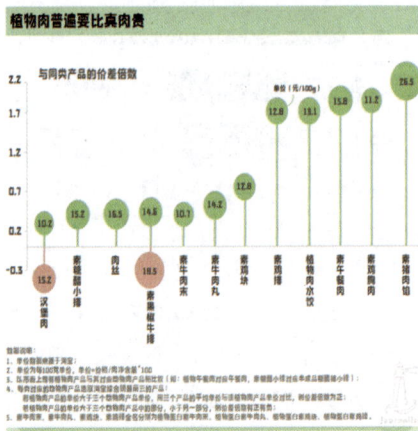

图 8.11 竖版蝴蝶式棒棒糖图（选自《RUC 新闻坊》）

8.2.2 制作技巧拆解

1. 棒棒糖图

如图 8.12 所示，棒棒糖图中，"糖"的部分采用气泡图制作，"棒棒"的部分采用气泡图的垂直误差线制作。上下对比的效果则是采用正负 2 组气泡图。具体而言，正倍数单价气泡在上、负倍数单价气泡在下，其 X 轴值均分别为 1、2、3、…、12，Y 轴值分别为与同类产品的价差倍数，气泡值分别为植物肉价格和动物肉价格（高于植物肉的那些部分），垂直误差线设为负偏差、无线端、100%。

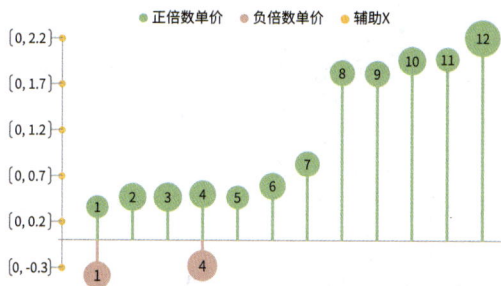

图 8.12　棒棒糖图制作思路（数据为模仿数据，以原图表为准）

2. 自定义坐标轴

如图 8.2.2 所示，原图只显示了部分纵坐标轴，作为植物肉与同类产品价差倍数的参照。制作时，需要添加辅助气泡（X 轴值均为 0，Y 轴值分别为 -0.3、0.2、0.7、1.2、1.7 和 2.2，气泡值均为 0.001，由于气泡不需要显示，既可以直接设置为极小值，也可以设置为较大值并将气泡设置为无填充），并利用水平误差线（负偏差、无线端、固定值 -0.1）模仿刻度线，利用垂直误差线（正偏差、无线端、自定义值，数值"-0.3"处的误差值为 2.5，即最大值"2.2"与最小值"-0.3"间的距离，其余误差值均为 0）模仿纵坐标轴。

8.2.3 图表分步还原

1. 插入气泡图并修改基本格式

如图 8.13（a）所示，选择 B2:D13 单元格区域，插入气泡图。新增负倍数系列和辅助 X 系列并修改数据源。将系列 1 系列散点的系列名称修改为 B1，X 轴系列值修改为 F2:F13，Y 轴系列值修改为 B2:B13，气泡大小修改为 D2:D13；将负倍数系列系列散点的 X 轴系列值修改为 F2:F13，Y 轴系列值修改为 C2:C13，气泡大小修改为 E2:E13；将辅助 X 系列散点的 X 轴系列值修改为 G2:G7，Y 轴系列值修改为 H2:H7，气泡大小修改为 I2:I7。将纵坐标轴的取值范围设置为"-0.7~2.5"，间隔为 0.5。将图表的字体整体设置为黑色思源黑体 Normal［如图 8.13（b）所示］。

	A	B	C	D	E	F	G	H	I	J
1		正倍数单价	负倍数单价	正价差倍数	负价差倍数	X轴	辅助X	辅助Y	辅助气泡	误差线
2	汉堡肉	10.2	15.2	0.36	-0.38	1	0	-0.3	0.0001	2.5
3	素糖醋小排	15.2	0	0.47	0	2	0	0.2	0.0001	
4	肉丝	16.5	0	0.47	0	3	0	0.7	0.0001	
5	素黑椒牛排	14.6	18.5	0.50	-0.28	4	0	1.2	0.0001	
6	素牛肉末	10.7	0	0.47	0	5	0	1.7	0.0001	
7	素牛肉丸	14.2	0	0.59	0	6	0	2.2	0.0001	
8	素鸡块	12.8	0	0.83	0	7				
9	素鸡排	12.8	0	1.83	0	8				
10	植物肉水饺	13.1	0	1.82	0	9				
11	素午餐肉	15.8	0	1.96	0	10				
12	素鸡胸肉	11.2	0	1.98	0	11				
13	素猪肉馅	26.5	0	2.21	0	12				

（a）

图 8.13　竖版蝴蝶式棒棒糖图制作步骤 1

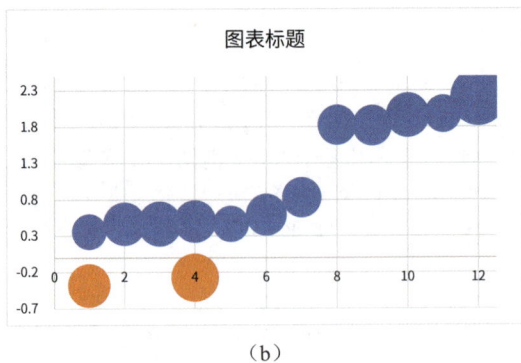

（b）

图 8.13　竖版蝴蝶式棒棒糖图制作步骤 1（续）

2. 设置散点图

调整图表大小：将图表的高度和宽度分别设置为 7.5cm 和 12.7cm。删除标题和网格线。隐藏横坐标轴标签，隐藏纵坐标轴标签和线条。将横坐标轴线条设置为 0.5 磅白色（深色 50%）。图表设置为无边框。

设置纵坐标轴：为辅助 X 系列散点添加误差线，水平误差线设置为负偏差、无线端、固定值 0.1，垂直误差线设置为正偏差、无线端、自定义（指定 J2:J7 单元格中的值），线条设置为 0.5 磅白色（深色 50%）。然后添加数据标签，并放在气泡左侧［如图 8.14（a）所示］。

设置气泡图：将正倍数单价系列气泡填充为绿色（RGB 值为 157，205，140）。添加误差线并删除水平误差线，垂直误差线设置为负偏差、无线端、100%，线条设置为 2 磅绿色。将负倍数单价系列气泡填充为粉色（RGB 值为 231，172，168）。添加误差线并删除水平误差线，垂直误差线设置为负偏差、无线端、100%，线条设置为 2 磅粉色。

添加数据标签：为正倍数单价系列气泡添加数据标签，显示气泡值，取消显示 Y 值，并放在气泡中间；为负倍数单价系列气泡添加数据标签，显示 A2:A13 单元格中的值，取消显示 Y 值和引导线，并放在气泡下方，然后适当移动标签保持顶部对齐。

添加标题和图例：参照原图制作标题、单位以及汉堡肉和素黑椒牛排的负倍数单价数据标签（均利用文本框制作），标题放置在图表的左上角；图例放在素鸡排的正倍数单价气泡右方，并添加弧形连接线；数据标签放置在气泡中间［如图 8.14（b）所示］。

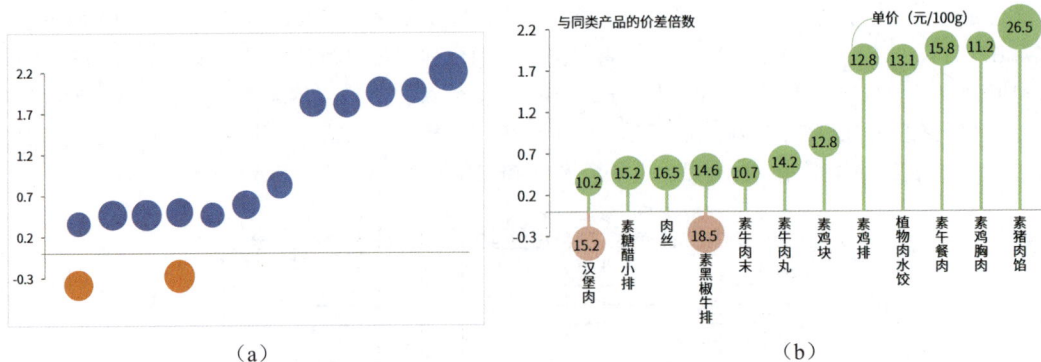

（a）　　　　　　　　　　　　　　　　（b）

图 8.14　竖版蝴蝶式棒棒糖图制作步骤 2

3. 制作各项文字性内容

各项文字性内容可以参照原图制作，具体参数详见图表源文件（或参照"1.7 节上下蝴蝶图"中的"制作柱形图装饰"部分），最终效果如图 8.15 所示。

324

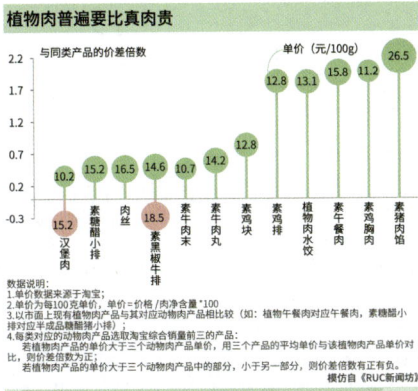

图 8.15　竖版蝴蝶式棒棒糖图制作步骤 3

8.3　创意不足 + 多图排版：齿轮圆环图

8.3.1　图表自画像

　　解题之道：如图 8.16 所示，图表亟须解决的问题有 2 个：一是如何既体现出口商品和进口商品的结构，又体现两者之间的总量对比；二是最擅长展示结构关系的饼图和圆环图，有没有改造的可能性。

　　图表设计师破题之术有 2 个：一是采用双圆环图。大、小圆环图分别代表进口商品和出口商品的结构，圆环的大小则分别代表进出口规模的高低（并非严格意义的总量对比）。二是做出创意。对图表排版和装饰进行创新，性价比远高于对图表类型的创新。2 个圆环图呈"左上—右下"布局，并在圆环图下叠加齿轮形状，像生生不息、滚滚前行的动力系统，共同推动着国家经济向前发展。另外，这种排版还能提高图版率，最大化地利用图表空间。

　　图表类型：圆环图。

　　表达数据关系：静态构成，分别对比斯里兰卡各项进口商品和出口商品的占比情况。

　　适用场景：适用于数据新闻媒体，去掉齿轮效果后适用于政府报告和商务报告。

图 8.16　齿轮圆环图（选自《RUC 新闻坊》）

第 8 章 ■ 综合性问题来袭，如何分类拆解、优雅展示？

8.3.2 制作技巧拆解

1. 多图排版

原图中进口商品和出口商品均是独立的圆环图，为了表现斯里兰卡的进口额远大于出口额，需加大进口商品的圆环，并放置在右下角；缩小进口商品的圆环，并放置在左上角。

2. 齿轮效果

如图 8.3.2 所示，圆环的齿轮效果是在圆环下叠加"矩形 + 齿轮图标"。齿轮图标需要略大于圆环图，由于图标的圆心小于圆环图的圆心，需要在齿轮上再叠加 1 个略大于圆环图圆心的矩形（进口商品矩形填充浅灰色、出口商品矩形填充白色），最后将三者居中对齐即可。

图 8.17　齿轮效果制作思路

3. 自定义数据标签

如图 8.17 所示，进口商品中的宝石、茶和橡胶占比较小，数据标签采用"文本框 + 直线箭头"制作，可以让数据标签显示得更加优雅。

8.3.3 图表分步还原

1. 插入圆环图并修改基本格式

如图 8.18（a）所示，选择 D1:E6 单元格区域，插入圆环图。将图表的字体整体设置为黑色思源黑体 Normal［如图 8.18（b）所示］。

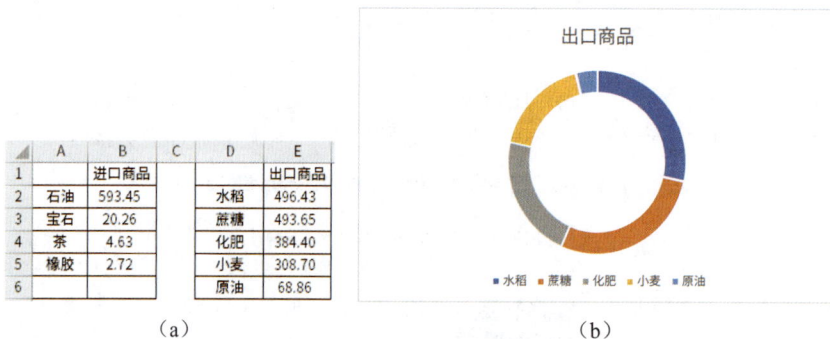

	A	B	C	D	E
1		进口商品			出口商品
2	石油	593.45		水稻	496.43
3	宝石	20.26		蔗糖	493.65
4	茶	4.63		化肥	384.40
5	橡胶	2.72		小麦	308.70
6				原油	68.86

（a）　　　　　　　　　　　　　　　　　（b）

图 8.18　齿轮圆环图制作步骤 1

2. 设置圆环图

调整图表大小：将图表的高度和宽度均设置为 6.94cm。删除图例。将标题放置在圆环图中间。适当调整绘图区，使其基本充满图表。图表设置为无填充、无边框。

设置圆环图：将圆环图的圆环大小设置为 50%。将各个类别依次填充为由深至浅的蓝色（RGB 值分别为 33，76，108、67，102，132、102，132，158、150，172，195、200，212，224）。

添加数据标签：为圆环图添加数据标签，显示类别名称和值，并取消换行显示。依次删除每个标签内的分隔符，为数值添加括号、字体颜色修改为白色［如图 8.19（a）所示］。

添加齿轮背景：齿轮图标的高度和宽度均设置为 7.74cm。矩形的高度和宽度均设置为 3.47cm，并设置为白色填充。由上到下依次叠放圆环图、矩形和齿轮图表，设置为居中对齐后组合在一起

[如图 8.19（b）所示]。

同理制作进口商品圆环图，圆环图的高度和宽度均设置为 4.75cm，齿轮图标的高度和宽度均设置为 5.4cm [如图 8.19（c）所示]。

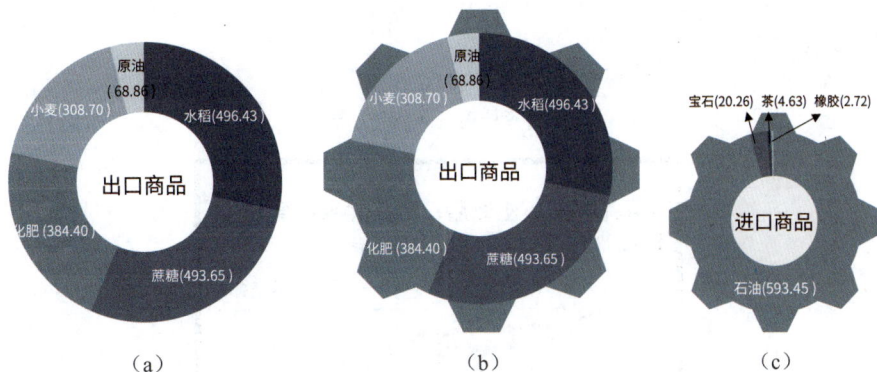

图 8.19　齿轮圆环图制作步骤 2

3. 组合图表并制作各项文字性内容

将进口商品圆环图和出口商品圆环图按照左上和右下的顺序放置。各项文字性内容可以参照原图制作，具体参数详见图表源文件（或参照 1.7 节中的"制作柱形图装饰"部分），最终效果如图 8.20 所示。

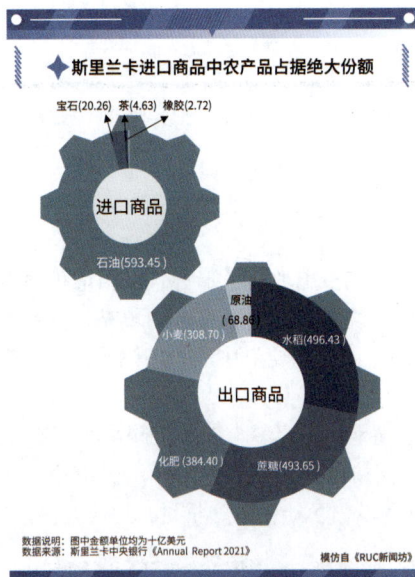

图 8.20　齿轮圆环图制作步骤 3

8.4　对比不突出 + 抓不住重点：对比折线图

8.4.1　图表自画像

解题之道：如图 8.21 所示，图表亟须解决的问题有 2 个：一是如何突出休育儿假的男女结构及变化？二是如何将"允许双亲分享育儿假"和《育儿假法》这 2 个关键事件所带来的影响，与图表关联起来？

327

图表设计师破题之术有 2 个：一是具象化差异。利用折线图自然流畅地展示，1974—2010 年休育儿假的男女结构及变化，利用灰白交替的"条形背景＋垂直网格线"，具象化男女占比的差距。二是标示出重点。深色误差线和关键事件文本框，都可以提醒读者关注，自 1974 年允许双亲分享育儿假和 1995 年《育儿假法》生效后，爸爸休育儿假的占比在持续不断地提高。

图表类型：折线图＋堆积柱形图。

表达数据关系：动态结构，展示 1974—2010 年休育儿假的男女性结构变化。

适用场景：适用于数据新闻媒体、商务报告和政府报告。

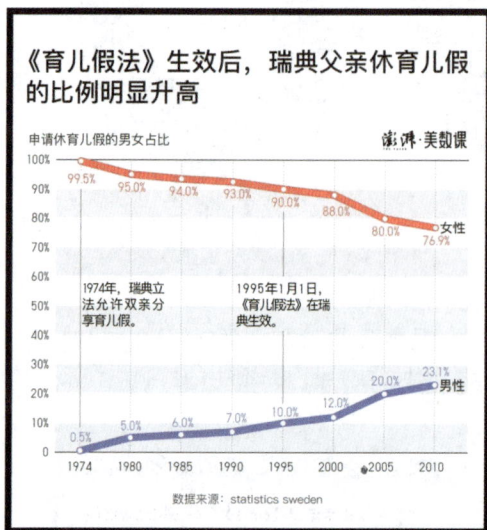

图 8.21　对比折线图（选自《澎湃美数课》）

8.4.2　制作技巧拆解

1. 间隔条形背景

如图 8.22 所示，浅灰色与白色交替出现的条形背景采用堆积柱形图制作。9 个背景系列值均为 10%，奇数系列填充 60% 透明度的浅灰色、偶数系列无填充，并将柱形的间隙宽度设置为 0%，具体可参照"5.9 节'折线图＋多面积图'组合"中的"间隔条形背景"部分。

2. 自定义网格线

如图 8.22 所示，原图只显示横坐标轴标签上的垂直网格线，不显示横坐标轴标签间的垂直网格线。制作时，利用白色主要垂直网格线（为便于分辨，图中用粉色代替），遮挡住浅灰色次要垂直网格线。左右两侧的网格线，则利用白色绘图区边框进行遮挡。

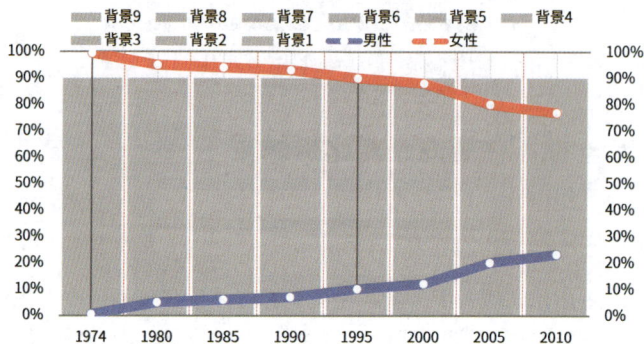

图 8.22　图表结构

8.4.3　图表分步还原

1. 插入折线图并修改基本格式

如图 8.23（a）所示，选择 A1:L9 单元格区域，插入带数据标记的折线图，并切换行 / 列。将背景 1~ 背景 9 系列修改为堆积柱形图，并使用次轴。将主要和次要纵坐标轴的取值范围均设置为"0~1"，间隔为 0.1。将图表的字体整体设置为黑色思源黑体 Normal ［如图 8.23（b）所示］。

	A	B	C	D	E	F	G	H	I	J	K	L	M
1		男性	女性	背景1	背景2	背景3	背景4	背景5	背景6	背景7	背景8	背景9	误差线
2	1974	0.5%	99.5%	10%	10%	10%	10%	10%	10%	10%	10%	10%	99.0%
3	1980	5.0%	95.0%	10%	10%	10%	10%	10%	10%	10%	10%	10%	
4	1985	6.0%	94.0%	10%	10%	10%	10%	10%	10%	10%	10%	10%	
5	1990	7.0%	93.0%	10%	10%	10%	10%	10%	10%	10%	10%	10%	
6	1995	10.0%	90.0%	10%	10%	10%	10%	10%	10%	10%	10%	10%	80.0%
7	2000	12.0%	88.0%	10%	10%	10%	10%	10%	10%	10%	10%	10%	
8	2005	20.0%	80.0%	10%	10%	10%	10%	10%	10%	10%	10%	10%	
9	2010	23.1%	76.9%	10%	10%	10%	10%	10%	10%	10%	10%	10%	

（a）

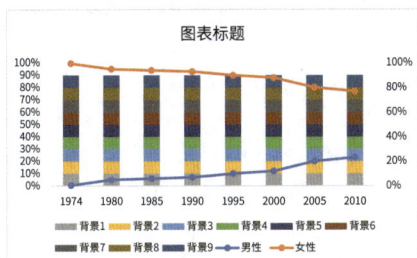

（b）

图 8.23　对比折线图制作步骤 1

2. 设置柱形图背景

调整图表大小：将图表的高度和宽度分别设置为 11cm 和 12cm。删除标题、图例和网格线。恢复显示次要横坐标轴，并将主要和次要横坐标轴线条设置为 1 磅白色（深色 50%）。隐藏次要纵坐标轴线条和标签，隐藏次要横坐标轴标签。适当调整绘图区，上下预留标题和数据来源的空间。将主要和次要垂直网格线分别设置为 0.5 磅白色、0.5 磅白色（深色 15%）方点虚线。将绘图区边框设置为 1 磅白色。

设置柱形图：将柱形间隙宽度设置为 0%。将"背景 1、背景 3、背景 5、背景 7、背景 9"系列柱形填充为 60% 透明度白色（深色 25%）；将"背景 2、背景 4、背景 6、背景 8"系列柱形设置为无填充 ［如图 8.24（a）所示］。

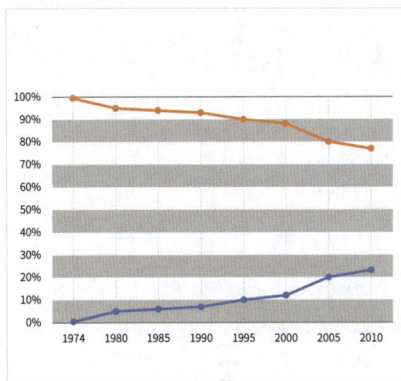

（a）

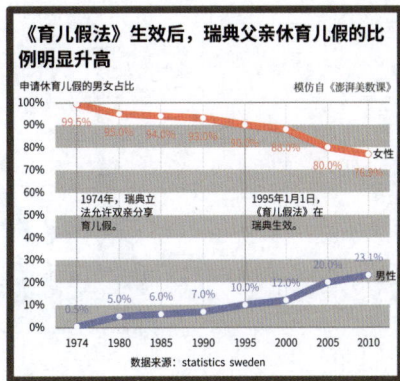

（b）

图 8.24　对比折线图制作步骤 2

329

3. 设置折线图

设置折线图：将男性和女性系列折线分别设置为 6 磅蓝紫色（RGB 值为 119，131，229）和粉色（RGB 值为 254，100，98）。将数据标记均设置为 5 号圆形、白色填充、无边框。

添加数据标签：为男性和女性系列折线分别添加数据标签，设置为与折线同色，分别放在折线上方和下方。分别为 2010 年的"背景 3"和"背景 9"添加数据标签，并将内容修改为男性和女性。

添加误差线：为女性系列折线添加误差线，并设置为负偏差、无线端、自定义（指定 M2:M9 单元格中的值，其中 1974 年和 1995 年偏差值分别为"女性占比值"和"男性占比值"，其余值均为空），线条设置为 0.5 磅白色（深色 50%）。

标题、Logo、文字性说明、数据来源和边框参照原图制作，具体参数详见图表源文件，最终效果如图 8.24（b）所示。

8.5 创意不足 + 标签难处理：长标签 + 填充柱形图

8.5.1 图表自画像

解题之道：如图 8.25 所示，图表亟须解决的问题有 2 个：一是数据很简单很难做出新意。如果做成柱形图或条形图，没有任何惊喜点。如果做成气泡图或玉珏图，长标签不好处理。二是长标签不容易排版。长标签如果不妥当处理，结果只有 2 个——太占空间和丑。

图表设计师破题之术有 2 个：一是柱形变形。用直角三角形填充柱形图，并且深蓝色和浅蓝色交替出现，层层叠叠像绵延不绝的山峰，越过此山又是一山高。二是艺术化处理长标签。长标签既然躲不过，干脆进行突出和强化，添加序号、增加彩色圆角边框点缀、置顶摆放并对齐后，不失为一种装点。

图表类型：簇状柱形图 + 散点图。

表达数据关系：分布关系，35 岁以上"大厂人"下一步的工作和就业方向的分布情况。

适用场景：适用于数据新闻媒体和商务报告。

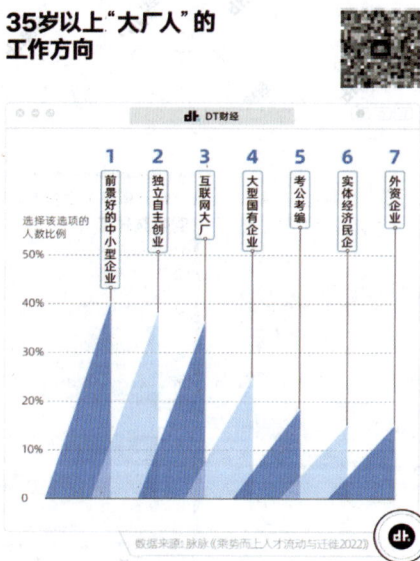

图 8.25　长标签 + 填充柱形图（选自《DT 财经》）

8.5.2　制作技巧拆解

1. 自定义填充柱形

如图 8.26 所示，本例和 6.2 节山峰图的制作思路一致，先将柱形切换行 / 列，然后用深蓝色（30% 透明度）和浅蓝色（70% 透明度）直角三角形间隔填充柱形，并通过增加柱形的系列重叠值，实现层峦叠嶂的效果。

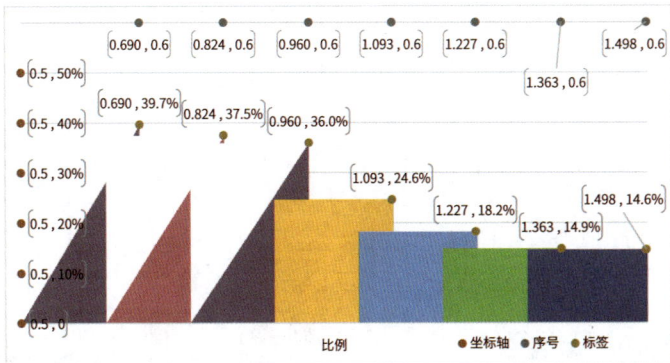

图 8.26　填充柱形图制作思路（数据为模仿数据，以原图表为准）

2. 自定义数据标签

如图 8.26 所示，数据标签中的排名和工作方向分别采用序号散点和标签散点的数据标签制作。其中 X 轴值均为分别为 0.690、0.824、……、1.498（根据柱形的间隙宽度不同，需要适当调整），Y 轴值均为 0.6 和对应柱形值。

如图 8.27 所示，柱形图切换行 / 列后，如果添加散点图，散点的横坐标轴范围为"0.5~1.5"。

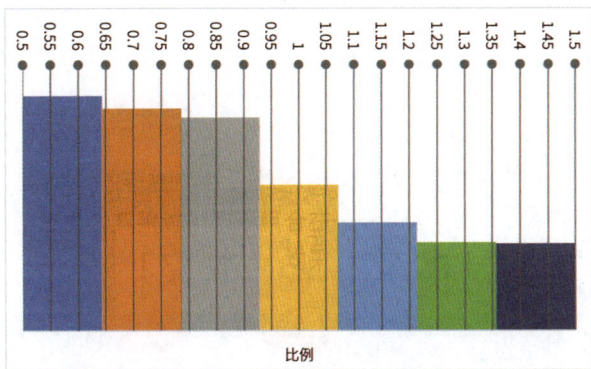

图 8.27　切换行 / 列的柱形图中散点的分布规律

3. 自定义纵坐标轴标签

如图 8.26 所示，纵坐标轴标签由坐标轴散点（X 轴值均为 0.5，Y 轴值分别为 0、10%、……、50%）的数据标签制作，可以自由设置为左对齐。

8.5.3　图表分步还原

1. 插入柱形图并修改基本格式

如图 8.28（a）所示，选择 A1:B8 单元格区域，插入簇状柱形图，并切换行 / 列 [如图 8.28（b）所示]。新增坐标轴系列、序号系列和标签系列，并修改为散点图、修改数据源。将坐标轴系列散点的 X 轴系列值修改为 C2:C7，Y 轴系列值修改为 D2:D7；将序号系列散点的 X 轴系列值修改为 E2:E8，Y 轴系列值修改为 F2:F8；将标签系列散点的 X 轴系列值修改为 E2:E8，Y 轴系列值修改为 B2:B8。将纵坐标轴的取值范围修改为"0~0.6"。将图表的字体整体设置为黑色思源黑体 Normal［如图 8.28（c）所示］。

	A	B	C	D	E	F	G
1		比例	坐标轴	坐标轴Y	序号	序号Y	标签
2	前景好的中小型企业	39.7%	0.5	0	0.690	0.6	1
3	独立自主创业	37.5%	0.5	10%	0.824	0.6	2
4	互联网大厂	36.0%	0.5	20%	0.960	0.6	3
5	大型国有企业	24.6%	0.5	30%	1.093	0.6	4
6	考公考编	18.2%	0.5	40%	1.227	0.6	5
7	实体经济民企	14.9%	0.5	50%	1.363	0.6	6
8	外资企业	14.6%			1.498	0.6	7

（a）

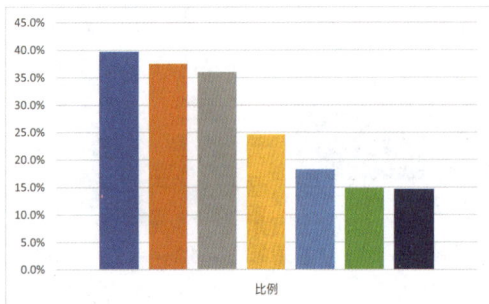 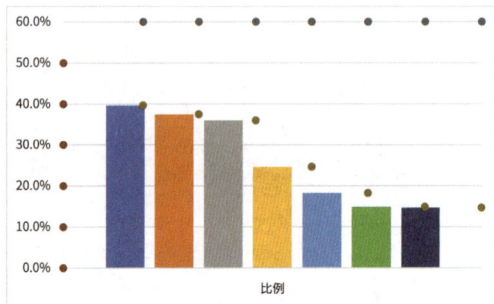

（b）　　　　　　　　　　　　　　　　（c）

图 8.28 "长标签＋填充柱形图"制作步骤 1

2. 设置柱形图格式

调整图表大小：将图表的高度和宽度分别设置为 14cm 和 12.7cm。调整绘图区大小，上方预留标题的空间、下方预留注释和数据来源的空间、右侧预留边框和 Logo 的空间。将横坐标轴线条设置为 1 磅白色（深色 50%）。隐藏坐标轴标签。删除标题、图例和网格线。图表设置为无边框。

设置柱形图：将柱形的系列重叠和间隙宽度分别设置为 29% 和 0%。将 2 个直角三角形分别设置为 30% 透明度蓝色（RGB 值为 48，131，217）填充和 70% 透明度蓝色填充，分别间隔粘贴至柱形中。

设置纵坐标轴标签和网格线：为坐标轴系列散点添加数据标签，放在散点左侧，适当向左移动并保持左对齐。为坐标轴系列散点添加误差线并删除垂直误差线，水平误差线设置为正偏差、无线端、固定值 1，线条设置为 0.5 磅 30% 透明度白色（深色 25%）短画线。将数据标记设置为无［如图 8.24（a）所示］。

添加数据标签：为标签系列散点添加数据标签，并显示 A2:A8 单元格中的值、取消显示 Y 值。将标签形状修改为圆角矩形，设置为白色填充、0.25 磅蓝色边框，宽度设置为 0.5cm、高度根据文字内容调整。将标签文字设置为竖排显示，将标签放在散点上方、向上移动并保持顶部对齐。将引导线设置为 0.5 磅白色（深色 50%）、圆形尾部箭头。为序号标签系列散点添加数据标签，并显示 G2:G8 单元格中的值、取消显示 Y 值，将标签字体修改为 14 号蓝色思源黑体 Bold。将标签放在散点上方，然后移动至标签系列散点的数据标签上方，并保持顶部对齐。将所有数据标记均设置为无。

参照原图制作图例并放在绘图区左上角［如图 8.29（b）所示］。

3. 设置装饰和各项文字性内容

参照原图制作标题、各项装饰和文字性内容，具体参数详见图表源文件（或参照 1.1 节中的"设置装饰和各项文字性内容"部分），最终效果如图 8.30 所示。

332

（a）

（b）

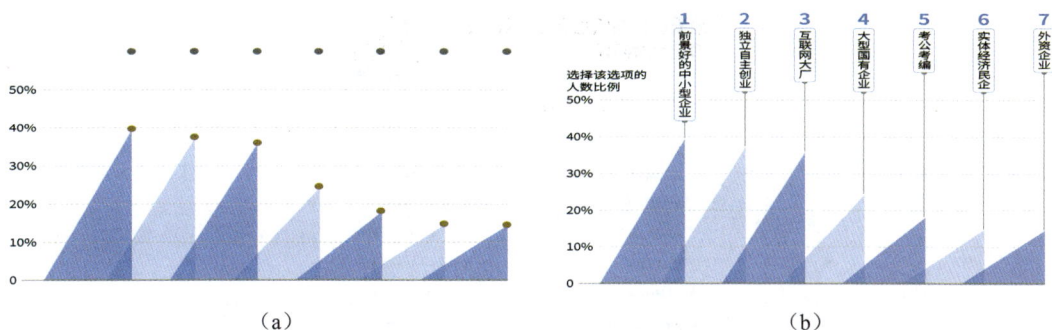

图 8.29 "长标签 + 填充柱形图"制作步骤 2

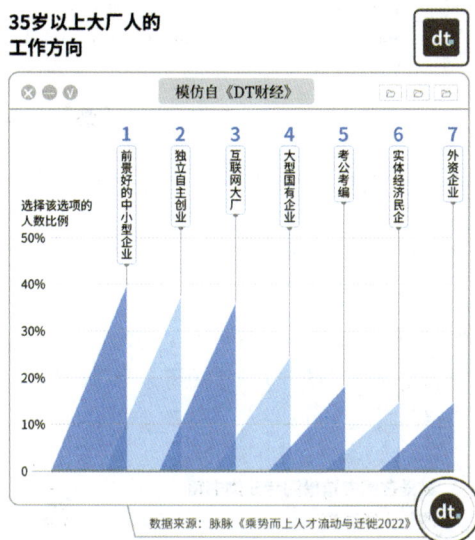

图 8.30 "长标签 + 填充柱形图"制作步骤 3

8.6 表和图结合 + 标签难处理：长标签 + 填充条形图

8.6.1 图表自画像

解题之道：如图 8.31 所示，图表亟须解决的问题有 2 个：一是完美融合图表和表格。表和图结合要做到相得益彰，亲如一家人，没有割裂感。二是长标签不容易排版。学校名称和书籍名称都足够多、足够长，必须得到妥善处置，才能不显杂乱。

图表设计师破题之术有 3 个：一是图表选择。入选的条形图非常适合嵌入表格，嵌入后两者浑然一体。二是条形变形。条形图太过常见，因此用直角三角形进行填充。然后用条形图的误差线模仿表格的上边框，提高表图的融合感。三是多管齐下治理长标签。缩短条形长度，为长标签预留更多空间。将标签分门别类显示，同时适当缩小书籍名称字体，结构清晰、节省空间又增加层次感。

图表类型：表格 + 条形图 + 散点图。

表达数据关系：双重横向对比，对比最爱在图书馆借阅专业类书籍的前十所高校中，各自的专业类书籍在借阅榜上的数量，以及借阅量最多的书籍名称。

适用场景：适用于数据新闻媒体和商务报告，去除外装饰框后也适用于政府报告。

333

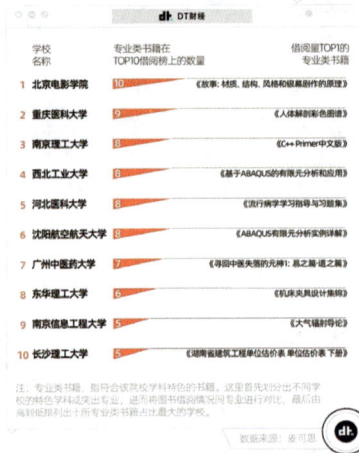

图 8.31　长标签＋填充条形图（选自《DT 财经》）

8.6.2　制作技巧拆解

1. 表图结合

如图 8.32 所示，表格用圆角矩形、圆形、图标等各类装饰形状和线条搭建（具体制作步骤参照 1.1 节中的"设置装饰和各项文字性内容"部分），然后将条形图分别嵌入表格对应列中（嵌入方法参照 1.5 节中的"将图表嵌入表格"部分）。

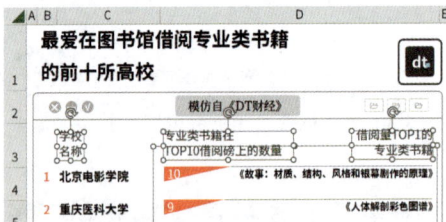

图 8.32　表格结构

2. 自定义填充柱形

如图 8.33 所示，本例和 6.2 节山峰图、8.5 节填充柱形图的制作思路一致，用橙色直角三角形直接填充条形。与条形完美契合的"上边框"，采用误差线散点（X 轴值是条形对应值，Y 轴值分别为 0.28、1.28、…、9.28）的水平误差线（正偏差、无线端、固定值 35）制作。另外，扩大横坐标轴的取值范围，便可以缩小条形的显示区域。

图 8.33　填充条形图制作思路

334

8.6.3　图表分步还原

1. 制作表格框架

如图 8.34 所示，表格的具体参数如下。

行高：标题（第 1 行）60 磅、装饰行（第 2 行）30 磅、表头（第 3 行）40 磅、主体内容行（第 4~13 行）30 磅、数据来源（第 14 行）48 磅。

列宽："排名"列（B 列）2.5 磅、"学校名称"列（C 列）15.63 磅、"借阅量最高书籍"列（D 列）42.88 磅、空白列（A、D 列）1 磅。

字体："排名"列设置为 11 号橙色（RGB 值 251,111,86）思源黑体 Bold，并保持顶部对齐和右对齐；"学校名称"列设置为 11 号思源黑体 Normal，并保持顶部对齐和左对齐；"借阅量最高书籍"列设置为 9 号思源黑体 Bold，并保持顶部对齐和右对齐。图例采用文本框制作，文字采用 11 号思源黑体 Normal。

图例、数据来源和各项装饰图形参照原图制作，具体参数详见源文件（或参照 1.1 节中的"设置装饰和各项文字性内容"部分）。

图 8.34　"长标签 + 填充条形图"制作步骤 1

2. 制作条形图

如图 8.35（a）所示，选择 A1:C11 单元格区域，插入条形图［如图 8.35（b）所示］。将误差线系列条形修改为散点图、使用次轴、修改数据源。将误差线系列散点的 X 轴系列值修改为 B2:B11，Y 轴系列值修改为 C2:C11。将主要和次要纵坐标轴分别设置为逆序类别和逆序刻度值。将横坐标轴和次要纵坐标轴的取值范围分别修改为"0~40"和"0~10"。将图表的字体整体设置为 11 号黑色思源黑体 Normal［如图 8.35（c）所示］。

调整图表大小：将图表的高度和宽度分别设置为 11.34cm 和 9.37cm。删除标题、图例和网格线。隐藏坐标轴标签和线条。图表设置为无填充、无边框。

设置条形：将条形的间隙宽度设置为 120%。将直角三角形设置为橙色填充、无边框，并粘贴至条形中。为条形添加数据标签，放在条形轴内侧，并将字体修改为白色。

设置误差线：为误差线系列散点添加误差线并删除垂直误差线，水平误差线设置为正偏差、无线端、固定值 35，线条设置为 0.25 磅白色（深色 50%）［如图 8.35（d）所示］。

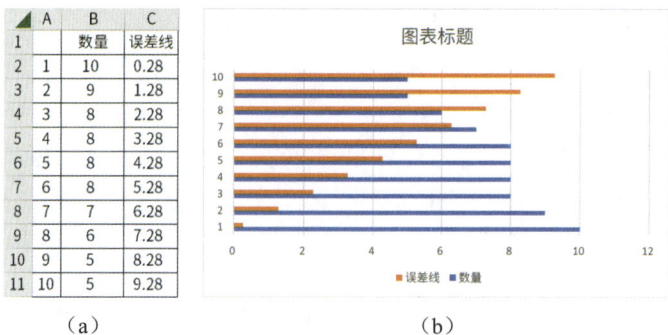

（a）   （b）

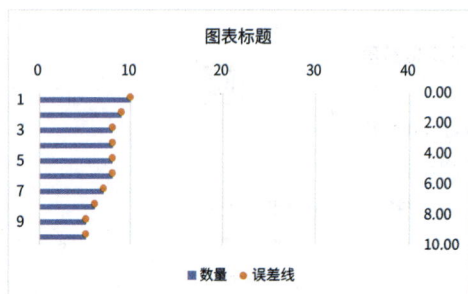

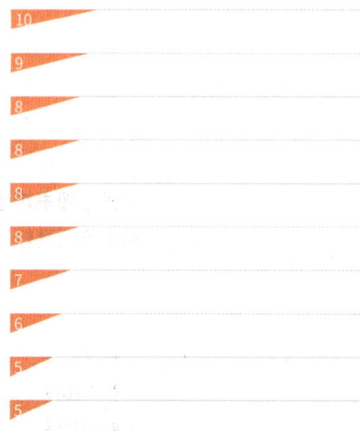

（c）   （d）

图 8.35 "长标签＋填充条形图"制作步骤 2

3. 将条形图嵌入表格

将条形图嵌入表格对应列，最终效果如图 8.36 所示。

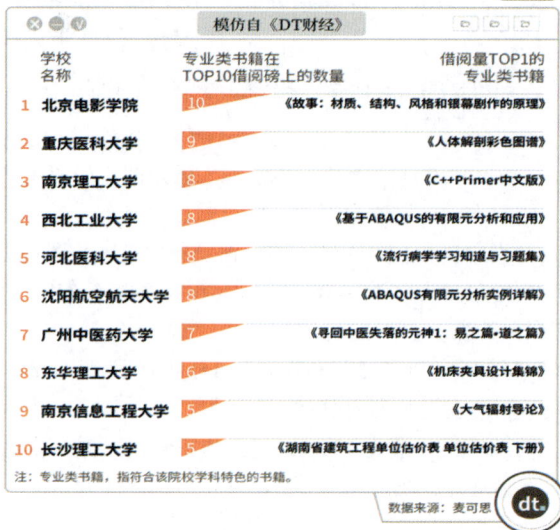

图 8.36 "长标签＋填充条形图"制作步骤 3

8.7 对比不突出 + 创意不足：蝴蝶气泡图

8.7.1 图表自画像

解题之道：如图 8.37 所示，图表亟须解决的问题有 2 个：一是做好 2 个维度的对比。出分前 / 填志愿阶段各自 TOP15 大学的搜索次数，以及两者之间的相互对比。对比若不清，层次亦难明。二是做出新意。创意真是玄之又玄的东西，彼时绞尽脑汁也没有，此时可能你追我赶地来。灵感如此的捉摸不透，图表制作人只能尽量多看、多思考、多积累、多借鉴、多练习，以求徐徐图之。

图表设计师破题之术有 2 个。一是分开展示。为了突出对比，将出分前和填志愿这两个泾渭分明的阶段，直接分开处理、左右分立，并在图表顶部用标签进行标示和区分。二是对称式排版。气泡图采用纵向分布，自上而下的气泡对应由高到低的搜索次数。出分前阶段在左，元素布局依次为"气泡＋学校名称＋排名"；填志愿阶段在右，元素布局依次为"排名＋学校名称＋气泡"，左右对称大有蝴蝶展开双翼振翅欲飞之势，创意值拉满。

图表类型：气泡图。

表达数据关系：双重横向对比，出分前 / 填志愿阶段搜索次数 TOP15 大学的比较属于第 1 重横向对比；出分前与填志愿阶段搜索次数 TOP15 大学的比较属于第 2 重横向对比。

适用场景：适用于数据新闻媒体和商务报告，去除装饰框后也适用于政府报告。

图 8.37　蝴蝶气泡图（选自《DT 财经》）

8.7.2 制作技巧拆解

如图 8.38 所示，出分前和填志愿的气泡分列左右，除此之外还需要添加 X 轴 2 气泡和 X 轴 3 气泡，分别用于显示出分前和填志愿时的学校搜索排名。4 列气泡的 X 轴值从左至右分别为 0.1、0.8、1.1 和 1.8（可以根据实际需要调整），Y 轴值从上到下分别为 14.5、13.5、…、0.5。这样的布局方式，可以预留出中间的空间放置学校名称。关于矩阵气泡的更多内容，可以参照 2.3 节中的"百分比式矩阵气泡"部分。

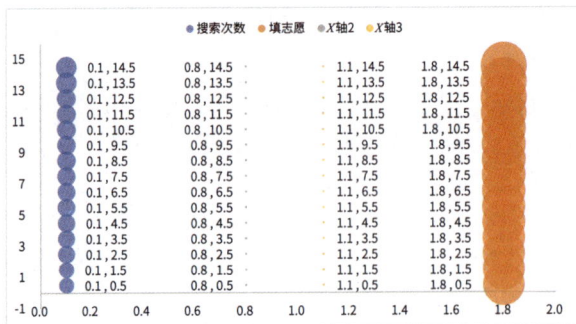

图 8.38　蝴蝶气泡图制作思路（数据为模仿数据，以原图表为准）

8.7.3　图表分步还原

1. 插入气泡图并修改基本格式

如图 8.39（a）所示，选择 A1:H16 单元格区域，插入气泡图［如图 8.39（b）所示］。将填志愿系列气泡的系列名称修改为 A1（搜索次数），X 轴系列值修改为 C2:C16，Y 轴系列值修改为 G2:G16，气泡大小修改为 A2:A16；将 X 轴 2 系列气泡的系列名称修改为 B1（填志愿），X 轴系列值修改为 F2:F16，Y 轴系列值修改为 G2:G16，气泡大小修改为 B2:B16；将 X 轴 4 系列气泡的系列名称修改为 D1（X 轴 2），X 轴系列值修改为 D2:D16，Y 轴系列值修改为 G2:G16，气泡大小修改为 H2:H16；将气泡系列气泡的系列名称修改为 E1（X 轴 3），X 轴系列值修改为 E2:E16，Y 轴系列值修改为 G2:G16，气泡大小修改为 H2:H16。将横坐标轴和纵坐标轴的取值范围分别修改为"0~2"和"-1~15"。将图表的字体整体设置为黑色思源黑体 Normal［如图 8.39（c）所示］。

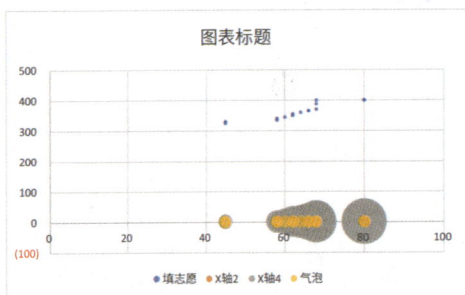

（a）

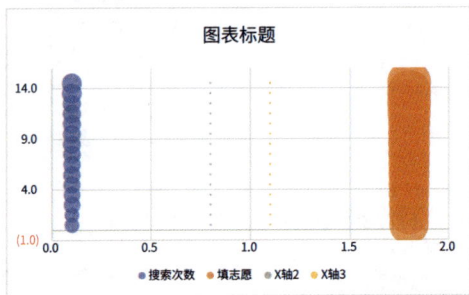

（b）　　　　　　　　　　　　　　　　（c）

图 8.39　蝴蝶气泡图制作步骤 1

338

2. 设置气泡图格式

调整图表大小：将图表的高度和宽度分别设置为 16cm 和 13.3cm。调整绘图区大小，上方预留标题的空间、下方预留注释和数据来源的空间、右侧预留边框和 Logo 的空间。隐藏横坐标轴和纵坐标轴标签和线条。删除标题和网格线。删除图例中的填志愿系列、X 轴 2 系列和 X 轴 3 系列，并放在绘图区左上方。图表设置为无边框。

设置气泡图：将气泡大小修改为 45。将搜索次数系列和填志愿系列气泡设置为 30% 透明度蓝色填充（RGB 值为 28，149，242）、0.5 磅黑色（淡色 25%）边框；将 X 轴 2 系列和 X 轴 3 系列设置为无填充、无边框。

设置数据标签：为搜索次数系列气泡添加数据标签，并显示 J2:J16 单元格中的值、取消显示 Y 值。将标签形状修改为圆角矩形，设置为白色填充、0.5 磅白色（深色 50%）边框，将高度和宽度分别设置为 0.5cm 和 2.82cm，将上下边距均设置为 0，放在气泡中间并向右适当移动。将引导线设置为 0.5 磅黑色（淡色 25%）。为 X 轴 2 系列气泡添加数据标签，并显示 I2:I16 单元格中的值、取消显示 Y 值。将字体修改为蓝色思源黑体 Bold，放在气泡中间。同理为填志愿系列和 X 轴 3 系列气泡添加数据标签（如图 8.40 所示）。

3. 设置装饰和各项文字性内容

参照原图制作标题、各项装饰、分类标签（4 磅双线式直线 + 文本框）和文字性内容，具体参数详见图表源文件（或参照 1.1 节中的"设置装饰和各项文字性内容"部分），最终效果如图 8.41 所示。

图 8.40　蝴蝶气泡图制作步骤 2　　　　图 8.41　蝴蝶气泡图制作步骤 3

8.8 数据太多 + 创意不足 + 多图排版："堆积条形图 + 气泡图"组合

8.8.1 图表自画像

解题之道：如图 8.42 所示，图表亟须解决的问题有 3 个：**一是数据量大**。图中需要分别展示 2021 年 12 个常见的复姓人数，以及每类复姓的省份分布，两类共计 60 个数据。**二是做出新意**。对于大多数图表制作人来说，将多且杂的数据展示清楚已属不易，若要百尺竿头更进一步做出自己的特色，属实称得上是 1 个挑战。**三是多图排版**。12 个姓氏的分布情况相互独立，需要单独成图，把 12 张图表排布得多而有序、叠而成美，算是第二个大的挑战。

339

图表设计师破题之术有 3 个，将创意融于各个细节之中。一是图表混搭。采用气泡图搭配堆积条形图，1 个气泡对应 1 个姓氏、1 个堆积条形对应 1 个姓氏分布，既有对比又互不影响。二是一体式排版。充分利用上下气泡之间的空间，放置当前姓氏气泡的省份分布条形图，让气泡和条形结合成 1 个整体。气泡图还添加了辅助气泡，既做参照又统一了大小。三是标签处理。因地制宜确定标签的位置和方向。气泡的空间足够大，姓氏标签放在顶部、人数标签放在中间；条形的空间很小，标签采用竖向放置。

图表类型：气泡图 + 堆积条形图。

表达数据关系："横向对比 + 多重分布"关系，对比 12 个常见复姓的人数情况，列举 12 个复姓的省份分布情况。

适用场景：适用于数据新闻媒体和商务报告。

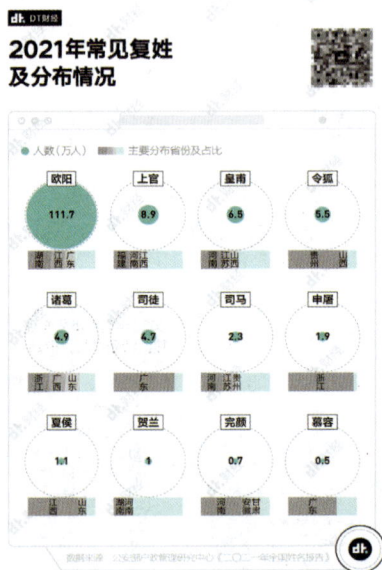

图 8.42 "堆积条形图 + 气泡图"组合（选自《DT 财经》）

8.8.2 制作技巧拆解

1. 多图组合

如图 8.43 所示，12 个气泡图平均排列成 3 行 4 列，12 个堆积条形图依次叠放在对应气泡图下方，并保持居中对齐。另外，堆积条形图的图例由"欧阳"的"条形图 + 文本框"组合而成。

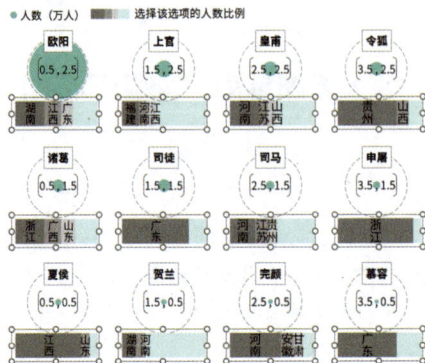

图 8.43 "堆积条形图 + 气泡图"组合制作思路（数据为模仿数据，以原图表为准）

2. 百分比式矩阵气泡

如图 8.43 所示，将气泡平均分成 3 行 4 列的秘诀是规划好气泡的位置，气泡 *X* 轴值从左至右分别为 0.5、1.5、2.5 和 3.5，*Y* 轴值从上到下分别为 2.5、1.5 和 0.5，具体可参照"2.3 节百分比气泡图"中的"百分比式矩阵气泡"部分。另外，辅助气泡应放在人数气泡下方，两者的标签分别用于显示姓氏和数量。

8.8.3 图表分步还原

1. 插入气泡图并修改基本格式

如图 8.44（a）所示，选择 B2:E13 单元格区域，插入气泡图［如图 8.44（b）所示］。将坐标辅助系列气泡的 *X* 轴系列值修改为 D2:D13，*Y* 轴系列值修改为 E2:E13，气泡大小修改为 C2:C13；将 *Y* 轴系列气泡的系列名称修改为 B1［人数（万人）］，*X* 轴系列值修改为 E2:E8，*Y* 轴系列值修改为 F2:F8，气泡大小修改为 B2:B13。将横坐标轴和纵坐标轴的取值范围分别修改为"0~4"和"0~3"。将图表的字体整体设置为黑色思源黑体 Normal［如图 8.44（c）所示］。

	人数(万人)	辅助	X轴	Y轴		欧阳		上官		皇甫		令狐	
欧阳	111.7	120	0.5	2.5		湖南	35	福建	20	河南	35	贵州	70
上官	8.9	120	1.5	2.5		江西	20	河南	10	江苏	10	山西	15
皇甫	6.5	120	2.5	2.5		广东	15	江西	10	山西	10	其他	15
令狐	5.5	120	3.5	2.5		其他	30	其他	60	其他	45		
诸葛	4.9	120	0.5	1.5									
司徒	4.7	120	1.5	1.5		诸葛		司徒		司马		申屠	
司马	2.3	120	2.5	1.5		浙江	35	广东	80	河南	30	浙江	90
申屠	1.9	120	3.5	1.5		广西	20	其他	20	江苏	10	其他	10
夏侯	1.1	120	0.5	0.5		山东	18			贵州	10		
贺兰	1	120	1.5	0.5		其他	27			其他	45		
完颜	0.7	120	2.5	0.5									
幕容	0.5	120	3.5	0.5		夏侯		贺兰		完颜		幕容	
						江西	80	湖南	15	河南	60	广东	70
						山东	10	河南	13	安徽	15	其他	30
						其他	10	其他	72	甘肃	12		
										其他	13		

（a）

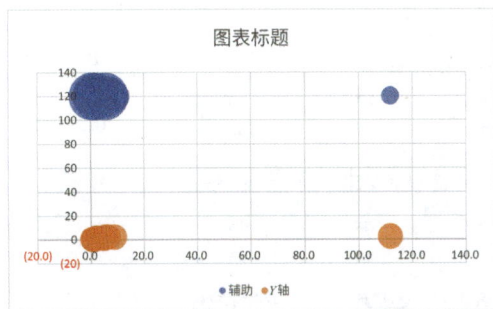

（b）

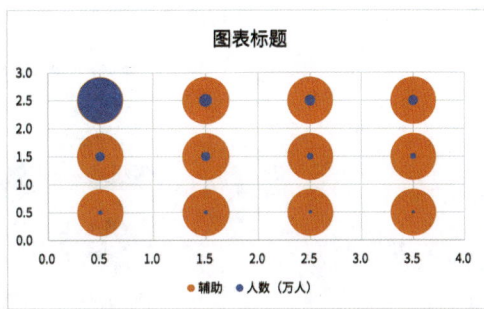

（c）

图 8.44 "堆积条形图 + 气泡图"组合制作步骤 1

2. 设置气泡图格式

调整图表大小：将图表的高度和宽度分别设置为 14.71cm 和 13.3cm。调整绘图区大小，上方预留标题的空间、下方预留注释和数据来源的空间、右侧预留边框和 Logo 的空间。隐藏坐标轴标签和线条。删除标题和网格线。删除图例中的辅助系列，并放在绘图区左上方。图表设置为无边框。

设置气泡图：将气泡大小修改为 70。将人数系列气泡设置为青色（RGB 值为 102，220，198）填充、无边框；将辅助系列气泡设置为无填充、0.5 磅白色（深色 50%）长画线边框。

设置数据标签：为人数系列气泡添加数据标签，并显示气泡大小、取消显示 Y 值，放在气泡中间。为辅助系列气泡添加数据标签，并显示 A2:A13 单元格中的值、取消显示 Y 值，将字体修改为思源黑体 Bold。将标签形状修改为矩形，设置为白色填充、0.5 磅白色（深色 50%）边框，放在气泡中间并适当向上移动［如图 8.45（a）所示］。

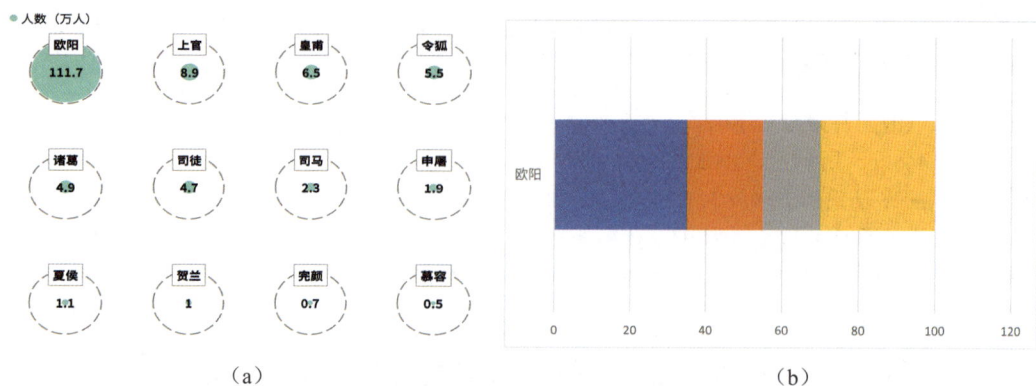

（a）　　　　　　　　　　　　　　　　　（b）

图 8.45　"堆积条形图＋气泡图"组合制作步骤 2

3. 制作堆积条形图

如图 8.44（a）所示，选择 G1:H5 单元格区域，插入堆积条形图并切换行/列［如图 8.45（2）所示］。将横坐标轴的取值范围设置为"0~100"。将字体整体设置为 9 号黑色思源黑体 Normal。隐藏坐标轴线条和标签。删除图例。图表设置为无填充、无边框。

设置条形图：将图表的高度和宽度分别设置为 0.9cm 和 2.57cm。将湖南系列、江西系列和广东系列和其他系列条形分别填充为白色（深色 50%）、白色（深色 35%）、白色（深色 15%）和浅青色（RGB 值为 220，249，244）。分别为湖南系列、江西系列和广东系列条形添加数据标签，显示系列名称、取消显示值，文字方向修改为竖排显示并取消自动换行［如图 8.46（a）所示］。

叠加条形图：同理制作其余姓氏省份分布堆积条形图，分别叠放在对应姓氏气泡下方，并保持居中对齐。参照原图制作堆积条形图图例，并放在绘图区左上角［如图 8.46（b）所示］。

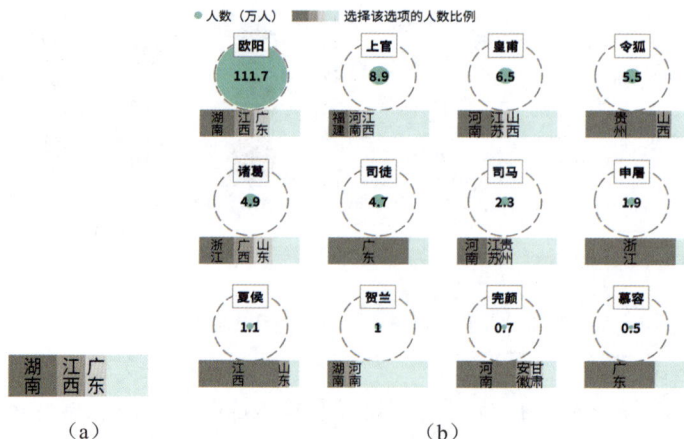

（a）　　　　　　　　　　　　　　　　　（b）

图 8.46　"堆积条形图＋气泡图"组合制作步骤 3

4. 设置装饰和各项文字性内容

参照原图制作标题、各项装饰和文字性内容，具体参数详见图表源文件（或参照"1.1 节分段坐标轴式折线图"中的"设置装饰和各项文字性内容"部分），最终效果如图 8.47 所示。

图 8.47 "堆积条形图 + 气泡图"组合制作步骤 4

8.9 观点提炼 + 创意不足 + 多图排版: "多层圆环图 + 条形图"组合

8.9.1 图表自画像

解题之道: 如图 8.48 所示,图表亟须解决的问题有 3 个:一是混合型数据关系。图中需要分别展示各行业用电量总体情况的对比和占比、细分情况的对比和占比,每类关系都应该被照顾到,并提炼出核心观点。二是做出新意。如果图表表达只做到准确,却忽视了创意,依然很难得到读者的关注。三是多图排版。将多类关系融合在 1 张图表中,阅读难度太大,将每类关系独立成图,排版难度大。

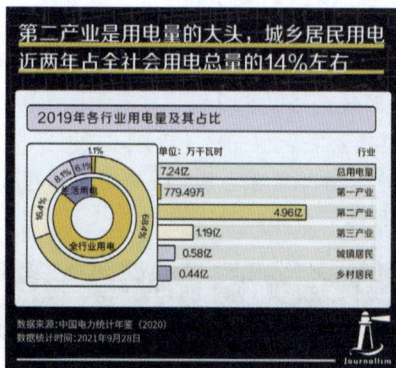

图 8.48 "多层圆环图 + 条形图"组合(选自《RUC 新闻坊》)

图表设计师的破题之术有 3 个:一是采用简单图表。用电量总体情况和细分情况的占比采用双层圆环图,用电量对比采用条形图。所有图表统一配色,方便建立联系和提炼观点。二是利用排版取胜。总体情况小圆环图叠放在细分情况大圆环图内,行业间保持一一对应,并添加统一背景。条形图添加辅助条形后更为整齐,并与圆环图连接起来,3 张图表就瞬间被整合为一体。三是丰富背景层次。图 8.48 中添加了 3 层背景,最底层的深蓝色矩形背景,承载整个图表;中间层的浅绿色圆角矩形背景,承载图表的绘图区;最上层的浅绿色填充、深灰色边框的圆角矩形背景,承载双层圆环图。不同格式的背景,既是图表容器,又是图表装饰。

图表类型：圆环图＋簇状条形图。

表达数据关系：双重静态结构＋横向对比，2019年各行业的用电量情况比较属于横向对比；全行业用电与生活用电的占比情况属于第1重静态结构；3类行业与城镇居民、乡村居民用电的占比情况属于第2重静态结构。

适用场景：适用于数据新闻媒体、政府报告和商务报告。

8.9.2　制作技巧拆解

1. 多层圆环图

如图8.49所示，大圆环图套着小圆环图，两者之间还预留了一定间隔。如果直接用多层圆环图制作，不容易实现这种间隔效果。这里采用大圆环图叠加小圆环图的方式制作，并通过控制两个圆环图的大小（大、小圆环图的高宽分别设置为7cm、4.4cm）和中间圆环的大小（大、小圆环图的圆环大小分别设置为70%、53%），实现两者的圆环宽度相同。最后将两者居中对齐并组合成一体。

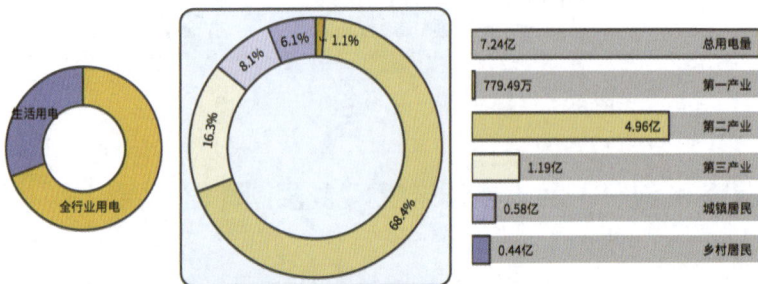

图8.49　"多层圆环＋条形组合图"制作思路（数据为模仿数据，以原图表为准）

2. 多图组合

如图8.49所示，将条形图设置为无填充、无边框，与多层圆环图垂直对齐后，紧贴着其右侧放置，并组合为1个整体。

3. 自定义图表背景

如图8.50所示，图表背景有2层（将双层圆环图的背景划归为图表部分）：下层深蓝色背景和上层浅蓝色背景。其中，下层背景由"深蓝色矩形＋黄色线条（作为标题的装饰线，直接叠放在标题文本框下层）＋白色线条（底部装饰线）＋图标（多个图标大小不一，尽量摆放在背景的四角、顶部和底部，并增加85%透明度，若隐若现的既不会喧宾夺主，又能建立起与主题间的联系、增加图表质感）"叠加而成；上层背景由"圆角矩形＋圆角矩形标题"组成。制作时要参照原图的排版方式，元素尽量保持对齐，才能多而有序。

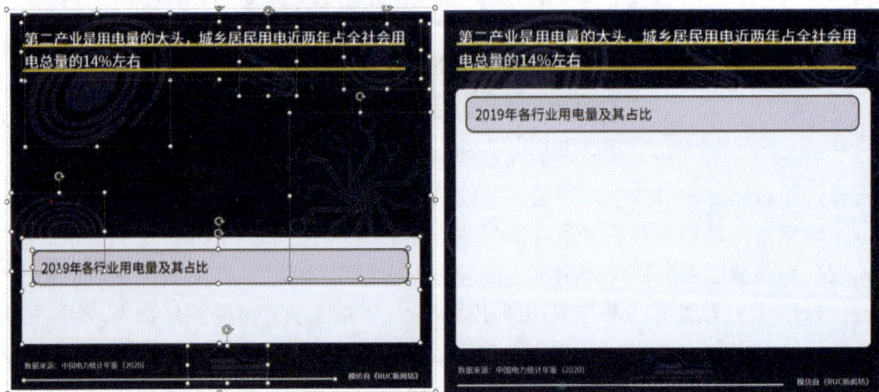

图8.50　区域分隔制作思路

8.9.3 图表分步还原

1. 制作圆环图

如图 8.51（a）所示，选择 A4:B8 单元格区域，插入圆环图。将图表的字体整体设置为黑色思源黑体 Normal［如图 8.51（b）所示］。

调整图表大小：将图表的高度和宽度均设置为 7cm。删除标题和图例。将圆环图设置为浅蓝色（RGB 值为 241，244，249）填充、1.5 磅黑色（淡色 25%）圆角边框。

设置圆环图：将圆环大小修改为 70%。将圆环设置为 1.5 磅黑色（淡色 25%）边框，第一产业到乡村居民的 5 个类别分别填充深黄色（RGB 值为 242，200，64）、黄色（RGB 值为 237，215，139）、浅黄色（RGB 值为 248，241，223）、浅紫色（RGB 值为 220，215，251）和紫色（RGB 值为 182，180，253）。

添加数据标签：为圆环图添加数据标签，并用 EasyShu 将标签修改为切线分布，将第一产业标签适当向右移动。将引导线修改为黑色［如图 8.51（c）所示］。

同理利用 A1:B3 单元格数据制作全行业用电圆环图，将图表的高度和宽度均设置为 4.4cm，将圆环大小修改为 53%［如图 8.51（d）所示］。

组合图表：将两个圆环图居中对齐后组合在一起［如图 8.51（e）所示］。

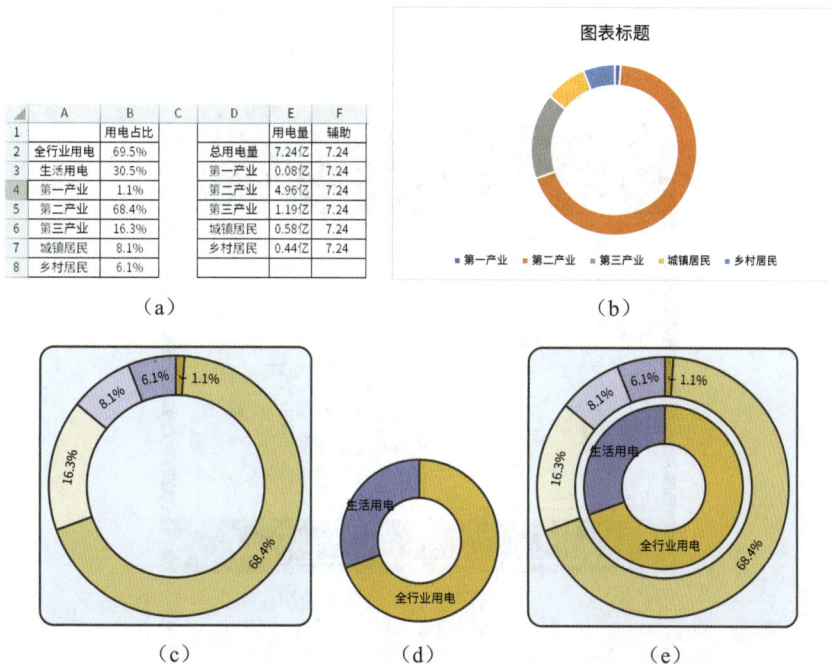

图 8.51 "多层圆环＋条形组合图"制作步骤 1

2. 制作条形图

如图 8.51（a）所示，选择 D1:F7 单元格区域，插入条形图（"用电量"列数据采用"0.00" 亿 ""格式，可以在数值后显示单位）。将纵坐标轴设置为逆序类别。将图表的字体整体设置为黑色思源黑体 Normal［如图 8.52（a）所示］。

调整图表大小：将图表的高度和宽度分别设置为 7cm 和 8cm。删除标题、图例、网格线。隐藏坐标轴标签和线条。将条形图设置为无填充、无边框。

设置条形图：将条形的系列重叠设置为 100%。将辅助系列条形放在用电量系列条形下方。将辅助系列条形设置为白色（深色 25%）填充、无边框。将总用电量类别、第一产业到乡村居民 5 个类别分别填充为白色（深色 25%）、深黄色、黄色、浅黄色、浅紫色和紫色，均设置为 1.5 磅黑色

（淡色 25%）边框。

添加数据标签：为辅助系列条形添加数据标签，显示类别名称、取消显示值，并放在条形内。为用电量系列条形添加数据标签，并放在条形外，将"第一产业"的标签内容修改为"779.49 万"，将"第二产业"标签放在柱形内［如图 8.52（b）所示］。

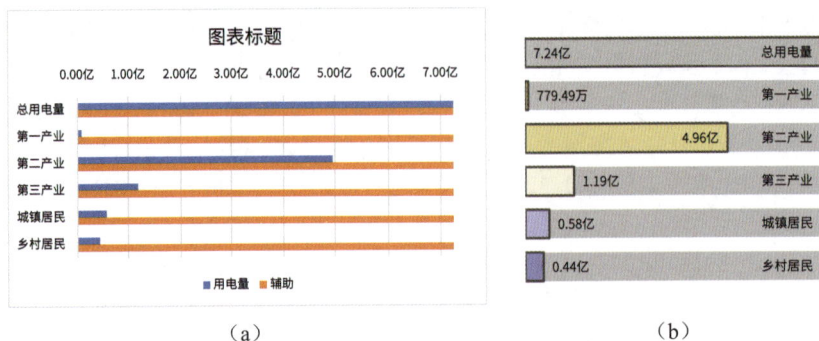

（a）　　　　　　　　　　　　　（b）

图 8.52　"多层圆环 + 条形组合图"制作步骤 2

3. 组合图表并制作各项文字性内容

组合图表：将条形图紧贴着放置在多层圆环图右侧，垂直对齐后组合在一起。

文字性内容和图表背景可以参照原图制作，具体参数详见图表源文件（或参照"1.7 节上下蝴蝶图"中的"制作柱形图装饰"部分），最终效果如图 8.53 所示。

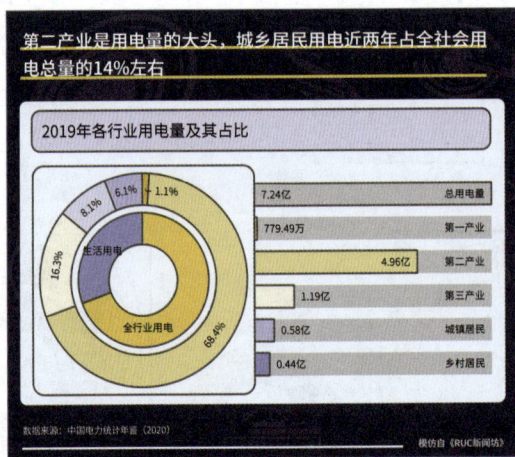

图 8.53　"多层圆环 + 条形组合图"制作步骤 3

8.10　观点提炼 + 创意不足 + 多图排版："自由排版饼图 + 柱形图"组合

8.10.1　图表自画像

解题之道：如图 8.54 所示，图表亟须解决的问题有 3 个：**一**是混合型数据关系。图中需要分别展示歌曲登上 Q 音热歌榜提前／滞后于短视频热歌榜的周数分布情况，以及提前、同步和滞后的占比，并据此提炼观点。**二**是做出新意。不仅要让读者看到，还要多看几眼。**三**是多图排版。将多类关系融合在 1 张图表中，阅读难度太大，将每类关系独立成图，排版难度大。

图表设计师的破题之术有 3 个：**一**是采用简单图表。周数分布情况采用柱形图，提前和滞后占比分别采用饼图。饼图与对应柱形统一配色，方便建立联系。**二**是利用排版取胜。缩小饼图并放置在对应类别的柱形旁，用同色矩形框进行连接，3 张图表被整合为一体。三是提炼图表观点。柱形按照周数分布、按照类别进行分色显示，饼图分类统计占比情况，并添加合计标签，让整个图表观点呼之欲出。

图表类型：柱形图＋饼图＋散点图。

表达数据关系：单属性分布关系＋静态构成，歌曲登上 Q 音热歌榜提前 / 滞后于短视频热歌榜的周数分布情况属于分布关系；提前、同步和滞后登上 Q 音热歌榜的歌曲各自的占比属于静态构成。

适用场景：原图适用于数据新闻媒体、去掉各项形状装饰后适用于政府报告和商务报告。

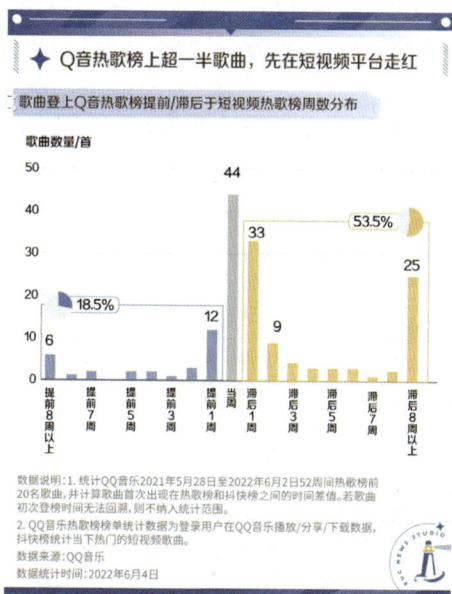

图 8.54 "自由排版饼图＋柱形图"组合（选自《RUC 新闻坊》）

8.10.2 制作技巧拆解

1. 多图排版

如图 8.55 所示，原图由"柱形图 +2 个饼图"组合而成，用柱形图表现提前 / 滞后上榜的歌曲数量，用"饼图＋矩形框＋圆角矩形标签"组合表现占比情况。

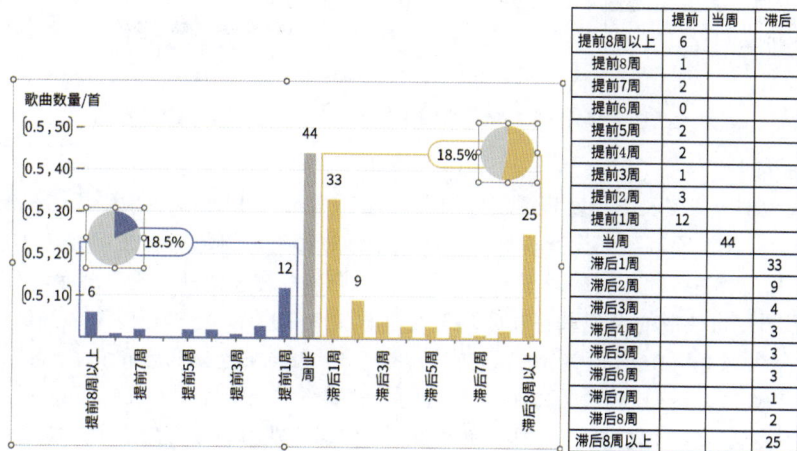

	提前	当周	滞后
提前8周以上	6		
提前8周	1		
提前7周	2		
提前6周	0		
提前5周	2		
提前4周	2		
提前3周	1		
提前2周	3		
提前1周	12		
当周		44	
滞后1周			33
滞后2周			9
滞后3周			4
滞后4周			3
滞后5周			3
滞后6周			3
滞后7周			1
滞后8周			2
滞后8周以上			25

图 8.55 "饼图＋柱形图"组合制作思路（数据为模仿数据，以原图表为准）

2. 分色柱形

如图 8.55 所示，原图中"提前"柱形、"当周"柱形和"滞后"柱形分别填充了蓝色、灰色和黄色，最简单的办法就是对每个柱形单独填充。

效率更高的办法是将柱形图拆分成 3 个系列，然后对整个系列设置填充色。拆分时需要安排好原始数据，每个系列中只填写与之相对应类别的数据，其余类别则为空。比如，上榜提前的周数中，"当周"列和"滞后"列的数据为空。最后还要将柱形图的系列重叠设置为 100%，才能隐藏空白柱形。

3. 自定义坐标轴标记

如图 8.56 所示，原图中只显示纵坐标轴的刻度线，不显示纵坐标轴线条。其采用辅助散点（X 轴值均为 0.5、Y 轴值分别为 10、20、30、40 和 50）的数据标记（设置为横线）制作。

4. 自定义坐标轴标签

原图中横坐标轴标签竖向放置，并间隔显示。把标签竖向放置后，绘图区会被缩小，造成空间浪费，建议改为"所有文字旋转 270°"。间隔显示标签后，"当周"标签会被隐藏，可以利用文本框单独制作。

8.10.3　图表分步还原

1. 插入柱形图并修改基本格式

如图 8.56（a）所示，选择 A1:D20 单元格区域，插入柱形图。新增辅助 X 系列并修改为散点图、修改数据源。将 X 轴系列值修改为 E2:E6，Y 轴系列值修改为 F2:F6。将图表的字体整体设置为黑色思源黑体 Normal［如图 8.56（b）所示］。

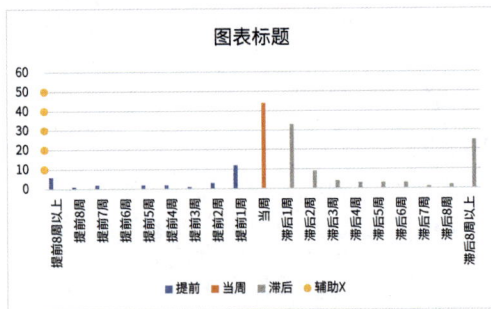

（a）　　　　　　　　　　　　　　　（b）

图 8.56　"自由排版饼图＋柱形图"组合制作步骤 1

2. 设置柱形图

调整图表大小： 将图表的高度和宽度分别设置为 7.62cm 和 12cm。将横坐标轴线条设置为 1 磅白色（深色 50%），次要刻度线设置为外部；将横坐标轴标签设置为所有文字旋转 270°，插入文本框制作"当周"标签。将网格线设置为 0.5 磅方点。删除标题和图例。图表设置为无边框。

设置柱形图： 将柱形的系列重叠和间隙宽度均设置为 100%。将"提前"、"当周"和"滞后"柱形分别填充为蓝色（RGB 值为 101，137，198）、白色（深色 25%）和黄色（RGB 值为 243，211，128）。将辅助 X 系列散点的数据标记修改为 5 号横线、白色（深色 50%）填充、无边框。

添加数据标签： 为"提前"、"当周"和"滞后"柱形分别添加数据标签，并参照原图删除部分标签［如图 8.57（a）所示］。

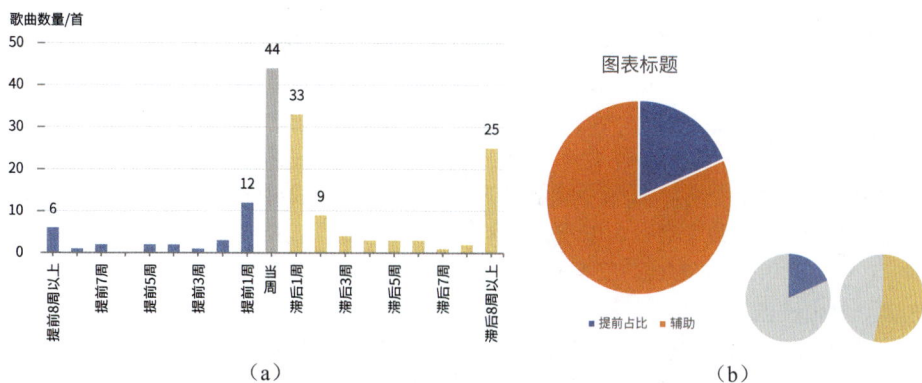

图 8.57 "自由排版饼图 + 柱形图"组合制作步骤 2

3. 制作饼图

如图 8.56（a）所示，选择 E9:F10 单元格区域，插入饼图。将饼图的高度和宽度均设置为 1.3cm。将绘图区基本充满饼图。删除标题和图例。将提前占比类别和辅助类别分别设置为蓝色和白色（深色 15%）填充、无边框。图表设置无填充、无边框。同理制作滞后占比饼图［如图 8.57（b）所示］。

4. 组合图表

插入矩形（高度和宽度分别设置为 2.04cm 和 5.08cm），设置为无填充、1 磅蓝色边框。叠放在提前系列柱形上，下方与横坐标轴保持底部对齐。

插入圆角矩形（高度和宽度分别设置为 0.58cm 和 1.48cm），将圆角调至最大，设置为白色填充、1 磅蓝色边框，输入"18.5%"后叠放在矩形的上边框上。

将提前占比饼图叠放在矩形的上边框上、圆角矩形标签左侧，并与其保持垂直居中对齐。同理为"滞后"柱形添加矩形框、圆角矩形标签和饼图［如图 8.58（a）所示］。

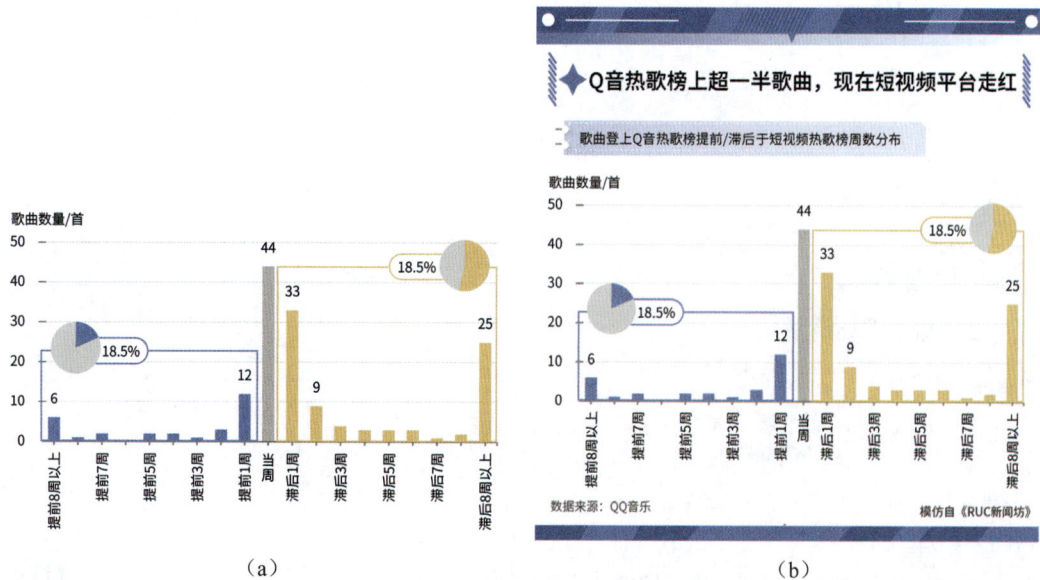

图 8.58 "自由排版饼图 + 柱形图"组合制作步骤 3

5. 制作各项文字性内容

各项文字性内容可以参照原图制作，具体参数详见图表源文件（或参照"1.7 节上下蝴蝶图"中的"制作柱形图装饰"部分），最终效果如图 8.58（b）所示。

349

8.11 对比不突出 + 创意不足 + 多图排版：对比圆环图

8.11.1 图表自画像

解题之道：如图 8.59 所示，图表亟须解决的问题有 2 个：一是兼顾内部对比和外部对比。实现同类交友结果下的线上、线下对比，以及不同交友结果的对比。二是数据简单难出新意。2 个系列、4 个类别、8 个数据，既要有对比，又要有联系，又不能显得太过空洞。

图表设计师的破题之术有 3 个：一是图表先声夺人。采用双层圆环图，分别代表线上和线下交友，并且 1 分为 4，1 个扇形展示 1 类交友结果，内部对比和外部对比统统拿下。二是排版推波助澜。拆分后的图表分布在 4 个象限内，图例模仿坐标系，将圆环图中心同样划分为 4 个区域，与扇形实现一一对应，创意度直冲天际。三是点缀锦上添花。外边框上的星形装饰和副标题圆顶角矩形，都与边框完美融为一体，都昭示着其出自大师之手。

图表类型：圆环图。

表达数据关系：双重横向对比，"有，都结婚了""有，现在还在谈""有，但已分手""没有过"等交友结果的线上、线下比较属于第 1 重横向对比；不同交友结果的比较属于第 2 重横向对比。

适用场景：原图适用于数据新闻媒体、去掉形状装饰后适用于政府报告和商务报告。

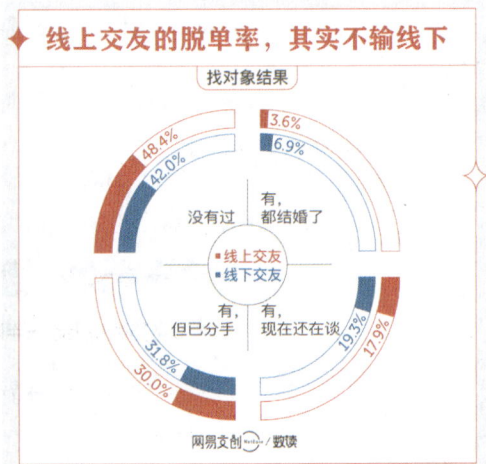

图 8.59 对比圆环图（选自《网易数读》）

8.11.2 制作技巧拆解

1. 多图组合

如图 8.60 所示，原图看似是将 1 张完整的圆环图拆分为 4 张，其实是将 4 张扇形圆环图分作 2 行 2 列，每张扇形圆环图都是独立的图表，分别放置在左上角、右上角、左下角和右下角，和 2.4 节多圆环图组合有异曲同工之妙。另外标题、图例、Logo、数据来源和底层的矩形边框等元素都是自由元素，最后全部组合在一起后形成完整的图表。

2. 扇形圆环制作

如图 8.61 所示，每个扇形圆环图包括 2 个系列，且 2 个系列的圆环之间还间隔了一定的距离。以左上角的扇形圆环

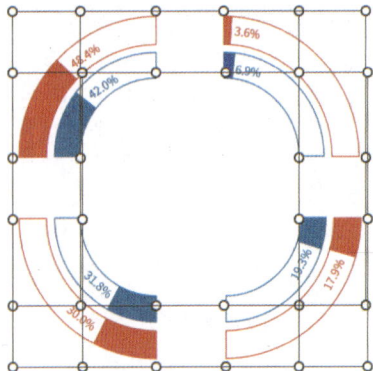

图 8.60 对比圆环图排版

图为例，制作时需要添加 2 个辅助列。

第 1 个辅助列是圆环图中扇形部分的参照系，即白色填充、红色边框的圆环部分。辅助列值 = 1 - 原圆环图数值，其中 1 是扇形部分的合计值。**第 2 个辅助列**是圆环图中除去扇形后的剩余部分。辅助列值 =3× 扇形值。将第 1 扇区顺时针旋转 270°，将辅助列 2 的圆环部分设置为无填充、无边框，便可以实现隐身。右上角、左下角和右下角的扇形圆环图的第 1 扇区旋转角度分别设置 0°、90° 和 180°，才能实现原图效果。

线下交友和线上交友圆环分别使用次要和主要坐标轴，将线下交友圆环大小和分离程度分别设置为 75% 和 35%，将线上交友圆环大小设置为 80%，并将线下交友圆环恢复至原位后，线下交友圆环和线上交友圆环便能实现分开显示，且圆环的宽度仍能保持一致。

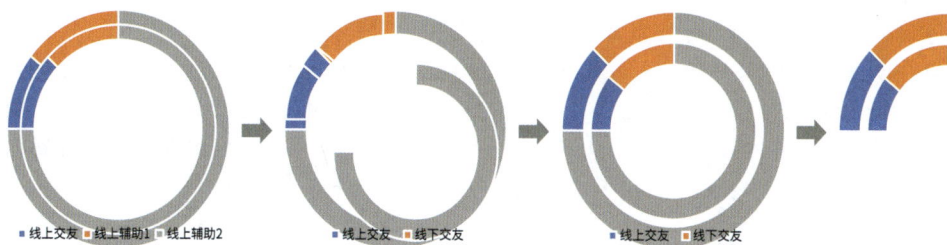

图 8.61　扇形圆环图制作思路

3. 自定义图例

如图 8.62 所示，图例由垂直相交的两条直线 + 白色填充、灰色边框的圆形 +4 个文本框（左上角、左下角文字右对齐，右上角、右下角文字左对齐）+ 仅保留图例的圆环图（参照 "2.7 节双色纵坐标轴柱线图" 中的 "自定义图例" 部分）共同制作而成。

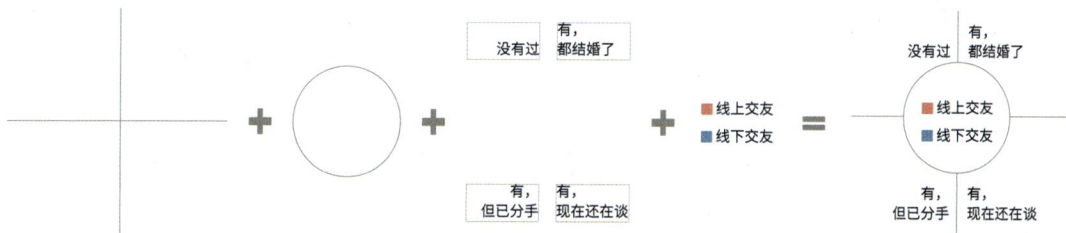

图 8.62　图例制作思路

4. 自定义数据标签

如图 8.60 所示，数据标签增加了一定的旋转角度（参照 "5.6 节 '半圆环图 + 方形气泡图' 组合" 中的 "圆润的半圆环图" 部分），最大程度上与扇形圆环图的走势相匹配。另外数据标签还设置了与圆环相同的颜色，增添图表的协调性。

8.11.3　图表分步还原

1. 插入圆环图并修改基本格式

如图 8.62（a）所示，选择 A1:D2 单元格区域，插入圆环图。新增线下交友系列并修改数据源。将没有过系列圆环的系列名称修改为 B1（线上交友）；将线下交友系列圆环的系列值修改为 E2:G2。将图表的字体整体设置为 10 号黑色思源黑体 Normal［如图 8.63（b）所示］。

2. 圆环图排版

调整图表大小：将图表的高度和宽度均设置为 8cm。将线下交友系列圆环调整为使用次要坐标轴，圆环大小和分离程度分别设置为 75% 和 35%，将 3 个部分圆环依次拖动至原位。将线上交友

351

系列圆环的大小设置为80%。分别将线下交友系列圆环和线上交友系列圆环的第1扇区起始角度设置为270°。删除图例。适当调整绘图区大小，使其基本覆盖图表区。图表设为无填充、无边框[如图8.64（a）所示]。

设置圆环图：将线上交友系列圆环中的线上交友圆环设置为红色填充（RGB值为229，106，106）、1磅红色边框；线上辅助1圆环设置为无填充、1磅红色边框；线上辅助2圆环设置为无填充、无边框。将线下交友系列圆环中的线上交友圆环设置为蓝色填充（RGB值为48，142，193）、1磅蓝色边框；线下辅助1圆环设置为无填充、1磅蓝色边框；线下辅助2圆环设置为无填充、无边框。

添加数据标签：为线上交友系列圆环中的线上交友圆环添加数据标签，放在线上交友系列圆环中的线上辅助1圆环内。将标签逆时针旋转34°，高度和宽度分别设置为0.6cm和1.2cm，字体设置为红色，删除引导线。同理为线下交友系列圆环中的线下交友圆环添加数据标签。

组合圆环：同理制作"有，都结婚了"扇形圆环图（第1扇区起始角度设置为0°，数据标签的旋转角度均设置为8°）、"有，现在还在谈"扇形圆环图（第1扇区起始角度设置为90°，数据标签的旋转角度均设置为-63°）和"有，但已分手"扇形圆环图（第1扇区起始角度设置为180°，数据标签的旋转角度均设置为42°），并分别放置在右上角、左下角和右下角，最后将4张扇形圆环图组合在一起[如图8.64（b）所示]。

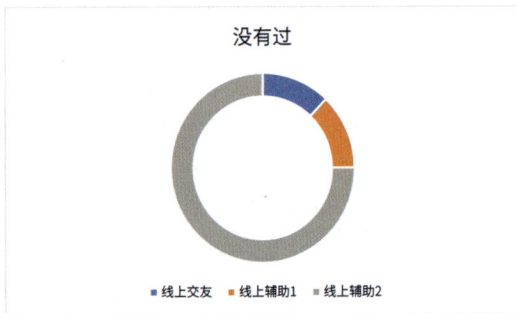

（a）　　　　　　　　　　　　　　　　（b）

图8.63　对比圆环图制作步骤1

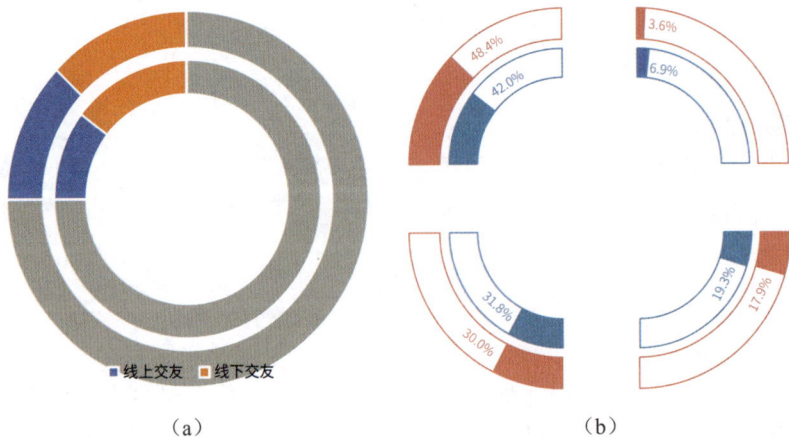

（a）　　　　　　　　　　　　　　　　（b）

图8.64　对比圆环图制作步骤2

3. 制作图例和各项文字类内容

参照原图制作图例、标题、各项装饰（四角星为直接插入的图形）和文字性内容，具体参数详见图表源文件源文件，最终效果如图8.65所示。

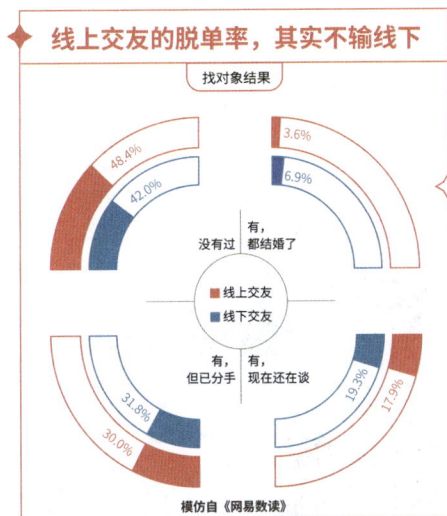

图 8.65　对比圆环图制作步骤 3

8.12　对比不突出＋创意不足＋多图排版：对比饼图

8.12.1　图表自画像

解题之道：如图 8.66 所示，图表亟须解决的问题有 2 个：一是兼顾内部对比和外部对比。实现同类城市的星巴克和瑞幸对比，以及不同类型城市的对比。二是数据简单难出新意。基于柱形图和条形图的强大性和通用性，对于 2 个系列、5 个类别的 10 个数据，很多图表制作人都会陷入柱形"陷阱"而无法自拔。

图表设计师的破题之术有 3 个：一是拆分图表。采用水波图表示门店数量的占比，1 个水波图代表 1 类城市，并将水波图一分为二，两个半圆分别对应着星巴克和瑞幸，从而实现内部对比和外部对比。二是组合图表。将拆分后的水波图重新组合，再将 5 个水波图重新组合，整个图表自成一体。三是装扮图表。对称式图例、圆角矩形边框、融入式单位和 Logo，处处都透着美，流淌着创意。

图表类型：簇状柱形图。

表达数据关系：双重横向对比，同类城市星巴克和瑞幸的比较属于第 1 重横向对比；不同城市类型的比较属于第 2 重横向对比。

适用场景：原图适用于数据新闻媒体和商务报告、去掉形状装饰后适用于政府报告。

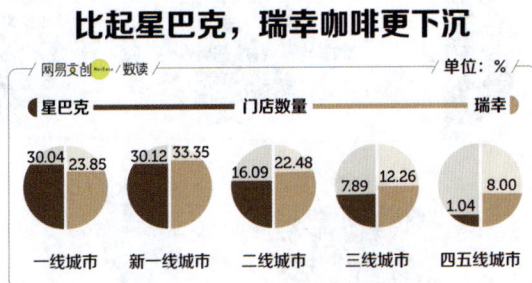

图 8.66　对比饼图（选自《网易数读》）

353

8.12.2 制作技巧拆解

1. 多图组合

如图 8.67 所示，每个圆形都相互独立，每个圆形中的两个半圆也相互独立，也就是说对比饼图是由 10 个图表共同组合而成。和 2.4 节多圆环图组合、8.11 节对比圆环图的排版方法相似，区别在于图 2.20 采用的是 3 行 3 列排列、图 8.59 是 4 角排列、图 8.66 是单行排列。

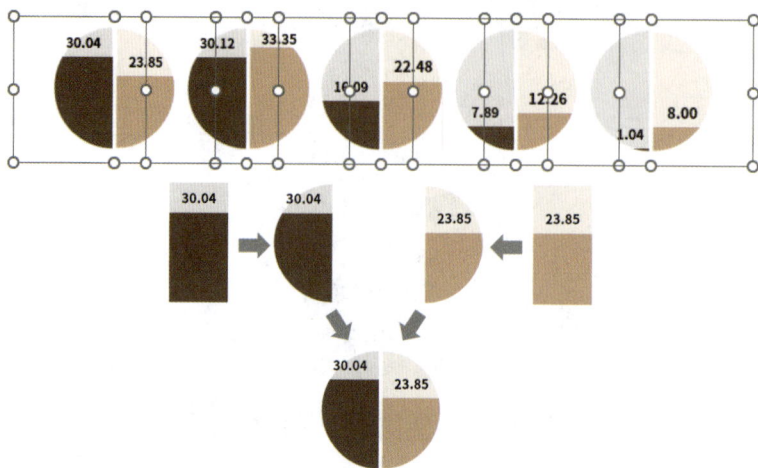

图 8.67　对比饼图排版思路

2. 对比饼图制作

如图 8.68 所示，每个圆形均由左右两个半圆组成，每个半圆均由半饼图和参照系组成。以左侧半饼图为例，其本质是 1 个 100% 系列重叠的簇状柱形图，制作时需要添加 2 个辅助列。

第 1 个辅助列是半饼图的参照系，即浅咖啡色填充的饼图部分，辅助列值为 40（根据所有类型城市中的最大门店数量确定，可以根据需要调整）；**第 2 个辅助列**是圆形辅助，在柱形图中添加 1 个圆形（数值为 1），确保柱形填充半圆形后，无论如何调整图表大小，均可以保持半圆姿态。

为了做出更好的半圆形效果，柱形的系列重叠和间隙宽度均设置为 100%，同时让绘图区基本覆盖图表。然后用半圆形填充柱形（参照 6.8 节中的"水波图"部分），填充方式修改为层叠并缩放，缩放单位 40（和辅助列值和纵坐标轴最大值保持一致，其目的是只显示 1 个半圆形）。

制作半圆形时，在 PPT 中分别插入圆形和略高于圆形的矩形，将矩形叠放在圆形上，且左边框与圆心保持左对齐，通过"组合图形—剪除"命令得到完美的半圆形。

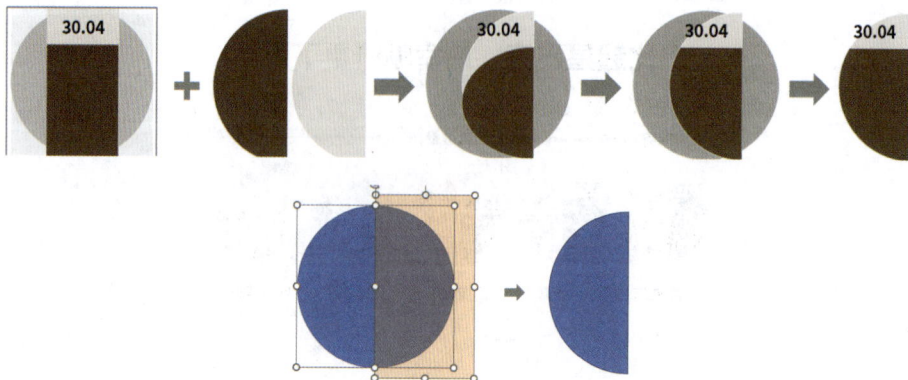

图 8.68　对比饼图及半圆形制作思路

3. 自定义图例

如图 8.69 所示，图例由"半圆形 + 文本框 + 矩形"组合而成。

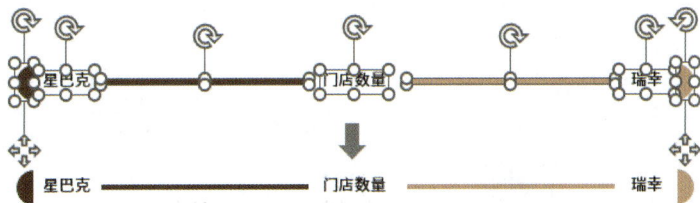

图 8.69　图例制作思路

4. 自定义单位

如图 8.70 所示，单位由白色填充的"文本框 + 左右两端的斜线"共同制作而成，组合后叠放在圆角边框上，可以营造出折断的效果。

图 8.70　单位制作思路

8.12.3　图表分步还原

1. 插入柱形图并修改基本格式

如图 8.71（a）所示，选择 A1:C2 单元格区域，插入簇状柱形图，并切换行 / 列。新增辅助圆系列并修改为饼图，系列名称为 E1（辅助圆）、系列值为 E2。将柱形的系列重叠和间隙宽度均设置为 100%。将图表的字体整体设置为号黑色思源黑体 Bold［如图 8.71（b）所示］。

▲	A	B	C	D	E
1		辅助	星巴克	瑞幸	辅助圆
2	一线城市	40	30.04	23.85	1
3	新一线城市	40	30.12	33.35	
4	二线城市	40	16.09	22.48	
5	三线城市	40	7.89	12.26	
6	四五线城市	40	1.04	8.00	

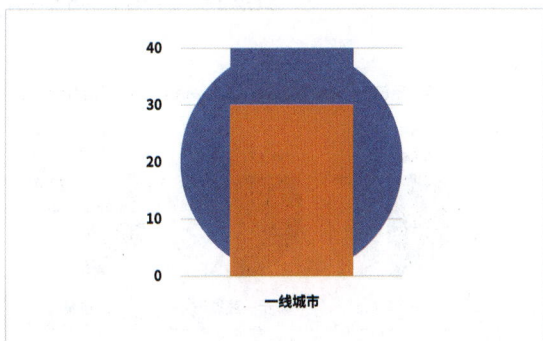

（a）　　　　　　　　　　　　　（b）

图 8.71　对比饼图制作步骤 1

2. 柱形图排版

调整图表大小：将图表的高度和宽度均设置为 3cm。删除网格线。隐藏坐标轴标签和线条。适当调整绘图区大小，使其基本覆盖图表区。图表设置为无填充、无边框［如图 8.72（a）所示］。

设置柱形图：两个半圆形（高度和宽度分别设置为 7.67cm 和 3.81cm），设置为深褐色填充（RGB 值为 99，68，40）和浅褐色（RGB 值为 232，227，223）填充、1 磅白色边框。将深褐色和浅褐色半圆形分别填充至"星巴克"系列和辅助系列柱形，将填充方式修改为层叠并缩放，缩放单位 40。同理制作"瑞幸"半饼图，其中"瑞幸"系列和辅助系列半圆形分别填充浅咖啡色（RGB 值为 245，237，230）和深咖啡色（RGB 值为 207，164，129）。

添加数据标签：为一线城市柱形图的"星巴克"系列柱形添加数据标签，并将其高度和宽度分

355

别设置为 0.5cm 和 1cm，上下左右边距均设置为 0。同理为一线城市柱形图的"瑞幸"系列柱形添加数据标签。

组合柱形图：将一线城市柱形（星巴克）放置在左侧、一线城市柱形（瑞幸）放置在右侧，两个半饼图间隔 0.2cm，然后组合在一起，一线城市的圆形便制作完成 [图 8.72（b）所示]。同理制作其他城市类型的圆形，并摆放成 1 行，设置为顶部对齐和平均横向分布并组合在一起 [如图 8.72（c）所示]。

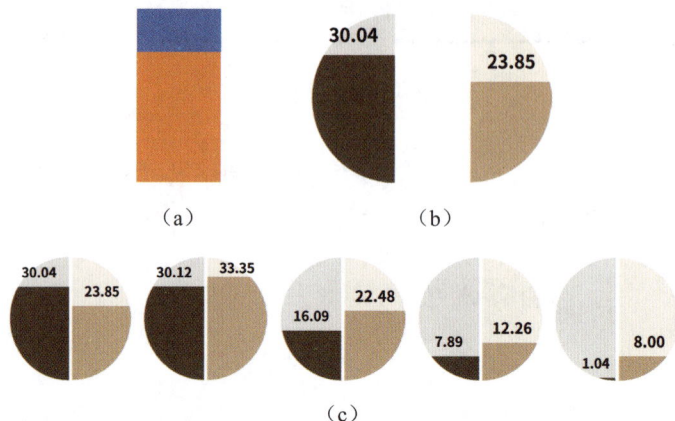

图 8.72　对比饼图制作步骤 2

3. 制作图表背景和图例、各项文字类内容

参照原图制作图表背景、图例、标题、各项装饰（四角星为直接插入的图形）和文字性内容，具体参数详见图表源文件，最终效果如图 8.73 所示。

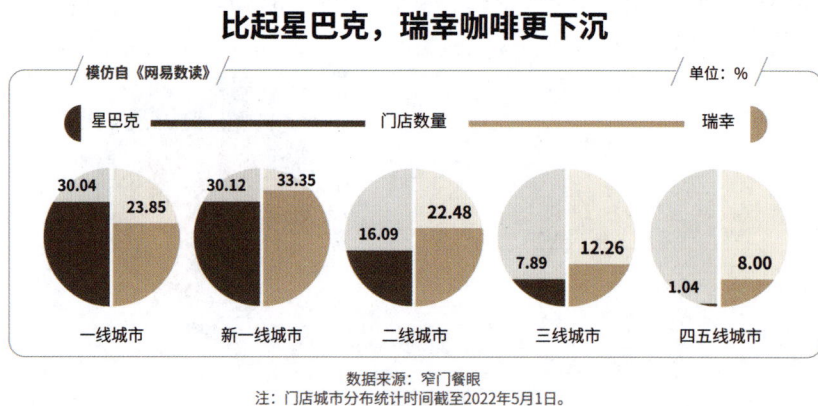

图 8.73　对比饼图制作步骤 3

8.13 数据太少 + 对比不突出 + 创意不足：圆形气泡图

8.13.1 图表自画像

解题之道：如图 8.74 所示，图表亟须解决的问题有两个：一是数据太少版面太空。图表既要表现出对比，又不能显得空空荡荡，两手都要抓，两手都要硬。二是数据简单难出新意。单系列 8 个数据，有太多太多的相似案例，想要突出重围，赢得青睐，难如登天。

图表设计师以圆为主设计元素，将圆形进行到底：一是各自成圆。用气泡图表示咖啡品类的消费占比，1 个圆对应 1 类咖啡。二是围成一圈。气泡图可能很常见，但绕成一圈后，就变得非同寻常，图表空间也在无声无息中被占据。三是圆上加圆。单纯的气泡图还略显单调，因此在圆内添加圆形图例和单位，圆外添加圆形标签、圆形标题。层层叠叠，圈圈圆圆，妙不可言。

图表类型：气泡图。

表达数据关系：横向对比，比较 2021 年中国消费者最喜欢购买的咖啡品类。

适用场景：适用于数据新闻媒体和商务报告。

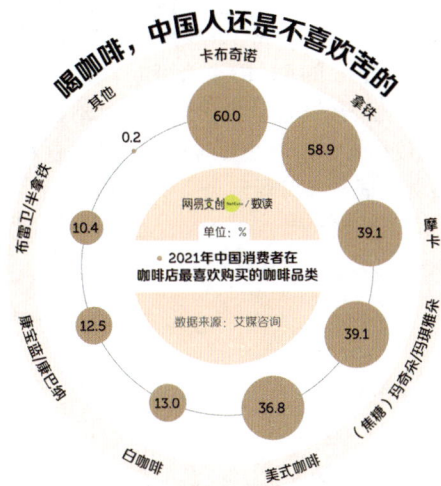

图 8.74　圆形气泡图（选自《网易数读》）

8.13.2　制作技巧拆解

1. 气泡位置的分布规律

如图 8.75 所示，想让 9 个气泡围绕成 1 个圈，必须先计算出每个气泡的 *XY* 轴值。每个气泡分配到圆的角度为 40（即 360/9），起点在 12 点钟方向，第 1 个气泡为 0，第 2 个气泡为 40（0+40）、第 3 个气泡为 80（0+40+40），也就是说气泡的最终位置，是从第 1 个气泡到当前气泡分配比例的累计值。接下来根据分配角度计算 *XY* 轴值，以卡布奇诺为例，*X* 轴值为 "=SIN(RADIANS(C2))"，先将分配角度转换为弧度，然后求正弦值；*Y* 轴值为 "=COS(RADIANS(C2))"，即求余弦值。

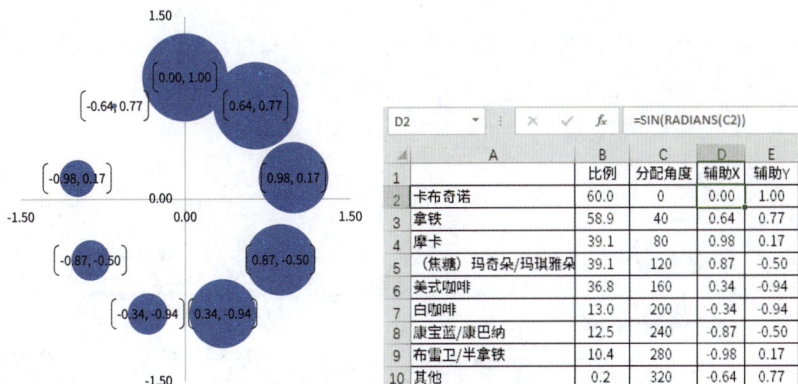

	A	B 比例	C 分配角度	D 辅助X	E 辅助Y
1		比例	分配角度	辅助X	辅助Y
2	卡布奇诺	60.0	0	0.00	1.00
3	拿铁	58.9	40	0.64	0.77
4	摩卡	39.1	80	0.98	0.17
5	(焦糖) 玛奇朵/玛琪雅朵	39.1	120	0.87	-0.50
6	美式咖啡	36.8	160	0.34	-0.94
7	白咖啡	13.0	200	-0.34	-0.94
8	康宝蓝/康巴纳	12.5	240	-0.87	-0.50
9	布雷卫/半拿铁	10.4	280	-0.98	0.17
10	其他	0.2	320	-0.64	0.77

图 8.75　圆形气泡图的气泡位置分布

2. 圆形气泡图

如图 8.75 所示，制作圆形气泡图，除了确定气泡位置外，还要特别注意图表的大小和坐标轴的取值范围。其中，图表的高度和宽度应保持一致，形成 1 个方形绘图区。横纵坐标轴的取值范围应保持一致，实现上下对称、左右对称。

3. 圆形标题和标签

如图 8.76 所示，标题和标签都采用圆形分布，与气泡图的位置相匹配。

制作标题时，将文本框设置为方形（文本框大小需要根据气泡图大小进行调整），然后将其文本效果转换为"跟随路径—拱形"，并将文字方向设置为居中对齐。

制作标签时，需要分作 2 个部分。上半部分的"布雷卫 / 半拿铁、其他、卡布奇诺、拿铁和摩卡"文本框选择跟随路径中的"上拱形"，并将文字方向设置为左对齐。**文字排版时，需要逐个输入、逐个对齐**。具体步骤如下：首先在文本框内输入第 1 个咖啡种类"布雷卫 / 半拿铁"，并将文本框逆时针旋转 3°（根据实际需要旋转），让文字与相应气泡位置对应；接着输入第 2 个咖啡种类"其他"，并在前方增加适当数量的空格，使其与相应气泡位置对应。同理输入"其他"咖啡种类文字。下半部分的咖啡种类文本框选择跟随路径中的"下拱形"，并将文字方向设置为左对齐。文字排版方法同上半部分，文本框逆时针旋转 17°。

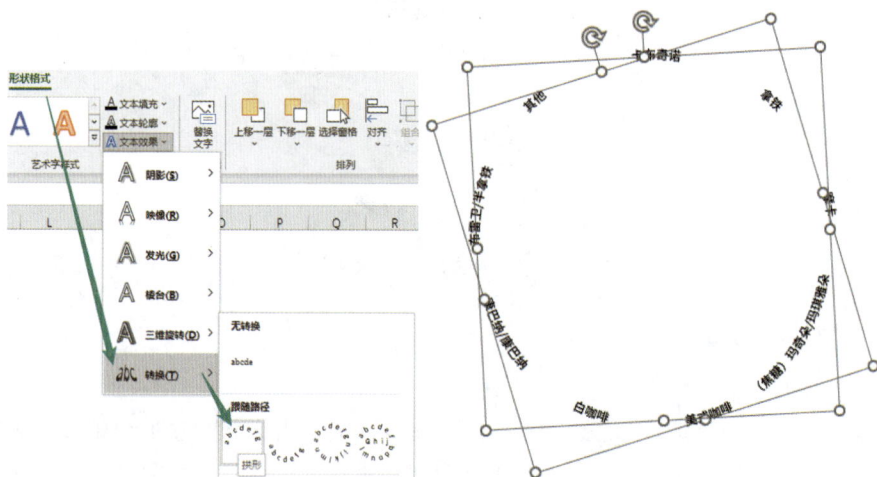

图 8.76　圆形标签制作原理

4. 圆形装饰布局

如图 8.77 所示，装饰由"最外侧的圆环 + 气泡图下层的连接线 + 气泡图中间的背景圆"共同组成。其中圆环利用空心圆制作。连接线由圆形（设置为无填充、灰色边框）制作，与气泡图保持居中对齐，即可穿过所有气泡的圆心。另外，图例文本框填充白色，叠放在背景圆上层，可以形成图中背景圆从中间被分隔开的效果。

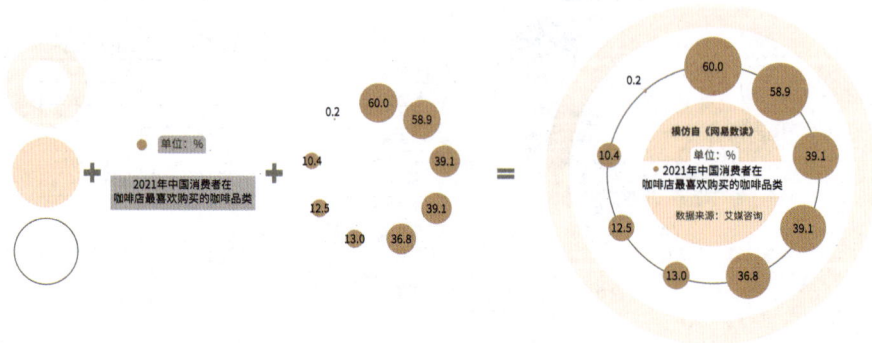

图 8.77　圆形装饰制作思路

8.13.3　图表分步还原

1. 插入气泡图并修改基本格式

如图 8.78（a）所示，选择 B2:D10 单元格区域，插入气泡图。将气泡图的系列名称修改为 B1（比例），X 轴系列值修改为 D2:D10，Y 轴系列值修改为 E2:E10，气泡大小修改为 B2:B10。将横坐标轴和纵坐标轴的取值范围均设置为"-1.5~1.5"。将图表字体设置为思源黑体 Normal［如图 8.78（b）所示］。

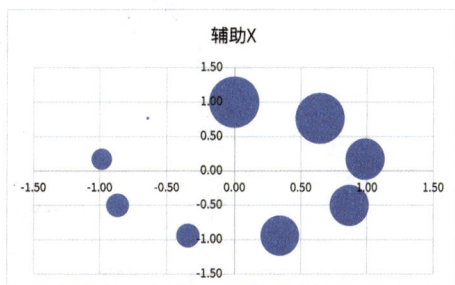

（a）　　　　　　　　　　　　　（b）

图 8.78　圆形气泡图制作步骤 1

2. 设置气泡图格式

调整图表大小：将气泡图的高度和宽度均设置为 10cm。删除标题、隐藏坐标轴线条和标签。图表设置为无填充、无边框。

设置气泡图：将气泡大小设置为 70。将比例系列气泡填充为咖啡色（RGB 值为 207，164，129）、无边框。

添加数据标签：为比例系列气泡添加数据标签，显示气泡大小、取消显示 Y 值和引导线，放在气泡中间，"其他"气泡的数据标签放在左上角［如图 8.79（1）所示］。

制作圆环装饰：插入空心圆（高度和宽度均设置为 9.76cm），设置为浅咖啡色填充（RGB 值为 255，245，238）、无边框。适当调整圆环的宽度，并放在气泡图外侧。

制作气泡连接线：插入圆（高度和宽度均设置为 6.22cm），设置为无填充、1 磅白色（深色 50%）边框，叠放在气泡图下层。

制作背景圆：插入圆（高度和宽度均设置为 4.12cm），设置为浅咖啡色填充（RGB 值为 255，233，215）、无边框，放置在气泡图中间。

将圆环装饰、气泡连接线、背景圆与气泡图保持水平居中和垂直居中对齐［如图 8.79（b）所示］。

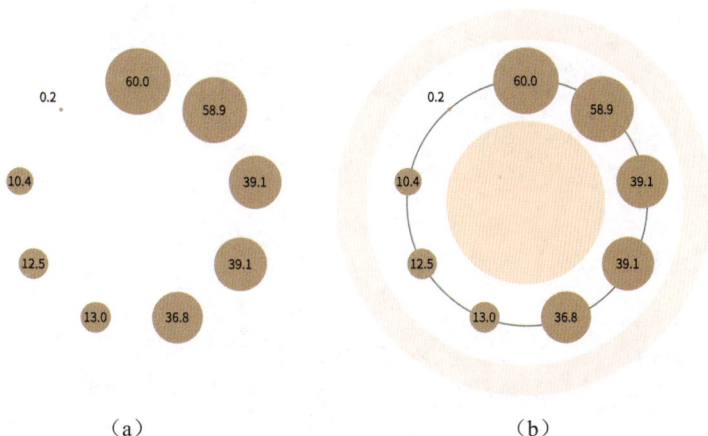

（a）　　　　　　　　　　　　　（b）

图 8.79　圆形气泡图制作步骤 2

359

3. 制作图例和各项文字性内容

参照原图分别制作气泡标签、标题、图例、Logo 和数据来源，具体参数详见图表源文件，然后将所有图表及图形组合在一起，最终效果如图 8.80 所示。

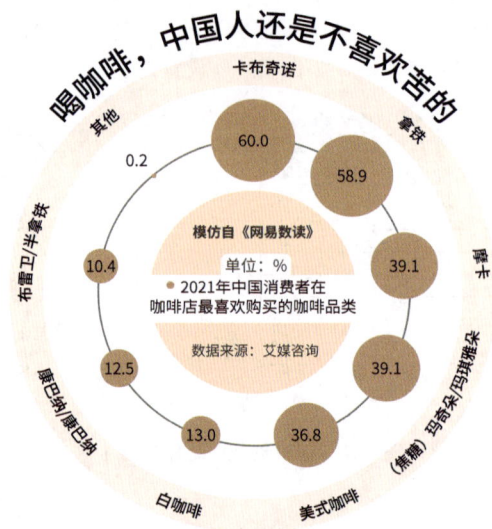

图 8.80　圆形气泡图制作步骤 3